国家重点研发计划"锂能源金属矿产基地深部探测技术示范"项目(2017YFC0602700)
成都理工大学"核安全工程科研优秀创新团队"项目(KYTD201105)
联合资助

X荧光勘查技术及其在地质找矿中的应用

周四春　刘晓辉　曾国强　杨　强　著

U0289613

科学出版社
北　京

内 容 简 介

本书在对能量色散 X 射线荧光分析方法的物理原理，携带（手提）式 X 射线荧光仪的结构、工作原理及国内外主要商品化产品的技术性能进行介绍的基础上，系统讨论了基于携带（手提）式 X 射线荧光仪的 X 荧光勘查技术，包括现场测量方法、数据处理、图件编制、资料解释等。书中逐一针对天青石矿、金矿、铜矿、铅锌矿、（锂、铌钽等）稀有金属矿等的 X 荧光测量找矿技术问题进行了详细讨论，介绍了在这些矿产探矿工作中的成功应用实例。除此之外，本书还对 X 荧光测量技术在研究某些地质规律上的应用、利用现场 X 荧光测量信息直接确定矿石品位的 X 射线荧光取样技术、钻孔中原位确定矿石品位的 X 荧光测井技术进行了较为详细的讨论。

本书可供从事核技术应用、核资源与核勘查工程、勘查地球物理与勘查地球化学的工程技术人员，相关专业的研究生与高年级本科生参考。

图书在版编目(CIP)数据

X 荧光勘查技术及其在地质找矿中的应用 / 周四春等著. —北京：科学出版社，2020.9

（高能物理与核应用技术）

ISBN 978-7-03-055851-0

Ⅰ.①X⋯ Ⅱ.①周⋯ Ⅲ.①X 射线荧光光谱法–应用–找矿–研究 Ⅳ.①O657.34②P624

中国版本图书馆 CIP 数据核字 (2017) 第 304535 号

责任编辑：张 展 雷 蕾 / 责任校对：彭 映
责任印制：罗 科 / 封面设计：墨创文化

科 学 出 版 社 出版

北京东黄城根北街16 号
邮政编码：100717
http://www.sciencep.com

成都锦瑞印刷有限责任公司印刷

科学出版社发行 各地新华书店经销

*

2020 年 9 月第 一 版 开本：787×1092 1/16
2020 年 9 月第一次印刷 印张：28 1/2
字数：676 000

定价：228.00 元

（如有印装质量问题，我社负责调换）

序

    1997 年，成都理工学院(现成都理工大学)完成的"X 荧光技术研究及推广应用"项目获得国家科学技术进步三等奖。在申报国家科学技术进步奖的答辩会上，有评委就向作者建议"尽快将 X 荧光勘查技术与找矿实例编写成专著出版"。从那时起，完成专著《X 荧光勘查技术及其在地质找矿中的应用》的编写与出版，一直是作者的夙愿。如今 20 多年过去了，基于携带式 X 荧光仪的 X 荧光勘查技术已经有了长足的进步，主要体现在携带式 X 射线荧光仪的性能有了很大提高，一次同时可测元素由不超过 4 种增加到超过 10 种，检出限也得到显著改善。在这样的条件下，X 荧光勘查技术应该能够为找矿工作做出更大贡献。为此，作者在补充 20 多年来 X 荧光找矿成果的基础上，系统总结几十年来 X 荧光勘查技术及找矿成果，特别是在国家重点研发计划支持下开展稀有金属矿 X 荧光勘查技术应用研究的成果，编写成本专著，以期对如何在地质找矿工作中有效地应用 X 荧光勘查技术起到一些指导作用。

    X 荧光勘查技术是不能简单等同于 X 荧光分析技术的。它是以可现场测量获取元素信息的 X 射线荧光仪[携带(手提)式 X 射线荧光仪、X 荧光测井仪等]为探测设备，以解决地质勘查任务为目标的技术。为此，X 荧光勘查技术的建立与完善都是在携带式 X 射线荧光仪诞生以后的事。世界上第一台携带式 X 射线荧光仪研制是 1965 年由美国学者 Rhodes 与其团队完成的。Rhodes 的报道，揭开了将 X 荧光技术从一种分析技术发展成一种勘查技术的序幕。

    在我国，将 X 荧光技术从一种分析手段发展成一种勘查技术经历了一段艰难而卓有成效的历程。

    1972 年，国家计划委员会地质局给成都地质学院(现成都理工大学)与地质局北京实验室(现国家地质实验测试中心)下达了合作研制便携式 X 射线荧光仪的科研任务。1974 年左右，在成都地质学院程业勋、章晔及地质局北京实验室梁国立的带领下，两个单位合作研制成功基于 NaI(Tl)闪烁探测器的单道型便携式 X 射线荧光仪。由于采用的探测器的能量分辨率不足，采用了平衡滤光片技术做特定能量射线的分选，通过置换与相应能量射线配对的滤光片，可以实现对不同元素特征 X 射线分选与探测的目的。仪器定型为 XY-1 型携带式放射性同位素 X 射线荧光仪，在当时的上海地质仪器厂投产，并在地质系统内进行了推广应用。1978 年，该项研究成果获得全国科学技术大会奖。

    由于当时电子技术的若干限制，XY-1 型 X 射线荧光仪采用的是分离式电子元器件，其温度效应影响较大。为此，根据电子器件的发展状况，地质矿产部分别于 1978 年、1982 年、1984 年向成都地质学院先后下达了研制 HYX-1 型便携式 X 射线荧光仪与 JXY-1 型 X 射线荧光测井仪、HYX-2 型便携式 X 射线荧光仪、HYX-3 型便携式 X 射线荧光仪的科研任务。

HYX-1 型便携式 X 射线荧光仪的研制任务是研制以集成电路为基础,以 NaI(Tl)闪烁探测器为探测单元的单道型便携式 X 射线荧光仪,提高仪器的野外工作稳定性。而 JXY-1 型 X 射线荧光测井仪的研制,则是为了满足国家金属矿产勘查的需要,提供一种可以在钻孔内测定矿石品位的装备与技术,以填补国内的技术空白。

HYX-2 型便携式 X 射线荧光仪的研制任务是为了解决野外现场测量中的主要影响因素——基体效应,方便"特散比"校正方法的实施,研制以大规模集成电路为基础,以 NaI(Tl)闪烁探测器为探测单元的双道型便携式 X 射线荧光仪,进一步提高仪器的野外工作稳定性,并将"特散比"校正方法引入便携式 X 射线荧光仪的测量中,改善现场测量时基体效应带来的影响。

HYX-3 型便携式 X 射线荧光仪的研制任务是引入当时最先进的单片机技术,采用微机多道方案,研制以正比计数器为探测装置的新一代便携式 X 射线荧光仪,现场工作时,可实现 2~4 种元素同步测量,进一步提高仪器的科技含量与技术水平。

成都地质学院与重庆地质仪器厂亲密合作,于 1981 年完成了 HYX-1 型便携式放射性同位素 X 射线荧光仪与 JXY-1 型 X 射线荧光测井仪的研制任务,此后,又分别于 1984 年、1986 年完成了 HYX-2 型便携式 X 射线荧光仪、HYX-3 型便携式 X 射线荧光仪的研制任务。

1984 年,JXY-1 型 X 射线荧光测井仪获得地质矿产部科技成果二等奖。

在不断研制探测数据可靠的便携式 X 射线荧光仪的同时,在章晔的带领下,成都地质学院 X 荧光课题组开始了将 X 荧光技术应用于地质找矿的探索。

1983 年初春,周四春在指导 1979 级放射性地球物理勘探专业本科毕业生的毕业论文时,首次在吉林省珲春县小西南岔金铜矿开展了国内第一次将 X 荧光测量应用于金矿勘查的尝试。结果表明,尽管便携式 X 射线荧光仪对金的探测限远远不能满足要求,但在土壤 X 荧光测量中,通过测量与金具有良好相关性的某些背景值较高的伴(共)生元素,或这些元素的总量 X 荧光强度,能够有效地发现金矿矿化区域,进而基本准确地划分矿体位置。初步成果得到课题组负责人章晔的肯定,汇报地质矿产部后,很快得到支持。1984年,地质矿产部给成都地质学院下达了"勘查金矿的现场 X 荧光测量"项目的科研任务。

同年,在章晔的领导下,由成都地质学院 X 荧光课题组周四春具体承担"广西大厂矿务局铜坑锡矿井下巷壁 X 取样研究"项目工作,在大厂矿务局铜坑矿 91 号矿体上开展。

经过一年多的研究与 101 个刻槽与 X 荧光取样对比实验,建立了锡矿巷壁 X 取样方法,在国内首次实现了采用原位 X 荧光取样技术获得与地质刻槽具有相同准确度与代表性的锡矿石地质品位。

1986 年 10 月,地质矿产部科学技术司组织专家在成都对成都地质学院的上述两项成果进行了评审。评审意见认为:两项研究成果均达到国际先进水平。

1987 年,地质矿产部给成都地质学院下达了"勘查金、铜矿的现场 X 荧光测量技术推广应用"的科研任务。

几年的项目实施中,通过办培训班、典型勘查区应用示范,X 荧光测量技术在四川、广西、贵州、河北、重庆等 10 多个省(自治区、直辖市)投入找矿应用,先后取得一批找矿成果。这其中有四川九寨沟县马脑壳金矿、重庆大足区天青石矿、广西凤山县金矿、河北崇礼县金矿等。这些找矿成果，成为后来申报国家科学技术进步奖的重要支撑。

鉴于小口径钻进的需要，1992 年初，地质矿产部下达了研制小口径新型 X 荧光测井仪的任务。科研任务由已经调往中国地质大学(北京)的程业勋与章晔负责，成都地质学院(现成都理工大学)与重庆地质仪器厂共同参与研制。其中，中国地质大学(北京)负责测井仪的设计；重庆地质仪器厂负责测井仪硬件试制；成都地质学院负责样机测试与测井应用示范。历时近 3 年，在三个单位的共同努力下，采用正比计数器为探测器的多道型 X 荧光测井仪科研样机研制成功。1994 年在成都理工学院周四春组织下，三个单位组成测井小组，在重庆大足区兴隆锶矿进行了两口钻孔的 X 荧光测井工作，实现了一次下井同时获得 Sr、Ba 两种元素的含量曲线。

1992～1996 年，成都理工学院(现成都理工大学)X 荧光课题组在周四春带领下，与四川省地质矿产勘查局紧密合作，先后在重庆大足区兴隆锶矿勘查区、四川九寨沟县马脑壳金矿外围勘查区、四川壤塘县哲波山金矿勘查区、四川壤塘县南木达金矿勘查区、四川芦山县猫子湾铜矿踏勘区、四川青川县茶树坝铜矿勘查区、四川新津县荣湾铜矿勘查区将 X 荧光现场测量技术应用于地质找矿，取得了不错的找矿成果。

除了笔者所在的章晔、程业勋带领的 X 荧光技术课题组，早期的成都地质学院(后来更名后的成都理工学院，即现在的成都理工大学)，其他科研小组也一直在开展 X 荧光技术的研究与应用。

黄慎文带领的课题组积极研制开发适合现场测量的便携式 X 射线荧光仪，先后开发出 XRF 系列的 4 种型号的便携式 X 射线荧光仪，在矿山地质等工作中发挥了积极的作用。曹利国带领的课题组，在参加新疆国家 305 项目中，将 X 荧光现场测量技术应用于多种矿种的现场找矿，为远离实验室的戈壁地貌下的地质找矿提供了技术支撑。

1996 年，以当时的成都理工学院的名义，由周四春组织，总结了前面仪器研发、找矿勘查应用成果，融合成"X 荧光技术研究及推广应用"成果，经四川省科学技术厅组织鉴定后，获得 1996 年度地质矿产部科技成果二等奖。成果经进一步提炼、补充，1997 年，"X 荧光技术研究及推广应用"获得国家科学技术进步三等奖。

2001 年，成都理工学院合并四川商业高等专科学校和有色金属地质职工大学组建成都理工大学。学校对 X 荧光技术的研究进入到一个新的阶段。对 X 荧光技术的研究主要在以下两个方面展开。

(1)以葛良全、曾国强为带头人的课题组，将不断研制更高性能的手提式 X 射线荧光仪为己任。先后在国土资源部地质调查项目，科学技术部 863 项目、国家重点研发计划项目的支持下，研制了以 Si-PIN 半导体为探测器、低功率 X 光管为激发源的数字化手提式 X 射线荧光仪，为开展 X 荧光勘查工作提供了性能达到国际先进水平的仪器。

(2)以周四春为带头人的课题组则在国家自然科学基金、科学技术部国家重点研发计划项目、国家深部探测重大专项的支持下，在 X 荧光勘查方法上进行了深入的研究，并在铀、稀有金属等国家关键矿产的找矿应用上进行了新的开拓。

本书就是以上述研究成果为内容撰写而成的，并主要侧重于 X 荧光勘查方法在找矿上的应用。

需要说明的是，本书的撰写出版，得到国家重点研发计划"锂能源金属矿产基地深部探测技术示范"项目(2017YFC0602700)、国家重大专项"深部探测技术与实验研究专项"第 3 项目第 1 课题(SinoProbe-03-01)、成都理工大学"核安全工程科研优秀创新团队"项目(KYTD201105)的支持！在此，向两个国家重大项目负责人王登红研究员对本书撰写出版过程中给予的支持和指导致以诚挚的谢意！向管理"核安全工程科研优秀创新团队"的成都理工大学人事处给予的支指表示衷心感谢！

本书撰写的目的是介绍与推广 X 荧光勘查技术，为此，全书以应用 X 荧光勘查技术找矿为主线，因此对 X 射线荧光仪本身，特别是仪器电路方面没有进行系统深入的介绍。此外，本书引用材料以笔者及其课题组开展的 X 荧光勘查技术研究及应用成果为主，但为了本书的系统性，书中也引用了部分国内外其他学者的相关研究成果，引用之处，均给予了标注，并在此一并给予诚挚的感谢！

除此之外，笔者的研究生们在本书撰写过程中也付出了辛勤劳动。其中，2007 级核技术应用专业研究生胡秋梅，2008 级核技术应用专业研究生吕少辉、王自运、吴丽荣，2009 级核技术应用专业研究生唐桢、唐晓川、刘斌，2009 级测试计量技术及仪器专业研究生杨宇奇，2010 级核技术应用专业研究生赵春江、赵峰、鲍小柯，2011 级核技术应用专业研究生赵辉、孙森、刘国安、杨笑凡、赵鑫、冯源生，2012 级核技术应用专业研究生朱剑、张国亚、刘俊、陈法君，2013 级核技术应用专业研究生谢克文、杨奎、张文宇、陈成，2014 级核技术应用专业研究生陈刚、邱腾，2015 级核技术应用专业研究生李博、田彬衫，2016 级核资源与核勘查工程专业研究生杨吉成，2017 级核资源与核勘查工程专业研究生吕维，2018 级核技术应用专业研究生张龙等，先后参加了多个 X 荧光技术研究与找矿应用项目，为书中丰富的 X 荧光技术研究与应用实例的获取做出了重要贡献；此外，张龙不仅系统收集整理了 5.4 节所介绍的全部手提式 X 射线荧光仪的技术指标与相关参数，还与吴丽荣、刘斌、赵辉等一起为本书绘制了大量插图。没有上述众多研究生 10 多年来的大力协助，完成本书的编写是十分困难的。在本书完稿之时，特在此向这些弟子们表示衷心的感谢！

最后，还要诚挚感谢韶关市九龄书画院的陈曦先生为本书题写书名！

在开展 X 荧光勘查技术研究与应用的历程中，笔者一直得到导师章晔、程业勋的指导与引领。本书的完成，应该是对老师多年培养的一种回报。

全书共分 15 章，由周四春、刘晓辉、曾国强与杨强共同撰写。其中，周四春撰写序言，以及第 1、5、6、9、10、12、13 章，并与刘晓辉合作编写第 2、7 与 15 章；刘晓辉撰写第 8、11 章；曾国强撰写第 3、4 章；杨强撰写第 14 章。全书初稿完成后，由周四春统稿后定稿。

目　　录

第1章　X荧光技术的物理基础···1

1.1　特征X射线荧光的产生与莫塞莱定律··1

1.2　X荧光的激发与激发源···3

1.2.1　激发方式概述··3

1.2.2　放射性同位素源··5

1.2.3　低功率X射线光管··6

1.3　X荧光测量的有关单位···9

1.3.1　描述X射线物理性质的有关单位··9

1.3.2　描述X射线荧光测量量的有关单位···12

1.4　X荧光分析基本方程···12

1.5　现场X射线荧光测量干扰因素及其机理···16

1.5.1　概述···16

1.5.2　基体效应与校正··17

1.5.3　不平度效应与校正··23

1.5.4　不均匀效应与校正··24

1.5.5　水分的影响与校正··27

1.5.6　粉尘的影响与校正··28

参考文献··29

第2章　X荧光勘查技术的地球化学基础···30

2.1　X荧光勘查技术探测矿产的地球化学基本知识···································30

2.1.1　一些基本概念··30

2.1.2　不同阶段矿产勘查的基本任务···34

2.2　X荧光法勘查矿产资源的地球化学基础···35

2.2.1　成矿元素具有较高丰度的勘查区··35

2.2.2　常见矿床的地球化学异常元素组合及其意义····································38

2.3　解决携带(手提)式X射线荧光仪探测限不足的地球化学对策·····················42

2.3.1　间接指示元素与元素组的选择依据与方法······································42

2.3.2　元素组总量的测量方法···43

参考文献··45

第3章　携带(手提)式X射线荧光仪探测器···47

3.1　携带(手提)式X射线荧光仪的基本结构概述·····································47

3.1.1　X射线荧光激发源···47

  3.1.2 X 射线探测器······48

  3.1.3 电子线路单元及测量与控制软件······48

 3.2 仪器探测器单元······49

  3.2.1 探测器的基本参数······49

  3.2.2 闪烁探测器结构与工作原理······50

  3.2.3 正比计数器(第二代仪器的典型 X 射线探测器)······57

  3.2.4 半导体探测器(第三、四代仪器的 X 射线探测器)······61

  3.2.5 三类探测器性能比较······66

 参考文献······67

第4章 携带(手提)式 X 射线荧光仪的硬件与软件······68

 4.1 前置放大器······68

 4.2 主放大器······74

 4.3 多道脉冲幅度分析器······80

  4.3.1 多道技术发展历史······80

  4.3.2 模拟多道简介······81

  4.3.3 数字多道设计······83

 4.4 X 荧光谱线的显示与处理······96

  4.4.1 特征峰稳谱技术······96

  4.4.2 能量刻度与元素识别······98

  4.4.3 谱数据的平滑处理······99

  4.4.4 寻峰······102

  4.4.5 系统刻度······106

  4.4.6 峰面积计算······107

 4.5 X 荧光谱线解析软件的基本结构与功能······107

  4.5.1 软件框图和具体流程图······108

  4.5.2 主要模块简介······110

 参考文献······113

第5章 典型携带(手提)式 X 射线荧光仪简介······114

 5.1 第一代基于闪烁探测器的携带(手提)式 X 射线荧光仪······114

  5.1.1 第一代携带(手提)式 X 射线荧光仪发展简况······114

  5.1.2 HYX-1 型放射性同位素 X 射线荧光仪······115

  5.1.3 HYX-2 型(双道)X 射线荧光仪······116

  5.1.4 HYX-3 型(400 道)X 射线荧光仪······117

 5.2 第二代基于正比计数器的携带式 X 射线荧光仪······121

  5.2.1 HYX-4 型(程控多道)X 射线荧光仪······122

  5.2.2 HAD-512 型携带式 X 射线荧光仪······123

 5.3 第三、四代基于半导体探测器的携带(手提)式 X 射线荧光仪······124

  5.3.1 第三代仪器:IED-2000P 型手提式 X 射线荧光仪简介······125

  5.3.2 第四代仪器：NTG-863X 型手提式 X 射线荧光仪简介 ·············· 129

 5.4 其他国内外代表性手提式 X 射线荧光仪简介 ························ 135

  5.4.1 国内代表性手提式 X 射线荧光仪 ····························· 136

  5.4.2 国外代表性手提式 X 射线荧光仪 ····························· 138

 参考文献 ·· 144

第 6 章 X 荧光勘查野外工作方法 ······································ 146

 6.1 不同地质勘查阶段 X 荧光技术的工作任务 ······················· 146

  6.1.1 踏勘 ··· 146

  6.1.2 普查 ··· 148

  6.1.3 详查与勘探 ·· 151

 6.2 携带(手提)式 X 射线荧光仪的性能测试 ························· 153

  6.2.1 能量线性测试 ··· 153

  6.2.2 能量分辨率的测试 ······································· 154

  6.2.3 灵敏度测试 ·· 155

  6.2.4 检出限测试 ·· 157

  6.2.5 准确度测试 ·· 158

  6.2.6 精密度测试 ·· 160

  6.2.7 稳定性测试 ·· 162

 6.3 现场 X 荧光测量技术 ··· 163

  6.3.1 水系沉积物 X 荧光测量 ··································· 163

  6.3.2 土壤 X 荧光测量 ·· 165

  6.3.3 岩石 X 荧光测量 ·· 168

  6.3.4 干扰因素影响与校正方法 ·································· 170

 参考文献 ·· 175

第 7 章 X 荧光勘查数据处理与成果图编制 ······························ 176

 7.1 X 荧光勘查数据质量审定及数据可靠性判别准则 ··················· 176

  7.1.1 X 荧光勘查数据的质量控制与审定 ·························· 176

  7.1.2 X 荧光测量中可疑数据的剔除准则 ·························· 177

  7.1.3 测量结果不确定度的评定 ·································· 181

 7.2 X 荧光勘查数据的基本处理方法 ································· 182

  7.2.1 数据的标准化与正规化 ···································· 182

  7.2.2 常用预处理方法——移动平均分析 ·························· 183

  7.2.3 背景值与异常下限值确定 ·································· 184

 7.3 X 荧光勘查成果图件的编制 ···································· 187

  7.3.1 基本成果图 ·· 187

  7.3.2 异常评价图 ·· 190

 7.4 X 荧光异常解释的基本原则 ···································· 196

  7.4.1 以地质为基础进行综合分析 ································ 196

7.4.2　垂向 X 荧光测量 ···197

7.4.3　判别分析作最终判别 ···198

7.4.4　对异常找矿意义的评价 ···199

参考文献 ···200

第 8 章　多元统计方法在 X 荧光勘查数据处理与解释中的应用 ···················201

8.1　相关分析在 X 荧光勘查数据分析中的应用 ·····························201

8.1.1　Pearson 简单相关系数 ···201

8.1.2　Spearman 等级相关系数 ···202

8.1.3　相关分析及回归分析 ···204

8.1.4　多元素分析资料的统计整理 ·······································204

8.2　判别分析在 X 荧光异常性质判别中的应用 ·····························206

8.2.1　费希尔判别 ···206

8.2.2　模糊综合评判 ···208

8.2.3　模糊模式识别 ···210

8.2.4　应用实例 ···211

8.3　聚类分析在勘查区成矿主元素组分研究中的应用 ····················217

8.3.1　系统聚类法 ···218

8.3.2　利用聚类分析研究勘查区成矿元素组分 ·······················218

8.4　趋势分析在 X 荧光异常解释中的应用 ···································219

8.4.1　多项式趋势面 ···219

8.4.2　广义神经网络构造趋势面 ···221

8.4.3　静态小波变换构造趋势面 ···223

8.4.4　三种构造趋势面方法的比较 ·······································225

8.5　主因子分析在 X 荧光异常解释中的应用 ·······························225

参考文献 ···228

第 9 章　X 荧光测量在锶矿找矿中的应用 ···229

9.1　锶矿勘查的地球化学基础 ··229

9.2　重庆大足区兴隆地区锶矿普查找矿 ·····································231

9.2.1　矿区地质概况 ···231

9.2.2　X 荧光测量勘查锶矿的关键技术问题研究 ····················233

9.2.3　X 荧光测量的开展 ··234

9.2.4　找矿工作成果 ···237

9.3　X 荧光测量技术在锶矿地质工作中的其他应用 ·······················241

9.4　X 荧光勘查技术在其他地区锶矿找矿中的应用 ·······················244

9.4.1　四川渠县杨家坳包锶矿勘查 ·······································244

9.4.2　四川大竹县拱桥坝锶矿资源评价 ··································245

9.4.3　英国布里斯托尔地区锶矿资源评价 ·······························248

参考文献 ···249

第 10 章　X 荧光测量在金矿找矿中的应用·····································250

10.1　金矿勘查的地质与地球化学基础··250

10.1.1　不同类型金矿地球化学异常的元素组合······················250

10.1.2　金的亲硫性及铜组元素的找矿意义··························251

10.1.3　砷与金的相关性及找矿意义································251

10.1.4　铅、钡及其他元素与金的关系与找矿作用·····················252

10.2　金矿 X 荧光勘查的技术要点··253

10.2.1　指示元素与指示元素群(组)选择·····························253

10.2.2　指示元素(组)的测量···································254

10.3　X 荧光测量在吉林小西南岔金铜矿勘查中的应用···························255

10.3.1　矿区地质概况··256

10.3.2　X 荧光测量技术······································256

10.3.3　岩石 X 荧光测量及效果·································257

10.4　X 荧光测量在四川马脑壳及外围金矿勘查中的应用··························258

10.4.1　矿区地质概况··258

10.4.2　X 荧光技术在矿区初查阶段的作用····························259

10.4.3　X 荧光技术在矿区普查中的成效·····························259

10.4.4　矿区勘探及外围找矿中的应用······························261

10.5　X 荧光测量在川西其他地区金矿勘查中的应用·····························263

10.5.1　X 荧光测量在南木达地区找矿中的应用·························263

10.5.2　X 荧光测量在川西其他地区金矿找矿中的应用······················264

10.6　X 荧光测量在我国其他地区金矿勘查中的应用·····························266

10.6.1　X 荧光测量在贵州金矿勘查中的应用··························266

10.6.2　X 荧光测量在广西凤山金矿勘查中的应用·······················269

10.6.3　X 荧光测量在湘中南碳硅泥岩型金矿勘查中的应用····················273

参考文献···277

第 11 章　X 荧光测量在多金属矿找矿中的应用·································279

11.1　多金属矿勘查的地球化学基础··279

11.2　铜矿 X 荧光勘查技术及应用··282

11.2.1　X 荧光法勘查铜矿的地质条件探讨····························282

11.2.2　找矿实例 1：四川宝兴县风箱崖铜矿踏勘·······················284

11.2.3　找矿实例 2：四川理塘县某铜矿勘查··························288

11.3　X 荧光测量在铅锌矿勘查中的应用··290

11.3.1　地质基础与方法技术····································290

11.3.2　找矿应用实例——四川康定、宝兴铅锌矿勘查······················292

11.3.3　找矿应用实例——云南东山铅锌矿勘查·························294

11.3.4　其他地区的铅锌矿找矿实例································297

11.4　X 荧光测量在锡矿勘查中的应用···299

  11.4.1 云南腾冲夹谷山与籁利山锡矿普查 ······················· 299

  11.4.2 新疆锡矿勘查中的应用 ····································· 301

 11.5 X 荧光测量在其他矿产勘查中的应用 ······························· 303

  11.5.1 萤石矿勘查 ··· 303

  11.5.2 蒙古国东南部钨多金属矿找矿 ····························· 305

 参考文献 ·· 309

第 12 章 X 荧光测量在地质规律研究工作中的应用 ······················ 310

 12.1 控矿构造活动性质及矿体空间展布规律研究 ······················· 310

 12.2 X 荧光方法在矿床学研究中的应用 ······························· 314

 12.3 X 荧光测量在矿床地球化学分散模式研究中的应用 ················· 317

 12.4 X 荧光测量在航测异常评价中的应用 ····························· 319

  12.4.1 实例 1：蒙马拉航磁异常查证 ····························· 319

  12.4.2 实例 2：北天山西段航磁异常查证 ························· 323

 12.5 X 荧光测量在岩心编录及深部找矿中的应用 ······················· 325

  12.5.1 可以直接测量目标元素的矿种——以湖南黄沙坪铅锌矿为例 ······ 325

  12.5.2 不能直接测量目标元素的矿种——以四川康定市甲基卡锂矿为例 ······ 345

 参考文献 ·· 349

第 13 章 地质品位的 X 射线荧光取样 ······························· 350

 13.1 地质品位 X 射线荧光取样的关键技术问题 ························· 351

  13.1.1 几何效应影响校正理论与技术 ····························· 351

  13.1.2 矿化不均匀效应影响校正理论与技术 ······················· 358

  13.1.3 X 射线荧光取样结果的评价 ······························· 359

 13.2 铜矿 X 射线荧光取样 ··· 363

  13.2.1 铜矿 X 荧光取样的技术特点 ······························· 363

  13.2.2 X 荧光取样在铜矿上的应用 ······························· 364

 13.3 X 荧光取样技术在铅锌、钼、锡矿山的应用 ······················· 372

  13.3.1 铅锌矿山的应用 ··· 372

  13.3.2 钼矿 X 荧光取样 ··· 376

  13.3.3 锡矿 X 荧光取样 ··· 376

 参考文献 ·· 379

第 14 章 X 荧光测井及应用 ······································· 380

 14.1 X 荧光测井仪器与工作原理 ····································· 380

  14.1.1 X 荧光测井仪的地面设备 ································· 381

  14.1.2 X 荧光测井仪的井下探管 ································· 381

  14.1.3 X 荧光测井仪的基本工作原理 ····························· 382

 14.2 X 荧光测井的技术方法 ··· 385

  14.2.1 X 荧光测井仪刻度 ······································· 385

  14.2.2 X 荧光测井工作的开展 ··································· 387

  14.2.3 X 荧光测井资料解释方法 ··· 388
 14.3 X 荧光测井的主要干扰因素及对策 ·· 390
  14.3.1 井液的影响与校正 ··· 390
  14.3.2 基体效应的影响与校正 ··· 392
  14.3.3 其他影响因素与校正 ·· 393
 14.4 X 荧光测井在天青石矿勘查中的应用 ······································ 393
 14.5 X 荧光测井在铜矿勘查中的应用 ·· 395
 14.6 X 荧光测井在多金属矿勘查中的应用 ······································ 398
 14.7 X 荧光测井在金矿勘查中的应用 ·· 400
 参考文献 ·· 402
第 15 章 X 荧光勘查技术与其他物化探技术的配合与综合找矿 ················· 403
 15.1 X 荧光勘查技术与电法测量的配合 ··· 403
  15.1.1 实例 1：四川荥津县某铜矿外围勘查铜矿 ························· 404
  15.1.2 实例 2：四川九寨沟县青山梁地区勘查金矿 ····················· 409
 15.2 X 荧光勘查技术与地气测量法的配合 ······································ 413
  15.2.1 实例 1：新疆卡鲁安联袂勘查锂矿研究 ··························· 416
  15.2.2 实例 2：中南某铀矿勘查区找矿应用 ······························ 423
 15.3 X 荧光测量与其他核方法在地质找矿中的综合应用 ··················· 426
  15.3.1 X 荧光测量与 γ 能谱等综合方法在潞西红色黏土型金矿找矿中的应用 ········· 426
  15.3.2 X 荧光测量与其他核方法在地质勘查中的综合应用 ············· 429
 参考文献 ·· 434
附录 1：元素的 K 吸收限与 K 系特征 X 射线表 ································· 435
附录 2：元素的 L 吸收限与 L 系特征 X 射线表 ································· 438

第1章 X荧光技术的物理基础

1.1 特征X射线荧光的产生与莫塞莱定律

X射线的本质和光一样，都是电磁辐射，其波长介于紫外线和γ射线之间。同一切电磁辐射和微观粒子一样，X射线也具有微粒和波动双重性。这种波-粒两重性，可随不同的实验条件而表现出来。显示X射线的微粒性包括：光电吸收、非相干散射、气体电离和产生闪光等现象，以一定的能量和动量为特征；显示X射线的波动性包括：光速、反射、折射、偏振和相干散射等，以一定的波长和频率为特征。因此，X射线是不连续的微粒性和连续的波动性的矛盾统一体。

用于元素定性与定量测定的X射线，不同于通过轫致辐射方式产生的连续X射线，是X射线中能量量子化(不连续)的一类射线，称为"特征X射线荧光"(常简称"特征X射线"或"X荧光")。X荧光是射线与原子相互作用的产物。当入射射线与原子的内层电子发生作用时，将能量传递给内层电子，使其脱离原子核的吸引发射出去，在原子内层留下电子空位，使原子处于激发态。处于激发态的原子是不稳定的，在 $10^{-14} \sim 10^{-12}$s 时间内，它会

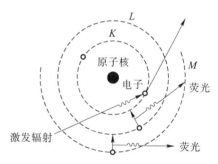

图1.1 特征X射线荧光产生示意图

通过外层电子填充内层电子或发射俄歇电子的方式释放激发能。由于原子每层电子的结合能(等于原子相应能级的能量)是确定的，且是量子化的，当外层电子填充内层电子空位时，数值上等于两层电子结合能差的多余能量，就会以特征X射线荧光的方式释放出来(图1.1)，这个能量的大小由莫塞莱定律给出(谢忠信，1982)：

$$E_x = Rhc(Z - a_n)^2 \left(\frac{1}{n_2^2} - \frac{1}{n_1^2} \right) \tag{1.1}$$

式中，a_n 为与内壳层电子数目有关的正数；R 为里德伯常量，1096.776m^{-1}；h 为普朗克常量，6.626×10^{-34}J·s；c 为光速，3.0×10^{8}m·s^{-1}；n 为主量子数；Z 为原子序数。

对 K 系X射线，n_1=1，n_2=2，a_n=1。对 L 系X射线，n_1=2，n_2=3，a_n=3.5。

莫塞莱定律表明：特征X射线能量与原子序数的平方成正比。莫塞莱定律奠定了利用特征X射线能量确定待测元素的理论依据。

图1.2称为莫塞莱图。该图表示从 B~U 常用的 K 系、L 系、M 系谱线能量(E)与原子序数(Z)的对数关系。

当低能级的电子被激发形成空位时，高能级的电子可能跃迁到低能级，以补充空位，并释放一定的能量。但是，并不是所有高能级的电子都有相同的概率来补充这一空位。概

率较大的跃迁产生较强的特征 X 射线，概率较小的产生较弱的特征 X 射线。根据原子结构的量子理论，轨道之间产生跃迁遵循一定的法则，称为量子力学选择定则，其内容如下：

（1）$\Delta n \neq 0$，主量子数 n 之差不能等于零，即属于同一层的电子不能跃迁。

（2）$\Delta l \neq \pm 1$，角量子数 l 之差等于 ± 1，即角量子数 l 相同或相差大于 1 的能级之间不能跃迁。

（3）$\Delta j \neq 0$ 或 ± 1，即内量子数 j 之差等于 0 或 ± 1，可以跃迁。

根据该选择定则，主要的 K 系和 L 系谱线如图 1.3 所示。由图可见，一个 $K(1s)$ 层电子被驱逐出原子后，必为其中的 L 层或 M 层中的 p 电子补充。当 $K(1s)$ 层电子空位时，L_{II}（n=2，l=1）壳层中的 4 个 2p 电子可以跃入 K 层 1s 能级。因为 $\Delta l = 1$，便发射出 K_{α_1} 特征 X 射线；若由 L_{II}（n=2，l=1）层的 2 个 2p 电子跃入 K 层 1s 能级，因为 $\Delta l = 1$，便发射出 K_{α_2} 特征 X 射线；其中 L_{I}（n=2，l=0）层中的 2s 电子不能跃迁到 K 层的 1s 能级（n=1，l=0），因为 $\Delta l = 0$，不符合选择定则。若由 M_{II}（n=3，l=1）和 M_{III}（n=3，l=1）层电子补充，便发射出 K_{β_3} 和 K_{β_1} 特征 X 射线；由 N_{II}（n=4，l=1）和 N_{III}（n=4，l=1）层的一个电子补充时，便发射出 K_{β_2} 特征 X 射线。3p 或 4p 与 1s 能级间的能量差大于 2p 与 1s 间的能量差，所以 K_{β} 辐射的光子能量大于 K_{α} 辐射的光子能量。

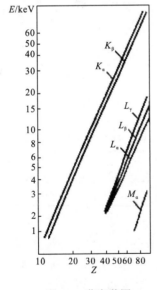

图 1.2 莫塞莱图

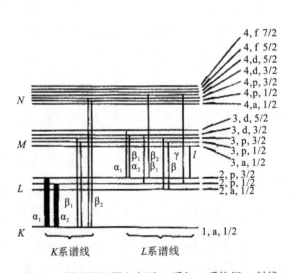

图 1.3 原子能级图和主要 K 系与 L 系特征 X 射线

如果原子的电子空位出现在 L 层，由 M 层或 N 层等外层电子补充，则发射出 L 系特征 X 射线。同样，还有 M 系特征 X 射线。

原子发射的 K、L、M 等各条特征谱线的照射量率取决于原子各壳层电子被逐出的相对概率。如果 X 射线或带电粒子的能量足够大（大于 K 层吸收限能量 K_{ab}），它将激发原子而逐出所有该原子 K、L、M 等壳层的电子，但是概率最大的是发出最内层的 K 层电子，其次是 L 层、M 层电子。所以特征 X 射线照射量率最大的是 K 系谱线，其次是 L 系

谱线，再次是 M 系谱线。各谱线之间的照射量率比相对近似地为

$$K : L : M = 100 : 10 : 1 \tag{1.2}$$

基于莫塞莱定律，采用多道谱仪分别测量每一样品的特征 X 射线荧光谱(图 1.4)，依据每一谱峰的刻度能量，可以完成对所代表元素的识别；依据相应谱峰面积值，代入事先完成的峰面积-含量刻度方程，即可确定每一谱峰所代表元素的含量(谢忠信，1982；章晔等，1984)。

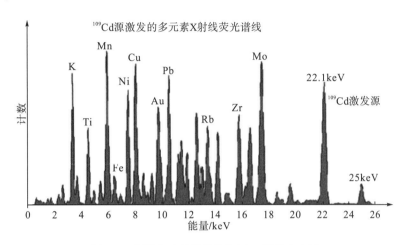

图 1.4　实测多元素样品的特征 X 射线荧光谱

1.2　X 荧光的激发与激发源

X 射线荧光方法是根据 X 射线的能量和照射量率及其变化来研究试样中的物质成分及分布的。因而首先必须讨论如何得到 X 射线，然后再研究 X 射线与物质成分的关系和 X 射线与物质作用的特点，从而达到预期的目的。如何激发原子，使之产生特征 X 射线以及激发方式和最佳条件的选择就成为 X 射线荧光方法中需要首先讨论的重要课题。利用射线去轰击原子，使其受激发后发射 X 荧光的过程称为"激发"。我们把产生激发射线的装置，称为"激发源"。

1.2.1　激发方式概述

要激发元素的特征 X 射线，首要问题是使原子内层电子轨道产生电子空位。即要求以某种方式将一定的能量传递给原子的内层电子。内层电子获得一定能量之后，克服电子在原子中的结合能，脱离原子的束缚，成为自由电子并在内层电子轨道上形成空位。然后，当能级较高的电子补充这一空位时发射特征 X 射线。

在内层电子轨道上形成电子空位的主要方式有以下几种(曹利国，1998)。

(1)电子激发。电子是一种质量较轻的带负电粒子。当其与质量相同的核外电子相互作用时，可能将大部分，甚至全部能量交给电子，并明显改变运动方向。入射电子主要来源于在一定高电压下加速的电子或核衰变中产生的 β 粒子。

(2)带正电粒子激发。带电粒子主要是指在加速器中加速的高能质子、氘核和其他带正电的粒子以及核衰变产生的 α 粒子。这些粒子与物质作用时容易将能量逐渐传递给周围物质。比电离甚大，但作用深度很小。为了有效地激发试样，要求带电粒子具有较高的能量。

(3)电磁辐射激发。γ 射线、X 射线、同步辐射、轫致辐射甚至某些光辐射都可能与原子作用而产生光电效应并发射光电子，在核外电子轨道上形成空位。这些电磁辐射可以有多种来源，可以是放射性核素衰变时产生的 γ 射线、X 射线或用各种加速器加速带电粒子与靶物质作用产生轫致辐射及特征 X 射线，以及带电粒子在磁场中偏转产生的同步辐射。

(4)内转换现象。核衰变产生的射线或粒子在原子内部直接将能量传递给核外电子。当电子获得足够的能量克服原子核的束缚时，成为内转换电子，并在电子轨道上形成空位。

(5)核衰变。这里的核衰变主要指 K 层电子俘获。某些核素可以从原子本身的内层轨道上俘获一个电子，完成质子向中子的衰变，并在内层电子轨道上形成空位。

图 1.5 为上述几种激发方式的作用过程。其中核衰变和内转换现象是由放射性核素的固有特征所决定的，只在讨论放射性核素源的能量、比照射量率时才涉及这些特性。

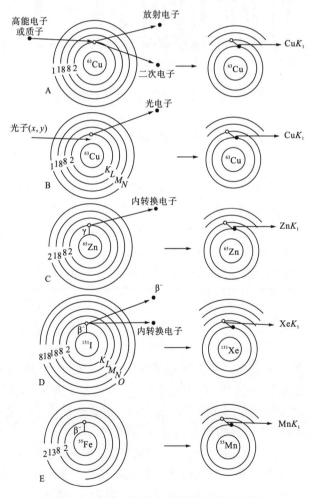

图 1.5　特征 X 射线主要激发方式示意图

A-带电粒子激发；B-电磁辐射激发；C、D-内转换现象；E-K 层电子俘获

　　从激发的有效性与投入产出比的角度考虑，实际工作中人们更愿意用电磁辐射(γ 射线、X 射线)作为 X 荧光的激发源。对携带(手提)式 X 射线荧光仪，则基本都是采用 γ 射线或 X 射线作为激发初始射线。而产生 γ 射线或 X 射线的装置主要有两类：放射性同位素源、低功率 X 射线管。

1.2.2　放射性同位素源

　　放射性同位素源的突出优点是：体积小，重量轻，成本低。可以使用放射性同位素直接放出的 γ 射线、β 射线或 X 射线来激发被测对象，也可以采用将初级射线照射靶物质而产生次级光子的组合源。

　　常见的同位素源的几何形状主要有三种：点源、片状源和环状源。使用哪种源主要根据被测对象的形状、大小和探测装置的几何布置等因素综合考虑。

　　选择同位素激发源时必须考虑以下几点。

　　(1)激发源放出的 γ 射线或 X 射线的能量必须大于待测元素 K 层或 L 层的吸收限。能激发 K 层最好，因为 K 层的荧光产额高，不得已才利用 L 层的吸收限。若 X 射线能量稍大于吸收限，则光电截面最高，相应的荧光产额也高。单一能量的射线源更为有利。

　　(2)具有足够长的半衰期。不仅消除了半衰期校正带来的误差，而且使用时间长，节省费用。

　　(3)适当的几何形状和源活度。以尽可能提高待测元素特征 X 射线的照射量率和信噪比。

　　放射性同位素源在现场 X 荧光测量中曾经普遍采用，近年来，随着低功耗 X 射线管技术的稳步提高，便携(手提)式 X 射线荧光仪中使用放射性同位素源的比例已经逐渐降低，但还有部分仪器，以及早期研发的仪器仍在使用。常见的放射性同位素源的主要特性如表 1.1 所示。较详细的论述可参阅章晔等(1984)撰写的专著。

表 1.1　常用的放射性同位素激发源

核素	半衰期	蜕变类型	光子能量/keV	光子产额/(光子/蜕变)	参考活度/mCi	激发元素范围	
						K	L
^{109}Cd	453d	E	22.11；24.95；Ag$K_{\alpha1}$、K_β	1.01	1～5	(22)26～44	(57)70～92
			2.98；3.35；Ag$K_{\alpha2}$、K_β	0.016		14～17	
			88.0	0.04		(40)50～81	
^{238}Pu	86a	α	13.50　UL		10～30	24～35	56～92
			16.43　UL_2				
			17.22　UL_1	0.13			
			20.16　UL_1				
			45.00 γ				
^{241}Am	458a	α	12.89 NpL	0.0018	2～30	24～38	56～92
			13.76 Np$L_{\alpha2}$	0.135			
			13.95 Np$L_{\alpha1}$	—			
			16.84 Np$L_{\beta2}$	0.184			
			17.74 Np$L_{\beta1}$	—			
			20.77 Np$L_{\gamma1}$	0.05			
			26.35γ	0.025			
			33.2γ	—			

续表

核素	半衰期	蜕变类型	光子能量/keV	光子产额/(光子/蜕变)	参考活度/mCi	激发元素范围	
						K	L
			59.56γ	0.359			
^{55}Fe	2.7a	E	5.898 MnK_α	0.25	5～20	(13)17～23	40～58
			6.5 MnK_β				
^{135}I	60d	E	27.40 TeK_α	1.41	2～5	(26)30～48	74～92
			30.99TeK_β	—			
			35.4γ	0.07			
^{57}Co	270d	E	6.4 FeK_α	0.48	2～5	—	
			7.1 FeK_β	—		20～24	
			15.4γ	0.08		—	
			121.9γ	0.85		(55)67～92	
			136.3γ	0.11		—	
^{153}Gd	242d	E	41.30 EuK_α	1.1	1～5	—	
			47.03 EuK_β	—		(31)40～58	
			69.7γ	0.026		—	
			97.4γ	0.3		(50)64～87	
			103.2γ	0.2		—	
^{210}Pb	22a	β	10.80 BiL_α	—	10～20	(22)24～31	(50)55～79
			13.01 BiL_β	0.24			
			15.24 BiL_γ	—			
			46.5γ	0.04			
^{170}Tm	127d	E，β	52.1 YbK_α	0.045	50～500	(40)50～80	—
			59.3 Yb$K_{\beta1}$	—			
			84.3γ	0.033			
^{204}Tl	4.1a	β，E	70.82 Hg$K_{\alpha1}$	0.015	—	—	—
			68.89 Hg$K_{\alpha2}$				
			80.26 Hg$K_{\beta1}$				
^{59}Ni	8×10^{4}a	E	6.93 CoK_α	0.99	—	(17)20～25	(41)51～62
			7.65 CoK_β				
^{41}Ca	8×10^{4}a	E	3.31 KK_α	0.129	—	10～17	—
			3.59 KK_β				
^{49}V	330d	E	4.51 TiK_α	0.2	—	12～21	—
			4.93 TiK_β				
^{44}Ti	48a	E	4.09 ScK_α	0.174	—	12～20	—
			4.46 ScK_β				
			67.8γ				
			78.4γ				

注：(1) 在蜕变类型栏中，E代表电子俘获衰变；α代表α衰变；β代表β衰变；(2) 表中的"参考活度(mCi)"为非法定的老活度单位，考虑到目前商业上仍然以此单位标注源的活度，故此处保留了此单位，便于读者对照。mCi与法定单位Bq的换算关系为：1mCi=10^{-3}Ci；1Ci=3.7×10^{10}Bq。

1.2.3 低功率X射线光管

目前，低功率X射线光管作激发源是第三代携带式X射线荧光仪中最常见的配置。

X 射线光管的基本结构由阴极(灯丝)、阳极(靶)、聚焦(准直)系统、窗体等组成，它们被密封在一个高真空的玻璃(陶瓷)外壳内。对于低功率 X 射线管，目前主要有两种基本结构：透射式结构、反射式结构。

图 1.6 为成都理工大学研制的一种透射式 X 射线光管结构，其 X 射线的出射窗位于光管的顶端(杨强，2012)。图 1.7 则为常见的反射式 X 射线光管结构，其 X 射线的出射窗位于 X 射线光管侧面。

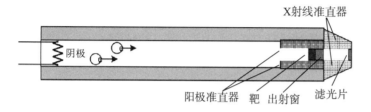

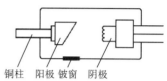

图 1.6　一种透射式 X 射线光管结构　　　　图 1.7　反射式 X 射线光管结构

图 1.8 是一种小型透射式 X 射线光管的外形。

1) 阴极(灯丝)

X 射线光管的阴极由螺旋状的灯丝构成，材料一般是钨丝，在稳定的灯丝电流加热下，灯丝温度升高，内部电子获得能量从表面逸出，在灯丝周围形成了具有一定密度的电子云。在

图 1.8　小型透射式 X 射线光管

管子外部的阳极和阴极间施加电压(正高压或负高压)，电子在高压电场的作用下加速飞向阳极。由于从给 X 射线光管通电到灯丝加热直至最后发射电子，需要一定的时间，故这种热电子发射方式在时间上会有一定的延时性且能量消耗比较大。

高速运动的电子会产生电子流，若管电压不够大，会导致一部分电子无法脱离灯丝而残留在其周围，这些电荷的电场会阻碍灯丝产生电子，进而减小管电流。在刚给 X 射线光管通电的一段时间内，管电流随着管电压的增加而增大，当管电压增大到一定程度，灯丝附近的空间电荷都已飞往阳极时，管电流的大小基本上不会因为管电压上升而发生变化，即达到饱和，此时管电流大小仅由灯丝电流决定，当灯丝电流增大时，灯丝温度 T 随之上升，灯丝周围空间电荷增多，此时需增大管电压才能使管电流 I_a 再次达到饱和，结果导致管电流的上升，其关系满足以下公式(张睿，2010)：

$$I_a = AT^2 e^{-\phi/KT} \tag{1.3}$$

式中，I_a 为管电流；A 为常数；T 为灯丝温度；K 为玻尔兹曼常量；ϕ 为灯丝材料逸出功。在灯丝温度低于 2.4×10^3K 时(赵强，2000)，随着电流强度的增加，灯丝温度缓慢上升，当灯丝温度高于 2.4×10^3K 时，电流强度每做一微小改变，灯丝温度会大幅度提高。需要注意的是，灯丝温度过高，蒸发变快，会影响灯丝寿命。

2) 阳极(靶)

阳极(靶)由阳极头、阳极罩和阳极柄三部分组成。阳极的作用是吸引电子和加速电子，并阻止高速电子运动，使高速电子轰击阳极靶面而产生 X 射线，同时把产生的热量传导

或辐射出去。阳极头即靶材，电子打到上面并与其发生相互作用放出 X 射线。入射电子与靶之间主要发生两种相互作用：①轫致辐射：每个入射电子所具有的能量不同，与靶作用后通过轫致辐射方式损失的能量各异，通过轫致辐射，产生能量连续分布的 X 射线发射谱；②内层电子电离：当入射电子能量略大于靶材料原子内层电子结合能时，入射电子将有较大概率将能量传递给靶原子的内层电子，使其发射出去，在原子内层形成电子空穴，外层电子来填充内层电子空穴时，释放出特征 X 射线谱，靶材料不同，特征 X 射线谱不同。图 1.9 是银靶 X 射线光管的发射光谱图（杨强，2012）。

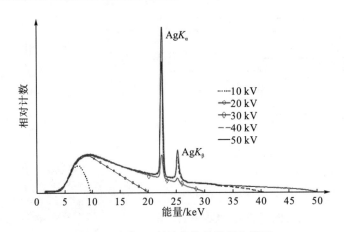

图 1.9　银靶 X 射线光管的发射光谱图

X 射线光管一般都采用固定阳极，阳极与外壳之间通过可伐合金封接，靶背面与一铜柱焊接并延伸至管外接冷却系统。

3）玻璃壳

玻璃壳又称管壳，用来支撑阴、阳两极和保持管内的真空度，通常由熔点高、绝缘强度大、膨胀系数小的钼组硬质玻璃制成。

X 射线光管发射的 X 射线发射谱具有以下特征。

（1）X 射线发射谱是由轫致辐射连续谱与靶材料特征 X 射线谱叠加的谱线，靶材料不同，特征 X 射线谱不同。

（2）轫致辐射连续谱的强度随波长的变化而连续变化。

（3）每条轫致辐射连续谱都有一个峰值且随管压的变化而变化（图 1.10）。

（4）轫致辐射连续谱在波长增加的方向上都无限延展，且强度越来越弱。

（5）轫致辐射连续谱有一最短波长（$\lambda_{\min}$）。

可以证明，光子能量的最大极限为

$$hv_{\max} = eU \qquad (1.4)$$

最大光子能量对应的光子最短波长为

$$\lambda_{\min} = \frac{hc}{eU} \qquad (1.5)$$

当波长单位为 nm、电压单位为 kV 时，有

$$\lambda_{\min} = \frac{1.24}{U} \tag{1.6}$$

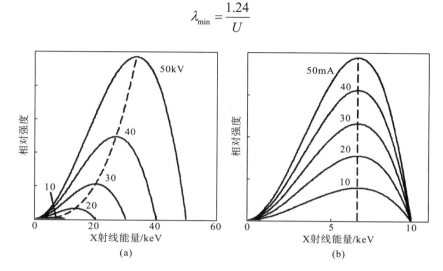

图 1.10　X 射线光管不同管电压(a)、管电流(b)与韧致辐射谱谱峰关系示意图

式(1.6)表明：连续 X 射线的短波极限只与管电压有关，而与其他因素无关。

采用低功率 X 射线光管做激发源与一般的放射性同位素源相比具有若干突出优点。其一，如图 1.9 所示，X 射线光管输出的 X 射线具有较宽的能量范围，它可直接或间接地用作大部分元素的激发源；而且它输出的能量范围与照射量率还可通过调节管压和管流得以改变(图 1.9、图 1.10)，以便有选择地激发元素。不使用时可切断电源，无辐射伤害。其二，X 射线光管输出 X 射线的照射量率比一般放射性同位素源高，有利于提高元素分析的灵敏度和降低检出限。例如，活度为 100mCi 左右的放射性同位素源每秒约发射 3.7×10^9 个光子，而工作在 100μA 管电流下的低功率 X 射线光管每秒可发射约 10^{12} 个光子。

当然，低功率 X 射线光管也有缺点。它的主要缺点是：需要电源，体积较大，与探测器和被测对象间的组合方式不如放射性同位素源灵活，低功率 X 射线光管输出光子流的稳定性取决于管电压与管电流的稳定性，这对仪器提出了更高要求。

近年来，由于材料与制作工艺的提高，微型 X 射线光管已商品化，并在用于携带(手提)式 X 射线荧光仪的激发源中取得好的应用效果。

1.3　X 荧光测量的有关单位

1.3.1　描述 X 射线物理性质的有关单位

1. 波长(λ)

在 1.1 节介绍过，X 射线具有微粒和波动的双重性。为描述 X 射线的波动性，使用了波长 λ 这一物理量，将其定义为周期波上同一瞬间相邻同相位点的距离。波长的法定单位为 m。

X 射线的波长较短，在 $10^{-11} \sim 10^{-10}$m 量级。因而常用 nm 作为单位，$1nm=10^{-9}$m。电磁波谱图如图 1.11 所示。

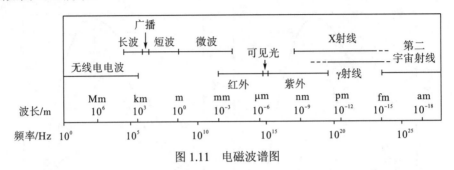

图 1.11　电磁波谱图

对于 X 射线，传统上曾经习惯使用 Å(埃) 作为其波长的单位。Å 是一种非法定单位，不过目前还在使用，且在以往发表的文献中大量存在。Å 与法定单位 m 的关系为

$$1nm=10^{-9}m=10Å$$
$$1Å=10^{-10}m=0.1nm$$

2. 频率(ν)和波数(频数 υ)

定义频率为单位时间内完成振动的次数，用符号 ν 表示。其单位为 s^{-1}。

当 X 射线以光速传播时，其频率与波长之间的关系为

$$\lambda=c/\nu \text{ 或 } \nu=c/\lambda \tag{1.7}$$

与频率相关的量是波数 υ，定义为单位长度上的振动次数。其单位为 cm^{-1} 或 m^{-1}。

$$\upsilon=1/\lambda \tag{1.8}$$

3. 能量(E)

为描述 X 射线的微粒性，物理学上主要以能量(E)来描述 X 射线的特征。它表示光量子所具有的能量，其法定单位为焦耳(J)。在能量色散 X 射线荧光能量范围内，由于焦耳太大，常以电子伏(eV)为单位来表示能量的大小。物理学上，1eV 表示一个电子在电位差为 1V 的电极间加速所获得的能量。

$$1eV=1.602\times10^{-19}J \text{ 或 } 1keV=1.602\times10^{-16}J \tag{1.9}$$

根据普朗克常量 h 可以将电磁辐射能量 E 与波长 λ 相联系，即

$$E=h\nu=hc/\lambda \tag{1.10}$$

式中，c 为光速，$c=3.0\times10^{8}$m/s；h 为普朗克常量，代入式(1.10)得

$$E=1.986\times10^{-25}/\lambda \tag{1.11}$$

将式(1.9)代入，得

$$E=1.2398\times10^{-9}/\lambda$$

上式中 λ 的单位为 m，若采用 Å 作波长的单位，则

$$E=13.398/\lambda \tag{1.12}$$

根据式(1.10)可以表达能量 E、频率 ν 和波长 λ 之间的关系：波长越短，频率越高，则 X 荧光辐射的能量就越大。

4. 活度

"活度"，全称为"放射性活度"，是指放射性核素每秒衰变的原子核数的数学期待值。定义为

$$A = -\frac{\mathrm{d}N}{\mathrm{d}t} \tag{1.13}$$

式中，A 为放射性核素的活度；$\mathrm{d}t$ 为时间间隔；$-\mathrm{d}N$ 为在时间间隔 $\mathrm{d}t$ 内衰变掉的原子核数。放射性衰变具有放射性统计涨落，导致单位时间衰变的原子核数也有涨落，所以用单位时间内衰变的原子核数的数学期望值定义活度。

目前放射性活度的国际单位为贝可勒尔(Bq)，表示每秒有一个原子核衰变。

在核科学技术领域，除了 Bq，目前还在用非法定单位居里(Ci)。Ci 与 Bq 间的换算关系如下：

$$1\mathrm{Ci} = 3.7 \times 10^{10} \mathrm{Bq} \tag{1.14}$$

一克镭的放射性活度有 3.7×10^{10} Bq，正好为 1Ci。所以，在放射性测量中也常常将一克镭的放射性作为放射性强弱的标准，用于度量其他放射性核素物质(或放射源)的强弱，如某放射性核素物质的放射性为两克镭当量每克，即表示该放射性核素物质的放射性相当于 2 克镭的放射性。

对 X 荧光测量中使用的放射性同位素源，Ci 单位太大，常常用其分级单位 mCi、μCi，与 Ci 间的换算关系如下：

$$1\mathrm{mCi} = 3.7 \times 10^{7} \mathrm{Bq} \tag{1.15}$$

$$1\mu\mathrm{Ci} = 3.7 \times 10^{4} \mathrm{Bq} \tag{1.16}$$

5. 照射量(X)和照射量率($\dot{X}$)

照射量 X 是电磁辐射产生电离能力的一种量度，将其定义为单位质量的体积单元 $\mathrm{d}m$ 中，由于辐射产生的全部正、负离子被完全阻止时形成离子总电荷的绝对值 $\mathrm{d}Q$，即 $X = \mathrm{d}Q/\mathrm{d}m$，其单位为库仑每千克(C/kg)。

单位时间内的照射量称为照射量率($\dot{X}$)，即 $\dot{X} = X/s$，其法定单位为库仑每千克秒 [C/(kg·s)]。它直接与辐射源在单位时间单位质量内产生的离子数目(即电离能力)有关，常用来表示辐射源的强弱。因而在以往的文献中称为"强度"。"强度"这一名词的含义不准确，而且在很多场合都用，容易混淆，因此已经完全废止，但在以往发表的文献中仍然常见。

在历史上曾用过伦琴(R)来度量射线的照射量，R 是非法定单位。但是在某些场合和早期的文献资料中大量使用，与法定单位的换算关系如下：

$$1\mathrm{R} = 2.58 \times 10^{-4} \mathrm{C/kg} \tag{1.17}$$

相应的照射量率单位为"伦琴每秒"(R/s)。这是一个较大的单位，实际工作中则应用微伦琴每小时(μR/h)，简称伽马，记为 γ，作为照射量率的惯用单位：

$$1\mu\mathrm{R/h} = 1\gamma = 2.58 \times 10^{-10} \mathrm{C/(kg \cdot h)} = 7.17 \times 10^{-14} \mathrm{C/(kg \cdot s)} \tag{1.18}$$

1.3.2   描述 X 射线荧光测量量的有关单位

1. 计数率与计数

从物理角度看，X 荧光测量的直接探测信息实际是脉冲计数率或计数。入射 X 射线经探测器接收并转换为电脉冲信号，转换的电脉冲信号的幅度正比于入射射线能量，单位时间输出的脉冲信号数目正比于入射射线数目，因此，当探测器输出信号经调理电路按比例放大整形后按脉冲幅度分别记录时，单位时间记录的某种幅度的电脉冲信号数，实际正比于相应能量的入射 X 射线数目，也正比于相应荧光元素的含量。因此，用某特征 X 射线能量的全能峰计数做测量结果，与对应元素的含量是基本等效的。所以，在一些无法刻度仪器含量的场合，常常直接用某特征 X 射线的计数率或计数代表该元素的测量结果。

在一些新的勘查区工作前，所用便携(手提)式 X 射线荧光仪因为缺乏目标元素标准样，无法建立含量计算工作曲线。此外，当测量某组元素的总量时，也很难建立该组元素总含量(组元素含量之和)的计算工作曲线，此时，往往直接利用仪器对目标元素特征谱线的计数率或计数值作为测量结果。常用的单位有 cps、cpm、cp。其中，cps 表示仪器每秒所记录的某种元素特征 X 射线的脉冲数；cpm 表示仪器每分钟记录的某种元素的特征 X 射线的脉冲数；cp 表示在某个设定的时间内记录的某种元素的特征 X 射线的脉冲数。为了对测量结果进行对比，需要将设定的时间表示出来，例如，测量时间设定为 200s，测量结果可以表达为 cp/200s。

2. 荧光元素含量

我们把 X 荧光测量的目标元素称为荧光元素。在找矿工作中，通过 X 荧光测量获取的荧光元素含量，应该按照地球化学规范表示为相应的质量含量单位与浓度含量单位。其中，X 荧光测量使用的质量含量单位主要包括：① "%" ——百分含量，常用于表示固体测量介质中的常量元素，如岩石与土壤中的 Fe、K 等；② "10^{-6}g/g 或 μg/g" ——微克每克，常用于表示固体测量介质中的微量元素，如岩石与土壤中的 Cu、Pb、As 等。与此单位相应的是非法定单位 ppm（$1ppm=10^{-6}$）。X 荧光测量使用的浓度含量单位主要包括：① "g/L" ——克每升，常用于表示液体测量介质中的常量元素，② "μg/L" ——微克每升，常用于表示液体测量介质中的微量元素。

1.4   X 荧光分析基本方程

由以上讨论可知，X 射线荧光的产生是 X(γ)射线与物质相互作用的产物，也正是 X 射线与物质相互作用的复杂性，使得待测物质中目标元素特征 X 射线照射量率与其含量之间的关系很复杂，尤其对化学成分复杂的岩(矿)石、土壤样品而言，更是如此。在一定的简化的假设条件下推导目标元素特征 X 射线照射量率与其含量之间的理论公式，能建立各个有关量之间的大致关系，为后面讨论"基体效应"、"不平度效应"和"不均匀效应"等问题提供必要的基础知识。

　　假设样品为无限大的光滑平面，密度为 ρ，厚度为 M，目标元素分布均匀且含量为 C。激发源为单一能量的光子源，能量为 E，初级射线和特征 X 射线均为平行射线束，与样品表面的夹角分别为 α 和 β。激发源、样品和探测器之间的几何位置如图 1.12 所示。若样品表面初级射线的照射量率为 I_0，则初级射线束到达深度为 x 处的照射量率 I_0^x 为

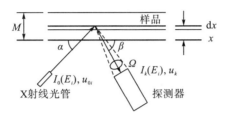

图 1.12　样品 X 荧光强度推导用图

$$I_0^x = I_0 \cdot \mathrm{e}^{-\frac{\mu_0 x}{\sin \alpha}} \tag{1.19}$$

式中，μ_0 为初级射线在样品中的线衰减系数；$x / \sin \alpha$ 为初级射线在样品中所经过的路程，因而初级射线束在通过厚为 $\mathrm{d}x$ 层时减少的照射量率 $\mathrm{d}I_0^x$ 为

$$\mathrm{d}I_0^x = -I_0 \cdot \frac{\mu_0}{\sin \alpha} \cdot \mathrm{e}^{-\frac{\mu_0 x}{\sin \alpha}} \mathrm{d}x \tag{1.20}$$

　　对单能射线，I_0 可以认为是初级射线以 α 角入射到样品表面为 $1 / \sin \alpha$ 的单位截面积（1cm^2）上的能量，故入射到单位面积、厚为 $\mathrm{d}x$ 层上初级射线能量的变化为 $\mathrm{d}I_0^x \cdot \sin \alpha$，这一能量的变化是 $\mathrm{d}x$ 层物质对初级射线的吸收。若忽略散射作用（实际上从 X 射线在物质中的吸收特性可以看出，光电效应截面比散射作用截面大 2～3 个数量级），则样品中目标元素 A 的某一能级 q 所吸收的能量为（葛良全等，1997）：

$$(\mathrm{d}E_A)_q = I_0 (\tau_A)_q C_A \cdot \mathrm{e}^{-\frac{\mu_0 x}{\sin \alpha}} \mathrm{d}x \tag{1.21}$$

式中，τ_A 为目标元素 A 的光电截面；$(\tau_A)_q$ 为目标元素 A 的 q 能级的光电截面，即

$$(\tau_A)_q = \frac{S_q - 1}{S_q} \tau_A \tag{1.22}$$

式中，S_q 为元素 A 的能级 q 的吸收陡变。于是，式（1.19）可写为

$$(\mathrm{d}E_A)_q = I_0 \frac{S_q - 1}{S_q} \tau_A C_A \cdot \mathrm{e}^{-\frac{\mu_0 x}{\sin \alpha}} \mathrm{d}x \tag{1.23}$$

　　如果以 $N_{0,q}$ 表示单位时间内，单位面积 $\mathrm{d}x$ 层内元素 A 的能级 q 的吸收初级射线的光子数，则有

$$N_{0,q} = \frac{(\mathrm{d}E_A)_q}{E_0} \tag{1.24}$$

　　上述每一个被吸收的光子都用于激发 $\mathrm{d}x$ 层内元素 A 的能级 q，故在 $\mathrm{d}x$ 体积中受激发的原子数 $n_q \mathrm{d}x$ 为

$$n_q \mathrm{d}x = I_0 \frac{S_q - 1}{S_q E_0} \tau_A C_A \cdot \mathrm{e}^{-\frac{\mu_0 x}{\sin \alpha}} \mathrm{d}x \tag{1.25}$$

于是，在单位时间内，单位面积的 $\mathrm{d}x$ 层中能够发射元素 A 的 q 系 i 谱线的原子数为

$$n_{q,f}^i \mathrm{d}x = I_0 \frac{S_q - 1}{S_q E_0} \tau_A C_A \omega_q p_i \cdot \mathrm{e}^{-\frac{\mu_0 x}{\sin \alpha}} \mathrm{d}x \tag{1.26}$$

式中，ω_q 为 q 系的荧光产额；p_i 为对应于产生 q 系 i 谱线的电子跃迁概率。若元素 A 的 q 系 i 谱线的能量为 E_x，则在 4π 立体角内，从单位面积 $\mathrm{d}x$ 层内发射出来的次级谱线 i（即特征 X 射线或荧光）的能量为

$$(\mathrm{d}E_2)_i = E_x n_{q,f}^i \mathrm{d}x = I_0 \frac{E_x}{E_0} \frac{S_q - 1}{S_q} \tau_A C_A \omega_q p_i \cdot \mathrm{e}^{-\frac{\mu_0 x}{\sin \alpha}} \mathrm{d}x \tag{1.27}$$

在 β 角方向上出射的特征 X 射线将受到路程（$x / \sin \beta$）的衰减，为确定特征 X 射线与体积元 $\mathrm{d}x$ 的距离为 R 处的照射量率，必须算出位于 R 处并垂直于出射线的单位截面积上的能量，即

$$\mathrm{d}I_i = \frac{(\mathrm{d}E_2)_i}{4\pi R^2} \mathrm{e}^{-\frac{\mu_{xx}}{\sin \beta}} = I_0 \frac{1}{4\pi R^2} \frac{E_x}{E_0} \frac{S_q - 1}{S_q} \tau_A C_A \omega_q p_i \cdot \mathrm{e}^{-\left(\frac{\mu_0}{\sin \alpha} + \frac{\mu_x}{\sin \beta}\right)x} \mathrm{d}x \tag{1.28}$$

若探测器对特征 X 射线的探测效率为 ε；将 $1/(4\pi R^2)$ 用 $\Omega(x)$ 表示 $[\Omega(x)$ 为探测器对该小体积元所张的立体角]，由于初级射线和特征 X 射线的能量都比较低，探测器实际记录到的特征 X 射线的发出点都集中在样品的表面层，$\Omega(x)$ 可以近似认为是常数，它与 x 无关。由式（1.28）可得，在 R 处的探测器在单位时间内记录到的特征 X 射线计数为

$$\mathrm{d}I_i = I_0 \frac{\Omega(x)}{4\pi R^2} \frac{E_x}{E_0} \frac{S_q - 1}{S_q} \tau_A C_A \omega_q p_i \varepsilon \cdot \mathrm{e}^{-\left(\frac{\mu_0}{\sin \alpha} + \frac{\mu_x}{\sin \beta}\right)x} \mathrm{d}x \tag{1.29}$$

对 x 从 $0 \sim x$（有限厚样品）积分，得

$$I_i = \frac{K I_0}{\dfrac{\mu_0}{\sin \alpha} + \dfrac{\mu_x}{\sin \beta}} \cdot \mathrm{e}^{-\left(\frac{\mu_0}{\sin \alpha} + \frac{\mu_x}{\sin \beta}\right)x} \tag{1.30}$$

式中，

$$K = \frac{\Omega(x)}{4\pi R^2} \frac{E_x}{E_0} \frac{S_q - 1}{S_q} \tau_A C_A \omega_q p_i \varepsilon \tag{1.31}$$

显然，K 是与下列因素有关的常数。

（1）目标元素对初级射线的光电吸收截面 τ_A、特征 X 射线的荧光产额 ω_q、在谱系中的分支比 S_q 和电子跃迁概率 p_i。

（2）探测器的探测效率 ε 及其对样品所张的立体角 $\Omega(x)$。

（3）初级射线的能量 E_0 和特征 X 射线的能量 E_x。

式（1.30）是我们计算探测器记录到的特征 X 射线照射量率的一般公式。它表明：探测到的特征 X 射线照射量率 I_i，除了与激发源初级射线的能量、照射量率 I_0、待测元素的

种类、探测器的性能和实验装置的几何布置等因素有关，主要取决于样品中目标元素的含量 C_A、样品的质量厚度 ρ_x 和样品对初级射线与特征 X 射线的质量吸收系数 μ_0 和 μ_x。下面讨论在中心源或环状源激发方式下，式(1.30)几种很有实际意义的特殊情况。

1）中等厚度样品

中心源或环状源激发装置下，激发源和探测器十分靠近，甚至部分重叠，因而对样品而言，入射角 α 和出射角 β 都接近于直角，即

$$\sin\alpha \approx \sin\beta \approx 1 \tag{1.32}$$

于是式(1.30)可以简化为

$$I_i = \frac{KI_0 C_A}{\mu_0 + \mu_x} \cdot e^{-(\mu_0 + \mu_x)x} \tag{1.33}$$

式(1.33)虽然是一种特殊情况，但在实际工作中，特别是使用第一代携带(手提)式 X 射线荧光仪时，常常采用这种装置，因而式(1.33)是最有用的形式。

2）厚层样品

在实际工作中，试样的厚度往往大于特征 X 射线的穿透能力，因而可以看作无限厚层，即 $\rho \cdot x \to \infty$。对原位 X 辐射取样而言，被测对象一般是岩(矿)石、土壤等实物，更属于该种类型。于是，式(1.33)可进一步简化为

$$I_i = \frac{KI_0 C_A}{\mu_0 + \mu_x} \tag{1.34}$$

式(1.34)表明，仪器记录的目标元素的特征 X 射线照射量率与目标元素的含量 C_A 成正比，而与样品对初级射线和特征 X 射线的质量吸收系数(μ_0，μ_x)成反比。由于仪器记录的目标元素的特征 X 射线照射量率与目标元素的含量 C_A 成正比，在一定条件下，可以据此确定目标元素的含量。这就是 X 荧光技术可以实现定量分析的理论依据。

在以上式子中，目标元素对初级射线的光电吸收截面 τ_A、特征 X 射线的荧光产额 ω_q 及其在谱系中的分支比 S_q 和电子跃迁概率 p_i，以及探测器的探测效率 ε 和对样品所张的立体角 $\Omega(x)$ 很难精确测定，因此原位 X 辐射取样一般采用相对测量方法。若待测样品与标准样品对初级射线和特征 X 射线的质量吸收系数分别为 $\mu_0^{待}$、$\mu_x^{待}$ 和 $\mu_0^{标}$、$\mu_x^{标}$，则待测样品中目标元素特征 X 射线照射量率 $I_i^{待}$ 与其含量 $C_A^{待}$ 关系为

$$I_i^{待} = \frac{\mu_0^{待} + \mu_x^{待}}{\mu_0^{标} + \mu_x^{标}} \frac{I_i^{标}}{C_A^{标}} \cdot C_A^{待} \tag{1.35}$$

式中，$I_i^{标}$ 和 $C_A^{标}$ 分别为标准样品中目标元素 A 的特征 X 射线照射量率及其含量。显然，只有当待测样品与标准样品对初级射线和特征 X 射线的质量吸收系数相同或相差不大时，待测样品中目标元素的特征 X 射线照射量率才与目标元素的含量成正比。而实际上，待测样品与标准样品的化学组成和各元素间相对含量总存在差异，上述质量吸收系数常常存在明显差异，因此研究质量吸收系数的变化规律以及对其产生的影响进行校正的方法和技术将是原位 X 辐射取样的重大课题。我们把样品中各元素间相对含量与化学组成的变化对原位 X 辐射取样结果的干扰称为基体效应。

3）薄层样品

若样品的质量厚度 $\rho \cdot x$ 很小，以至于 $(\mu_0 + \mu_x)\rho \cdot x \ll 1$，则有

$$I_i = KI_0C_A\rho \cdot x \tag{1.36}$$

式 (1.36) 表明，特征 X 射线照射量率取决于 $C_A \cdot x$，即单位面积上待测元素的含量。因此，在样品足够薄的情况下，目标元素被激发，产生的特征 X 射线直接被探测器记录，不存在基体效应的干扰。

采用上述同样的思路，在中心源和环状源激发装置下，源初级射线在无限大、无限厚的光滑平面的均匀样品上产生的散射射线的照射量率（I_s）为

$$I_s = \frac{K_s \cdot I_0 \cdot \sigma_s}{\mu_0 + \mu_s} \tag{1.37}$$

式中，K_s 为有关比例常数；σ_s 为激发源初级射线在样品上产生散射射线的散射总截面（即 $\sigma_{相干} + \sigma_{非相干}$）；$\mu_s$ 为散射射线的质量衰减系数。

1.5 现场 X 射线荧光测量干扰因素及其机理

1.5.1 概述

现场 X 射线荧光勘查工作中，X 射线荧光测量的主要对象是岩(矿)石的原生露头、土壤或残积物、坡积物表面和矿石样品等。与室内 X 射线光谱分析和能量色散 X 射线荧光分析相比，一方面由于缺少样品制备或预处理环节，对现场 X 荧光测量提出了新的要求；另一方面，由于对待测物质的基体化学组成及其变化的不可预测性，对元素间可能出现的干扰因素及干扰程度，应有较准确的估计和有效的校正方法。因此，原位测量的特殊性使现场 X 荧光测量具有其自身的特点。影响现场 X 荧光测量误差的因素除了仪器刻度误差与计数的统计误差，还有与被测物质的组成、物理状态和化学状态等有关的干扰因素，主要反映在以下几方面。

(1) 被测物质基体化学组成的变化引起原位 X 荧光测量的误差。它主要表现为：①对初级射线与次级射线(特征射线和散射射线)的吸收和散射不同，引起其照射量率的变化；②被测物质中元素间的特征吸收效应或增强效应，使目标元素的特征 X 射线照射量率减小或增大。

(2) 被测物质物理状态的变化引起原位 X 荧光测量的误差。物理状态主要表现在，目标元素和干扰元素的分布不均匀性、颗粒度的变化、测量表面凹凸不平、密度与湿度的变化和偏析现象等。

(3) 表面污染物引起 X 荧光测量的误差。常见的表面污染物有粉尘、水汽和大气尘埃等。随着现代高稳定度、高精确度现场 X 射线荧光分析仪和谱数据处理软件的出现与发展，上述干扰因素成为原位 X 辐射取样中分析误差的主要来源。在有关能量色散 X 射线荧光分析的文章中，一些学者将样品中基本化学组成和物理、化学状态的变化，对 X 射线荧光分析结果的影响，统称为"基体效应"。并认为由样品的基本化学组成的变化引起

的特征吸收效应和激发效应是室内 X 射线荧光分析的主要误差来源(谢忠信，1982；葛良全等，1997)。而对以原生产状条件下的原位 X 辐射取样而言，测量面表面的凹凸不平、目标元素和干扰元素的分布不均匀性与颗粒度的变化也是原位 X 辐射取样的主要来源之一，且由它们引起的取样误差往往比基体效应引起的误差更大(周四春等，1990；葛良全等，1997)。为此，本书中仅将被测物质基本化学组成的变化对原位 X 辐射取样的影响定义为"基体效应"，它包括特征吸收效应和增强效应；而将测量表面凹凸不平对原位 X 辐射取样的影响，称为"几何效应"或"不平度效应"；将目标元素与干扰元素的分布不均匀性和颗粒度的变化对原位 X 辐射取样的影响，统称为"不均匀效应"。除此之外，表面污染物与湿度、温度变化对原位 X 辐射取样结果也存在较大影响。

1.5.2　基体效应与校正

1. 基体效应的产生机理

所谓"基体"，就是整个待测样品，它包括非待测元素和待测元素在内的全部组分。

由 X 射线与物质相互作用的基础知识可知，不论是源放出的初级射线入射到待测物质中，还是目标元素的特征 X 射线从待测物质中发出，都要与待测物质发生相互作用，使初级射线和特征 X 射线发生散射和吸收而衰减。在原位 X 辐射取样中，待测物质往往不是单一的纯物质，而是由多种元素组成的混合物，各种元素对一定能量射线的吸收与散射特性不同，当待测物质基本化学组成发生变化时，待测物质对射线的吸收与散射情况也不同，从而直接影响目标元素的特征 X 射线照射量率与其含量之间的线性关系。因此，基体效应是射线与不同化学组成的物质发生相互作用引起的。

在 X 射线和软 γ 射线的能量范围内，描述射线与物质相互作用的物理过程主要有光电效应和散射效应。待测物质对射线的质量吸收系数包括质量散射吸收系数 σ 和质量光电吸收系数 τ 两部分。散射吸收系数的大小主要取决于待测物质的平均原子序数。根据待测物质平均原子序数的变化，可以估计基体散射效应的影响程度。对于以岩(矿)石为取样对象，在一般情况下待测物质的平均原子序数变化不大，因而散射吸收引入的影响不明显，只是在某些含量变化很大的重元素矿石(如锡、钡、铅、锑等)的分析中才会造成严重的影响。

由于光电效应引入的基体效应，从物理实质上讲要复杂一些。例如，待测物质中存在 A、B 两种元素，它们都能被激发源的一次射线激发，而且元素 A 的特征 X 射线能量大于元素 B 的吸收限。这时会有以下几种物理过程。

(1)激发源的初级射线激发元素 B，得到元素 B 的一次荧光(特征 X 射线)。

(2)激发源的初级射线激发元素 A，得到元素 A 的一次荧光(特征 X 射线)。

(3)元素 A 的一次荧光能量大于元素 B 的吸收限，因而可能激发元素 B 产生光电吸收，即元素 A 的一次荧光被吸收，其能量转变为元素 B 的特征 X 射线——二次荧光。

当我们研究元素 A 时，元素 B 的存在，使其特征 X 射线照射量率减弱，称为"吸收效应"；当研究元素 B 时，除了激发源的入射射线可以激发元素 B 的特征 X 射线，元素 A 的特征 X 射线还可以激发元素 B，使其特征 X 射线增强，称为"增强效应"。因而，吸收效应和增强效应实质上是同一事物的两个侧面。对元素 A 特征谱线的"吸收"，即是对元素 B 特征谱线的"增强"，二者不可分割。当元素 A 的特征 X 射线稍大于元素 B 的吸收限时，由质量吸收系数曲线可以看出，质量吸收系数突然增大，元素 A 的特征 X 射线被元素 B 强烈吸收，这一现象称为"特征吸收"。特征吸收在吸收效应中占有重要的地位。当特征吸收元素存在时，其含量的少量变化将引起待测元素的特征 X 射线照射量率明显变化。例如，在铜镍矿中测定铜和镍的含量时，铁就是一种特征吸收元素。铁元素的 K 系吸收限(K_{ab}=7.11keV)稍小于镍元素的 K 系特征 X 射线能量(7.48keV)和铜元素的 K 系特征 X 射线能量(8.05keV)，质量吸收系数很大，约为 $3 \times 10^2 \mathrm{cm}^2/\mathrm{g}$。实验证明，当铁含量由 5%增至 10%时，铜元素的 K 系特征 X 射线照射量率将下降 20%；而对镍元素的 K 系特征 X 射线的吸收将更加强烈。

与吸收效应相比，增强效应往往是引入误差的次要因素。因为吸收效应使待测元素的特征 X 射线照射量率减弱的量，相对于特征 X 射线照射量率不可忽略；而增强效应对待测元素的特征 X 射线的激发量，相对于激发源初级射线的照射量率是很小的，只有在干扰元素(元素 A)含量很高而待测元素(元素 B)含量较低(如在铜铅锌多金属矿中，铅、锌、砷含量很高时测少量的铜)时，才能观察到明显的影响。

对于成分更复杂的被测物质，会出现元素 A 的特征 X 射线激发元素 B 的特征 X 射线，元素 B 的特征 X 射线(二次荧光)再激发元素 C 产生三次荧光；元素 A 的特征 X 射线又激发元素 C 等情况。但其基本原理仍然没有变化。对于原位 X 辐射取样而言，三次荧光的影响一般可忽略。

当被测物质中存在散射截面特别大的元素或组分时，对源初级射线产生强烈的散射作用，产生的散射射线也能激发待测元素，从而使待测元素的特征 X 射线照射量率明显增加。该物理过程称为散射增强效应。例如，测定石英脉中铜或铁时，如果采用 ^{238}Pu 做激发源，由于硅的含量特别高，将产生强烈的康普顿散射作用，使铜和铁的特征 X 射线照射量率增大。

当基体中存在一定(或相当高)含量的元素，这些元素对目标元素的特征 X 射线具有特征吸收效应和增强效应时，由此引起特征 X 射线照射量率的变化，我们称为第一类基体效应。除了特征吸收效应和增强效应，由于基体成分变化而引起特征 X 射线照射量率的变化称为第二类基体效应。在实际工作中，正确认识、了解和校正原位 X 辐射取样中的基体效应，是保证取样结果质量的关键。

为进一步理解基体效应，图 1.13 展示了不同基体镍含量与测量到的 Ni 的 K_αX 射线相对强度的关系(葛良全等，1997)。曲线在镍含量为 100%处归一。钼和铬对 Ni 的 K_αX 射线的吸收比镍强烈，且钼的特征 X 射线对镍的激发并不十分有效，即荧光元素的特征 X 射线受基体优先吸收时曲线呈凹形；碳对辐射的吸收很弱，而辐射受荧光元素优先吸收时曲线呈凸形；虽然铝和镍对 Ni 的 K_αX 射线的质量吸收系数很接近，但铝对入射辐射(能量大于 9keV)的质量吸收系数比镍低很多，因此曲线仍呈凸形；锌比镍对 Ni 的 K_αX 射线有稍大一点的质量吸收系数，本来应使曲线呈微凹形，但由于 Zn 的 K 系 X 射线对 Ni 的 K_αX 射线的增强效应强烈，反而使曲线呈凸形。这表明，基体效应的存在，将破坏荧光元素的特征 X 射线的计数率与其含量之间的线性关系。

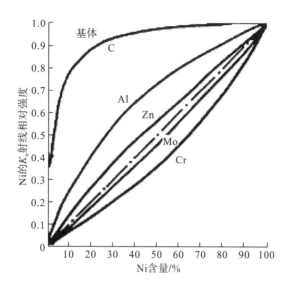

图 1.13   不同基体镍含量与 Ni 的 K_αX 射线相对强度的关系

2. 基体效应的校正

长期以来，许多学者从不同的的角度出发，对基体效应及其校正进行了专门的研究，提出了很多行之有效的校正方法。这些校正方法可以划分为实验校正方法和数学校正方法两大类。实验校正法主要以实验曲线进行定量测定为特征，如稀释法、薄试样法、增量法、列线图法、补偿法、辐射体法(又称透射校正法、发射吸收法)、内标法和散射修正法(这是一种特别的内标法)等。数学校正法是以数学模型为特征的，与实验校正方法相比，数学校正法可以使标准样品和定标曲线的数量大大减少，从而避免了制备大量标准样品的困难。数学校正法基本上可分为两类，即经验系数法和基本参数法(R Plesch，1981)。

经验系数法是最早发展和最常用的一类数学校正方法，它用经验参数来确定系数，以表示一种元素对另一种元素的吸收-增强效应。需要说明的是经验系数的确定仍需制备一定数量的标准样品。早期受到计算工作的限制，经验系数法主要应用的是一些线性校正模型。近年来，随着计算机技术的普及，经验系数法已从线性校正模型发展成为非线性校正模型，能有效地处理各种不同的多元素样品。按其校正方法不同，又可分为照射量率校正模型(强度校正模型)和含量校正模型。所谓照射量率校正模型就是以样品中的基体元素的特征 X 射线照射量率作为校正待测元素含量 C_i 的基本参数，常见的校正方法有多元回归法、特散比法、影响系数法等。含量校正模型是以样品中的基体元素的含量作为校正待测元素含量 C_i 的基本参数。有关文献对此进行了较深入的讨论(R Plesch，1981；张家骅等，1981；卓尚军，2010)。

基本参数法(fundamental parameter method，FP 法)是根据 X 荧光强度与含量、厚度的函数关系，依据 X 荧光激发样品物理机制所提供的数学校正方法。该法依据实测 X 射线荧光强度，以及一些基本物理常数和各种参数包括荧光产额、质量吸收系数、吸收陡变比、谱线分数、仪器的几何因子(即入射角 φ_1 和出射角 φ_2)等实现校正基体效应。首先假定待测元素的百分含量的迭代初始值近似等于对应的特征 X 射线强度相对于纯元素的射线强度之比。各元素相对含量的总和应归一为 100%，若有不能检出的成分，在运算中应从总和中扣除。然后对探测器测得的特征 X 射线强度和理论计算强度进行比较，用迭代渐近法修正百分组成，直到计算值接近实验值，用电子计算机重复三、四次即可达到要求。基本参数法的最大特点是标样需求较少，可以是纯元素或者是已知含量的化合物标样。

一次(原级)X 荧光理论强度(杨明太和任大鹏，2009；卓尚军，2010)：

$$P_i = \frac{1}{\sin\varphi_1} C_i K_i \int_{\lambda_0}^{\lambda_{ab}^i} \frac{I_0(\lambda)\mu_i(\lambda)}{\mu(\lambda)\cdot\csc\varphi_1 + \mu(\lambda_i)\cdot\csc\varphi_2} d\lambda \tag{1.38}$$

二次(次级)X 荧光理论强度为

$$S_{ij} = \frac{1}{2\sin\varphi_1} \sum_{\lambda_{jq}} C_i K_i C_j K_j \int_{\lambda_0}^{\lambda_{ab}^j} \frac{I_0(\lambda)\mu_i(\lambda_j)\mu_j(\lambda_j)}{\mu(\lambda)\cdot\csc\varphi_1 + \mu(\lambda_i)\cdot\csc\varphi_2}$$

$$\times \left\{ \frac{1}{\mu(\lambda)\cdot\csc\varphi_1} \ln\left[1 + \frac{\mu(\lambda)\cdot\csc\varphi_1}{\mu(\lambda_j)}\right] + \frac{1}{\mu(\lambda_i)\cdot\csc\varphi_2} \ln\left[1 + \frac{\mu(\lambda_i)\cdot\csc\varphi_2}{\mu(\lambda_j)}\right] \right\} d\lambda \tag{1.39}$$

式 (1.38) 和式 (1.39) 中，$K_i = \left(1 - \frac{1}{J_i}\right)\omega_i R_i^q$，$K_j = \left(1 - \frac{1}{J_j}\right)\omega_j R_j^q$。元素 i 产生的总强度 $I_i = P_i + \sum S_{ij}$，S_{ij} 为元素 j 的特征 X 射线对元素 i 的二次 X 荧光强度，若不存在二次增强，$\sum_j S_{ij} = 0$。绝大多数分析对象三次 X 荧光的影响可忽略。

式 (1.38) 和式 (1.39) 中，$I_0(\lambda)$ 为 X 射线光管的谱线强度分布函数；ω_i、ω_j 分别为元素 i、元素 j 的荧光产额；$\mu(\lambda)$、$\mu_i(\lambda)$、$\mu_j(\lambda)$、$\mu_i(\lambda_j)$、$\mu_j(\lambda_j)$、$\mu(\lambda_i)$ 和 $\mu(\lambda_j)$ 分别为样品对原级 X 射线的质量吸收系数、元素 i 对原级 X 射线的质量吸收系数、元素 j 对原级 X 射线的质量吸收系数、元素 i 对元素 j 的特征 X 射线的质量吸收系数、元素 j 的特征 X 射线对自身的质量吸收系数、元素 i 的特征 X 射线对样品的质量吸收系数和元素 j 的特征 X 射线对样品的质量吸收系数；J_i、J_j 分别为元素 i、元素 j 的吸收陡变比；R_i^q、R_j^q 分别为元素 i、元素 j 的 q 线谱线分数；φ_1、φ_2 分别为试样对 X 射线入射角、出射角；λ_{ab}^i、λ_{ab}^j 分别为元素 i、元素 j 的吸收限波长；C_i、C_j 分别为元素 i、元素 j 的浓度。

为克服基本参数法中物理常数准确性不高，以及经验系数法中确定系数需制备很多标准样品的困难，有一些学者致力于研究基本参数法与经验系数法联合应用的方法，称为半基本参数法，或称准绝对测量法。该方法的要点是利用基本参数法计算与样品成分相似的标样的照射量率，由此再按选定的经验校正方程，确定该标样的相互作用系数(通常用 α_{ij} 表示，并简称 α 系数)，最后即可利用这些 α 系数和近似组成的标样，对未知样品进行定量测量。例如，N Broll(1992)提出的有效 α 系数法，W K De Jong(1973)提出的理论 α 系数法和曹利国(1987)提出的 KI_0 灵敏度因子等。

上述介绍的多种数学校正模型，不论是经验系数法还是基本参数法都是以处理表面光滑、不存在粒度效应和无限厚的均匀样品为基本前提的。有些校正模型为了达到较高的精确度和准确度，还需要辅以制样技术。因此，上述方法主要用于室内的波长色散 X 射线光谱分析和能量色散 X 荧光分析工作。多种实验校正法主要取决于制样技术，其应用也局限在室内的定量分析。

　　在原位 X 荧光测量工作中，由于不具备实验室那样的理想化条件和不可制样性，上述大多数实验校正法和数学校正模型都难于在实际工作中得到应用。但其校正基体效应的思路和方法技巧是可以借鉴的。

　　对地质粉末样品和以岩(矿)石、土壤为取样对象的原位 X 辐射取样工作，虽然基体成分复杂、均匀性差，其定量分析的难度很大，但是我们应注意到，对某一具体的矿山，或者一定类型的矿石，严重影响取样结果的常常是引起吸收效应(特别是特征吸收效应)的几个含量较高的元素。而且，对某一种岩性的岩石、某一种类型的矿石、一定地球化学景观下的土壤、水系沉积物以及残积物、坡积物等，其主要元素或组分都具有可估性。在原位 X 荧光测量中，对这几个主要干扰元素进行校正，可以得到满足生产要求的结果。对选冶过程中的样品，矿石中的主量元素组分因选矿、冶炼流程而进一步富集、集中，其元素组分相对简单，基体变化范围较小，更有利于基体效应的校正，原位定量分析的精确度和准确度也相应提高。下面介绍两种常用的基体效应校正技术。

　　1)特散比法

　　利用目标元素的特征 X 射线计数率与激发源放出初级射线在待测物质上产生的散射射线计数率的比值进行基体效应校正的方法，称为特散比法，其比值称为特散比(周四春和章晔，1985)，通常用 R 表示。散射射线同 X 射线荧光一样，也是源初级射线与待测物质相互作用的产物，在原位 X 辐射取样中，散射射线同 X 射线荧光同时被取样仪器的探测器所记录。因此，以散射射线计数率来校正基体效应，实际上是一种特殊的内标法(G Andermann and J D Allen，1961)。在波长色散 X 射线光谱分析和能量色散 X 射线荧光分析中，以散射射线为标准而建立起来的方法，称为散射标准法(G Andermann and J D Allen，1961)，或散射修正法(周四春和章晔，1983)，该方法可以在相当大的程度上用于补偿吸收效应、仪器漂移、密度变化以至表面效应。尤其是对轻基体中少量或微量元素的测定，是极为简便而有效的方法。

　　特散比法的原理是，考虑到待测元素的 X 射线荧光与激发源初级射线的散射射线同时被样品衰减，若其能量相近、吸收系数差别不大时，用散射射线照射量率对特征 X 射线计数归一，以减小基体效应的影响。下面从特征 X 射线计数率与散射射线计数率的基本公式出发来说明。

　　由式(1.34)和式(1.37)，得到特散比

$$R = \frac{I_i}{I_s} = \frac{K_x}{K_s} \cdot \frac{\mu_0 + \mu_s}{\mu_0 + \mu_x} \cdot \frac{1}{\sigma_s} \cdot C_A \tag{1.40}$$

　　从式(1.34)、式(1.37)和式(1.40)可以看出，假设目标元素含量 C_A 不变，随着基体元素含量的变化，引起 μ_0、μ_x、μ_s 和 σ_s 的变化，使 I_x、I_s 和 R 发生变化。在低能光子辐射场合，μ_0、μ_x、μ_s 和 σ_s 的大小与待测物质的有效原子序数 Z_{eff} 密切相关。即

$$\mu_0 \propto Z_{eff}^4, \quad \mu_x \propto Z_{eff}^4, \quad \mu_s \propto Z_{eff}^4 \tag{1.41}$$

而 σ_s 与有效原子序数的关系可近似表示为

$$\sigma_s \propto Z_{eff}^1 \tag{1.42}$$

　　于是，待测物质的有效原子序数对特征 X 射线和散射射线的影响存在以下关系：

$$I_i \propto Z_{eff}^{-4}, \quad I_s \propto Z_{eff}^{-3}, \quad R \propto Z_{eff}^{-1} \tag{1.43}$$

显然，与 I_i 相比，特散比 R 对待测物质的有效原子序数 Z_{eff} 的依赖关系大大降低。因此，应用特散比法可明显克服基体成分变化对原位 X 辐射取样结果的影响。尤其对克服第一类基体效应更为有效。

对地质、矿山样品而言，其基体主要由硅、铝、氧、硫和钙等轻元素组成，σ_s 可近似认为是常数。此时，特散比法的校正效果主要取决于所选取的散射射线与特征 X 射线受待测物质吸收或衰减特性的接近程度。为提高特散比法的校正效果，下面两点是很重要的。

(1)选取的散射射线能量应尽可能地靠近特征 X 射线的能量(周四春和章晔，1983)。这样，$\mu_x \approx \mu_s$，特散比 R 将独立于衰减系数而与目标元素含量 C_A 成正比，基本上消除了基体效应的干扰。但是，在实际取样工作中，应考虑测量系统的能量分辨率，在仪器谱上不使散射峰和特征 X 射线峰产生重叠干扰。特别是采用闪烁计数器和正比计数器为探测器时，更应注意这一点。

(2)待测物质中，在特征 X 射线能量与散射射线能量之间应不存在主要干扰元素的吸收限，否则，将导致主要干扰元素对散射射线的特征吸收，使 μ_s 明显增大(周四春和章晔，1983)。

2) 多元回归法

在待测物质中任一元素 i 的含量 (C_i) 与其特征 X 射线计数率 (I_i) 之间都存在着互为函数的关系，这些关系既可以从物理参数严密地推导出来，也可由正常的分析实践逻辑地推出。解决这一函数关系的另一种方法，可以直接从数学回归分析入手，配出元素 i 含量与其特征 X 射线计数率之间的拟合方程，对元素进行测定(葛良全等，1997)。这是因为，对于任何一种函数，至少在一个比较小的邻域内都可以用多项式任意逼近。所以在实际问题中，不管 C_i 与 I_i 的确定关系如何，都可以用多元回归的办法进行计算，尤其对野外现场的地质样品分析，其准确度、精密度要求不高的情况下，更是可行。

以特征 X 射线计数率与散射射线计数率之比 R (即特散比)作为基本参数比用特征 X 射线计数率更能避免基体效应的干扰，而与待测元素的含量有好的线性关系，特别是对原位 X 射线荧光取样，以特散比作为基本参数能有效地抑制测量面不平度效应的干扰。因此，在多元回归分析中以特散比作为多项式的基本参数。

对 n 元系地质样品，任一元素 i 的含量 C_i 与其特征 X 射线计数率 (I_i) 或者特散比 R_i 之间可表示为(章晔等，1989)：

$$C_i = \varepsilon_i + \sum_{j=1}^{n} A_j R_j + \sum_{j,k=1}^{n} B_{j,k} R_j R_k + \sum_{j,k,h=1}^{n} C_{j,k,h} R_j R_k R_h + \cdots \tag{1.44}$$

式中，C_i 为被测介质中目标元素 i 的含量；R_j、R_k、R_h 分别为元素 j、元素 k、元素 h 的特散比值；A_j、$B_{j,k}$、$C_{j,k,h}$ 为回归系数；ε_i 为常数项，可考虑为由于系统、测量等随机因素的影响所带来的误差。

式(1.44)中的回归系数由回归分析方法求出，最后得出的目标元素 i 的含量 C_i 的剩余标准差 S(R Plesch，1981)：

$$S^2 = \frac{\sum_{i=1}^{n} \left(C_i^{\text{标}} - C_i \right)^2}{m - p} \tag{1.45}$$

式中，$C_i^{标}$ 表示地质样品中目标元素 i 的标准含量；C_i 表示由式(1.44)求出的元素 i 的含量；m 表示参加统计的地质样数(即建立含量计算方程的标准样数)；p 表示式(1.44)中的系数个数。

式(1.45)表明，如果由于"保险理由"把不必要的基体元素或者不必要的项引入式(1.44)中，建立含量计算方程的标准样数是有限的，p 的增大，将导致自由度$(m-p)$的减小，尽管此时剩余偏差(或残差平方和)有所减小，其结果 S 并不减小，而造成剩余标准差大于正确校正情况下的应有值，即所谓的"过校正"。测量误差增大的机理原因，可以从误差的传递与累计效应得到说明，对此，可以详细参阅 7.1.3 节的讨论。

对地质样而言，基体成分很复杂，一个地质样中所含的元素多达几十种。但是，有些元素(如微量元素、痕量元素、稀有元素等)因其含量很低，对基体效应的贡献很小；而另一些元素(如造岩元素)，虽然含量较高，但在各个地质样中的含量变化范围很小，它们对基体的贡献近似相等。像这些元素若引入式(1.39)，往往会出现"过校正"。因此，在实际工作中，可以按基体中元素对目标元素的特征 X 射线的质量吸收系数大小与变化率大小排序，将排在前列的少数几种(一般为 3 种左右)对目标元素的干扰引入校正，即可达到满意的校正效果。

1.5.3　不平度效应与校正

原位 X 荧光测量是一种物理相对测量方法。要想获得准确的测量结果，就必须保持待测样和标准样之间的测量条件完全一致。但是，对原位 X 荧光测量，其测量表面往往呈凹凸不平状态，例如，测量对象为原生产状条件下的岩矿石时，情况就是如此。而且这种凹凸不平的程度是随机的，当把便携式 X 射线荧光仪探头置于凹凸面测量时，就不能保持测量的几何条件完全一致。这种由测量表面凹凸不平对测量结果的影响称为几何效应或不平度效应(周四春等，1990)。

尽管测量面凹凸不平，形态千差万别，但从原位 X 荧光测量角度来看，可归结为凸型、凹型、凹凸型和平整型四种类型，见图 1.14。不平度效应对原位 X 荧光测量的影响主要表现在三个方面：①源初级射线和次级射线(荧光和散射射线)在空气中路程的变化，相对平整型来说，凹型和凹凸型的几何布置使射线束的路程增大，而凸型和凹凸型则减小；②探测器的有效探测面积的减小或增大，相对平整面来说，凸型、凹型和凹凸型的几何布置的探测面积较大，而凹凸型的几何布置比凹型和凸型的有效探测面积大，随着凹凸起伏幅度增大或者凹凸起伏的频数增加，探测器的有效探测面积将增大；③遮盖和屏蔽 X 射线束。

块状岩矿石的原位 X 辐射取样，其不平度效应严重，必须加以考虑。根据野外的实际观察，在大面积范围内，虽然测量面(如巷壁、探槽壁)的凹凸起伏很大，但在探测器的有效探测视域内(第一、二代仪器$<18cm^2$，第三、四代仪器$<5cm^2$)，不同原生露头测量面的凹凸起伏一般都在 10mm 之内。因此,对原位 X 辐射取样，只要克服凹凸起伏在 10mm 之内凹凸形状的变化对原位 X 辐射取样结果的影响，就具有实用价值。

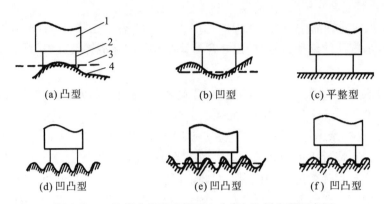

图 1.14　X 取样中岩壁表面形态分类与取样位置示意图

1-探测器；2-支撑螺钉；3-中位面；4-岩壁表面

在冶金工业中，块状合金样品的原位 X 辐射取样也存在不平度效应。其表面的凹凸不平主要是来源于样品磨料、锯料和抛光等加工过程，但其凹凸起伏较小，一般为 1 微米至几十微米。R Jenkins(1972)等针对波长色散 X 射线荧光仪研究了在 X 射线光管做激发源时，块状样品其表面的光洁度对 X 射线荧光谱线照射量率的影响。

为校正不平度效应对原位 X 辐射取样结果的影响，章晔等研究了特征射线和源散射射线计数率随测量面凹凸形状变化的规律，提出了"等效源样距模型"(周四春等，1990)和"凹凸面模型"(葛良全等，1997)，以及"仪器探头最佳源样距"(周四春等，1990)方法。通过理论探讨和模型实验结果，结合在锡、钼、铅(锌)、铜等矿山原位 X 辐射取样的实践，提出以下克服不平度效应的应用原则。

(1)以特散比 R 作为基本参数，且选择的散射射线能量应尽可能地靠近目标元素的特征 X 射线能量。

(2)对不同的矿种，分别采用其最佳仪器源样距。

(3)在仪器探头的视域内，尽可能地避免凸起或者凹陷的测量面，其凹凸起伏程度应不大于±10mm。最有效的办法就是在测量前用工具对测量面做适当修整。

(4)由于测量面凹凸分布的随机性，取多个测量点的测量值平均，以进一步减小不平度效应。

1.5.4　不均匀效应与校正

在原位 X 荧光测量工作中，不均匀效应主要体现在两个方面。一是被测样品颗粒度的变化对原位 X 辐射取样结果的影响，称为颗粒度效应；二是对块状岩矿石的原位 X 荧光测量，矿化不均匀引起取样结果的变化，称为矿化不均匀效应。下面分别论述。

1. 颗粒度效应

在特征 X 射线照射量率(或计数率)基本方程的推导中，一般都是假定所讨论的样品是均匀的。但在实际上，只有液体样本(如真溶液)，其次是经过充分抛光的纯金属或某些合金样品，才能满足这些条件。对于大量其他的多组分固体样品，如粉末样品、块状岩矿石样品，经常存在着颗粒大小不均匀问题。而均匀样品只不过是不均匀样品的一种特例。

在原位 X 辐射取样中，含有待测元素的颗粒称为荧光颗粒，待测元素又称为荧光元素；不含待测元素的颗粒称为非荧光颗粒,非待测元素又称为非荧光元素。颗粒的形状有球形、正立方体、长方体、片状等。

图 1.15、图 1.16 分别是粉末样品、模拟矿浆样品 Cu 的 KX 射线荧光强度随有效平均颗粒度的变化曲线。图中点是实验结果，实线是根据伯利-弗罗达-罗兹颗粒度模型计算的理论曲线。理论计算与实验结果都表明(谢忠信，1982；张家骅等，1981)：

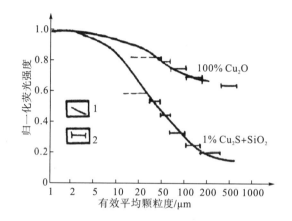 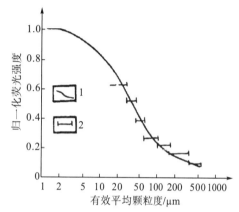

图 1.15　粉末样品 Cu 的 KX 射线荧光强度随　　　图 1.16　模拟矿浆样品 Cu 的 KX 射线荧光强度随
　　　　　有效平均颗粒度的变化　　　　　　　　　　　　　　有效平均颗粒度的变化
激发源：$^{238}Pu(16.5keV)$；$\eta=0.5$　　　　　激发源：$^{238}Pu(16.5keV)$；样品：H_3BO_2 中 25%的固相混
1-理论曲线；2-实验结果　　　　　　　　　　　　合物($1.1\%Cu_2S+SiO_2$)
　　　　　　　　　　　　　　　　　　　　　　　　1-理论曲线；2-实验结果

(1)特征 X 射线荧光强度随颗粒度的增大而减小。在实际 X 射线荧光分析中，轻便型 X 射线荧光仪含量标定一般都是以粉末样品为标样来获得标定系数，当应用该仪器测定颗粒度较大样品或块状岩(矿)石时，获得的元素含量往往偏低，一般偏低为 30%～60%，应引起注意。

(2)当颗粒度很大或者很小时，曲线 Cu_2S 都趋于平坦。在曲线的中部，也就是经常遇到的样品的颗粒度范围为 10～100μm，颗粒度效应特别严重。这个区域称作变化区。

(3)当特征 X 射线能量越大时，颗粒度对荧光强度影响的"变化区"向低颗粒度方向移动。如对 CuK_α X 射线(能量为 8.03keV)荧光强度的颗粒度"变化区"为 20～200μm；而对 PbK_α X 射线(能量为 73.5keV)荧光强度的颗粒度"变化区"为 0.1～1mm。

(4)一般说来，样品中荧光颗粒含量越高，特征 X 射线荧光强度随颗粒度的变化率越小。在图 1.15 中，较低含量的 Cu_2S(1%)的荧光强度随颗粒度增大的变化率明显大于较高含量。

在原位 X 辐射取样中，不论是粉末样品、矿浆样品，还是块状岩矿石，颗粒度效应都是客观存在的。通过上面对颗粒度效应的理论讨论和实验结果分析，可采用以下措施，达到克服或减小颗粒度效应的目的。

(1)尽可能地避免"变化区"的颗粒大小。对中等原子序数元素的 KX 射线和高原子序数元素的 LX 射线，"变化区"的颗粒度大小为 20～100μm；对高原子序数元素的 KX

射线，"变化区"的颗粒度大小约为1mm。

(2)提高或者恒定粉末样品的填充度，可减小颗粒度效应。

(3)粉碎颗粒，能够减小颗粒度效应。对粉末样品，一般总含有小颗粒，将大颗粒进一步破碎，可达到减小颗粒度的目的。这是因为颗粒度效应是由于样品中颗粒的局部吸收造成的，经验表明，当每个颗粒对射线的吸收率都小于10%时，这种贯穿射线的颗粒度效应是不明显的。

(4)提高或者改变入射射线能量，可有效地克服颗粒度效应。在分析高原子序数元素时，可用激发荧光元素的K吸收限代替激发荧光元素的L吸收限。

(5)在流程分析场合，每次测量的样品都经过同样的破碎、研磨和过筛工序，往往具有恒定的颗粒度分布，一般可以直接测量。要是矿物的硬度变化很大，颗粒度分布情况经常改变，那么可以在流程上附加一个平均颗粒度测量仪，用它的指示来修正分析结果。

(6)取多个取样点的平均值，作为取样的最终结果。这是因为，不同颗粒度的颗粒其分布可以视为随机的。特别是对野外原位取样时，遇到颗粒度范围很宽，又不能制样的情况，该方法是克服颗粒度效应的有效措施。

2.矿化不均匀效应

原生产状条件下的矿体，其矿物组分分布是很不均匀的。当我们将 X 射线荧光仪探头置于矿体表面上逐点测量，进而测定其地质品位(即原位 X 辐射取样)时，这种矿化不均匀现象往往会给测量结果带来不能允许的误差。通常，人们把原位 X 辐射取样中由于矿化不均匀带来的影响称为"矿化不均匀效应"(周四春等，1990)。

由于现场原位单点 X 荧光测量结果的误差来源多，在地质工作中的意义也不大。研究应该从规范的"地质品位"的角度加以进行才有意义。

从理论上来讲，被研究区或段的地质品位，应是所选的取样区内某一体积(如刻槽取样法是 100cm×10cm×3cm)矿石中所有矿石点的品位的算术平均值。所有矿石点理论上有无穷多个。传统刻槽取样法是将取样区内全部岩矿石刻下、粉碎、混合均匀、缩分，然后化验求出该体积的品位。因此，只要严守规程，在取样体积内刻槽取样法应该是基本上不受矿化不均匀影响。与之相比，原位 X 荧光测量是靠在取样区内原位非破坏性测量有限个点来确定地质品位，难免出现如图 1.17 所示的两种影响，或是因在脉石(或贫矿)部位的测点偏多，使原位 X 荧光测量结果明显偏低[图 1.17(a)]；或是因在矿脉(或富矿)部位的测点偏多[图 1.17(b)]，而使原位 X 荧光测量结果明显偏高。

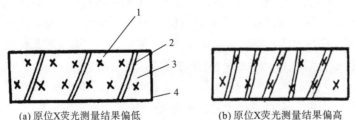

(a) 原位X荧光测量结果偏低   (b) 原位X荧光测量结果偏高

图 1.17 矿化不均匀效应影响示意图

1-测点；2-矿脉；3-围岩；4-取样区域

从地质品位的意义及图 1.17 所示情况可知，矿化不均匀效应主要是测网布置不合理造成的，即解决矿化不均匀效应的途径在于寻找基本不受矿化不均匀效应影响的原位 X 荧光测量测网。

矿石中，元素的分布具有随机性，我们将 X 射线荧光仪置于某处测量，也具有随机性，所以原位 X 射线荧光测量的过程，可以用随机分布与随机抽样的数学模型来描述（周四春等，1990）。根据这一模型，在 68.3%的概率下，原位 X 射线荧光测量获得的矿体品位与真矿石品位间的相对误差 η 可表示为

$$\eta = \frac{\overline{C} - \mu}{\mu} = \frac{\mu \pm \dfrac{\sigma}{\sqrt{n}} - \mu}{\mu} = \pm \frac{\sigma / \sqrt{n}}{\mu} \tag{1.46}$$

式中，σ 为矿体中目标元素分布的母体方差；μ 为矿体的真矿体品位（百分含量）；n 为测点数。显然，测点数 n 越大，相对误差 η 越小。这说明，在原位 X 辐射取样中，应尽可能多的布置测点，才能尽可能少的受矿化不均匀的影响。

以上述模型为基础，提出了原位 X 荧光测量的"最佳测网"布置。即以仪器探头的有效探测直径作为测量点距，作上下两排交叉线测量，这样既保证了测量数最大，又避免被测量区域的重叠影响，从而使原位 X 射线荧光测量时受矿化不均匀效应影响最小。这种测网称为最佳测网（图 1.18）（周四春等，1990）。

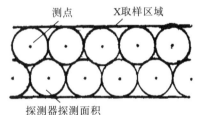

图 1.18　最佳测网示意图

1.5.5　水分的影响与校正

水分对原位 X 荧光测量结果的影响主要表现在两个方面：其一，水分对初级射线和次级射线（特征 X 射线和散射射线）的吸收；其二，水分对初级射线的散射。吸收的结果，使得仪器记录的目标元素的特征 X 射线计数率减小，而散射的结果，使得散射峰计数率增高，本底增大。因此，水分对取样结果的影响是上述两方面的综合体现。

对于不同元素矿种，因其特征 X 射线能量大小有差异，水分的影响结果也不同。对轻元素矿种和原子序数较小的中等元素矿种（如铁、铜等），其特征 X 射线能量较低，水分对特征 X 射线的吸收占优势。当水分增高时，X 荧光测量结果偏低。图 1.19 是铁矿样品中水分影响的实验曲线，它是在干矿粉末样品中逐渐加入一定蒸馏水（改变样品的水分）后测得的。该图可见，相对于干矿样品而言，当矿石的水分达到 5%时，约产生 20%的分析误差。葛良全等提出了有关水分校正的较准确散射校正模型，可参阅文献（葛良全等，1997）。

鉴于原位 X 荧光测量是一相对测量方法，因此，只要用于建立标准曲线（或数学模型）的标准样品（或矿石）的湿度与待测样品基本一致，则水分的影响可以不予考虑，真正对 X 取样结果造成影响的，是那些与平均水分有较大偏差的离群矿石样品。但是，对于某些特殊条件下，水分的影响应该充分考虑，如下雨以后的露天采场矿石，被水浸泡后的矿石样品等。对此少数样品，可以依靠感官判断，进行水分校正。

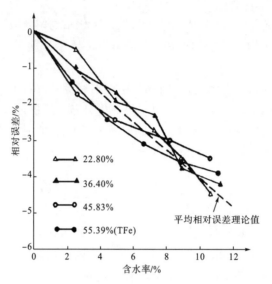

图 1.19   不同品级铁矿样品中水分影响结果

TFe 指总铁或全铁

如对金山店铁矿井下采场进行原位 X 荧光测量时,块状矿石的平均含水率为 3%～8%,只有少数样品(约占总数的 10%)的含水率较高(大于 10%)或很低(小于 2%)。因此,凭感官可将矿石划分为较干矿石(含水率小于 2%)、一般矿石(含水率为 2%～9%)和较湿矿石(含水率大于 10%)。其水分校正公式为

$$C_x' = 0.984 C_x,\quad 较干矿石 \tag{1.47}$$

$$C_x' = C_x,\quad 一般矿石 \tag{1.48}$$

$$C_x' = 1.016 C_x,\quad 较湿矿石 \tag{1.49}$$

式中,C_x 为原位 X 荧光测量的全铁品位;C_x' 为经过水分影响校正后的最终结果。这样处理后,使水分影响产生的测量误差一般小于 1.5%,达到好的效果。

对不同元素矿种,由于其特征 X 射线能量大小的差异,水分的影响程度也不同。一般,对较高原子序数矿种,如锡、锑、重晶石等矿种,由水分的影响造成取样结果的误差,与其他因素(如矿化不均匀、不平度效应等)引起的误差相比,可以忽略不计。

1.5.6 粉尘的影响与校正

由于特征 X 射线能量仅几千电子伏特至几十千电子伏特,若岩、矿石表面存在粉尘或其他污染物,则不但可屏蔽初级射线进入到岩、矿石表面;而且屏蔽了来自矿石发出的目标元素特征 X 射线。从而,使原位 X 测量产生很大的误差。当粉尘覆盖在被测量的岩矿石表面时,主要会吸收初级和次级射线(特征 X 射线和散射射线),使 X 荧光测量结果偏低;而矿层粉尘则主要造成污染。当矿层粉尘吸附在矿化地段或者围岩井壁上时,取样结果是矿层粉尘中目标元素与井壁岩(矿)石中目标元素的平均含量;若粉尘较厚,则主要是矿层粉尘中目标元素的含量,造成取样结果偏高的假象。

　　消除粉尘影响的有效方法是，在原位 X 辐射取样工作前，对岩矿、岩石表面进行清洗。这是保证取样结果准确、可靠的必要工作程序之一。

参 考 文 献

曹利国. 1998. 能量色散 X 射线荧光方法[M]. 成都: 成都科技大学出版社.

曹利国. 1987. X 射线荧光分析中的综合灵敏度因子 KI0 和准绝对测量[J]. 核技术, 10(7): 15-51.

葛良全, 周四春, 赖万昌. 1997. 原位 X 辐射取样技术[M]. 成都: 四川科学技术出版社.

谢忠信. 1982. X 射线光谱分析[M]. 北京: 科学出版社.

杨明太, 任大鹏. 2009. 实用 X 射线光谱分析[M]. 北京: 原子能出版社.

杨强. 2012. 微型 X 射线源关键技术研究[D]. 成都: 成都理工大学.

张家骅, 徐君权, 朱节清. 1981. 放射性同位素 X 射线荧光分析[M]. 北京: 原子能出版社.

张睿. 2010. X 线管旋转阳极控制电路的设计与实现[D]. 广州: 南方医科大学.

章晔, 谢庭周, 周四春, 等. 1989. 核地球物理学的 X 射线荧光技术在我国固体矿产资源中的研究与应用[J]. 地球物理学报, 32(2): 441-449.

章晔, 谢庭周, 梁致荣. 1984. X 射线荧光探矿技术[M]. 北京: 地质出版社.

赵强. 2000. 医学影像设备[M]. 上海: 第二军医大学出版社: 20-21.

周四春. 1991. X 取样方法的研究和应用三——克服矿化不均匀效应的方法研究[J]. 核电子学与探测技术, 11(1): 42-46.

周四春, 章晔, 谢庭周, 等. 1990. X 取样方法的研究和应用一——测量几何条件的最佳化[J]. 核电子学与探测技术, 10(1): 12-17.

周四春, 章晔. 1985. 轻便 X 荧光仪上应用特散法的探讨[J]. 核电子学与探测技术, 5(5): 289-293.

周四春, 章晔. 1983. 用于轻便 X 荧光分析仪的等效模型校正法[J]. 核技术, 6: 39-43, 74.

卓尚军. 2010. X 射线荧光光谱的基本参数法[M]. 上海: 上海科技出版社.

Andermann G. 1958. Analytical Chemistry, 30(3): 1306.

Andermann G, Allen J D. 1961. X-Ray Emission Analysis of Finished Cements [J]. Analytical Chemistry, 33(12): 1695-1699.

Broll N. 1992. Matrix correction In X-ray-fluorescence analysis by the effective coefficient method[J]. X-Ray Spectrometry, 21(1): 43-49.

De Jong W K. 1973. X-ray Spectrometry[J]. 2(1): 151.

Jenkins R. 1972. X-ray Spectrometry[J]. 1(1): 1.

Plesch P. 1976. X-ray Spectrometry[J], 5(1): 142-148.

Plesch R. 1981. X 射线光谱测定中数学校正法的评述[A] // X 射线荧光分析译文集——数学校正法及新技术的应用. 北京: 地质出版社: 1-19.

第2章 X荧光勘查技术的地球化学基础

与其他核方法一样，X荧光测量获取的信息为地质体中各种元素的含量[或与元素含量成正比的X荧光强度(计数)值]。根据地球化学研究，大多数金属矿床的成矿物质来源于地壳深部的含矿热液，这些热液沿地壳断裂、构造提供的通道在向地表迁移的过程中，随温度降低，不断有相应的矿物析出(不同矿物析出温度不同)，同时热液也会与通道两侧的岩石发生交代等作用从而使各种组分向断裂、构造两侧迁移，结果在水平与垂向上形成不同元素的含量增高地带。当成矿元素在断裂或构造的某个合适位置聚集形成矿体后，以矿体为中心，向外逐渐降低的成矿元素和相伴生(共生)元素的含量增高地带，我们称为地球化学异常。采用一定测网，通过X射线荧光仪测量成矿元素，或者与成矿元素伴生(共生)的其他元素，可以捕获地球化学异常。结合地质、物探资料，对地球化学异常的分布规律进行分析研究，可以最终确定矿体的大致位置。

目前，我国已将X荧光测量方法应用于金、铜、铅、锌、银、铁、锶、钡、锂、铌、钽、铀等资源的勘查、开采中，取得了良好的地质效果。

2.1 X荧光勘查技术探测矿产的地球化学基本知识

2.1.1 一些基本概念

1. 元素(地球化学)异常的概念与意义

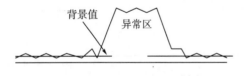

图2.1 背景值与地球化学异常

未受成矿作用影响的区域(先假定该区域内只有一种地层)称为背景区，背景区内元素的含量范围称为背景含量。通常，我们把背景含量的平均值称为背景值(图2.1)。

之所以将背景区内的平均含量作为背景值是有统计学理论依据的。我们知道，进行X荧光测量时，测点在某个位置分布是随机的，而地质体中被测元素在某个测点的含量值也是随机的，因此，从统计学的观点看，X荧光测量实际是对随机分布的母体进行随机抽样，并利用随机抽样的结果来推测母体的统计学事件。对于未受成矿作用影响的区域，各测点的含量应该遵从同一种分布。已有的众多勘查实践证实，一般情况下，这种分布是正态分布。根据正态分布理论，遵从同一分布的各正态分布变量中，平均值是出现概率最大的值，换言之，代表服从同一正态分布的变量的最佳值应该就是平均值。

当测区不止一种地层时，每一地层中未受矿化影响的区域都会遵从某一种确定的分布，换言之，当存在不同地层且每种地层中的测点足够多时，应该分地层分别统计其背景值。

元素含量与背景值比较，出现显著差异的现象称为元素(地球化学)异常。需要指出：异常是相对的，这种"相对"表现在以下几方面。

(1)异常是相对于背景而言的，背景不同，异常的含义可能不同，最常见的划分为区域性(范围很大)的异常与局部性(范围较小)的异常。大的矿床周围一般都会出现区域性的异常。

(2)异常值的下限是相对划定的，没有硬性规定。容易理解，异常值的高低与矿体的埋深、区域背景值等有很大关系。早期主要寻找出露地表或浅埋深的矿床，一般以背景值的 3 倍作为异常下限。后来随着找矿工作深入，主要寻找埋深不大的矿床，一般依据元素在正常区域内的分布基本为正态分布，常以被研究元素的平均值加 3 倍标准差作为异常下限，但根据具体情况，也有以平均值加两倍甚至加一倍标准差为异常下限的。

根据正态分布理论，我们可以估计一下以背景值加不同标准差作为异常下限对异常识别的置信概率。这是一个关于累计概率的积分问题。

我们知道，服从标准正态分布的随机变量的概率密度函数为(费业泰，2004)：

$$f(\delta) = \frac{1}{\sigma\sqrt{2\pi}} e^{-\delta^2/(2\sigma^2)} \tag{2.1}$$

式中，δ 是随机变量取值，这里可以看作 X 荧光测量结果的取值；$f(\delta)$ 可以看作测量结果取值为 δ 出现的概率；σ 为随机变量的均方根差(标准差)。对服从标准正态分布的随机变量，其数学期望(平均值)为 0。

将被研究元素的平均值加 3 倍标准差作为异常下限时，在小于背景值加 3 倍标准差区间，未受矿化影响正常值出现的累计概率为式(2.1)在 $-\infty \sim 3\sigma$ 的积分：

$$F(\delta) = \frac{1}{\sigma\sqrt{2\pi}} \int_{-\infty}^{3\sigma} e^{-\delta^2/(2\sigma^2)} d\delta \tag{2.2}$$

查标准正态分布表(费业泰，2004)可求出，式(2.2)积分值约为 0.99865。这个概率值的意义是：如果被测量值是属于未受矿化影响的正常值的话，将有 99.865%的概率落在背景值加 3 倍标准差区间以内，换言之，据此划定的异常属于"真异常"的置信概率等于99.865%。类似，我们可以求出不同异常下限的置信概率(表 2.1)。

表 2.1　不同异常下限的置信概率理论值

N	$n\sigma$	$F(\delta)$	置信概率/%
1	1σ	0.8413	84.130
1.5	1.5σ	0.9332	93.320
2	2σ	0.9772	97.720
3	3σ	0.99865	99.865
4	4σ	0.99994	99.994

从表 2.1 可见，当异常下限设定为平均值加 1.5 倍标准差时，对异常划定的置信概率已经超过 90%。随着找矿工作的不断深入，地表与近地表的浅埋深矿床已经基本勘查殆尽，目前找矿的主要目标是以大深度隐伏矿床为对象，其在地表产生的异常很微弱，异常下限

的划定，更需要依据实际找矿情况，慎重划定。例如，20世纪90年代初期周四春等在重庆大足县(现为重庆大足区)用X荧光测量找锶矿时，就曾经用过平均值加1.5倍标准差作为异常下限，对圈定异常的见矿率达到80%以上，取得良好找矿效果。

(3)异常是相对于背景的显著差异，因此，比背景值显著高是异常(严格说来应该称为正异常)，比异常值显著低也是异常(严格说来应该称为负异常)。一般情况下，我们将正异常称为"异常"，对负异常则一定要称为"负异常"，以免混淆。

元素在地质体中的异常，依据其成因及所赋存的介质不同，主要可以分为三种：①原生(地球化学)异常，或称为原生晕；②次生(地球化学)异常，或称为次生晕；③水系沉积物(地球化学)异常，或称为分散流；④水文(地球化学)异常，也称为水晕；⑤生物(地球化学)异常，或称为生物晕；⑥气体(地球化学)异常，或称为气晕。

2. 原生(分散)晕

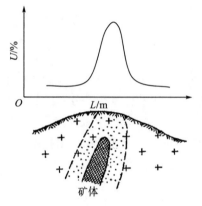

图2.2　矿体原生晕示意图

原生分散晕，简称原生晕，是成矿过程中与矿体同时形成的一种地球化学异常(图2.2)。其中，达到工业品位的部分称为矿体，未达到工业品位而又较周围围岩中含量高的部分称为原生晕。原生晕与矿体关系较密切，幅度较大。层积矿床、岩浆矿床和热液矿床都能形成原生晕。

这里需要指出两点：一是原生晕的形成、形状、大小取决于多种因素，如元素的扩散作用、热液作用时间、溶液中成矿元素和伴生元素的浓度，以及溶液的温度压力、周围岩石的性质和化学性质等。二是原生晕的成分是复杂的，除了成矿元素，尚有其他伴(共)生元素(各类矿床的原生晕组合，详见2.2节)，这些伴(共)生元素中的活动性大的元素，可以形成范围更大的分散晕，是很好的找矿指示元素。

3. 次生(分散)晕

次生分散晕，简称次生晕，由已形成的矿(化)体，以及原生晕，在表生带由于风化和侵蚀作用(图2.3)，成矿(伴、共生)元素经过迁移，重新分配在各种介质中形成的异常。

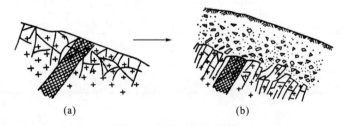

(a)　　　　　　　　　　　　　(b)

图2.3　岩石风化示意图

由于岩石原地风化，产生大小岩石碎块、细粒及黏土，向下逐步过渡为基岩，这样就形成了残积层[图2.3(b)]。岩石原地风化成壤形成的残积层中的次生晕与矿体的关系是较密切的，具有较好的找矿指示作用。

如果基岩出露地表是倾斜的，则因重力分异作用，使得疏松层积物会沿着倾斜方向向下移动，形成坡积物(图 2.4)。坡积物中的成矿物质组分经过了迁移，因此，其形成的次生晕与矿源之间在空间上的关系已经被改变，对此，必须有足够的认识。

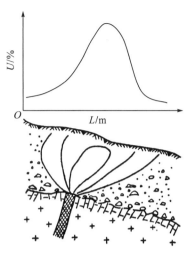

图 2.4　残积层、坡积层与次生晕

4. 分散流

分散流指矿(化)体、原生晕、次生晕破坏后，成矿(伴生、共生)元素经迁移，在水系沉积物中形成的异常。

分散流与矿体的关系比较复杂，有时靠近矿体，有时离开数公里。成矿元素在分散流中的分布，一般是不均匀和不规则的，异常地段和非异常地段常交错分布。

表 2.2 中对三种异常的特点与作用进行了比较。

表 2.2　原生晕、次生晕、分散流的特点与作用

异常	元素浓度	异常范围	与矿体间关系的密切程度	作用
原生晕	高	小	高	矿体定位
次生晕	中	较大	较高	追索矿体
分散流	中-低	大	较低	找矿方向

5. 指示元素

所谓指示元素，是天然物质中能够作为找矿线索，或者对解决某些地质问题具有指示作用的化学元素。指示元素具有指示找矿的作用。应用 X 荧光勘查技术找矿，实际就是通过 X 荧光测量，捕获指示元素的原生晕、次生晕、分散流等地球化学异常，通过地质分析，找出这些异常与矿体之间的空间关联关系，进而发现矿体的。

按照对于矿床所起的作用，指示元素可以分为以下几种。

1) 通用指示元素

所谓通用指示元素，是指能够指示多种矿床存在的元素。例如，Cu、Pb、Zn、Au、Ag、Sb、Sn、Mo 等热液矿床中都有砷(As)异常，所以 As 能指示上述矿床的存在，As 是前述热液矿床的通用指示元素。

2) 直接指示元素

直接指示元素是指成矿元素本身。例如，Sn 是找锡矿的直接指示元素。

3) 间接指示元素

间接指示元素是指能够间接指示某种矿床存在的元素。例如，利用 As、Hg 找金矿，As、Hg 就是金矿的间接指示元素。间接指示元素一般是成矿元素的伴生或共生元素。

根据指示元素在矿体周围迁移的远近，人们还把指示元素分为远程、中程与近程指示

元素。以卡林型金矿为例(一般情况下)。

(1)远程指示元素有：Hg、As、F、Cl、I。

(2)中程指示元素有：Cu、Pb、Zn。

(3)近程指示元素有：W、Sn、Sb。

此外，对于热液矿床(体)，沿矿体垂向，成矿元素与伴生元素具有明显的分带规律(王崇云，1987)。例如，四川某金矿的垂向分带序列为(周四春等，2002)：

$$Sr-Ba-Sb-Hg-As-Au-Pb-Ag-Cu-Mn-Ni$$

在这个分带序列中，Sr、Ba、Sb为矿体的前缘晕组合元素；As为矿体上部的特征元素；Pb、Cu为矿体晕元素；Mn、Ni为矿体尾晕元素。

掌握矿(床)体的水平与垂向分带规律，对勘查与评价矿床都具有重要意义。

2.1.2 不同阶段矿产勘查的基本任务

找矿一般分为预查、普查、详查及勘探四个阶段(鉴于我国已基本完成全国范围内1∶250000地质填图等基础地质工作，国家新一轮的地质调查工作已经没有要求严格按照四个阶段进行了)。对X荧光勘查测量，其应该归属核地球物理类技术，因此，应该遵循地球物理勘查的规范。不同勘查阶段需要采用不同的测量比例尺，以达到完成相应阶段勘查目的。表2.3为各种比例尺的线、点距。

表2.3　各种比例尺的线、点距

比例尺	线距/m	点距/m	比例尺	线距/m	点距/m
1∶50000	500	50～100	1∶5000	50	5～10
1∶25000	250	25～50	1∶2000	20	2～5
1∶10000	100	10～20	1∶1000	10	1～2

预查的主要目的是选择有进一步工作的地区，为普查提供依据。以铀矿勘查为例，这一阶段一般开展路线测量，或1∶50000比例尺测量。

普查一般是在开展地质工作程度比较低的地区进行，其任务主要是寻找有进一步工作价值的成矿远景区，为详查提供依据。这一阶段一般开展1∶25000比例尺测量，并布设一定工作量的山地工程，对矿(化)体进行初步揭露，初步了解矿体的空间分布。

详查则是在普查确定的成矿远景区、矿区外围或其他地质工作提供的具有找矿价值的地区进行。详查的主要任务是基本查明工作区内地质体的分布状况，基本控制矿体分布的范围与品位变化，为勘探工作提供依据。这一阶段一般开展1∶10000比例尺测量。

勘探阶段主要是利用山地工程(挖探槽、打坑道)、钻井，对地质体进行揭露，并系统采集样品加以分析，以最终确定各个矿体的空间位置、分布形态、品位、储量、矿物类型、元素组合，为矿床开采与利用提供科学资料。这一阶段工作一般开展介于1∶1000至1∶5000比例尺测量。

2.2　X 荧光法勘查矿产资源的地球化学基础

到目前为止，市场上广泛应用的基于 Si-PIN 半导体探测器的便携(手提)式 X 射线荧光仪，对大多数元素的探测限尚处于 10μg/g 至上 1000μg/g(表 2.4)，对于早期的基于闪烁探测器或正比计数器的携带(手提)式 X 射线荧光仪，其探测限更差，即其对于元素的探测限，高于大多数元素在地壳中的克拉克值。

表 2.4　成都理工大学研制的便携(手提)式 X 射线荧光仪对常见元素的探测限

激发源	探测器	探测元素	探测限/(μg/g)
Ag 靶 X 射线光管	Si-PIN	Cu、Zn、As、Sr、Zr、Mo、U	10~100
Ag 靶 X 射线光管	Si-PIN	Fe、Mn、Cr、Co、Pb、Au	≥100
Ag 靶 X 射线光管	Si-PIN	K、Ca	≥1000

从地球化学角度看，被研究元素的克拉克值往往代表该元素的区域背景。如果能够检测出背景值含量，可以判定，仪器就具有在大多数勘查区检测出该元素地球化学异常的能力。目前便携(手提)式 X 射线荧光仪受其探测限所限，在矿产资源勘查中必然会受到一定的应用限制。

但如果我们能够将 X 荧光测量的物理原理与被测元素的地球化学基础有机结合，改变传统的只注重 X 射线荧光方法物理基础和一般原理的做法，从地球化学方面加以开拓，还是可以在更大程度上发挥 X 荧光勘查技术作用的。本节就基于这种思想，讨论 X 荧光勘查矿产资源的地质基础。

从地球化学原理出发，可以划分出用 X 荧光勘查技术取得明显效益的三类地质区域或地质条件：

(1)矿床的成矿元素在地壳中的克拉克值较高，其地球化学异常显著高于便携(手提)式 X 射线荧光仪检出限的矿种；

(2)成矿元素在局部地区，区域性地呈现高丰度的地区；

(3)成矿元素有一种或一组(如铜组元素)可作为指示元素的可由便携(手提)式 X 射线荧光仪检测出的共生或伴生元素。

2.2.1　成矿元素具有较高丰度的勘查区

目前，便携(手提)式 X 射线荧光仪可以测量原子序数大于 13(Al)的元素。对于便携(手提)式 X 射线荧光仪可测量元素，有上面所述(1)、(2)两种条件的地质区域是有可能成功应用 X 荧光勘查技术的。

1. 一般地球化学异常显著高于便携(手提)式 X 射线荧光仪探测限的矿种

依据代表性地球化学专著(刘英俊和邱德同，1987)给出的资料，可以统计出表 2.5。

表 2.5　克拉克值较高，异常值通常高于 X 射线荧光仪探测限的元素

原子序数	元素	克拉克值/(μg/g)	可能的矿异常/(μg/g)	X 射线荧光仪探测限/(μg/g)	备注
15	P	1200	3600	1000～2000	Si-PIN 探测器
19	K	17000	51000	2000～5000	Si-PIN 探测器
20	Ca	52000	156000	2000～5000	Si-PIN 探测器
22	Ti	6400	19200	1000～2000	Si-PIN 探测器
23	V	140	420	～200	Si-PIN 探测器
24	Cr	110	330	～200	Si-PIN 探测器
25	Mn	1300	3900	～200	Si-PIN 探测器
26	Fe	58000	17400	～200	Si-PIN 探测器
38	Sr	480	1440	≤80	Si-PIN 探测器
40	Zr	130～250	390～750	≤80	Si-PIN 探测器
56	Ba	370～650	1110～1950	～200	Si-PIN 探测器

需要指出，表 2.5 中"可能的矿异常"一栏，只是一种粗略的估算值，按式 (2.3) 估算：

$$可能的矿异常=元素克拉克值×3 \tag{2.3}$$

从表 2.5 可以看出，对表中所列各元素作为成矿元素的矿种，采用 X 荧光勘查技术进行普查是可行的，不至于漏掉有意义的矿化异常。

1979 年，英国 Ball 等就报道过，利用当时英国核企业有限公司生产的基于闪烁探测器的第一代携带(手提)式 X 射线荧光仪，在英格兰西部的布里斯托尔等地区，开展重晶石与天青石矿从普查到详查阶段的地球化学测量工作。普查阶段，通过在野外土壤中直接测量 Sr、Ba 含量的办法，圈定出了 Sr 与 Ba 的次生晕，通过进一步工作，最终发现了 Sr 与 Ba 的工业矿体。

1992 年，周四春等在重庆大足县(现重庆大足区)的兴隆勘查区，使用重庆地质仪器厂生产的 HYX-Ⅰ型携带(手提)式 X 射线荧光仪(我国第一代商品化携带(手提)式 X 射线荧光仪，配闪烁探测器。由成都理工大学前身——成都地质学院与重庆地质仪器厂联合研制)，通过现场开展土壤 X 荧光测量，圈定 Sr 的次生晕，捕获了 6 个异常群。结合勘查区地质情况与天青石矿体赋存规律布钻验证后，5 个异常群见到工业矿体，布孔见矿率从使用 X 荧光资料前的 50%左右提高到 80%以上，取得良好找矿效果。

2. 远景区、高丰度区 X 荧光勘查技术的应用

有些元素虽然其克拉克值远低于便携(手提)式 X 射线荧光仪的探测限，但在其远景区或在其主要的成矿母岩区，其成矿元素的含量却有可能高出仪器的探测限，为开展 X 荧光测量提供了地质条件。

例如，Sn 在地壳中的克拉克值为 1.7μg/g。20 世纪 80 年代中，在我国云南某锡矿远景区进行普查时，发现土壤中 Sn 的平均含量约为 200μg/g，最小异常值约为 600μg/g。这个含量水平，已经远高于第一代携带(手提)式 X 射线荧光仪对 Sn 的探测限 100μg/g。于是，采用 HYX-Ⅰ型携带(手提)式 X 射线荧光仪通过土壤 X 荧光测量圈定 Sn 的次生晕，取得良好

找矿效果。同时应用 X 荧光测量指导岩心与探槽取样，大大减少了无意义样品的采样和化学分析，节省了可观的经费(彭东良，1986)。在四川攀西两个锡矿勘查区，因为 Sn 的丰度高于 HYX-Ⅰ 型携带式 X 射线荧光仪的检出限，应用 X 荧光现场测量勘查锡矿，也取得不错效果(刘怀杰，1986)。

除锡矿外，还有不少矿种，在其矿区外围，或成矿远景区，其成矿元素的区域性背景值也有可能显著高于手提式 X 荧光仪器的探测限。例如，20 世纪 90 年代中期，周四春等在四川宝兴县风箱崖铜矿远景区开展 Cu 资源评价。这是一片位于海拔 4700m 左右的基岩裸露区，工作条件艰苦，样品采集不方便。通过对地质路线观察时采集的各种地层的岩石标本测量，发现岩石中 Cu 的平均含量达到 250μg/g(Cu 的克拉克值为 55μg/g)，已经高于当时使用的 HYX-Ⅰ 型携带(手提)式 X 荧光仪对 Cu 的探测限(150μg/g)，于是使用 HYX-Ⅰ 型携带式 X 射线荧光仪在该区开展原位 X 射线荧光岩石测量，圈定了出露地表的铜矿体与铜矿化区，完成了对该区 Cu 资源的远景评价[①]。

从地球化学原理我们知道，某些矿种往往赋存在某些特定的岩性中，而在这种产矿的特定岩体内，其背景含量值往往大大高于其克拉克值，也高于便携(手提)式 X 射线荧光仪的探测限。例如，Ni 在地壳中的克拉克值为 89μg/g，略低于第一、二代携带(手提)式 X 射线荧光仪器的探测限(高于第三代仪器检出限)。但镍矿一般都产于超基性岩中，而在超基性岩中，Ni 的丰度值为 2000μg/g，即使是对第一、二代携带(手提)式 X 射线荧光仪，已远高于其对 Ni 的探测限(约为 100μg/g)，因此，用 X 荧光测量在超基性岩地区圈定镍(Ni)异常是毫无问题的。类似于 Ni，还有一些矿种也有相似的特点。表 2.6 依据《勘查地球化学》给出的资料(刘英俊和邱德同，1987)，整理列出的某些元素在主要岩浆岩中的丰度。

表 2.6　某些元素在主要岩浆岩中的丰度　　　　　单位：μg/g

原子序数	元素	超基性岩	基性岩	中性岩	酸性岩	克拉克值
15	P	170	1400	1600	700	1200
23	V	40	200	100	40	140
24	Cr	2000	200	50	25	110
27	Co	200	45	10	5	25
28	Ni	2000	160	55	8	89
30	Zn	50	105	130	60	94
37	Rb	2	45	100	200	78
38	Sr	10	440	800	300	480

从表 2.6 所列数据可以看出，用 X 荧光勘查技术寻找某种矿种时，能否取得地质效果的前提并不完全取决于仪器探测限是否与该矿产元素的克拉克值相当，而是测区内该元素的区域性丰度是不是足够高。正如镍矿大都产于区域性丰度高的超基性岩中一样，不少矿种也都产于某种区域性丰度高的岩层(或岩性)中，这使得 X 荧光勘查技术在找矿应用中具有很大的潜力。

---

① 四川地勘局川西北地质队、成都理工学院. 四川省宝兴县风箱崖铜矿勘查区踏勘报告. 1994.

当找不到合适的直接指示元素作为 X 荧光的测量对象时，从地球化学角度，还可以用某些有效的间接指示元素作为测量对象。例如，勘查金矿时，As 是具有普遍意义的指示元素，而 As 的丰度一般都高于各代携带(手提)式 X 射线荧光仪的检出限，通过 X 荧光技术测量 As 元素来找金，往往可以收到事半功倍的效果(章晔等，1984；1986；周四春等，1998；1999；2002)。

2.2.2　常见矿床的地球化学异常元素组合及其意义

地球化学专家的研究已经证实：自然界很少见到单一元素的富集。换言之，在许多地质-地球化学环境下，矿化现象的显示往往是一群元素的集合体，这些元素的集合体构成了该矿床的地球化学异常(谢学锦，1979)。因而，无论是原生异常，还是次生异常，其组分均是复杂的，具有多组分的特点。它除了含有成矿元素，还含有与成矿元素相伴生的各种其他元素。异常的组分与矿体的组分有直接关系，不同类型的矿床，其异常的组分也不一样。在实际工作中，我们可以将地球化学原理与 X 荧光测量的物理原理相结合，据此选择能指示矿体存在及其特征的某些，甚至某组元素作为指示元素，通过圈定出矿异常达到找矿目的。

以岩石测量为例，表 2.7 中列出了国内某些矿床原生异常的指示元素。表 2.8 中给出了 Boyle 统计的国外不同类型矿床及其地球化学异常中的元素组合。

表 2.7　国内某些矿床原生异常的指示元素　　　　　　　　(王崇云，1987)

矿床成因类型		指示元素	元素迁移特点	主要地质效果
高温石英脉型黑钨矿		W、Sn、Bi、Mo、Ag、As	As>Sn、Bi、Ho>Ag>W	评价石英脉含矿性
硫化物型锡矿		Sn、Cu、Bi、As、Mo、Pb、Cd、Ag、In、Hn	Ag、Mn>Pb、Cd、Sn、Cu、Bi、As、In	寻找盲矿体，评价铁帽
黄铁矿型铜矿		Cu、Pb、Zn、Ag、As、Hn、B、Ba	Ba>Ag>Mn(B)>Cu>As>Pb	圈定矿化带
夕卡岩型	铜矿床	Cu、Ag、Bi、Zn、As、Mo	Ag、As、Zn>Cu、Mo>Bi	寻找盲矿体
	铁钢钼矿床	Cu、Pb、Zn、Mo、Ag、As、Co、B	Ag、Zn、B、As>Cu、Mo	寻找盲矿体
	铜钼矿床	Cu、Ag、Zn、Ho、Pb、Nn		寻找盲矿体
硫化铜镍矿床		Ni、Cu、Co、Ag、Mn、As、Cr、Zn、Pb、Hg	Ni、Cu>As、Hg、Ag(?)>Co>Mn	寻找盲矿体，评价铁帽
铜铅锌多金属矿床		Cu、Ag、Pb、Zn、Cd、Sn、Bi、Sb	(Ag)、Cu、Pb、Zn、As>Cd、Sn、Bi、Sb(Ag)	寻找盲矿体
裂隙充填型汞矿床，汞锑矿床		Hg、Sb、As、Cu、Ag、Ba	垂直方向：Hg>As、Sb>Pb>Ag、Cu 水平方向：Hg>Sb、As>Pb>Cu、Ag	寻找盲矿体，评价铁帽
钨锡铌钽矿床		F、Li、Sn、BeO、Ta_2O_5	F>Li、BeO>Sn>Ta_2O_5	评价盲矿体，寻找铁帽
石英脉型金矿床 黄铁矿型金矿床		As、Ag、Au、Cu、Pb、Zn、Bi	(扩散)As>Ag、Cu、Pb、Zn、Au	—
热液交代型 菱铁矿赤铁矿床		Mn、Ni、Cr、Co、V、Zn、Cu、As、B、Pb	(水平扩散)Mn>Cu>Zn>Ni>Pb	圈定矿化远景区寻找盲矿体
斑岩型铜(钼)矿床		Cu、Mo、W、Pb、Zn、Ag、Mn、As、Hg、F	Mn、As、F、Hg、Ag>Pb、Zn>Cu>Mo>W	

表 2.8　国外不同类型矿床及其地球化学异常中的元素组合　　（谢学锦，1979）

矿种	矿床类型	元素组合	重要指示元素
铜	页岩铜矿及共变质类型	Cu、Ag、Zn、Cd、Pb、Mp、Re、Co、Ni、V、Mn、Se、As、Sb、Ba	Cu、Ag、Zn、Pb、Mo、Co
	砂岩、砂质页岩及砾岩中的铜矿	Cu、Ag、Pb、Zn、Cd、Hg、V、U、Ni、Co、P、Cr、Mo、Re、As、Sb、Mn、Ba	Cu、Ag、Pb、Ba 为指示元素，在某些地区 Ni、Mo、As、Sb、Go 为有用指示元素
	斑岩铜矿	Cu、Mo、Re、Fe、Ag、Au、As、Pb、Zn、B、Sb、W	Cu、Mo、Re、Ag、Au、As、Pb、Zn
	夕卡岩型铜矿	Cu、Fe、Re、Fe、Ag、Cd、Mo、W、Au、Sn、Bi、Te、As、Ni、Co(很少)B、F(某些矿床)	Cu、Ag、Mo、W、Bi、Pb、Zn、As
	与基性岩有关的致密状含铜硫化物	Cu、Ni、Co、Fe、Pt 族、Au、Ag、Bi、Se、Te	Cu、Ni、Co
	火山沉积岩中致密块状含铜硫化物	Cu、Zn、Pb、Cd、Ag、Fe、Hg、As、Sb、Au、Mo、W、Re、Co、Ni、B、Ga、In、Tl、Ge、Sn、Bi、Se、Te	Cu、Zn、Pb、Cd、Ag、Fe、As、Hg
	在各种地质环境中的脉状铜矿床	同上	同上
银	含银的各向铜、铜、锌、金镍矿床	见各类矿床	Ag、Pb、Zn、Cd、Hg、Ti、Cu、Au、Ba、Mn、Bi、Se、Te、As、Sb
	自然银矿床(特别是含 Ni、Co 的砷化物)	Ag、Ni、Co、Fe、S、As、Sb、Bi、U、含一些 Ba、Cu、Zn、Cd、Pb、Hg	Ag、Ni、Co、As、Sb、Bi
	富含银的砂岩铜矿、铀矿或钡矿	Ag、U、V、Sr、Ba、Cr、Mo、Re、Fe、Co、Ni、Cu、Ag、Au、Zn、Cd、Pb、P、As、S、Se	见砂岩铜矿、铀矿及钒矿
金	含金的镍、铜、铜、锌及银矿床	一般与铜、锌或钨的夕卡岩型矿床类似，As(Sb、Bi)可能特别高	Au、As、Sb、Bi，其他见各类矿床
	夕卡岩型金矿床	一般与铜、铅、锌或镨的夕卡岩型矿床类似，As(Sb、Bi)可能特别高	Au、As、Sb、Bi，其他见各类矿床
	在火山岩、沉积岩及花岗岩中的石英脉型金银矿床	Au、Si、O_2、Ag、As、Sb、S、Fe，另外 Cu、Ba、Zn、Cd、Hg、B、Tl、U、Sn、Pb、Bi、Se、Te、Mo、W、F、Co、Ni 及 Pt 则根据不同的地球化学省而定	Au、Ag、As、Sb、S、Fe、SiO_2 有些火山沉积岩中：B；有些(各类岩石)：W、Mo、Te、Bi；有些第三纪金矿；Se、Sb、Pb、Zn、Cu 特别高，Au/Ag<1；寒武纪金矿；Au/Ag>1；基性及中性火成岩与火山岩中：Cr；金-银-硒化物型；Se、Ag，Au/Ag<0
	砾岩金矿床	Au、Fe、S、Ag、U、Th 及 Re、Au/Ag≫1 As、Cu、Pb、Zn、Co、Ni	Au、Ag、As、U
	对金矿床最有效的指示元素可能是 Ag、As、Sb、Bi、Te，其他视地区特点而定		
锌	①碳酸盐岩中的锌矿床(一般含较多的铅，少量铜及银)②石英岩、砂岩及页岩中的锌矿床(一般含铜、铜及铁的硫化物)③夕卡岩型锌矿床(含较多的铜，另有铜、金、银)④各种岩石中的脉状矿床(同时含铜、铁、铜、银)⑤火山沉积岩中致密锌矿床(同时含铁、铜、银)	对于各类锌矿床：Zn、Cd、Pb 其他有 Fe、Cu、Ag、Au、Ba、Sr、B、F、As、Sb、Bi、Mo、Ga、In、Tl、Ge、Hg、Co、Ni、Sn、Mn	Zn、Cd、Pb 脉状及致密块状矿床 Cu、Ag、Ba、Mn、As、Sb、Hg 夕卡岩型尚有 Mo、W、Bi，其中锌、铁矿含 Mn 特别高，在碳酸盐中矿床：F

续表

矿种	矿床类型	元素组合	重要指示元素
汞	①含汞的铜、锌及铜矿床,自然银矿床,石英脉金矿床 ②在各种围岩(砂岩、灰岩、白云岩、钙质页岩、燧石岩、蛇纹岩、安石岩、玄武岩、流纹岩)中的脉、复脉、浸染或交代汞矿床	Hg、As、Sb、Cu、Ag、Au、Sr、Ba、Zn、Cd、B、Tl、Ge、Pb、Bi、Se、Te、Mo、W、F	Hg、As、Sb 根据地区情况:Ba、F、W、B
锡	①伟晶岩及粗粒花岗岩中的锡矿 ②夕卡岩型锡矿床 ③在云英岩化与绢云母化带内的锡矿 ④在流纹岩流,石英长石斑岩等中的浸染状及脉状矿床 ⑤花岗岩、片床岩及沉积岩中的砂矿	①Sn、W、Ta、Nb、Bi、As、Be、Se、Re、B、F、Li、Rb、Cs、Mo ②Sn、W、B、F、Be、Cu、Pb、Zn、As、Mo、Fe ③Sn、W、Mo、Li、Rb、Cs、Be、Sc、Fe、Cu、Zn、Cd、Pb、B、As、Bi、S、P、F ④Sn、Li、Rb、Cs、Cu、Ag、Zn、Cd、Sc、Y、Re、B、In、Pb、Ti、P、As、Bi、Nb、Ta、S、Mo、F、W、Fe ⑤Sn、B、F、As、W	找寻各类锡矿床:Sn、W、Ni、Ta、P、F 多金属硫化物型:Sn、Cu、Pb、Zn、Ag、Cd、As、Sb、Bi
铅	各类锌、铜、银矿床都含铜	Pb、Zn、Cd、Ag、Cu、Ba、Sr、V、Cr、Mn、Fe、Ga、In、Tl、Ge、Sn、As、Sb、Bi、Se、Hg、Te、B、F	Pb、Zn、Cd、Ag、Cu、Ba、As、Sb
钛	在辉长岩,碱性正长岩,碳酸岩等中的各类钛矿床	Ti、Fe、Ca、F、P	Ti、P、Fe、F
磷	①变质辉石岩中或与之有关的磷灰石矿床(围岩为变质辉石岩,结晶灰岩,片麻岩等) ②与碱性正长岩,酸性岩等相伴生的磷灰石矿床 ③海相磷灰岩	①P、Re、Ti、Zr、F、Ca、Mg、Fe、Si、S、Cl、C(石墨) ②P、Na、Ca、Sr、Ba、Fe、Ti、V、Nb、Ta、Re、Zr、Th、U、F ③P、U、V、F、Se、As、Re、Cr、Ni、Zn、Mo、Ag	①P,其他可作辅助指示 ②同上 ③同上
铌钽	①花岗伟晶岩正长伟晶岩及某些粗粒或细粒白云母花岗岩 ②钠长黑云母花岗岩及钠长钠闪花岗岩 ③碳酸岩	①Nb、Ta、Sn、W、Sb、Bi、Li、Be、Ti、Rb、Cs、Re、U、Th、B、Zr、Hf、P、F ②Nb、Ta、Sn、W、Zr、Th、O、Re、P、Al、F ③Nb、Ta、Na、K、Fe	各类铌钽矿床:Nb 辅助指示元素:V、Zn、Pb、Mo、Ba、Sr、Be、Re、P
钒	①钒钛磁铁矿床 ②砂岩中含钒铀矿床 ③充填于页岩裂隙中及沥青质及固态羟有关的钒矿 ④含钒多金属矿 ⑤含钒沉积铁矿	①V、Ti、Fe、P ②U、V、Sr、Ba、Cr、Mo、Fe、Co、Ni、Cu、Ag、Au、Zn、Cd、Pb、P、As、Sb、S、Se ③V、S、C、Ni、Fe、Ca ④Cu、Pb、Zn、V、Mo、Ag、Au、As ⑤Fe、V、Mn、P	各类钒矿床:V 其他可作辅助指示
铬	与超基性岩有关的铬矿床	Cr、Ni、Co(砷,铂族)	Cr、Ni、Co
钼	①花岗岩,酸性斑岩等中的云英岩化带 ②硅脉,石英伟晶岩 ③夕卡岩型钼矿床 ④二长岩,酸性斑岩,花岗闪长岩,片岩中浸染钼矿 ⑤在流纹岩流,石英长石斑岩凝灰岩等中的浸染状钼矿	①Mo、W、Re、Sn、Li、Be、Bi、Fe、Cu、Zn、Pb、B、P、F ②同前 ③Mo、W、Re、Bi、Fe、Cu、Au、Ag、Co、Ni、Be、Ti、Zn、Cd、B、As、S ④Mo、Re、Cu、Ag、Be、Fe、W、Zn ⑤与锡同	各类钼矿床:Mo、Cu、W、Bi

续表

矿种	矿床类型	元素组合	重要指示元素
钨	①伟晶岩中的钨矿床 ②花岗岩、酸性斑岩等中的云英岩化带 ③在汉纹岩流石英长石斑岩凝灰岩中的浸染状钨矿④夕卡岩矿床 ⑤各种石英脉型钨矿，包括锡石-黑钨矿床、黑鸟-金银脉、白硅脉、镍-金-银脉、白镨-铜矿脉、镍-金-银-铜-锌脉等	①W、Mo、Re、Sn、Cu、As、Nb、Ta、Bi、Li、Be、Rb、Cs、B、Sc、Re、F、Mn ②W、Mo、Re、Be、Sc、RE、As、Sn、Li、Bi、Fe、Cu、Zn、Pb、B、P、F ③与锡同 ④W、Mo、Re、Sc、RE、Bi、Cu、Pb、Zn、Fe、S、As、Au、Ag、B、F ⑤根据不同类型，元素组全变化大致包括：Li、Rb、Cs、Be、B、Sc、Re、U、Mo、Re、W、Mn、Fs、Cu、Ag、Au、Zn、Cd、Ga、In、Tl、Ge、Sn、Pb、As、Sb、Bi、P、S、F	—
镍	①与基性及超基性岩浆岩有关的镍矿床 ②残只的镍-钴矿床	①Ni、Co、Fe、Cu、Au、Ag、Pt 族、Se、Te、As、S ②Ni、Co、Fe、Mn、Cr	各类矿床：Ni、Cu、Co、As、Pt 族、Cr 的指示很有意义
钴	①致密块状镍钴矿床 ②自然银-镍钴砷化物矿床 ③铜-钴硫化物矿床 ④铜锌钴矿床 ⑤金钴矿床 ⑥残积(砖红土)矿床	①Ni、Co、Pt、Fe、Cu、Ag、Au、Se、Te、S ②Ni、Co、Ag、Fe、Cu、Pb、Zn、As、Sb、S、Bi、U ③Cu、Co ④Pb、Zn、Cd、Ag、Co ⑤Co、Au、Ag ⑥Ni、Co、Fe、Mn、Cr	Co、Ni、Cu，其他指示元素根据矿床类型而异

从表 2.7、表 2.8 中可以看到，大多数矿床类型都可以找到某些或某组特征 X 射线能量在某个区间适合于进行 X 荧光测量的元素。以 X 荧光方法通过岩石测量勘查铜铅锌多金属矿床为例，可选作指示元素的有两组(表 2.7)：第一组是 Cu、Zn、As、Pb、Bi 等组成的铜组元素，第二组是 Ag、Cd、Sn、Sb 等组成的银组元素。在地球化学分类上，这两组元素中的所有元素都是亲铜元素，当测量这两组元素组的总量时，其含量超过仪器对其中单元素的探测限，仪器测量时已经没有检出限之忧(Zhou et al.，1992)。

第一组元素的特征 X 射线能量为 8～13keV(Cu 的 K_α 射线能量为 8.04keV，Bi 的 L_β 射线能量为 13.02keV)。当采用放射性同位素源 ^{238}Pu 或 Ag 靶 X 射线光管做激发源，在仪器上设置 8～13keV 能窗，即可实现该组元素的总量 X 荧光强度测量。

第二组元素的特征 X 射线能量为 22.1～26.5keV(Ag 的 K_α 射线能量为 22.16keV，Sb 的 K_α 射线能量为 26.35keV)，当采用放射性同位素源 ^{241}Am 或 Ba 靶 X 射线光管做激发源，在仪器上设置 22～26.5keV 能窗，即可实现第二组元素的总量 X 荧光强度测量。

矿床的次生异常与其原生异常具有类似的特征。表 2.9 中列出了某些矿床次生异常的指示元素。从表列指示元素看，各矿床也大都可以找到一组或几组适合于 X 射线荧光仪测量的指示元素组。例如，金矿勘查中，上述两组勘查铜多金属矿的指示元素组，也适合于勘查金矿(周四春等，1996)。矿床地球化学异常中的这种元素组合特征为 X 荧光勘查方法勘查固体矿产奠定了地球化学基础。

表 2.9　某些矿床次生异常的指示元素　　　　　　　　　　（王崇云，1987）

矿床类型	指示元素	元素迁移特点	主要地质效果
高温石英脉型黑钨矿	W、Sn、Bi、Mo	地表分散距离 W：0～20m Sn：0～30m	圈定矿化带、矿体
夕卡岩型铜矿床	Cu、Ag、Bi、Zn、As、Mo	Ag、As、Zn>Cu、Mo>Bi	找到矿体
夕卡岩型铁、铜钼矿床	Cu、Pb、Zn、Pb、Zn、Sb	Ag、Zn、As>Cu、Mo	找到矿体
硫化铜镍矿床	Ni、Cu、Co	Co在B层呈现明显的次生富集	发现盲矿体、岩体、评价铁帽
石英脉型、黄铁矿型金矿床	As、Ag、Au、Cu、Pb、Zn、Sb	As、Sb>Cu、Pb>Bi、Au（异常比矿体宽2～20倍）	寻找矿化蚀变带发现近地表矿体
热液脉型铜矿床	Sn、As、Cu、Pb、Zn、Ag	Pb、Zn、Ag>Cu>Sn、As	发现矿体
铅锌矿床	Pb、Zn、Cu	Zn>Cu>Pb	发现矿体
斑岩铜钼矿床	Cu、Mo、Ag、Zr、Pb、Sn、W	Cu、Ag、Zn>Po、Mo>Sn、W	发现矿体
沉积钒矿床	V、Mo、Cu、Pb	V、Mo、Cu>Pb	发现矿体

2.3　解决携带（手提）式X射线荧光仪探测限不足的地球化学对策

这里所说的直接找矿，是指通过直接测量目标元素来找矿，如通过测量Cu元素来找铜矿。此时，可以利用本章2.1节与2.2.2小节介绍的知识，利用合适的间接指示元素，甚至合适的指示元素组来找矿。

2.3.1　间接指示元素与元素组的选择依据与方法

在无法选择到合适的直接指示元素作为X荧光测量对象时，可以从三个方面来选择间接指示元素。

（1）根据矿床类型，依据矿物与元素共生关系，由有关专著与教科书上给出的矿物成分与化学成分的一般规律初步选择出可能的指示元素。

（2）根据基本相同地质环境下的同种类型矿床应该具有基本相同元素共生组合关系的地球化学规律，可以选用在基本相同地质环境下的其他勘查区使用过的指示元素。例如，在表2.10中统计的不同地区的金矿中，Cu、Pb、Zn都是可以作为找金矿的指示元素。

表 2.10　我国某些矿床次生晕中的指示元素　　　　　　　　（王崇云，1987）

矿产	产地	矿石主要矿物成分	曾用过的指示元素
Cu	甘肃某地	黄铁矿、黄铜矿、闪锌矿	Cu、Zn
Cu	辽宁某地	黄铁矿、黄铜矿、闪锌矿	Cu、Zn
Cu	广西某地	闪锌矿、磁黄铁矿、毒砂、黄铜矿、黄铁矿、锡石	Cu、Pb、Zn、Sn、As、Ag
Pb、Zn	辽宁某地	方铅矿、闪锌矿、黄铁矿、毒砂、黄铜矿	Pb、Zn、As、Cu

续表

矿产	产地	矿石主要矿物成分	曾用过的指示元素
Sb	陕西某地	辉锑矿	Sb
Cr	陕西某地	铬铁矿	Cr
Ni	吉林某地	镍黄铁矿、黄铁矿、黄铜矿	Cu、Ni、Co
Co	广东某地	黄铁矿、毒砂、黄铜矿、硫钴矿、辉钴矿、闪锌矿、方铅矿、自然铋	As、Cu、Pb(Bi)
Hg	浙江某地	辰砂、自然汞、辉硒汞矿等	Hg
Au	吉林某地	黄铁矿、方铅矿、黄铜矿	Cu、Pb
	浙江某地	黄铜矿、黄铁矿、闪锌矿、方铅矿	Au、Ag、Pb、Cu、Zn
	吉林某地	自然金、方铅矿、辉铋矿、闪锌矿、黄铜矿	Pb、As、Bi、Zn、Cu

　　(3)在前述基础上，再通过 X 荧光测量实验来选择指示元素。例如，勘查金矿时，可以选择一批已知金矿含量的样品，逐一测量初选出的各指示元素的 X 荧光强度，分别统计各元素 X 荧光强度与对应样品金品位的相关关系，选择哪些含量高于仪器检出限，可以可靠测量出其 X 荧光强度，且与金相关系数高(一般应该高于 0.7)的元素作为 X 荧光测量勘查金矿的指示元素。例如，周四春等在我国小西南岔金矿开展 X 荧光测量勘查金矿研究时，随机抽取 29 件已知 Au 含量的原矿样品，分别测量了每个样品的 Cu、As、Fe、铜组元素总量的 X 荧光强度，然后分别统计其与 Au 间的相关系数。图 2.5 是当年实际测量的 As 的 X 荧光强度与 Au 相关关系的实验结果，统计表明，两者相关系数达到 0.91，是所有测量元素中与 Au 相关关系最密切的元素。后来的现场测量应用表明，利用测 As 来勘查 Au，效果相当不错(章晔等，1984)。

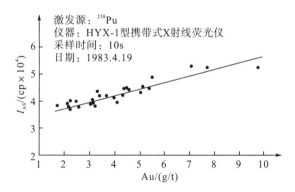

图 2.5　小西南岔金矿 Au～As(X 荧光强度)关系

2.3.2　元素组总量的测量方法

　　当对所关注的元素单独测量的检出限达不到要求时，可以采用总量测量技术。

1. 测量元素组元素总量的基本原理

　　通过本书第 1 章的讨论，我们已经明白所测量元素的特征 X 射线强度 I_i 与其含量 C_i 间至少近似存在以下关系：

$$I_i = a_i + b_i C_i \tag{2.4}$$

式中，a_i 与 b_i 分别表示用 I_i 求 C_i 时的工作曲线的截距与斜率。

对同一样品中的 n 个特征 X 射线能量分布在某一个能量区间的相邻元素，根据式(2.4)可写出其特征 X 射线总强度与 n 种元素含量间的关系为

$$\begin{aligned}
\sum_{i=1}^{n} I_i &= \sum_{i=1}^{n} (a_i + b_i c_i) \\
&= \sum a_i + \sum b_i c_i \\
&= A + \sum b_i c_i
\end{aligned} \tag{2.5}$$

式中，$A = \sum a_i$。考虑到用同一装置(相同激发源、探测器及几何条件等)测量特征 X 射线能量相差不大的元素时，对各元素的激发效率，探测效率应基本相同，故对这样的 n 种元素应近似有

$$b_1 \approx b_2 \approx \cdots \approx b_n = B \tag{2.6}$$

考虑式(2.6)后，有

$$\sum_{i=1}^{n} I_i = A + B \sum_{i=1}^{n} c_i \tag{2.7}$$

式中，A、B 为待定系数。根据式(2.7)，我们可以知道，一组射线能量相邻元素组的 X 荧光强度总量正比于这组元素的总含量。换言之，只要测量出 $\sum I_i$，就可以知道这组元素总含量的高低(Zhou et al.，1992)。

从以上讨论中可以知道，为保证式(2.7)的成立，所选择的指示元素组中各元素的特征 X 射线能量应是相近似的。例如，可用三组指示元素(详见第 5 章)总量勘查铜矿，第一组元素的特征射线能量分布为 6.5～12.8keV，第二组元素的特征线能量分布为 22～33keV，第三组元素的特征线能量分布为 6.5～8.3keV。

2. 测量元素总量的方法

本节以上面提出的三组元素总量的测量为例并加以讨论。

当采用配有正比计数管、半导体探测器的仪器时，可以在对仪器进行能量刻度的基础上，按前述能量区间设置探测器能窗(图 2.6)。

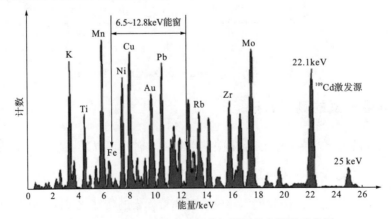

图 2.6   测量第一组元素总量的探测器能窗设置示意图

　　当采用分辨率较差的闪烁探测器时，为测量第一组元素特征射线能量分布为 6.5～12.8keV 的元素总荧光强度，可以采用 Mn 与 As 的金属氧化物与黏合剂热压制成平衡滤片对，就可构成能量通带为 6.5～12.8keV 的能量滤波器，实现对第一组元素总量的测量（图 2.7）。

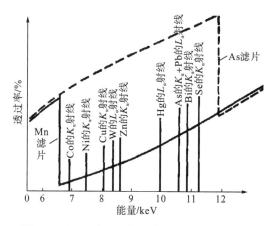

图 2.7　由 Mn 与 As 的吸收限构成的能量通带

　　同样，当使用闪烁探测器时，采用 Ru 与 Cd 金属氧化物，可构成能量通带为 22.12～26.71keV 的能量滤波器，实现对第二组元素总量的测量。

　　其他矿床，也大多能找到一至两组能用 X 荧光方法测量的元素组。这使得探测限不够理想的携带式 X 射线荧光仪，在相当多的地方可避免对单个指示元素探测限不够的限制，实现完成普查某些矿床的任务。

　　需指出的是，在一个地区开展普查工作前，应该根据具体的地质条件和方法的检出限来选择相应的核测量方法。例如，当选择 X 荧光方法用于矿产勘查时，应从找矿角度考虑是测量某种元素还是测量某一组元素，以避免仪器探测限问题。即使是那些克拉克值远远低于仪器检出限的元素形成的矿床，因为其一般都会产出于该元素的区域性丰度高的岩体或地层中。例如，砂岩铜矿床，总产出于含铜沉积建造中，而据有关文献（刘英俊和邱德同，1987）统计，与砂岩铜矿床有关的这种沉积建造，其铜的平均含量超过 $100\mu g/g$。因此在普查砂岩铜矿床时，只要测量技术选择合适，用携带式 X 荧光仪检测 $100\mu g/g$ 的铜是完全可能的，即只需通过测铜就能完成普查该类铜矿床的工作。当然，不仅砂岩铜矿床，我国其他各类矿床中，也不乏其成矿元素区域性丰度高于或等于 X 射线荧光仪检出限的实例。因此，采用 X 荧光法普查某种矿床前，不能只考虑测量总量方案或只考虑测量成矿元素本身，而应通过实验，选择最为可行又最为简单（测量单元素比测量多元素简单）的工作方案。

参 考 文 献

费业泰. 2004. 误差理论与数据处理[M]. 5 版. 北京: 机械工业出版社.

刘怀杰. 1986. X 射线荧光技术在四川两个锡矿上的应用效果[A] // 章晔. 勘查地球物理勘查地球化学文集第 4 集. 核地球物理
　　勘查专辑. 北京: 地质出版社: 193-204.

刘英俊, 邱德同. 1987. 勘查地球化学[M]. 北京: 科学出版社.

彭东良. 1986. X 射线荧光技术在云南某锡矿地质工作中的应用[A] ∥ 章晔. 勘查地球物理勘查地球化学文集第 4 集. 核地球物理勘查专辑. 北京: 地质出版社: 205-214.

王崇云. 1987. 地球化学找矿基础[M]. 北京: 地质出版社.

谢学锦. 1979. 区域地质调查野外工作方法第四分册[M]. 北京: 地质出版社.

章晔, 谢庭周, 周四春, 等. 1986. 用 X 射线荧光法找金矿实例[J]. 物化探计算技术, 8(4): 342-346.

章晔, 谢庭周, 周四春, 等. 1984. 携带式 X 射线荧光仪测金试验[J]. 成都地质学院学报, (1): 93-98.

周四春, 谢庭周, 葛良全, 等. 1996, X 荧光勘查金矿技术的应用与进展[J]. 物探化探计算技术, 18(增刊): 66-69.

周四春, 张志全, 宁兴贤. 2002. 应用 X 荧光现场测量技术研究 KNM 金矿床地球化学模式[M]. 四川省地学核技术重点实验室年报(2000-2001). 成都: 四川大学出版社: 142-145.

周四春, 张志全, 徐兴国. 1999. 锶矿 X 荧光勘查方法研究及在兴隆锶矿的应用[J]. 地质与勘探, 35(4): 36-38.

周四春, 赵琦, 陈慈德. 1999. 现场多元素 X 荧光测量技术勘查金矿研究[J]. 核技术, 22(9): 539-544.

周四春, 赵琦, 陈慈德. 1998. 多参数 X 荧光测量现场地球化学勘查金矿技术研究与应用[J]. 矿物岩石, 18(4): 98-102.

Zhou S C, Xie T Z, Ge L Q. 1992. A total content X—RAY fluorescence method for copper prospecting[J]. Nuclear Science and Techniques, 3: 191-195.

第 3 章 携带(手提)式 X 射线荧光仪探测器

3.1 携带(手提)式 X 射线荧光仪的基本结构概述

携带(手提)式 X 射线荧光仪使用放射性同位素或 X 射线光管放出的 X 射线(或轫致辐射)作为激发源(放射源),用以激发岩矿中的待测元素,使之产生特征 X 射线。根据特征 X 射线能量,区分不同元素,进行"定性";根据特征 X 射线的强度,确定岩矿中待测元素的品位,进行"定量"。

携带式 X 射线荧光仪由 X 射线激发源、X 射线探测器、电子线路单元以及测量与控制软件组成。图 3.1 展示了携带式 X 射线荧光仪的基本结构(葛良全,2013)。

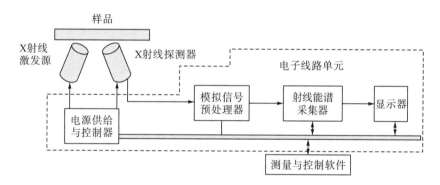

图 3.1 携带(手提)式 X 射线荧光仪的基本结构

本章在简介便携(手提)式 X 射线荧光仪基本结构的基础上,讨论 X 射线探测器。

3.1.1 X 射线荧光激发源

X 射线荧光的激发源是用来激发岩矿中的待测元素,使之产生特征 X 射线荧光。

便携(手提)式 X 射线荧光仪的激发源有两种:放射性同位素源、小功率 X 射线光管。

国内外 20 世纪 60 年代到 90 年代广泛使用闪烁探测器的第一代携带式 X 射线荧光仪,或使用正比计数器的第二代携带式 X 射线荧光仪,均使用放射性同位素做激发源。在 21 世纪初期,早期的第三代使用 Si-PIN 探测器的携带式 X 射线荧光仪,也主要使用放射性同位素做激发源。2010 年以后,国内外使用 Si-PIN 或 SDD 探测器的携带式 X 射线荧光仪,基本都采用了小功率 X 射线光管作为激发源。

3.1.2   X 射线探测器

可用作 X 射线荧光仪的探测器有闪烁探测器、正比计数器和半导体探测器。

闪烁探测器可实现对 X 射线的照射量率和能量的测量,它由闪烁体、光电倍增管和高压电源组成。光电倍增管是一个真空的器件。闪烁探测器的优点是探测效率高,但其对射线的能量分辨率是三种探测器中最差的,必须在相应平衡滤片对的配合下,才能分选出目标元素的特征 X 射线,因此,在野外工作时,一次只能测量一种元素。

正比计数器是一种气体探测器,可检测到 1keV 以下的低能 X 射线。相比闪烁探测器,正比计数器的能量分辨率要好很多,对 ^{55}Fe 源 5.9keV 射线的能量分辨率可以达到 14%左右,基本能分辨出 Fe、Cu 的 K_α 射线,野外工作时,理论上可同时测量 6 种元素。

半导体探测器是 20 世纪 60 年代发展起来的一种新型探测器,相比于闪烁探测器和正比计数器,半导体探测器的能量分辨率更好,线性响应也更好。使用 Si-PIN 探测器的仪器对 ^{55}Fe 源 5.9keV 射线的能量分辨率可以达到 160eV 左右。在野外工作时,一次能测量 10~20 种元素。

半导体探测器的种类很多,有扩散结探测器、面垒探测器、锂漂移探测器、高纯锗探测器、Si-PIN 探测器以及化合物探测器。用于携带式 X 射线荧光仪的主要是 Si-PIN 探测器。

近年国外研究出了新型的半导体探测器——硅漂移探测器(silicon drift detector,SDD),该探测器的电子学噪声比 Si-PIN 探测器低,能量分辨率更好,受制作工艺的影响小,国内还未见到生产 SDD 探测器的报道。国内的 X 射线荧光仪仍然以 Si-PIN 探测器为主。

3.1.3   电子线路单元及测量与控制软件

携带式 X 射线荧光仪电子线路单元主要承担着对探测器传输信号的采集与处理任务。随着科学技术的发展,携带式 X 射线荧光仪电子线路也经历了三个阶段的发展。早期的第一代仪器多采用单道分析器或双道分析器,电子线路单元主要为模拟电子线路。而引入正比计数器做探测器后,为了满足多种元素测量的需要,第二代仪器多采用 256 或 512 道多道分析器技术,因此,电子线路单元主要由模拟电路与模数转换电路构成。采用 Si-PIN 或 SDD 探测器的第三、四代手提式 X 射线荧光仪,为了充分发挥探测器高能量分辨率的优势,一般采用 1024 或 2048 道多道分析器,电子线路单元通常设计为全数字化的电子线路,对采集的谱线能实现数字化的处理,以取得更好的分析效果。

鉴于 X 荧光激发与激发源已经在 1.2 节中进行了详细讨论,本章仅讨论 X 射线探测器单元、电子线路单元以及测量软件。

另外,从早期的第一、二代携带(手提)式 X 射线荧光仪,到目前的第四代便携(手提)式 X 射线荧光仪,从结构上讲,仪器依然由 X 射线源、X 射线探测器单元、电子线路单元以及测量软件组成,但每部分的内容已经发生了很大变化,本书主要讨论以第三、四代仪器为主的各个部分。

3.2　仪器探测器单元

　　X 射线探测器的作用是把接收到的 X 射线光子的能量转换成电路能识别和测量的电信号。X 射线光子与探测器的活性材料相互作用产生光电子(或电子-空穴对)，然后这些光电子(或电子-空穴对)形成脉冲电流，再经过外电路中的电容或电阻产生电压脉冲信号。

3.2.1　探测器的基本参数

1. 能量-电荷转换系数

　　X 射线在介质物质中平均得到的电荷($\bar{N}$)与损耗的能量(E)的比值,称为能量-电荷转换系数$\bar{\theta}$。由于能量-电荷转换具有统计性,所以$\bar{\theta}$一般表示为平均值。

2. 能量分辨率

　　能量分辨率是 X 射线探测器中最为重要的系统参数之一。能量分辨率反映了探测器对不同类型的入射粒子的能量分辨能力。能量分辨率越小,则表示探测器可区分更小的能量差别。通常我们将能量分辨率分为绝对、相对分辨率两种类型。以能量高斯分布的半高宽(full wave at half maximum,FWHM)来表示的称为绝对分辨率;而相对分辨率则是使用绝对分辨率与峰位的比值来表示(章晔等,1984)。

　　探测器的能量分辨率受诸多因素的影响,如探测器的有效探测面积、探测元器件类型、甄别和计数器能力、后续处理电路时间常数等。在此,时间常数通常指脉冲处理器所耗费时间,也就是射线从进入探测器后,其测量并处理能量所需时长。探测器分辨率与其时间常数、面积、分析效率几者之间有着明晰的关联,即面积大小与分辨率高低成反比;当面积不变时,时间常数与光子测量准确度同时增加时,其分辨效果越好(杨刚,2017)。由此不难看出,时间常数是影响分析效率与能量分辨率的重要因素,然而两者却无法统一,因此从仪器实用层面出发,必须让分辨率与灵敏度兼顾。

3. 输出稳定性

　　能量-电荷转换系数$\bar{\theta}$对于环境温度 t 和供电电源电压 V 等相关条件的敏感性称作其输出稳定性。

4. 探测效率

　　探测效率指记录到的脉冲数与入射 X 射线光量子数的比值。X 射线探测器探测效率不会大于 1。

　　一般我们按照探测效率的不同特性将其分为两类:绝对效率和本征效率。X 射线总入射光量子数与辐射源发射的量子数的比值称为绝对效率。通常由于探测器的感应区相对于辐射发射光量子只是一个很小的范围,而辐射源是均匀光发射,这样一来探测器可以接收到有限的辐射光子,所以绝对探测效率既受到探测器本生特性的影响,也和探测器系统的外观设计有关。本征效率是指系统所记录到的脉冲个数同入射到探测器感应区的光量子数之比。

5. 时间分辨能力

探测器时间分辨能力主要由探测器系统信号输出的上升时间和数据信号获取的采集时间两方面决定，当然也和探测器的光敏面积、探测器材料、环境温度等条件相关。

3.2.2 闪烁探测器结构与工作原理

闪烁探测器是由闪烁体、光导、光电倍增管、高压电源及附属电路组成，是第一代携带(手提)式 X 荧光仪采用的探测器。图 3.2 为闪烁探测器结构与工作原理示意图。

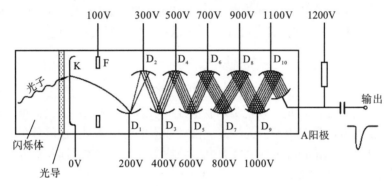

图 3.2　闪烁探测器结构与工作原理示意图

K-光阴极；F-聚焦极；$D_1 \sim D_{10}$-打拿极

闪烁体中分子受入射 X 射线光子的激发后，在退激的过程中产生可见光。可见光射向光电倍增管，在光电阴极上通过光电效应打出光电子。光电子在倍增器电场的作用下，通过与各打拿极作用，打出的电子得以线性递增，最后被收集在阳极上，再通过外设电路的作用形成电压或电流脉冲信号输出。

1. 闪烁体

闪烁探测器常用的闪烁体是 NaI(Tl) 晶体，是一种应用广泛的无机晶体。碘的原子序数很高，具有较大的阻止本领。与此同时，NaI(Tl) 闪烁体的相对发光效率大，探测效率高等特点使其得到广泛的应用。

1) 闪烁体特性

(1) 发射光谱。闪烁体的发射光谱是闪烁体材料发射光子数随光子波长或能量变化的关系曲线。在受到射线或高能粒子激发后，闪烁体会发出波长为可见光范围的荧光，如图 3.3 所示。

闪烁体的发射光谱为连续谱，并且每种闪烁体都存在一个对应的光谱峰值波长，这时我们需要选取探测光谱响应灵敏区域覆盖发射光谱的光电探测器进行探测，且必须注意闪烁体的发射光谱与光电探测器的响应光谱的匹配问题。我们在实际使用中主要有两种常用的光电探测设备，它们是光电倍增管和半导体光电探测器。

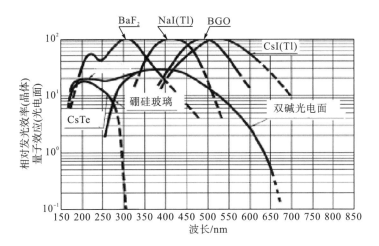

图 3.3　光阴极面的量子效率和晶体的发光波长分布

(2)发光效率。在受到射线或高能粒子照射后，闪烁体能够将这些能量转化为光的能力大小，即称其闪烁体的发光效率(章晔等，1984)。能量转换率是表征闪烁体发光效率最直接的方式，在整个转换过程中，闪烁体产生的光子总能量 E_{ph} 与射线或高能粒子在闪烁体中损失的能量 E 的比值，称为闪烁体的能量转换效率 C_{np}，计算公式如下

$$C_{np} = \frac{E_{ph}}{E} \times 100\% \tag{3.1}$$

闪烁体的发光效率可用三种量来描述：①光能产额；②闪烁效率；③相对闪烁效率(相对发光效率)。

对光能产额和闪烁效率的绝对测量十分复杂，一般情况我们使用相对闪烁效率来给出闪烁体的发光效率值。常选用的标准闪烁晶体为无机闪烁晶体 NaI(Tl)和有机晶体蒽，表 3.1 列出了常用不同闪烁体的相对闪烁效率。

表 3.1　常用不同闪烁体的相对闪烁效率

闪烁体	β 和 γ 闪烁效率/%	
	相对 NaI(Tl)	相对蒽
NaI(Tl)	100	230
ZnS(Ag)	130	—
蒽	43	100
液体闪烁体	—	20~80

闪烁探测器能量分辨能力与闪烁体的能量转换效率有直接关系。我们在探测辐射物质时显然希望闪烁体具有较高的发光效率并且对不同能量保持常数。这不仅能使输出的脉冲幅度较大，而且每单位能量产生的光子数较多，统计涨落小，能量分辨就会好。

(3)闪烁体的发光时间。闪烁体的发光时间包括上升时间与衰减时间。上升时间是指包括入射粒子耗尽能量的时间($10^{-11}\sim10^{-9}$s)和闪烁体中电子激发时间(很短)。衰减时

间是指闪烁体受到单次激发后，其发射光子的速率逐渐衰减到最大值 1/e 所需的时间，标记为 τ。

2) 闪烁体的分类

闪烁体主要分为无机闪烁体和有机闪烁体两大类。无机闪烁体大多数是卤素化合物，常见的无机闪烁体有 NaI(Tl)、BGO、BaF$_2$、CsI(Tl)、ZnS 等，其中我们使用最为广泛的是 NaI(Tl)(章晔等，1984)。无机闪烁体一般具有发光效率高、吸收系数大、光电效应好等优点，但其潮解性和不耐冲击等特点使它在某些方面的使用有一定的局限性。近期研发的新型无机闪烁体 YAP：Ce 具有无潮解性和密度高的优点，可以预期，YAP：Ce 有可能会逐步替代 NaI(Tl) 闪烁体。

有机闪烁体大多属于苯环结构的芳香族碳氢化合物，其发光机制是由于分子本身从激发态越回到基态的跃迁。按照性质划分有机闪烁体主要可分为三种类型，它们是：塑料闪烁体、液体闪烁体、有机晶体闪烁体。有机晶体包括蒽、萘、芘等类型晶体，其荧光效率很高，但是闪烁体体积不易做得很大。液体闪烁体和塑料闪烁体的类型基本相同，通常由溶质、溶剂、波长转换剂三类物质融合而成，所不同的只是在常温下它们的存在状态不同，分别以固体和液体两种形式体现。如表 3.2 所示，给出了到目前为止主要闪烁体的典型特性及用途。

表 3.2　主要闪烁体的典型特性及用途

	密度/(g/cm^3)	相对发光强度[以 NaI(Tl) 为 100]	发光时间/ns	发光峰值波长/nm	用途
NaI(Tl)	3.67	100	230	410	剂量区、区域检测仪、伽马相机
BGO	7.13	15	300	480	正电子发射断层成像
CSI(Tl)	4.51	45～50	1000	530	剂量计、区域监视器
Pure CsI	4.51	<10	10	310	高能物理
BaF$_2$	4.88	20	0.9	220	基于时间技术的正电子发射断层扫描仪、高能物理
GSO：Ce	6.71	20	30	310	区域检测仪、正电子发射断层成像
Plastic	1.03	25	2	400	区域检测仪、中子检测
LSO：Ce	7.35	70	40	420	正电子发射断层成像
PWO	8.28	0.7	15	470	高能物理
YAP：Ce	5.55	40	30	380	剂量计、伽马相机

3) NaI(Tl) 闪烁体的特性

这里只讨论携带(手提)式 X 射线荧光仪采用的 NaI(Tl) 闪烁体。NaI(Tl) 闪烁体的发射光谱范围为 350～550nm，其峰值波长为 415nm。密度为 3.67g/cm^3，探测效率高。激活剂 Tl 含量为 0.5%～1%，发光率达 92%，为蒽的 2.3 倍。NaI(Tl) 闪烁体的元素序数(Z) 高，其中碘(Z=53)占重量的 85%，光电截面大，加之，NaI(Tl) 因为其高密度和高原子序数(有效原子序数为 50)，对 γ 射线拥有很高的探测效率(可达百分之几十，对低能 γ 探测效率更高)，晶体透明性能好，并且价格便宜。故作为 γ 射线的主要探测闪烁晶体已被广泛地使用于各个核辐射测量场合。需要注意的是 NaI(Tl)闪烁体极易潮解，必须进行封装后再使用。

2. 光电探测器

光电探测器的主要作用就是将光信号转换为电信号，目前在实际应用中对于微弱光信号进行检测的光电探测器主要有雪崩光电二极管(avalanche photo diode，APD)以及光电倍增管(photomultiplier tube，PMT)。在携带(手提)式 X 射线荧光仪中采用的光电探测器是光电倍增管。

光电倍增管是一种光电发射器件，内部采用多级倍增系统，其特点是能收集单个光子将其进行倍数扩大，光电倍增管的优点有：高灵敏度、线性度好、响应快、频率高、运行稳定等，它是迄今为止灵敏度最高的一种光电探测器。

1) 光电倍增管的结构及工作原理

光电倍增管由五个主要部分组成，它们分别是光窗、光电阴极、电子光学系统、电子倍增系统和阳极(图 3.4)。其外形分为两种：一种是侧窗式，如图 3.5(a)所示，光线从侧面入射；另一种是端窗式，如图 3.5(b)所示，光线从端面垂直入射。

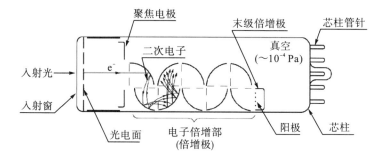

图 3.4　光电倍增管的构造图

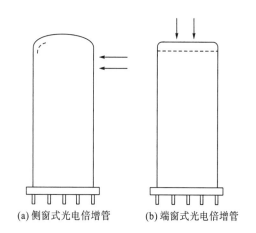

(a) 侧窗式光电倍增管　　(b) 端窗式光电倍增管

图 3.5　光电倍增管外形图

(1) 光窗。光信号经过光窗进入到光电阴极，光窗由玻璃制成，玻璃材质会吸收一部分光信号，波长较短的光被吸收的会比较多，所以光窗的材料决定了倍增管光谱响应的最短波长值。一般常用硼硅玻璃、钠钙玻璃和氟镁玻璃等化合物玻璃作为光电倍增管的光窗材料。

(2) 光电阴极。在光电阴极上主要进行光子到光电子的变换，它负责收集入射光子，并向倍增极激发出更多数量的光电子。光电阴极通常由化合物半导体所制成，它的材料决定了光电倍增管光谱特性的长波阈值，同时也决定了整个管子的灵敏度。

(3) 电子光学系统。电子光学系统主要有两个作用：一方面通过合理的电极结构，使前一倍增极发射出来的电子到达下一个倍增极上的概率更大，理想状态是所有发射出的电子被下一倍增极全部接收到；另一方面最大限度地使前一级发射出的电子到达后一级时所需要的时间一致，从而减少零散的渡越时间。

(4) 倍增系统。倍增系统中主要包括一些电子倍增极，它们一般由电子倍增材料构成，其作用是将前一极发射出的电子进行一次倍增，倍增的性能与光电倍增管的灵敏度有着密切的联系。

光电倍增管主要依据二次电子发射理论。其原理是：当具有很高动能的电子撞击到金属表面时，电子的动能被金属所吸收，导致金属原子内电子能量增加，这些能量被增加的电子从金属表面逸出，在工作电场引导下进入到下一个倍增极进行倍增，由此进行不断倍增。

多级倍增级的工作原理如图 3.2 所示。在真空长管内放置 m 个电极，在它们表面涂上铯。将电压加在每一极(阴极 K 与倍增极 D_1；倍增极 D_1 与 D_m；……)之间，确保后一极的电位比前一极高，即 D_1 的电位大于 K，D_2 的电位大于 D_1 等。当光子落到光阴极 K 表面，阴极 K 被激发出电子，电子向第一级倍增极 D_1 运动，当这些具有很大的动能(极间电压决定了动能的大小)的电子落到 D_1 上时，于是就在 D_1 表面撞击出二次电子，它们继续向下一个倍增极 D_2 运动，落在 D_2 倍增极上撞击出更多的电子，以此类推，最后在阳极上输出光电流。

假设一个电子落到其中一个倍增极上，在此倍增极上撞击出 σ 个二次电子，则可以得

$$I = i_0 \sigma^n \tag{3.2}$$

式中，I 为阳极上的输出电流；i_0 为阴极的光电流；n 为倍增极的级数。

由此可以得到光电倍增管的电流放大倍数 β 为

$$\beta = \frac{I}{i_0} = \sigma^n \tag{3.3}$$

2) 光电倍增管特性

(1) 光电特性。PMT 的光电转换特性在很大的区间上是呈线性变化的(章晔等，1984)。在使用的过程中应当避免被强光照射，否则容易损坏管子。另外，光电子从阴极倍增到达阳极的路程比较长，因此在实际应用时需要屏蔽 PMT 周围的电磁场以降低噪声。

(2) 光谱特性。在 PMT 的光谱特性方面，最大响应波长主要由光电发射材料的倍增能力决定，而最小响应波长则决定于光窗材料的透射特性。

(3) 伏安特性。PMT 的伏安特性主要表现为两个过程状态，开始的第一个状态随着电压的增加电流逐渐变大，这个过程比较短，随后第二个状态是达到饱和的状态，即随着电压的增加，电流基本不再变化，这个状态保持的时间较长，因此有利于在阳极负载电阻上获得较大的输出电压。

(4)放大特性。PMT 的放大特性主要表现为电流放大系数随供电电压增大而增大的关系。当电源电压逐渐变大时，空间电场变强，使得其中的电子运动加快，这样电子落在倍增电极时的动能就会增加，从而在极间撞击出的二次电子数量增多，于是，电流放大系数便随之增大。利用光电倍增管的放大特性可以用来作为微弱光信号的探测或光子计数系统。

(5)疲乏特性。PMT 在工作一定时间后灵敏度会有所降低，其原因是最后几级倍增极在使用一段时间后出现了疲劳现象，尤其在 PMT 开始工作的前几分钟，倍增极的疲劳现象比较明显，工作一段时间之后这种现象会有所缓解，光电倍增管的疲乏特性是可以逆转的，只需要将它放置在黑暗的环境下几天，它的灵敏度就可以恢复到原始状态。但是，与此情况相反的是光电倍增管的衰老特性，即管子在使用一段时间后会在内部残余一些气体，破坏了管子本身真空的环境，从而影响了光电发射特性与倍增极的倍增特性。为此，需要人为地将管子内部的残余气体除去，保证其真空环境，减少管子的衰老。

(6)时间特性。光电倍增管是具有超快时间响应的光探测器。它的时间响应指标主要是由光入射到光电倍增管阴极后发射的光电了经过倍增后在抵达阳极的放大过程中，产生的渡越时间来决定的。根据这一理论，人们在使用时发现如果把快速测光用光电倍增管的入射窗内表面做成曲面，这样可以使渡越时间差尽可能小。

按照不同的设计，光电倍增管的倍增极有多种形式存在。不同的倍增极结构时间响应特性也不尽相同。如表 3.3 所示，显示出不同倍增极的光电倍增管的时间特性。由表 3.3 可以看出，时间特性最好的光电倍增管倍增极结构为直线型，盒栅型和百叶窗型也有较好的时间特性。因此，在实际应用中若需要快速时间响应，则在选取时应使用直线聚焦型的光电倍增管(陈煦，2009)。

表 3.3　光电倍增管时间特性(2 英寸[①]直径光电倍增管为例)

倍增极	上升时间/ns	下降时间/ns	脉冲高度/FWHM	电子渡越时间/ns	渡越时间散差/ns
直线聚焦型	0.7～3	1～10	1.3～5	16～50	0.37～1.1
环形聚焦型	3.4	10	7	31	3.6
盒栅型	～7	25	13～20	57～70	～10
百叶窗型	～7	25	25	60	～10
细网型	2.5～2.7	4～6	5	15	～0.45
栅网型	0.65～1.5	1～3	1.5～3	4.7～8.8	0.4

注：FWHM，半峰全宽，也称半宽度、半峰宽等，余下同。

光电倍增管的时间特性不仅取决于电极结构，同时也和工作电压有着密切关系(章晔等，1984)。如果提高光电倍增管的工作电压(电场强度增强)，则会使电子在倍增极之间的飞行速度加快，从而进一步缩短渡越时间。一般来说，时间特性和工作电压的平方根成反比。

(7)输入线性、输出线性。在弱光领域的很宽的入射光范围里，光电倍增管的阳极输出电流对入射光通量的线性(直线性)是很好的，也就是说光电倍增管是一种宽动态范围的

---

① 1 英寸=2.54cm。

探测器件。不过在接收较强的光入射时，随着光强增加，光电倍增管输出会产生偏离理想线性的情况，这主要是受到光电倍增管阳极输出线性特性的影响。影响光电倍增管阴极输入线性特性的情况是光电倍增管采用透过型光电阴极，且光电倍增管在低电压、大电流场合下工作。阴极输入、阳极输出两者的线性特性在工作电压一定时，与入射光波长无关，而取决于电流值大小。

(8)均匀性。光电倍增管的阴极均匀性是指从光阴极面不同位置输出电子灵敏度的差异。阳极输出的均匀性可以用光电面和倍增系统(倍增极系统)的均匀性的乘积来表示。一般来说，无论光阴极面均匀性还是阳极均匀性，在长波特别是在临界波长附近的均匀性都会变坏。这是因为临界波长附近阴极灵敏度和光阴极面表面状态有很强的依赖性，是由于阴极灵敏度变坏而引起的。工作电压过低时，倍增极的电子收集有可能变坏，所以必须在阴极和第一倍增极间加约 100V，在各倍增极间加约 50V 以上的电压。

端窗型光电倍增管比侧窗型均匀性好。在医疗领域用的 γ 相机，因为对光电倍增管的位置探测能量要求很高，这一特性将直接决定仪器的性能，所以在选择光电倍增管时需要设计并挑选均匀性更好的管子。

(9)暗电流。如果光电倍增管在完全黑暗的环境中工作时也有电流流过输出，我们将这种电流称为光电倍增管的暗电流(暗噪声)。在微弱光探测领域或光子计数范畴，我们希望光电倍增管的暗电流(暗噪声)尽可能小。暗电流随着工作电压的上升而增加，但增加率并非常数。典型的工作电压暗电流-工作电压的特性曲线如图 3.6 所示。

该特性曲线按照工作电压可分成三部分。图 3.6 中 a 部分光电倍增管工作在较低电压状态这时的暗电流主要为漏电流；图 3.6 中 b 部分光电倍增管在正常电压下工作暗电流主要来自于热电子发射和光子外玻璃发光；图 3.6 中 c 部分，当光电倍增管的工作电压接近其能承受的最大电压时，场致发射、电极材料发光及外壳玻璃是暗电流的主要组成成分。所以，当光电倍增管工作在 b 部分时，管子的信噪比最高，我们一般都采用这一区域电压作为光电倍增管的工作电压。

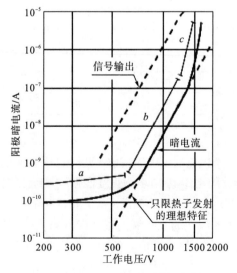

图 3.6 暗电流-工作电压的特性曲线

3)闪烁体与光电倍增管耦合方法

在使用中,我们常用硅油这种光耦合材料把闪烁体紧密贴在光电倍增管光电面上,从而构成闪烁探头,如图 3.7 所示。选择硅油作为耦合剂是因为其折射率同玻璃相近可以很好地替代空气层,有效地防止塑料闪烁体和光阴极面窗材之间的光损失。为防止光由光密介质到光疏介质发生的全反射,用折射系数 $n=1.4\sim1.8$ 的硅脂(或硅油)最佳。在闪烁体的加工中,我们常在闪烁体与光电倍增管的非接触的其他面上包裹特氟龙高效反射膜,这样可以提高闪烁体发光的收集率,减少因投射和光吸收造成的光子损失。

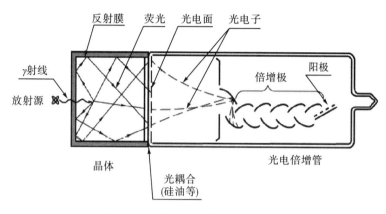

图 3.7 闪烁体和光电倍增管连接示意

闪烁探测器的性能对仪器测量结果的准确度起着很重要的作用,实际生产中会有很多因素影响闪烁探测器的稳定。

(1)高压电源稳定性。对高压电源的稳定性要求比较苛刻,需要比光电倍增管放大倍数的稳定性提高一个数量级。

(2)光电倍增管特性的慢变化。使用时间长了,密封不好或工作条件恶劣,常常潮解变质等因素,这些都会使得 NaI(Tl)薄晶体能量分辨率变差。同时,光电倍增管也会产生疲劳效应,性能变差。

(3)射线照射量率。接收射线照射率不同,谱线的能量分辨率也会不同,当计数率过高时,相应的能量分辨率变差。

(4)温度稳定性。闪烁探测器随温度变化非常明显。

(5)磁场干扰。光电倍增管电极间电场会受外界磁场的干扰,在探头内采用一个磁导率很高的材料制成合金筒进行磁屏蔽。

在实际应用闪烁探测器时,应该注意这些影响因素,并加以避免。

3.2.3 正比计数器(第二代仪器的典型 X 射线探测器)

正比计数器是第二代 X 射线荧光仪采用的 X 射线探测器。

做低能区 X 射线测量时,为避免闪烁计数器的噪声和暗电流的限制,通常使用正比计数器。正比计数器是一种气体探测器,经必要技术处理,它可以探测到 1keV 以下的低能 X 射线(金斗英等，1981)。相比闪烁探测器，正比计数器的能量分辨率提高了不少。使用正比计数器为探测器，可以同时测量 2～6 种元素。

1. 正比计数器的结构及连接电路

正比计数器有流气式与密封式两类。携带(手提)式 X 射线荧光仪使用的是密封式正比计数器，常见的有圆柱形和鼓形结构。图 3.8 是常用圆柱形密封正比计数器结构及其连接电路。一般是开一个窗口[图 3.8(a)]，作为射线的入射窗。窗盖物质一般使用 Be、Al、聚酯树脂等轻物质。有的计数器开设有两个窗口[图 3.8(b)]，让高能光子从投射窗透过，以免在计数管壁产生反散射，使输出谱线变得复杂。

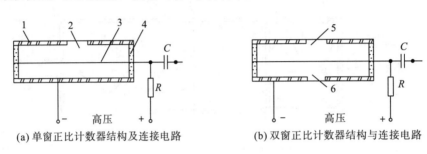

(a) 单窗正比计数器结构及连接电路   (b) 双窗正比计数器结构与连接电路

图 3.8   正比计数器结构及连接电路

1-阴极；2-窗口；3-阳极；4-绝缘体；5-入射窗；6-投射窗

正比计数器内所充气体为 Ne、Ar、Kr、Xe 等惰性气体，并混以少量 CH_4(甲烷)或 CO_2 等作为猝灭气体。计数器的阳极是一根细金属丝，外壳为金属圆筒，称为阴极。阳极与阴极用绝缘体隔开。连接电路如图 3.8 所示，阳极总是处于高电位，正负两种供电方式都能正常工作。

2. 正比计数器工作原理

工作于正比区段的气体探测器称为正比计数器。现以充 Ar 气正比计数管为例，说明测量 X 射线的工作原理。

正比计数器的工作有两种方式。第一种方式是一般的电离过程，即一定能量的 X 射线进入计数管后引起 Ar 原子电离。Ar 原子的有效电离电位为 26.4eV，即每产生一对离子所需的平均能量。因此将有若干对 Ar^+、e^- 离子对产生，称为原电离离子对数。原电离离子对数再受到气体放大系数 $A(\sim 10^3)$ 放大，形成一大群离子对，产生可观的电离电流，即一个单独的电压脉冲。显然，脉冲幅度与原电离离子对数成正比，因而与 X 射线能量成正比。

第二种方式，当 X 射线能量大于 Ar 原子吸收限时，Ar 原子吸收 X 射线而击出 K 层电子，同时产生 Ar 的 K_α 特征 X 射线。此时 K 层的光电子可继续电离其他原子，但 Ar 的 K_α 特征 X 射线被 Ar 原子吸收的概率很小，直接逸出计数管。而 K 层的光电子能量正是入射 X 射线能量与 Ar 的 K_α 特征 X 射线能量之差，由它电离产生的输出脉冲幅度自然比入射 X 射线产生的脉冲幅度要低。按能量刻度，正好低 2.957keV(即 Ar 的 K_α 特征 X 射线能量)。这个由二次电离形成的谱峰,又称为逃逸峰。图 3.9 给出上述两种方式的图示说明。

正比计数器的气体放大系数 A 与计数管结构以及电场强度有密切关系。但阳极在电场作用下收集的总电荷总是与 X 射线能量成正比, 因此能定性测量不同元素产生的特征 X 射线。另外,特征 X 射线的照射量率与输出端的脉冲计数率有线性关系,又可以用于定量测量元素的含量。

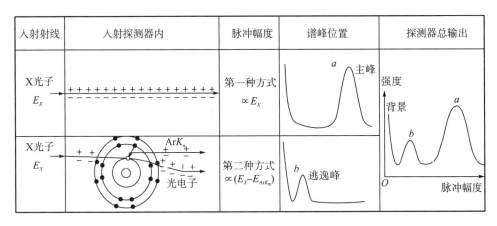

图 3.9　充 Ar 气正比计数管工作原理图示说明

3. 正比计数器的参数及影响因素

正比计数器的性能参数主要有脉冲的波形、死时间、恢复时间、分辨时间、能量分辨率等。这些参数都直接决定着正比计数器的性能。

1) 脉冲的波形

整个脉冲波形如图 3.10 所示。因为气体放大系数 A 足够大,原始电离对脉冲的贡献微不足道,从电离到雪崩开始(0→t_1),脉冲只有微弱增长。从雪崩开始到电子被阳极收集的(t_1→t_2)阶段,因为电子质量小,运动快,脉冲急剧增长。在(t_2→t_3)阶段主要是正离子运动的贡献,正离子质量大,运动缓慢,脉冲也变化平缓。一直到 t_3 时刻脉冲达到最大值(图 3.10 中 a 曲线)。

实际应用中常接有较小时间常数(RC=1～10μs)的回路,使脉冲不达到最大值而成形为较窄的脉冲输出(图 3.10 中 b 曲线),这样便可用于高计数率测量。成形电路可用微分电路制成。

2) 死时间、恢复时间及分辨时间

图 3.11 表示不同时间进入计数管的入射核辐射产生的脉冲形状。显然,在 t_d 内电场减弱还未恢复,所以不能产生新的脉冲。t_d 称为计数管的死时间。经过 t_d 后,电场逐渐恢复,脉冲幅度相应增大。经过($t_d + t_r$)后,脉冲才完全恢复到第一个脉冲的高度,t_r 称为计数管的恢复时间。

通常把记录两个相邻脉冲之间的最短时间间隔(图 3.11 中的 t_0)称为正比计数管的分辨时间。需要注意的是当分辨时间过大时将产生漏记,应进行分辨时间校正。

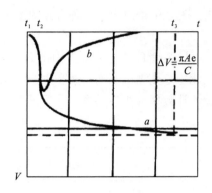
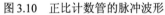

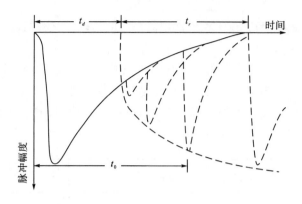

图 3.10　正比计数管的脉冲波形　　　图 3.11 不同时间进入计数管的入射核辐射产生的脉冲形状

3) 气体放大系数的影响因素及能量分辨率

(1) 计数管内的气体。探测不同能量的 X 射线时选用充有不同气体的正比计数管，可以获得较高的探测效率，还可以避免逃逸峰的干扰。不同充气正比计数管探测元素的范围如表 3.4 所示。

表 3.4　不同充气正比计数管探测元素的范围

充气种类	探测器能量范围/keV	K 线	L 线
Ne	≤4	14(Si)～18(Ar)	37(Rb)～51(Sb)
Ar	3～7	19(K)～26(Fe)	51(Sb)～60(Nd)
Xe	2～25	24(Cr)～42(Mo)	72(Hf)～42(U)
Kr	4～35	22(Ti)～28(Ni)	58(Ce)～67(Ho)
—	—	45(Rh)～55(Cs)	—

(2) 能量分辨率。影响正比计数器能量分辨率的因素很多， 最终决定正比计数器的极限能量分辨率的是正比计数管的原始电离及气体放大过程的统计性。

正比计数器的影响因素主要有以下一些。

(1) 正比计数器内所充气体的成分及纯度。如果所充气体中混入了空气、水汽等容易形成负电离的气体，在放电过程中负离子的运动缓慢与电子引起的雪崩完全不同，这样就改变了所充气体的气体放大系数，降低了输出的脉冲电压幅度。

(2) 正比计数器的逃逸峰。在 X 射线能量大于正比计数管所充气体 K 层吸收限时将产生 K 逃逸峰。设入射 X 射线能量为 E_X，所充气体的 K 层特征 X 射线能量为 E_{K_α}，则 K 逃逸峰能量 $E_s = E_x - E_{K_\alpha}$。同理，当激发所充气体的 L 层电子时，也能产生 L 逃逸峰。一般情况下，逃逸峰强度较弱，但有时候也很强。逃逸峰会降低全能峰的效率，但有时也可应用逃逸峰进行元素的定量测量。

(3) 探测效率。在低能区，由于计数管窗物质对 X 射线的吸收较明显，效率较低；在高能区，因光电吸收截面减小，效率也低。所充气体的压力、密度以及猝灭气体的成分、比例等因素都会在某种程度上影响到正比计数器的探测效率。

(4) 其他影响因素。所测量的对象也会影响到探测器的能量分辨率。计数率过高时，电离形成的大量离子就会堆积在计数管的阳极附近,从而改变电场,使得电场的强度减弱,气体放大系数跟着减小,使得全能峰发生漂移现象。此外,温度的变化也会影响正比计数器的能量分辨率,带来气体分子热运动速度的变化,从而改变了气体放大系数。

3.2.4　半导体探测器(第三、四代仪器的 X 射线探测器)

20 世纪 40 年代,人们发现在射线照射下,半导体中会有电流产生。到 60 年代半导体探测器迅速发展起来,它的许多优点包括能量分辨率好、线性响应好、结构简单、偏压较低、脉冲上升的时间较短等。半导体的种类有很多,有 Ge 探测器、Si-PIN 探测器、Si 漂移探测器(silicon drift detector,SDD)、电耦合阵列探测器(electrically coupled array detector,CDD)、超导跃变微热量感应器(transition-edge sensor,TES)、超导隧道结探测器(superconducting tunnel junction detector,STJ)、Cd-Zn-Te 探测器等。常用的半导体探测器有高纯锗探测器、化合物探测器、锂漂移探测器,这些在 X 射线荧光测量技术中得到了普遍的应用。

半导体探测器的能量分辨率本质上取决于产生电子-空穴对的数目和平均电离能的数值。对于入射射线能量,平均电离能越小,形成的电子-空穴对就会越多。当然,形成的电子-空穴对数目并不能完全象征着所形成脉冲电流的大小,还要取决于半导体材料中的电子、空穴的迁移率。

经过长期不断研究,半导体探测器已经广泛应用于能量色散 X 射线荧光分析方法及许多科学研究领域。一方面,半导体探测器具有良好的能量分辨率。另一方面,半导体探测器的本征探测效率很高。Si 和 Ge 具有比气体大得多的密度,而且用漂移方法可以制成较大厚度的探测器。此外,半导体探测器自身的体积很小,可以靠近试样,增大探测器与试样之间的立体角,从而改善几何条件。

半导体探测器的主要性能指标有脉冲幅度、能量线性、逃逸现象、探测效率、能量分辨率。

(1)脉冲幅度。半导体探测器是一个固体电离室,依靠收集灵敏区内入射射线电离形成的电荷而得到电脉冲信号。探测器收集到的电荷直接输入到场效应管的栅极上,当入射光子照射时,输入端电位就有一次阶跃变化,阶跃的幅度就与探测器的输入电荷成正比。

(2)能量线性。入射射线在固体电离室的灵敏区内形成的电子-空穴对被收集产生脉冲信号,而半导体材料的平均电离能在很大能量范围内保持固定,因此具有很好的能量线性。

(3)逃逸现象。与正比计数器一样,半导体探测器也存在逃逸现象。探测器物质对本身的 X 射线荧光是透明的,因此容易出现逃逸,形成逃逸峰。

(4)探测效率。原则上其绝对探测效率是根据探测器的大小、形状及射线作用的截面等几何条件来决定的。由于探测器固定在致冷装置内,很难准确测定其几何条件的关系。往往通过标准刻度的、谱线成分比较丰富的源进行相对效率测定,以表征探测器对特征 X 射线的探测效率。

(5)能量分辨率。对探测器能量分辨率的影响因素有很多,主要包括入射射线在探测器内产生电子-空穴对数的统计涨落规律、探测器电极对电子-空穴对的收集效率、电子-空穴对在被收集之前的复合和被俘获、探测器内部的噪声和信息处理设备的噪声及相关性能。

1. 半导体探测器的工作原理

半导体探测器的工作原理: 带电粒子射入晶体后, 与晶体中的电子相互作用而很快地损失掉能量, 电离激发半导体中产生一定数目的电子-空穴对, 电子和空穴对在外电场的作用下, 分别向两极运动, 被电极收集, 最后通过外接电路形成脉冲信号输出。

一般来说, 在特定半导体中产生一个电子-空穴需要的能量是一定的, 称为"平均电离能", 用 ω 表示, ω 与入射射线的性质、能量无关。因此, 产生电子-空穴对的平均值可以表示为

$$\bar{n} = \frac{E}{\omega} \tag{3.4}$$

与气体中的情况相似, 一定能量的入射带电粒了在半导体晶体中产生的总电子-空穴对数 n_0 也是涨落的。实验表明, n_0 遵守法诺分布, 即

$$\sigma_{n_0}^2 = \bar{n} \cdot F \tag{3.5}$$

式中, $\sigma_{n_0}^2$ 表示 n_0 的均方涨落, $\bar{n}$ 是电子-空穴对的平均值, F 是某一常数, 称为法诺因子。

因此, 电子-空穴对的相对均方涨落为

$$\upsilon_{n_0}^2 = \frac{F}{\bar{n}} \tag{3.6}$$

通常, 采用 Si、Ge 半导体的探测器法诺因子通常为 0.2～0.3, 平均电离能分别为 3.6eV、2.9eV, 而气体探测器的法诺因子为 0.1 左右, 平均电离能约为 30eV, 这就是半导体探测器性能优越的原因。目前, 半导体探测器主要有三种类型: 均匀型半导体探测器、结型半导体探测器以及 P-I-N 型半导体探测器。能量色散 X 荧光测量系统中采用的是 P-I-N 型半导体探测器, 前两种类型的探测器和它相比, 略有不同, 但原理基本相似, 不同类型的半导体探测器, 在实际应用中各有特点。

2. 均匀型半导体探测器

均匀型半导体探测器的结构如图 3.12 所示, 相当于一个固体电离室。当带电粒子入射时, 将在晶体内部产生一定数目的电子-空穴对, 在外加电场的作用下, 被电极收集后, 形成脉冲信号。

碘化汞是一种比较好的化合物半导体材料, 是这种类型半导体探测器的代表。它的单晶体是红色的, 禁带宽度达到 2.13eV, 入射粒子的能量转换成电子-空穴对的效率比较高。对碘化汞化合物的研究深入, 制造工艺的提高, 可以生产高纯度、大尺寸的碘化汞晶体。

在 Si-PIN 与 SDD 探测器广泛应用之前, 碘化汞探测器曾经作为携带(手提)式 X 射线荧光仪选用的探测器得到过应用, 国外也曾生产过采用碘化汞探测器的携带(手提)式 X 射线荧光仪。

碘化汞半导体探测器的应用特点见表 3.5。

表 3.5　碘化汞半导体探测器的应用特点

性质	HgI_2
工作温度/℃	−30
探测的能量范围/keV	2～20

续表

性质	HgI$_2$
探测效率/%	100
半高宽度(5.9keV)/eV	200

近年来新发展的一种有前途的沉积金刚石探测器(chemical vapor deposition diamond detector)，其制备过程是，令 CH 与 H$_2$ 混合后，再用微波源激活并使之接触硅单晶的表面。这样，在硅单晶表面会逐渐生长一层金刚石薄膜，其杂质非常少，克服了天然金刚石中缺陷多、载流子寿命短等缺点。但这种探测器的价格很昂贵，不适合大量应用。

3. 结型半导体探测器

众所周知，P 型半导体和 N 型半导体的交界面处形成 P-N 结区(势垒区)，该结区再加上反向电压后，电阻率可以高达 $10^{10}\Omega\cdot cm$，而且载流子寿命并无显著缩短。P-N 结势垒区就是探测的灵敏区，一旦入射粒子在势垒区内产生了电子-空穴对，电子与空穴将立刻被电场吸向两边，形成信号脉冲电压。

使用电路如图 3.13 所示。在探测器上加反向电压 V，当射线射入结区后产生的电流信号在负载电阻上产生电压信号脉冲，再经过放大后加以测量。

结型探测器与其他类型探测器不同的是，P-N 结势垒区内的电场是不均匀的，其输出电流信号的形状比较复杂。探测器的灵敏体积取决于势垒区的宽度(当面积一定时)，这可以通过增大反向电压来实现。这类型探测器的典型代表是金硅面垒型半导体探测器，适用于探测重带电粒子。

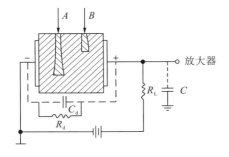

图 3.12　均匀型半导体探测器的结构图

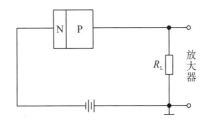

图 3.13　P-N 结探测器的使用电路

4. P-I-N 型半导体探测器

P-I-N 型半导体如图 3.14 所示，在 P 型和 N 型半导体之间夹一层宽度为 W 的低掺杂的本征半导体，就构成了 P-I-N 结。当探测射线时，由于 I 区的存在，区宽度比 P-N 型半导体探测器大大增加，所以提高半导体的能量分辨本领。与 P-N 型半导体探测器相比，P-I-N 型半导体探测器的 I 区就是探测的灵敏区，再加上反向电压时，I 区内的电场也得到加强，呈电中性，内部的电场分布是均匀的。

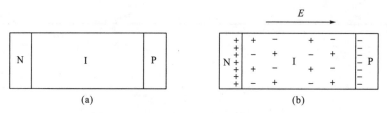

图 3.14   P-I-N 型半导体探测器的结构图

目前,P-I-N 结构的半导体探测器是 X 荧光分析仪采用的主流探测器,主要有 Si(Li)、CZT、Si-PIN 等。

5. 几种电致冷高分辨率 X 射线探测器

对于便携(手提)式 X 射线荧光仪适用的电致冷高分辨率 X 射线探测器主要有以下类型:Si-PIN 探测器、SDD 探测器、CdTe 探测器、HgI$_2$ 探测器等,它们的参数指标、使用环境和价格均有很大差异(表 3.6)。从探测器的探测效率来讲,低能谱区的探测器效率取决于探测窗材料的吸收,即取决于探测窗材料的类型、密度和厚度;高能区的探测效率则取决于探测器的本征效率,即取决于探测器的阻止本领,这与探测器制造材料的等效原子序数、密度和灵敏区厚度有关,原子序数越大、灵敏区厚度越厚,则本征效率越大。图 3.15 给出了不同厚度的 Be 窗对低能 X 射线的吸收率曲线;图 3.16~图 3.18 分别展示了 CdTe、Si-PIN、SDD 三种半导体探测器的探测效率。

表 3.6   几种电致冷高分辨率 X 射线探测器的主要性能指标

性能指标	SDD 探测器	Si-PIN 探测器	CdTe 探测器	HgI$_2$ 探测器
面积/mm^2	5~10	7~25	3~9	3~6
厚度/mm	0.3	0.3~0.5	0.3~2.0	0.3~2.0
FWHM/eV[①]	129~149	150~190	290~300	250~300
探测范围/keV	1.0~20	1.0~25	3.0~>100	1.0~>100
使用环境/°C	−20~−10	−30	−30	−30[②]
致冷方式	电致冷	电致冷	电致冷	电致冷
功耗/W[③]	2.5	1.5	1.5	1.5

注:①对 5.9keV 的 X 射线;②可室温下使用,但分辨率变差;③包括电致冷、前置放大器的耗电。

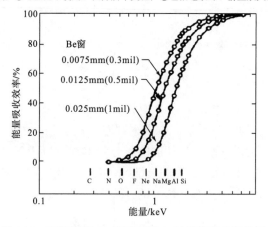

图 3.15   不同厚度 Be 窗对低能 X 射线的吸收率曲线

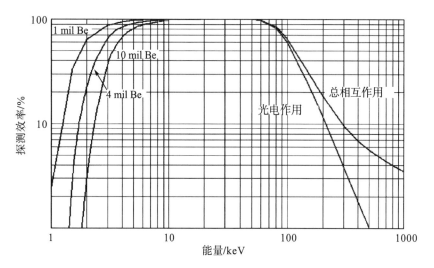

图 3.16 CdTe 探测器的探测效率曲线

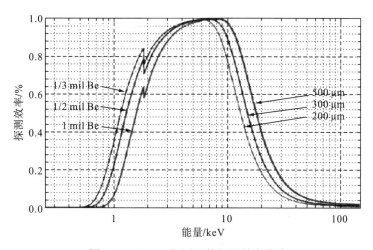

图 3.17 Si-PIN 探测器的探测效率曲线

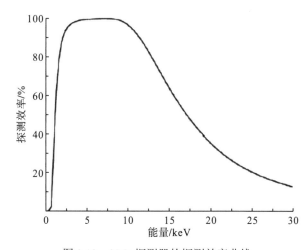

图 3.18 SDD 探测器的探测效率曲线

　　探测器的探测效率还与探测器灵敏区的面积有关，对电致冷 Si-PIN 探测器和 SDD 探测器而言，探测器面积均很小。

　　(1)CdTe 探测器：CdTe 的有效原子序数与密度较大，探测器厚度大，因而本征探测效率高，有效探测范围宽。但由于 FWHM 差、探测器的面积较小、总探测效率不高，且还存在 Cd 和 Te 的 KX 逃逸峰，在分析重元素时使仪器谱复杂化，并可能对待测特征峰造成干扰，因此，目前在一般便携(手提)式 X 射线荧光仪中使用较少。

　　(2)HgI_2 探测器：HgI_2 的有效原子序数较大，密度较大，探测器厚度大，因而本征探测效率高，有效探测范围宽。HgI_2 的另一个突出优点是可以在常温下使用，使用时不用密封和真空，因而可以测量低能 X 射线。但 HgI_2 探测器性能不够稳定，FWHM 较差，且面积较小，制造成本高。此外，存在 Hg 的 LX 逃逸峰和 I 的 KX 逃逸峰，使得仪器谱变得复杂，并对待测元素的特征峰造成谱峰干扰，因此，目前在现场 X 射线荧光仪中使用较少。

　　(3)SDD 探测器和 Si-PIN 探测器是两种以不同工艺制造的硅半导体探测器，具有小巧、功耗低、FWHM 好的特点，十分适合于现场 X 射线荧光仪。相对而言，Si-PIN 探测器的灵敏区面积、厚度均较大，所以总探测效率比 SDD 探测器高得多，尤其是对 20keV 以上的射线探测，Si-PIN 探测器的探测效率至少高一个数量级；而 SDD 探测器的 FWHM 较好，对中低原子序数(11~20)的元素分析更有优势。另外，SDD 探测器允许在 $10^4\sim 10^5$cps 的高计数率下工作，这对提高分析速度有利。至于价格，两种探测器都比其他半导体探测器便宜。相比之下，SDD 探测器比 Si-PIN 探测器稍贵。

　　综合上述分析，可得如下结论。

　　(1)较轻元素(Na-V)的分析：重点考虑探测器的 FWHM，可选用 SDD 探测器。

　　(2)中等元素(K-Mo)的分析：重点考虑探测器材料本身的逃逸峰和探测效率，可选用 SDD 探测器和 Si-PIN 探测器。

　　(3)较重元素(Sr-Tm)的分析：重点考虑探测效率和探测器材料本身的逃逸峰，可选用 SDD 探测器，或厚度大于 1.0mm 的 Si-PIN 探测器。

　　(4)重元素(Pr-U)的分析：重点考虑探测效率，可选用 SDD 探测器或 Si-PIN 探测器来探测它们的 L 系特征 X 射线。

　　总体上，现场 X 荧光测量找矿工作中，主要测量 Ti、V、Cr、Mn、Fe、Ca、Ni、Cu、Zn、Nb、Mo、W、Pb 等元素，其特征 X 射线能量(重元素 W、Pb 等选择 L 系特征 X 射线、其他元素选择 K 系特征 X 射线)，均在 SDD 探测器和 Si-PIN 探测器的有效能量探测范围之内。相比之下，SDD 探测器的能量分辨率更高，对谱线解析更加精细。

3.2.5　三类探测器性能比较

　　探测器的性能直接决定着 X 射线荧光仪的精密度和准确度。在选用探测器时，不仅需要有高分辨率和高计数率，还需要有较宽的元素分析范围和有效活性区。对于常用的探测器，产生的平均电离能、电子数、分辨率等特性之间的对比如表 3.7 所示。

表 3.7　三类探测器的基本性能对比

探测器	适用波长区间/nm	平均电离能/eV	电子数/光子	分辨率/keV
NaI(Tl) 计数器	0.02~0.2	350	23	3.0
正比计数器	0.15~5.0	26.4	305	1.2
Si-PIN 探测器	0.05~0.8	3.6	2116	0.16

　　正比计数器主要应用于较轻元素分析，闪烁探测器适合重元素测定，但这两种探测器分辨率都比较低。为此，除了电致冷半导体探测器问世之前的早期(第一、二代)仪器，目前，主要在室内仪器中才应用这两类探测器。相比之下，Si-PIN 探测器与 SDD 探测器不仅分辨率高，且价格较实惠，是目前作为现场手提式 X 荧光分析仪主要采用的探测器之一。

参 考 文 献

陈煦. 2009. X 射线探测器集成化技术研究[D]. 成都: 电子科技大学.

葛良全. 2013. 现场 X 射线荧光分析技术[J]. 岩矿测试, 32(2): 203-212.

金斗英, 李文明, 孟庆贤, 等. 1981. 正比计数管对超软 X 射线的探测[J]. 吉林大学自然科学学报, 2: 71-75.

杨刚. 2017. X 射线探测技术研究[D]. 西安: 西安石油大学.

章晔, 谢庭周, 曹利国. 1984. X 射线荧光探矿技术[M]. 北京: 地质出版社.

第4章 携带(手提)式X射线荧光仪的硬件与软件

在第3章中我们介绍过,携带(手提)式X射线荧光仪由X射线源、X射线探测器单元、电子线路单元以及测量软件组成。

仪器电子线路单元完成X荧光信号的采集与处理,也称其为X荧光信号的采集与处理单元,主要由前置放大器、主放大器、多道脉冲幅度分析器、微机系统等主要部分构成,其总体框图如图4.1所示。

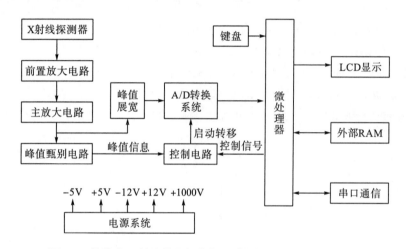

图4.1 携带式X射线荧光仪的信号采集与处理单元总体框图

4.1 前置放大器

核辐射测量中,探测器输出的信号较小,需要加以放大再进行处理。探测器-放大器系统的连接方式如图4.2(a)所示,其中放大器又分为前置放大器与主放大器两部分。前置放大器的主要作用如下。

(1)提高系统的信噪比。由图4.2(a)中可知,探测器与放大器连接存在分布电容 C_s。C_s 越小,系统的信噪比越高。减小 C_s 的一个主要措施就是将放大器尽量靠近探测器以减小连接导线造成的分布电容。如果把整个放大器和探测器安装在一起,系统比较笨重,且可能受到探测器周围条件的限侧,例如,空间太小、核辐射太强等,常不便放置或操作。因此往往将放大器分为前置放大器和主放大器。前置放大器的体积小,紧靠传感器并与传感器构成一个整体(称为探测器),可以减小 C_s,提高信噪比。主放大器则通过电缆和探测器相连,仪器本身以及操作人员的工作条件有利于摆脱现场条件的限制。

(2)减小信号经电缆传送时外界干扰的影响。前置放大器与传感器一起通常有良好的屏蔽作用，可以抑制外界干扰。前置放大器输出的信号沿电缆传送过程中受到干扰时，信号已经过放大，干扰对信号的影响相对减小。为了减小外界干扰的影响，前置放大器要有良好的屏蔽作用以及足够的放大倍数，必要时还可使用低噪声双层屏蔽电缆或双芯电缆图 4.2(b)。但后者要求主放大器为差分输入。从噪声和干扰对有用信号的影响来说，在一般情况下干扰的影响总可降至次要地位。

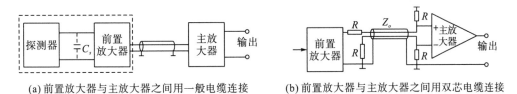

(a)前置放大器与主放大器之间用一般电缆连接　　(b)前置放大器与主放大器之间用双芯电缆连接

图 4.2　核辐射探测器中探测器-放大器系统连接方式

1. 前置放大器的分类

在能谱和时间测量系统中，前置放大器按输出信号保留的信息特点大致可以分为两类。一类是积分型放大器，包括电压灵敏前置放大器和电荷灵敏前置放大器。它的输出信号幅度正比于输入电流对时间的积分，即输出信号的幅度和探测器输出的总电荷量成正比。另一类是电流型放大器，即电流灵敏前置放大器。它的输出信号波形应与探测器输出电流信号的波形保持一致。不过，探测器的电流信号往往非常快，由于受到前置放大器频带的限制，这时输出信号的变化速度相对较慢，两者之间实际上仍可能有显著差别。

电压灵敏前置放大器实际上就是电压放大器，如图 4.3 所示。图中 i_i 为探测器输出的电流信号，t_w 为信号持续时间，$Q = \int_0^{t_w} i_i \mathrm{d}t$ 为每个电流信号携带的总电荷量，C_D、C_A、C_S 分别为探测器的极间电容、放大器的输入电容和输入端的分布电容，输入端总电容 $C_i = C_D + C_A + C_S$。假设放大器是输入电阻极大的电压放大器，则输入电流信号在输入端总电容 C_i 上积分为电压信号 V_i。其幅度 V_{iM} 等于 Q/C_i，与 Q 成正比。输入电压信号 V_i 由电压放大器进行放大。因此，输出电压信号的幅度也与 Q 成正比。应当注意，当该放大器输入端的总电阻足够大时，不论探测器电流脉冲的形状如何，只要它们所携带的电荷量相等，放大器输出电压信号的幅度也相等，电流形状仅影响电压信号前沿的变化速度，而不影响其幅度 V_{OM} 与 Q 的正比关系。图 4.3 电路中，输入端总电容 C_i 决定于 C_D、C_A 和 C_S，它们不是稳定不变的。例如，放大器输入电容 C_A，可能由于输入级增益不稳定而变化，当使用 P-N 结半导体探测器时，若偏压不稳定，则其结电容 C_D 将发生变化等，这时 C_i 也就随之变化。当 C_i 不稳定时，输出电压幅度也不稳定，在能谱测量中，这将使系统的分辨率降低。在输入端并联大容量的电容器可减小输入总电容中不稳定因素的相对影响，然而，这将使信号幅度显著减小，系统的信噪比显著降低。所以图 4.3 所示的电压灵敏前置放大器一般只适于稳定性要求不高的低能量分辨率系统。

图 4.4 是利用密勒积分器构成的前置放大器。其输出电压幅度 V_{OM} 有很好的稳定性，

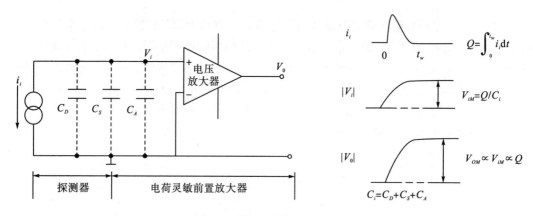

图4.3 电压灵敏前置放大器

同时有较高的信噪比。图中 C_f 为反馈积分电容，C_i 是不考虑 C_f 时输入端总电容。当输入电流信号 $i_i(t)$ 时，输出电压 V_O 上升。设电压放大器的低频增益 A_0 足够大，使得 C_f 对输入电容的贡献 $(1+A_0)C_f$ 远大于 C_i，则输入电荷 Q 主要累积在 C_f 上。注意 $A_0>1$ 时输出信号电压幅度近似等于 C_f 上的电压 V_f，则有

$$V_{OM} \approx V_f \approx \frac{Q}{C_f} \tag{4.1}$$

实际上反馈电容 C_f 可以足够稳定，所以输出幅度 V_{OM} 反映了输入电荷 Q 的大小且与 C_i 无关。鉴于这一特点，我们将这种前置放大器称为电荷灵敏前置放大器。电流灵敏前置放大器是一个并联反馈电流放大器，如图4.5所示，其输出电流(或电压)与输入电流成正比。这种形式的电流放大器的噪声较大。

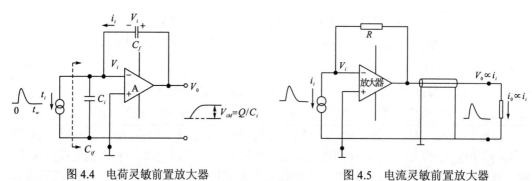

图4.4 电荷灵敏前置放大器   图4.5 电流灵敏前置放大器

从电荷(或电压)灵敏与电流灵敏前放大器两者输出信号保留的信息上看，其间并没有绝对的差别。例如，电荷灵敏前放大器输出的电压经过一定的网络成形后，能够产生正比于探测器输出的电流信号，而电流灵敏前置放大器输出信号既然与探测器输出电流信号的波形保持一致，自然也就保留了输入信号的全部信息，包括电荷信息。

2. 电荷灵敏前置放大器的主要特性

1)灵敏度(即变换增益)

灵敏度又可分为能量灵敏度和电荷灵敏度。能量灵敏度通常被表示为给定探测器材

料沉积的每兆电子伏能量在放大器输出端可得到多少毫伏信号,用符号 A_{CE} 表示能量灵敏度,即

$$A_{CE} = \frac{V_{OM}}{E} \tag{4.2}$$

从式(4.1)可以写出

$$Q = \frac{eE}{W}$$

式中,W 为探测器的平均电离能;e 为电子电荷量。将上式代入式(4.2)得

$$A_{CE} = \frac{e}{W \cdot C_f} \tag{4.3}$$

不同材料探测器 W 不同。室温下的硅 $W=3.6\text{eV}$,低温下的锗 $W=2.96\text{eV}$,对硅探测器当 C_f 为 1pF 和 0.1pF 时,A_{CE} 分别等于 44mV/MeV 和 440mV/MeV。

也可用 $\dfrac{V_{OM}}{Q}$ 表示前置放大器的变换增益特性。当电荷灵敏前置放大器输入一定的电荷 Q 时,希望输出电压幅度 V_{OM} 大,即 $\dfrac{V_{OM}}{Q}$ 的值高。$\dfrac{V_{OM}}{Q}$ 称为电荷灵敏度,以 A_{CQ} 表示:

$$A_{CQ} = \frac{V_{OM}}{Q} \approx \frac{1}{C_f} \tag{4.4}$$

2) 噪声指标

关于电荷灵敏前置放大器的噪声,有如下几个概念。

(1) 前置放大器的噪声通常是指放大系统(包括:探测器、前放大器、主放大器)输出端的噪声折算到前置放大器的输入端的等效噪声。噪声对测量精度的影响,必须考虑有用信号幅度和噪声均方根值之比,即信噪比。系统输出的信号幅度反映输入端的被测物理量,因此系统输出端的噪声通常也折算到输入端。在输入端将被测物理量与系统的等效噪声相比较,从而可以很容易判断此系统可能放大多弱的信号时仍有足够的信噪比。

(2) 电荷灵敏前置放大器的噪声指标,通常是用等效噪声能量线宽 FWHM_{NE} 的概念给出的。图 4.6 中 ENE 为折算到输入端的等效噪声能量。

$$\text{ENE} = \frac{V_n}{A_0 \times A_{CE}} = \frac{V_n \times \bar{W}}{A_0 \times A_{CQ} \times e} \tag{4.5}$$

式中,V_n 为放大系统输出端的噪声均方根值;A_0 为使用某种特定滤波电路的主放大器的电压放大倍数;A_{CE} 为电荷灵敏前放的能量灵敏度;A_{CQ} 为电荷灵敏前放的电荷灵敏度。

在图 4.6 中,FWHM_{NE} 表示噪声线宽(即噪声引起的半高宽),$\text{FWHM}_{\text{NE}}=2.355\text{ENE}$。单位为电子伏特(eV)。显然,$\text{FWHM}_{\text{NE}}$ 的数值既和前置放大器的噪声源有关,也和主放大器中的滤波器有关。所以在具体给出某一系统的噪声线宽时,必须说明使用什么样的滤波器和多大的时间常数。例如,CR-RC 成形时间常数为 10μs,噪声线宽为 200eV。

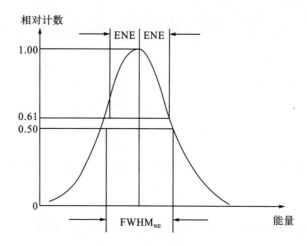

图 4.6　高斯形噪声能谱的线宽和等效噪声射线能量

3) 上升时间

前置放大器输出信号的上升时间 t_{R0} 与前置放大器本身的上升时间 t_R、探测器的电流脉冲持续时间以及探测器的极间电容有关。t_R 定义为前置放大器输入冲击电流 $Q\sigma(t)$ 时，输出电压的上升时间。在一般情况下其值不超过几十纳秒。

理论可证明，前置放大器的 C_Σ 越大则 t_R 越大。因此前置放大器接入探测器时，其探测器极间电容将使放大器输出电压的上升时间增加。通常用上升时间斜率衡量这一影响，其定义为放大器输入端电容每增加 1pF 时，上升时间增加多少，单位为 ns/pF。

4) 信号堆积、动态范围和最高计数率

电荷灵敏前置放大器输出信号的后沿衰减很慢(阻容反馈的电荷灵敏前放的输出信号的后沿衰减时间常数通常约为几十微秒或更大)，即使计数率不高，信号也会产生明显的"堆积"。前置放大器设静态时输出电压等于零，堆积后的输出电压瞬时值如图 4.7 所示。不难理解，堆积效应使 V_0 增大，从而可能使前置放大器过载。

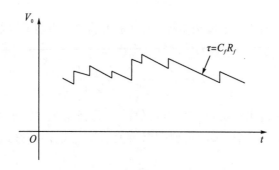

图 4.7　堆积后的输出电压瞬时值

当探测器与前置放大器为交流耦合时，由于电容 C 的隔直作用，堆积的输出信号电压不存在直流分量，即其平均值为零。但其瞬时值 V_0 仍围绕其平均值不断变化。同样，堆积效应使 V_0 增大，严重时能使前置放大器过载。

因此，由于信号堆积，阻容反馈电荷灵敏前置放大器要有足够大的动态范围，一般不小于几伏。动态范围表示在给定非线性失真下的最大输出幅度，常与微分或积分非线性同时给出。例如，输出±5V 时，积分非线性小于 0.1%。动态范围的大小有时也用能量平方与最高计数率之积(E^2CRP)或能量与最高计数率之积(ECRP)表示。且后两种表示方法对仪器使用者(非设计者)可能更为方便。

5) 输入阻抗

应当说明，在只测量粒子能量的系统中，只要求信号输出电压 V_0 的稳态值正比于 Q 和 t_R，远小于系统中所用滤波器的时间常数，对输入阻抗无特殊要求。另外，这种系统的前置放大器通常紧靠探测器，信号不用电缆传送，因此也不要求前置放大器有合适的输入阻抗匹配。

3. 电荷灵敏前置放大器的设计原则

为了保证电荷灵敏前置放大器具有较高的信噪比和较快的时间响应，并且便于小型化和高度集成，设计相应的电荷灵敏放大器应遵循以下设计原则。

(1)在输入级应采用低噪声器件，减少输入总电容(包括探测器等效电容、电缆电容和器件输入电容)可以有效地降低噪声。

(2)上升时间要尽可能小，以便能真实地反映探测器的输出信号。

(3)尽可能地提高放大器开环增益以减小放大器的测量误差，提高输出幅度的稳定性。

(4)缩短探测器电缆，减少电缆电容和电缆电阻，适当地提高探测器的偏置电压，减少探测器输出电容。这样有利于减少电荷放大器的噪声和提高上限截止频率。当然，过分地提高探测器偏置电压会增大探测器的漏电流，从而使放大器的噪声有较大的提高。故偏压必须根据实际情况通过试验来选定。

(5)采用低噪声结型场效应管或者低噪声结型场效应管工艺的运放作为电荷灵敏放大器的输入级，这样可以降低噪声并有效地抑制零漂。适当地减小反馈电阻来增大直流反馈强度，稳定直流工作点并抑制零漂。

4. 电荷灵敏前置放大器电路

图 4.8 为一种电荷灵敏前置放大器电路原理图。电路主要由两只低噪声场效应管和两个低噪声宽频带集成运放组成。输入级场效应管 Q_1 采用共源形式，栅极通过电阻 R_2 的直流反馈作用提供直流电位和保证静态工作点的稳定，也给正比计数器漏电流提供泄放途径，为 C_3 上的信号电荷提供放电途径。由于电路工作在闭环稳态，在调整 i_D 时，场效应管的栅源电压 V_{GS} 也按 $i_D = I_{DDS}\left(1 - \dfrac{V_{GS}}{V_P}\right)$ ($V_P \leqslant V_{GS} \leqslant 0$) 得到了满足。在实际工作中，每只场效应管的转移特性曲线最好事先测定，以保证它能工作在合适的静态工作点上。经运放 U_1 以获得足够大的放大系数，在 U_1 前加场效应管 Q_2，Q_2 与 Q_1 对称匹配使用，目的是满足运放的共模输入要求，在不损害输入级放大器信号上升时间的情况下提高放大倍数，由于 Q_1、Q_2 成对称形式，可以满足运放正负输入端 $V^+=V^-$，保证两输入端等电位。

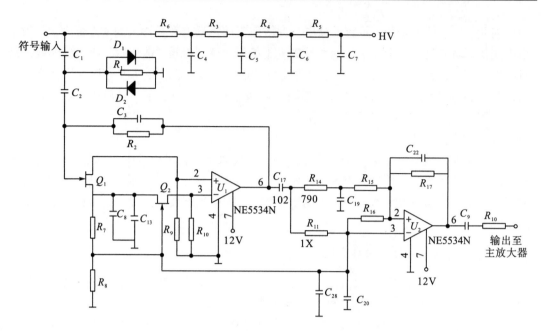

图 4.8　一种电荷灵敏前置放大器电路原理图

电荷灵敏级的输出信号经过 CR-RC（R_{14}、R_{11}、R_{12}、C_{17}、C_{19}）滤波成形后送入由 U_2 以反相输入放大器形式构成的放大输出级，C_{21} 是相位补偿电容，以防止电路产生自激振荡。U_2 同相输入端的平衡电阻由 R_{16} 来担任，它按 $R_{16}=R_{15}\,/\!/\,R_{17}$ 来选取，在 U_2 的输入引脚之间接入一个较反馈电阻 R_{17} 小得多（1/10）的电阻 R_{11} 则可使噪声增益降低到一个数值上，保持稳定，而无须改变信号增益。

运放 U_2 构成另一级放大电路，是在保证线性度的情况下增大放大量，运放 U_2 采用 NE5534N，具有转换速度快、电压增益高等特点。在前置输出端 C_9、R_{18} 组成 RC 电路，对信号进一步成形，消除信号的拖尾现象，防止信号混叠。C_3、C_{21} 构成两级放大电路的交流反馈，通过改变它们的大小，从而调节整个放大电路的输出信号幅度。C_1、C_2 和 C_9 实现输入与输出的交流耦合。稳压管 D_1、D_2 构成保护电路，避免开机、关机时的正负浪涌脉冲对计数器及输入器件造成的损坏，防止对输入管的损害。正比计数器连在信号输入端，偏压通过阻容（C_4、C_5、C_6、C_7、R_3、R_4 和 R_5）滤波和负载电阻 R_6 加到正比计数器上。

4.2　主放大器

主放大器是 X 荧光测量系统中的重要电路单元，它对来自前置放大器的输出信号进行处理后，送到多道脉冲幅度分析器。图 4.9 为主放大器在测量系统中的位置。放大器输出信号的幅度与输入信号的幅度应保持正比关系和良好的线性度。因此放大器又称为线性脉冲放大器或线性放大器。在对信号进行处理过程中，它的最基本的功能是放大前置放大器（下文简称"前放"）输出的脉冲幅度（一般为 mV→0.1～10V），以提供合适的脉冲幅度给后续电路(模数转换器)使用。此外，放大器对前放来的信号进行滤波成形，以使放大器的输出信号有最佳的信噪比，使两个被处理脉冲重叠的可能性最小。大部分的放大器还包括基线恢复功能，以确保两个脉冲之间的基线，无论计数率变化或温度变化时都稳定地保持在初始电位上。

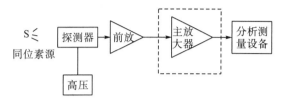

图 4.9   主放大器在测量系统中的位置

放大器中通常还包括堆积判弃功能。当两个被测脉冲重叠到一起时自动丢弃，使后续电路不再对其进行分析。总之，线性脉冲放大器对信号的各种处理要达到这样的目的：在尽量满足计数率要求的情况下，使测得的能谱有最佳的能量分辨率。图 4.10 为主放大器的框图。

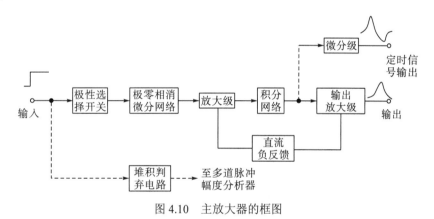

图 4.10   主放大器的框图

1. 滤波和成形

从前置放大器输出的有用信号通常混杂有噪声和干扰。对于幅度分析系统，放大器对接收的前放输出信号进行处理的一个重要目的就是通过滤波来提高信号的信噪比。频域里滤波器的作用是尽可能地滤去噪声的各频率成分。尽可能地保留信号的各频率成分。在信号频谱和噪声频谱重叠或部分重叠时，存在一种最佳的滤波器频率响应，使滤波器输出信号的信噪比最佳。在时域里看，滤波器能使输出信号具有一定的波形形状，因此对信号而言滤波又称为信号的成形。

线性脉冲放大器必须接受由前放提供的输入脉冲的形状，并且要把它们改造成能谱测量需要的最佳脉冲形状。下面具体分析滤波和成形的作用及滤波和成形电路的基本工作原理。

图 4.11(a)中画出了从阻容反馈型前放来的典型的输出脉冲形状。输出由迅速上升的跳变前沿和一个慢的指数衰减后沿组成。它的跳变幅度代表着被探测射线的能量。指数衰

减的时间常数通常为 50μs 或更大。对于电荷收集时间非常短的探测器，前放输出脉冲的上升时间主要由前放本身决定，通常为 10~100ns。对于电荷收集时间较长的探测器，如 NaI(Tl)探测器、正比计数器和同轴 Ge 探测器，前放输出脉冲的上升时间主要由探测器的电荷收集时间决定。

在正常计数率下工作时，每个被探测事件在前放输出信号上引起的上升台阶落在前一个事件的指数衰减波形上。两脉冲的间隔期间，波形可能不能回到基线电平的初始位置上。因被探测事件的幅度通常是变化的，产生的时间是随机的，所以前放输出通常是很不规则的，如图 4.11(a)所示。当计数率增加时，前放输出的尾部上的脉冲堆积会增加。前放输出的偏移将进一步远离基线。电源电压最终限制了这个偏移并决定了输出脉冲幅度不失真情况下的前放可输入的最大计数率。

由以上分析可见，在前放输出信号进一步被放大之前脉冲成形放大器必须用一个短得多的衰减时间取代前放输出的长的衰减时间。此外，可接收的被测信号的计数率也应被加以严格限制。图 4.11(b)展示了这一功能(此图为简单的单延迟线脉冲成形放大器输出波形)。由前放输出的台阶的幅度代表的能量信息被保留下来，而在下一个脉冲到达之前脉冲返回到基线。这样测量以基线为基础的脉冲幅度，再将其进行模数变换，即可得到代表射线能量的数字量。显然成形脉冲的宽度越窄，放大器可输入信号的计数率可允许更高。

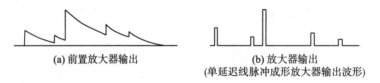

(a) 前置放大器输出   (b) 放大器输出
                                   (单延迟线脉冲成形放大器输出波形)

图 4.11   前放与主放典型的输出脉冲形状

2. 主放大器的作用

(1)提高信号的信噪比。前置放大器输出信号通过成形放大器，从某种意义上讲是为了除去信号的噪声和干扰，以提高信号的信噪比。此时成形放大器也可以看成滤波器，它在频域里是滤去各种频带外噪声的频率成分，而在时域里就是确定信号的形状。

(2)改变输出脉冲的波形。满足最佳信噪比的成形电路，其输出波形不一定能满足系统其他方面的要求。在计数率较高的场合中，要求成形脉冲要尽量窄，以减少信号堆积；成形脉冲的顶部要比较平坦，以减少弹道亏损及保证分析仪的测量精度。

对于能量色散系统，总的能量分辨率主要取决于四个方面，探测器固有的能量分辨率、噪声、信号堆积、弹道亏损。四个因素是互不相关的随机变量，系统总的能量分辨的均方差 σ 和四个因素引起的均方差的关系为

$$\sigma^2 = \sigma_1^2 + \sigma_2^2 + \sigma_3^2 + \sigma_4^2 \tag{4.6}$$

探测器的固有能量分辨是确定的，从成形放大器的作用来看，设计成形放大器的主要目的就是减少后三个因素的影响，提高系统总的能量分辨率。通常这几个因素是互相矛盾的，例如，从提高系统的计数率角度来讲，需要成形脉冲尽量地窄，否则必将引起脉冲堆积，使得能量分辨变坏，而脉冲变窄又会使信噪比下降及弹道亏损增加。因此对成形放大

器的设计还必须综合考虑整个系统的要求，使得系统在正常条件下能量分辨最佳。

在实际系统中，前置放大器的输出信号不仅幅度小(通常是 mV 量级)，而且其脉冲尾部约为 40μs 长，这样的脉冲信号容易造成脉冲堆积，使系统的平均计数率偏高；前放输出的脉冲波形类似指数衰减信号，峰形顶部很尖，这样会带来显著的弹道亏损，影响系统的能量分辨率；此外，前放输出信号中叠加了白噪声，降低了信号的信噪比。

成形放大器通过极零相消电路，可以消除脉冲的长尾，减小脉冲堆积。通过添加适当的极点，可以改变脉冲的形状及宽度，减小频带外的噪声，提高信号的信噪比。通过添加增益环节，可以将前放输出信号放大，以适合模数转换器变换的动态范围。

3. 主放大器的基本参量

1)放大器的放大倍数(增益)及其稳定性

放大器的放大倍数取决于前置放大器输出幅值和后续分析测量设备所要求的信号大小。通常各种探测器的输出信号经前置放大器放大后，其幅度约在毫伏到伏量级。而分析测量设备要求多在几伏到 10V 左右。由此，通用放大器的放大倍数要求几倍至几千倍，而且可以调节。放大器的放大倍数稳定性是放大器在连续使用的时间内(如八小时)环境温度的变化、电源电压变化等因素导致放大器放大倍数的不稳定程度。其结果是使测量到的能谱产生畸变，实验结果误差增大。例如，在目前高分辨率谱仪中放大倍数变化 0.1% 也会影响测量结果，所以通常要求放大倍数的温度系数在 0.01%/℃左右。当电源电压变化 1% 时，放大倍数变化应小于 0.05%。

提高放大倍数稳定性的方法主要有以下几种。

(1)在整个线性脉冲放大器内部加深负反馈，并选用高稳定度的精密金属膜电阻硼碳电阻做反馈网络。这时放大器的放大倍数 $A_t = \dfrac{1}{F}$，基本就由反馈系数来决定。

(2)提高负反馈放大器的开环增益 A。开环增益越大，反馈放大器的稳定度越高；所以放大器往往由几级组成，并适当采取自举的办法，以提高开环增益 A。图 4.12 就是一个带自举电路的放大器。放大器的集电极负载电阻 R_C 越大，放大倍数就越大，但是 R_C 不能过大，R_C 过大将使放大器的静态电流过小，极易饱和，因而不能正常工作。解决这一矛盾的一种方法就是采用自举电路。它由射极跟随器 T_2 和自举电容 C_A 组成。T_2 和 C_A 的接入不影响 T_1 的静态工作。但当输入脉冲信号时，对于交变信号来说，$u_A = A_2 u_B$。这里 A_2 是射极跟随器 T_2 的电压最大倍数，一般为 0.95～0.99。由此，我们可以写出等效负载电阻 R_C 的理论计算式为

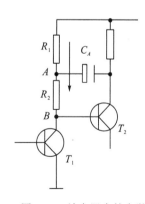

图 4.12 放大器中的自举

$$R_C = \frac{u_B}{i_C} \approx \frac{u_B}{(u_B - u_A)/R_2} = \frac{u_B}{u_B(1 - A_2)}R_2 = \frac{R_2}{1 - A_2} \tag{4.7}$$

从式(4.7)可以看出 R_C 比 R_2 增大了几十至一百倍，放大器的放大倍数相应地大大提高。

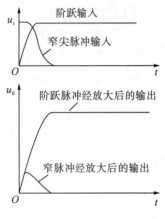

图 4.13　放大器上升时间对放大倍数的影响

（3）因为要提高放大器的稳定度还必须稳定线性脉冲放大器内每一级放大器的静态工作点和放大倍数，所以在每一级放大器内部都结合使用直流负反馈和交流负反馈。

（4）放大倍数的稳定性还取决于放大器未加反馈时的上升时间。这是因为输入尖顶窄脉冲时，若尖脉冲宽度和上升时间与放大器的上升时间 t_r 差不多大小或更小，这时，放大器开环放大倍数 A 将大大减小，A_F 不是远大于 1，即使加了深的负反馈后，稳定度还是不高。所以要提高稳定度还必须使放大器无反馈时的上升时间小于输入尖脉冲的上升时间，或将输入尖脉冲成形变宽后再输入线性脉冲放大器。图 4.13 为放大器上升时间对放大倍数的影响。测量放大倍数的实验装置如图 4.14 所示。

图 4.14　测量放大倍数的实验装置

精密脉冲发生器可以读出输入信号幅度，脉冲高度表可以读出输出信号幅度。测量时，首先将输入信号幅度从小到大逐步输入到放大器输入端，同时观察放大器输出信号幅度。当输入信号幅度增大，而输出信号幅度不再增大时，则表示放大器进入了饱和状态，从而可以测量到放大器输出的动态范围。一般调节输入信号幅度，使输出信号幅度在放大器输出动态范围的中间附近，在这样条件下，测量放大器的放大倍数。放大器的放大倍数稳定性主要取决于环境温度和电网电压变化的影响。所以测量时，只要将被测放大器放在温控装置中，改变温度（ΔT），待平衡后，测出它的放大倍数。放大器的稳定性为

$$\frac{\Delta A}{A} = \frac{A - A'}{A}\bigg|_{\Delta T} \tag{4.8}$$

式中，A 为规定温度和设置电压条件下的放大倍数。同样只改变被测放大器的电网电压，测出放大器的放大倍数。放大倍数的稳定性为

$$\frac{\Delta A}{A} = \frac{A - A'}{A}\bigg|_{\Delta V} \tag{4.9}$$

2）放大器的线性

放大器的线性是指放大器的输入信号幅度和输出信号幅度之间的线性程度。在谱仪中的放大器，对线性要求特别高，应保证在允许的信号幅度范围内，对于不同输入信号幅度，放大倍数应保持不变。但实际上，在所规定的信号幅度范围内还是随着输入信号或者输出信号幅度变化而有一个微小的变化。当这个变化超过允许的数值时，就会给能谱测量带来了不允许的畸变。"线性"在谱仪放大器中是一个很重要的指标。理想的放大器幅度特性是一条通过原点的直线。实际上放大器总是存在着非线性。通常把非线性分为积分非线性与微分非线性。积分非线性（integral nonlinearity，INL）定义为

$$\text{INL} = \frac{\Delta V_{0\max}}{V_{0\max}} \times 100\% \tag{4.10}$$

如图 4.15(a)所示，$\Delta V_{0\max}$ 指放大器的实际输出特性与理想输出特性之间的最大偏差，$V_{0\max}$ 为最大输出额定信号幅度。

积分非线性直接影响到能量刻度误差及使峰位发生偏移。微分非线性(differential nonlinearity，DNL)定义：

$$\text{DNL} = \left[1 - \frac{\Delta V_0' / \Delta V_i'}{\Delta V_0 / \Delta V_i} \right] \times 100\% \tag{4.11}$$

如图 4.15(b)所示，$\Delta V_0' / \Delta V_i'$ 是指实际测量到的放大器输出特性曲线上某处的斜率，也就是放大器放大倍数。微分非线性给出放大器在不同的输出幅度时放大倍数的变化。存在微分非线性，会使能谱产生畸变。对于放大器通常只给出积分非线性的指标，其值一般为千分之几，好的为万分之几，最大输出幅度一般小于或等于 10V。

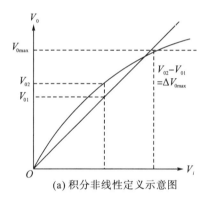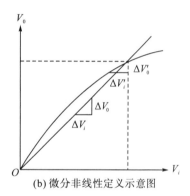

(a) 积分非线性定义示意图　　(b) 微分非线性定义示意图

图 4.15　放大器非线性示意图

3)放大器的上升时间

探测器输出的信号通常有快的前沿和缓慢下降的后沿，上升时间主要是针对信号的前沿而言的。放大器的上升时间过大，会使输入信号产生畸变，结果信号幅度变小了。如果放大器上升时间非常小，也带来了一些不利因素，一则电路变得很复杂，二则增加了电路本身的噪声，因此需要有一个合理的选择。

放大器输出信号的形状，取决于成形滤波电路，所以放大节上升时间必须比成形滤波电路的上升时间要小得多。设放大节上升时间为 t_r，滤波成形电路的上升时间一般最小为几百纳秒，故要求 t_r 小于 100ns。

快的上升时间相应有宽的频带，因此核测量用的脉冲放大器通常是一个宽带放大器，而采用负反馈是提高放大节上升时间很有效的方法。

当输出端分布电容很大时，由于输出端分布电容不参加负反馈，电压负反馈只能降低阻抗，不能减小输出端分布电容 C_s。这时上升时间为 $2.2R_0C_s$(R_0 为输出阻抗)。

4)放大器的输入阻抗和输出阻抗

对于放大器输入阻抗大小的要求，取决于信号源的内阻大小。而放大器的输出阻抗则取决于后续电路的要求。通常放大器输出阻抗小一些好，以便能适应在不同负载情况下工作。为了与输出电缆匹配使用，输出阻抗一般取 50Ω 左右。

4. 集成运算放大器构成的放大电路

1）上升速率

上升速率是指在输入端作用很大的阶跃信号，由于受内部限制而得到输出电压的变化速率，单位是电压/时间。集成运算放大器的瞬态特性在信号幅度不同时有很大的差别。当输入端有很大的阶跃电压信号时，集成运算放大器通常都能产生瞬时的饱和或截止现象，将使放大器的输出电压不能很快地跟随输入阶跃电压变化，它是由于运算放大器中存在着各种杂散电容及运算放大器中的一些相位补偿电容所引起的。主放大器的放大节要求有快的上升速率。

2）相位补偿

放大节电路中运算放大器都接成负反馈连接形式。在低频时具有 180° 的固定相移，而到反馈网络的中频和高频段时，随着频率变化会产生一个附加的相移。当相移达到 180°，放大回路增益 $A \gg 1$ 时就会产生自激振荡。为了保证放大节电路稳定工作，通常都对运算放大器采用相位补偿电路。图 4.16 给出了一些相位补偿方法的原理图。只要相位补偿电路参数选得合适，这些电路都可以使闭环放大器稳定工作。至于具体采用哪一种形式相位补偿电路，需要根据放大器的上升速率和噪声大小要求来决定。

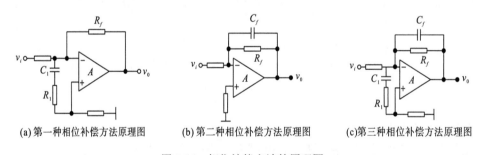

(a)第一种相位补偿方法原理图　　　(b)第二种相位补偿方法原理图　　　(c)第三种相位补偿方法原理图

图 4.16　相位补偿方法的原理图

4.3　多道脉冲幅度分析器

4.3.1　多道技术发展历史

多道也称为脉冲谱仪，诞生于 20 世纪 50 年代，它是一种把探测器输出的脉冲信号按幅度大小分类，对特定幅度脉冲信号数量进行记录，并将数据进行处理和输出的谱仪。

多道通过划分出等间隔的幅度范围(通常称为"道")来实现幅度分布信息的获取。每一道代表了某个特定幅度范围。多道的功能是记录幅度在特定范围内的输入脉冲信号的个数：每来一个有效的脉冲信号，其幅度所对应道的计数增加一个单位。对于 X 射线荧光仪，由于探测器传输过来的电脉冲信号幅度正比于入射特征 X 射线能量，按脉冲幅度分别记录转换的电脉冲信号，实质是按能量分别记录入射射线的分布，这种分布，就是我们通常所说的"X 射线能谱"。因此，通过多道分析器处理后输出的不同道址的脉冲计数率，实际代表了入射射线的能量分布，而系统所能划分的道数代表了它的能量分辨率。多道的性能对能谱的测量会产生直接影响。

多道自问世以来发展很快。最早期的概念化多道基于电动机械技术，就是所谓的 Kick Sorter。Kick Sorter 将系统输入脉冲幅度转化为机械能将小球击出，根据小球落点建立谱型。

随着电子技术特别是模数转换器(analog to digital converter，ADC)技术的发展，多道设计中越来越多地开始采用电子器件。在 20 世纪 60 年代，模数转换器首先被应用于多道设计，从而取代了精确性很差的机械技术，同时大大增加了道数和精度。70 年代以后，随着大规模集成电路、单片机、微控制器、计算机等的应用，多道开始向小型化、便携化、智能化发展。尽管如此，多道的系统结构在相当长的时间内变化一直不大，都是以对模拟脉冲峰值信号进行采样保持并作模数转换。

4.3.2　模拟多道简介

传统的模拟多道主要基于模拟电子技术，使用一个快速通道和一个慢速通道进行脉冲处理，其中快速通道进行脉冲探测和堆积检查，而慢速通道则用于获取并保存幅度信息。每当脉冲信号到达时，快速通道进行信号有效性的检查，同时，慢速通道则将此信号进行捕获、展宽并进行模数转换。快速通道和慢速通道的工作流程由一个逻辑控制单元进行控制。传统模拟多道的系统框图如图 4.17 所示。

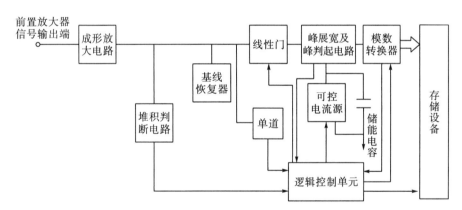

图 4.17　传统模拟多道的系统框图

传统模拟多道受其组成原理以及模拟电子技术发展的限制，具有以下比较明显的缺陷。

(1)脉冲成形电路功能有限，无法实现最佳滤波。

(2)处理速度较慢，高计数率下易产生堆积，能量分辨率显著下降，脉冲通过率低，死时间大。

(3)抗干扰能力弱，且具有温漂和不易调整等特点，系统稳定性、线性不高。

(4)电路组成复杂，设计不便，成本也会很高。

(5)灵活性、可扩展性以及可配置性都较弱，导致较为先进的信号处理算法难以实现。

(6)传统模拟多道能量非线性及谱漂较大。

　　图 4.18 给出了采用传统模拟多道的 X 射线荧光分析仪存在较大谱漂及能量非线性的原因。外界温度变化较大、电源电压波动、元器件老化等几个因素均会引起输出谱线较大的漂移，而且漂移后的谱线能量线性度变差，甚至能量刻度曲线也完全不同，有时即使通过硬件的增益调节，将特征峰调节到规定的道址，能量刻度曲线仍然完全不同，需要重新刻度，且带来严重的非线性，给实际的使用带来较大的问题。

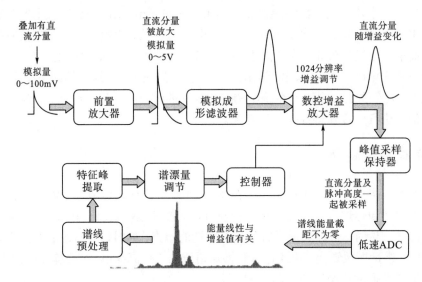

图 4.18　采用传统模拟多道的 X 射线荧光分析仪存在较大谱漂及能量非线性的原因

从图 4.18 可知：

（1）传统模拟谱仪采用的是模拟成形滤波器，为了获得较高分辨率的能谱曲线，必须保证原始输入的核脉冲信号有微弱的直流分量，保证核脉冲信号能够完全输入到模拟成形滤波器中，否则原始的核脉冲信号会存在有微小的信号能量损失。传统的不正规的做法是直接采用 RC 高通电路滤除直流分量后输出到模拟成形滤波器，这种做法只能消除原始信号的直流分量，不能消除后级放大器自身引入的直流分量，而且 RC 高通电路会使原始的核脉冲信号有一定的频率损失。核脉冲信号严格来说是一个快速上升，缓慢下降的双指数信号，而缓慢下降的指数信号从傅里叶级数展开来看，包含了一系列连续的低频信号分量，因此采用 RC 高通电路虽然滤除了直流分量，但同时也滤除了核脉冲信号中的部分有用信号，势必带来最终谱线能量分辨率的下降。

　　（2）为了保证能量分辨率势必采用直接耦合的方式来设计放大器。由于每个放大器都会产生一部分的直流漂移，该部分直流漂移叠加上原始信号中存在的直流分量形成总的直流分量。该直流分量会随着数控增益放大器增益值的不同而有所不同，最终都叠加在核脉冲的幅度信息之上，引入了能量截距，且能量截距随着增益值、温度、元件老化、电源波动等多种因素的变化而发生变化，也就引起了能量非线性，另外一个方面由于直流分量的波动，也带动了整条谱线的波动，形成了较大的谱漂。现假设原始核脉冲信号的幅度为 V_1，原始核脉冲信号中叠加的直流分量为 V_{d1} 第一级前置放大器的放大倍数为 K_1，自身引入的直流分量为 V_{d2}，模拟成形滤波器的调节系数为 K_2，自身引入的直流分量为 V_{d3}，数控增益放大器的放大系数为 K_3，自身引入的直流分量为 V_{d4}，故最终峰值采样保持器输出到 ADC 的电平值：

$$V_{out}= \{\,[\,(V_1+V_{d1})\times K_1+V_{d2}\,]\times K_2+V_{d3}\,\}\times K_3+V_{d4}$$
$$=K_1\times K_2\times K_3\times V_1+K_1\times K_2\times K_3\times V_{d1}+K_2\times K_3\times V_{d2}+K_3\times V_{d3}+V_{d4} \qquad (4.12)$$

由式(4.12)可知，V_{out} 的值取决于 V_1，V_{d1}，V_{d2}，V_{d3}，V_{d4}，同时 V_{d1}，V_{d2}，V_{d3}，V_{d4} 形成的原因各有不同，不能简单地当作一个常量来处理，因此 V_{out} 与原始核脉冲信号之间就不是单纯的线性关系，只能是接近线性，能量线性度的优劣取决于 V_{d1}，V_{d2}，V_{d3}，V_{d4} 自身的变化剧烈程度。单纯的调节数控增益放大器的增益值 K_2 人为地将不同环境条件下的特征峰调节到相同的道址，不能保证谱线是完全相同的，必然会存在非线性和能量不匹配的问题，必须重新进行能量的非线性刻度。

4.3.3　数字多道设计

因为模拟式结构 X 射线荧光分析仪自身无法克服的缺陷，所以基于数字多道设计的数字式 X 射线荧光分析仪则独具优势，不仅能够实现能量的严格线性，保证谱漂量尽量小，还能够实现谱线增益的无限精度调节，且不带来任何的附加噪声，不同于传统模拟谱仪的增益调节是会引入附加的噪声，且增益的调节精度受到增益控制电压自身噪声特性的影响(孙宇，2009)。

图 4.19 为数字式 X 射线荧光分析仪中的基于数字空间延拓的无噪声高精度能量线性稳谱原理图(王毅男，2015)。通过该设计能够完全抵消各种直流分量的影响，保证能量线性度，谱漂调节时，只要特征峰在规定的道址上，整条谱线就完全相同，无须再次能量刻度。具体的设计过程如下所述。

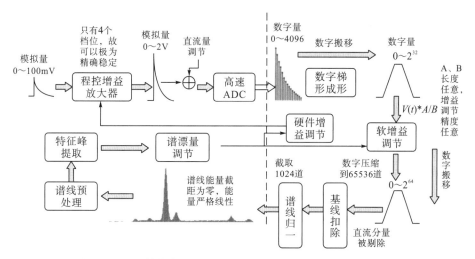

图 4.19　基于数字空间延拓的无噪声高精度能量线性稳谱原理图

半导体探测器前置放大器输出的阶跃信号经过 RC 微分电路成形后，得到 0～100mV 的双指数信号，该信号经过由低值高频模拟开关组成的程控增益放大器，放大得到 0～2V 动态范围的双指数模拟信号，该信号通过与一个可调的直流漂移量叠加后送入高速

ADC，采集得到离散的 0～4096 道的数字序列。将该数字序列进行数字梯形成形，得到梯形脉冲信号。由于数字梯形成形是对于输入的原始数字序列进行卷积和乘积的结果，且采用的位长为 32 位，因此将 4096 的数字空间放大搬移到 2^{32}。相比于模拟式结构而言，理论上采用数字信号处理具有无穷大的动态范围，而模拟式结构的信号动态范围决定于供电电源电压以及 ADC 的输入电压范围。由于动态范围越大，所能表达的信息越多，所能进行的处理也越多。搬移到 2^{32} 数字空间后的梯形脉冲信号经过一个软增益调节单元实现数字空间的进一步搬移，搬移到 2^{64}。软增益调节是将核脉冲信号数字化处理后带来的最为有益的结果之一。传统谱仪的增益调节通常是采用数字模拟转换器（digital to analog converter，DAC），或者模拟开关结合放大器实现数控增益的，增益的调节会引入控制电压噪声，增益的调节精度也受限于 DAC 的精度，通常为 10～12bit 分辨率。而采用软增益调节时，采用了一个乘法器和一个除法器。因此软增益 $M=A/B$。A，B 的位长可以任意，如采用的是 8 位精度，则可以实现 16bit 精度的增益调节，且在数字空间进行乘法和除法，不会引入任何的噪声，也不会出现模拟乘法器动态范围有限，增益值不能太大的问题。同时也带来另外一个好处，就是任意一种增益调节，都不会对能量的线性度有影响。传统模拟谱仪由于放大器带宽的限制，在增益较大时，带宽下降，而在增益较小时，带宽上升，由此会引入微弱的能量非线性。

经过无噪声软增益调节后的梯形信号位长扩展到 64 位。为了进行下一步的基线估计扣除工作，需要先将谱线压缩到 16 位字长，并采用基线估计方法扣除基线，并最后输出脉冲的幅度信息。因此整个流程中只要保证程控增益放大器的线性度即可保证整条谱线的能量线性度，程控增益放大器是采用高速模拟开关切换的，只有 4 个档位，因此只要保证电阻值的精确，即可保证硬件增益的准确性和温度特性，大大减小了谱线的谱漂量。

图 4.20 是一种近年来有代表性的数字多道系统的设计框图，这种设计方案是基于 ADC、FIFO[①]和 DSP[②]的原理，它沿用了传统的脉冲分析系统使用一个快速通道和一个慢速通道进行信号处理的思想，将信号处理分为两个步骤进行。首先，从模数转换器出来的数字信号输入现场可编程门阵列（field-programmable gate array，FPGA），完成如快速滤波、脉冲检测、堆积判断等处理。如果 FPGA 检测到有效脉冲，则将信号存入一个长 FIFO 中暂存，这里长 FIFO 使用 FPGA 的片上自带随机存储器（random access memory，RAM）实现。这里 FPGA 实现的功能相当于一个快速通道，它追求的是速度，使用组合逻辑强大、速度快的 FPGA 实现非常合适。有效数据存入长 FIFO 后，由 DSP 定时读取，进行数字算法处理并与计算机进行数据通信。在整个系统中，FPGA 是整个系统的关键模块，需要进行快速滤波、脉冲检测、堆积判断等处理，其性能将大大影响整个系统的性能。DSP 芯片也是一个重要的模块，它主要负责脉冲幅度的计算，此外它还要完成数据暂存、计数率测量以及与外围设备通信等工作。

---

① FIFO：first input first output 的缩写，先入先出队列，这是一种传统的按序执行方法，先进入指令完成并引退，跟着执行第二条命令。
② DSP：digital signal processing，数字信号处理。

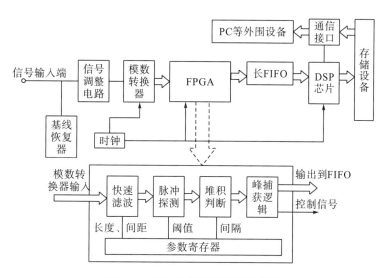

图 4.20 数字多道系统的设计框图

1)硬件设计方案概述

数字多道的硬件采取模块化进行介绍,按照信号处理流程分为如下几个模块。

(1)信号调制模块。信号调制模块的作用是根据模数转换器的特性和各种输入信号的特性来对其进行必要的预处理,如幅度衰减、差分转换等。

(2)模数转换模块。模数转换器是影响整个多道性能最为关键的部分,系统的精度、微分非线性、积分非线性等性能指标很大程度上取决于所使用的模数转换器。

(3)逻辑控制模块。逻辑控制模块的主要功能是进行数字脉冲预处理(包括阈值甄别、有效波形提取等)、数据缓冲以及简单的控制功能,其主要的器件就是 FPGA。

(4)算法处理模块。算法模块的主要功能包括:从 FPGA 中接受有效脉冲波形、对波形进行数字信号处理、获取波形幅度信息以及与计算机通信。算法模块的主要器件就是 DSP。

(5)通信接口模块。通信接口模块的功能是实现数字多道与计算机间的数据通信。

其中,前两个模块属于模拟部分,后三个模块属于数字部分,信号处理流程以及数字多道硬件组成模块结构如图 4.21 所示。

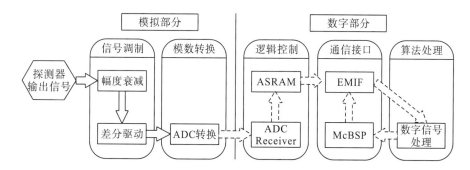

图 4.21 信号处理流程以及数字多道硬件组成模块结构图

2) 信号调制模块

(1) 幅度衰减。幅度衰减部分电路原理图如图 4.22 所示，其中，AD8610 和 AD8620 均为运算放大器；分压电阻分别选择 R1=2kΩ，R2=250Ω，使得 α=0.111。当输入脉冲幅度为 0~10V 时，衰减后的脉冲幅度为 0~1.1V，正好符合模数转换器的输入范围。

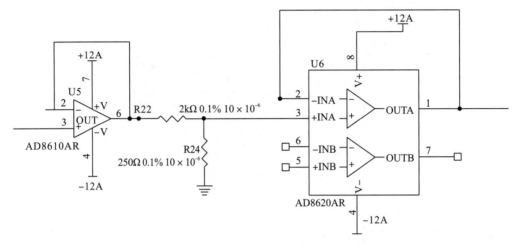

图 4.22　幅度衰减部分电路原理图

(2) 差分驱动。AD6644 要求差分信号输入，因此在幅度衰减后加入差分驱动电路转换输入信号。选用 AD8138 实现差分驱动的原理如图 4.23 所示，其中输出共模电压通过对 V_{OCM} 脚配置不同电平实现。

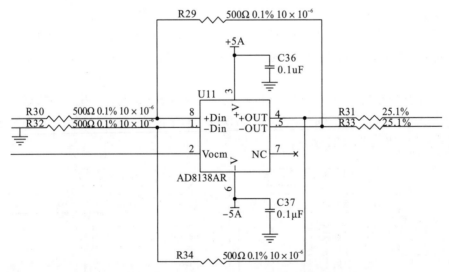

图 4.23　AD8138 实现差分驱动原理图

3) 模数转换模块

模数转换模块采用 Analog Devices 公司的高速度高精度流水线型模数转换器 AD6644。AD6644 的功能模块框图如图 4.24 所示。

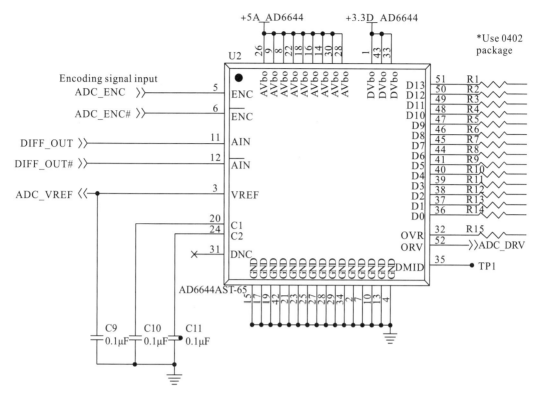

图 4.24　AD6644 的功能模块框图

重要引脚信号说明如下。

(1)ENC、ENC#：模数转换器的时钟信号，为保证模数转换器性能，必须采用高性能、极低相位噪声的差分时钟输入。设计方案中采用晶振+变压器的方式实现。

(2)AIN、AIN#：模数转换器的模拟输入信号，输入前面信号调制模块输出的差分信号。

(3)VREF：参考电压，AD6644 内含 2.4V 参考电压，并且从 Vref 管脚输出，可作为差分驱动芯片 AD8138 的输出信号的共模电压。

(4)D[13∶0]：14 位数据线。

(5)OVR：过量程标志，当输入信号幅度超过 AD6644 输入范围(±FS)时，会将过量程标志置 1。

(6)DRV：数据转换标志，一次转换完成后 DRV 置 1，下一次转换开始后 DRV 置 0。

探测器输出信号通过信号调制模块后变成差分信号，将此信号送入 AD 6644 进行转换，输出送入逻辑控制模块(FPGA)进行下一步(脉冲快速检测)工作。

4)逻辑控制模块

FPGA 作为逻辑控制模块的主体控制了整个多道的工作流程，它和大部分硬件电路模块都有交互。FPGA 的内部结构图如图 4.25 所示，分为以下几个子功能模块。

(1)ADC Receiver 子模块。ADC Receiver 子模块的主要功能是检测并且接收从模数转换模块输出的数字化脉冲信号，进行阈值甄别、信号提取等处理后将有效的数据存储到 ASRAM 模块中。其简要运行流程如图 4.26 所示。

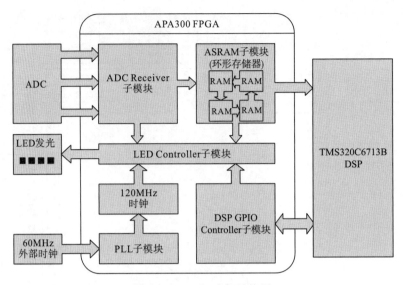

图 4.25 FPGA 内部结构图

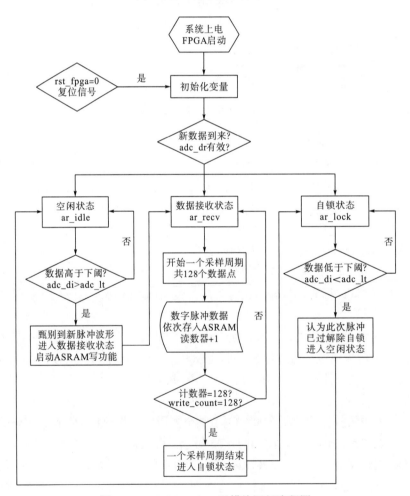

图 4.26 ADC Receiver 子模块运行流程图

系统上电后，ADC Receiver 子模块首先进行变量初始化，包括设置系统状态为空闲(ars<=ar_idle)、将指向 ASRAM 的写地址清空(i ram addr<=ram addr min)、采样计数器清空(write_count：=0)、数据清空(adc_di<=data32_min)等。整个 ADC Receiver：子模块以模数转换器输出的 DATA READY 信号(adc_dr)为时钟驱动。DATA READY 拉高，表示模数转换器成功完成一次模数转换，这时检查转换结果的有效性。数字多道系统采用的 AD6644 虽然是 14 位精度，但其输入范围为正负对称，转换结果以补码形式表示，最高位代表符号位(为 1 代表负极信号)，而系统输入脉冲均为正极性信号，所以实际可用的精度为 13 位。当数据为正极信号时，进入数据处理流程。首先进行阈值甄别，第一个过下阈且未超过上阈的信号(adc_di>adc_It and adc_di<adc_ht)可视为有效信号脉冲上升沿的开始。这时启动对 ASRAM 子模块的写功能(adc_wrb<='0')，同时进入数据接收状态(ars<=ar_recv)，开始一个长度为 128 点的采样周期(write_count=：128)。在数据接收状态中，任意非法数据，包括模数转换器量程溢出(adc_overflow='1')、数据超过上阈(adc_di>adc_ht)都将终止数据接收状态，进入自锁状态(ars<=ar_lock)。如果数据有效，则将采样数据依次写入 ASRAM，写满 128 个数据后，认为此脉冲峰值已经过去，一次采样周期结束，系统进入自锁状态。当数据低于下阈(adc_di<adc_It)时，认为脉冲尾部已经过去，自锁状态解除，进入空闲状态。

(2) ASRAM 子模块。ASRAM 子模块是一个虚拟的存储器，它利用了 FPGA 内部的嵌入式 RAM，同时又提供了标准的异步 RAM 接口使得 DSP 可以将 FPGA 当作一个 RAM 而直接从其读取数据。

由于核信号的随机性，数字多道有可能在极短时间内接收到大量有效脉冲。DSP 的处理速度较慢，难以保证及时处理所有数据，这时就需要将所检测到的有效数据进行缓冲。为了能够充分地利用 FPGA 芯片上的资源，特别是其片上嵌入式 RAM 资源，可以虚拟一个双口存储器的接口，一方面此接口可以从 ADC Receiver 子模块接收并存储数据，另一方面又可以支持 DSP 的 EMIF 信号逻辑，可以让 DSP 直接读取其内部的数据。未能及时送交 DSP 芯片处理的数据将被保存在存储器 RAM 中，只要存储器 RAM 的深度满足要求，就能够保证不出现严重的计数率丢失情况。

为实现 ASRAM 子模块，需要了解创建 FPGA 的嵌入式 RAM 的实例。ACTEL 的 APA 300 型号 FPGA 必须借用 Libero 软件来创建一些特殊的实例，包括嵌入式 RAM。APA300 具有 72kbit 的嵌入式 RAM，DSP 的数据总线是 32 位的，所以可以创建的虚拟存储器的容量为 2048×32 位，如图 4.27 所示。创建嵌入式 RAM 时可以选择其输入和输出的异步/同步模式，通过实验发现，使用同步(Sync)输入和异步(Async)输出是比较稳定的访问方法。

写入数据时，采用同步输入方式，系统上电运行后，ASRAM 子模块与 ADC Receiver 模块互相配合，实时写入数据。ASRAM 环状存储结构如图 4.28 所示，长度为 2048，宽度为 32 位，采用环状方式存储数据。每一个采样周期长度为 128 个数据，ASRAM 内部地址指针移动 128 次，因此 ASRAM 共可存储 16 个有效脉冲波形。当第 16 个采样周期结束后，地址指针自动从空间尾部(即 0x7FF 处)跳回头部(即 0x000 处)，接下来的一次采样周期获取的数据会自动覆盖原有第一次采样周期的数据，依次类推。采用环形存储可以使某个采样周期的数据在被覆盖前至少会在 ASRAM 中保存 16 个采样周期以上，考虑到实际应用的通常情况下，脉冲间隔不会太小，这个保存时间会更久。这为 DSP 进行后续处理争取了时间，大大提高了系统的脉冲通过率。

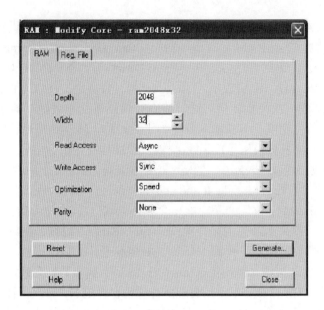

图 4.27　使用 Libero 创建嵌入式 RAM 的实例

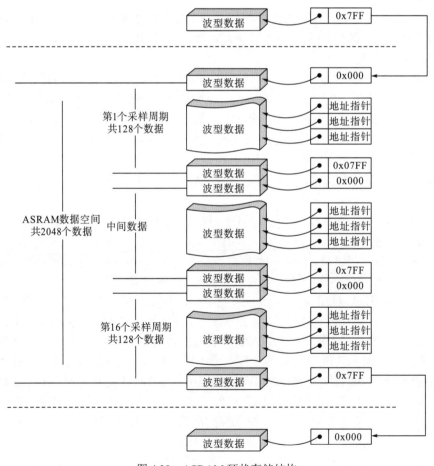

图 4.28　ASRAM 环状存储结构

(3)锁相环(phase locked loop，PLL)子模块。FPGA 的外部时钟为 60MHz，而模数转换器的采样完成信号(adc dr)为 50MHz，两者非常接近，会有信号遗漏情况发生。因此需要将 FPGA 外部时钟倍频至 120MHz，以此来作为 FPGA 程序流程的时钟信号。PLL 子模块通过实例化 APA300 型 FPGA 自带的锁相环电路进行倍频，如图 4.29 所示。

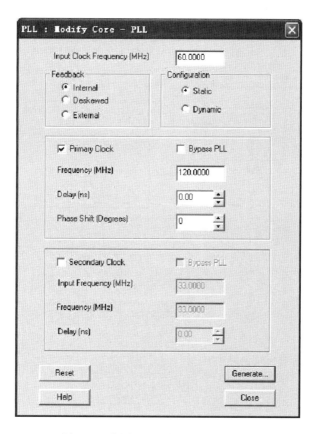

图 4.29　使用 Libero 创建 PLL 的实例

(4)DSP GPIO Controller 子模块。DSP GPIO Controller 子模块的功能是管理 FPGA 与 DSP 的 GPIO 端口之间的数据输入与输出，不同 GPIO 端口的功能和 DSP 与 FPGA 间的连线方式有关。当前仅用到了初始化 FPGA 的 GPIO_PIN2 口。其他可配置 GPIO 口则作为保留，为口后功能扩展做准备。

(5)LED Controller 子模块。由于 Acte 的 APA 300 FPGA 不提供在线调试功能，为及时了解系统工作状态而设计了 LED Controller 子模块。LED Controller 子模块拥有 8 个 LED 灯作为输出，便于调试以及查看系统工作状态，包括各种时钟信号(dsp_eclk，clk，adc_dr)、系统复位信号(rst)、DSP 存储空间使能信号(dsp_ce3，dsp_ce2，dsp_ce0)等。当然，每个 LED 的输出信号是可以通过修改程序内容而改变的。LED Controller 子模块为整块数字多道实验板的调试提供了极大便利。

5)算法处理模块

算法处理模块核心——DSP 的主要功能有两个：①在 FPGA 中进行有效波形提取后，

数据发送至算法处理模块——DSP 进行峰值检测等操作，获得能谱；②与计算机进行通信，传递能谱。

（1）DSP 主程序流程和功能描述。DSP 主程序运行流程如图 4.30 所示。

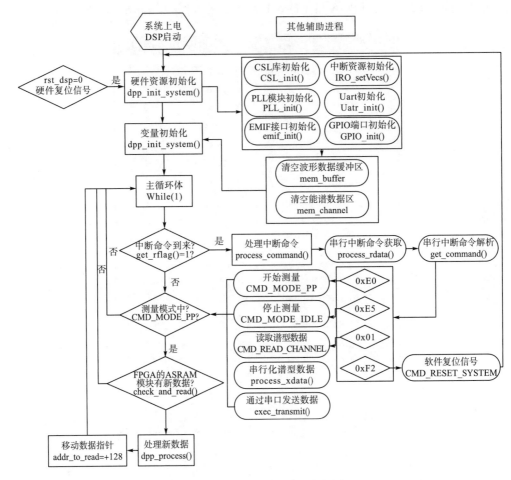

图 4.30　DSP 主程序运行流程图

系统上电后，首先进行系统初始化（dpp_init_system），包括初始化 CSL 库（Chip Support Library，用于控制、配置和管理 DSP 片上资源）、DSP 内部 PLL（将外部时钟进行倍频）、EMIF 接口（读取 FPGA 数据）、初始化中断资源（用于响应计算机命令）、Uart（利用 McB SP 模拟串口）以及 GPIO 口（控制 FPGA）等。接下来进行变量初始化（dpp_init_variable），为 FPGA 传递来的有效数字波形数据（mem_buffer）以及经 DSP 进行峰值检测后获得的谱型数据（mem_channel）开辟并初始化内存空间。主循环为 while(1)循环，进程由两个 if 判断构成。第一个 if 判断判别是否有计算机应用软件通过串口发送的中断控制命令。如果有中断，则处理（process_rdata）并解释（get_command）中断命令，控制命令为单字节形式，0x01 代表读取数据（CMD_READ_CHANNEL），0xE0 代表测量开始（CMD_MODE_PP），0xES 代表测量结束（CMD_MODE_IDLE），0xF2 代表软件重启 DSP 系统（CMD_RESET_

SYSTEM)。第二个 if 判断通过 EMIF 接口检查 FPGA 的 ASRAM 中是否有新数据(check and read)，如果有新数据则读取数据，并依据算法(dpp-process)进行峰值检测，对相应峰位进行加一操作，之后移动指向有效数字波形数据的指针(addr to read)至下个有效数字波形处。如果没有则继续等待进入下一次循环。

(2) 数据处理——能谱的获取。在 DSP 内部，当检测到 FPGA 内新数据并进行读取时(check and read)，数据经过 EMIF 总线传递至 DSP 内部存储后，就进入数据处理和存储阶段。这一阶段进行数字脉冲波形数据的峰值检测工作。

每个新脉冲数据到来后，DSP 内部都将开辟一小段空间(128 点)用于计算，其基地址指针(data_ptr)为有效波形数据内存区基地址(mem_uffer)加一个偏移量(addr_to_read)，这时新空间的指针已经指向新数据所在地址。此后指针逐一增加读取 mem_buffer 内的幅度信息，并进行适当计算。甄别出峰值之后将其幅度信息转换为能谱信息，再将能谱数据内存区指针(channelptr)在基地址(*mem_channel)的基础上移动至脉冲峰值处，并执行加一操作。一个脉冲-幅度转换就完成了。

(3) 数字脉冲抗堆积及计数率校正。数字脉冲抗堆积功能是用来分辨是否有两个脉冲时间发生的时间太过于靠近，从而导致看成一个失真的信号。采用快速-慢速并行数字成形滤波器来设计实现，即并联快速、慢速通道。

图 4.31(a)的两个核脉冲信号发生的时间间隔小于成形时间的一半，图 4.31(b)中则是两个核脉冲信号发生的时间间隔略大于成形时间的一半。图 4.31(a)中，输出信号的幅度值是两个核脉冲信号的累加；图 4.31(b)中的两个输出信号尽管也发生了堆积，但是仍然能够得到两个分别代表输入信号幅度的平顶信号，因此这两个平顶信号都必须能够被识别并幅度提取。因此采用时间间隔判别的方法来剔除异常堆积无法恢复幅度信息的脉冲信号(图 4.32)。而相邻核脉冲发生的时间间隔的获取则是通过快速通道来实现的。快速通道，其成形时间很短，因此如果在快速通道中判断相邻的时间间隔小于成形时间的一半时，则剔除当前慢速通道中的信号，不加以幅度提取，快速通道中的核脉冲时间仍然计入总计数率当中。当计算机发出获取谱线命令时，将慢速通道中的有效计数值除以快速通道中的所有事件量，即可得到计数率校正值，使用该值校正谱线。

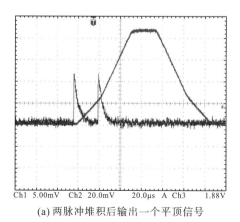
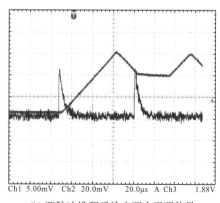

(a) 两脉冲堆积后输出一个平顶信号　　　　　　(b) 两脉冲堆积后输出两个平顶信号

图 4.31　实测脉冲堆积的两种情况

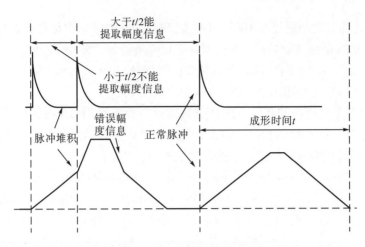

图 4.32　脉冲抗堆积算法示意图

(4) 数字脉冲波形甄别。对于某些探测器而言，缓慢上升的脉冲说明其电荷灵敏放大器有缺陷。例如，对于许多二极管而言都有一个弱电场的微弱导通区。当辐射发生在该区域，就会产生电流信号，但是电荷信号非常缓慢地通过该区域，也就导致缓慢上升的边沿，因此电荷就被捕获，变成一个小的脉冲。发生在此区域的脉冲就会使谱线带来失真，如背景计数、峰的阴影、非对称峰等。数字脉冲波形甄别就是为了剔除此类峰。

因此脉冲波形甄别可以通过测量此类峰的上升时间与最大值出现的位置实现。如图 4.33 所示，只有最底下通道的成形信号是正确的，另外两个信号都是异常信号，需要加以甄别剔除。当三个信号的上升时间都有所不同时，可以通过获取上升时间来判断该信号是否为异常信号，本书为了能够更好地剔除异常信号，还加入了最大值出现时间位置的判断，当平顶最大值出现的位置不是处于平顶的正中心时，则说明波形已经失真，这样就能够剔除某些上升时间符合条件，但是平顶发生畸变的异常波形。

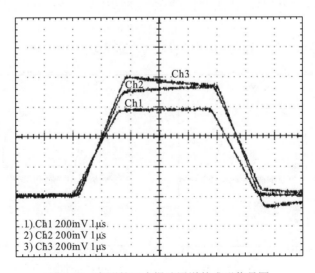

图 4.33　实测的三个慢速通道的成形信号图

　　数字脉冲波形甄别是在快速通道中完成。一个更慢速上升的输入信号，会使快速通道的输出变得更宽。输出变宽，峰值就变小(为了保证面积相同)，因此可以通过计算半高宽之类的方法甄别。如果成形峰的宽高比超出设定的阈值则舍弃。

　　快速通道本身的噪声远大于慢速成形通道。而电阻温度检测器(resistance temperature detector，RTD)(上升时间甄别)门限也是在成形通道中执行的。因此小于 RTD 门限的信号事件是不会被丢弃的。但是由于 RTD 主要是用来区别发生在探测器中的高能粒子事件，低幅度的事件几乎不可能发生。

　　①慢速通道中幅度值低于 RTD 慢速门限的，被保留。

　　②快速通道中幅度值低于 RTD 快速门限的，被舍弃。

　　③宽高比不符合 RTD 时间门限要求的，被舍弃。

　　慢速通道门限：即慢速通道中应用于成形脉冲的门限值。慢速通道处理的信号生成谱线。本书通过该门限判断哪些事件要被接受，哪些要被舍弃。慢速通道中，幅度值低于慢速门限的事件被舍弃。

　　快速通道门限：即快速通道中应用于成形脉冲的门限值。快速通道门限值有三个作用：上升时间甄别、脉冲抗堆积，以及测量脉冲通过计数率和死时间。本书只对高于快速通道门限的事件实现脉冲抗堆积，也只对高于快速通道门限的事件计数。因此快速通道门限通常设置为很接近噪声值。

　　(5)双滑动平均窗的数字比较器设计。为了能够将快速成形通道得到的数字序列成形为标准的数字信号 0，1，需要对该数字序列进行比较整形，常见的方法是采用固定阈值的滞回比较器，设定固定的上限滞回阈值和下限滞回阈值。当时该方法使用在本书的场合显然会出现如图 4.34 中显示的脉冲漏计的情况。即使是相同类型的探测器，不同批次的产品其输出信号的幅度会有所不同，同时硬件增益值也会有四种不同的情况，系统叠加了一定的直流分量，因此在不同硬件增益时直流分量的大小也不相同，当增益值相差很大时，将导致直流分量的差异也很大，固定的某个阈值无法解决这种问题。为此需要设计能够自动跟踪直流分量变化，且能够抑制快速通道数字序列噪声的数字比较器。

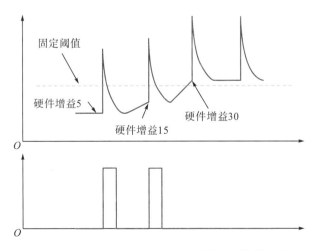

图 4.34　比较器固定阈值在不同硬件增益下的输出脉冲

　　图 4.35 为采用双滑动平均窗口的数字比较器的快速通道比较整形。在该方法中设计了一个 16 位长度的滑动窗口,分别取滑动窗口的前 8 位平均值 Favg 和后 8 位平均值 Bavg 作为判断的依据,当 Favg＞Bavg+阈值时,说明当前有一个快速通道的信号上升沿;当 Favg＜Bavg-阈值时,说明当前有一个快速通道的信号下降沿。显然可以任意调节滑动窗口的长度,以实现对快速通道中数字序列的噪声消除,避免异常值带来的干扰,滑动窗口越大,抗噪能力越强,但是相应的灵敏度也会降低,因此需要根据实际的情况选择合适的窗口大小。

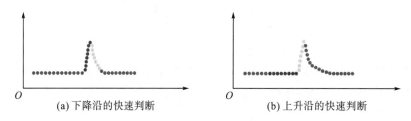

(a) 下降沿的快速判断　　　　　　　　(b) 上升沿的快速判断

图 4.35　采用双滑动平均窗口的数字比较器的快速通道比较整形

4.4　X 荧光谱线的显示与处理

　　采集到的 X 荧光谱数据中存在统计涨落的影响,我们需要通过一定的方法对谱数据进行处理,最终达到快速准确地定性识别出待测谱数据中所存在的核素种类的目的。

4.4.1　特征峰稳谱技术

　　野外现场仪器状态会受到环境条件影响,如电源高压(包括探测器高压)、放大器增益与零点、ADC 的增益与零点等,都随温度的高低而出现波动,即温漂。这些因素都可能造成 X 荧光探测系统的整体增益或零点漂移,结果将造成多道微分谱线的漂移,通常称为谱漂。

　　谱漂有零点漂移与增益漂移,以及这两种漂移同时存在的情况。这几种情况对应能量刻度函数中 a、b 的变化或 a 与 b 同时发生变化。由于可能随时发生谱漂,每次测量前均重新进行能量刻度影响工作效率,在实际操作中不可取。因而,要求仪器应具备谱漂校正功能。

　　谱漂校正可以有硬件方法和软件方法。采用硬件校正的特点是将谱线上的谱峰"拉"回原来位置,在进行软件谱数据处理时,可以假定没有谱漂存在。其缺点是需要增加谱漂量检测与增益/零点反馈调整电路,硬件电路复杂。采用软件校正的原理是通过软件寻某一元素的特征峰,根据当前峰位道址与最后一次能量刻度时的道址,可以判断谱漂量。然后根据此谱漂量,计算每种元素特征峰面积时调整对应的左右边界道址,达到校正的目的。有时也可以采用软件判断谱漂量,然后由硬件实现反馈调整的软、硬件相结合的方法。

　　如果 X 荧光探测系统中的谱数据处理系统的处理速度能满足软件稳谱中数据运算的

要求,就可采用软件稳谱方法。在确定用于谱漂量检测的某一元素的特征峰后,软件稳谱主要完成的工作如下。

(1)谱线光滑,避免软件将统计涨落和电子学噪声造成的小波动误认为谱峰。

(2)通过求导等方法寻峰。

(3)确定谱漂量并为峰面积计算提供谱漂校正系数。

1)谱漂监测特征峰选取

在采用 ^{241}Am 激发源进行 X 荧光分析时,源的初级射线的相干散射峰 59.56keV 就适合于谱漂量监测。而采用 ^{238}Pu 激发源时,源的初级射线能量成分较复杂。各类样品中,Fe 作为常量元素,含量一般都较高,而且 ^{238}Pu 激发源对 Fe 的激发效率也较高,所以都能明显观察到 6.403keV 的 K 系 X 射线。因此可以选取 Fe 的 K 系 X 射线用于谱漂量监测。

2)谱漂量确定与谱漂校正(以实例说明)

表 4.1 是某仪器每隔一段时间对同一样品进行重复测量,实际得到的各种元素的特征峰峰位(道址)情况。根据表 4.1 及相关元素的特征峰能量,可以拟合出不同时间测量元素的特征峰位道址与能量的关系曲线(图 4.36)。由于这 6 条曲线靠得很近,在图 4.36 中只取其中一段局部放大显示。从图 4.36 的曲线数据可以看出,该仪器的谱漂基本为零点漂移,增益漂移不明显。在其他测量过程中,也明显存在该稳漂特性。因此,在谱漂校正软件中,可以假定每种元素的特征峰的漂移量与监测峰(Fe 峰)的漂移量相等。

表 4.1　不同时间相关元素 X 荧光分析道址情况

元素	Ca	Fe	Cu	Zn	As/Pb	Sr
	107	270	372	409	529	760
	109	272	375	411	531	762
峰位/道	112	275	378	415	535	766
	113	276	379	416	536	767
	114	277	380	417	537	768
	115	278	381	418	538	769

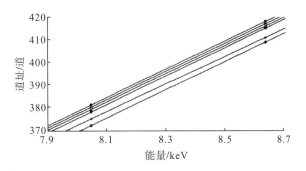

图 4.36　不同时间测量元素的特征峰道址与能量关系拟合曲线局部放大图

具体的校正方法是：先检测到当前监测峰峰位的道址 Ch_now,再根据上一次测量时监测峰峰位的道址 Ch_old,判断谱漂量 offset。并在计算每种元素的特征峰峰面积 A 时,

将峰的左右边界道 A_L 和 A_R 都加上谱漂量。能实现软件跟峰谱漂校正功能的特征峰峰面积的计算公式为

$$A = \sum_{\mathrm{Ch=A\_L+offset}}^{\mathrm{A\_R+offset}} I[\mathrm{Ch}] \tag{4.13}$$

式中，$I[\mathrm{Ch}]$ 为多道微分谱线中第 Ch 道的计数。

3）谱漂校正效果测试

在 X 射线荧光仪的配套软件中，使用特征峰稳谱技术后，对不同温度下温漂情况进行测试。表 4.2 是某仪器 2006 年 1 月在新疆维吾尔自治区乌鲁木齐对同一样品，分别在室内、走廊和室外不同温度环境下各测量三次得到的 X 荧光分析结果。在改变温度环境后，先让仪器静置 5min 以达到稳定状态。从表 4.2 的温度实验测量数据上看，谱漂监测峰 Fe 峰的峰位漂移了 5 道，-4.5℃与-12.2℃条件下，三次测量 Cu 含量平均值与 16.9℃条件下相比，相对误差分别为 2.08%和-1.80%。而 Zn 的测量结果的相对误差则分别为-5.319%和-3.20%。

表 4.2　不同温度条件下 Cu、Zn 的 X 荧光分析结果

测量地点	实测温度/℃	监测峰Fe峰的峰位道址	Cu 含量/(μg/g)	Cu 含量平均值/(μg/g)	Zn 含量/(μg/g)	Zn 含量平均值/(μg/g)
室内	16.9	274	2104		2221	
		274	1979	2064	2359	2280
		274	2109		2260	
走廊	-4.5	274	2157		2171	
		273	2091	2107	2183	2159
		272	2074		2122	
室外	-12.2	271	2119		2195	
		270	1979	2027	2243	2208
		269	1984		2185	

经过实验测量，发现在谱漂监测峰的峰位漂移不大于 10 道的情况下，经该特征峰软件稳谱，各种目标元素的测量结果的相对误差控制在±10%以内。

4.4.2　能量刻度与元素识别

X 射线荧光仪的能量刻度就是要确定出一条能量与道址的关系曲线，根据该曲线便可以由峰位道址确定出对应的入射射线能量。根据峰位能量可以进一步在元素的特征 X 射线能量库中检索出与目标峰匹配的元素，从而实现元素识别。

进行能量刻度时需要注意以下几方面。

（1）放射源（或选定的特征峰）的能量必须是准确已知的。

（2）定准峰位。

（3）考虑非线性。

（4）确保谱仪的稳定性好。

　　由于 X 射线进入 Si-PIN 半导体探测器，产生电子-空穴对的数量与射线能量成正比，与被收集后产生脉冲信号幅度也成正比，脉冲由多道分析器均匀分成 1024 道。故此，入射射线能量与道址呈近似正比关系。Si-PIN 半导体探测器的能量分辨率很好，当仪器稳定性良好时，通过两个已知射线能量 E_1，E_2 及其在谱线上对应的道址 Ch_1，Ch_2，就可以拟合出线性函数(能量刻度函数)。

$$E = a + b \times Ch \tag{4.14}$$

　　式(4.14)描述了能量(E)与道址(Ch)之间的关系。系统通过能量刻度后，求出 b 和 a 的值并存储，之后可根据式(4.14)自动将谱线上的每个道址换算成能量。表 4.3 列出部分元素的实测 K 系特征峰峰位道址及相应的特征 X 射线能量值。根据不同谱峰峰位对应的能量可以查出其所对应的元素，实现元素识别。根据微分谱线上主要谱峰的能量与峰的高低情况，可以确定待测样品中主要元素组成成分，即完成定性分析。

表 4.3　部分元素的 K 系特征峰峰位道址与相应的特征 X 射线能量值

元素	K	Ca	Ti	Mn	Fe	Cu	Zn	Sr
能量/keV	3.313	3.691	4.510	5.898	6.403	8.047	8.638	14.164
道址/道	156	173	210	273	295	370	396	646

　　如果考虑探测器和电子学中存在的非线性因素，则能量刻度关系可以用二次或更高次函数来表示。假设 E 为核素库中某核素的能量值，Ch 为我们检测到的该核素的标准源能谱数据峰位道址，那么

$$E = aCh^2 + bCh + c \tag{4.15}$$

式中，c 为偏置，代表零道址时的能量；b 为每一道址所对应的能量；a 为非线性系数。由于 a，b，c 为待定系数，通常来讲，我们需要测定几种不同核素的标准源数据来确定 a，b，c 的值。

　　能量刻度的方法是让能谱仪工作于稳定的系统增益状态，测量一种或几种拥有相对孤立特征峰的核素的能谱。对刻度源放射出的多种能量射线采集后，寻出各特征峰峰位道址。然后用该数据对所选能量刻度表达式拟合，得到刻度系数。因此选取的特征峰个数不应少于所选能量刻度函数的阶数。另外刻度时还应考虑获取的各个峰计数率相差不能过大，计数率过小的峰会因系统的统计涨落引起峰位移动可能性较大，这将使能量刻度误差增大。因此在获取刻度谱时，谱数据中每个刻度峰的峰高应达到足够高的计数，以减小谱数据中统计涨落的影响。求出的能量刻度系数存放在相应的刻度数据文件中，以方便随时调用。

4.4.3　谱数据的平滑处理

　　X 射线荧光仪在进行数据采集以及数据传输的过程中，会受到信号统计涨落和探测过程中电子噪声等的干扰，因此导致携带式 X 射线荧光仪获得的数据信号含有一定的噪声。谱数据的涨落会导致谱线处理的结果产生误差，影响峰位的识别，出现假峰或漏掉原本存在的核素。因此，为了提高最终的定性识别结果的可靠性，我们必须消除这部分统计涨落

的影响，但同时，还要保证处理过的谱数据依然保留有原始谱数据的全部特征，这其中包括峰的形状、数量和净面积等信息要保持不变。这时我们就要对谱数据进行光滑处理。

便携(手提)式 X 射线荧光仪上常用的谱数据平滑处理方法有：①重心法；②离散函数褶积滑动变换法；③最小二乘移动平滑算法等(张庆贤，2006)。

1) 重心法

重心法的思想是选取合适的归一化因子和加权因子，使得光滑后的谱数据正好是原始谱数据的重心。常见的有 5 点和 7 点平滑算法。

(1) 重心法 5 点平滑公式为

$$y_i = \frac{1}{16}\left(y_{i-2} + 4y_{i-1} + 16y_i + 4y_{i+1} + y_{i+2}\right) \tag{4.16}$$

(2) 重心法 7 点平滑公式为

$$y_i = \frac{1}{16}\left(y_{i-3} + 6y_{i-2} + 15y_{i-1} + 20y_i + 15y_{i+1} + 6y_{i+2} + y_{i+3}\right) \tag{4.17}$$

式中，y_i 为原始谱第 i 道数据。

图 4.37 是重心法平滑处理效果图。由图 4.37 可以看出，重心法能够消除部分的统计涨落，但效果并不是十分理想。

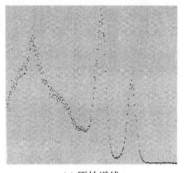
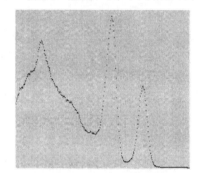

(a) 原始谱线　　　　　　　　　　　(b) 重心法平滑处理后的谱线

图 4.37　重心法平滑处理效果图

2) 离散函数褶积滑动变换法

用离散函数褶积滑动变换法对谱数据进行滤波，其实质是构造一个离散滤波函数与离散测量信号进行褶积变换。在待处理的谱数据左右各取 m 个数据点，形成一个 $2m+1$ 的变换窗。此时，褶积光滑公式为

$$y(i) = \sum_{k-m}^{m} f(k)\mathrm{data}(i+k) \tag{4.18}$$

式中，$\mathrm{data}(i+k)$ 为原始谱数据；$-m \sim m$ 为变换窗的大小；$f(k)$ 为以离散数值形式出现的离散滤波函数，也称变换系数，$f(k)$ 必须满足：

$$\sum_{k-m}^{m} f(k) = 1, \quad f(k) = f(-k) \tag{4.19}$$

滑动变换：原始谱数据 $\mathrm{data}(i+k)$ 经过一个大小为 $W=2m+1$ 的变换窗口褶积进行变换

后，得到新的数据，在这个过程中，函数 $f(x)$ 随着能谱数据道址 i 的不断增大对原始谱数据不断地进行逐道滑动变换，因而，我们称整个过程为滑动变换法。

离散函数褶积滑动变换法的关键是要选取适当的变换函数。我们经常选取的变换函数形状类似一个"窗口"，我们称为"窗函数"。这样的变换函数有双曲正割函数、高斯函数、洛伦兹线型函数等。谱数据中存在的统计涨落呈高斯分布，所以滤波函数一般采用高斯函数。

$$f(k) = \frac{g(k)}{\sum\limits_{j-m}^{m} g(j)} \tag{4.20}$$

式中，$g(k) = \mathrm{e}^{-4\ln 2 \frac{k^2}{H^2}}$，$H$ 为半高宽。

图 4.38 是离散函数褶积滑动变换法平滑效果图。对比图 4.37 与图 4.38 中平滑后的波形，可以看出离散函数褶积滑动变换法可以较大程度地消除谱数据中的统计涨落，同时对噪声部分的抑制效果比较显著。从图中我们可以很容易地看出，经过离散函数褶积滑动变换法光滑后，得到的波谱形状也更加接近于高斯形，这更便于对谱数据的进一步处理。

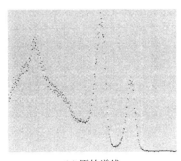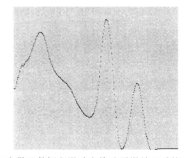

(a) 原始谱线　　　　　　　　　(b) 离散函数褶积滑动变换法平滑处理后的谱线

图 4.38　离散函数褶积滑动变换法平滑效果图

3) 最小二乘移动平滑算法

对第 i 个点进行平滑时，在它的左右各取 m 个点，这样我们就得到了一个大小为 $2m+1$ 的窗口，这个窗口随着平滑点 i 的改变进行移动，同时窗口的大小可以随着 m 值的改变进行调节。我们在这个大小可变且可以移动的窗口内通过多项式对原始谱数据进行拟合。

设原始数据为 Y_j，拟合后的普数据为 $\overline{Y}_j$，则有

$$\overline{Y}_j = \sum_{j=-m}^{m} \frac{C_{m,j}}{N_m} Y_{m+j}, \quad -m \leqslant j \leqslant m \tag{4.21}$$

式中，系数 $\dfrac{C_{m,j}}{N_m}$ 的计算公式为

$$\frac{C_{m,j}}{N_m} = \frac{1}{W}\left[1 + \frac{15}{W^2}\left(\frac{W^2-1}{12} - j^2\right)\right], \quad -m \leqslant j \leqslant m \tag{4.22}$$

式中，$-m \sim m$ 为平滑窗口的大小。

　　图 4.39 为最小二乘移动平滑算法效果图，由图 4.39 可以看出，最小二乘移动平滑算法有效地去除了原始谱中的噪声部分，提高了信噪比，另外该方法运算简单，快速、方便进行编程操作，占用系统资源少，比较适用于便携(手提)式仪器中的实时解谱系统。

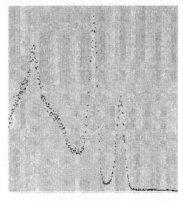 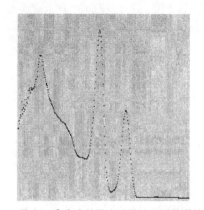

(a) 原始谱线　　　　　　　　　　(b) 最小二乘移动平滑法平滑处理后的谱线

图 4.39　最小二乘移动平滑算法效果图

　　需要指出，在我们用最小二乘移动平滑算法对谱数据进行平滑处理的过程中，不但要求减少谱数据中统计涨落带来的影响，同时还要求保证原始谱中峰的净面积和峰数量等基本特征信息保持不变。在用最小二乘移动平滑算法的过程中我们需要用到两个参数信息：①移动平滑窗口的大小；②平滑的次数。

　　平滑窗口是指我们在对某一点数据进行平滑处理时，需要在该点的左右两侧各取 m 个数据点，这样就形成了一个 $2m+1$ 的窗口。根据经验，当平滑窗口接近峰的半高宽时，平滑效果一般为最佳，因而，我们一般选取近似等于峰的半高宽(FWHM)作为最佳平滑窗口的大小，进而得到最为理想的平滑效果。例如，当 FWHM＜7 时，取 $2K+1=5$；当 7＜FWHM＜9 时，取 $2K+1=7$；当 9＜FWHM＜11 时，取 $2K+1=9$ 等。能谱曲线中峰的宽度随道址的增加而加大。我们可以把整个谱分成若干段，每段采用不同的平滑窗口。

　　随着平滑次数的增多，我们可以发现峰的高度明显降低，峰的宽度也明显增大，因此，我们要选取一个最佳的平滑次数。通常根据经验及实际验证，我们将这个平滑次数选为 3 次。

　　对于能谱数据，我们还可以将原始谱数据看成能量(道址)的函数，进行傅里叶变换，从而达到对谱数据滤波(平滑)的效果。该方法需要指数运算，计算量大，占用内存多，消耗资源量大，目前在便携(手提)式 X 射线荧光仪上应用较少。

4.4.4　寻峰

　　在能谱分析中是否能够从光滑后的谱数据中准确地找到每一个峰的位置，关系到能否正确识别样品中的元素。因此，精确地计算峰位数据就成了整个谱分析过程中的重中之重。通常在谱分析的过程中，对寻峰方法有如下要求。

(1)能够识别高本底上的弱峰。

(2)分辨重峰的能力较强,并且能识别距离很近的峰。

(3)假峰出现的概率要小。

(4)能够精确地计算出峰位的整数道址。

常用的几种寻峰方法有:导数法、对称零面积对合法和一阶导数联合寻峰、简单比较法等。

1. 导数法

用导数法寻找峰位主要是利用了一阶导数、二阶导数、三阶导数的数学性质。对于一个连续函数 $f(x)$,如果该连续函数可导,则该函数在其一阶导数为零的地方存在极值。那么这个极值为极大值还是极小值我们分为以下几种情况进行讨论。

(1)如果该函数的一阶导数 $f'(X_0)=0$,并且 $f'(X_0)$ 在点 X_0 处由负变正,那么我们可以得出,该函数在点 X_0 处存在极小值;如果该函数的一阶导数值 $f'(X_0)$ 在点 X_0 处由正变负,那么该函数在点 X_0 处存在极小值。

(2)如果该函数的一阶导数值 $f'(X_0)$ 在点 X_0 处等于零,且它的二阶导数值 $f''(X_0)<0$。则该函数在点 X_0 处存在极大值;如果此时该函数的二阶导数值 $f''(X_0)>0$,则该函数在点 X_0 处存在极小值。

(3)函数是否存在极值的情况也可以通过它的三阶导数值来判定,若极值存在,那么函数在该点处的三阶导数值 $f'''(X_0)=0$,如果该函数的三阶导数值 $f'''(X_0)$ 过 X_0 点时由正变负,则该函数在点 X_0 处存在极小值;如果该函数的三阶导数值 $f'''(X_0)$ 过 X_0 点时由负变正,则该函数在点 X_0 处存在极小值。

根据函数极值与各阶导数之间的关系,我们就能够找出待测的 X 射线荧光谱中峰的位置。对于一阶导数而言,可由以下方式寻峰定边界,当一阶导数 $f'(x)$ 连续几道为正(连续的次数可以根据峰的半高宽所占道址来确定),表明有峰存在,$f'(x)$ 由正变负的点为峰位处(由于导数也是离散的点, $f'(x)=0$ 点未必一定存在),一阶导数由负再变正处为峰的边界。对于二阶导数,满足连续 $f''(x_0)<0$,二阶导数最小值对应的道址为峰位,二阶导数正极大值点为峰边界。对于三阶导数由负变正最接近零处为峰位,由正变负处确定峰边界。从实质上来讲,二阶导数寻峰法只是对称零面积法采用不同窗函数情况下的一种变形。二阶导数寻峰法因其较强的分辨重峰能力、寻找弱峰能力以及抑制假峰能力,是目前最常用的谱寻峰方法之一。

由于寻峰结果可能包含因统计涨落或康普顿散射而形成的假峰,我们设定了两个辨别条件来剔除假峰。

(1)所寻到的峰区左右边界间的距离 N 必须满足:$0.8\text{FWHM}\leqslant N\leqslant 3\text{FWHM}$。

(2)满足统计检验:$\dfrac{A_\rho}{W\sqrt{\dfrac{N_\rho}{W}}}>\sigma_\rho$。

判定条件(1)中 FWHM 为峰的半高宽;判定条件(2)中 W 为峰宽, N_ρ 为峰区累加的总计数, A_ρ 为"净"峰计数, σ_ρ 为灵敏度常数。图 4.40 为二阶导数法对一组能谱数据的寻峰结果。

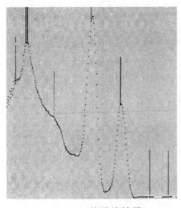 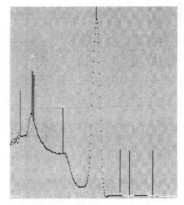

(a) Cs-134的寻峰结果　　　　　　　　(b) Cs-137的寻峰结果

图 4.40　二阶导数法寻峰结果

通过对实测 γ 谱数据寻峰效果对比，可以得到如下结论。

(1) 平滑效果对寻峰质量有较大的影响。实验表明在没有对谱数据进行平滑时，由于 γ 谱数据统计涨落的关系，根本无法准确找到全能峰的峰位。平滑效果优劣会严重影响寻峰的质量，可能会导致漏掉一部分弱峰或是增加假峰等，都会给谱分析带来一定的困难。

(2) 一、二阶导数法对单峰、强峰及弱峰的效果较好，三阶导数法寻峰效果则较差。

(3) 从寻峰的灵敏度来讲：一阶寻峰灵敏度最高，二阶次之，三阶最弱。

在用一阶导数法进行寻峰的过程中，如果我们发现连续几道谱数据的一阶导数的值都由正逐步转变为负时，我们就认为存在全能峰。这时，我们将一阶导数值绝对值接近于零处的道址作为峰的峰位道址。在用二阶导数法进行寻峰的过程中，如果我们发现二阶导数值连续出现负值，这时我们就认为这段道区内存在全能峰。我们将二阶导数值为负的极小值处所对应的道址作为峰位道址。从峰的识别效率来看，二阶导数法比一阶导数法具有优势，因为二阶导数可以减少漏掉的小峰及强峰旁边依附着的小峰。在净峰面积求解中，全能峰峰区边界道址的确定尤为重要，实验分析结果表明，一阶导数法在确定峰区边界道址时比二阶导数法要有优越性。但导数法对能量很接近的全能峰的分辨能力有限，需要用峰形刻度，能量刻度或是库驱动寻峰法等方法进行峰位检验识别，以防止出现遗漏重要的全能峰。

2. 对称零面积对合法和一阶导数联合寻峰

我们知道，若谱函数 $f(x)$ 的一阶导数 $f'(x)$ 由正变负时原谱函数出现一个极大值，一阶导数 $f'(x)$ 由负变正时原谱函数出现一个极小值，我们将连续出现的两个一阶导数 $f'(x)$ 由负变正的点作为一个全能峰的边界道址，然后通过对称零面积对合法进行峰位确定。

在采用对称零面积对合法(也叫对称零面积变换法，对称零面积法)进行寻峰时，最重要的是要选取恰当的变换函数。一般情况下，我们选取与待测谱峰型接近的函数作为变换函数，通常选取的变换函数有方波函数、高斯函数以及高斯函数的二阶导数、余弦平方函数、洛伦兹函数等。这是因为当我们采用的进行对称零面积变换的函数的峰型与待测谱接近，同时，它们的半高宽也接近相等时，待测谱数据的峰值与其均方根误差之比达到最大，这时达到的寻峰效果也最优。因此，寻峰的关键是要找到与待测谱峰型相近且半高宽也近似相等的"类峰型函数"，并通过此"类峰型函数"构建满足式(4.23)要求的对称零面积变换函数。

假设 Y_i 为第 i 道谱数据，Y_i' 为变换后的数据，则

$$Y_i' = \frac{1}{W} \sum_{j=-m}^{m} C_j Y_{i+1} \tag{4.23}$$

式中，变换系数 C_j 必须满足下列条件：

$$\begin{cases} C_j = C_{-j} \\ \sum_{j=-m}^{m} C_j = 0 \end{cases}, \quad j = -m, \cdots, m \tag{4.24}$$

式中，$-m \sim m$ 为变换函数的窗口宽度；C_j 为所选择的峰类型函数。

(1)高斯线型函数：

$$f(j) = \exp\left[-4\ln 2\left(\frac{j}{H_G}\right)^2\right] \tag{4.25}$$

(2)洛伦兹线型函数：

$$f(j) = \frac{H}{4j^2} + H_L^2 \tag{4.26}$$

(3)近似 Voigt 线型函数：

$$f(j) = \frac{2kH_L}{\pi\left(4j^2 + H_L^2\right)} + (1-k)\frac{\sqrt{4\ln 2}}{\sqrt{\pi}H_G} \cdot \exp\left[-4\ln 2\left(\frac{j}{H_G}\right)^2\right] \tag{4.27}$$

式中，H_G 为高斯线型的半高全宽；H_L 为洛伦兹线型的半高全宽；k 为线型轮廓比例因子。以上三种类型函数按式(4.23)即可构造满足式(4.24)要求的对称零面积变换函数。

之所以称为对称零面积法是因为我们所选取的变换函数具有以下特点：①函数围绕 $j=0$ 左右对称；②对横轴所包围的面积为零。对称零面积法的另外一个优点是当本底谱在峰区范围内是一个常数或者呈直线分布时，本底谱在变换后的谱数据中的贡献为零，这时变换后的谱的形状完全反映了待测谱的峰形的变化。

下一步使用峰高统计判定条件来确定峰位。沿变换之后的谱进行检索，找出局部极大点，当找到一个局部极大值且这个局部极大值点远大于其均方根误差时，我们认为这个局部极大值点所对应的道址为峰位道址。上述的峰高判定条件可以写为

$$R_m = \frac{y_m^*}{\Delta y_m^*} = \frac{\sum_{j=-k}^{k} C_j y_{m+j}}{\left(\sum_{j=-k}^{k} C_j^2 y_{m+j}\right)^{\frac{1}{2}}} \geqslant \text{TRH} \tag{4.28}$$

式中，TRH 为一个常数，是根据经验预先给定的寻峰阈值。

寻峰阈值的确定是问题的关键，当阈值取得太大时我们虽然能够成功地剔除统计涨落所形成的假峰，但是同时，也可能把一些弱的真峰漏掉。相反地，如果我们为了不漏掉每一个弱峰而将寻峰阈值定得过低，这就可能造成寻峰结果中存在很多因统计涨落而造成的假峰。这两个结果都是我们不想看到的。通过大量的实验验证，我们一般情况下将寻峰阈

值选为 2～5 的数。

图 4.41 为选用高斯线型的对称零面积对合法峰位识别结果。

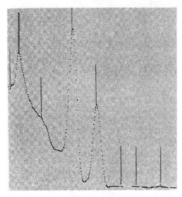 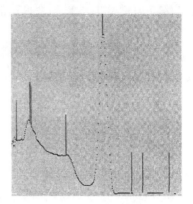

(a) Cs-134的寻峰结果　　　　　　　　　　　　(b) Cs-137的寻峰结果

图 4.41　峰位识别结果

由图 4.41 以及得到的峰位数据可知，用一阶导数法和对称零面积对合法联合寻峰可以快速准确地找出峰位，并且有良好的寻找弱峰以及有效的分辨重峰的能力。

除了上述寻峰法，还有斜宽寻峰法、协方差法、高斯乘积函数法等。

4.4.5　系统刻度

进行能谱分析之前，需要对系统进行刻度。能谱仪的刻度主要包括系统的能量刻度、效率刻度以及能量分辨率刻度。能量刻度是测定能量与道址之间的相应关系曲线，可以按该关系曲线将道址转化为能量，用于元素种类识别；效率刻度是要测定不同入射射线的能量与其对应探测效率的关系曲线，可以用于测量入射射线的强度。能量分辨率刻度表示了探测器对入射能量相近的射线的分辨能力，可以用做分辨真假峰的判定条件。能谱仪的刻度是最基本但十分重要的工作。

(1)效率刻度。X 荧光测量的定量分析是为了得到放射性强度，效率刻度就是要确定全能峰探测效率随能量变化的曲线。所谓全能峰探测效率是指标准源的特征全能峰净计数与该标准源在测试时间段所产生的该特征射线的射线数目的比值。全能峰探测效率 $\varepsilon(E)$ 的数学表达式为

$$\varepsilon(E) = \frac{s}{A\gamma t} \tag{4.29}$$

式中，s 为标准源中的一特征射线全能峰净计数；A 为该标准源放射性活度；γ 为该特征射线的分支比；t 为测量时间。

全能峰效率刻度通常只有当标准源与待测试放射核素的几何尺寸、组成成分、位置等条件一致时才能比较精确地分析出待测放射性核素含量。

(2)能量分辨率刻度。能量分辨率是用来衡量探测器对不同能量入射射线分辨能力的物理量，由全能峰的半高宽与该全能峰的峰位比值得到。全能峰的半高宽则可以当作分辨

真假峰的判定条件。能量分辨率与能量之间的函数关系曲线，可以通过多个分布全能谱的单能源测定后绘制拟合获得。当用来刻度的放射源不充足时，也可以由分辨率与能量之间的关系方程式[式(4.30)]近似确定：

$$\eta^2 = a + \frac{b}{E_\gamma} \tag{4.30}$$

式中，η 为能量分辨率；E_γ 为 γ 射线能量；a，b 为常数项。因此，若已测得两个不同能量 E_1、E_2 和相对应的能量分辨率 η_1、η_2，那么就可以近似刻度出任一个已知谱峰的能量分辨率与半高宽。

4.4.6　峰面积计算

由第 1 章可知，X 荧光分析中，元素含量是对应特征峰净面积的函数。所以为了求出待测元素的含量，需先求出该元素的特征 X 射线谱峰的面积。

如图 4.42 所示，X 荧光微分谱线的纵坐标为计数率 N，横坐标为能量 E。在峰区内由谱线和道址所包围的面积($A_N + A_s$)称为总峰面积；本底曲线下所包围的面积(A_s)称为背景值；总峰面积减去背景值之差(A_N)为净峰面积。净峰面积与仪器所探测到的 X 射线照射量率呈正相关关系。

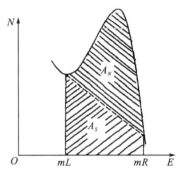

图 4.42　峰的净面积与本底面积

峰面积的计算分为直接法和函数拟合法。直接法即直接求峰的左右边界道(mL，mR)范围内各道计数的总和，其特点是简单、运算速度快，一般只用于系统能量分辨率较高的谱处理。函数拟合法是把谱峰用一个特征函数(参数待定)来描述，通过最小二乘法拟合求出函数中的特性参数，再将该特征函数在谱峰的左右边界道址区间内进行定积分，进而间接地求出谱峰的面积。函数拟合法能有效地进行重峰的分解，在系统能量分辨率较差时，计算精度仍可很高，但演算过程复杂，运算速度慢。而且，实际计算精度受特征函数参数影响大。如果特征函数确定得不够精确，引入的误差将偏大。

对于第三代携带(手提)式 X 射线荧光仪，其谱峰面积的计算可以采用直接法。从目前的标定实验结果来看，能满足实际应用的要求。

鉴于本书篇幅限制，且第三代仪器起，各型号仪器实测谱线的净峰面积的计算工作已经完全由仪器自动完成，对此问题，本书不做进一步讨论了。

4.5　X 荧光谱线解析软件的基本结构与功能

便携(手提)式 X 射线荧光仪的软件一般要能够实现 X 荧光数据的采集和通信、对采集电路的控制和 X 荧光谱线数据分析。根据野外现场测量的具体功能要求，软件需要实现以下的操作(张庆坚，2006)。

(1)谱线的浏览功能。能够实现谱线的压缩和扩展显示，能够移动光标，具体观察谱线的每一道数据；能够放大和缩小显示，从局部和整体来观察谱线。

(2)谱线采集功能。对测量电路进行控制，能够启动测量，终止测量等操作。

(3)数据分析功能。对谱线进行解谱，对仪器进行标定以后，能在测量以后给出含量。并且要求给出的数据能够合理地应用在后续的数据处理中，为以后的成图带来方便。

(4)能量刻度功能。能够对含量谱线进行能量刻度。

(5)特征峰宽度的标定功能。能够利用单元素样品，标定出对应能量的特征峰宽度。

(6)分析元素的管理功能。能够调整分析元素，操作人员可加入或删除分析元素。

根据软件需求分析，得到以上的软件功能要求。在实现的过程中，各个功能将被作为独立的功能模块来实现，做到软件的框架合理，结构清晰，模块化程度高。

4.5.1 软件框图和具体流程图

根据软件需求的分析，软件由两个具体的功能部分组成：X 荧光谱数据采集和 X 荧光谱数据分析。因为两个功能分别采用两个线程实现，所以在数据采集的同时，可以进行数据的分析。这样就避免了 DOS 操作系统或无系统便携(手提)式 X 射线荧光仪中不能同时进行数据分析和数据采集的问题。软件线程流程图如图 4.43 所示。

Windows 内部的抢先调度程序在活动的线程之间分配 CPU 时间，Win 32 区分两种不同类型的线程：一种是用户界面线程 UI (User Interface Thread)，它包含消息循环或消息泵，用于处理接收到的消息；另一种是工作线程(Work Thread)，它没有消息循环，用于执行后台任务。在程序中，将数据处理程序设置为用户界面线程 UI，在启动数据采集以后，我们还同样可以进行数据的处理，而串口的数据采集线程为工作线程，只要一启动，就开始检测串口，直到数据采集结束。在数据采集线程中，采用事件监测机制。由于在 Window CE 操作系统中，对事件的监测要比对信号的监测速度来得更快，为了节省数据采集线程对 CPU 的时间占用，在线程创建时设置一个事件。当串口没有到达数据时，就监测事件。当数据到达以后，开始数据采集。

在测量时间结束以后，因为数据有可能产生冲突，所以在数据采集以后，对数据进行保护。当数据处理线程对数据处理结束以后，新采集的数据方可被复制到数据处理线程中。

(1)数据采集线程。在数据采集线程中，采用事件监测机制。在 Window CE 操作系统中，对事件的监测要比对信号的监测速度来得更快，为了节省数据采集线程对 CPU 的时间占用，在线程创建时设置一个事件。当串口没有到达数据时，就监测事件。当数据到达以后，开始数据采集。

在测量时间结束以后，因为数据有可能产生冲突，所以在数据采集以后，对数据进行保护。当数据处理线程对数据处理结束以后，新采集的数据方可被复制到数据处理线程中。

(2)数据处理线程。数据处理线程是用户界面线程。由于数据处理的过程中，要求能实时地显示数据处理的结果，用户根据处理的结果，进行下一步的操作，所以选用用户界面线程。数据处理线程和用户界面线程共用一个线程，可以减少线程切换所耗费的时间，提高 CPU 的利用效率。

数据处理线程实现了解谱、仪器控制和仪器标定等功能，从图 4.43 中，可以看到数据处理线程一个大体流程。

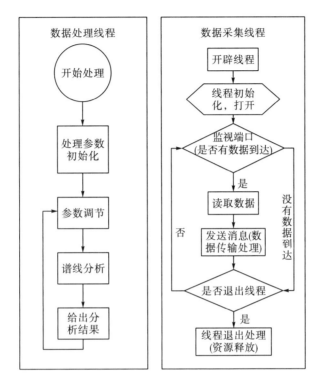

图 4.43 软件线程流程图

在用户界面线程中，首先是要对谱线的显示操作，如谱线的伸缩、扩展等功能。根据用户使用的习惯，可以方便地观察谱线的局部特性和整体特性。

在软件中，对本底的扣除可以单独完成。用户在单击本底扣除按钮以后，开始执行本底扣除操作。对能量刻度，改用了最小二乘拟合的方法，并且改用非线性的 2 次方程来拟合。因为仪器存在一定的非线性，而解谱软件对能量刻度的精确度要求较高，所以在能量刻度的过程中，采用 2 次曲线。

半高宽的标定，采用的方法是对单元素样品测量以后，对单峰做拟合。此时的拟合参数只有表示峰型分布宽度的参数。拟合的要求是调整参数，使最大可能的和原来的峰型相符合。在拟合结束以后，将数据直接传送到半高宽对话框，在对话框中，可以看到能量和半高宽的关系。可以做出拟合曲线，去掉误差比较大的拟合点，得到能量和半高宽的对应关系。

在软件中，分析元素的选择是很重要的，根据具体的分析要求，在实际测量中相差比较大。在此软件中，使用者可以根据具体的要求，改写软件中分析元素。只要输入分析原始和其对应的特征 X 射线能量，就可以做分析元素的修改。此设计最大好处，就是根据实际需要，只考虑需要分析的元素。对不需要分析的元素，不做考虑。

软件中的参数设置模块如图 4.44 所示，整个参数设置过程可在测量中进行。对仪器标定后，可在测量中适当地调整参数。

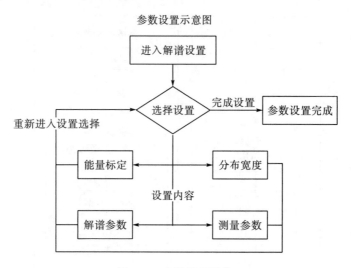

图 4.44　参数设置模块

对谱线做具体的数据分析，是程序的关键。谱线的分析过程具体如图 4.45 所示。

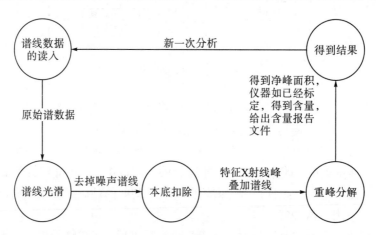

图 4.45　数据分析处理模块

在用户线程中，还有就是对数据采集电路的控制，如启动测量、结束测量等。在具体的控制过程中，采用命令式的启动方式。通过串口，软件将命令发送给测量电路的控制器，测量电路控制器解析命令并且进行相应操作。

4.5.2　主要模块简介

携带(手提)式 X 射线荧光仪本着适合现场工作的特点，以方便用户为目的，提供包括文件管理、数据采集、谱数据显示、ROI 操作、系统刻度、谱分析、打印等功能。

1. 文件管理模块

数据文件作为整个系统的基础,保存原始的测量结果,并提供打开文件等功能。因此,主要提供两种功能:文件打开、文件保存。

(1)文件打开。在打开数据文件时,首先出现一个"选择文件类型"对话框,如图 4.46 所示。操作者先选择要打开的文件类型,然后再选择后续的打开文件操作,软件自动进行相应的格式转换。

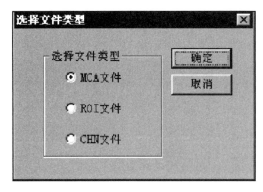

图 4.46   选择文件类型对话框

(2)文件保存。谱数据的保存,主要以后缀为 MCA 文件为主,按照上述文件的类型,依据相应的文件结构进行保存。

2. 数据采集模块

数据采集模块包括参数设置、启动测量、停止测量、读取数据等四部分,主要完成测量参数的设置和谱数据采集。

(1)参数设置。由于现场进行 X 荧光分析,大多以点、线、工作区域为主,要记录每个测量点的方位、线号、点号等,而且对工作地区、工作者姓名、点距、测量时间等信息进行必要的保存。因此,测量参数设置对话框如图 4.47 所示。在该对话框中设置的参数,均保存在谱数据文件中。

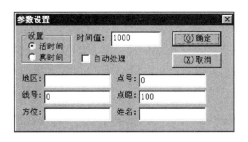

图 4.47   测量参数设置对话框

(2)通信格式。微机系统向多道脉冲幅度分析器分布的控制命令,包括启动分析器进行工作、读取数据等。多道脉冲幅度分析器向微机系统传送测量获得的谱数据、真时间以及死时间等。

3. 谱分析模块

谱分析模块，包括寻峰、谱光滑、含量计算等部分，主要完成对谱数据的处理、得到分析结果，并转换成工作站用数据文件，可直接进入工作站成图成像。

(1)寻峰。寻峰是对当前加亮的峰进行分析，计算该加亮峰的峰位、峰面积、半高宽。若谱线已经进行了能量刻度处理，则将该加亮峰的峰位、半高宽换算成相应的能量值。

在现场 X 荧光分析应用软件中，采用五点极值寻峰法，当第 i 道的计数满足不等式：

$$\eta_{i-2} < n_i - k\sqrt{n_i} > n_{i+2} \tag{4.31}$$

则认为峰位在 i-1，i，i+1 道中，在这三道中选出计数最大的道，称为峰位。

(2)谱光滑。便携(手提)式 X 射线荧光仪分析软件中，采用二阶多项式五点拟合方法，对实测谱线进行光滑处理，计算公式为

$$\overline{n}_i = \frac{1}{35}\left(-3n_{i-2} + 12_{i-1} + 17n_i + 12n_{i+2} - 3n_{i+2}\right) \tag{4.32}$$

4. 谱数据显示模块

该软件系统采用 Windows 标准窗口界面，主要由菜单条、工具条、状态条、测量显示区等几部分组成。窗口界面如图 4.48 所示。

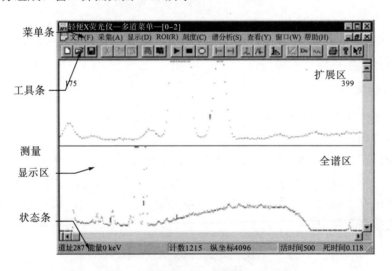

图 4.48　窗口界面

菜单中包括文件、采集、显示、ROI、刻度、谱分析等项。工具条中加入了常用的功能按钮，如开始测量、停止测量、清除数据、ROI 状态的设置、光标移动、坐标的改变、能量刻度、分析等。状态条中显示当前光标所在的道址、能量、计数、纵坐标大小、活时间、死时间、点号、线号。

测量显示区内，为测量时便于观察数据情况，以谱线的形式显示，下半部分显示全谱的情况，监测整体测量情况，上半部分扩展显示某一部分谱线，便于细致观察。

(1)光标移动。光标移动包括光标左移、右移、快速左移、快速右移四部分，供用户

进行谱分析。

　　光标左移和右移，每执行一次，光标分别向左或右移动一道，并且查看加亮状态，若为加亮状态，新的光标所在道为加亮色；若为清除状态，目的道为暗色。同时做出加亮区索引以便查找。若为保持状态，不做任何改变。

　　(2)谱线移动。因为光标移动只在扩展谱范围内，所以要查看更多的内容，就需要把要查看的信息部分通过谱线移动，移入扩展谱范围内。谱线移动包括谱左移、右移、快速左移、快速右移四部分，可以根据需要进行选择使用。

　　(3)边界改变。为了便于调整扩展谱部分的疏密，把细节部分完全调入扩展部分，就需要改变扩展谱中的道数，即改变左右边界。边界改变共由左边界左移、右移、右边界左移、右移四部分组成。

　　(4)纵坐标改变。谱线的横向为道址，纵向为计数率。样品中元素的含量有高有低，谱线中各个峰值有大有小，坐标太大，弱峰就观察不到，坐标太小，强峰又观察不好。所以需要有改变纵坐标大小的功能。

　　纵坐标的改变包括纵坐标增大和纵坐标减小两部分，每执行　次纵坐标增人，纵坐标乘以 2，最大不能超过 16777216，每执行一次纵坐标减小，纵坐标除以 2，最小不低于 64。

参 考 文 献

孙宇. 2009. 数字化多道的设计与实现[D]. 北京: 清华大学.

王毅男. 2015. 数字化多道脉冲幅度分析器的研制[D]. 上海: 上海应用技术学院.

张庆贤. 2006. 手提式 X 荧光解谱技术研究及实现[D]. 成都: 成都理工大学.

第5章　典型携带(手提)式 X 射线荧光仪简介

5.1　第一代基于闪烁探测器的携带(手提)式 X 射线荧光仪

5.1.1　第一代携带(手提)式 X 射线荧光仪发展简况

第一代携带(手提)式 X 射线荧光仪起始于 20 世纪 60 年代中期，是 70 年代到 80 年代初期的主流产品，到 80 年代中后期，在国内市场上仍然有一定的市场份额。

第一代仪器以放射源同位素为激发源、以 NaI(T1) 闪烁计数器为 X 射线探测器、以模拟电子线路为硬件特征。仪器一般设计为单道或双道，只能通过固定道宽，逐一调整甄别阈值的方式测量来获取 X 射线谱线。正常工作时，一般只能读出特征 X 射线特征峰的面积计数。为提高仪器对特征 X 射线能量分辨能力，在样品和探测器之间安装了平衡滤片对，第一代仪器需要按顺序测量平衡滤光片对的透过片和吸收片两次数据，依据其差值测定一种元素的含量。其仪器分析检出限较差，一般为 0.01% 左右。

1965 年，美国学者 J R Rhodes 等最早报道了应用第一代携带式 X 射线荧光仪确定锡矿石的锡品位(J R Rhodes et al.，1965)。1968 年在维也纳由国际原子能机构举办的"核技术在矿产资源勘查和开发"国际会议上，C G Clayton 综述了放射性同位素源 X 射线荧光分析技术在地质分析、矿山开采和选矿过程控制中的应用(C G Clayton，1969)。此次会议上，J R Rhodes 等还报道了基于第一代能量色散 X 射线荧光分析技术的 X 荧光测井仪(J R Rhodes et al.，1969)，该测井仪采用 2 个 5mCi 的 Co 放射性同位素源(1mCi=3.7×10^7 Bq 活度)为 X 射线激发源，2 个圆柱状 NaI(T1) 晶体闪烁计数器，以平衡滤片提高仪器的能量分辨能力，在测井探管上的探测窗则采用 0.005 英寸(1 英寸＝2.54cm)厚的 Myla 膜，10s 测量可测定模型井中 0.015% 的银含量和 0.15% 的铀含量。

我国最早研制成功的携带式 X 射线荧光仪是 XY-1 型放射性同位素 X 射线荧光仪。这种仪器由操作台与探头两部分构成，操作台只能装仪器箱后，背肩上，无法单手操作。

1972 年，当时的国家计委地质局给成都地质学院(现成都理工大学的前身)与国家地质实验测试中心下达了联合研制携带(手提)式 X 射线荧光仪的科研任务。在成都地质学院章晔、程业勋与国家地质实验测试中心梁国立带领下，两个单位精诚团结、协同攻关，历时两年，研制成功基于 NaI(Tl) 闪烁探测器、晶体管分立器件为基础的单道型便携(手提)式 X 射线荧光仪。限于当时核辐射探测器的技术水平，所采用的探测器的能量分辨率不足，为此，采用了平衡滤光片技术做特定能量射线的分选，通过置换与相应能量射线配对的滤光片，最终实现不同元素的特征 X 射线的分选与探测。

1974 年底，该仪器通过当时国家计委地质局的鉴定，定型为 XY-1 型携带(手提)式放射性同位素 X 射线荧光仪，在当时的上海地质仪器厂投产。1975～1976 年，上海地质仪器厂先后生产了约 300 台 XY-1 型放射性同位素 X 射线荧光仪，在地质系统内进行了推广应用。

尽管该仪器并不完善，但仪器的成功研制，填补了该领域国内空白，为以后的方法研究与新仪器研制起了奠基作用。

1978 年，XY-1 型放射性同位素 X 射线荧光仪成果以"携带式放射性同位素 X 射线荧光仪"名义获得全国科学技术大会奖。

为了解决 XY-1 型放射性同位素 X 射线荧光仪受温度影响大，仪器不稳定的问题，在当时地质矿产部的支持下，由成都地质学院(现成都理工大学)研制，由成都地质学院与重庆地质仪器厂开发，并在重庆地质仪器厂投产，开发了 HYX 系列携带式放射性同位素 X 射线荧光仪。这个系列的仪器总共有四种型号：HYX-1 型(单道)X 射线荧光仪、HYX-2 型(双道)X 射线荧光仪、HYX-3 型(400 道)X 射线荧光仪、HYX-4 型(程控多道)X 射线荧光仪。HYX 系列携带(手提)式 X 射线荧光仪是 20 世纪 70 年代末期到 80 年代中期国内地质领域内应用最广泛，取得找矿成果最多的仪器。为此，本节以 HYX 系列仪器为代表，介绍以闪烁探测器为特征的第一代携带(手提)式 X 射线荧光仪。

5.1.2　HYX-1 型放射性同位素 X 射线荧光仪

图 5.1 为 HYX-1 型(单道)X 射线荧光仪的电路结构框图。图 5.2 为该仪器的整机相片。

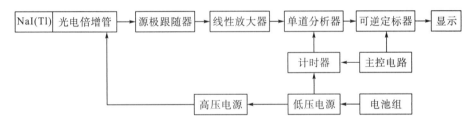

图 5.1　HYX-1 型(单道)X 射线荧光仪的电路结构框图

仪器探头由 NaI(T1)晶体和光电倍增管构成，用 ^{238}Pu 或 ^{241}Am 放射性同位素作为激发源，并采用平衡滤片对技术测量目标元素。探头尺寸为 65mm×200mm/160mm×140mm，重量为 1.5kg。

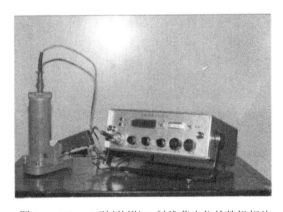

图 5.2　HYX-1 型(单道)X 射线荧光仪的整机相片

HYX-1 型(单道)X 射线荧光仪与当时研制完成的我国第一代 X 荧光测井仪(JXY-1 型)共用操作台。仪器采用 14 节一号电池供电,主机尺寸为 290mm×110mm×260mm,重量为 7kg。其单道脉冲幅度分析器的电路结构框图见图 5.3。

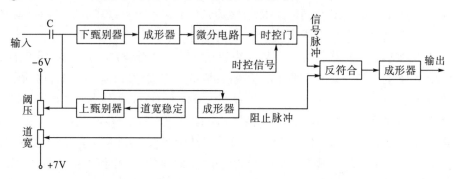

图 5.3　单道脉冲幅度分析器的电路结构框图

其上、下甄别器由两组具有恒流结构的交流耦合施密特触发器组成,具有阈压稳定性及线性好的特点,对触发信号波形要求不严格,输出脉冲幅度一定,输出脉冲幅度跟随输入信号的波形,且具有整形作用。

整个仪器的硬件达到下述指标:①脉冲分析范围:0.01~5V;②整机能量线性:非线性小于 2%;③稳定性:8 小时工作漂移≤5mV;④温度系数:≤1mV/℃;⑤分辨时间:双脉冲分辨时间好于 1μs;⑥仪器可测量 $Z=24\sim92$ 号元素。

由于仪器大量采用互补金属氧化物半导体(complementary metal oxide semiconductor, CMOS)组件,以及在高压、放大器和分析器等方面做了重大改进,仪器的稳定性、抗干扰能力增强,功耗大大降低,已能适应野外恶劣工作环境。

5.1.3　HYX-2 型(双道)X 射线荧光仪

地质样品是多种元素集合体,在野外条件下又无法做化学处理,因此,在 X 荧光测量中总是存在元素间的相互影响。为了推广 X 荧光技术,就必须解决元素间干扰造成的基体效应。根据大量实验,在野外现场测量时,由于无法对被测对象进行处理,所以采用"特散比"法校正基体效应,能够获得显著效果(章晔等,1985)。为方便实现"特散比"法,需要研制双道型携带(手提)式 X 射线荧光仪。HYX-2 型(双道)X 射线荧光仪,就是为了解决这方面的方法技术问题,由地质矿产部正式下达的科研任务的研究成果。该仪器是课题组谢庭周、章晔、周四春和重庆地质仪器厂通力合作的第二项研究成果,1984 年通过部级鉴定。

图 5.4 是 HYX-2 型(双道)X 射线荧光仪器电路框图。图 5.5 是 HYX-2 型(双道)X 射线荧光仪。

HYX-2 型(双道)X 射线荧光仪,可以同时设置对两个能段谱线的测量,方便地实现"特散比"校正,很好地解决由吸收元素造成的基体效应影响。在当时的技术条件下,该仪器在不少方面有创新和改进。

(1)仪器设有两个分析器,一次测量,可获得待测元素含量的两个参数。求出"特散比值"("峰背比值"),从而减少误差,提高分析精度。

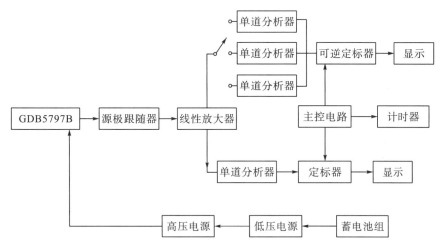

图 5.4　HYX-2 型(双道)X 射线荧光仪电路框图

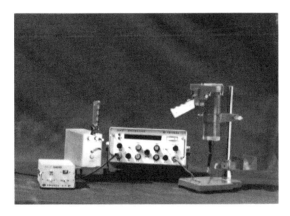

图 5.5　HYX-2 型(双道)X 射线荧光仪

(2)仪器有"定数读数"功能,利用散射射线的一定读数做计时标准,既能改善基体效应干扰,又可使工作效率大大提高。

(3)仪器具备可扩展成三道的主分析器,以及可定时或定数的单道分析器,有利于用户对测量元素谱线段以及测量方法的任意选择。

(4)仪器可以配接正比计数器和闪烁探测器两个探头,大大扩大了测量元素的范围。

(5)仪器的高压、前放、基线恢复器、定时等电路,有了重大改进,使仪器稳定可靠。

(6)仪器改为 Ni-Cd 电池做电源,并配有充电和室内两用电源装置,方便了用户。

HYX-2 型(双道)X 射线荧光仪主机尺寸为 310mm×80mm×140mm,重量为 8.1kg;闪烁探头尺寸、重量与 HYX-1 型(单道)X 射线荧光仪相同;正比探头尺寸为 230mm×80mm×135mm,重量为 2.1kg。

5.1.4　HYX-3 型(400 道)X 射线荧光仪

1985 年,成都地质学院(现成都理工大学)与重庆地质仪器厂合作完成了地质矿产部"微电脑轻便型 X 射线荧光仪研制"项目,并于该年底通过部级鉴定。1986 年,该仪器命名为 HYX-3 型(400 道)X 射线荧光仪,在重庆地质仪器厂正式投产。

HYX-3 型(400 道)X 射线荧光仪与 HYX-1 型(单道)X 射线荧光仪、HYX-2 型(双道)X 射线荧光仪相比,有了很大的进步,其优越之处表现在以下几方面。

(1)仪器能够进行有关 X 射线荧光方法中的各种所需的数据运算和处理,最终结果可用显示器和微型打印机给出,从而代替了操作者频繁的数据记录和含量运算工作。

(2)仪器设有 400 道脉冲幅度分析器,一条完整的 X 射线能谱曲线,只需要一次测量便能完成,比单道、双道 X 射线荧光仪的速度提高了约 50 倍,而且准确可靠。

(3)仪器设有自动跟峰测量程序,在野外环境条件变化恶劣,谱线发生漂移时,仪器能自动地进行跟踪测量。这是以往仪器无法做到的。

(4)仪器绝大部分线路采用大规模集成电路和中、小规模的 CMOS 组件,以及低功耗晶体管-晶体管逻辑(transistor-transistor-logic,TTL)电路,在生产和维修中不需对元件进行特殊的要求和筛选,调节方法容易,同类通用器件可以替换,给生产与维修带来极大方便。

(5)仪器还留有一部分内存,用户不必再增加设备便随时可以进行新的 X 射线荧光分析方法的研究(章晔等,1985)。

1. 仪器的硬件组成

该仪器由高压电源、X 射线荧光探测器、前置放大器、主放大器、A/D 转换器以及 MC6802 微机系统组成(章晔等,1985)。仪器整机框图如图 5.6 所示,仪器的整机相片如图 5.7 所示。

1)X 射线荧光探测器

仪器配置的 X 射线荧光探测器是闪烁探测器,除此之外,也可配正比计数器,测量一些原子序数较低的元素。两种探测器输出的电压脉冲幅度信号从几毫伏到几十毫伏。

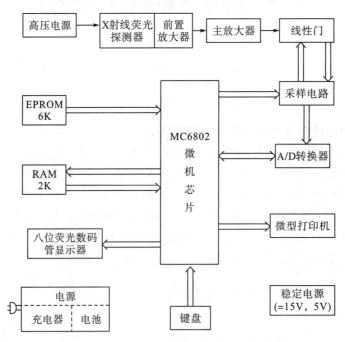

图 5.6 HYX-3 型(400 道)X 射线荧光仪框图

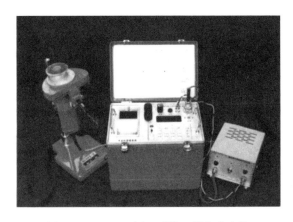

图 5.7　HYX-3 型(400 道)X 射线荧光仪

2)高压电源

高压电源提供电压值为 100～1400V、连续可调的高压。高压电源的稳定性好于 0.1%。

3)前置放大器与主放大器

从探测器输出的模拟信号,因幅度较小,A/D 变换电路直接变换还有困难,为此紧靠探测器设置一个前置放大器,放大倍数为 5～10 倍。被前置放大器放大了的信号经过约 3m 的电缆传输,送至主放大器,再做线性放大。主放大器的放大倍数一般约为 100 倍(内设几档可以调节),这样,在主放大器输出端可得到 0.1～6V 的输出电压脉冲,送至 A/D 变换电路进行模数变换。

4)脉冲幅度分析器

该电路由线性门、上下甄别器,后沿剔除电路,放电门,A/D 转换器组成。数据采集采用逐次比较法的 A/D 转换技术,并采用了"滑尺均衡补偿"技术,该部分主要由两块 DAC-IClOBC 十位 CMOS DA 转换器集成电路组成。其中一块用于主 ADC 变换,选用九位(512)。另一块作滑移台阶电压产生器,选用七位。采用这些技术后,幅度分析器的积分非线性≤±0.5%,微分非线性≤±2%。死时间小于 45μs。这些指标均能满足轻便型 X 射线荧光仪的测量要求。

5)微型机系统

微型机系统由 MC6802 微处理器芯片,6K×8 位 EPROM 存储器(三块 MC2716 组成),2K×8 位 RAM 静态存储器(由四块 MC2114 组成),以及地址译码驱动等线路组成。它控制整个仪器的全过程:测量、采样、时序、定时、初始值预置和测量结果的计算,以及中间结果的提示和最终结果的打印输出。

6)输入输出设备

输入设备是一个 6×4 矩阵的键盘,由 1871PD 型小型打印机键盘改装而成,它担负人机联系的功能。

输出设备由一平板型 8 位荧光数码管组合显示器,其中一位为符号位,七位为数字位,显示方式用程序控制做扫描显示,它既可以显示测量的数据,又可以显示中间过程的程序标志符号,使用极为方便,另一个输出设备是一个微型打印机。该打印机通过接口由微机控制，驱动字轮转动的步进电机是一个四相步进电机，微型机按四相单八拍方式驱动，要打印的字符，由微型机进行代码转换，然后再送至打印，该打印机的优点是小巧，并且对打印纸无特殊要求，只要厚度和宽度合适的纸带均可。

7) 电源

全机功耗为 5W。只需一组 5V 电源。可用蓄电池供给，也可用交流市电直接供给。输入的电源经变流器转换后，输出整机所需的±15V、+5V，以及高压所需的低压电源。

仪器内装充电装置，供镍-镉电池用完后再充电使用。

2. 仪器系统运行软件

HYX-3 型(400 道)X 射线荧光仪系统运行的流程图如图 5.8 所示。

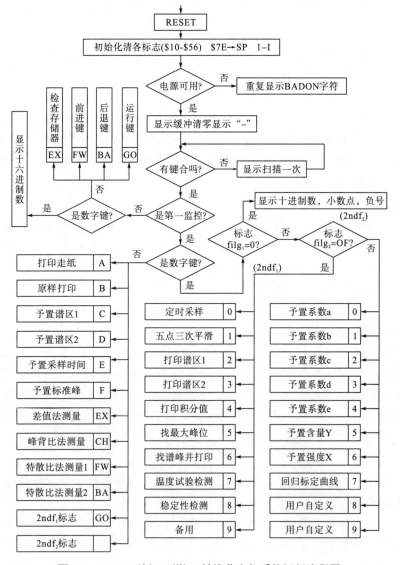

图 5.8   HYX-3 型(400 道)X 射线荧光仪系统运行流程图

1) 系统软件具备两个监控程序

第一监控程序为实用程序，主要供用户使用，它提供了回归标定含量曲线、含量测量、谱线识别、寻找峰位以及本系统的检测等功能，以十进制控制操作。包括 0～9、小数点、负号等，共 12 个数字键，其余为功能键(图 5.8)。

第二监控类似单板机的功能，可作为仪器运行检查以及用户进行新的方法试验时，编程使用，它的键内容，包括十六进制数的 16 个键(0～9，A～F)和其他功能键。

2) 应用程序

应用程序的内容，包括以下几方面。

(1) 初始值预置程序预置各种测量方法所需要的测量时间、道址范围、标准谱峰位置、计算公式的各种系数等。

(2) 计算子程序包括加、减、乘、除、开方、正弦、余弦、正切等运算所需的二十四位二进制浮点运算程序及十进制转换为二进制，二进制转换为十进制程序等。

(3) 整机运行程序包括整机运行的时序控制、显示、打印控制、采样过程控制等。

(4) 数据整理分析程序包括五点三次平滑、找峰、求积分、元素含量计算、标准曲线回归分析子程序等。

(5) 调试程序测量谱线漂移子程序。

3) 仪器的功能与指标

(1) 仪器用于 X 射线荧光测量的范围，从 Ti～U，并能在现场使用，探头与操作台有 3m 的电缆连接，即可在 3m 内移动探头进行实地测量。

(2) 显示。8 位荧光数码管显示，其中，一位为符号，七位为数字，也可作为英文字母或缩写标记，以指示运行状态或错误类别。

(3) 打印。每行可打印 15 个字符，打印平均速度为 1 行/s，打印内容包括：矿样号、测量日期、操作员号、样品的全谱线或部分谱线段计算的积分值、元素的百分含量以及元素的原子序数等。

(4) 对测量谱线能进行五点三次平滑，找峰、求谱峰最大值以及两个谱线区的计数值之比。

(5) 设有程序控制的测量钟，0～999s，可任意选定测量时间。

(6) 当环境温度变化时，引起测量谱峰漂移在±5 道之内，仪器能自动跟踪测量。

(7) 可进行标定曲线的回归运算，并能提示用户利用相关系数，对于待测样品的分析方法进行最佳选择。

(8) 仪器设置的上甄别器，调节范围为 0.5～7V，下甄别器的调节范围为 0.06～5V，道宽分 5mV、10mV、15mV 三档，为用户提供了不同元素测量条件下的多种选择。

(9) 仪器总功耗为 5W，体积为 29cm(长)×19cm(高)，重量约为 10kg。

5.2　第二代基于正比计数器的携带式 X 射线荧光仪

第二代仪器以正比计数器为 X 射线探测器，仍以放射性同位素为 X 射线激发源。由于引入了对射线能量分辨率较高的正比计数器作为探测器，这为仪器一次数据采集同时分析 4～6 种元素提供了可能。为了实现 4～6 种元素的同时测量，该仪器在模拟电子线路基础上，采用了模数变换器构建多道脉冲幅度分析器 (多为 256 道，或 512 道)，且应用嵌入式微机芯片，使仪器能够处理较简单的基体效应校正模型，直接读出元素的含量。但这种仪器对检出限改善有限，它是 20 世纪 90 年代初期至中期的主流产品。这类仪器的代表有成都理工大学与重庆地质仪器厂联合，在 20 世纪 90 年代初期开发的 HYX-4 型仪器以及 HAD-512 型仪器。

5.2.1 HYX-4 型 (程控多道) X 射线荧光仪

HYX-4 型 (程控多道) X 射线荧光仪是为了满足野外艰苦条件下对仪器体积尽可能小、重量尽可能轻的期望开发的。该仪器主机尺寸为 215mm×130mm×165mm，探头尺寸为 180mm×75mm×110mm，主机重量仅为 2.8kg，探头也仅重 1.2kg。该仪器是当时国内体积最小、重量最轻的携带式 X 射线荧光仪 (图 5.9)。

图 5.9   作者当年用 HYX-4 型 (程控多道) X 射线荧光仪测量岩石标本

HYX-4 型 (程控多道) X 射线荧光仪由探头与主机 (操作台) 构成。其中，仪器探头由低噪声正比计数管和电荷灵敏放大器组成。激发源为放射性同位素源。若使用不同正比计数器时，则配不同激发源：充 Xe 管，配 ^{238}Pu；充 Kr 管，配 ^{241}Am。主机是一以 80C31 单片机为基础构成的一程控 256 道仪器。图 5.10 是 HYX-4 型 (程控多道) X 射线荧光仪电路框图。

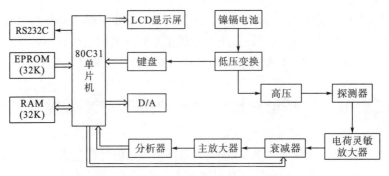

图 5.10   HYX-4 型 (程控多道) X 射线荧光仪电路框图

仪器采用人机对话方式操作,能同时预置 8 个测量能窗,实现对 4 种元素的同时测量。仪器具有数据存储功能,最多可同时存储 900 个测点(每个测点 4 个测量数值)的数据。仪器自动化程度高,能自动测量并计算显示稳定性、能量分辨率。仪器具有 5 个可供用户选择的数学校正模型,能满足一般野外工作情况下,基体效应校正的需要。

与前几种 HYX 系列的 X 荧光仪器相比,HYX-4 型(程控多道)X 射线荧光仪的检出限和灵敏度有一定改善。图 5.11 是 HYX-4 型(程控多道)X 射线荧光仪的运行流程图。

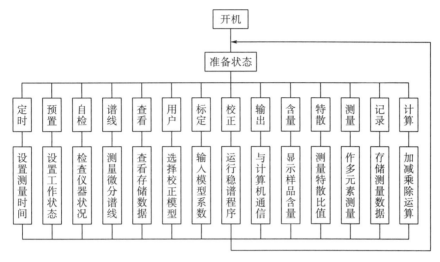

图 5.11 HYX-4 型(程控多道)X 射线荧光仪的运行流程图

HYX-4 型(程控多道)X 射线荧光仪很小巧(为当年体积最小、重量最轻的携带式 X 射线荧光仪),因此特别适合于条件恶劣的地理环境下的找矿工作。

5.2.2 HAD-512 型携带式 X 射线荧光仪

HAD-512 型携带式 X 射线荧光仪可配正比计数管探头,也可配接 HYX-2 型(双道)X 射线荧光仪、HYX-3 型(400 道)X 射线荧光仪的闪烁探头。仪器外形相片见图 5.12。

图 5.12 HAD-512 型携带式 X 射线荧光仪

HAD-512 型携带式 X 射线荧光仪以 8098 单片机系统为基础,构成 512 道多道分析器,通过 RS232C 口可将仪器存储数据传输到笔记本计算机或台式计算机。图 5.13 是仪器的结构框图。

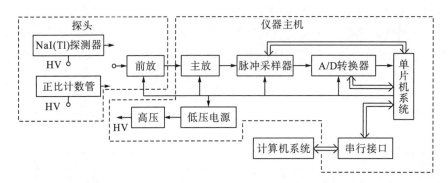

图 5.13   HAD-512 型携带式 X 射线荧光仪结构框图

HAD-512 型携带式 X 射线荧光仪的最大特点是采用全汉字菜单操作,对用户的专业知识要求已非常低,便于普及推广;具有较强的数据处理功能,能进行基本的谱数据处理(如寻峰、光滑、扣本底等)。

仪器主机重为 6kg,整机功耗约为 3.5W,采用 10 节 Ni-Cd 电池供电,充足电后可连续工作 8h。与 HYX-4 型(程控多道)X 射线荧光仪比较,重量较重,但其分析准确度和检出限都有改善;能分析 $Z=19\sim92$ 号元素,最多能同时分析 6 种元素,对部分元素的分析检出限可达 10^{-5}。

5.3   第三、四代基于半导体探测器的携带(手提)式 X 射线荧光仪

1997 年,美国在火星登陆车上安装了以 Si-PIN 半导体为探测器的 X 射线荧光测量装置,成功获取了火星地表介质的元素含量。美国火星 X 射线探测的成功应用,揭开了国内外采用 Si-PIN 半导体为 X 射线探测器研制第三代携带(手提)式 X 射线荧光仪的序幕。

电致冷 Si-PIN 半导体探测器的能量分辨率可以达到 $160\sim200eV$(对 ^{55}Fe 源 5.96keVX 射线),能够区分中等和较低原子序数的相邻元素原子的 K 系特征 X 射线。该探测器的商品化,使携带式 X 射线荧光仪在多元素分析能力、准确度和检出限都上了新台阶。

第三代携带(手提)式 X 射线荧光仪以采用电致冷 Si-PIN 半导体探测器为主要特征,在电子线路单元上,引入高性能的微处理器芯片,可实时实现较复杂的 X 射线仪器谱的解析算法和基体效应校正模型,使携带式 X 射线荧光仪体积更小、功能更强大、操作更便利。理想情况下,第三代仪器一次采样同时分析元素可达 20 余种,而且具有较高的准确度和精确度,对某些元素的分析检出限可达百万分之十几。

目前,国内外手提式 X 射线荧光仪已经进入第四代。第四代仪器虽然仍然采用 Si-PIN 探测器或 SDD 探测器,但在性能上已有长足进步。仪器以采用全数字化谱线采集技术为特征,具有几乎可以与室内仪器相媲美的谱解析功能与根据测量对象选择含量计算模式的能力。

第四代携带(手提)式 X 射线荧光仪产品众多。国外代表性仪器有：英国牛津 X-MET 系列、美国尼通 XL2、XL3t 系列等，国内则有成都理工大学的 NTG-863X、江苏天瑞的 EXPLORER 系列等。

第三代仪器一般采用放射性核素源做激发，仪器设计为探头加操作台(主机)形式，探头与操作台间通过电缆相连。第四代仪器基本采用微功耗 X 射线管替换了原用的放射性核素源，并且将探测器部分与主机部分合二为一，设计为一体化的手枪式结构。本节以成都理工大学研制的 IED-2000P 为第三代仪器代表、NTG-863X 为第四代仪器代表，介绍第三、四代仪器的基本结构与特点。

5.3.1　第三代仪器：IED-2000P 型手提式 X 射线荧光仪简介

IED-2000P 型手提式多元素 X 射线荧光仪是为适应新一轮国土资源大调查的需要，由成都理工大学葛良全课题组在国土资源部科研项目"新一代手提式高灵敏度 X 射线荧光仪的研制"支持下研制的高灵敏度手提式 X 射线荧光仪。它以电致冷 Si-PIN 型半导体探测器为核心、以 PC/104 型微功耗计算机为基础、采用了多道脉冲幅度分析器和大规模 CMOS 集成电路等现代电子技术成果，使其不但继承了第一代、第二代便携式 X 射线荧光分析仪所具有的轻便灵活、稳定可靠的优点，而且比前两代仪器在可检测元素种类、多元素同时分析能力、检出限、灵敏度、数据处理和存储能力等方面都有显著的提高。仪器相片如图 5.14 所示。

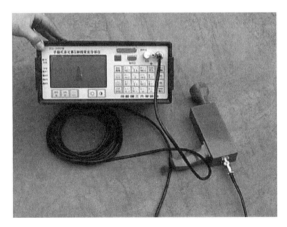

图 5.14　IED-2000P 型手提式 X 射线荧光仪

1. 仪器结构

IED-2000P 型手提式 X 射线荧光仪由探头、主机和 FPXRF 专用软件三部分组成(赖万昌等，2002)。仪器结构框图如图 5.15 所示。

探头由电致冷 Si-PIN 型 X 射线探测器、前置放大器、电致冷器、控温器、同位素源等组成。其中前四部分是引进美国 AMPTEK 公司生产的探测器模块(XR-100CR)。同位素源采用密封点源，根据分析元素的不同，分别选择 ^{238}Pu 和 ^{241}Am，其活度分别为 1.11×10^{9}Bq 和 1.85×10^{8}Bq。

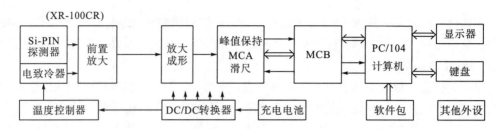

图 5.15　IED-2000P 型手提式 X 射线荧光仪结构框图

操作台（主机）由线性脉冲放大器、脉冲峰值保持器、多道分析器（multichannel analyzer，MCA）、滑尺、多道缓冲器（multichannel buffer，MCB）、高压电源、直流恒流电源、直流恒压电源、电源控制器、PC/104 型微功耗计算机及其外设以及 FPXRF 专用软件等组成。

2. 仪器的硬件

1）线性脉冲放大器

线性脉冲放大器采用美国 AMPTEK 公司生产的 PX2CR 型脉冲成型放大器，PX2CR 内置交/直流变换器，由 220V 交流电供电。由于交/直流变换器的效率低，不适合便携式仪器，故实际应用时仅利用其脉冲成型放大电路，拆除了交/直流变换器。脉冲成型放大器的工作原理及其具体电路请参考 PX2CR 用户手册。

2）脉冲峰值保持器

脉冲峰值保持器的电路原理框图如图 5.16 所示。

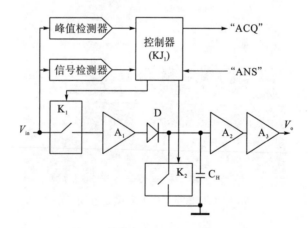

图 5.16　脉冲峰值保持器的电路原理框图

当输入脉冲的幅度超过信号检测器的阈值时，控制器（KJ_1）接通开关 K_1，断开开关 K_2，使输入脉冲信号能通过运算放大器（A_1）和二极管（D）向采样电容（C_H）充电，而运算放大器（A_2）的输出电压跟随输入信号而上升；当输入脉冲信号的峰顶过后，由于 A_2 的输入电阻很大，D 又反向偏置，所以 C_H 保持了输入脉冲信号的峰值，A_2 的输出保持不变，随后断开 K_1 并向 MCA 发出"START"信号启动 AD 变换；当 MCB 完成数据存取任务后向

KJ₁ 提供复位信号(ANS),使 KJ₁ 接通 K₁、K₂,让 C_H 放电并等待下一个脉冲信号。限幅器(A₃)用来确保提供给 MCA 的信号,其最大幅度不超过 MCA 的最大输入电压幅度。

3) 多道分析器和滑尺

多道分析器和滑尺由加法器、ADC、地址变换器、地址缓存器、控制器、DAC、数据发生器等组成(图 5.17)。输入信号"V_{in}"和 DAC 的输出电压"V_D"相加后送入 ADC 进行模数变换得到虚地址,虚地址和随机数据发生器输出的数据相减后得到实地址,实地址由地址缓存器输出。ADC 的工作由"START"信号启动,A/D 变换结束后向 MCB 发出"ACQ"信号,表明 MCA 的数据已准备好。采用 16 位模数变换器和 10 位数模变换器,最后组成 4096 道(12 位)MCA。

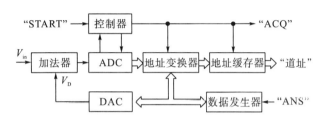

图 5.17 多道分析器和滑尺电路示意图

4) 多道缓存器

多道缓存器由道址寄存器(GAD)、随机存储器(RAM)、两组双向门、"+1"电路、地址译码器、控制器和定时器等组成(图 5.18)。当 MCB 接到"ACQ"信号后,将 MCA 输出的实地址锁存在 GAD 中,并将 RAM 中对应地址的读数读入"+1"电路,完成读数加 1 后再将读数回写到 RAM 中。MCB 完成数据缓存后发出应答信号"ANS"。从脉冲峰值保持器发出"START"到 MCB 发出"ANS"信号止,定时器暂停计时,该段时间为系统的死时间(DT)。

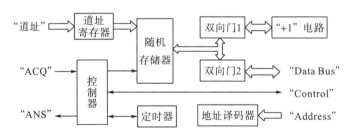

图 5.18 多道缓存器电路示意图

5) PC/104 型微功耗计算机及外设

采用 HXL-386 Ⅱ 型卡片式微功耗计算机,386CPU 的主频为 40MHz,内存为 4M,板上提供 8 位 PC/104 形式 I/O 口(与普通 PC 的 I/O 口兼容)、串行口、并行口、键盘接口、软盘接口、硬盘接口、CRT 接口和液晶显示器接口等。为了省电,采用普通黑白液晶显示器,分辨率为 240×128dpi;通过硬盘接口外接 32M 电子硬盘(可根据需要扩充到 256M); 40 键 X-Y 矩阵键盘,与标准键盘的接口兼容。

6）电源及电源控制器

为了使各部分电路正常工作,需要+5V、±9V、+110V 高压电源(供给探测器)和+0.70A 直流恒流电源(供给电致冷器)。仪器各部分耗电为:电致冷器 1.40W、放大器 1.75W、计算机 2.00W、MCB 0.10W、MCA 0.25W、高压电源 0.05W、其他 0.05W。因此,如何降低计算机和电致冷器的平均耗电,是降低整套仪器耗电的关键。由于计算机平时以及在测量过程中可以关闭或处于休眠状态(测量过程中由 MCB 采集数据),工作时又不需要预热、稳定时间,计算机的实际工作时间仅仅是处理数据和保存测量结果所需的时间,这是很短的,计算机的实际平均功耗仅为 0.30W。降低功耗的另一个手段是在仪器休息时关闭电致冷器,在需要测量样品时再提前 0.5min 通电预冷。

电源使用 16.8V/4Ah 镍氢电池组供电,通过 DC/DC 转换器提供所需要的电压、电流。

3. 软件

软件采用 C 语言编写,在 DOS 方式下运行,具有以下功能:①实时或后台数据采集(计算机省电方式);②实时或活时测量方式;③谱线平滑;④能量刻度;⑤手动或自动寻峰;⑥扣除本底;⑦谱漂校正;⑧全峰面积、净峰面积的计算;⑨含量换算;⑩存储分析结果;⑪存储谱线;⑫显示结果;⑬打印结果;⑭打印谱图;⑮开机自检;⑯稳定性检查;⑰多元回归分析;⑱联机通信;⑲省电控制;⑳掉电保护等。其功能可满足室内分析和野外现场原位分析的需要。软件采用汉字平台,以图表显示和人机对话方式与操作者联系,操作简单,易学易用。软件中还提供了多种数理校正模型,为校正各类基体效应、几何效应、水分效应提供了极大的方便和参考依据。

4. 主要技术指标

主要技术指标如下。

(1) 对 Mn 的 K_α(5.9keV)X 射线的能量分辨率(FWHM)为 189eV。

(2) 可分析元素的范围为 Al～U,其中可原位分析的元素为 K～U。

(3) 最低检出限如表 5.1 所示。

(4) 稳定性:谱漂＜3 道/8h,谱漂＜8 道/长期。

(5) 功耗:平均功耗＜4.8W,电池可连续工作 14h 以上。

表 5.1　部分元素的测量条件及其检出限　　　　　　　　　　单位：μg/g

待测元素		Al～U	Ti～Mo/ Pr～U	Mo～Tm	Pr～Au
待测谱线		K_α	K_α/L_α	K_α	K_α
激发源及活度($\times 10^8$Bq)		^{55}Fe(7.40)	^{238}Pu(37.0)	^{241}Am(3.70)	^{109}Cd(2.22)
检 出 限	≤10	Cu、Zn、Ga、Ge、As、Se			
	11～100	Co、Ni、Br～Mo、Ag～U			
	101～1000	K、Ca、Sc、Cr、Mn、Fe、Tc、Ru、Rh、Pd			
	≥1000	Al、Si、P、S、Cl、Ar			

(6)体积重量：探头重量<0.6kg，体积为(12×8×3)cm³；主机重量<3kg，体积为(30×28×14)cm³。

(7)数据存储容量：最大可保存 12800 个测点的谱线及其分析结果(采用 256M 电子硬盘时则可保存近 12 万个测点的谱线和现场分析结果)。

(8)工作环境：温度为-5～40℃，相对湿度为 50%～90%。

5.3.2 第四代仪器：NTG-863X 型手提式 X 射线荧光仪简介

NTG-863X 型手提式 X 射线荧光仪是 2012～2015 年,葛良全科研团队承担国家"863"项目"高精度能谱探测仪"的研究成果(葛良全等，2016)。与 IED-2000P 型仪器相比，该仪器的技术进步主要表现在以下几个方面。

(1)采用完全具有自主知识产权的低功耗 X 射线光管代替同位素源作为激发源，既提高了仪器辐射环境安全，又提高了激发源的活度，为提升仪器检出限提高了技术基础。

(2)采用了完全具有自主知识产权的数字多道，显著减少了仪器电路体积，提高了仪器采样时脉冲最人通过率，提高了仪器整体工作的稳定性与可靠性。

(3)将分离的探头与仪器操作台进行了一体化组合，设计成手枪一体式(图 5.19)，减少因传输电缆折损造成仪器的故障，减轻了仪器整机重量，极大方便了在野外、现场条件下的测量工作。

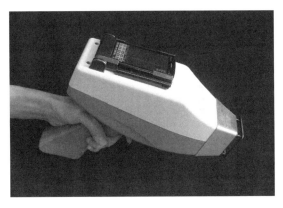

图 5.19　NTG-863X 型手提式 X 射线荧光仪

NTG-863X 型手提式 X 射线荧光仪的外壳采用的是 PC 加 20%附加材料的原料，在满足强度的同时也具有一定韧性，避免了外壳破裂等问题。整机重量较轻，操作简单快捷，是一款设计新颖使用方便的手持式元素分析仪。

1. 仪器系统结构

NTG-863X 手提式 X 射线荧光仪可分为探头部分、主控电子线路和便携式操作终端三部分。其中探头包括激发源和半导体探测器和前放。主控电子线路包含了主放大器和全数字化核脉冲处理器电路以及电源供电电路等。操作终端可以是 PC 也可以是掌上电脑或智能手机，通过蓝牙无线连接与主机通信获取测量信号。NTG-863X 型手提式 X 射线荧光仪的系统结构如图 5.20 所示。

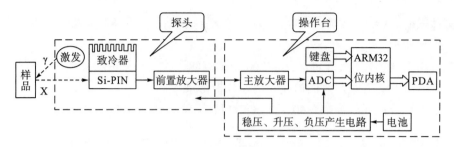

图 5.20　NTG-863X 型手提式 X 射线荧光仪的系统结构框图

2. 探头部分

NTG-863X 型手提式 X 射线荧光仪探头部分主要由三部分构成：端窗式钨靶或银靶 X 射线光管、Si-PIN 半导体探测器、电荷灵敏前置放大器。在 NTG-863X 型手提式 X 射线荧光分析仪中，后两部分构成 Si-PIN 探头。

X 射线光管的工作原理在本书第 1 章做了讨论，本节不做赘述。

室温 Si-PIN 半导体探测器主要包含了 SiPIN 晶元、NTC 热敏电阻、半导体电致冷片、场效应管、复位型电荷灵敏放大器、致冷片驱动电路等。其原理框图和部件装配图如图 5.21 和图 5.22 所示。

Si-PIN 二极管晶元和场效应晶体管（field effect transistor，FET）安装在电致冷片上，在室温条件下利用 Peltier 效应使 Si-PIN 二极管和 FET 在低温下（-30℃）工作，降低热噪声。电致冷片安装在底座上，在真空条件下底座与铍窗套封装 Si-PIN 二极管晶元必须满

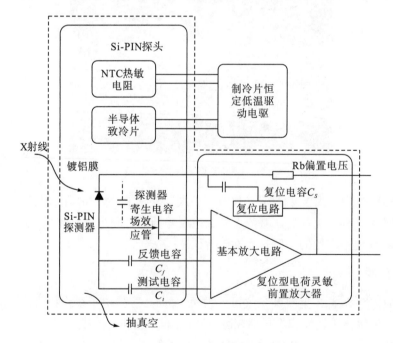

图 5.21　Si-PIN 半导体探测器原理框图

图 5.22　Si-PIN 半导体探测器部件装配图

JFET 是指效应晶体管

足两个关键技术指标，其一，PN 结的本征区(1 区)足够厚，以保证 X 射线的能量沉积，要求本征区厚度应大于 300μm；其二，PN 结的反向电流应足够小，这是保证 X 射线探测能量分辨率的关键，要求小于 10^{-19}A。前置放大器采用复位型电荷灵敏度设计，其电荷灵敏度为 $1.02×10^{14}$V/C。

经测试，该室温半导体探测器的能量分辨率为 190～200eV(FWHM-Fe55)，测量射线能量为 1～50keV。

3. 仪器硬件结构及工作原理

仪器硬件主要是一套以高速数据采集为核心的全数字多道能谱采集器。图 5.23 是该全数字化射线能谱采集器的电路系统框图(葛良全等，2016)。

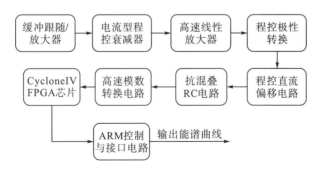

图 5.23　全数字化射线能谱采集器的电路系统框图

系统实现了将探测器输出的微弱信号经过电流型放大器的预处理直接被高速 ADC 采样，通过 VHDL 语言编程在单片 FPGA 上实现数字脉冲成形滤波、数字基线估计与恢复、数字脉冲抗堆积及计数率校正、数字脉冲波形甄别等功能，改善了核脉冲处理器的抗计数率过载、能量分辨率等特性。图 5.24 是数字化核脉冲信号处理器的电路结构框图。

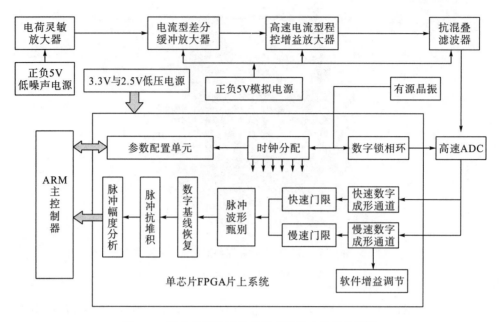

图 5.24　数字化核脉冲信号处理器的电路结构框图

系统中 ARM 主控制器主要完成如下功能：①实现对 FPGA 的部分逻辑时序控制；②响应 CPLD 发送的脉冲高度采集有效中断信号，并在片内的 SRAM 中存储形成谱线；③通过接口电路与操作终端完成数据的握手和交互。

系统采用的是 Cortex-M3 架构的 ARM 芯片 STM32F103 系列的控制器，ARMCortex-M3是一种基于 ARM7v 架构的最新 ARM 嵌入式内核，它采用哈佛结构，使用分离的指令和数据总线(冯诺伊曼结构下，数据和指令共用一条总线)。系统等效的指令处理速度可达95MIPS，是普通 51 单片机的几十倍。为了保证与 FPGA、PC 数据交互的实时性，固件程序设计中采用了乒乓缓冲的方式，避免了数据的异常读取操作。使得读取 CPLD 谱线存储器和输出谱线到 PC 的谱线存储器始终都是交错开的。

系统采用 CycloneIV FPGA 芯片为核心，采用模块化设计思路，将探测器输出的模拟脉冲信号，经初步信号调理后直接通过高速模-数变换转变成数字信号。脉冲信号的滤波成形、波形甄别、基线恢复、脉冲抗堆积、脉冲幅度提取和自动稳谱等电子线路处理单元，都是通过数字信号处理算法在 FPGA 中实现的。为提高数字化能谱采集器的高计数率通过率和能谱采集质量，采用快、慢双通道并行数字脉冲幅度分析器设计。快通道成形时间仅为 120ns，慢通道成形时间在 0.75~18μs 内可调。通过该并行双通道可以完成上升时间甄别、计数率校正、脉冲幅度校正等功能。

图 5.25 为双路并行成形器为核心的数字多道脉冲幅度分析器的算法示意图。由图 5.25可知，当 A1，A2 核脉冲事件间隔大于成形时间的 1/2 时，数字梯形成形后的信号 B1，B2 可以完整地提取到幅度信息；当 A3，A4 核脉冲事件间隔小于成形时间的 1/2 时，数字梯形成形后的信号 B3，B4 已经完全叠加畸形，不能表征核脉冲幅度信息，需要加以剔除。图 5.25 中的 B5 由于探测器过载或电荷捕获效应等原因使得成形后的信号出现了畸变，需要通过脉冲波形甄别加以剔除。在上述几种情况中被剔除的信号需要采用计数率校

正，仍然完整地记录到总计数当中，通过计算有效计数与总计数的比值，实现计数率的后期校正。

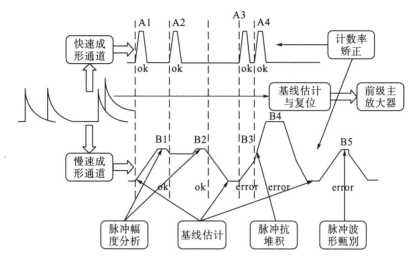

图 5.25　双路并行成形器为核心的数字多道脉冲幅度分析器的算法示意图

图 5.26 为基于数字空间延拓的无噪声自动稳谱电路与算法示意图。

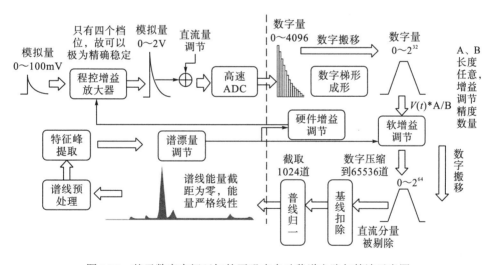

图 5.26　基于数字空间延拓的无噪声自动稳谱电路与算法示意图

　　稳谱思路是通过数字空间延拓的方法保证能谱的能量线性和截距为零。模拟脉冲信号经程控增益放大器和高速 ADC 后，得到离散的 0～4096 道的数字序列，在数字梯形成形运算时将 4096 的数字空间放大搬移到 2^{32}，相比于模拟式结构而言，理论上采用数字信号处理具有无穷大的动态范围；再经过一个软增益调节单元实现数字空间进一步搬移到 2^{64}。谱漂移量同时输入到硬件增益调节器和软件增益调节器，获得经软增益调节后的 64 位梯形信号字长，再将谱线压缩到 16 位字长，并采用基线估计方法扣除基线，最后输出脉冲的幅度信息，形成归一化谱线。

仪器的数字化能谱采集器的主要技术指标：快通道成形时间为 20ns；慢通道成形时间为 0.75～18μs，步进宽度为 0.75μs；模拟带宽大于 50MHz；最大计数通过率≥250kcps；增益调节范围为±60db，增益调节精度高于 0.002db；最大道址为 16K；积分非线性≤±0.025%；微分非线性≤±1%；温度系数为增益＜20ppm/℃；零点＜3ppm/℃。经实验测定，在采用高分辨率 Si-PIN 半导体探测器和 X 射线管做激发源的情况下，数字化核脉冲处理器的能量分辨率最佳可达 170eV。在保证系统能量分辨率的基础上，计数通过率可达 40kcps。

4. 仪器软件系统

仪器选择 Windows mobile 平台开发软件，底层采用 C++编写，可视化部分由 C#语言编写。图 5.27 是仪器软件结构框图。

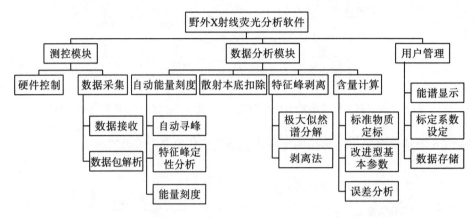

图 5.27　NTG-863X 型手提式 X 射线荧光仪软件结构框图

软件可以实现以下功能：①实时或后台数据采集（计算机省电方式）；②实时或活时测量方式；③谱线平滑；④能量刻度；⑤手动或自动寻峰；⑥扣除本底，解谱分析；⑦谱漂校正；⑧全峰面积、净峰面积的计算；⑨含量换算；⑩存储分析结果；⑪存储谱线；⑫显示结果；⑬打印结果；⑭元素自动识别；⑮开机自检；⑯稳定性检查；⑰多元回归分析；⑱联机通信；⑲省电控制；⑳掉电保护等。

5. 仪器的操作终端

NTG-863X 型手提式 X 射线荧光仪的操作终端为具有蓝牙功能的掌上电脑（personal digital assistant，PDA）或智能移动手机（葛良全，2013）。图 5.28 是整个仪器的系统框图。

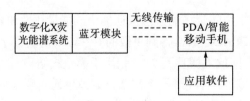

图 5.28　仪器系统框图

　　数字化 X 荧光能谱系统内的单片机控制器通过串口与蓝牙内嵌模块相连,单片机串口发送和接收的数据通过蓝牙内嵌模块转换为蓝牙通信协议与具有蓝牙设备的 PDA 或智能移动手机进行数据交换。

　　该仪器系统实现了仪器操作终端和 X 荧光数字能谱采集系统的分离。不会受到原有电缆通信时经常出现的因为电缆折断造成的问题。同时,操作终端可安装第三方开发的数据处理软件,对野外实测数据进行处理,给野外作业带来极大的方便。

　　PDA 安装的应用软件分为谱数据的获取、仪器谱线处理、测量结果分析、文件操作四个部分,软件设计流程如图 5.29 所示。由于 PDA 提供蓝牙虚拟串口服务(其虚拟的串口为 COM5),一旦与其他蓝牙设备(数字化能谱探头)建立了连接,就可以用串口的方式进行蓝牙通信,获取能谱数据。利用 Windows mobile 操作系统提供的图形设备接口(graphic device interface,GDI)函数可轻松实现仪器谱线的图形处理,在 Windows 环境下实现谱数据文件的存取、处理,结合标定方程,得出岩石或土壤中的荧光元素含量。

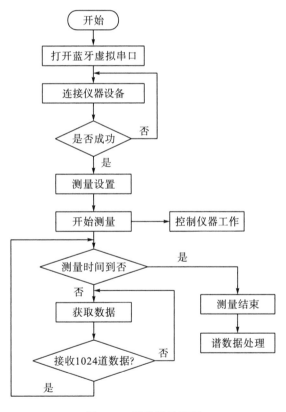

图 5.29　软件设计流程

5.4　其他国内外代表性手提式 X 射线荧光仪简介

　　除了成都理工大学研制的 NTG-863X 型手提式 X 射线荧光仪,目前,国内外还有众多的手提式 X 射线荧光仪产品。本节对其中的代表性仪器,稍作介绍。

国外比较具有代表性的手持式 X 射线荧光仪品牌有：美国尼通(Niton)、美国奥林巴斯-伊诺斯(OLYMPUS INNOV-X)、德国布鲁克(Bruker)、英国牛津(Oxford)、日本日立(HITACHI)、美国艾克等。

国内比较有代表性的仪器品牌有：江苏天瑞、江苏浪声、北京聚光等。

5.4.1 国内代表性手提式 X 射线荧光仪

图 5.30 EXPLORER 系列的仪器外形

除成都理工大学外，国内还有一批研究与开发手持式 X 射线荧光仪的厂商，比较有代表性的公司有江苏天瑞、江苏浪声等。

1. 江苏天瑞

江苏天瑞公司是国内主要的手提式 X 射线荧光仪生产厂商之一。目前主要有两个系列、8 种型号的仪器。其中 EXPLORER 系列(性能型)为该厂商的高端仪器，Genius 系列为经济型仪器。所生产手提式 X 射线荧光仪的技术性能与国外代表性仪器基本处于同一水平。图 5.30 为 EXPLORER 系列的仪器外形。表 5.2 为天瑞公司手持式 X 射线荧光仪基本配置。表 5.3 为天瑞公司手提式 X 射线荧光仪的主要技术指标。

表 5.2   天瑞公司手提式 X 射线荧光仪基本配置

仪器型号	基本配置		
	激发方式	探测器	数据采集方式
EXPLORER 系列	50kV/200μA-银靶端窗一体化微型 X 射线光管及高压电源 4W	SDD 探测器及 Fast-SDD 探测器(可选)	微型数字信号多道处理器
Genius 系列	50kV/100μA-银靶端窗一体化微型 X 射线光管及高压电源	25mm², 0.3mil，SDD 探测器	

表 5.3   天瑞公司手提式 X 射线荧光仪的主要技术指标

技术规格 ＼ 仪器型号	EXPLORER 系列	Genius 系列
能量分辨率	最低到 128eV 重复性 0.05%	145±5eV，最低到 139eV 重复性 0.1%
检出限	10^{-4}～99.99%，最低检出限达 0.2～500 ppm	10^{-4}～99.99%
元素分析范围(标准配置)	Mg～U，包括 Mg, Al, Si, P, S, Cl, K, Ca, Sc, Ti, V, Cr, Mn, Fe, Co, Ni, Cu, Zn, As, Se, Sr, Y, Zr, Nb, Mo, Ru, Rh, Pd, Ag, Cd, In, Sn, Sb, Hf, Ta, W, Re, Os, Ir, Pt, Au, Hg, Tl, Pb, Bi, U 等至少 46 种元素，但不限于上述元素	
电池	可充电锂电池，标配 9000mAh，可持续工作 12h，可选配 27000mAh 超大电池，连续工作 36h	可充电锂电池，电池最大电量 7800mAh，可持续工作 8h
重量	1.7kg	1.9kg
工作环境	环境湿度：≤90%，环境温度：-20～+50℃	

需要指出，每种型号的天瑞仪器的应用目标是不同的。

EXPLORER 3000、Genius 3000 为有害元素分析仪，主要服务于 RoHS 行业应用(电子电器制造、废旧电子电器回收、机械制造与加工、玩具生产、包装材料生产、出入境检验检疫)。

EXPLORER 5000、Genius 5000 为合金分析仪，针对合金行业应用(贵金属合金、钢铁冶炼、废旧金属回收、机械制造与加工、锅炉压力容器、航天工业、船舶制造)而设计制造。

EXPLORER 7000、Genius 7000 为矿石分析仪，主要应用于地矿行业。其中，EXPLORER 7000 仪器标准配置可检测 60 种元素，同时可按客户需求增加检测元素；配备矿石专用版分析软件，多种矿样模式选择和无限数目模式的自由添加，可根据客户需求定制工作模式。而 Genius 7000 能进行轻元素模式测试。可以测 Mg、Al、Si、P、S 等轻元素。

EXPLORER 9000、Genius 9000 为土壤重金属分析仪，针对环保土壤行业(土壤污染普查与环境评价、土壤污染应急处理、土壤修复)应用而设计制造。

2. 江苏浪声

江苏浪声公司也是国内主要的手提式 X 射线荧光仪的生产厂商之一。目前主要有两个系列的手持式 X 射线荧光仪：TrueX 系列、Beethor 系列(高性能)。图 5.31 为 Beethor X3G 型矿石分析仪的外形。

浪声仪器根据应用领域，可以分为合金分析仪、矿石分析仪、土壤重金属分析仪、RoHS 分析仪、贵金属分析仪与考古分析仪六类。本书简介其矿石分析仪。

浪声仪器的矿石分析仪包括 TrueX 900、TrueX 960、Beethor X3G 900、Beethor X3G 980 几种型号。

表 5.4 总结了浪声公司手提式 X 射线荧光仪的基本配置，表 5.5 总结了该仪器的主要技术指标。

图 5.31　Beethor X3G 型矿石
分析仪的外形

表 5.4　浪声公司手提式 X 射线荧光仪的基本配置

仪器型号	基本配置		
	激发方式	探测器	数据采集方式
TrueX 900	高性能微型 X 射线光管 50kV/200μA 最大，管压管流可自由调节，Ag 靶(标准)，Au 靶、W 靶、Rh 靶(可选配)	BOOST 型 Si-PIN 探测器	数字多道处理技术 仪器配有专用的 T 型槽式散热装置，提高仪器散热性能，无须频繁等待探测器冷却
TrueX 960		高灵敏度硅漂移探测器	
Beethor X3G 900	新型一体化微型 X 射线光管，50kV/200uA 靶材：Ag 靶、Au 靶、W 靶	高性能大面积硅漂移探测器	1GHz 超大规模的集成电路，可以执行定点或浮点算术运算操作、移位操作以及逻辑操作，也可执行地址运算和转换。 采用了 Peltier 恒温冷却系统，探测器在-35℃下工作
Beethor X3G 980			

表 5.5   浪声公司手提式 X 射线荧光仪的主要技术指标

技术指标 \ 仪器型号	TrueX 900	TrueX 960	Beethor X3G 900	Beethor X3G 980
标准分析模式	矿石分析模式		矿产全元素模式	
检出限	接近实验室级的分析水平，可直观显示元素百分比含量(元素可达到小数点后三位)及 ppm 含量			
元素分析范围	Mg～U，标准配置模式分析范围，如有特殊元素，可额外添加			
元素分析范围	可分析 K、Ca、Ti、V、Cr、Mn、Fe、Co、Ni、Cu、Zn、As、Se、Rb、Sr、Y、Zr、Nb、Mo、Ag、Cd、Sn、Sb、Hf、Ta、W、Au、Hg、Pb、Bi，共 30 种标准元素	可分析 Mg、Al、Si、P、S、Cl、K、Ca、Ti、V、Cr、Mn、Fe、Co、Ni、Cu、Zn、As、Se、Rb、Sr、Y、Zr、Nb、Mo、Ag、Cd、Sn、Sb、Hf、Ta、W、Au、Hg、Pb、Bi，共 36 种标准元素	可分析从 Mg～U 之间的 43 种基本元素，包括 Mg、Al、Si、Cl、P、S、K、Ca、Sc、Ti、V、Cr、Mn、Fe、Co、Ni、Cu、Zn、Ga、Ge、As、Se、Rb、Sr、Y、Zr、Nb、Mo、Pd、Ag、Cd、In、Sn、Sb、Ba、Hf、Ta、Re、W、Au、Hg、Pb、Bi 等	
电池	具有系统管理总线的智能电池，单个电池可持续工作 8h 左右，配置两块		2 块可充电锂电池，可持续工作 6～8h	
重量	1.6kg		1.8kg	
工作环境	—		温度-20～+50℃，湿度≤90%	

TrueX 与 Beethor X3G 矿石分析仪有下面技术特色。

(1)可根据海拔高度自动调节气压因子，自适应高原反应而做出压力模型参数调整。轻元素激发效果相比提高 40%，稀土类元素激发效果相比提高 30%。

(2)可结合内置的 GPS 经纬度数据及海拔高度数据，通过导入第三方 GIS 分析软件，构建元素含量地理三维分布图，快速评估出矿产储量或地质环境灾害区域。快速分析岩心和其他钻探样品，建立矿山三维图，分析储量，可大大提高钻探现场即时决策效率。

5.4.2   国外代表性手提式 X 射线荧光仪

1. 美国尼通公司的 Niton X 射线荧光仪

美国尼通(Niton)公司是世界上最早生产手提式(携带式)X 射线荧光仪的厂家之一，其生产的手提式 X 射线荧光仪是目前世界上最先进的同类仪器之一，也是最早进入中国市场的国外 X 射线荧光仪之一，在国内已经拥有众多客户。其仪器的外形见图 5.32。

尼通公司目前生产有两大类(合金分析、矿石分析)手持式 X 射线荧光仪，每类仪器又有多种型号。目前，在中国市场上对外销售的商品化仪器系列包括：Niton XL2 系列、Niton XL2 GOLDD 系列、Niton XL3t 系列、Niton XL3t GOLDD+ 系列等。

图 5.32   Niton X 射线荧光仪外形

1)尼通公司生产的手提式合金分析仪

尼通公司生产的各型号手持式 X 射线荧光合金分析仪是针对合金材料分析而设计制造的。在中国市场上,目前主要有 Niton XL2 系列、Niton XL3t 系列,四种型号的产品。表 5.6 总结了 Niton 两个系列,4 种型号合金分析仪的配置与技术规格。

表 5.6　尼通公司 X 射线荧光合金分析仪基本配置

仪器型号	基本配置		
	激发方式	探测器	数据采集方式
XL2 800 合金分析仪	高性能微型 X 射线光管 Ag 靶:45kV/80μA 最大	高性能 Si-PIN 探测器	全数字式
XL2 980 合金分析仪	高性能微型 X 射线光管 Ag 靶:45kV/100μA 最大	高性能 SDD 探测器	
XL3t 800 合金分析仪	高性能微型 X 射线光管 Au 靶:50kV/40μA 最大	高性能 Si-PIN 探测器	
XL3t 980 合金分析仪	高性能微型 X 射线光管 Ag 靶:50kV/200μA 最大	高性能 SDD 探测器	

从表 5.6 可见,仪器均采用 Si-PIN 探测器或 SDD 探测器,全数字数据采集方式。这代表了目前国际上高端手提式(携带式)X 射线荧光仪的硬件配置主要状况。

表 5.7 总结了尼通公司 Niton XL2 系列、Niton XL3t 系列,四种型号产品的合金分析仪的主要技术规格。

表 5.7　尼通公司 X 射线荧光合金分析仪的主要技术规格

技术规格 ＼ 仪器型号	XL2 800	XL2 980	XL3t 800	XL3t 980
标准分析模式	通用合金模式,可根据客户要求定制(基于应用可行性)			
能量分辨率	精度高,实验室级的分析水平			
检出限	可直观显示合金牌号和元素百分比含量 (某些元素可显示到小数点后三位)及 ppm 含量			
元素分析范围(标准配置)	Ti~U Ti, V, Cr, Mn, Fe, Co, Ni, Cu, Zn, Se, Nb, Zr, Mo, Pd, Ag, Cd, Sn, Sb, Ta, Hf, Re, W, Au, Pb, Bi (25 种)	Mg~U Ti, V, Cr, Mn, Fe, Co, Ni, Cu, Zn, Se, Nb, Zr, Mo, Pd, Ag, Cd, Sn, Sb, Ta, Hf, Re, W, Au, Pb, Bi, Ru, Mg, Al, Si, P, S (31 种)	Ti~U Ti, V, Cr, Mn, Fe, Co, Ni, Cu, Zn, Se, Nb, Zr, Mo, Pd, Ag, Cd, Sn, Sb, Ta, Hf, Re, W, Au, Pb, Bi (25 种)	Mg~U Ti, V, Cr, Mn, Fe, Co, Ni, Cu, Zn, Se, Nb, Zr, Mo, Pd, Ag, Cd, Sn, Sb, Ta, Hf, Re, W, Au, Pb, Bi, Ru, Mg, Al, Si, P, S (31 种)
电池	采用第三代具有热交换功能的可充电锂离子电池,单块电池充电后,可持续工作 6~8h,配置两块电池			
重量	1.5kg		1.3kg	
工作环境	适用于任何现场环境及天气条件。如需检测高温管道、反应容器等高温设备时,可选配高温防护罩,将高温检测能力扩展至 538℃,同时也可选配其他适应样品分析任务的器件			

表 5.8 中对尼通公司生产的各系列合金分析仪主要特点与性能进行了总结性简评。

表 5.8　尼通公司生产的各系列合金分析仪主要特点与性能

仪器型号 技术规格	XL2 系列 （如 XL2 800）	XL2 GOLDD 系列 （如 XL2 980）	XL3t 系列 （如 XL3t 800）	XL3t GOLDD 系列 （如 XL3t 980）
特点	价值型经济、坚固、耐用	性能型 采用高性能探测器及最佳化几何设计技术，性能更高	功能型 多种功能，可完全满足焊缝及各种大小的零部件检测	性能增强功能型 更高级别的最佳化几何设计技术，极高的灵敏度与分析精度，极快的检测速度，适合对分析精度有苛刻要求的应用
性能	适用于车间、生产现场、废旧金属回收厂等苛刻的现场检测环境及天气条件	在不充氦气或非真空条件下，可实现铝合金、特种合金中的轻元素（Mg，Al，Si，P，S）分析 可快速分析夹杂物/痕量元素	较高的性能与灵敏度，可挑战各种分析应用	在不充氦气或非真空条件下，具有杰出的轻元素（Mg～S）检测能力。如识别含硫的易切割不锈钢；选配充氦装置，可分析超低含量的 Mg 极低的检测限，分析夹杂物/痕量元素非常理想。如流体加速腐蚀应用中检测 Cr，Cu，Mo

尼通公司生产的各型号合金分析仪预装有 400 多种合金牌号资料，因此在合金材料鉴别、机械制造中的质量控制方面可以发挥很好的作用。此外，也可用于地质勘查中岩矿石分析、废旧金属回收、考古、文物鉴定等。

仪器可选配高温防护罩，将高温检测能力扩展至 538℃，同时也可选配其他适应样品分析任务的器件。这使得这类仪器实际可以应用于相当广泛的领域。

2) 尼通公司生产的手提式矿石分析仪

尼通公司生产的手持式 X 射线荧光仪，主要是针对矿山、地质勘查等需要现场进行岩矿石、土壤中元素分析的场合设计制造的。尼通公司生产的各型号矿石分析仪与同型号的合金分析仪外表是基本相同的。

表 5.9 总结了尼通公司生产的 X 射线荧光矿石分析仪的基本配置。

表 5.9　尼通公司生产的 X 射线荧光矿石分析仪的基本配置

仪器型号	基本配置		
	激发方式	探测器	数据采集方式
XL2 500 矿石分析仪	高性能微型 X 射线光管	45kV/100μA 最大	经济型 Si-PIN 探测器	全数字式
XL2 950 矿石分析仪			25mm²SDD 探测器	
XL3t 500 矿石分析仪		50kV/100μA 最大	经济型 Si-PIN 探测器	
XL3t 950 矿石分析仪		50kV/200μA 最大	25mm²SDD 探测器	

尼通公司对 XL3t 950 矿石分析仪可依据用户需求，最大配置 45mm²SDD 探测器。

表 5.10 总结了尼通公司生产的各型号矿石分析仪的主要技术规格。

表 5.10　尼通公司生产的 X 射线荧光矿石分析仪的主要技术规格

仪器型号 / 技术规格	XL2 500 矿石分析仪	XL2 950 矿石分析仪	XL3t 500 矿石分析仪	XL3t 950 矿石分析仪
标准分析模式	通用矿石模式，可根据客户要求定制(基于应用可行性)			
能量分辨率	检测精度接近实验室级的分析水平			
检出限	可分析极低含量(ppm 级)至高百分比含量			
元素分析范围 (标准配置)	S，K，Ca，Ti，Cr，Mn，Fe，Co，Ni，Cu，Zn，As，Se，Rb，Sr，Zr，Nb，Mo，Pd，Ag，Cd，Sn，Sb，Ba，Hf，Ta，Re，W，Au，Hg，Pb，Bi，Sc，Th，V，U (36 种)	S，K，Ca，Ti，Cr，Mn，Fe，Co，Ni，Cu，Zn，As，Se，Rb，Sr，Zr，Nb，Mo，Pd，Ag，Cd，Sn，Sb，Ba，Hf，Ta，Re，W，Au，Hg，Pb，Bi，Sc，Th，V，U，Cl，P (38 种)	S，K，Ca，Ti，Cr，Mn，Fe，Co，Ni，Cu，Zn，As，Se，Rb，Sr，Zr，Nb，Mo，Pd，Ag，Cd，Sn，Sb，Ba，Hf，Ta，Re，W，Au，Hg，Pb，Bi，Sc，Th，V，U，Te，Cs (38 种)	S，K，Ca，Ti，Cr，Mn，Fe，Co，Ni，Cu，Zn，As，Se，Rb，Sr，Zr，Nb，Mo，Pd，Ag，Cd，Sn，Sb，Ba，Hf，Ta，Re，W，Au，Hg，Pb，Bi，Sc，Th，V，U，Te，Cs，Mg，Al，Si，P，Cl (43 种)
电池	锂离子电池，单块电池充电后，可持续工作 6～8h，配置两块电池			
重量	1.5kg		1.3kg	
工作环境	能在任何现场环境及天气条件下使用			

从表 5.10 可见，尼通公司生产的矿石分析仪可以胜任大多数情况下的现场岩矿石、土壤找矿的测量任务。在实际应用中，也取得很多成功应用的例子。特别值得一提的是，商家可以根据客户需要，定制专用的分析模式，这为用户带来方便。

表 5.11 总结了尼通公司生产的各系列矿石分析仪的主要特点、性能和用途。

表 5.11　尼通公司生产的各系列矿石分析仪的主要特点、性能和用途

仪器型号 / 主要特点、性能和用途	XL2 系列(如 XL2500)	XL2 GOLDD 系列 (如 XL2 950)	XL3t 系列 (如 XL3t 500)	XL3t GOLDD 系列 (如 XL3t 950)
特点	更高性价比，满足环境元素检测要求	使用最佳化几何设计技术，无须充氦气或抽真空下，对轻元素有更好检测能力	带有增强特性的解决方案：多功能型设计，对银、镉、锡和钡分析，测试性能更好	性能与特点的平衡，分析速度比传统设备提高 10 倍
性能	快速检测出美国资源保护和回收法规定的金属元素	非常适合问题干墙中的石膏板检测；对土壤中重金属元素检测能力更佳	具有污染边界实时确定功能；可分析土壤、沉积物、墙面油漆、空气过滤器和液体(包括油漆和废水)	卓越的土壤中重金属元素检出能力，并可兼顾对轻金属元素的检测；多种扩展功能使监测更加高效准确
用途	适用于品位控制、矿石贸易、基本金属和黑色金属的勘探	适用于高级勘探与土壤分析、选矿测试、配矿、实验室分析样品筛选	适用于露头/早期勘探、通用的矿山现场、重元素、品位控制、基本金属与黑色金属的勘探	适用于高级勘探与土壤分析、选矿测试、配矿、实验室分析样品筛选、贵金属指示元素分析

2. 英国牛津(Oxford)公司生产的手持式 X 射线荧光分析仪

　　英国牛津公司专注于生产 X-MET 系列，目前市场上常见的为 X-MET8000 系列、X-MET7000e 型(图 5.33)、X-MET7500 型三种。与 Niton 公司仪器系列化较细不同，牛津公司手持式 X 射线荧光仪并没有专门分为合金分析仪与矿石分析仪，而是通过一款仪器设置多种模式，在应用时由用户选择专用模式，而去从事相应领域的测量工作。

　　X-MET7000e 型 X 射线荧光分析仪见图 5.33。

　　表 5.12 总结了英国牛津公司生产的三种型号手持式 X 射线荧光分析仪的配置与技术规格。

图 5.33　X-MET7000e 型 X 射线荧光分析仪

表 5.12　英国牛津公司生产的三种型号手持式 X 射线荧光分析仪的配置与技术规格

仪器型号	基本配置		
	激发方式	探测器	数据采集方式
X-MET8000 系列	牛津透射型微型 X 射线光管 Rh 靶	50kV/200μA 最大	大面积 SDD 高分辨率探测器	全数字式
X-MET7000e 型		40kV/50μA 最大	牛津专利 PentaPIN 高分辨率 185V 探测器，自动半导体致冷系统	
X-MET7500 型			牛津制造高分辨率硅漂移探测器，电子致冷系统	

　　从表 5.12 可见，英国牛津公司生产的手持式 X 射线荧光分析仪，其主要配置与尼通公司仪器总体上处于同一技术水平。

　　表 5.13 总结了英国牛津公司生产的手持式 X 射线荧光分析仪的主要技术规格。

表 5.13　英国牛津公司生产的手持式 X 射线荧光分析仪的主要技术规格

仪器型号 技术规格	X-MET8000 系列	X-MET7000e 型	X-MET7500 型
标准分析模式	基于分析样品设置相应分析模式 (合金模式、矿石模式、土壤模式、涂层模式等)		
检出限	具有最低检出限，可准确区分不同元素等级分类(例如，303～304，6061～6063)	0～100000ppm(根据测量的金属有差异) 与 ICP-MS 相比误差<5% 相对标准偏差<4%	
元素分析范围	Mg～U，最多可同时分析大于 35 种元素，提供对轻元素(Mg～S)的精确分析	Cl～U，如 Ag，As，Au，Ba，Ca，Cd，Cr，Co，Cu，Fe，Hg，K，Mn，Ni，Pb，Rb，Se，Sr，Sn，Sb，Ta，Th，Ti，Tl，V，W，Zn，Zr 等	Mg～Pu: 如 Ag，As，Au，Ba，Ca，Cd，Cr，Co，Cu，Fe，Hg，K，Mn，Ni，Pb，Rb，Se，Sr，Sn，Sb，Ta，Th，Ti，Tl，V，W，Zn，Zr 等
电池	第三代具有热交换功能的可充电锂离子电池，单块电池充电后，可持续工作 10～12h，配置两块电池		
重量	含电池共重 1.5kg	含电池共重 1.8kg	
工作环境	−10～+50℃，相对湿度<90%		

据产品说明书介绍，X-MET8000 在合金分析上具有优势，预存有 1600 多种合金品牌资料。

X-MET7000e 系列、X-MET8000 系列皆具备其他手提式 X 射线荧光仪的功能，且能导出分析样品的光谱图和相应数据，但 X-MET 系列仪器高级功能的使用需要进行相关的专业培训。

3. 德国布鲁克公司生产的手持式 XRF 分析仪

在中国市场上，德国布鲁克公司生产的手持式 XRF 分析仪有两个系列，9 种型号。

(1) SI TITAN 系列：SI TITAN 800、SI TITAN 600、SI TITAN 500、SI TITAN 300、SI TITAN 200。

(2) TRACER 系列(考古分析仪)：TRACER 5i、TRACER III-V +、TRACER III-SD、TRACER IV-SD。

德国布鲁克公司生产的手持式 X 射线荧光分析仪，每种型号都有自己的外形。图 5.34 是 SI TITAN 与 TRACER 仪器外形。鉴于本节主要针对在地质勘查中的应用，这里仅介绍 SI TITAN 系列。

图 5.34　SI TITAN(左)与 TRACER(右)仪器外形

表 5.14 总结了 SI TITAN 系列手持式 X 射线荧光仪的基本配置。表 5.15 总结了德国布鲁克公司生产的手持式 X 射线荧光仪的主要技术规格。

表 5.14　SI TITAN 系列手持式 X 射线荧光仪的基本配置

仪器型号	基本配置		
	激发方式	探测器	数据采集方式
SI TITAN 800	X 射线光管：4WRh 靶	6～50kV，4.5～195μA	专利 FAST SDD®	全数字式
SI TITAN 600		15～50kV，5～100μA		
SI TITAN 500		40kV，固定电流<90μA	SDD	Peltier 半导体冷却器
SI TITAN 300			Si-PIN	
SI TITAN 200				

表 5.15　德国布鲁克公司生产的手持式 X 射线荧光仪的主要技术规格

技术规格 ＼ 仪器型号	SI TITAN 800	SI TITAN 600	SI TITAN 500	SI TITAN 300	SI TITAN 200
标准分析模式	基于分析样品设置相应分析模式		①自动测量分析模式 ②材料选择分析模式	同 SI TITAN 600、SI TITAN 800	土壤重金属
X 射线光管过滤器	5 位滤波片		1 位（固定式）	5 位	1 位（固定式）
能量分辨率	<145eV		<179eV	<195eV	
检出限	$10^{-4} \sim 99.99\%$				
元素分析范围	每次 37 种元素 包括 Mg，Al，Si		每次 32 种元素		
元素分析范围	分析范围：Mg～U Mg，Al，Si，P，S，Cl，K，Ca，Sc，Ti，V，Cr，Mn，Fe，Co，Ni，Cu，Zn，As，Se，Rb，Sr，Zr，Nb，Mo，Pd，Ag，Cd，Sn，Sb，Te，Cs，Ba，Hf，Ta，W，Re，Pt，Au，Hg，Pb，Bi，Th，U 等		分析范围：Ti～U	分析范围：Cl～U 包含精细校准元素：Ti，V，Cr，Mn，Fe，Co，Ni，Cu，Zn，Ga，Ge，As，Se，Zr，Nb，Mo，Rh，Pd，Ag，Cd，In，Sn，Sb，Hf，Ta，W，Re，Ir，Pt，Au，Hg，Pb，Bi 等	分析范围：Ti～U S，K，Ca，Ba，Ti，V，Cr，Mn，Fe，Co，Ni，Cu，Zn，As，Se，Rb，Sr，Zr，Mo，Pd，Ag，Cd，Sn，Sb，W，Pb，Cs，Te，U，Th，Hg，Sc，Au，Ce，Y，P，Hf，Nb，Ac，Nd 等 对土壤中常见的重金属元素 Pb，As，Cd，Hg，Cu，Ni，Zn，Cr 等灵敏度极好
电池	可充电锂电池，连续工作 8～12h				
重量	含电池 1.44kg；不含电池 1.23kg				
工作环境	温度范围为-10～+50℃；湿度范围为 0～95%				
工作环境	样品表面温度为 150℃，最高为 500℃				

在 SI TITAN 系列仪器中，每种型号的仪器的服务目标是不同的。

SI TITAN 200 型号称"土壤重金属分析仪"，可以快速、准确测量 Cd，Hg，Pb，As，Cr 及大部分污染物组分。能够实时分析数据和图谱显示，自动存储数据和图谱。

SI TITAN 500 型为"合金分析仪"。主要用于金属材料中的元素分析。

SI TITAN 300、SI TITAN 600、SI TITAN 800 型具有合金、RoHS、土壤、矿石分析模式，可依据分析样品设置不同的分析模式。

在 SI TITAN 800、SI TITAN 600 型仪器中，特别支持矿石勘探与土壤污染中需要的轻元素测试。

参 考 文 献

葛良全. 2013. 现场 X 射线荧光分析技术[J]. 岩矿测试, 32(2): 203-213.

葛良全, 曾国强, 杨强, 等. 2016. 高精度野外射线能谱探测仪器新进展[A]//成都理工大学核技术与自动化工程学院六十周年校庆论文集. 北京: 原子能出版社: 12-20

赖万昌, 葛良全, 周四春, 等. 2002. 新一代高灵敏度手提式 X 荧光仪的研制[J]. 物探与化探, 26(4): 321-324.

章晔, 谢庭周, 周四春, 等. 1985. 微电脑轻便 X 射线荧光仪的研制[J]. 成都地质学院学报, 4: 91-98.

Clayton C G. 1969. Applications of radioisotope X-ray fluorescence analysis in geological assay mining and mineral processing[C]. Proceedings of Symposium on the Use of Nuclear Techniques in the Prospecting and Development of Mineral Resources: 293-324.

Rhodes J R, Ahier T G, Boyce I S. 1965. Determination of tin in tin ores by radioisotope X-ray Fluorescence[J]. Radiochemical Methods of Analysis, 2: 431.

Rhodes J R, Furuta T, Berry P F. 1969. A Radioisotope X-ray fluorescence drill hole probe[C]. Proceedings of Symposium on the use of Nuclear Techniques in the Prospecting and Development of Mineral Resources: 353-362.

第6章 X荧光勘查野外工作方法

6.1 不同地质勘查阶段X荧光技术的工作任务

6.1.1 踏勘

踏勘的目的是通过路线地质调查与物化探测量相配合,选择地质条件适合于成矿的地区,为有目的进一步开展勘查工作提供有价值的工作区。

踏勘阶段往往是十分重要的阶段,特别需要一些现场化分析手段加以指导,X荧光测量方法在该阶段往往能够发挥重要作用,特别是在对矿化线索的确认方面,可以起到关键性的作用。

在这一阶段,配合地质选区,可以利用 X 荧光测量技术开展以下工作:①踏勘区主要含矿层位与岩性检测;②踏勘区主要断裂含矿性检测;③踏勘区可能矿化区检测。

1. 工作区主要含矿层位与岩性检测

锁定工作区可能的主要含矿层位与岩性,对找矿工作具有重要的指示意义。为此,可以配合地质人员布设穿越踏勘区各地层岩性的观察剖面,系统采集各地层岩性的手标本,或在现场各种岩性的岩石露头上开展目标元素的原位X荧光测量(岩石手标本与原位 X 荧光测量方法详见 6.3.3 节),然后编制工作区地质-X 荧光柱状图,据此可以判断踏勘区主要含矿地层层位与岩性。

这项工作对进一步的找矿工作是非常有指导意义的。以图 6.1 为例,该图是 1994 年周四春与四川地勘局川西北地质队在四川宝兴县风箱崖铜矿点踏勘时,通过观察地质剖面采集的岩石标本开展 X 荧光测量 Cu 的特征 X 射线后,以标准化相对强度为单位编制的风箱崖地质-X 荧光柱状图。

通过该图,工作人员很快确定了铜矿赋存在 P_2d_2 地层的灰绿色钙质基性凝灰岩中。

为了保证该项工作成果的可靠性,需要注意尽量减少各种干扰因素的影响。首先,每种地层、岩性标本的采集(或原位测量)应该做到不受岩石表面风化层的影响,采集新鲜岩石(或在新鲜岩面上开展测量);其次,采集的每块岩石应至少有 3～4 个平整面供仪器测量(现场测量时每个观察点应在一个小区域内均匀布置多个测点);最后,应该用每块岩石各个面测量值的平均值(或现场测量时小区域内均匀布置的多个测点的均值)作为一个观察点的测量值(关于岩石标本与现场原位测量更详细的测量方法技术,请参见 6.3.3 节)。

为了保证对每个地层相应岩性的 X 荧光测量结果具有指示意义,每种岩性采集的岩石标本(或现场观察点)应该尽可能地多,一般不应少于 10 块(或 10 个观察点)。

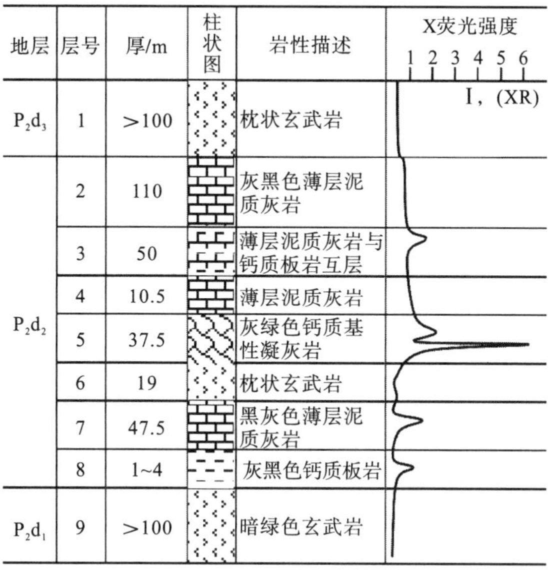

地层	层号	厚/m	柱状图	岩性描述	X荧光强度
P_2d_3	1	>100		枕状玄武岩	
P_2d_2	2	110		灰黑色薄层泥质灰岩	
	3	50		薄层泥质灰岩与钙质板岩互层	
	4	10.5		薄层泥质灰岩	
	5	37.5		灰绿色钙质基性凝灰岩	
	6	19		枕状玄武岩	
	7	47.5		黑灰色薄层泥质灰岩	
	8	1~4		灰黑色钙质板岩	
P_2d_1	9	>100		暗绿色玄武岩	

图 6.1　风箱崖铜矿踏勘区地质-X 荧光柱状图

2. 工作区主要断裂含矿性检测

断裂的含矿性检测，对判断成矿物质来源、矿体可能赋存区域等，具有明确的指示意义。

为了检测工作区主要断裂含矿性，可以在踏勘区主要断裂上布设垂直于断裂的短剖面上开展 X 荧光测量，并依据以控制断裂为主的 X 荧光多剖面测量结果编制目标元素的平面剖面图，据此做出判断。

图 6.2 是葛良全等(1995)在河北某金矿开展 X 荧光测量找金矿时，对 F_3 断裂开展 X 荧光测量的成果图。依据前期矿石副样 X 荧光测量研究，区内矿石样品中 Pb+As 的 X 荧光强度与 Au 品位间的相关系数大于 0.8，即 Pb+As 的 X 荧光强度能很好地反映 Au 含量。于是，对勘查区主断裂 F_3 及其两侧的平行断裂，布设垂直于断裂的剖面，开展 Pb+As 的 X 荧光强度测量，依据测量的结果，编制了图 6.2 所示 Pb+As 的 X 荧光强度平面剖面图。

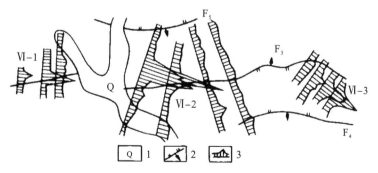

图 6.2　某金矿区 F_3 构造破碎带土壤 X 荧光测量平面剖面图

1-第四纪沉积物；2-构造破碎带；3-Pb+As 的 X 荧光强度

分析图 6.2 可知：勘查区 Pb+As 的 X 荧光强度异常总体与东-西向断裂 F_3 一致；异常主要分布在 F_3 断裂相邻区域的南、北两侧，随着远离断裂 F_3，X 荧光异常就减弱或消失，为此，可以得出结论，断裂 F_3 是区内的控矿断裂，找矿工作应该沿 F_3 断裂，在其南北两侧的相邻区域内进行。

3. 对采集的捡块样进行快速检测，为评价踏勘区找矿前景提供依据

探勘阶段，一般会在路线穿越时采集大量的捡块样。对捡块样的含矿性进行评价，往往对判断一个地区是否具有进一步找矿前景具有重要的指示作用。而很多捡块样的含矿性靠肉眼往往无法判别，需要送远离踏勘区的实验室进行分析，一则增加找矿成本，二来获取资料的周期太长。这时利用 X 荧光测量技术对捡块样进行快速检测，初步判断其是否具有矿化指示，往往会收到事半功倍的找矿效果。

根据川西北地区主要赋存构造蚀变岩型金矿，这类金矿中 Au 与 As 具有相当好的相关性的地质特点，20 世纪 90 年代中期，周四春与四川地勘局地矿处有关技术人员合作，采用配正比计数管的微机化 X 射线荧光仪(当年最先进的携带式 X 射线荧光仪)，以 As 为目标元素，先后参与了松潘县哲波山、红蜡嘴、壤塘县南木达、约木达，炉霍县根达、国日阿等一批金矿点的踏勘评价。通过对采集的各踏勘点的捡块样进行快速 X 荧光检测，筛选出有 As 异常的样品后再送实验室分析。结果取得了两个方面的效益：各踏勘点计划送实验室的样品减少了 2/3 左右，显著降低了找矿成本，同时送分析实验室的样品经化学分析，90%都有 Au 异常显示；在红蜡嘴、南木达、约木达发现了达到金矿工业品位的样品，指示了这些地区的进一步找矿价值，取得了良好的找矿效果。

当然，不同矿种的踏勘工作中，需要检测的元素是不同的。有些元素，携带式 X 射线荧光仪可以直接进行测量，如 Fe、Cu、Pb、Zn、As、W、Mo、Sr、Ba 等，有些元素，或者因为其异常含量都低于仪器的检出限(如前面介绍的 Au、Ag 等贵金属矿种)，或者因为其原子序数太低，仪器无法实施有效探测(如 Li、Be 等)，这时，要进行样品的含矿性快速检测，必须事先开展有效指示元素研究与选择。最基本的方法可以通过对一批(最好 20 件以上，有条件时，应尽可能多点)已知成矿元素含量的样品，通过 X 射线荧光仪测量出每个样品能够检出的元素的特征 X 射线强度，对不同元素，逐一统计该元素 X 荧光强度与成矿元素含量的相关系数，哪些相关系数高于 0.75 的元素，是有可能作为指示元素的。对仪器这方面的工作可以参考第 2 章有关资料来开展。

6.1.2 普查

普查工作的目的是通过中到大比例尺的地质、地球物理与地球化学测量，初步查明工作区内的地层、岩浆岩、构造的主要特征；调查成矿的地质条件，掌握地球物理场、地球化学场的特征，控制异常点、带，确定找矿标志，找出有利含矿层位；初步查明含矿体的规模、形态、产状、品位及地质特征(如矿石与元素组合特征等)，为详查提供依据。

在这一阶段，可以利用 X 荧光测量技术为达到普查工作目的开展以下工作：①开展水系沉积物 X 荧光测量，探寻找矿方向；②开展中到大比例尺土壤（或岩石）X 荧光测量，圈定矿化区域。

1. 开展水系沉积物 X 荧光测量，探寻找矿方向

在水系发育的南方，特别是高原、高寒地区，因为野外可工作时间段，按照传统的样品分析周期，获取分析资料时间长，得到分析结果后，气候已不适于开展野外工作，往往只能在来年进行下一阶段的工作。如果应用 X 荧光测量技术在勘查区现场通过快速测量，能够及时发现进一步找矿方向，这是很有意义的。

20 世纪 90 年代，周四春与四川地勘局川西北队在四川壤塘县南木达勘查区开展找金矿时，采用配正比计数管的微机化 X 射线荧光仪，首先开展了 1∶50000 的水系沉积物中 As 的 X 荧光强度测量，图 6.3 是测量成果图。随后，又对其他几个 Au 的常见伴生元素 Fe、Cu、Pb 开展了 X 荧光强度测量。图 6.4 是南木达勘查区 1∶50000 的水系沉积物中 X 荧光测量综合成果图。

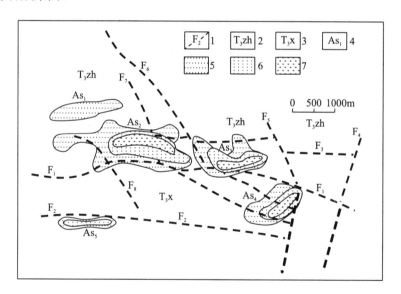

图 6.3　南木达勘查区 1∶50000 的水系沉积物中 As 的 X 荧光强度测量成果图

1-构造与编号；2-上三叠统新都桥组绢云母板岩；3-上三叠统侏倭组砂岩与板岩；4-水系沉积物 As 的 X 荧光异常位置与编号；5-As 的 X 荧光强度背景值加三倍标准差区域；6-As 的 X 荧光强度背景值加四倍标准差区域；7-As 的 X 荧光强度背景值加五倍标准差区域

综合分析 1∶50000 水系沉积物 X 荧光测量综合成果图，发现 X_4 号异常多种元素套合好，且异常长轴方向与区内近东西向的 F_1 断裂平行；短轴方向有 F_7、F_8 断裂穿越异常，异常实际处于近东西向主断裂与近南北向次级断裂的交叉符合部位，所处地质环境有利于成矿。为此，优先将 X_4 号异常区作为下一步找矿的重点区域。

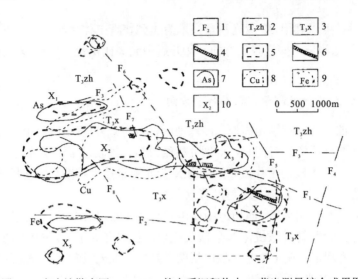

图 6.4　南木达勘查区 1∶50000 的水系沉积物中 X 荧光测量综合成果图

1~3 图例意义与图 6.3 相同；4-已知金矿体；5-1∶10000 土壤 X 荧光测区；6-新发现的金矿体；7-砷异常；8-铜异常；

9-铁异常；10-X 荧光综合异常位置与编号

2. 开展中到大比例尺土壤(或岩石)X 荧光测量，圈定矿化区域

水系沉积物测量捕获的异常内，根据地质情况，可以部署土壤(岩石)X 荧光测量。

以南木达为例。在图 6.4 中的 X_4 号异常内布署了 1∶10000 土壤 X 荧光测量。结果 X_4 号分散流分解成北西向的四个异常带。这个结果与矿致分散流的预期结果一致(即如果第一步捕获的分散流在加大比例尺开展土壤测量后，能够圈出与构造有关的土壤异常，则这种土壤异常为矿异常的概率就很高)。通过分析后，在 As_2 号土壤异常区内通过探槽揭露很快发现了工业金矿体(图 6.5)。

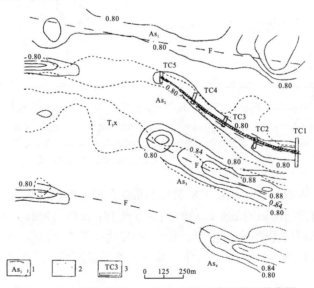

图 6.5　南木达勘查区 1∶10000 土壤 X 荧光测区异常图

1-As 的 X 荧光异常位置与编号；2-依据铁 X 荧光划分的蚀变带；3-探测位置与编号；其他图例与图 6.4 相同

6.1.3　详查与勘探

详查与勘探的目的是通过开展 1∶10000 或更大比例尺的地质、地球物理、地球化学测量，进一步查明工作区内的地层、岩浆岩和构造的特征，查明含矿体的地质特征与分布规律，并利用山地工程(探槽、潜井、钻井、坑道)圈定矿体(掌握矿体的空间分布形态与位置)、提供资源准确储量，对资源的可利用性做出评价。

在这一阶段，可以利用 X 荧光测量技术开展以下工作：①开展大比例尺 X 荧光测量，准确圈定矿(化)体的空间分布；②通过 X 射线荧光取样技术探测矿石的地质品位与边界。

为了不赘述，现场开展大比例尺的有关技术，可以具体参考 6.3 节。而采用 X 射线荧光取样技术探测矿石的地质品位与边界的有关方法，可具体参考第 12 章。这里仅给出一些应用实例。

图 6.6 是苏联地质工作者在某地做钼矿详查时的成果图。地质工作者应用当时苏联生产的 PPK-103 型携带式 X 射线荧光仪，通过 1∶10000 比例尺规则网测量土壤中 Mo 的含量，发现异常后再加密到 1∶5000 比例尺测量，控制 Mo 异常的准确位置与走向。在圈定出钼的次生晕后，结合地质情况布设探槽揭露，发现了钼的工业矿体和一批钼矿化点，据此，划出了进一步工作的成矿区域。

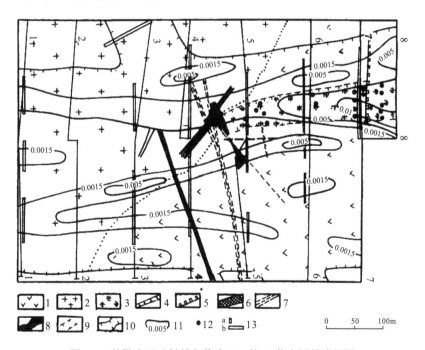

图 6.6　某勘查区疏松坡积物中 Mo 的 X 荧光测量成果图

1-花岗闪长岩；2-花岗岩；3-云英岩化花岗岩-玢岩；4-细晶岩岩脉；5-玢岩脉；6-石英矿脉；7-破碎带；
8-X 荧光测量圈定的矿体；9-云英岩化花岗岩边界；10-X 荧光圈定的钼成矿区；11-钼等值线；12-钼矿化
点；13 依据 X 荧光资料设计的探槽

周四春等 1983 年在吉林珲春市小西南岔金铜矿开展铜矿勘探工作时，在探矿巷道中，为了及时掌握铜矿的空间形态及品位变化，以指导探矿掘进工程，开展了巷壁 X 荧光取样工作。当时所用的是 HYX-1 型(单道)X 射线荧光仪，配备的是闪烁探头，^{238}Pu 激发源。为了准确确定铜矿品位，X 荧光取样点距为 10cm，用 Ni/Co 平衡滤片对直接测量铜的特征 X 射线计数率，以异常段极值的 1/2 划定矿体边界，以异常段计数的平均值计算铜矿石的平均品位。图 6.7 是在 2077 穿脉得到的 X 射线荧光取样成果图。

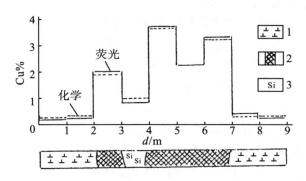

图 6.7   2077 穿脉处 X 荧光测量曲线

1-破碎蚀变细粒闪长岩；2-矿脉；3-石英脉

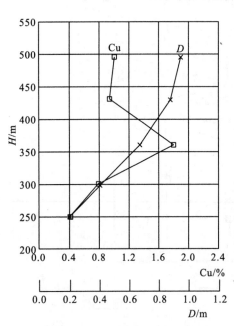

图 6.8   小西南岔金铜矿 II 号矿体
铜品位与矿体厚度演变曲线

经 X 荧光测量后，在所确定出的高于 0.1% 铜品位地段布置刻槽取样，既有效地掌握了矿体的品位、厚度变化情况，及时指导坑道掘进，又大大减少了刻槽取样数量，收到了事半功倍的效果。

除了开展上述基础工作，应用手提式 X 射线荧光仪还可以开展矿体空间变化规律、矿体中主要元素共生组合关系研究等。经对地表、不同海拔高度探矿坑道中各矿体平均品位、矿层厚度的 X 荧光测量，得到了各矿体的空间演变规律，图 6.8 是 II 号矿体铜品位与矿体厚度演变曲线。

由图 6.8 可知，II 号矿体在地表出露部位(500m 处)应该是矿体的中部，矿体厚度最大。在 250m 处已趋于尖灭。而矿体品位在 360m 处达到最高，是 II 号矿体最富部位。

这些资料受到地质人员重视，在考虑海拔 200m 探矿坑道设计，以及编制矿山采矿设计等技术文件中都被作为科学依据加以考虑。

6.2　携带(手提)式 X 射线荧光仪的性能测试

为了保证野外测量数据的可靠性，在一个勘查区开展工作前，或仪器检修后，都需要对所用携带(手提)式 X 射线荧光仪的性能进行测试，通过测试表明仪器各项指标达到要求，方能投入生产性工作。

手提式 X 射线荧光仪性能测试的主要内容包括：能量线性测试、能量分辨率的测试、灵敏度测试、检出限测试、准确度测试、精密度测试、稳定性测试、谱漂的测试、可靠性测试以及一致性测试。测试应该尽量遵循已有的国家标准或行业标准。

6.2.1　能量线性测试

1. 能量线性测试标准与方法

手提式 X 射线荧光仪能量线性测试可以按照中华人民共和国核行业标准(EJ/T684-92)执行。

采用其特征 X 射线能量将考察能量区间的标准物质或放射性标准源对被测仪器进行能量刻度。能量刻度采用线性模型，由最小二乘法求出回归系数，并以回归误差的最大相对误差(ε%)表示能量非线性(误差)。如果仪器整机能量非线性小于 1%，则能量线性指标符合要求。能量线性刻度模型如下：

$$E = a + b\mathrm{Ch} \tag{6.1}$$

式中，E 为所测特征 X 射线的能量(单位：keV 或 MeV)；Ch 为特征 X 射线峰位道址(单位：道)；a、b 为能量线性刻度系数。

2. 手提式 X 射线荧光仪能量线性测试与评价实例

例如，对某以 Ag 靶微功耗 X 射线光管做激发源、以 Si-PIN 为探测器的手提式 X 射线荧光仪，采用标准物质 Zr、Sr、As、Ga、Zn、Cu、Fe、Ca(能量范围为 3.69~15.74keV)，在相同仪器条件下，分别测量其各元素的特征 X 射线，可以获得图 6.9 所示的特征 X 射线谱。

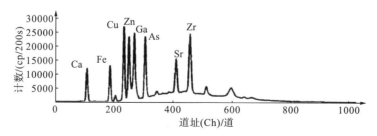

图 6.9　某手提式 X 射线荧光仪能量线性测量实测谱线图

根据实测谱线，确定了各元素 K_α 特征峰峰位道址，见表 6.1 中第 3 列数据。

表 6.1 某手提式 X 射线荧光仪样机能量非线性测量结果

元素	E_{K_α}/keV	Ch/道	$E_{测}$/keV	ε/%
Zr	15.746	456	15.741	−0.03
Sr	15.142	410	15.151	0.07
As	10.531	305	10.524	−0.06
Ga	9.245	268	9.246	0.01
Zn	8.630	250	8.624	−0.07
Cu	8.040	233	8.037	−0.04
Fe	6.399	186	6.414	0.23
Ca	3.690	107	3.685	−0.14

根据表 6.1 实测各元素特征峰峰位道址的原始数据,以及所代表的理论能量,采用最小二乘法进行拟合,得到仪器的整机能量线性刻度方程为

$$E = 0.011552 + 0.034544\text{Ch} \tag{6.2}$$

采用能量刻度方程,分别计算各元素的特征峰实测峰位所对应的能量,可以获得表 6.1 中第 4 列的实测能量。根据实测能量与表 6.1 中第 2 列的理论能量,可求出仪器的整机能量非线性误差(表 6.1 中的第 5 列数据)。结果表明,所测手提式 X 射线荧光仪的整机能量非线性最大误差为 0.23%(对 Fe 的特征峰能量的测定误差),因此可以得出在所检测的能量范围,仪器整机能量非线性小于 1%,仪器能量线性指标符合要求。

6.2.2 能量分辨率的测试

1. 能量分辨率测量标准与方法

手提式 X 射线荧光仪的能量分辨率检定按照中华人民共和国核行业标准(EJ/T 684-92)执行。

采用 ^{55}Fe 源放出的 5.90keV 低能 X 射线作为评定仪器能量分辨率的特征峰,在室温(20℃)、低本底环境及特征峰计数率为 1.0~5.0kcps 的条件下,对 ^{55}Fe 源进行准直后测定。对采用半导体探测器的仪器,以特征峰的半高宽能量(eV、keV)表示,其值不大于 190eV;对采用其他探测器的仪器,采用特征峰的半高宽能量除以峰代表能量的百分数表示,记为半高宽。

2. 测试与评价实例

图 6.10 为某手提式 X 射线荧光仪(仪器配置与 6.2.1 节同)实测 ^{55}Fe 源获得的 5.96keV 射线全谱与全能峰区域的局部谱线放大图。

由实测谱线可知,5.96keV 全能峰半高处左、右道址分别为 169 与 174。

根据仪器的能量线性刻度方程可知仪器对 ^{55}Fe 源 5.96keV 全能峰的能量分辨率(半高宽)为

$$\text{FWHM} = \Delta E = 0.034 \times (\text{Ch}_2 - \text{Ch}_1) = 0.170\,(\text{keV}) \tag{6.3}$$

仪器整机能量分辨率小于 190eV，该指标符合要求。

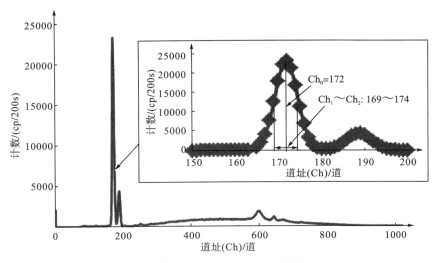

图 6.10　^{55}Fe 源 5.96keV 射线实测谱线图

6.2.3　灵敏度测试

1. 灵敏度测试的标准与方法

手提式 X 射线荧光仪的灵敏度检定按照中华人民共和国核行业标准（EJ/T 684-92）执行。

灵敏度指单位含量（质量或活度）的物质在仪器中产生的净峰面积（计数率）。根据检测要求，将仪器调整到正常工作状态后，以待测物质含量为仪器检出限的 5～20 倍时的灵敏度作为仪器的灵敏度测定值。

2. 灵敏度测试与评价实例

测试方法是：以含量不同的纯元素标准样片为测量对象，对配置 Si-PIN 或 SDD 半导体探测器的手提式 X 射线荧光仪，以采样时间 200s 分别测量各标准样片的特征谱线；选择合适方法扣除本底（见图 6.11。各种本底扣除方法可参考谢忠信编写的专著：《X 射线光谱分析》，北京：科学出版社，1982），求出各标准样片的特征元素净峰面积（计数率）；以各净峰面积与其对应的样品含量标绘散点图；根据净峰面积与其对应的样品含量的最小二乘线性拟合曲线的斜率为仪器的灵敏度测定值。

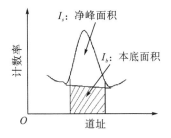

图 6.11　净峰面积与本底面积
计算示意图

灵敏度值越大，说明仪器对该元素的探测可靠性越好。有条件时，应该对勘查工作需要探测的元素逐一测定其灵敏度值，选择对大多数元素探测灵敏度好的仪器。

下面以某手持式 X 射线荧光仪样机测定 Ca 为例介绍灵敏度的测试。

表 6.2 为不同标准片实测 Ca 的 K_α 特征 X 射线荧光峰净峰面积。依据表 6.2 标绘了 Ca 的净峰面积 I_{Ca} 与其对应含量 C_{Ca} 的散点图，以及 Ca 的净峰面积 I_{Ca} 与其对应含量 C_{Ca} 的最小二乘线性拟合曲线(图 6.12)。

表 6.2 Ca 的特征 X 射线荧光峰净峰面积实测数据表

GSS 编号	$C_{Ca}/(10^{-6}g/g)$	I_{Ca}/cps	$C_{Ca测}/(10^{-6}g/g)$	$\varepsilon/\%$
1	1531.300	15.370	1535	-0.26
2	1825.880	17.140	1885	-3.26
3	1182.840	10.210	1009	15.73
4	273.189	4.140	241	12.82
5	173.533	3.400	147	15.07
6	229.431	4.410	275	-19.65
8	6717.220	55.790	6778	-0.91
9	4125.350	33.859	4002	2.99
10	2208.290	19.760	2217	-0.42
12	4861.710	42.040	5038	-3.64
13	4622.730	36.770	4371	5.45
14	1925.200	18.310	2034	-5.67
15	1200.610	13.370	1282	-6.81
16	417.704	5.710	439	-5.04

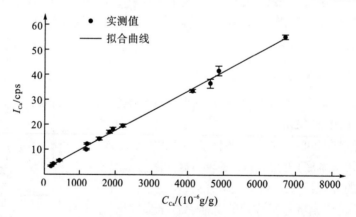

图 6.12 Ca 的净峰面积与其对应的样品含量的最小二乘线性拟合曲线

Ca 净峰面积 I_{Ca} 与其对应含量 C_{Ca} 的最小二乘线性拟合曲线为

$$I_{Ca}=0.0079×C_{Ca}-2.2394 \tag{6.4}$$

由此得出：该仪器测量 Ca 元素的灵敏度为 0.0079cps/(10^{-6}g/g)［或 790cps/(g/g)］。

6.2.4　检出限测试

1. 检出限测试的标准与方法

手提式 X 射线荧光仪检出限测定按照中华人民共和国国家标准《能量色散 X 射线荧光光谱仪主要性能测试方法》(GB/T 31364—2015)执行。方法是：通过对低含量的标准物质测量获得的仪器谱，以该元素特征 X 射线全能峰净峰面积大于或等于该全能峰能量窗内本底计数(面积)的三倍均方差来确定(图 6.10)。设 S 为被测元素特征峰能区内本底计数(I_b)的均方差；A 为仪器对该元素的分析灵敏度，A 的单位是：$cps/(10^{-6}g/g)$；由此得仪器的检出限(minium detection limit，MDL)为

$$MDL = 3 \times \frac{S}{A} = 3 \times \frac{\sqrt{I_b}}{A} \tag{6.5}$$

式中，MDL 为仪器的最低检出限，也称极限灵敏度。

2. 检出限测试实例

以某手提式 X 射线荧光仪测定 Ca 元素的检测限为例，简要介绍检出限测试。

采用 Ag 靶 X 射线光管放出射线激发 Ca，测量其 K 系 X 射线谱。对那些不能激发 K 系 X 射线谱的元素，如 U，可测其 L 系 X 射线谱。

采用纯元素标准样片测量其特征谱线后，按线性本底(总峰面积)法(图 6.11)确定出 Ca 元素 K_α 特征谱线的探测窗位置。

Ca 元素低含量段的灵敏度测量，应该选取国标样中的低含量样品。为此，选择国标样中 Ca 含量在 $(100\sim420) \times 10^{-6}$ 的 4、5、16 号国标样。

表 6.3 列出了 Ca 元素低含量段 K_α 特征 X 射线荧光峰净峰面积实测数据。

表 6.3　Ca 元素低含量段 K_α 特征 X 射线荧光峰净峰面积实测数据

GSS 编号	$C_{Ca}/(10^{-6}g/g)$	I_{Ca}/cps	C_{Ca} 与 I_{Ca} 间最小二乘法拟合方程
4	273.189	4.14	
5	173.533	3.40	$I_{Ca}=0.0095 \times C_{Ca}+1.672$
16	417.704	5.71	

对测量的峰面积结果与对应的标准含量进行线性拟合后，求得其灵敏度为 0.0095 $cps/(10^{-6}g/g)$。

此后，以 SiO_2 制作的空白样片测量全能范围的本底谱，在全能本底谱上依据已经确定的 Ca 的探测窗位置确定出本底计数 I_b。在相同的条件下分别测量 Ca 的探测窗的 10 次本底面积。依据 10 次测量结果，统计了本底计数的均方差 S(表 6.4)。

表 6.4　各元素的灵敏度与特征峰能区内本底计数(I_b)的均方差

元素	$A/[cps/(10^{-6}g/g)]$	S/cps
Ca	0.0095	0.1226

根据表 6.4 所测量的数据,用式(6.5)求出被检测元素的检出限如表 6.5 所示。

表 6.5　Ca 本底方差与元素检出限实测结果

元素	$A/[cps/(10^{-6}g/g)]$	S/cps	$MDL/(10^{-6}g/g)$
Ca	0.0095	0.1226	38.7

手提式 X 射线荧光仪科研样机对 Ca 元素的测试结果表明,仪器检出限为-38.7×10^{-6}g/g。

6.2.5　准确度测试

1. 准确度测试的标准与方法

手提式 X 射线荧光仪的准确度采用国家 I 级或 II 级标准物质作为测试对比标准,按中华人民共和国国土资源部《地球化学普查规范(1:50000)》(DZ/T 0011—2015)进行比对。

2. 准确度测试与结果

以下以某手持式 X 射线荧光仪测试 Ca 为例,简介准确度的测试步骤。表 6.6 为 Ca 的测量准确度检验原始数据表。

表 6.6　Ca 的测量准确度检验原始数据表

仪器型号	高精度手提式 X 射线荧光仪科研样机		仪器编号	Ag-03
采样时间:	200s		工作人员:	谢克文
测量日期:	2015.1.19		激发源:	Ag 靶
测量地点:	成都理工大学核工楼 212 实验室			
GSS 编号	$C_{Ca}/(10^{-6}g/g)$	I_{Ca}/cps	$C_{Ca测}/(10^{-6}g/g)$	$\varepsilon/\%$
1	1531.300	15.37	1535	0.26
2	1825.880	17.13	1885	3.26
3	1182.840	10.21	1009	-15.73
4	273.189	4.14	241	-12.82
5	173.533	3.40	147	-15.07
6	229.431	4.41	275	19.65
8	6717.220	55.79	6778	0.91
9	4125.350	33.85	4002	-2.99
10	2208.290	19.76	2217	0.42
12	4861.710	42.04	5038	3.64
13	4622.730	36.77	4371	-5.45
14	1925.200	18.31	2034	5.67
15	1200.610	13.37	1282	6.81

续表

16	417.704	5.71	439	5.04

第一次检测

仪器型号：	高精度手提式 X 射线荧光仪科研样机		仪器编号：	Ag-03
采样时间：	200s		工作人员：	张文宇
测量日期：	2015.1.20		激发源：	Ag 靶
测量地点：	成都理工大学核工楼 212 实验室			
GSS 编号	$C_{Ca}/(10^{-6}\text{g/g})$	I_{Ca}/cps	$C_{Ca测}/(10^{-6}\text{g/g})$	$\varepsilon/\%$
1	1531.300	13.64	1443	−5.76
2	1825.880	17.28	1903	4.25
3	1182.840	9.85	964	−18.51
4	273.189	4.27	257	−5.97
5	173.533	3.26	129	−25.38
6	229.431	3.80	198	−13.73
8	6717.220	54.10	6565	−2.26
9	4125.350	33.12	3909	−5.25
10	2208.290	19.27	2156	−2.37
12	4861.710	42.58	5106	5.03
13	4622.730	38.63	4607	−0.35
14	1925.200	19.08	2131	10.71
15	1200.610	13.59	1310	9.11
16	417.704	5.15	369	−12.66

第二次检测

仪器型号：	高精度手提式 X 射线荧光仪科研样机		仪器编号：	Ag-03
采样时间：	200s		工作人员：	杨奎
测量日期：	2015.1.21		激发源：	Ag 靶
测量地点：	成都理工大学核工楼 212 实验室			
GSS 编号	$C_{Ca}/(10^{-6}\text{g/g})$	I_{Ca}/cps	$C_{Ca测}/(10^{-6}\text{g/g})$	$\varepsilon/\%$
1	1531.300	15.05	1495	−2.37
2	1825.880	15.78	1713	−6.16
3	1182.840	9.68	941	−20.42
4	273.189	4.54	291	6.39
5	173.533	3.67	181	4.33
6	229.431	3.72	188	−18.17
8	6717.220	54.23	6581	−2.03
9	4125.350	33.23	3922	−4.92
10	2208.290	18.84	2102	−4.82
12	4861.710	39.43	4708	−3.16
13	4622.730	35.21	4173	−9.72
14	1925.200	17.67	1954	1.47
15	1200.610	13.10	1249	3.99
16	417.704	5.48	410	−1.77

表 6.7   Ca 的测量准确度检测结果统计表

国标样编号	$C_{Ca}/(10^{-6}g/g)$	RE%(GSD) = ($C_{Ca测}$ - C_{Ca}) / C_{Ca}	Δlg(GSD) = lg $C_{Ca测}$ -lg C_{Ca}
1	1531.300	-2.62%	-1.15%
2	1825.880	0.45%	0.19%
3	1182.840	-17.88%	-8.56%
4	273.189	-3.80%	-1.68%
5	173.533	-13.04%	-5.57%
6	229.431	-4.08%	-1.81%
8	6717.220	-1.13%	-0.49%
9	4125.350	-4.39%	-1.95%
10	2208.290	-2.26%	-0.99%
12	4861.710	1.84%	0.79%
13	4622.730	-5.17%	-2.31%
14	1925.200	5.95%	2.51%
15	1200.610	6.64%	2.79%
16	417.704	-2.80%	-1.23%
准确度要求	—	RE%(GSD)≤±35%	Δlg $C_{Ca测}$ (GSD)≤±13%

从表 6.7 可以看出，被检测仪器测量 Ca 的准确度指标是满足要求的。

6.2.6   精密度测试

1. 精密度测试原理与方法

手提式 X 射线荧光仪的精密度按《地球化学普查规范（1∶50000）》(DZ/T 0011—2015)进行测试，测试要求满足：RSD%(GSD)≤25（含量范围在检出限 3 倍以上）。

在保持仪器工作状态及环境条件不变的标准条件（温度控制在 20℃±0.5℃、湿度控制在 60%±0.5%）下，重复测量仪器读数（全能峰或总道读数）至少 100 次，当仪器读数服从正态分布时为精密度测试合格（置信度取 95%）；或在读数平均值的一倍均方差内的仪器读数的频数占 60%以上时，认定仪器精密度合格。

2. 精密度测试实例

以某配 Si-PIN 半导体探测器的手提式 X 射线荧光仪测试标准片 Sr、Zn、Cu 为例。测量时，仪器的全能峰或总道计数率均大于 2000cps，仪器读数大于 10000。分别测定了 Sr、Zn、Cu 的全能峰各 100 次（测量原始数据略）。根据实测数据，分别做出 Zn、Sr、Cu 计数率的正态区间分布统计图（图 6.13）。由以实测数据求得各个元素符合不同倍数标准差区间范围内的个数占所有测量个数的百分比如表 6.8 所示。

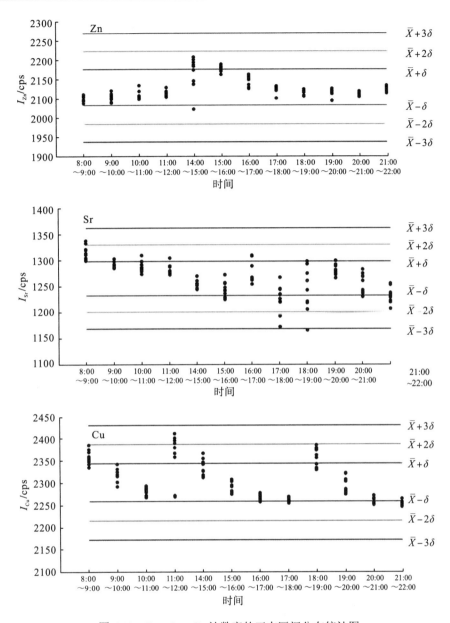

图 6.13　Zn、Sr、Cu 计数率的正态区间分布统计图

表 6.8　各个元素符合不同倍数标准差区间范围内的个数占所有测量个数的百分比

元素 区间范围	$\overline{X} \pm \delta$	$\overline{X} \pm 2\delta$	$\overline{X} \pm 3\delta$
Sr	69.2%	96.8%	99.9%
Zn	89.1%	99.9%	99.9%
Cu	65.8%	96.6%	100%

实际要求在$[\bar{X}-\delta, \bar{X}+\delta]$的比值大于 60%，在$[\bar{X}-2\delta, \bar{X}+2\delta]$的比值大于 95%，在$[\bar{X}-3\delta, \bar{X}+3\delta]$的比值大于 99%。由表 6.8 可以看出 Sr、Zn、Cu 三种元素在$[\bar{X}-\delta, \bar{X}+\delta]$、$[\bar{X}-2\delta, \bar{X}+2\delta]$、$[\bar{X}-3\delta, \bar{X}+3\delta]$的比值均符合规范要求。所以该仪器精密度测试合格。

6.2.7 稳定性测试

1. 稳定性测试标准与方法

手提式 X 射线荧光仪的稳定性检定按照中华人民共和国核行业标准(EJ/T 684-92)执行。

测试方法是：将含量标准片放置在标准测量位置上，在 8h 内，每 0.5h 测量一次量值，采取定数测量方式(计数 $N \geqslant 10^4$)，用式(6.6)计算稳定性误差，应符合中华人民共和国核行业标准(EJ/T 684-92) 5.9 条的要求。即在 8h 内，仪器的稳定性用量值的最大相对百分误差 ε 来评价。当 $\varepsilon \leqslant 5\%$ 时，可以认为仪器的稳定性合格。ε 由式(6.6)计算：

$$\varepsilon = \frac{\left(N_i - \frac{1}{n}\sum_{i=1}^{n}N_i\right)_{\max}}{\frac{1}{n}\sum_{i=1}^{n}N_i}100\% \tag{6.6}$$

式中，N_i 为在规定的时间内，第 i 次的量值；n 为规定时间内的测量次数。

2. 手提式 X 射线荧光分析仪稳定性测试实例

对某手提式 X 射线荧光分析仪样机，稳定性检测在室外进行，保证仪器工作状态不变条件下每隔 2h 测量一组数据(全能峰或总道读数)，共测量 4 组数据，每组数据测试 30 次。每组数据的平均值与全部数据的总平均值之间的相对误差不大于 1% 时为合格。

测量时，仪器的全能峰或总道计数率应大于 2000cps，仪器读数应大于 10000。

表 6.9 罗列了 X 射线荧光分析仪检测 Sr、Zn、Cu 三个元素时，各元素的每组数据的平均值与全部数据的总平均值之间的相对误差。

表 6.9 各元素的每组数据的平均值与全部数据的总平均值之间的相对误差

元素	I_{Sr}/cps	ε/%	元素	I_{Zn}/cps	ε/%	元素	I_{Cu}/cps	ε/%
Sr_1	2535	0.75	Zn_1	2928	-0.10	Cu_1	2317	0.39
Sr_2	2520	0.16	Zn_2	2934	0.11	Cu_2	2325	0.74
Sr_3	2499	-0.68	Zn_3	2934	0.12	Cu_3	2294	-0.61
Sr_4	2511	-0.20	Zn_4	2927	-0.12	Cu_4	2299	-0.39
均值	2516	—	—	2931	—	—	2309	—

由表 6.9 可知，各元素实测的 ε 值均小于 5%，仪器对 Sr、Zn、Cu 的稳定性测试合格。

6.3　现场 X 荧光测量技术

6.3.1　水系沉积物 X 荧光测量

水系沉积物 X 荧光测量,本质上是利用携带式 X 射线荧光仪在野外开展的水系沉积物地球化学测量。因此,在采集水系沉积物样品时,应该遵循水系沉积物地球化学测量的有关规范。

水系沉积物地球化学测量是对水系(河流、溪沟、干沟)底沉积物中元素的含量进行系统的测定,研究元素在水系沉积物中分布、分配、变化的规律,以发现水系沉积物中的地球化学异常,圈定找矿的远景区和有利地段,以及解决某些地质问题。水系沉积物中的地球化学异常通常称为"分散流"(刘英俊和邱德同,1987)。

所谓"分散流"是矿体及原生晕、次生晕中的元素,在地表水和地下水的冲刷、溶解作用下,使成矿有关的元素部分被水带入水系(河流和溪沟)中,然后在一定的条件下又沉淀出来,在河流和溪沟底沉积物中形成某些元素(主要是成矿元素及共伴生元素)含量增高的地段(图 6.14)。

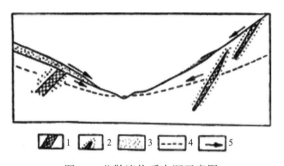

图 6.14 分散流物质来源示意图

1-矿体;2-矿体及原生晕;3-松散层;4-地下水面;5-物质搬运方向

在一定的地质条件下,水系沉积物测量捕获的分散流能够比较可靠地指示可能的矿(化)体的大致位置(图 6.15)或者为进一步找矿指示方向(图 6.15 中,依据分散流的位置,可以准确判断出异常源来自哪条水系)(罗先熔,2007)。

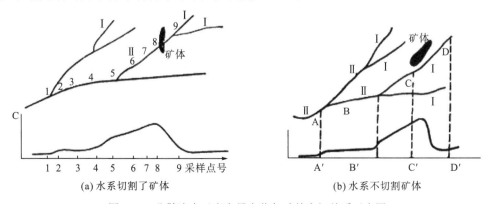

(a) 水系切割了矿体　　　　(b) 水系不切割矿体

图 6.15　分散流中元素含量变化与矿体空间关系示意图

除了水的作用，冰川、风和重力的作用等也能把矿体、原生晕、次生晕中成矿有关元素带入水系底沉积物中，形成分散流，但水在形成分散流中的作用是主要的。

1. 水系沉积物采样、加工的基本要求

做水系沉积物 X 荧光测量时，由于金属在河流中不同物质内(如砾石、粗砂、细砂、粉砂、淤泥)的富集程度是不一样的，特别是其中水成部分，因此在一个区域采样时最好统一采取同一种物质，否则，在成果图上可能就会因为采取物质的不同而出现可变偏倚。

为了减少采样物质不同带来的影响，在水系沉积物 X 荧光测量时应尽量采集淤泥及粉砂样品，不得已时，可考虑采集细砂。

采集的水系沉积物样品需要经过干燥、过筛分选合适粒度两个基本工序才能进行 X 荧光测量。在条件允许时，还可以考虑将过筛后的样品做进一步的研磨，以便减少颗粒度效应而获得最佳测量效果。

如果需要分选水系沉积物样品的粒度，在样品干燥时，不能选择烘干的方式，只能选择自然阴干。在阴干的过程中，注意防止样品胶结成块，使其保持原始粒级，便于过筛分选。

在开展水系沉积物 X 荧光测量时，除了正常测量淤泥及粉砂样品，根据需要，还可适当地在水系控制点采集重砂样品进行 X 荧光测量，以便寻找可能的找矿线索。

2. 水系沉积物 X 荧光测量

将处理好的水系沉积物样品装杯后置于手提式 X 射线荧光仪探测窗上的合适位置，选择好仪器的有关条件，就可进行测量。

对于第一代(配闪烁探测器)、第二代仪器(配正比计数器)，主要需要确定目标元素的探测能窗位置，以及测量时间。

要确定探测能窗位置，需要首先确定被测元素，然后采用待测元素的标准样测量其特征 X 射线谱，再根据仪器实测的荧光元素的特征 X 射线谱线的能区位置，确定目标元素测量的能窗。

对配闪烁探测器的第一代携带式 X 射线荧光仪，由于是在配平衡滤片对情况下测量目标元素的差值谱线，靠平衡滤片对能量区间分选出的特征 X 射线谱线，基本不存在相邻谱线的干扰，所以，一般以谱线的十分之一极大值法确定目标元素特征强度探测能窗位置(图 6.16)。

对配正比计数器的第二代携带式 X 射线荧光仪，由于其能量分辨率有限，存在相邻元素谱线干扰。为了减少相邻元素谱线干扰，通常依据实测谱线，以二分之一极大值法确定目标元素特征强度探测能窗位置(图 6.17)。

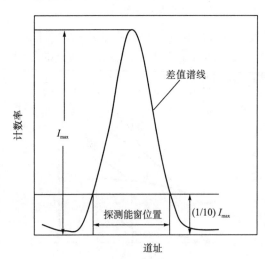

图 6.16   第一代携带式 X 射线荧光仪
探测能窗选择示意图

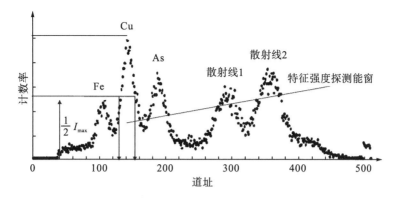

图 6.17   第二代携带式 X 射线荧光仪确定 Cu 的特征强度探测能窗位置示意图

测量时间确定，实际是考虑控制测量结果的统计误差问题。从找矿的角度，需要考虑测量结果的误差不影响到对异常的可靠判断。一般情况下，当测量结果的误差不大于 10% 时，其测量误差是可以接受的。为此，仪器的测量统计误差应该按照最大相对标准误差 ε 不超过 5% 来选取。即当我们将目标元素的特征 X 射线强度作为找矿参数时，对该强度值测量的最大相对标准误差 ε 要小于 5%。

记目标元素特征 X 射线强度的计数率为 I，测量时间为 t，则计算相对标准误差 ε（行业内常称为"测量精度"）的公式可由式 (6.7) 给出（章晔等，1990）：

$$\varepsilon = \frac{\sqrt{I \cdot t}}{I \cdot t} = \frac{1}{\sqrt{I \cdot t}} \tag{6.7}$$

由式 (6.7) 可知，元素特征 X 射线强度的计数率 I 越大，t 越长，ε 就越小。为此，要使所有样品测量结果的相对标准误差 ε 都小于 5%，即要求在计数率最小的样品达到 ε 小于 5% 情况下选择测量时间 t。

当采用第三代配半导体探测器的手提式 X 射线荧光仪测量时，由于该类仪器都使用多道分析器，且有完善的谱处理能力，我们只要选择好将要测量的目标元素，仪器就可以给出相应元素特征峰的净峰面积或含量。不过，这类仪器都有多种测量模式可供选择，一般应该选择"土壤"测量模式。而其测量时间的选择也应该依据式 (6.7) 的原理来设定。

3. 水系沉积物 X 荧光测量主要成果图件的编制

水系沉积物 X 荧光测量成果主要编制两类图件：元素符号图与元素等值图。编制方法详见本书 7.3 节。

6.3.2   土壤 X 荧光测量

与水系沉积物测量的作用类似，土壤 X 荧光测量的实质是利用携带（手提）式 X 射线荧光仪在野外开展的土壤地球化学测量。

土壤测量中，我们有一个基本假定，即土壤是基岩原地风化破碎成壤后残留在原地的产物；土壤测量的目标元素含量与下伏基岩中目标元素含量间是呈正相关关系的，换言之，土壤测量结果能够反映基岩中元素的基本分布规律。

　　事实上基岩原地风化破碎成壤后，会受到后期环境的影响与改造，从地表到基岩，随深度变化，土壤层受到的后期影响不同。为可靠提取出土壤中目标元素的信息，需要了解土壤层的结构(刘英俊和邱德同，1987)。

　　各类岩石在地表环境下被风化破坏，成为疏松的沉积物-土壤。按其与母岩的空间位置的关系，可将土壤分为两类：一类是位于母岩之上没有移动(残积土)的，或者稍有移动的(坡积土)，合称残积-坡积物，这是目前土壤 X 荧光(地球化学)勘查的主要测量对象；另一类是远离母岩的，如洪积物、冲积物、冰积物等，称为运积物或运积层。

　　残积物就是残留于原地的表层风化产物。当地表水平或地形虽微微倾斜，但是残积层与基岩结合得比较牢固，从而使得残积层的移动受到阻碍，所以残积层处在原地没有移动的疏松覆盖物中，但并非残积层不受到外来物质的渗入或者不受到剥蚀作用的影响。事实上，由于表生作用的影响，既有外界物质的加入，也有原岩的物质组分被带走。但是从总体而言，残积物的物质组分特征基本上反映了母岩的物质组分的特征。

　　坡积物是指覆盖在高地斜坡上的基岩的风化产物，这些覆盖物在重力和流水的作用下发生位移，但在成分和空间位置上，仍与母岩保持着明显的联系。在采集土壤样品时，采样层位的正确与否，直接关系到 X 荧光(地球化学)找矿的效果。为此，必须很好地了解土壤在垂直剖面上的分带特征以及各带中微量元素的分布规律。

　　现以温暖的气候环境下灰化土壤的理想剖面(图 6.18 中 I)为例，说明土壤剖面的分带现象。

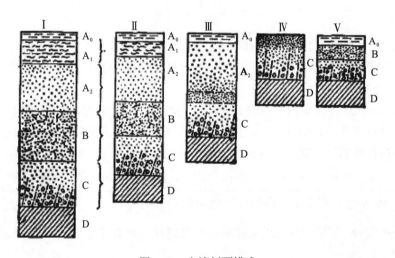

图 6.18　土壤剖面模式

I -一般模型；II-温带灰化土剖面；III-半干旱地带的黑土剖面；IV-荒漠土剖面；V-山区剥蚀较强的初生土壤剖面

　　土壤测量时，所用仪器测量条件的选择与水系沉积物测量类似，此处不赘述。

　　在每个测点开展测量工作，一般宜在 B 层土壤中进行，在每个测点上挖深度为 30～60cm 的坑，在坑底面上做测量。开展现场土壤 X 荧光测量时，应该注意尽量减少现场测量时可能出现的几何效应、矿化不均匀效应的影响。为此，一般应将挖好的坑底面弄平整，在坑底不同位置均匀布置 3～5 个测点，以平均值作为该物理点的测量结果。

在同一个地区，测点的挖坑深度应保持一致。一般情况下，不同元素的最佳富集深度是不同的，Cu、Pb、Zn、As、Fe 等元素主要富集在 B 层土壤的上部；Sr 等易溶蚀元素则主要富集在 B 层土壤的中下部。由于不同地区植被发育不同，地表腐殖质层深度也不同，故在一工作区工作前，应通过实验方法选定测量深度。如作者等在重庆大足区兴隆矿区做锶的土壤 X 荧光测量时，选定的测量深度为 60cm（图 6.19），而谢庭周等在张家口市崇礼区东坪金矿开展砷的土壤 X 荧光测量时，实验深度选择为 30cm。当目标元素在测区的丰度值不是显著高于仪器探测限时，应采样后回野外驻地，稍加处理后再测量。除了采样深度需考虑，尚需考虑目标元素在土壤中的富集粒度。

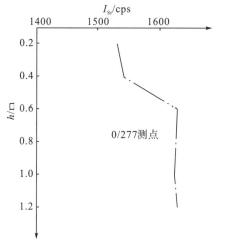

图 6.19　锶的土壤测量深度实验曲线

图 6.20　某勘查区 W 元素次生晕与样品粒度关系图

1-0.005%～0.01%；2-0.01%～0.05%；3-0.05%～0.1%；4-0.1%～0.3%

土壤是由粗细颗粒不等的物质组成的，粒度不同，元素的富集程度也不同。图 6.20 是某钨矿勘查区采用不同粒级土壤测量获得的 W 的次生晕。从图中可以看出，W 在 1～3mm 粗颗粒样品中的富集比细粒部分要强得多，通过测量 1～3mm 粗颗粒样品获得的次生晕面积大、幅值高（罗先熔，2007）。因此，在对样品加工前，应抽取部分样品做自然粒度分选实验，选出最佳（元素最富集）粒级做分析加工样。如作者在重庆大足区兴隆锶矿开展锶的土壤测量时，实验结果表明，Sr 主要富集在细于 80目的颗粒中（图 6.21）。

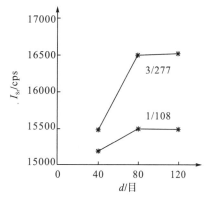

图 6.21　最佳测量粒度实验曲线

为了保证不破坏土壤样品的原始粒级，在野外干燥样品时不能采用暴晒、烘干等方式，宜选择阴干。在阴干样品的过程中，注意观察样品，用手捏碎土壤胶结团。

过筛分选出最佳粒级样品后，若有可能，最好将选出的样品研磨，以达 150 目为最佳。此时测量计数率将不受样品粒度影响。

土壤 X 荧光测量成果图件的编制应该遵从土壤地球化学测量成果图编制的有关规范。具体的图件编制类型与方法,统一在本书 7.3 节中介绍,此处不赘述。

6.3.3　岩石 X 荧光测量

本书讨论的岩石 X 荧光测量包括两种应用:与岩石地球化学测量相一致的,地面面积(或剖面)岩石 X 荧光测量;应用于深部探测的岩心 X 荧光测量。

两种岩石 X 荧光测量的目的不同,对测量结果的要求也是不同的。

一般情况下,地面面积(或剖面)岩石 X 荧光测量的目的是捕获岩石地球化学原生晕,换言之,就是要发现与矿床有空间关联关系的岩石地球化学异常。为此,对每一个测点的测量准确度可以稍微放低。

应用于深部探测的岩心 X 荧光测量则是以定量测量为目的,提供岩心编录的准确资料,为此,更要求测量的准确度。

1. 地面面积岩石 X 荧光测量

1)岩石测量的数学模型

地球化学家的研究已证实:一般情况下,一个地质单元中元素的正常含量将遵从正态分布(王崇云,1987)。由于 X 荧光计数率至少近似有正比于元素含量的关系,根据正态分布变量的特点,若元素含量遵从正态分布,其正比量也会遵从正态分布,所以,以下从含量角度讨论的各种结论,同样适合于仅仅测量 X 荧光强度的场合。X 射线荧光仪在各点测量元素的过程,实际是对随机分布的元素含量进行随机抽样,利用所抽取子样的测量值来估计母体(一个地质单元)的均值。这样一种过程,可以用抽样分布的数学模型来描述。

根据抽样分布数学模型可导出结论:在一地质单元内测量一个点,或测量 n 个点并采用其平均值来估计元素含量的真值,测量误差是不同的,在 68.3%置信概率下,后者的误差将只有前者的 $1/\sqrt{n}$ 倍(周四春,1991)。

由此,我们可以得出元素分布不均匀地质单元测量的一般原则:测量 n 个点,以其平均值作为该地质单元的元素品位,以保证大大抑制测量误差。事实上,这个原则,不仅对岩石 X 荧光测量,对土壤或各种山地工程上的 X 荧光测量都是同样适用的。

2)野外工作方法

做岩石网格化测量时,所用仪器测量条件的选择与水系沉积物测量类似,此处不赘述。

从成图角度看,每个物理点的测量值,实际代表了以该点为中心,以做图允许误差实际距离为半径的圆内岩体的平均含量。故应在此圆内不同位置布置 n 个(一般 3~5 个)测点,以其均值作为该物理点的测量结果。

在每一物理点的测量区域内[图 6.22(a)],应将测点均匀分布,避免测点分布不当[图 6.22(b)、图 6.22(c)]造成该点地质品位的人为富集或人为贫化。

同样原因,在一个物理点上进行采集岩石样品时,各采样位置采集的岩石量应大致相同,以避免样品含量的人为富集与贫化。

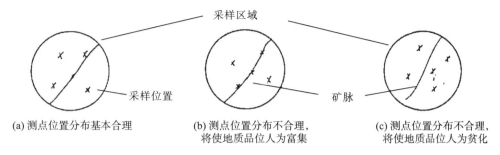

(a) 测点位置分布基本合理　　　(b) 测点位置分布不合理，　　　(c) 测点位置分布不合理，
　　　　　　　　　　　　　　　　　将使地质品位人为富集　　　　　将使地质品位人为贫化

图 6.22　每一个物理点测点位置分布示意图

2. 应用于深部探测的岩心 X 荧光测量

为了保证岩心 X 荧光测量结果的准确性和可靠性，除采用国家岩石标准样对所用仪器进行刻度，确保刻度准确性，还应对直接进行岩心测量时无法避免的几个主要影响因素进行技术处理。

(1) 岩心是原生产状岩石，其中的矿物组分分布是不均匀的，会给测量带来矿化不均匀效应影响。

(2) 岩心表面是不平整的，其表面的凹凸不平会带来几何效应影响 (周四春等，1990)。

(3) 岩心是多元素集合体，元素之间相互干扰会对 X 荧光的激发与探测产生基体效应 (章晔等，1984)。

由于矿物分布的不均匀性，对地质找矿工作，一个"点"的测量结果是没有很好代表性的，因此，地质上的所谓地质品位都是针对一定体积的地质体做出的。以刻槽取样为例，每一个地质品位是用 100cm×10cm×3cm 的地质体的样品做出的。由于将该体积内的全部岩石经充分破碎、均匀化，分析的结果是可以代表该体积含量的。相比之下，如果用 X 荧光测量来确定刻槽取样区域的地质品位，每个测点的 X 荧光测量的结果，实际只能代表仪器探测窗下一定深度 (对原生产状岩石为毫米级) 构成的体积的平均含量，由于 X 测量是依靠在取样区内测量有限个点来确定地质品位，测点的数目与分布不同，测量结果就会有差异。不从理论上弄清测点数目与测点分布对地质样品测量的影响规律，X 取样中测点的布置必然带有盲目性，以至于无法避免在低品位矿石处因 X 荧光测量点分布过多 [图 6.23(a)] 而使最终测量品位偏低；反之，在富矿石处测量点分布过多 [图 6.23(b)]，造成 X 荧光测量品位明显偏高。

(a) X荧光测量品位偏低情况　　　　　　　(b) X荧光测量品位偏高情况

图 6.23　矿化不均匀对 X 荧光测量影响示意图

根据周四春 (1991) 的研究结论，在等权 (即测量区域没有重复测量部分) 的前提下，X 荧光测量的有效区域覆盖全部欲确定地质品位的区域的比例越大，获得的 X 荧光测量品

位误差将越小。对岩心测量而言，如果在一个井孔深度上进行多点测量，取其平均值作为该井深处测点的结果，显然会大大改善矿化不均匀效应影响。为此，在岩心测量时，对那些矿化不均匀岩心(主要是矿化明显的位置)，一般采用对一个深度的岩心沿 90° 划分为 4 个测点(图 6.24)，将同一深度 4 个测量值的平均值作为该井深处测点的测量结果。

图 6.24 岩心 X 荧光测量示意图

对几何效应影响则通过采用尽量测量平整面，并以特散比做校正等技术措施对几何效应进行控制。

而基体效应问题，则主要采用元素间测量谱线的强度校正法来加以校正。

为了控制仪器长期工作的稳定性，在不同天的岩心测量过程中，可以采用手提式 X 射线荧光仪，这类仪器都配备有铅屏蔽盖作为标准片，通过每天对铅标准片含量测量值的对比，对仪器的长期稳定性进行监控。

6.3.4　干扰因素影响与校正方法

矿产勘查中的 X 荧光测量，受到多种干扰因素影响。主要有几何效应影响、矿化不均匀效应影响、岩性(基体效应)影响，以及多台仪器或同台仪器不同时间测量的数据间的不一致性影响。

1. 几何效应影响与校正方法

不少研究人员(葛良全等，1995)对几何效应问题的研究证实，在野外条件下，仪器探头下被测量介质几何状态不一致带来的几何效应影响，与仪器源样距不一致带来的影响相等效。

解决几何效应影响可采用有关文献提出的几项技术措施。

(1)通过实验选择，将仪器源样距调整在受影响最小的距离(例如，测量铜组元素为 14mm 左右)，以将几何效应误差控制在最小。

(2)采用目标元素特征 X 射线与源量子散射射线计数比值代替特征 X 射线计数做 X 荧光测量结果，借助于源量子散射线与特征 X 射线受同样影响的规律，以特散比进一步减小几何效应影响。

(3)利用多点测量的平均值，继续减小几何效应影响。现场测量中，每一测点上几何条件变化是随机的，由此带来的测量误差也是随机的。随机误差间正、负误差具有抵偿性，故多点测量的均值受几何效应影响较小。

(4)利用合适的数学校正法，对几何效应校正。

综合上述几项技术措施，可将几何效应影响控制在允许误差范围之内。

2. 矿化不均匀效应影响及对策

原生产状岩石中被测目标元素在不同位置的含量分布是不同的，当我们把手提式 X 射线荧光仪置于岩矿石的不同位置时，测量结果就会不同，这种由于被测岩矿石中目标元素分布不均匀引起的测量结果差异，就是所谓的"矿化不均匀效应"。周四春(1991)通过研究指出，在不均匀介质上做有限个测点的 X 荧光测量来估计介质内地质品位的真值，可以等价为对一个母体抽取有限次样本来估计母体参数，这个过程可用抽样分布的数学模型来描述。依据这一模型，可在需要确定地质品位的区域内，采用仪器有效探测窗的直径做点距，进行多点测量，至少要在三个点上做测量，取平均值为该点的测量结果。

3. 岩性（基体效应）影响及校正

现场测量时，增量法、薄试样法、饱和曲线法等室内 X 荧光分析中行之有效的基体效应校正方法都不能应用。

对不同的地质体来说，由于可采用换合适放射源做激发源，所遇到的基体效应主要为"吸收效应"。而对吸收效应，采用特散比法做校正总是有效的（周四春和章晔，1983；1985）。

由于目前主要使用的是第三代手提式 X 射线荧光仪，实际工作时可以设置多个强度探测窗，对每种元素，均采用同时测量其特征 X 射线计数率 I_f 与激发源初级射线的散射射线强度 I_s，以两个计数（强度）之比作为初始测量参数，即

$$\frac{I_f}{I_s} = \frac{K}{\sigma} \frac{\mu_0 + \mu_s}{\mu_0 + \mu_f} C_f \tag{6.8}$$

式中，I_f 和 I_s 分别是特征能窗和散射能窗测量的计数；K 为仪器装置系数；σ 为样品对源入射射线的散射截面；C_f 为目标元素含量；μ_0 和 μ_s 为样品对源初级和散射射线的质量吸收系数；μ_f 为样品对目标元素特征 X 射线的质量吸收系数。

当源初级射线与目标元素特征 X 射线能量区间无其他元素吸收限影响且特征 X 射线低能侧邻近无吸收限影响时

$$\frac{\mu_0 + \mu_s}{\mu_0 + \mu_f} \approx 定值 \tag{6.9}$$

有

$$\frac{I_f}{I_s} \propto C_f \tag{6.10}$$

从以上讨论可知，特散比法的实质是：当目标元素的特征 X 射线受吸收效应（$\mu_0 + \mu_f$）增大而减小时，反映介质吸收特性的散射能段内的散射射线也会因吸收（$\mu_0 + \mu_f$）增大而减小，由于两种射线同时减少，其比值受影响的程度就会大大减小，甚至消除。

研究表明，选用不同能段的散射射线做基体效应校正，其校正效果是有差异的（周四春和章晔，1983；章晔等，1984）。故对一个地区的测量，应通过实验选择最佳的散射线谱段来做校正。

在物质成分差异较大的不同岩性上做测量时，岩性之间存在的系统差异将通过特散比值反映出来。

我们知道，特征 X 射线能窗中的计数为

$$I = I_{f_s} + I_f \tag{6.11}$$

式中，I_{f_s} 是较高能射线经散射后进入该能窗产生的计数；I_f 是特征 X 射线产生的净计数。若散射线能窗计数为 I_s，特散比值 η 可记为

$$\eta = \frac{I_{f_s}}{I_s} + \frac{I_f}{I_s} = \eta_{f_s} + \eta_f \tag{6.12}$$

式中，η_{f_s} 为散射背景计数造成的特散比背景值；η_f 为净特散比。若考虑岩性影响，表现出在不同的岩性具有不同的 η_{f_s}，若不考虑此影响，在成果图编制中将出现偏倚。从式 (6.12)可知，解决这种问题的办法是扣除掉 η_{f_s} 的影响。故可先求出：

$$\eta_f = \eta - \eta_{f_s} \tag{6.13}$$

以 η_f / η_{f_s} 作为各种岩性上测量的最终值。这种方法称为标准特散比法。应用表明(章晔等，1989)这种方法是相当有效的，可满足普查阶段的生产要求。

标准特散比法所需的 I_{f_s} 值，应在不同岩性上，选待测元素趋于零的地段，分别加以测定。

当掌握的标准样达到已能建立含量计算工作曲线时，还可采用分类特散比法校正岩性和基体效应(周四春和章晔，1985)。

由于散射能窗计数反映的是介质的吸收特性，其值实际是区分岩性的一种判据。按此计数大小划分岩石类型，对每种类型岩性分别建立特散比工作曲线，也可收到良好的校正效果。

上述三类方法，是在野外条件下可以实现的。在普查阶段，对目标元素测定的准确度要求并不高，上述三种方法的测量结果一般能达生产规范要求，因而具有普遍的应用价值。

4. X 荧光测量(强度)数据的标准化

仪器的计数不仅与被测样品和测量环境有关，还与仪器本身的性能有关，一般情况下，任何两台仪器的性能都不可能完全一致，因此，用多台仪器在同一地区普查时，在同一测点测量的计数率是不相同的。即使是同一台仪器，在相隔较长时间后，对同一样品进行测量，计数率也会发生变化，甚至有相当大的差别。

当 X 荧光测量结果只能以计数率方式表示(如找金矿中测元素总量 X 荧光)时，由于上述两类原因带来的仪器计数率的不一致，将给资料对比、成图、解释等工作带来很大困难，甚至造成漏掉矿异常的恶果。为了解决这一问题，借鉴伽马测井中仪器的 API 刻度思路，周四春等提出了 X 荧光测量结果标准化的方法(周四春等，2002)。

1)基本理论

X 射线荧光仪所测量的饱和、均匀厚样品的目标元素特征 X 射线荧光计数率 I_K 可表示为

$$I_K = I_\varepsilon + K \cdot I_f \tag{6.14}$$

式中，I_f 为样品产生的真 X 荧光强度；I_ε 为仪器电噪声等造成的背景计数；K 取决于仪器的几何条件、探测效率；对同台仪器，K 与 I_ε 可视为定值。

分析式(6.14)可知，仪器间计数率的不一致是由各台仪器的背景计数及几何布置和探测效率上的差异造成的。可以证明，同台仪器相隔较长时间，前后两次测量结果不一致的原因是类似的，即其差异的表现形式仍然在 I_ε 和 K 的变化上。故两类不一致性的问题，可以用相同理论加以处理。

依据式(6.14)，对同台仪器在不同时间测量目标元素的特征 X 射线荧光计数率有

$$I_f = a + b \cdot I_K \tag{6.15}$$

式中，$a = -I_\varepsilon / K$；$b = 1 / K$。

当各仪器所用放射源相同且强度一样时，I_f 一个是仅取决于样品的量，不受仪器影响的、标准化的物理量。式(6.15)在理论上保证了依据实测计数率，可以求出不受仪器影响的标准化值 I_f。

对式(6.15)左右两边同时乘以一任意确定的数 ξ，得

$$R = A + B \cdot I_K \tag{6.16}$$

式中，$R = I_f \cdot \xi$；$A = a \cdot \xi$；$B = b \cdot \xi$。式(6.16)可表示为图 6.25。

ξ 可以任意取值，故可以取 I_K 不同的两个标准样，任意规定相应的两个 R 值(I_K 大者，R 定大一些值；I_K 小者，R 定小一些值)以标样实测 I_K 与规定的 R 值，通过最小二乘法求解出式(6.16)中的 a 和 b。

分析式(6.16)可知，由于 $R = \xi I_f$，故由式(6.16)确定出的 R 值和 I_f 具有同样的特征：能代表 I_f 的大小，不受仪器不同和工作状态的影响；

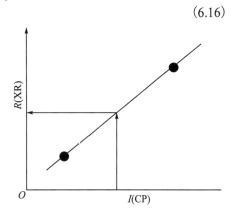

图 6.25　仪器的标准化刻度曲线

每一台仪器都使用同样的两个标准样，都依据实测的 I_K 与统一的 R 值建立方程[式(6.16)]。将 X 荧光测量值以 R 值表示。那么，所有仪器的测量结果都具有一致性。我们把式(6.16)称为仪器的标准化刻度方程。建立式(6.16)的过程，称为对仪器进行标准化刻度，将仪器实测值按式(6.16)转换为 R 值的过程，称为对 X 荧光测量值进行标准化。

这就是消除不同仪器或同台仪器各天计数率不一致的基本原理。

2) 标准化刻度方法

对每一种(或一组)元素测量，应建立相应的一套标准化刻度标准样。每一套标准样，应至少包含计数率不同的两个标准样。

在构建这套标准化刻度标准样时，低计数率标准样的测量值应与测区背景值水平相当；高计数率标准样的测量值应与测区异常下限的 3 倍或更高值相当。将这样的样品加黏合剂制成固态形状，以供野外之需。

对低计数和高计数标准样，可将所含目标元素的实际含量规定为标准化值(也可自行定义其数值)，按放射性测量单位一般命名法，给其一个以"XR"(X-Ray 的缩写)为标记的单位。依据实测两个标准样的 X 荧光计数，以及相应的标准化值，即可建立标准化刻度方程。

实际工作中，每次开机预热后、正常测量前，应将两个标准样测量一次；结束测量前也至少应检查测量两个标准样一次。每台仪器均按当天两个标样测量值建立当天的测量数值标准化方程。

$$R(\mathrm{XR}) = A + B \cdot I_K \tag{6.17}$$

将各测点的 X 荧光测量值 I_K 代入标准化刻度方程进行标准化。

如果严格按照本章介绍的标准化刻度方法对每台仪器每天测量结果在同一套标准化标准下进行数值标准化,完全可以解决同台仪器不同时间测量值间不一致性问题,也能解决不同仪器测量值间不一致性问题。这种方法的效果在 1992 年重庆大足区兴隆锶矿普查区工作时得到成功检验。

图 6.26 展示了同台仪器对 147 号测线在不同时间(5 月 11 日与 5 月 27 日)测量结果的对比。图 6.26(a)是直接利用测量 Sr 的特征 X 射线强度后,利用当天的测量值分别编制的测量剖面;图 6.26(b)是采用公用的一个标准样,以测量值比标准样值进行归一化处理后的成果图;图 6.26(c)是采用本章标准化方法处理后的对比结果。可见,当仪器读数发生明显变化后[图 6.26(a)],采用常用的利用标准样归一化的方法[图 6.26(b)]虽然可以起到一定的校正作用,但两个时间的测量曲线间的差别依然很明显。而采用标准化方法后,两次具有明显差异的测量结果间已经完全趋于一致。

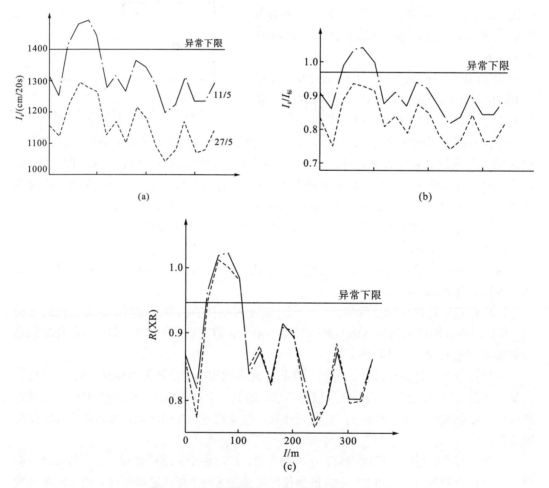

图 6.26   147 号测线在不同时间测量结果的对比

表 6.10 展示了采用不同仪器测量数据间的误差对比。

表 6.10　兴隆锶矿区 147 号测线上不同仪器测量数据间的误差对比

仪器型号	仪器间测量值的平均误差/%					
	XRF-88		XRF-84A86		HYX-1	
	$I_K/I_标$	XR	$I_K/I_标$	XR	$I_K/I_标$	XR
XRF-88	0	0	—	—	—	—
XRF-84A86	18.9	4.5	0	0	—	—
HYX-1	16.2	3.1	4.7	0.05	0	0

　　从表 6.10 中可知，三种仪器测量值与标准样归一化比值的最大平均误差达到 18.9%。采用标准化刻度处理后，三仪器间最大相对误差仅为 4.7%。

　　图 6.26 与表 6.10 的结果表明，利用 XR 单位对仪器测量数据标准化，完全解决了仪器测量数据间的不一致性问题。

　　需要指出的是，放射性测量具有统计涨落误差。为减小这种影响，对刻度标准要进行高精度测量，即要做多次测量后，以其平均值作为结果去建立标准化刻度曲线。另外也可建立一套包括 3~4 个标准样的刻度标准，以较多标样刻度仪器，减小标样测量误差给刻度方程带来的影响。

参 考 文 献

葛良全, 谢庭周, 周四春, 等. 1995. X 射线荧光法在燕山地区金矿勘查中的研究与应用[J]. 有色金属矿产与勘查, 4(1): 43-47.

刘英俊, 邱德同. 1987. 勘查地球化学[M]. 北京: 科学出版社.

罗先熔. 2007. 勘查地球化学[M]. 北京: 冶金业出版社.

王崇云. 1987. 地球化学找矿基础[M]. 北京: 地质出版社.

章晔, 华荣洲, 石柏慎. 1990. 放射性方法勘查[M]. 北京: 原子能出版社.

章晔, 谢庭周, 梁致荣. 1984. X 射线荧光探矿技术[M]. 北京: 地质出版社.

章晔, 谢庭周, 周四春, 等. 1989. 核地球物理学的 X 射线荧光技术在我国固体矿产资源中的研究与应用[J]. 地球物理学报, 32(2): 441-449.

周四春. 1991. X 取样方法的研究与应用(三)——克服矿化不均匀效应的方法研究[J]. 核电子学与探测技术, 11(1): 42-46.

周四春, 李志阳, 张志全. 2002. X 荧光测量数据标准化方法研究[A]. 四川省地学核技术重点实验室年报(2000-2001). 成都: 四川大学出版社: 107-111.

周四春, 章晔. 1985. 轻便 X 荧光仪上应用特/散法的探讨[J]. 核电子学与探测技术, 5(5): 289-293, 284.

周四春, 章晔. 1983. 用于轻便 X 荧光分析仪的等效模型校正法[J]. 核技术, 6: 39-43, 74.

周四春, 章晔, 谢庭周, 等. 1990. X 取样方法的研究与应用(一)——测量几何条件的最佳化[J]. 核电子学与探测技术, 10(1): 12-17.

第7章　X荧光勘查数据处理与成果图编制

7.1　X荧光勘查数据质量审定及数据可靠性判别准则

7.1.1　X荧光勘查数据的质量控制与审定

1. 原始资料审核的基本内容

原始资料审核的目的是：审核样品、室内外测量数据、有关资料的可靠程度和精度，弥补遗漏、剔除不合格资料，以保证异常解释评价的工作质量。

对于不得已引用可靠程度不高的资料时，应予以说明，以免因此得到错误结论。

原始资料的审核主要包括下列内容。

(1)检查现场测量(或所采集样品)位置是否无误，样品编录、落图是否无误差。

(2)检查所采集样品的质量：是否有受污染的样品(取自老硐、矿渣的样品)，以避免造成假异常；是否保持了一致的采样深度；对采样后室内X荧光测量，还要考虑所测样品粒度是否合适等。

(3)做一定工作(一般是总工作量的8%～10%)的重复测量，检查捕获的异常是否可靠，是否漏掉有意义的异常，以检查工作的质量程度。

2. 测量质量的评价

对X荧光测量方法的测量质量的评价，通常用准确度、精确度、检出限、异常重现性几个指标来衡量。现分别予以说明。

1)准确度评价

主要针对采样后室内测量结果而言。对定量X荧光测量准确度评价的一般方法是：抽取10%～20%样品做化学分析，以其合格率达80%为准确度可接受。

此外，还常在5%显著水平下，将X荧光测量结果与化学分析结果做平均品位有无显著性差异的t检验，以及用t检验完成的系统误差检验。若检验结果落入肯定域，则可认为X荧光测量的准确度可以接受。

与化学分析间的平均品位显著性差异检验，可以用两组数据间的t检验法。

系统误差的显著性检验方法介绍如下。

设

$$\Delta w_i = w_i - w_{ix} \tag{7.1}$$

式中，w_i与w_{ix}分别是第i个样品的化学分析品位与X荧光测量品位。若化学分析与X荧光测量间无系统误差，Δw_i将服从平均值为0的正态分布。故作假设：

$$\Delta \bar{w} = 0 \tag{7.2}$$

式中，$\Delta\overline{w}$ 是 Δw_i 的算术平均值，即

$$\Delta\overline{w} = \Sigma\Delta w_i / n \tag{7.3}$$

式中，n 为参加检验的样品数目。

Δw_i 的方差未知，故采用 t 检验法。其统计量 t 为

$$t = \sqrt{n-1} \cdot \Delta\overline{w} / s \tag{7.4}$$

式中，s 为 Δw_i 的均方差，由式 (7.5) 确定：

$$s = \left[\frac{1}{n-1} \cdot \Sigma(\Delta w_i - \Delta\overline{w})^2 \right]^{1/2} \tag{7.5}$$

用自由度 $(n-1)$、显著性水平 $(\alpha = 0.01)$ 查 t 分布表。若查出的理论 t 值大于由式 (7.4) 计算的 t 值，则接受假设。反之，则拒绝假设，即可认为化学分析与 X 荧光测量结果间有显著性差异。

2) 精确度评价

此外，还可用准确度评价中所用的 t 检验方法，分别检验两次测量间的平均值有无显著差异。对 X 荧光测量精确度评价的方法是：抽取 10%～20% 的样品进行重复测量，按定量测量误差标准衡量测量结果，若合格率达 80%，则可认为精确度符合要求，即可评定两次测量数值间有无系统误差。

3) 检出限评价

检出限评价应以是否满足生产要求为依据。同样是对某种元素进行测量，不同的工作阶段，对检出限的要求是不同的。例如，在锶矿勘探中，找矿阶段为了发现矿异常，要求仪器检出限要达 300ppm。而在勘探阶段，为了圈定矿体，仪器检出限达 100000ppm 也仍然满足要求，这是因为锶矿的边界品位高达 20%。

评价所用仪器的检出限是否满足要求，可以按照第 5 章的理论，求出仪器的检出限数值作为依据。实际工作中，也常依据工作目的，找一批需测量的最低品位样品做 X 荧光测量，然后统计测量结果的合格率。当合格率大于 70% 时，说明仪器的检出限符合要求。

4) 异常重现性评价

对现场原位测量，可以按测线选择 1～2 个异常进行同线共点的重复测量，编制基本测量与重复测量异常对比剖面，通过前后两次测量捕获异常出现的位置、幅度、面积误差做出评价。

如果异常位置误差小于 5%，异常幅度误差小于 10%，异常面积误差小于 10%，则测量资料合格。

7.1.2   X 荧光测量中可疑数据的剔除准则

根据误差理论，在一列重复测量数据中，如果有个别数据与其他的数据间有明显差异，则它 (或它们) 很可能含有粗大误差 (简称粗差)，称为可疑数据 (费业泰，2004)。根据偶然误差理论，出现粗大误差的概率虽小，但也是可能的。因此，如果不恰当地剔除含粗大误差的数据，会造成测量精确度偏高的假象。反之，如果对混有粗大误差的数据，即异常值，未加剔除，必然会造成测量精确度偏低的后果。以上两种情况严重影响对平均值 $\overline{x}$ 的估计。

因此，对数据中异常值的正确判断与处理，是获得客观测量结果的一个重要方法。

目前，常用的剔除可疑数据的方法有 4 种，分别是 3σ 准则、罗曼诺夫斯基准则、格罗布斯准则、狄克松准则（费业泰，2004）。下面分别介绍其使用方法。

1. 3σ 准则（莱以特准则）

实际处理时，先以式(7.6)所示的贝塞尔公式计算 σ：

$$\sigma = \sqrt{\frac{\sum_{i=1}^{n}(x_i - \overline{x})^2}{n-1}} \tag{7.6}$$

式中，σ 为测量数据的标准误差；x_i 为第 i 个测量值；$\overline{x}$ 为测量数据的平均值。

对某个可疑数据 l_d，若其残差满足

$$|\upsilon_d| = |l_d - \overline{x}| > 3\sigma \tag{7.7}$$

可判断为具有粗大误差的数据，应剔除 l_d。

莱以特准则的理论依据是：如果被判断测量值属于正常值，那么，它应该与其他正常值属于同一个正态分布。按照正态分布理论，正常值超过平均值加三倍标准误差的概率不到 0.3%，换言之，超过平均值加三倍标准误差的数据属于含有粗大误差的概率超过 99.7%。

当然，应用该准则要求测量次数充分大。当测量次数 $n \leqslant 10$，不能用该准则。根据正态分布的理论，我们可以求出 3σ 准则的"弃真"概率列于表 7.1，从表中看出 3σ 准则犯"弃真"错误的概率 α 随测量次数 n 的增大而减小，最后稳定于 0.3%。

表 7.1　3σ 准则的"弃真"概率与测量次数的关系

n	11	16	61	121	333
α	0.019	0.011	0.005	0.004	0.003

2. 罗曼诺夫斯基准则

当测量次数较少时，按 t 分布的实际误差分布范围来判别粗大误差较为合理。罗曼诺夫斯基准则又称 t 检验准则，其特点是首先剔除一个可疑的测得值，然后按 t 分布检验被剔除的测量值是否含有粗大误差。

设对某量做多次等精度独立测量，得 $x_1, x_2, \cdots, x_n$，若认为测量值 x_j 为可疑数据，将其剔除后计算平均值为（计算时不包括 x_j）

$$\overline{x} = \frac{1}{n-1}\sum_{\substack{i=1 \\ i \neq j}}^{n} x_i, \quad \sigma = \sqrt{\frac{\sum_{i=1}^{n}(x_i - \overline{x})^2}{n-2}}$$

根据测量次数 n（自由度为 $n-1$）和选取的显著度 α（一般取 0.05 或 0.01），即可由 t 分布表查得 t 分布的检验系数 K。若

$$|x_j - \overline{x}| > K\sigma \tag{7.8}$$

则认为测量值 x_j 含有粗大误差，剔除 x_j 是正确的，否则认为不含有粗大误差，应予以保留。

3. 格罗布斯准则

设对某量做多次等精度独立测量，得 x_1, x_2, $\cdots$, x_n，当 x_j 服从正态分布时，计算：

$$\bar{x} = \frac{1}{n} \sum_{i=1}^{n} x_i, \quad v_i = x_i - \bar{x}\sigma = \sqrt{\frac{\sum_{i=1}^{n} v_i}{n-1}}$$

为了检验测量序列中是否存在粗大误差，将 x_j 按从小到大排列成顺序统计量 $x_{(i)}$，有

$$x_{(1)} \leqslant x_{(2)} \leqslant \cdots \leqslant x_{(n)} \tag{7.9}$$

此时最有可能含粗大误差的数据为 $x_{(1)}$ 与 $x_{(n)}$。判断 $x_{(1)}$ 与 $x_{(n)}$ 是否含有粗大误差的标准如下：

$$P\left(\frac{\bar{x} - x_{(1)}}{\sigma} \geqslant g_0(n,\alpha)\right) = \alpha P\left(\frac{x_{(n)} - \bar{x}}{\sigma} \geqslant g_0(n,\alpha)\right) = \alpha \tag{7.10}$$

如果

$$g_i \geqslant g_0(n,\alpha) \tag{7.11}$$

则剔除 $x_{(i)}$。临界值 $g_0(n,\alpha)$ 由表 7.2 给出。

表 7.2　格罗布斯准则临界值

$g_0(n,a)$ ＼ a ／ n	0.01	0.05	$g_0(n,a)$ ＼ a ／ n	0.01	0.05
3	1.16	1.15	17	2.78	2.48
4	1.49	1.46	18	2.82	2.50
5	1.75	1.67	19	2.85	2.53
6	1.94	1.82	20	2.88	2.56
7	2.10	1.94	21	2.91	2.58
8	2.22	2.03	22	2.94	2.60
9	2.32	2.11	23	2.96	2.62
10	2.41	2.18	24	2.99	2.64
11	2.48	2.23	25	3.01	2.66
12	2.55	2.28	30	3.10	2.74
13	2.61	2.33	35	3.18	2.81
14	2.66	2.37	40	3.24	2.87
15	2.70	2.41	50	3.34	2.96
16	2.75	2.44	100	3.59	3.17

4. 狄克松准则

设对一固定量经过等精度相互独立的 n 次测量，得到一测量列 x_i($i=1,2,\cdots,n$)，并设此测量列服从正态分布。根据测得数值的大小重新排列成顺序统计测量列 $x_{(1)} \leqslant x_{(2)} \leqslant \cdots \leqslant x_{(n)}$，若怀疑 $x_{(n)}$，可构建统计量：

$$\begin{cases} r_{10} = \dfrac{x_{(n)} - x_{(n-1)}}{x_{(n)} - x_{(1)}} \\[3mm] r_{11} = \dfrac{x_{(n)} - x_{(n-1)}}{x_{(n)} - x_{(2)}} \\[3mm] r_{21} = \dfrac{x_{(n)} - x_{(n-2)}}{x_{(n)} - x_{(2)}} \\[3mm] r_{22} = \dfrac{x_{(n)} - x_{(n-2)}}{x_{(n)} - x_{(3)}} \end{cases} \tag{7.12}$$

临界值为 $r_0(n,\alpha)$ 由表 7.3 给出。若 $r_{ij} > r_0(n,\alpha)$，则表明 $x_{(n)}$ 有系统误差。当 n 不同时，应使用不同的检验量。当 $n \leqslant 7$ 时，使用 r_{10}；当 $8 \leqslant n \leqslant 10$ 时，使用 r_{11}；当 $11 \leqslant n \leqslant 13$ 时，使用 r_{21}；当 $n \geqslant 14$ 时，使用 r_{22}。

表 7.3　狄克松准则临界值

n	临界值 $r_0(n,\alpha)$		统计量 r_i	
	$\alpha = 0.01$	$\alpha = 0.05$	检验 $x_{(1)}$ 时，$r_{(1)}$	检验 $x_{(n)}$ 时，$r_{(n)}$
3	0.988	0.941		
4	0.889	0.765		
5	0.780	0.642	$\dfrac{x_{(1)} - x_{(2)}}{x_{(1)} - x_{(n)}}$	$\dfrac{x_{(n)} - x_{(n-1)}}{x_{(n)} - x_{(1)}}$
6	0.698	0.560		
7	0.637	0.507		
8	0.683	0.554		
9	0.635	0.512	$\dfrac{x_{(1)} - x_{(2)}}{x_{(1)} - x_{(n-1)}}$	$\dfrac{x_{(n)} - x_{(n-1)}}{x_{(n)} - x_{(2)}}$
10	0.597	0.477		
11	0.679	0.576		
12	0.642	0.546	$\dfrac{x_{(1)} - x_{(3)}}{x_{(1)} - x_{(n-1)}}$	$\dfrac{x_{(n)} - x_{(n-2)}}{x_{(n)} - x_{(2)}}$
13	0.615	0.521		
14	0.641	0.546		
15	0.616	0.525		
16	0.595	0.507		
17	0.577	0.490		
18	0.561	0.475		
19	0.547	0.462		
20	0.535	0.450		
21	0.524	0.440		
22	0.514	0.430	$\dfrac{x_{(1)} - x_{(3)}}{x_{(1)} - x_{(n-2)}}$	$\dfrac{x_{(n)} - x_{(n-2)}}{x_{(n)} - x_{(3)}}$
23	0.505	0.421		
24	0.497	0.413		
25	0.489	0.406		
26	0.486	0.399		
27	0.475	0.393		
28	0.469	0.387		
29	0.463	0.381		
30	0.457	0.376		

若怀疑 $x_{(1)}$，可构建统计量：

$$r_{10} = \frac{x_{(1)} - x_{(2)}}{x_{(1)} - x_{(n)}}$$

$$r_{11} = \frac{x_{(1)} - x_{(2)}}{x_{(1)} - x_{(n-1)}}$$

$$r_{21} = \frac{x_{(1)} - x_{(3)}}{x_{(1)} - x_{(n-1)}}$$

$$r_{22} = \frac{x_{(1)} - x_{(3)}}{x_{(1)} - x_{(n-2)}}$$

(7.13)

临界值为 $r_0(n,\alpha)$，若 $r_{ij} > r_0(n,\alpha)$，则 $x_{(1)}$ 有系统误差。

7.1.3　测量结果不确定度的评定

我们知道，误差定义为测量值减去真值，以真值或约定真值为中心，而真值在一般情况下是无法获取的，因此误差实际是一个理想的概念，一般不能准确知道，难以定量。为此，国际测量不确定度工作组建议，物理量的测量结果的可靠程度应该以不确定度代替误差来表示。

所谓测量不确定度，是指测量结果变化的不肯定程度，是表征被测量的真值在某个量值范围的一个估计，是测量结果含有的一个参数，用以表示被测量值的分散性。与误差不同，不确定度以被测量量的估计值为中心，反映人们对测量认识不足的程度，是可以定量评定的。在实际工作中，可以应用测量不确定度将测量结果表示为

$$y \pm u \tag{7.14}$$

式中，y 是被测量量的估计值；u 是估计值的不确定度。

不确定度有标准不确定度与展伸不确定度之分。

标准不确定度是用标准误差来表示不确定度，即 u 就是估计值的标准差。展伸不确定度由标准不确定度乘以包含因子 k 得到，记为 U，即当用 U 表示展伸不确定度时，测量结果表示为 ku。

而 k 值是根据置信概率和测量数据的自由度，由 t 分布表来确定。

从不确定度的概念可知，决定测量结果不确定度大小的应该包含两类误差：随机误差与系统误差(严格地说，仅包含系统误差中的未定系统误差部分)。标准不确定度有两类评定方法：A 类和 B 类评定方法。

A 类评定是以测量数据为基础，通过统计计算来确定标准差。可以用于标准差统计的计算工具有贝塞尔公式、别捷尔斯法、极差法、最大误差法等。

B 类评定则是基于经验或其他信息所认定的概率分布来评定标准差，这些信息可能是：以前的测量数据、经验或资料；有关仪器和装置的一般知识；制造说明书和检定证书或其他报告所提供的数据；由手册提供的参考数据等。为合理使用信息，正确进行标准不确定度的 B 类评定，需要有一定的经验及对相关知识有透彻了解。

如在间接测量中，被测量量 Y 的估计值 y 是由 N 个其他量的测得值 $x_1, x_2, \cdots, x_N$ 的函数求得，即

$$y = f(x_1, x_2, \cdots, x_N) \tag{7.15}$$

由 x_i 引起 y 的标准不确定度分量为

$$u_i = \left| \frac{\partial f}{\partial x_i} \right| u_{xi}$$

y 的不确定度应是所有不确定度分量的合成，用合成标准不确定度 u_c 来表征，计算公式为

$$u_c = \sqrt{\sum_{i=1}^{N} \left(\frac{\partial f}{\partial x_i} \right)^2 (u_{xi})^2 + 2 \sum_{1 \leqslant i < j}^{N} \frac{\partial f}{\partial x_i} \frac{\partial f}{\partial x_j} \rho_{ij} u_{xi} u_{xj}} \tag{7.16}$$

若 x_i、x_j 的不确定度相互独立，即 $\rho_{ij}=0$，则合成标准不确定度计算公式为

$$u_c = \sqrt{\sum_{I=1}^{N} \left(\frac{\partial f}{\partial x_i} \right)^2 u_{xi}^2} \tag{7.17}$$

特别应该强调的是：为了正确给出测量结果的不确定度，应全面分析影响测量结果的各种因素，列出测量结果的所有不确定度来源，保证不遗漏，不重复，才能具有良好的不确定度的评定质量。

7.2 X 荧光勘查数据的基本处理方法

7.2.1 数据的标准化与正规化

1. 数据的标准化

数据的标准化也称数据的归一化，目的是让数据在累加、除法运算过程中，突出异常值的幅度，常用于相关性低于 95% 的元素组合，标准化后数据的平均值为 0，标准离差为 1。设有 n 个样品，第 m 个样品中的某个元素的 X 荧光测量值（含量或强度）为 X_m，σ_n 为 n 个样品中该元素测量值的标准差，$\bar{X}_n$ 为该元素 n 个样品中测量值的平均值，该元素的第 m 个样品中的测量值标准化值为 X'_m，则数据的标准化计算公式为

$$X'_m = \frac{X_m - \bar{X}_n}{\sigma_n} \tag{7.18}$$

2. 数据的正规化

数据的正规化目的是平衡各个数据在累加、除法运算过程中的影响程度，常用于相关性大于 95% 的元素组合，正规化后数据的最大值为 1，最小值为 0。设有 n 个样品，第 m 个样品中的某个元素的 X 荧光测量值（含量或强度）为 X_m，n 个样品中该元素的 X 荧光测量值的最大值为 $X_{\max}$，最小值为 $X_{\min}$，第 m 个样品中的 X 荧光测量值的正规化值为 X'_m，

则数据的正规化计算公式为

$$X'_m = \frac{X_m - X_{\min}}{X_{\max} - X_{\min}} \tag{7.19}$$

7.2.2　常用预处理方法——移动平均分析

移动平均分析，也称滑动平均分析(或流动平均分析)，是一种简单但很有用的数据处理技术。这种方法的作用至少有下列两方面。

(1)实测数据中包含有采样、加工与测量的偶然误差。偶然误差具有对称性，即当样品个数趋于无限多时，正负偶然误差之和趋于零。在一个地质-地球化学体系内，我们所取的样品虽不可能那么多，但做多测点的简单算术平均，仍然能大大压低采样与测量的偶然误差，从而清晰地显示出元素的区域性分布规律和变化趋势。当窗口较小时，还能指示出一些不大的局部变化。

(2)在数据平滑时，也减少了数据的个数，便于做进一步处理。例如，用平滑后的数据进行趋势分析，会大大提高在趋势分析中的拟合程度。

移动平均分析分面移动平均分析与线移动平均分析。其中，面移动平均分析，是在标有点位与实测数据的平面图上开一个流动窗口，通过此窗口的移动来平滑数据。这种滑动主要用在面积性测量中。所开窗口的大小，依数据的分布情况与研究目的而定。如果数据点稀疏，窗口应开大些，反之，应开小些；如果主要是研究元素的区域性变化，窗口应大些，如果主要是想揭示元素的局部变化，窗口应开小些。

如图 7.1 所示，在移动时，要进行重叠。重叠是为了保证数据的连续性。重叠多少没有明确规定，一般重叠 1/3。移动后，将窗口内的所有数据用一个特征数来代替，这个数可以是窗口内的算术平均值、几何平均值、中位数、众数等。为计算方便，一般用算术平均值。所求的特征数置于窗口的中央，得到了一个新点，用此新点的数据代表窗口内的所有数值。经移动平均分析处理后的数据，绘制各种成果图。

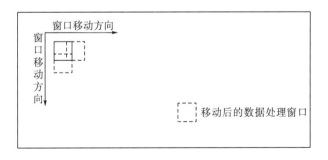

图 7.1　面移动平均分析示意图

线移动平均法主要用在地质剖面上或钻孔岩石测量中，以便更清晰地显示元素变化规律。其方法是：沿剖面线或钻孔线一次移动一个规定的长度，每次有 1/3 的重叠，将处于其中的所有数据取一个特征数，置于中点，代替该长度内的所有数据(图 7.2)。

图 7.2　线移动平均分析示意图

移动平均分析法可帮助我们辨认有经济价值矿床的异常，而同时也可看到区域性的变化趋势。换句话说，该法可以滤掉无用的噪声，而将局部异常与区域性变化显示在一起。

在使用得当的前提下，移动平均分析的功效与趋势分析类似，但不需要计算机就可以完成，比较方便。

7.2.3　背景值与异常下限值确定

在第 2 章中我们已经知道，所谓背景含量是指在无矿或未受矿化影响的地区，地质体内元素的正常含量。元素为正常含量的地区称为背景区。显然，背景区元素的分布是不均匀的，即背景含量并不是一个确定的数值，而是在一定范围内变动的值。通常，人们把背景含量的平均值作为背景值。当所用参数是某种计数率时，其背景值的意义类似，只不过是背景区内该计数率的平均值。

对找矿来说，人们把异常区内元素含量(计数率)高于背景含量(计数率)上限的含量(计数率)称为异常含量(计数率)，把背景上限值称为异常下限值。

"异常区"是指那些与背景区的地球化学特征具有显著差异的区域。在第 2 章的讨论中我们已经知道，处于异常下限的数据(背景区数据)以大概率遵从同一个正态分布，而超过异常下限的数据则以大概率不属于背景区分布。为此，可以依据正态分布的理论来划分异常下限。

实践中，背景值和异常下限一般可以用剖面图解法、累计频率曲线图解法和统计计算法确定。

1. 剖面图解法

工作时首先选择一条或几条横穿矿体的长剖面，在测制地质剖面的同时，以一定间距开展原位(或取样)X 荧光测量，然后编制 X 荧光测量剖面图。

根据远离矿体处样品中元素含量的平均水平做一条平行于横坐标的直线，与纵坐标相交处的含量为该元素的背景值。在元素含量波动范围的上限处做横坐标的平行线，与纵坐标相交处的元素含量为该元素的异常下限(背景上限)(图 7.3)。

2. 累计频率曲线图解法

无论采用何种方法，首先第一步都应该制作测区测量值(含量或计数率)的频率分布直方图。制作直方图有助于我们判断在该区究竟应该选择何种计算异常下限的方法，并且可以对测量值的分布特征有初步了解。

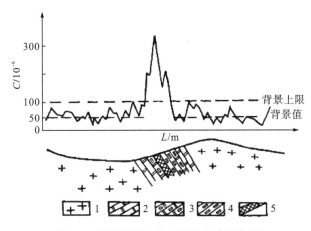

图 7.3　剖面法确定异常下限方法示意图

1-花岗岩；2-大理岩；3-夕卡岩化大理岩；4-夕卡岩；5-矿体

过去大量工作的实践表明，含量或计数率可能有正态分布和对数正态分布两种形式。对服从对数正态分布的数据，在未取对数前统计出的频率(f)分布曲线往往具有强烈的正向偏斜[图 7.4(a)]。对这种数据，取对数后再统计，一般应变成对称的倒钟形分布[图 7.4(b)]。

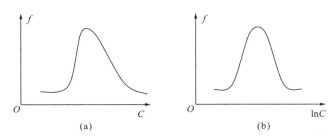

图 7.4　服从对数分布数据的特征

下面以四川某锶矿普查区 X 荧光测量数据(表 7.4)为例，介绍工作方法。

表 7.4　四川某锶矿区土壤 Sr 的 X 荧光强度统计表(参加统计样品数：317)

分组	0.655 ↓ 0.705	0.705 ↓ 0.755	0.755 ↓ 0.805	0.805 ↓ 0.855	0.855 ↓ 0.905	0.905 ↓ 0.955	0.955 ↓ 1.005	1.005 ↓ 1.055	1.055 ↓ 1.105
k	1	2	21	56	82	76	60	16	3
f/%	0.315	0.630	6.620	17.670	25.870	23.970	18.930	5.050	0.950
F/%	0.315	0.945	7.565	25.235	51.105	75.075	94.005	99.055	100.00

(1)将测量值按一定区间间隔分成 10 个组左右(一般≤10 组)。

(2)统计出各分组间隔内的数据数目(频数，常记为 k)、频率(f)与累计频率(F)。

(3)绘制如图 7.5 所示频数-计数率直方图，检查测量数据是否服从正态分布(判断方法：直方图是否以极大值为对称)。

(4)若测量数据服从正态分布，则绘制如图 7.6 所示的累计频率分布曲线。

(5)以累计频率为50%处对应的 c_0 为背景值，用累计频率为 84.1%处所对应的 c_a 减去 c_0 求出标准差 s，即 $s = c_a - c_0$。

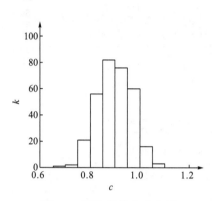

图 7.5　频数-计数率直方图

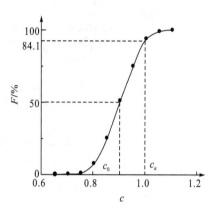

图 7.6　累计频率分布曲线

3. 统计计算法

取未受矿化地区的样品，即剔除了明显偏高的测点后的样品，按式(7.20)求背景值。

$$c_0 = \overline{x} = \sum_{c=1}^{n} x_i / n \tag{7.20}$$

式中，x_i 为第 i 个测点的测量值(含量或计数率)；n 为参加统计的样品数目。

若做了分组，则先统计出第 i 组的中值 $\overline{x}_i$ 及该组的频数 k_i 和频率 f_i，按式(7.21)确定异常下限。

$$c_a = c_0 + 2s \tag{7.21}$$

式中，s 为测量数据的均方差，由式(7.22)确定。

$$s = \frac{1}{n} \sum_{i=1}^{m} k_i (\overline{x}_i - \overline{x})^2 = \Sigma f_i (\overline{x}_i - \overline{x})^2 \tag{7.22}$$

上面讨论过，在实际工作中，为了科学求出背景值，需要剔除明显偏高的测点。何为需要剔除的具有明显偏高的测点？如何剔除它们？可以采用以下数据处理方法。

先将全部测量数据做第一次统计，求出全部数据的平均值并记为 $\overline{x}_1$，求出标准差并记为 σ_1。

统计区间下限：$\overline{x}_1 + 3\sigma_1$。

剔除全部大于或等于该区间下限的所有数据。将剩余所有数据做第二次平均值与标准差统计，得 $\overline{x}_2$、σ_2。

统计区间下限：$\overline{x}_2 + 3\sigma_2$。

剔除全部大于或等于该区间下限的所有数据。将剩余所有数据做第三次平均值与标准差统计。

如此逐步处理、剔除数据，直到剩余数据全部不能剔除。此时，即可用剩余数据按式(7.20)～式(7.22)求出有关确定异常的参数。

7.3　X 荧光勘查成果图件的编制

X 荧光测量成果图件主要有两类：一类为基本成果图件；另一类为解释推断图或异常评价图。

7.3.1　基本成果图

这类图件应能客观地以很明显的方式反映不同元素(或相应计数率)的空间变化规律，而基本不带有制图者的主观意图。

基本成果图通常有实际材料图、元素含量数据(或符号)图和元素的等含量(或等计数率)线图。

1. 区域工作程度图

该图用于反映工作区内已经开展的有关物化探工作情况。为此，图上应标明测区内所进行过的各种方法、不同精度(即各种比例尺)的工作范围；所发现的异常位置、编号。图上还应标有主要的地形地物、主要交通线和测站位置等。某普查区工作程度图如图 7.7 所示。

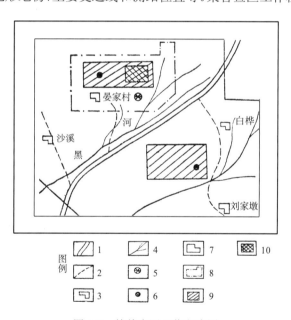

图 7.7　某普查区工作程度图

1-大路；2-小路；3-居民点；4-河流；5-驻地；6-初勘点；7-1∶25000 土壤 X 荧光测区；
8-综合找矿区；9-激电测区；10-1∶1000 土壤 X 荧光测量区

2. 实际材料图

实际材料图的内容用于真实反映各种物探测量工作的全部实际材料。这些材料包括：采样线或采样水系、采样点(或现场测量线、点)的位置及其编号，并在测点(或采点）旁边标上所测元素含量（或计数率）。若测量两个以上元素，则可用分数形式或不同颜色的数字分别表示两种或两种以上元素的含量（或计数率），也可用几张图件分别表示。

实际材料的底图一般采用与野外工作实际用图或大一倍比例尺的简化的地质图，或标明水系的平面图。前者用于岩石测量和土壤测量，后者用于水系沉积物的测量。

在计算机技术已经普及的今天，实际材料图更重视反映测量工作实际控制的位置（由测线、测点反映）及控制的程度（点距的疏密程度），为此，大多数实际材料图是在工作区地质简图基础上编制的测线与测点位置分布图。图 7.8 是周四春等 2009 年在四川九寨沟县青山梁测区开展土壤 X 荧光测量勘查金矿时的实际材料图。

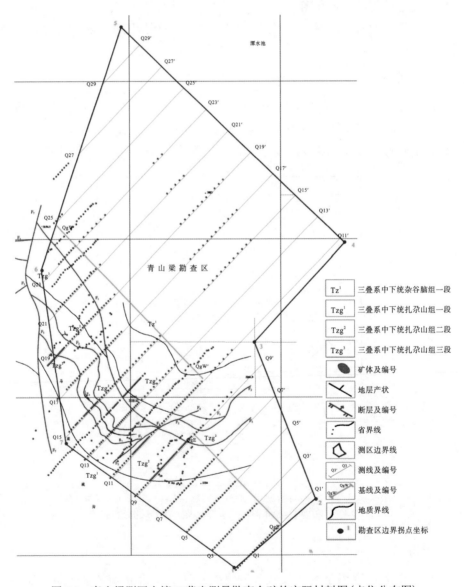

图 7.8　青山梁测区土壤 X 荧光测量勘查金矿的实际材料图（点位分布图）

3. 元素含量的数据图

元素含量数据图或符号图是水系沉积物测量的专用成果图。

元素含量数据图或符号图主要内容包括：测网内水系及其分布，全部测量点(或采样点)的位置、编号，已经知道的矿山、矿点，重要村镇、公路、交通干线等。以此图为蓝图，标上各测点测量值。一般是用一种元素的测量值绘一张图。为了醒目起见，测点编号和测量值数据可用不同颜色或符号标出或者用一系列代表不同测量值的符号标出或者既标有数据，又标有符号。图 7.9 是周四春等 1992 年在重庆大足区兴隆镇锶矿勘查区开展Sr 的水系沉积物测量时编制的 Sr 含量数据图，不失为该类图件的一个实例。

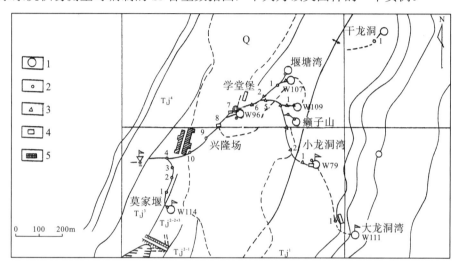

图 7.9　重庆大足区兴隆镇锶矿水系沉积物 X 荧光测量成果图

1-出水点位置；2-X 荧光计数率小于 1000cps；3-X 荧光计数率为 1000~1400cps；4-X 荧光计数率大于 1400cps；5-锶矿体

4. 等含量(计数率)线图

等含量(计数率)线图适合于岩石、土壤、水系沉积物测量。这种图常被笼统称为等值图。

等值图(等含量或等计数率)线图的制作，通常需要对原始数据稍作加工。加工的方法，一是对原始数据做规格化处理，二是做移动平均处理。加工处理的目的是减少数据的容量，同时压抑原始数据所带来的可能的畸变。最后，依据已经做过处理的新数据圈定等含量(或等计数率)线。

等含量(计数率)间隔一般采用不均匀间隔。低含量(计数率)部分间隔应小些，以有利于区别背景与矿异常；高含量(计数率)部分间隔应大些，对于矿化异常的发现并无妨碍。现在多数人常采用 1、2、3、5、7⋯倍均方差间隔圈图。

原始数据在经过处理又确定了含量(计数率)间隔后，可采用内插法勾绘等值线。在图上，低或高背景、异常带的分布，以及各主要异常的形态、范围均一目了然。图 7.10为等值线图等值圈圈定方法示意图。

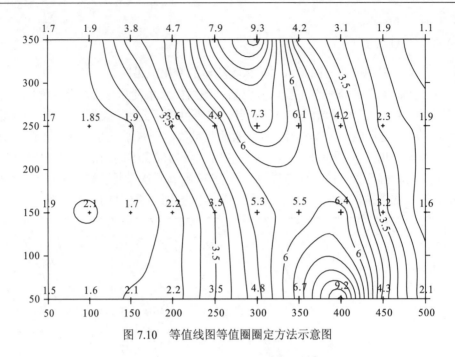

图 7.10　等值线图等值圈圈定方法示意图

图 7.11 为九寨沟两河口地区土壤 As 的 X 荧光测量等值线图。

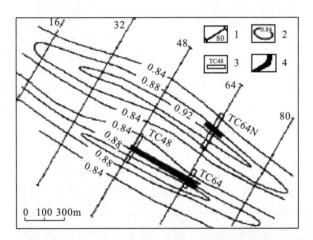

图 7.11　九寨沟两河口地区土壤 As 的 X 荧光测量等值线图

1-测线位置及编号；2-As 的 X 荧光强度等值线；3-探槽位置及编号；4-圈定的金矿体

等值线图除了能用等值圈编制，还可以对等值圈填色或绘制花纹。一般情况下，值越高的区域，所选择的颜色越深或花纹越密(图 7.12)。

7.3.2　异常评价图

异常评价图是根据编图者的某种目的和需要，依据基本 X 荧光测量图件和其他地质资料而编制的。这些图件往往为了突出或解决某一个问题，对原始数据的资料进行了较大的加工改造和取舍。

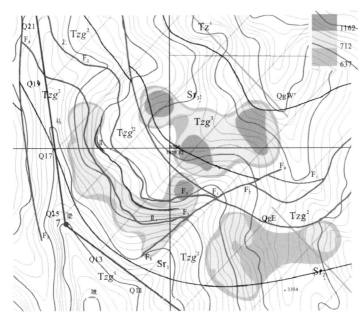

图 7.12　某地土壤 X 荧光测量 Sr 含量等值图

1. 综合异常图

综合异常图就是将几个元素的异常含量(或强度)图叠加在一张底图上。这种图能将各元素异常所处的空间位置、范围、形态和组合特征展现在图面上,便于根据异常的特征,结合地质特征,研究各个异常所反映的地质意义。

综合异常图是以地质矿产图为底图,用不同的线条花纹、颜色将各元素的异常范围表示在图面上。如果元素或地球化学指标太多,使得一张图面的负担过重,可按元素性质的不同,将相同类型的元素组合为一张综合图。

除同种方法测量不同参数(X 荧光测量多种元素)构成的综合异常图,还有应用不同方法测量不同参数编制的综合异常图。如利用伽马能谱测量、射气测量与 X 荧光测量有关参数编制的综合异常图(图 7.13),利用激电法(或其他方法)、X 荧光测量值编制的综合异常图(图 7.14)等。

2. 异常剖析图

异常剖析图的目的是对测区内若干个重点异常的分布规律、组合特征以及异常与矿产、地质体的关系做剖析。图 7.15 是异常剖析图的典型实例。一般情况下,其作图比例可大于底图比例尺 2 倍以上。

3. 综合剖面图

在矿产的普查、详查中,制作剖面图如同制作等值图一样重要。制作 X 荧光测量(综合)剖面图的方法是:沿地表选择有代表性测线的测量结果来制作。剖面图一般垂直异常的走向(或矿化带的走向),通过异常分带明显、强度最大的中心部位。剖面线图将异常

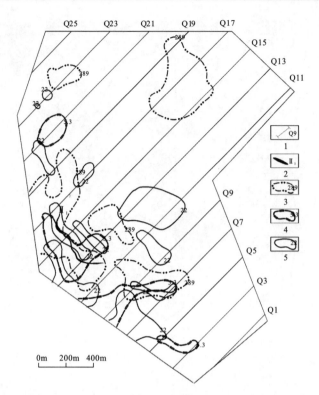

图 7.13　某勘查区利用 γ 能谱(U)测量、射气测量、X 荧光测量(As)的综合异常图

1-测线位置与编号；2-已知矿体及编号；3-砷异常；4-射气异常；5-能谱异常

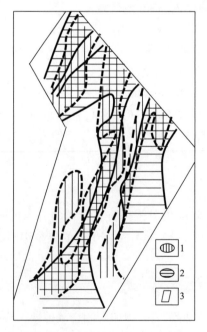

图 7.14　某勘查区激电法与 X 荧光测量(Cu)的综合异常图

1-铜异常；2-激电异常；3-测区位置

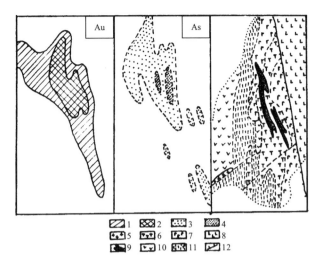

图 7.15　某金矿区 X 荧光砷异常与金异常、地层、构造关联剖析图

1-0.02g/t 金等含量线；2-0.1g/t 金等含量线；3-0.008%砷等含量线；4-0.025%砷等含量线；5-闪长岩；6-蛇纹岩化暗色火山岩；
7-变质辉长岩；8-辉长岩和辉长岩闪岩侵入岩；9-含矿石英-碳酸盐交代岩；10-变基性火山岩；11-页岩；12-断裂

在剖面上的变化特征显示出来，为勘探工程的布置提供有价值的资料。图 7.16 就是在四川阿西金矿勘查中实测的一条 α 杯(氡测量)与现场 X 荧光测量(As)综合剖面图。在某些情况下，只绘制某种核地球物理方法的测量结果随测线的变化曲线，这种曲线也称为剖面图。为了区别，常常将带有地质剖面的测量剖面称为综合剖面图。

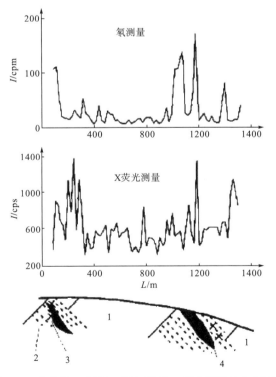

图 7.16　大发沟 A 剖面 α 杯与现场 X 荧光测量综合剖面图

1-灯影组白云岩；2-韧性剪切带；3-辉绿岩；4-矿体

4. X 荧光测量平面剖面图

X 荧光测量平面剖面图是按比例尺将整个测区各条测线的剖面图绘制于一张图上构成的，用于反映大比例尺测量结果，以帮助人们分析各测线指示元素含量(或强度)的变化情况，推测矿体延伸方向或含矿裂隙延伸方向。图 7.17 是苏联某金矿土壤 As 的 X 荧光测量平面剖面图。

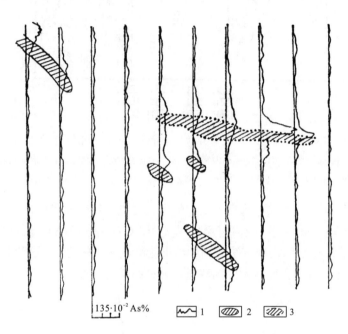

图 7.17　苏联某金矿土壤 As 的 X 荧光测量平面剖面图

1-As 的 X 荧光测量含量曲线；2-已知金矿；3-新发现金矿

为了清楚反映异常与地质情况(地层、岩性、构造等)之间的关系，通常可以以同比例尺地质图为底图，在此图基础上绘制测区平面剖面图。图 7.18 就是这种情况的平面剖面图。

5. 趋势分析图

趋势分析是一种多元统计分析，具体的数学处理方法详见本书 8.4 节，此处不赘述。

将通过趋势分析处理后得到的数据，采用传统等值图编制方法，即可得到趋势分析图。趋势分析图主要用于解决两个方面的问题：通过拟合测区目标元素(参数)的数学趋势面，绘制趋势面图，展示在整个测区上，目标元素(参数)的总体分布趋势(规律)；利用剩余趋势值，绘制剩余趋势图，展示测区内可能有意义的异常的空间位置与分布。

相较于传统的平面等值图，趋势分析图是不同的。趋势面图实际展示了测区的背景值分布情况，而剩余趋势图则反映的是异常的情况。由于这种背景值考虑了不同地层的丰度影响，其编制的剩余趋势图从理论上说，基本没有地层(岩性)影响，对找矿来说，比传统等值图更具有意义。图7.19 是利用趋势分析得到的趋势面数据编制的趋势面图。图7.20 是利用趋势分析得到的剩余趋势数据编制的剩余趋势图。

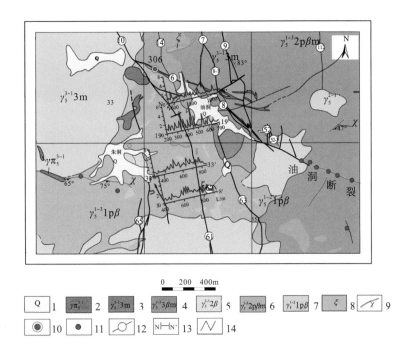

图 7.18　某铀矿勘查区土壤测量 U 平面剖面图

1-第四系；2-花岗斑岩；3-燕山期细粒白云母花岗岩；4-燕山期细粒二云母花岗岩；5-燕山期中粒黑云母花岗岩；6-印支期中粒小斑状二云母花岗岩；7-印支期粗粒斑状黑云母花岗岩；8-正长岩；9-煌斑岩脉；10-矿床；11-异常点；12-构造蚀变带；13-土壤测线位置与编号；14-U 含量(衬度值)测量剖面

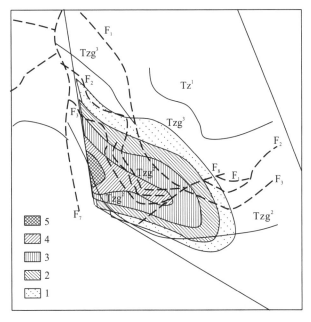

图 7.19　某金矿勘查区土壤 As 的 X 荧光强度 6 次趋势面图

1-趋势背景值加一倍标准差；2-趋势背景值加两倍标准差；3-趋势背景值加三倍标准差；4-趋势背景值加四倍标准差；5-趋势背景值加五倍标准差；其余图例与图 7.8 相同

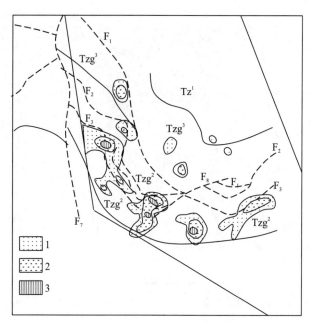

图 7.20   某金矿勘查区土壤 As 的 X 荧光强度剩余趋势图

1-As 的 X 荧光强度剩余趋势值 82～118cps；2-As 的 X 荧光强度剩余趋势值 118～460cps；

3-As 的 X 荧光强度剩余趋势值>460cps；其余图例与图 7.8 相同

7.4   X 荧光异常解释的基本原则

X 荧光异常，本质上是一种地球化学异常，X 荧光异常的解释，首先应该遵循地球化学解释的基本原则。但 X 荧光测量，也有其不同于地球化学测量的优越之处，例如，能够现场实时获得一些传统地球化学测量无法得到或很难获得的资料，因此，应在遵循地球化学异常解释原则的基础上，充分发挥 X 荧光现场测量实时获取目标元素信息的优势，实现对 X 荧光异常的正确解释。

对异常的判别，主要目标是两个：一是识别矿与非矿异常；二是对矿异常的找矿意义及价值进行评价。

总体上，对矿与非矿异常的判别，遵循"以地质为基础，以垂向 X 荧光测量资料为依据，以判别分析做判断"的异常评价基本原则是行之有效的。而对判别为矿异常的找矿意义与价值的评价，更多地需要用到地质与地球化学的理论，本书主要目的是为 X 荧光测量技术工作者提供 X 荧光技术参考，因此，对矿异常的找矿意义及价值的评价不作为本书重点，仅给予简单讨论。

7.4.1   以地质为基础进行综合分析

由矿（化）体引起的异常，应与含（赋）矿岩层（性）有密切关系。对与构造有关的热液矿床，异常还应与含（控）矿构造有密切联系。

另外，由矿（化）体引起的异常，由于矿物质组分来源充足，异常的衬度相对较高，面积相对较大,形态上则在一定程度上与含矿地层或含矿构造的位置、延伸方向等密切相关。例如,受地层控制的矿体,其矿异常长轴方向一般与地层的走向是基本一致的;受构造控制的矿体,其产生的矿异常走向与构造走向是基本一致的。

因此,在异常评价的第一阶段,应紧密结合勘查区地质情况,从是否处于有利地层和岩性中,是否与矿区含(控)矿构造有关,以及异常的衬度、幅值、面积等方面做综合分析对比,还应将趋势分析,特别是剩余趋势图等异常分析图件作为重要资料,全面加以考察,从而可以可靠筛选掉部分非矿异常。

为了减少人为主观因素的影响,实际开展异常判别前,可以遵循从已知到未知原则、通过建立矿异常综合模式,开展模式判别。

具体方法是选择几个典型已知矿异常,先厘清矿异常产生的地层、岩性,与测区内主要构造的空间关联关系,建立依据地质特征判别矿异常的基本原则;其次,再根据异常的元素组合关系、异常幅度、异常与地层、构造的关系,建立依据 X 荧光测量值有关参数判别矿异常的 X 荧光依据。两个方面都符合矿异常标准的,初步可以判定为矿异常。

7.4.2　垂向 X 荧光测量

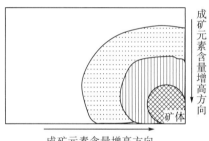

图 7.21　垂深测量判别矿异常原理示意

由矿体引起的异常,由于矿源物质充足,因而垂向上越接近矿体、浓度将越高,且浓度的梯度变化越大(图 7.21),故可在初步认定为矿异常的基础上,在异常中心或有利部位(如考虑地形引起的异常迁移等),做垂直深度的 X 荧光测量(有条件的也可以开展手提钻浅钻岩心测量),观察目标元素含量(X 荧光强度)随深度的变化,将不同深度处的 X 荧光测量值与梯度变化量两个参数做判据,从中挑选出有意义的异常。

图 7.22 是周四春等 2009 年在马脑壳地区开展 X 荧光测量 As 找金矿时,在矿与非矿异常上采用 As 垂深测量的实验曲线。从中可见,矿体上方的异常与非矿地质体上的异常的差异是十分显著的。

在开展垂深测量识别异常时,需要注意被测元素本身的代表性与测量误差带来的误判。

当我们在勘查金等贵金属或锂等低原子序数稀有矿产时,一般只能采用间接指示元素作为 X 射线荧光仪的测量对象。间接指示元素与成矿元素间存在的是统计关系而非确定性关系,因此,存在着测量结果完全符合矿异常规律,但实际不是矿异常的可能性。为了减少犯这种错误的概率,实际工作中我们最好通过测量几种,而不是一种

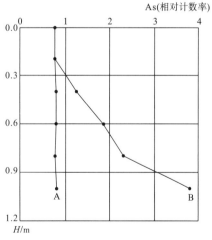

图 7.22　不同深度 As 值变化曲线

A-非矿异常;B-矿异常

间接指示元素来对异常进行判断。

即使是我们可以直接使用 X 射线荧光仪测量的矿产，如 Sr、Cu、Pb、Zn 等，在垂深直接测量成矿元素本身的过程中，由于不同深度的元素含量有可能受到一些其他因素的影响，如根系发达的某些植物对某种成矿元素的特殊吸附，造成该种成矿元素在某个深度较大富集，破坏了该成矿元素的垂向分布规律，导致我们做出错误判断。为了减少这种误判，我们也应该在垂深测量中同时测量包括成矿元素在内的多种元素，进行综合判断。此外，在开展垂深测量识别异常时还应注意地貌与矿体空间分布带来的影响（图 7.23）。

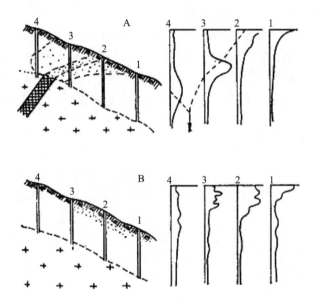

图 7.23   用浅井验证异常(阮天健和朱有光，1985)

A-有矿；B-无矿

7.4.3   判别分析作最终判别

理论上，具有统计学意义的两类多元随机变量，采用统计分析加以判别应该可以最大限度地减少判别错误(有关统计学原理详见本书 8.2 节)。将已选定好的 2～3 个垂直深度上获得的测量数值及梯度变化值两个参数，送入已建立好的计算机判别分析程序中进行矿与非矿的判别，即可最终比较准确地判断异常的属性。图 7.24 是实用判别分析程序的计算框图。

目前，判别分析已有通用计算程序 SPSS[①]可供使用，故对程序本身不作讨论。但需要指出的是，建立判别标准时，应该有足够多的已知矿异常和已知非矿异常作标准，以保证由这些标准获得的判别临界值具有代表性和可靠性。一般说来，用作标准的已知矿异常和已知非矿异常备取 10 个左右较好。当对这些标准异常的回判准确率高于 80%时，说明判别临界值确定正确且有效，可以投入应用。

---

① SPSS，statistical product and service solutions，统计产品与服务解决方案。

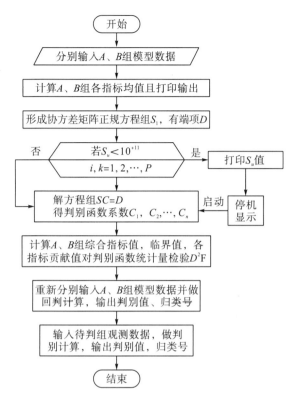

图 7.24　实用判别分析程序的计算框图

实际工作时，我们需要考虑，为了使判别分析能有最准确的判别能力，选择多深处的测量值做判别参量？

理论和实际工作表明，梯度变化越大的值对异常属性判断越准确。因此，应在可能达到的深度范围内，选梯度变化最大的深度做测量和判断。

经上述三个环节分析认定的异常，可以最大概率判定为矿异常。

7.4.4　对异常找矿意义的评价

对已经确认的矿异常，尚需评价其是否具有较大的找矿意义，以便确认是否需要布设山地工程对其进行验证。例如，我们可以用浓度分带评价法对异常进行评价。

对主要成矿元素的原生晕，如果地表有面积较大的外带，而中带面积较小，说明盲旷可能埋藏较深[图 7.25(a)]。当大面积中带出现时，说明矿体埋藏较浅，中带的范围往往与盲矿体或矿群位置的投影一致[图 7.25(b)]。当地表有大面积的浓度内带时，矿体一般已出露地表[图 7.25(c)]或者矿体上部已经被剥蚀(王崇云，1987)。

对于异常找矿意义的评价，还有一些实用的评价方法。有兴趣的读者可以参考一些勘查地球化学的教材与专著(如阮天健和朱有光，1985；刘英俊和邱德同，1987；王崇云，1987；罗先熔，2007)。

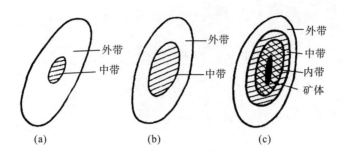

图 7.25 矿体不同埋深地表浓度分带特征示意图

参 考 文 献

费业泰. 2004. 误差理论与数据处理[M]. 北京: 机械工业出版社.

刘英俊, 邱德同. 1987. 勘查地球化学[M]. 北京: 科学出版社.

罗先熔. 2007. 勘查地球化学[M]. 北京: 冶金工业出版社.

阮天健, 朱有光. 1985. 地球化学找矿[M]. 北京: 地质出版社.

王崇云. 1987. 地球化学找矿基础[M]. 北京: 地质出版社.

第8章 多元统计方法在X荧光勘查数据处理与解释中的应用

8.1 相关分析在X荧光勘查数据分析中的应用

客观事物之间的关系大致可归纳为两大类，即函数关系与相关关系。

所谓函数关系，是指两事物之间的一种一一对应的关系，如商品的销售额和销售量之间的关系。而所谓相关关系，则是指两事物之间的一种非一一对应的，建立在统计规律上的关系，例如，金矿石中 As 元素含量与 Au 元素含量之间的关系、元素异常幅度和异常地段下方是否赋存有隐伏矿体间的关系等。

相关关系又分为线性相关和非线性相关。相关分析和回归分析都是分析客观事物之间相关关系的数量分析方法。在 X 荧光测量中，相关分析用于研究异常区元素之间的相似性或相关性，是一种揭示变量之间是否具有相互关系以及如何把这种相互关系的程度表达出来的多元统计方法。

为了能够更加准确地描述变量间的线性相关程度，可以通过计算相关系数来进行相关分析。相关系数是度量变量之间相关程度的一个量值。如果相关系数是根据总体全部数据计算的，称为总体相关系数，记为 ρ；如果是根据样本数据计算得来的，则称为样本相关系数，记为 γ。

为了判断 γ 对 ρ 的代表性大小，需要对相关系数进行假设检验。

(1) 假设总体相关性为零，即 H_0 为两总体无显著的线性相关关系。

(2) 计算相应的统计量并得到对应的相伴概率值。如果相伴概率值小于或等于指定的显著性水平，则能拒绝 H_0，认为两总体存在显著的线性相关关系；如果相伴概率值大于指定的显著性水平，则不能拒绝 H_0，认为两总体不存在显著的线性相关关系。

在 X 荧光勘查数据相关分析中，用得最多的是简单相关分析，即研究两个变量之间的相关性(研究一个因变量与两个以上自变量之间关系的称为复相关)。对不同类型的变量应采用不同的相关系数来度量，常用的相关系数主要有 Pearson 简单相关系数、Spearman 等级相关系数和 Kendall 相关系数等。

8.1.1 Pearson 简单相关系数

皮尔逊(Pearson)相关系数称积差相关系数或称积矩相关系数，是英国统计学家皮尔逊提出的一种计算相关系数的方法，故也称皮尔逊相关。这是一种求直线相关的基本方法，适合用来分析两组数值变量的相关性(数值变量的特点是可用数字表示，可通过加减运算来显示差异的大小)。

以两组元素(x 和 y)的含量数值相关性分析为例，Pearson 相关系数计算公式为

$$\gamma_P = \frac{\text{COV}(x, y)}{\sqrt{\text{var}(x)}\sqrt{\text{var}(y)}} \tag{8.1}$$

式中，$\text{COV}(x, y)$ 是两元素数值的协方差；$\text{var}(x)$、$\text{var}(y)$ 为两元素数值的方差。相关系数反映的是两元素之间的线性关系的一种度量。γ_P 的取值为 $-1 \sim 1$，当 $0 < \gamma_P < 1$ 时，表示两元素正相关(即一个变量增加，另一个变量也呈增加的趋势)；当 $-1 < \gamma_P < 0$ 时，表示两元素负相关(即一个变量增加，另一个变量呈减少的趋势)；当 $|\gamma_P| = 1$ 时，两元素完全相关(即存在确定的函数关系)；当 $\gamma_P = 0$ 时，两元素不存在相关性。$|\gamma_P|$ 离 1 越近时，两元素之间线性相关程度越高，$|\gamma_P|$ 离 0 越近时，线性相关程度越低。

8.1.2 Spearman 等级相关系数

Spearman 等级相关系数(也称斯皮尔曼等级相关系数)适用于分析两组顺序变量的相关性。顺序变量的特点是取值能够表示某种顺序关系，如测井深度、元素含量等级等参数。Spearman 等级相关也可用于分析数值变量，但其效果不如 Pearson 相关系数效果好。

Spearman 等级相关系数的计算公式为

$$\gamma_s = 1 - \frac{6\sum_{i=1}^{n} d_i^2}{n(n^2 - 1)} \tag{8.2}$$

$$\sum_{i=1}^{n} d_i^2 = \sum_{i=1}^{n} (U_i - V_i)^2 \tag{8.3}$$

式中，n 为变量数目；U_i、V_i 分别是两变量按大小或优劣排序后的秩；d_i 为两个秩之间的差。可见，Spearman 等级相关系数不是直接通过对变量值计算得到的，而是利用秩来进行计算的，是一种非参数方法。

与 Pearson 简单相关系数类似，Spearman 等级相关系数的取值也为 $[-1, 1]$。$1 > \gamma_s > 0$，两变量存在正的等级相关；$-K\gamma_s < 0$，两变量存在负的等级相关；$\gamma_s = 1$，两个变量的等级完全相同，存在完全正相关；$\gamma_s = -1$，两个变量的等级完全相反，存在完全负相关；$\gamma_s = 0$，两个变量不相关。$|\gamma_s|$ 离 1 越近，两变量的相关程度越高；离 0 越近，相关程度越低。图 8.1 展示了不同相关系数对应的数据分布图。

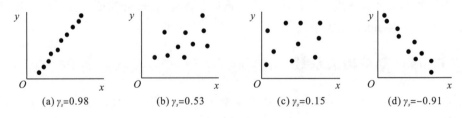

图 8.1　相关系数散点图

Kendall 相关系数与 Spearman 等级相关系数相似，也是利用变量值的秩数据来分析顺序变量的相关性，属于非参数方法。该方法在 X 荧光数据处理上应用不多，本书不再赘述。

下面以表 8.1 列出的 10 个样品($n=10$)中金和砷的含量为例，计算 Spearman 等级相关系数。根据表 8.1 中 d 值，利用式(8.3)计算 $\sum\limits_{i=1}^{n} d_i^2 = 56$ 代入式(8.2)，得

$$\gamma_s = 1 - 6 \times 56 \div (1000 - 10) = 0.661 \tag{8.4}$$

这个结果说明金和砷有一定正相关性，其分布接近图 8.1(b)。只有 Spearman 等级相关系数才能对半定量测量精度的测定值以及接近检出限的测定值做出统计关系的评价。

表 8.1　样品中金和砷的含量

序号	金/(10^{-6})	砷/(10^{-6})	秩(金)	秩(银)	d
1	0.4	0.15	10	9	1
2	0.6	0.10	8	10	−2
3	1.5	0.30	4	7	−3
4	0.5	0.50	9	4	5
5	5.8	1.00	1	2	−1
6	0.7	0.20	7	8	−1
7	2.2	0.40	3	5	−2
8	0.8	0.70	6	3	3
9	1.0	0.35	5	6	−1
10	4.2	1.10	2	1	1

表 8.2 列出的另一组样品分析结果中($n=8$)，就出现了半定量资料。显而易见，由于不能计算算术平均值，而无法应用加权均方差公式做计算。而利用 Spearman 等级相关系数就可以解决本书提出的问题。计算得出 $\sum\limits_{i=1}^{n} d_1^2 = 8$，$\gamma_s = 1 - 6 \times 8 \div (512 - 8) = 0.90$

表 8.2　分析样品中钼和钾的含量

序号	钼/(10^{-6})	钾/%	秩(钼)	秩(钾)	d
1	22.0	4.3	2	1	1
2	3.5	3.1	6	7	−1
3	5.5	3.3	5	5	0
4	<1.0	3.2	8	6	2
5	2.0	<1.0	7	8	−1
6	>40.0	4.1	1	2	−1
7	16.0	3.8	3	3	0
8	12.0	3.7	4	4	0

8.1.3　相关分析及回归分析

相关关系是变量与变量之间的一种统计关系。设 X、Y 是两个不同的随机变量，为了研究 X、Y 之间的相关情况，必须确定相关系数，计算公式如下：

$$\gamma = (\overline{XY} - \overline{X} \cdot \overline{Y}) / S_X \cdot S_Y \tag{8.5}$$

式中，$\overline{X}$ 与 $\overline{Y}$ 为变量 X 与 Y 的算术平均值；$\overline{XY}$ 为变量 X 与 Y 乘积的平均值；S_X 及 S_Y 为变量 X 与 Y 的均方差。

如果 Y 与 X 有关，且有线性方程式 $Y = aX + b$，那么，这个方程式就称为线性回归方程。方程系数可按式 (8.6) 确定

$$a = (S_{XY}/S_{XX}) \cdot \gamma, \quad b = \overline{Y} - a\overline{X} \tag{8.6}$$

$$S_{XY} = \sum (X_i - \overline{X})(Y_i - \overline{Y}), \quad S_{XX} = \sum (X_i - \overline{X})(X_i - \overline{X}) \tag{8.7}$$

式中，S_{XX} 为 X 的离差平方和；S_{XY} 为 X 与 Y 的斜差平方和；γ 为 X 与 Y 间的相关系数。

在核物探中，经常要确定相关系数和回归方程的系数。例如，变量 X 可以表示为某个元素（如金）的含量，而变量 Y 则表示该元素的伴生元素（如砷）的含量。如果变量 X、变量 Y 都服从正态分布，可以根据式 (8.5) 确定相关系数。利用回归方程，可以帮助我们用一个变量值去估算另一个变量值。

8.1.4　多元素分析资料的统计整理

众多的现代核物探方法，都能给出多元素分析资料。多元统计分析提供了解决各种任务的工具，其中包括在地质-地球化学及地质-地球物理研究中经常遇到的聚类分析问题。

这里，我们仅研究一种比较简单的分类——树状结构体系或简称"树"。它是以某种核物探方法所确定的化学元素含量为分类标志，将研究对象按相关情况分成若干组。

例如，使用 X 荧光方法测定岩矿石标本中 Zn、Pb、As、Rb、Sr 和 Zr 六种元素含量，利用树状结构方法，选择元素间的相关系数值矩阵，就可以直观地研究这些分析结果，以提示地球化学行为相同的元素间的组合。表 8.3 列出了 Zn、Pb、As、Rb、Sr 和 Zr 六种元素相关系数矩阵。

表 8.3　六种指标元素的相关系数矩阵

	Zn	Pb	As	Rb	Sr	Zr
Zn	1.00	0.69	0.72	-0.41	-0.59	-0.63
Pb	0.69	1.00	0.55	-0.61	-0.54	0.79
As	0.72	0.55	1.00	-0.75	-0.63	-0.81
Rb	-0.41	-0.61	-0.75	1.00	0.29	0.71
Sr	-0.59	-0.54	-0.63	0.29	1.00	0.50
Zr	-0.63	-0.79	-0.81	0.71	0.50	1.00

相关系数的计算公式有多种，常用的是

$$r_{ij} = \frac{S_{XY}}{\sqrt{S_{XX}S_{YY}}} \tag{8.8}$$

式中，S_{XX} 为元素 X 的离差平方和；S_{YY} 为元素 Y 的离差平方和；S_{XY} 为元素 X 与元素 Y 间的斜差平方和。

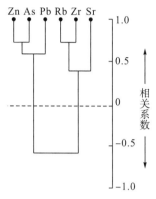

图 8.2　树状结构体系图

依据不同元素相关系数从大到小先将表中所列元素，两个分成一组。Zn 和 As 相关系数最大，为 0.72，这对元素组成了第一对元素。在图 8.2 上，分别以 Zn 和 As 为起始点向下绘直线，至纵坐标刻度 0.72 为止，并将两直线末端相连。同理，Rb 和 Zr 相关系数为 0.71，构成第二对元素。同样在图 8.2 上绘 Rb 和 Zr 关系线段。这样，完成了树状结构的第一步。其结果形成了这一组元素的中心。

接着，重新计算相关系数矩阵，此时将已经被分成组的元素视为一个元素组合，已经形成对的元素组合和没有进入对的元素之间的新相关系数用简单算术平均法计算。例如，(Zn、As) 和 Pb 之间的新相关系数用原来 Zn 和 Pb 之间以及原来 As 和 Pb 之间的相关系数之和除以 2 得出。所有计算结果列于表 8.4。

表 8.4　相关系数矩阵

	Zn、As	Pb	Rb、Zr	Sr
Zn、As	1.00	0.62	−0.64	−0.61
Pb	0.62	1.00	−0.70	−0.54
Rb、Zr	0.65	−0.70	1.00	0.40
Sr	−0.61	−0.54	0.40	1.00

在新矩阵中寻找相关大的元素对，继续建立树结构。在图 8.2 中，从 Pb 起始点向下绘直线，至纵坐标刻度 0.62，并与 Zn-As 线相接。同样，(Pb、Zr) 与 Sr 之间相关系数为 0.4，在图 8.2 中，从 Sr 起始点向下绘直线，至纵坐标刻度 0.4，与 Rb-Zr 线相接。

最后，继续建立新的相关系数矩阵。为了建立元素组 (Zn、As、Ph) 及 (Rb、Zr、Sr) 之间新的相关关系，需重新计算四个相关系数 (−0.65、−0.61、−0.70、−0.54) 的平均值。表 8.5 给出了相关系数矩阵。

表 8.5　相关系数矩阵

	Zn、As、Pb	Rb、Zr、Sr
Zn、As、Pb	1.00	−0.62
Rb、Zr、Sr	−0.62	1.00

在这个新的树状结构里，从(Zn-As-Pb)与(Rb-Zr-Sr)相应的分组线上，引线至-0.62。

这样，我们就获得了 6 种元素之间相互关系的直观曲线。根据多重相关关系，将它们分成两组。一组是铜组元素(如 Zn，As，Pb)，另一组是亲石元素(如 Rb，Zr，Sr)。

总之，利用树状结构能十分简便地、极为有效地研究客体之间或客体内部复杂的相互关系。当研究对象的数量很大时，要借助计算机建立树状结构。

8.2   判别分析在 X 荧光异常性质判别中的应用

在 X 荧光勘查工作中，经常会遇到对异常区域或异常值进行判别归类及评价预测的问题，即通过对已知矿化区或矿化点和有异常的待评价地区的地质-地球化学或地质-地球物理特征的对比来推断待评价研究区域或异常的性质。

由于多种原因，我们捕获的异常并不一定就肯定对应着矿体，不少异常是非矿异常。这也就是找矿具有很大的不确定性的原因。为此，判断异常的性质，显然是十分重要的事。采用判别分析对异常进行识别，往往能够收到比较好的效果。

数学上这类评价方法，我们称为判别或识别，它解决的问题是：根据已知归类的样本，称模型样本，建立判别函数，从而检验已知样本分类的合理性，并对未知类别的样本进行合理归类。判别从建模的已知组数来讲，一般分 2 组判别和多组(3 组及 3 组以上)判别(克劳斯·巴克豪斯等，2009)。从所使用的数学理论讲，有统计的、模糊的及灰色的等。

下面我们介绍费希尔判别、模糊综合评判和模糊模式识别这几种较常用的判别技术。其中，前两个属个体识别技术，后一个是整体识别方法。所谓个体识别是指对待判模式(或组)中的样本(个体)一个一个地与已知模式(或组)进行对比，来推断它的模式归属。所谓整体识别是指把所有待判样本看成一个整体(待判模式)与已知模式进行对比，来推断它的模式归属。显然这两种方法是从不同的角度，用不同的思路来处理问题的，各有优点，各有侧重，可以互为补益。

异常判别的基本理论是相似类比理论，即相同或相似的地质特征应有相同的地质产出。因此，人们可以通过对已知有矿地区的异常情况和待判别异常地区特征的对比分析来推断待评价地区的性质，即从已知到未知的评价思想，在数学上这类评价方法被称为判别或识别判别。

8.2.1   费希尔判别

费希尔判别又称典则判别，适用于判别指标为定量的两类判别问题。费希尔判别分析法是根据观测到的样本的若干数量特征，对新获得的样本进行归类识别，判断其所属类型的一种多元统计分析方法，该判别法对原始数据分布无特殊要求。

判别分析实质上是依据能明显区分两类母体(有矿异常与非矿异常)的一组变量，建立起一个能最大限度分离两类母体的多变量判别函数，对未知属性的样品，只要测出其参数，算出判别函数值并与判别函数的临界值比较，就可以判断其归属。

1. 数学原理简介

费希尔判别分析法的基本思路是从两个总体(组或模式)中抽取具有 m 个指标的样本观测数据，借助方差分析的思想构造一个判别函数或判别式：

$$y=c_1x_1+c_2x_2+\cdots+c_mx_m \tag{8.9}$$

确定系数的原则是使两组间离差达到最大，而使每个组内部的离差达到最小，得出判别式之后，对于一个新的样本，将它的 m 个指标代入该判别式，求出 y 值，然后与判据 y_{AB} 进行比较，依据判别准则就可以判别它属于哪一个总体。

2. 计算步骤

现设费希尔两组判别函数为

$$y=c_1x_1+c_2x_2+\cdots+c_mx_m \tag{8.10}$$

式中，c_1，c_2，$\cdots$，c_m 为待求的判别函数系数。

以 A 和 B 代表两组总体，已知 A 组有 n_1 个样品，B 组有 n_2 个样品，每个样品有 m 个变量(判别指标)，其原始数据表示为

$$x_{11}(A)，x_{12}(A)，\cdots，x_{1m}(A)\quad\quad x_{11}(B)，x_{12}(B)，\cdots，x_{1m}(B) \tag{8.11}$$

$$x_{21}(A)，x_{22}(A)，\cdots，x_{2m}(A)\quad\quad x_{21}(B)，x_{22}(B)，\cdots，x_{2m}(B) \tag{8.12}$$

$$\vdots\quad\quad\quad\quad\quad\quad\quad\quad\quad\vdots$$

$$xn_{11}(A)，xn_{12}(A)，\cdots，xn_{1m}(A)\quad xn_{21}(B)，xn_{22}(B)，\cdots，xn_{2m}(B) \tag{8.13}$$

第一步，求 A、B 两组样本各判别指标的平均值：

$$\overline{x}_1(A)，\overline{x}_2(A)，\cdots，\overline{x}_m(A) \tag{8.14}$$

$$\overline{x}_1(B)，\overline{x}_2(B)，\cdots，\overline{x}_m(B) \tag{8.15}$$

第二步，将 A、B 两组样本各判别指标的平均值差作为求解判别函数系数的 m 阶线性方程组的右项。

$$d_j=\overline{x}_j(A)-\overline{x}_j(B) \tag{8.16}$$

式中，$j=1$，2，$\cdots$，m。

第三步，求 A、B 两组的组内协方差阵之和：

$$s_{jl}=\sum_{i=1}^{n_1}[x_{ij}(A)-\overline{x}_j(A)][x_{il}(A)-\overline{x}_l(A)]+\sum_{i=1}^{n_2}[x_{ij}(B)-\overline{x}_j(B)][x_{il}(B)-\overline{x}_l(B)] \tag{8.17}$$

式中，$j=1$，2，$\cdots$，m。

第四步，构建并求解判别函数系数 c_1，c_2，$\cdots$，c_m 的 m 阶线性方程组：

$$\sum_{l=1}^{m}c_ls_{jl}=d_j \tag{8.18}$$

式中，$j=1$，2，$\cdots$，m。由此得判别函数：

$$y=c_1x_1+c_2x_2+\cdots+c_mx_m \tag{8.19}$$

第五步，求判据 y_{AB}。先将 A、B 中各 x 值代入判别函数求得 A、B 中各个值及均值 $\overline{y}_1(A)$、$\overline{y}_2(B)$，然后求判据 y_{AB}：

$$y_{AB}=\frac{n_1\overline{y}(A)+n_2\overline{y}(B)}{n_1+n_2} \tag{8.20}$$

第六步，判别归类。对任一样品(模型样或待判样)的归类方法就是，先将样品的观测值$(x_1, x_2, \cdots, x_m)$代入判别函数求出其判别函数值y，

(1)若$\bar{y}(A) > \bar{y}(B)$时，若$y > y_{AB}$，则该样品划归A类，否则划归B类。

(2)若$\bar{y}(A) < \bar{y}(B)$时，若$y > y_{AB}$，则该样品划归B类，否则划归A类。

第七步，求回判正确率：

$$\eta = \frac{判对的样品数}{n_1 + n_2} \tag{8.21}$$

所谓判对是指原属A类的回判结果也是A类，原属B类的回判结果也是B类。否则称判错。一般若$\eta > 75\%$就认为判别模型有效，否则就认为无效。

第八步，评价解释。

8.2.2 模糊综合评判

模糊综合评判即模糊模式识别的直接法，它是先求待识别对象(个体)各变量对于各模式的隶属度，然后按一定原则对各模式的多个隶属度进行综合，计算出一个综合评价指数，最后按"最大隶属原则"归类，即个体的识别。

1. 数学原理简介

在模糊数学中，任一个对象对于一个模式(即模糊集)来说，不是属于或不属的问题，而是说它隶属于这个模式的程度是多大，能够描述对象隶属于这个模式的程度的函数，我们称为隶属函数。

在实际的应用中，评价指标(即变量)都是多元的，因此首先要构造模式(即模糊集)各指标的隶属函数，然后再计算各对象相对于模式各指标的隶属度，再对多指标进行综合，求出模糊综合评价指数，最后按照最大隶属原则进行归类。

1)隶属函数构造的一般原则

(1)从实际问题的具体特性出发，总结和吸取人们长期积累的实践经验，特别要重视那些专家的经验，用一个恰当的函数来构造。

(2)在某些场合，隶属函数可以通过模糊统计实验来确定。

(3)可以用概率统计的处理结果来确定隶属函数。

(4)在一定的条件下，隶属函数也可以作为推理的产物，只要实验符合实际即可。

(5)有些隶属函数可以经过模糊运算并、交、余求得。

然而，在许多的实际应用中，由于人们认识事物的局限性，所以开始只能建立一个近似的隶属函数，然后通过"学习"与"训练"逐步修改使之完善。

2)模糊综合评价指数计算公式

$$B = \boldsymbol{R} \circ A \tag{8.22}$$

式中，$\boldsymbol{R}$是待评价对象对各变量、各模式求出的隶属度矩阵，称为单因素评价矩阵；$A = (a_1, a_2, \cdots, a_m)$称为各变量的评价权重；$\circ$是一种模糊运算的算子。$B = (b_1, b_2, \cdots, b_g)$称为模糊综合评判指标，其中，$b_i$为评价对象隶属于第$i$模式的程度。

3）评判归类

按照最大隶属原则选择最大的 b_i 所对应的模式归类。

模糊综合评判的优点是：数学模型简单，容易掌握，对多因素、多层次的复杂问题评判效果比较好。

2. 计算步骤

设已知 g 个组 m 个评判指标的对象集为 $X=(x_{ij}^k)$，其中，$k=1$, 2, $\cdots$, g 表示组号；$i=1$, 2, $\cdots$, n_k 表示对象号，n_k 为第 k 组的样品个数；$j=1$, 2, $\cdots$, m 为指标编号。

待评判归类的对象集为 $Y=(y_{ij})$，$i=1$, 2, $\cdots$, n_0，n_0 为待评判的对象个数。则计算步骤如下。

第一步，确定各评价指标的权重：$A=(a_j)$，要求 $\sum\limits_{j=1}^{m} a_j =1$。

a_j 越大表示第 j 个指标在评价决策中的重要性越高。如果重要性差不多，或难以决定，可取 $a_j = \dfrac{1}{m}$，即等权。

第二步，确定每组关于每个指标的隶属函数 $f_{kj}(x)$。

常用如下三种方法。

（1）人工给定法：根据已知研究经验或专家评定给出。

（2）正态函数法：当各组样品较多，且近似于正态分布时，则求组均值为

$$\overline{x}_{kj} = \frac{1}{n_k}\sum_{i=1}^{n_k} x_{ij}^k \tag{8.23}$$

组内方差为

$$\sigma_{kj} = \sqrt{\frac{1}{n_k}\sum_{i=1}^{n_k}(x_{ij}^k - \overline{x}_{kj})^2} \tag{8.24}$$

然后定义

$$f_{kj}(x) = \mathrm{e}^{-\frac{\left|x_{ij}^k - \overline{x}_{kj}\right|}{2\sigma_{kj}}} \tag{8.25}$$

（3）统计拟合法：当各组样品较多，分布不确定时，可先做各组各指标的频率统计直方图，然后求频率直方图的拟合曲线 $f_{kj}(x)$，作为 k 组 j 指标的隶属函数。这种方法方便灵活，适应面广。

第三步，求第 i 个评价对象相对于各组的单因素评价矩阵（隶属度矩阵）$\boldsymbol{R}=(r_{kj})$。对已知对象 X，有

$$r_{kj} = f_{kj}(x_{ij}^k) \tag{8.26}$$

和对待评价对象 Y，有

$$r_{kj} = f_{kj}(y_{ij}) \tag{8.27}$$

第四步，选择模糊算子，求第 i 个评价对象相对于各组的综合评价指数 $B=(b_k)$。如 $b_k = \overset{m}{\underset{j=1}{\vee}}(a_j \wedge r_{kj})$ 称 Zadeh 算子或 $b_k = \overset{m}{\underset{j=1}{\vee}}(a_j \cdot r_{kj})$ 称乘大算子等。

第五步，根据第 i 个评价对象的综合评价指数 b_k，按最大隶属原则归类。即若

$$b_{k_0} = \max_{1 \leqslant k \leqslant g} \{b_k\}$$

(8.28)

则该对象应归属第 k_0 类。

为了检验模型的可靠性，一般先对已知各组的对象进行回判归类，并统计回判正确率，若回判正确率高，则再对待判对象进行预测归类。

第六步，评价解释。

8.2.3　模糊模式识别

模糊模式识别又称模糊模式识别的间接法，它适用于群体模型识别，即把同一类的待判对象看作一个整体，即待判模式，与已知模式进行比较判别。在模式的隶属函数确定后，先求待判模式对于各模式的贴近度，最后按"择近原则"归类。

1. 数学原理简介

1）隶属函数的确定同前

2）择近原则

设论域 U 上有 g 个模糊子集 A_1，A_2，$\cdots$，A_g 及另一模糊子集 B。若贴近度

$$\sigma(B, A_{j_0}) = \max_{1 \leqslant j \leqslant g}(B, A_j)$$

则称 B 与 A_{j_0} 最贴近，则 $B \in A_{j_0}$ 类模式。

3）贴近度

贴近度就是两个模式间的贴近程度，即两个模式的隶属函数间的贴近程度，其数学定义是设 A、B、$C \in F(U)$，若映射 $N: F(U) \times F(U) \rightarrow [0, 1]$。

满足以下条件：

(1) $N(A, B) = N(B, A)$。

(2) $N(A, A) = 1$，$N(U, \varnothing) = 0$。

(3) 若 $A \subseteq B \subseteq C$，则 $N(A, C) \leqslant N(A, B) \wedge N(B, C)$。

则称 $N(A, B)$ 为 F 集 A 与 B 的贴近度。N 称为 $F(U)$ 上的贴近度函数。

根据上述定义，人们设计了若干贴近度计算公式，如下所示。

(1) 海明贴近度。若 $U = \{u_1, u_2, \cdots, u_n\}$，则有

$$N(A, B) = 1 - \frac{1}{n} \sum_{i=1}^{n} |A(u_i) - B(u_i)|$$

(8.29)

(2) 欧氏贴近度。若 $U = \{u_1, u_2, \cdots, u_n\}$，则有

$$N(A, B) = 1 - \frac{1}{\sqrt{n}} \left\{ \sum_{i=1}^{n} [A(u_i) - B(u_i)]^2 \right\}^{1/2}$$

(8.30)

还有测度贴近度、格贴近度等。

2. 计算步骤

设已知 g 个组 m 个判别指标的对象为 $X = (x_{ij}^k)$，其中，$k = 1, 2, \cdots, g$ 表示组号；$i = 1$，

2，$\cdots$，n_k 表示样品号或对象号，n_k 为第 k 组的样品个数；$j=1$，2，$\cdots$，m 为指标编号。

待评判归类的对象为 $Y=(y_{ij})$，$i=1$，2，$\cdots$，n_0，n_0 为待评判的样品个数。则计算步骤如下。

第一步与第二步同模糊综合评判。

第三步，在确定每组关于每个指标的隶属函数 $f_{kj}(x)$ 后，将每个指标的所有对象作为一个论域，再离散后组成新的数据集 $U=\{u_1, u_2, \cdots, u_n\}$，然后选择模式间的贴近度计算公式计算出每组间 j 指标的贴近度 $\sigma_{k_1k_2}^j$。

例如，若使用海明贴近度计算，则

$$\sigma_{k_1k_2}^j = 1 - \frac{1}{n}\sum_{i=1}^{n}\left|f_{k_1j}(u_i) - f_{k_2j}(u_i)\right|, \quad k_1, \; k_2=1, \; 2, \; \cdots, \; g \tag{8.31}$$

第四步，求综合贴近度指数

$$\sigma_{k_1k_2} = \frac{1}{m}\sum_{j=1}^{m}a_j \cdot \sigma_{k_1k_2}^j \tag{8.32}$$

第五步，根据综合指数，按最大择近原则归类，若有

$$\sigma_{k_0} = \max_{1\leq k_1\leq g, 1\leq k_2\leq g}\sigma_{k_1k_2} \tag{8.33}$$

则该模式应归于 k_0 类。

第六步，评价解释。

8.2.4　应用实例

1. 断层活动性评价

活动性断层判定，在工程地质上具有重要意义。下面以周四春等人(2016)在康定雅拉河地区、石亭江地区和宣汉地区的多个剖面上测得的 La、Sm、Zn 三种元素的地气衬度值（表 8.6～表 8.8）为例，说明判别分析的实际应用。

表 8.6　康定雅拉河地区的地气衬度值

测点号	La	Sm	Zn	测点号	La	Sm	Zn
A-4	3.22	3.30	0.71	B-29	4.29	5.15	2.18
A-5	5.04	5.17	0.74	B-30	4.15	4.79	1.87
A-23	1.03	1.48	13.78	C-10	3.01	1.53	30.57
A-24	10.99	2.39	1.01	C-11	0.92	1.27	42.93
A-25	3.99	5.17	8.77	C-12	1.40	2.07	2.06
B-12	6.21	4.05	2.86	D-6	1.49	0.76	16.83
B-13	6.28	5.15	3.56	D-7	3.69	2.29	1.72
B-23	5.48	7.92	2.48	D-12	3.12	4.57	0.67
B-24	6.64	3.13	2.08	D-13	2.85	3.05	0.59
B-26	3.93	3.49	1.48	D-14	2.19	1.52	0.63
B-27	5.62	6.08	1.73	D-15	1.42	3.05	1.00

表 8.7　石亭江地区的地气衬度值

测点号	La	Sm	Zn	测点号	La	Sm	Zn
A-1	2.98	1.86	1.27	C-5	0.62	0.80	1.23
A-2	1.10	1.00	0.99	C-6	0.85	1.00	1.13
A-3	1.79	4.29	0.98	C-7	0.77	0.80	2.19
A-4	0.56	0.73	1.02	C-8	0.45	0.80	0.89
A-5	0.49	0.94	1.04	C-9	1.01	1.00	0.84
A-6	0.79	0.77	0.83	C-10	0.96	1.00	0.85
A-7	2.19	1.57	1.12	C-11	0.97	1.00	1.13
A-8	0.90	0.51	1.01	C-12	1.79	1.00	1.00
A-9	1.05	1.57	0.97	C-13	1.68	1.40	1.15
A-10	0.71	1.07	1.02	C-14	2.10	1.80	1.56
A-11	0.78	0.53	0.85	C-15	2.38	1.40	1.06
A-12	0.95	0.81	1.09	C-16	1.12	1.00	0.90
A-13	1.10	1.11	1.15	D-2	1.53	1.27	0.85
A-14	0.63	0.57	0.81	D-3	0.86	0.82	1.01
A-15	0.67	0.77	1.07	D-4	0.78	0.64	1.21
A-16	0.73	1.01	0.93	D-5	0.89	0.91	1.11
A-17	1.67	2.57	0.95	D-6	1.66	1.27	0.99
A-18	0.84	1.06	0.95	D-7	1.24	0.73	1.03
B-1	1.23	1.89	1.47	D-8	0.98	0.82	0.89
B-2	0.98	1.11	0.97	D-9	1.21	1.36	1.03
B-3	1.20	1.00	0.85	D-10	0.88	0.82	0.77
B-4	1.00	0.89	0.94	D-11	1.20	1.27	1.19
B-5	2.12	1.22	1.22	D-12	0.98	1.09	1.14
B-6	0.91	1.11	0.94	D-13	1.09	1.09	0.93
B-7	0.96	1.00	0.88	D-14	0.86	0.91	1.15
B-8	0.95	0.78	0.86	D-15	0.88	1.00	0.91
B-9	0.60	1.11	1.14	D-16	0.60	0.73	0.77
B-10	2.16	1.56	0.92	F-4	1.68	1.33	1.05
B-11	0.90	1.11	0.88	F-5	0.96	1.06	1.06
B-12	1.50	1.33	0.87	F-6	0.57	0.58	0.93
B-13	0.87	1.00	0.83	F-7	2.72	1.25	1.10
B-14	1.29	0.44	1.14	F-8	0.93	0.96	0.98
B-15	0.49	0.44	1.01	F-9	1.06	0.87	1.02
B-16	0.60	0.67	0.92	F-10	0.85	1.22	0.97
B-17	1.08	1.33	1.22	F-11	0.74	0.87	0.84
B-18	1.46	1.67	0.99	F-12	1.22	0.82	0.92
C-1	3.04	1.20	0.80	F-13	1.18	1.39	0.87
C-2	2.36	1.20	2.38	F-14	0.91	1.18	1.08
C-3	0.63	1.20	0.74	F-15	1.99	1.61	1.36
C-4	1.19	1.20	0.73	F-16	1.53	1.21	0.91

续表

测点号	La	Sm	Zn	测点号	La	Sm	Zn
F-17	0.76	0.72	0.86	G-18	0.81	0.88	1.09
F-18	0.66	0.66	1.21	G-19	0.66	0.97	1.26
F-19	0.97	0.99	0.86	G-20	2.98	1.67	2.45
F-20	0.91	0.81	0.97	G-21	0.72	0.85	1.68
G-13	1.17	0.95	0.47	G-22	0.79	0.90	2.17
G-14	1.34	1.00	0.66	G-23	0.79	0.83	0.57
G-15	1.47	1.17	0.92	G-24	4.68	2.17	2.11
G-16	1.66	1.50	1.76	G-25	0.85	0.97	1.74
G-17	0.89	0.77	0.43	G-26	0.72	0.50	0.47

表 8.8　宣汉地区的地气衬度值

测点号	La	Sm	Zn	测点号	La	Sm	Zn
A-1	0.69	0.88	0.85	A-26	0.56	1.13	0.98
A-2	0.63	1.13	0.81	A-27	0.56	0.88	0.97
A-3	0.98	1.25	0.81	A-28	0.63	0.38	0.78
A-4	0.92	1.13	1.01	A-29	1.27	1.13	0.96
A-5	0.79	1.00	0.86	B-1	0.98	0.83	0.68
A-6	0.50	0.63	0.95	B-2	0.69	0.67	0.85
A-7	0.79	1.13	1.14	B-3	1.31	1.00	0.96
A-8	0.73	0.75	1.04	B-4	0.67	1.00	0.90
A-9	1.35	1.00	0.99	B-5	1.82	1.33	0.94
A-10	1.35	1.38	0.73	B-6	3.65	9.50	1.44
A-11	2.38	2.00	1.04	B-7	1.45	2.50	0.86
A-12	1.98	1.25	0.86	B-8	1.18	0.83	0.75
A-13	1.42	1.00	1.47	B-9	0.88	0.83	1.38
A-14	1.94	1.13	0.96	B-10	2.51	3.00	1.13
A-15	1.90	1.00	0.86	B-11	0.59	0.83	1.02
A-16	2.48	2.38	0.83	B-12	0.61	1.00	0.95
A-17	1.13	0.50	1.10	B-13	1.08	1.50	1.19
A-18	2.02	1.63	1.50	B-14	0.24	0.50	0.94
A-19	1.08	0.75	1.14	B-15	0.45	1.00	0.89
A-20	2.00	1.38	1.13	B-16	0.69	0.50	1.05
A-21	2.62	2.13	1.12	B-17	1.31	0.83	1.02
A-22	0.96	0.75	0.93	B-18	0.33	0.50	0.83
A-23	1.02	0.88	1.10	B-19	0.96	1.50	0.85
A-24	0.88	0.88	1.61	B-20	3.16	4.67	1.08
A-25	0.96	0.75	1.09	B-21	0.49	0.67	1.21

测点号	La	Sm	Zn	测点号	La	Sm	Zn
B-22	0.76	1.17	1.05	C-10	0.73	0.63	1.02
B-23	1.27	1.83	1.32	C-11	1.67	2.38	0.89
B-24	1.24	1.33	0.85	C-12	1.40	1.13	1.00
B-25	0.86	0.50	1.15	C-13	0.83	0.38	1.01
B-26	0.31	0.50	1.02	C-14	0.77	0.88	0.89
B-27	0.73	1.33	0.74	C-15	0.90	1.00	1.03
B-28	0.88	1.00	0.81	C-16	2.62	1.13	0.88
B-29	1.61	2.17	1.09	C-17	0.75	1.00	0.91
C-1	0.71	0.88	1.00	C-18	1.69	1.38	0.97
C-2	15.96	16.88	0.77	C-19	0.90	0.75	0.92
C-3	0.67	0.75	1.18	C-20	0.85	0.63	1.10
C-4	1.42	0.88	1.16	C-21	0.73	1.00	1.16
C-5	0.98	1.13	1.02	C-22	0.81	0.75	0.85
C-6	1.17	0.75	0.99	C-23	0.65	0.75	1.02
C-7	1.23	1.25	1.02	C-24	0.35	0.50	0.95
C-8	1.35	1.38	1.39	C-25	0.50	0.50	0.82
C-9	1.13	1.00	1.11	C-26	0.38	0.75	0.92

已知康定雅拉河地区的断层为活动断层,石亭江地区和宣汉地区的断层分别为非活动断层 1 和非活动断层 2,我们将这三个地区的地气衬度值组成三组断层数据作为三种试验模式,分别用费希尔判别、模糊综合判别及模糊模式识别 3 种方法进行了计算,其结果如下。

1) 费希尔判别

取活动断层和非活动断层 1 为模式,活动断层、非活动断层 1 和非活动断层 2 的各个样本为待判个体,进行费希尔判别计算,检验各模式样本的判别正确率,其回判结果见表 8.9。

表 8.9　费希尔判别结果

判别统计项目	待判模式 1	待判模式 2	待判模式 3	合计
判别正确数	21	84	75	180
判别正确率	95.5%	85.7%	89.3%	88.2%
判别错误数	1	14	9	24
判别错误率	4.5%	14.3%	10.7%	11.8%

总判别正确率为 88.2%。

2) 模糊综合判别

以活动断层和非活动断层 1 为模式,活动断层、非活动断层 1 和非活动断层 2 的各个样本为待判个体，进行模糊综合判别计算，其结果见表 8.10。

表 8.10 模糊综合判别结果

判别统计项目	待判模式 1	待判模式 2	待判模式 3	合计
判别正确数	19	84	78	181
判别正确率	86.4%	85.7%	92.9%	88.7%
判别错误数	3	14	6	23
判别错误率	13.6%	14.3%	7.1%	11.3%

总判别正确率为 88.7%。

3) 模糊模式识别

以活动断层和非活动断层 1 为模式，活动断层、非活动断层 1 和非活动断层 2 为待判模式，进行模糊模式识别计算，其结果如下。

(1) 采用海明贴近度时，待判模式识别结果见表 8.11。

表 8.11 采用海明贴近度时，待判模式识别结果

判别统计项目	与已知模式 1 的贴近度	与已知模式 2 的贴近度	识别结果
待判模式 1	1.0000	0.3473	1
待判模式 2	0.3473	1.0000	2
待判模式 3	0.3326	0.9824	2

这表明非活动断层 2 与非活动断层 1 的贴近程度很高，为 0.9824，但与活动断层的贴近度只有 0.3326，非活动断层 1 与活动断层的贴近度也只有 0.3473。

(2) 采用欧氏贴近度时，待判模式识别结果见表 8.12。

表 8.12 采用欧氏贴近度时，待判模式识别结果

判别统计项目	与已知模式 1 的贴近度	与已知模式 2 的贴近度	识别结果
待判模式 1	1.0000	0.2733	1
待判模式 2	0.2733	1.0000	2
待判模式 3	0.2628	0.9181	2

这表明非活动断层 2 与非活动断层 1 的统计程度很高，为 0.9181，但与活动断层的贴近度只有 0.2628，非活动断层 1 与活动断层的贴近度为 0.2733。

从以上结果可以看出，整体上非活动断层 1、非活动断层 2 相似性很高(贴近度大)，活动断层与非活动断层 1、非活动断层 2 的差异性较大(贴近度低)。即活动断层与非活动断层是可以分辨开的。

上面用三种判别技术对断层的活动行进行了评价。类似的思想，可以用来对矿异常与非矿异常进行判别等。

2. 金矿异常性质判别

以四川马脑壳金矿某勘查区的数据分析为例(唐桢等, 2011), 在勘查区 4.05km² 的区域内, 按 1:20000 比例尺, 完成了 700 多个测点的 γ 能谱与土壤 X 荧光测量, 获取了地表 As、Sr、W、Cu、Zn、Cr、Mn、Ni、Fe、Ca、U、Th、K 的含量信息。一般而言, As 与 Au 有明显的共生关系, 通过圈定砷异常区可以很好地指示金矿。但是根据单变量组间均值相等的假设检验结果显示, 在不同砷异常区内的 Au 并没有较为显著的差异, 因此砷异常点并不一定对应金异常点, 且 As 不具备成为判别函数变量的条件。而其他一些金矿床伴生元素或指示元素, 如 U、Th、K、Sr、Cr、Ni、Ca 却有较为显著的差异。于是通过圈定砷异常区, 在异常区内选取具有显著差异的金矿床指示元素或伴生元素, 以及其他具有显著差异的元素作为判别函数的变量。

土壤 X 荧光测量显示, 勘查区内砷异常区较多, 但并不是每个砷异常区都是含金的有矿异常, 必须判断异常性质。为此, 选取已经确定含有金矿且显示砷异常的地区(有矿异常区)和已经确定不含金矿但也显示砷异常的地区(非矿异常区)作为已知的异常定性的标准, 建立判别函数 R, 并求出判别函数的临界值 R_0, 将待定异常求得的函数值结果与 R_0 比较, 由此判别其为有矿异常或是非矿异常。

根据勘查区内土壤 X 荧光测量结果(整个工作区内, 测得的 As 含量的平均值为 289×10^{-6}, 其标准差为 178×10^{-6}), 将测得的 As 含量值划分为三类: A 类, As 平均含量到其加上一倍标准差$[(289 \sim 467) \times 10^{-6}]$的异常点; B 类, As 平均含量加上一倍标准差到平均含量加上两倍标准差 $[(467 \sim 645) \times 10^{-6}]$ 的异常点; C 类, As 平均含量加上两倍标准差以上($> 645 \times 10^{-6}$)的异常点。在勘查区北部异常地区中, 砷含量异常点共计 26 个, 其中 A 类点占 83.6%, 其平均含量为 362.4×10^{-6}, B 类点占 12.6%, 其平均含量为 529.5×10^{-6}, C 类点占 3.8%, 其平均含量为 867.5×10^{-6}。在勘查区南部异常地区, 砷含量异常点共计 39 个, 其中, A 类点占 69%, 其平均含量为 341×10^{-6}, B 类点占 21%, 其平均含量为 568.7×10^{-6}, C 类点占 10%, 其平均含量为 784.5×10^{-6}。

在勘查区北部、南部异常地区内分别选取 15 个点建立判别函数, 根据各类点所占的比例, 在北部地区中, 选取接近 A 类平均含量的异常点 12 个, 接近 B 类平均含量的点 2 个, 接近 C 类平均值含量的点 1 个, 设为第 0 组(非矿异常组); 同样根据比例选取南部地区中接近 A 类平均含量的点 10 个, B 类点 3 个, C 类点 2 个, 设为第 1 组(有矿异常组)。分别用费希尔判别、逐步判别进行分析。对于非矿异常判别待判点, 在北部地区 26 个异常点中选取 15 个模型建立标准点, 剩余的 11 个点加上西北地区 7 个异常点, 共计 18 个待判点。对于有矿异常判别待判点, 在南部地区 39 个异常点中选取 15 个模型建立标准点, 剩余的 24 个点加上其他区域 34 个异常点, 共计 58 个待判点。

对于非矿异常待判点, 费希尔判别结果显示(表 8.13): 18 个待判点中, 判为 0 组(非矿异常组)的有 15 个, 占总体的 83.3%; 判为 1 组(矿异常组)的有 3 个, 占总体的 16.7%。逐步判别结果显示: 在 18 个待判点中, 判为 0 组的有 12 个, 占总体的 66.7%; 判为 1 组的有 6 个, 占总体的 33.3%。

表 8.13 非矿异常待判点判别结果

判别结果	费希尔判别	逐步判别	异常定性综合判别
判为 0 组	15	12	13.5
所占率	83.3%	66.7%	75.0%
判为 1 组	3	6	4.5
所占率	16.7%	33.3%	25.0%

对于矿异常待判点，费希尔判别结果显示(表 8.14)：在 58 个待判点中，判为 0 组的有 6 个，占总体的 10.3%；判为 1 组的有 52 个，占总体的 89.7%。逐步判别结果显示：在 58 个待判点中，判为 0 组的有 5 个，占总体的 8.6%；判为 1 组的有 53 个，占总体的 91.4%。

表 8.14 矿异常待判点判别结果

判别结果	费希尔判别	逐步判别	异常定性综合判别
判为 0 组	6	5	5.5
所占率	10.3%	8.6%	9.5%
判为 1 组	52	53	52.5
所占率	89.7%	91.4%	90.5%

以上判别结果表明：判别正确率较高，所建立的判别模型稳定。根据费希尔判别结果、逐步判别结果及异常定性综合判别结果，可以判定勘查区南部断层附近显示的异常区有很高的概率是矿异常地区，而其他的显示异常的地区，非矿异常的概率很高。综合判别分析的结果为异常定性提供了可靠的数学依据。

8.3 聚类分析在勘查区成矿主元素组分研究中的应用

聚类分析也称为簇从分析、点群分析、群分析等。它是根据"物以类聚"的道理，研究样品或变量之间存在的不同程度的相似性，对样品或者变量进行分类的一种多元统计方法。这种分类是在没有任何先验知识的情况下进行的。由于一批样品具有多个观察变量，根据这些观察变量具体找出能够度量这批样品或变量本身之间相似程度的一种统计量，我们知道，同类事物具有很强的相似性，以相似性统计量这个度量标准为分类依据，关系较密切的样品或变量被聚在一个小的类别里，关系较疏远的样品或变量就被聚在一个相对较大的类别里，把所有样品或变量聚在一个大的类别里之后，这样就形成了一个由小类到大类的分类系统。根据分类对象的不同，聚类分析可分为 Q 型聚类分析和 R 型聚类分析两大类。Q 型聚类(样品聚类)以样品为聚类变量，R 型聚类(变量聚类)以指标或变量为聚类变量。X 荧光测量数据分析是以测得的元素含量为聚类变量，属于 R 型聚类。

R 型聚类使用的聚类统计量称为相似系数，相似系数又分为相关系数和夹角余弦两种，X 荧光数据分析通常采用相关系数。记变量 x_j 的取值 $(x_{1j}, x_{2j}, \cdots, x_{nj})^{\mathrm{T}} \in \mathbf{R}^n (j = 1, 2, \cdots, n)$。则可以用两变量 x_j 与 x_k 的样本相关系数作为它们的相似性度量，即

$$\gamma_{jk} = \frac{\sum_{i=1}^{n} \left(x_{ij} - \overline{x_j} \right) \left(x_{ik} - \overline{x_k} \right)}{\sqrt{\sum_{i=1}^{n} \left(x_{ij} - \overline{x_j} \right)^2 \sum_{i=1}^{n} \left(x_{ik} - \overline{x_k} \right)^2}} \tag{8.34}$$

式中，$\overline{x_j} = \dfrac{1}{n} \sum_{i=1}^{n} x_{ij}$，$j = 1, 2, \cdots, n$。在对变量进行聚类分析时，利用相关系数矩阵 $(\gamma_{jk})_{n \times n}$ 最为常见，相关系数越大说明变量间的相似性越高。

有时，R 型聚类也使用距离系数来度量相似性，距离系数的计算公式为

$$d_{jk} = \sqrt{\frac{1}{n} \sum_{i=1}^{n} (x_{ij} - x_{ik})^2} \tag{8.35}$$

距离系数越小（即距离越近），说明变量间的相似性越高。

8.3.1　系统聚类法

在进行聚类时，变量之间的相似程度可以用"距离"或"相关系数"来衡量。距离越近或相关系数越大，说明元素间的相似性或相关性越高。使用系统聚类法分析 X 荧光勘查数据的思想是：异常区 X 荧光测量的某些元素之间肯定存在共生、伴生以及其他一些相互关联的特性，即具有不同程度的相似性或相关性，我们用"距离"或"相关系数"来衡量这种相似性或相关性，根据"距离"或"相关系数"的大小对元素进行归类。先把元素各视为一类，根据类与类之间的"距离"或"相关系数"，将距离最近或相关系数最大的类合并为一类，再计算新类与其他类别的"距离"或"相关系数"，再选择距离最近或相关系数最大的进行合并，每合并一次就减少一类，不断重复这个过程，直到把所有用于聚类的元素聚为一类。最后将并类过程画成一张聚类图，根据聚类图再结合其他分类信息对变量进行分类。系统聚类法是目前国内外使用最多的一种聚类方法。

8.3.2　利用聚类分析研究勘查区成矿元素组分

在进行聚类时，变量之间可以运用多元统计 SPSS 软件对 X 荧光元素进行聚类分析，形成一个元素聚类图谱，这个图谱可以把元素的距离远近或亲疏程度形象地表现出来。元素间的距离有欧氏距离、布洛克距离、切比雪夫距离、马氏距离等，常用的为欧氏距离。欧氏距离计算公式为

$$d(i, j) = \sqrt{\sum_{k=1}^{m} (x_{ik} - y_{jk})} \tag{8.36}$$

式中，x_{ik} 是第 i 个地气样品的第 k 种元素的值；y_{jk} 是第 j 个地气样品的第 k 种元素的值。

在 SPSS 软件的聚类运算过程中，欧氏距离将元素分为多个小类，这种小类就是根据元素之间的亲近程度形成的中间类，在计算小类与小类、元素与小类之间的距离时，SPSS 软件提供了最短距离法、最长距离法、类间平均连接距离、离差平方和法等，常采用的是离差平方和法。

离差平方和法的原则是合并小类与小类、元素与小类时，每合并一次，离差平方和就要增加，把具有离差平方和增量最小的两个小类合并为一类，直到把所有的类合并为一个大类。

根据划分的异常区作 R 型聚类分析，目的是研究已知异常区元素间的组合关系，尤其是主成矿元素的组合关系；对比已知异常区和未知异常区的元素组合关系，研究已知异常区和未知异常区的异同，对未知异常的判别提供依据。在选取元素数据时，剔除测量数据较多、低于仪器检出限的元素（一般情况下，剔除低于仪器检出限的数据达30%以上的元素）。

8.4　趋势分析在 X 荧光异常解释中的应用

在一般的放射性测量等值图上，有可能辨认一些与大范围岩性或构造有关的趋势，以及在低背景带中的弱异常。但在这种图上的区域变化，有时会因局部因素未移除而显得崎岖不平，反过来，一些有意义的异常也仍有可能被崎岖不平的背景所掩蔽。

趋势面方法是目前常用的异常分离方法。趋势面分析方法认为数据包含着与空间地理坐标 (X, Y) 相关的三部分信息：一是反映区域性变化的，即反映总体的规律性变化部分，由区域构造、区域岩相、区域背景等大区域因素所决定；二是反映局部性变化的，即反映局部范围的变化特征；三是反映随机性变化的，它是由各种随机因素造成的剩余。这就将 X 荧光测量值（或化探分析值）分解为三部分：反映总体变化规律或区域性变化的趋势值、反映局部变化的剩余趋势值以及反映随机因素变化的噪声。

趋势面分析可以把单元素（或某种测量参数）数据分离出的区域的与局部的两个分量分别编图，或分别在图上显现，有时可以提供一些新的信息。目前，趋势面分析已经成为地球物理与地球化学测量数据的主要处理方法之一。

趋势面分析是以 x、y 轴为观测点的地理坐标，以 z 轴为某种元素含量的坐标。这样在三维空间中点的分布就表现了不同地理位置上元素含量的变化情况，然后用各种数学函数代表的面（最常见的是多项式拟合法，此外，还有广义回归神经网络法以及静态小波变换法）来拟合数据的空间分布。

8.4.1　多项式拟合法

本节先讨论多项式趋势面的构造原理与基本方法。

1. 多项式趋势面的基本形式

最简单的一次趋势面即平面，可用下列方程来描述：

$$\hat{z} = a_0 + a_1 x + a_2 y + e \tag{8.37}$$

式中，$\hat{z}$ 为变量趋势值，x、y 为地理坐标，a_0 为零次项；$a_1 x + a_2 y$ 为一次项；e 为剩余值（残差值）。

二次趋势面为一曲面，忽略剩余值，可用下列方程描述：

$$\hat{z} = a_0 + a_1 x + a_2 y + a_3 x^2 + a_4 xy + a_5 y^2 \tag{8.38}$$

式中，$a_3 x^2 + a_4 xy + a_5 y^2$ 为二次项，其余各项物理意义与式(8.37)相同。

三次趋势面为一复杂的曲面，它的方程是在式(8.38)中再加上三次项：

$$a_6 x^3 + a_7 x^2 y + a_8 xy^2 + a_9 y^3 \tag{8.39}$$

更高次的趋势面可以据此类推构造。

2. 趋势面的拟合方法

趋势面拟合方法一般采用最小二乘方法。

用最小二乘方法作为拟合优度的准则，使所得趋势面满足下列要求：

$$f = \Sigma(z_i - \hat{z}_i)^2 = 最小 \tag{8.40}$$

式中，z_i 与 $\hat{z}_i$ 分别是第 i 测点的测量值与趋势值。

满足式(8.40)的基本方法是高等数学中的极值求解方法。即用函数 f 分别对 a_0，a_1，… 求一阶偏导数，并令求导结果等于零，获得求解各次趋势面方程系数 a_0，a_1，… 的正规方程组

$$\begin{cases} \dfrac{\partial f}{\partial a_0} = 0 \\[2mm] \dfrac{\partial f}{\partial a_1} = 0 \\[1mm] \qquad \vdots \end{cases} \tag{8.41}$$

求解式(8.41)，即可求出各次趋势面方程的系数 a_0，a_1，… 的数值。

趋势面方程求出后，可用一套网格数据值代入方程式，求出每一坐标点上的趋势值。这就可以以手工或计算机勾绘出趋势面等值线。

为了评价所获得的趋势面，在趋势面分析中还要计算各次趋势面的拟合优度。拟合优度是趋势面上变化与地区总变化(总能变化)之间的比值。

趋势面上的变化：

$$SS_R = \Sigma(\hat{z}_i - \bar{\hat{z}}_i)^2 \tag{8.43}$$

式中，$\hat{z}_i$ 与 $\bar{\hat{z}}_i$ 分别是第 i 测点趋势值与测区趋势值的平均值。

地区总变化：

$$SS_T = \Sigma(z_i - \bar{z}_i)^2 \tag{8.42}$$

式中，z_i 与 $\bar{z}_i$ 分别是第 i 测点测量值与测区测量值的平均值。

拟合优度为

$$C = \frac{SS_R}{SS_T} \times 100 \tag{8.44}$$

趋势面拟合优度实际反映了拟合的趋势面(数学面)与实际测量值分布间的吻合程度。显然，这个吻合程度应该达到相当高的程度才有意义，但也不能与实际测量值分布完全吻合。这是因为实际测量值中包含了观测量的区域变化与局部变化两部分，趋势面的任务只是将观测量的区域性变化反映出来，保证可以通过趋势面值将实际测量值中的局部变化部分分解出来。

由于这个原因，在趋势面分析中达到合适的拟合优度是个需要认真考虑的重要问题。理论上，通过增高趋势面次数可以提高拟合度。但为了可以可靠分离出局部变化量，趋势面次数并不是越高越好，实际应用的实例表明一般以 3～5 次趋势面为好。实际工作中，为提高拟合优度，可以采用经移动平均分析后的数据来进行趋势面分析。

趋势面图上所反映的是元素区域性变化。将每一个测量值减去所在点上的趋势值，可以得出趋势剩余，趋势剩余的变化反映了局部的变化。

趋势面分析有时可以辨认出直观方法难以辨认或辨认不清的区域趋势。

利用剩余值来编制剩余值的等值线图，或对剩余值处理后做异常图，可以更清楚地反映元素局部变化的特点，高的"隆起"区，往往就是找矿的"靶区"。

8.4.2　广义回归神经网络法

2008 年，顾民提出了采用广义神经网络进行趋势面构造，将测区数据视为神经网络的输入节点，采用神经网络的相关性，构造趋势面，对弱异常提取的效果较明显。该方法，目前在国内使用较少，尤其在 X 荧光测量领域还未见有相关报道。广义回归神经网络分为输入层、隐含层(径向基层)和输出层(线性层)，其结构如图 8.3 所示。

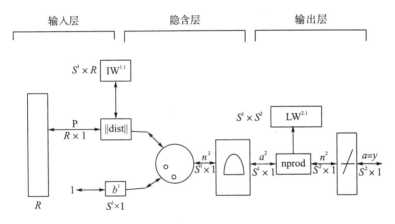

图 8.3　广义回归神经网络的结构

网络的第一层为输入层，神经元的个数等于输入向量的维数 R，第二层为隐含层，神经元的个数等于训练样本个数 S^1，权值函数为欧氏距离函数 $\|\text{dist}\|$，即计算第一层，输入向量与权值 $IW^{1.1}$ 之间的距离，然后 $\|\text{dist}\|$ 与阈值变量的乘积构成了隐含层的输入变量，隐含层的传递函数为径向基函数，通常采用高斯函数。

$$R_i(X) = \exp\left(-\frac{\|x-c\|^2}{2\sigma_i^2}\right) \tag{8.45}$$

式中，σ_i 称为光滑因子，它决定了基函数的形状，光滑因子越小，函数的逼近能力越强，反之，则基函数越平滑。

网络的输出层为线性层，其权值函数为规范化点积权函数 nprod。

广义回归神经网络基本原理：设 X 与 Y 分别是输入和输出的样本，对于任意一个输入值 X_i，其所对应的输出值为 Y_i，可以用下面的公式进行估计：

$$\tilde{Y}(X) = \frac{\sum\limits_{i=1} Y_i \exp\left(-\dfrac{D_i^2}{2\sigma^2}\right)}{\exp\left(-\dfrac{D_i^2}{2\sigma^2}\right)} \tag{8.46}$$

式中，$D_i = (X-X_i)^{\mathrm{T}}(X-X_i)$。

以一组实测航空伽马能谱测量数据构造趋势面为例。这组数据有 241 条测线，每条测线间隔为 100m；每条测线每隔 100m 采集一个样本，每条测线有 300 个采样点，共 72300 个样本点，为使结果显示清楚，我们用表面图来显示三种方法构造的趋势面。图 8.4 是预处理后原始数据表面图，图 8.5 和图 8.6 是采用不同神经网络参数 σ 获得的具有不同拟合优度的趋势面，图 8.7 是三次多项式构造的趋势面。可以看出，采用合适的 σ 参数，可以构造拟合优度很高的趋势面。

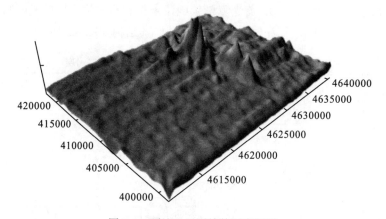

图 8.4　预处理后原始数据表面图

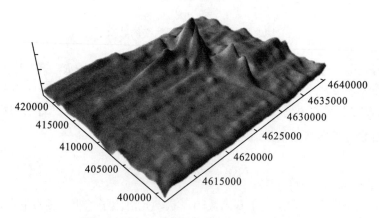

图 8.5　回归神经网络构造趋势面 $C=0.9776$

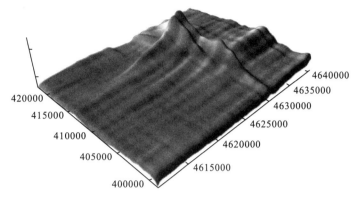

图 8.6　回归神经网络构造趋势面 C=0.5283

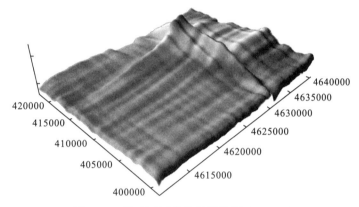

图 8.7　三次多项式构造的趋势面 C=0.5414

8.4.3　静态小波变换法

小波变换是由法国科学家 Morlet 于 1984 年在进行地震数据分析工作时提出的，小波变换是时间和频率的局部变换，能更加有效地提取和分析信号的局部特性。与 Fourier 变换、短时 Fourier 变换相比，小波变换是空间(时间)和频率的局部变换，可通过伸缩和平移运算对函数或信号进行多尺度或多分辨率分析，因而能更有效地从信号中提取信息，从而解决了 Fourier 变换不能解决的许多问题(顾明，2008；蒋开明等，2011)。

本节探讨利用静态小波变换构造趋势面，令 $f(x_1, x_2)$ 表示一个二维信号，x_1，x_2 分别是其横坐标与纵坐标，$\psi(x_1, x_2)$ 代表二维的基本小波，则二维连续小波变换可定义如下：

令 $\psi_{a,b_1,b_2}(x_1, x_2)$ 表示 $\psi(x_1, x_2)$ 的尺度伸缩与二维位移，有

$$\psi_{a,b_1,b_2}\left(x_1, x_2\right) = \frac{1}{a}\psi\left(\frac{x_1 - b_1}{a}, \frac{x_2 - b_2}{a}\right) \tag{8.47}$$

则小波变换定义为

$$WT_f\left(a, b_1, b_2\right) = \left\langle f\left(x_1, x_2\right), \psi\left(x_1, x_2\right)\right\rangle = \frac{1}{a}\iint f\left(x_1, x_2\right)\psi\left(\frac{x_1 - b_1}{a}, \frac{x_2 - b_2}{a}\right)\mathrm{d}x_1\mathrm{d}x_2 \tag{8.48}$$

式(8.48)中的因子 $1/a$ 是为保证小波伸缩前后其能量不变而引入的归一化因子。二维信号分解过程如图 8.8 所示。

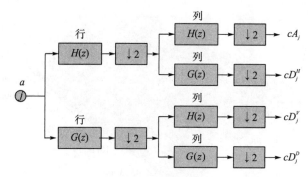

图 8.8　二维信号分解过程

从以上分析可知，对于二维信号，第 j 层的近似系数 cA_j 是原始信号用两个维度的低通滤波器滤波 j 次得到的，因此，cA_j 是二维原始信号的低通部分，当采用静态离散小波变换时，得到的近似系数 cA_j 与原始信号具有相同的大小且精确对应；而趋势面就是信号缓慢变化的信息，表征信号发展趋势。在一维信号处理中，小波变换的近似系数就是用来提取信号的发展趋势，因此，用静态小波变换的第 j 层的近似系数 cA_j 构建趋势面。

为对比，仍以同组数据采用静态小波变换法构造趋势面，图 8.9 和图 8.10 为该法所构造的不同似合优度的趋势面。比较拟合优度大致相同情况下的图 8.6、图 8.7 和图 8.10 可见，静态小波构造的趋势面失真度最小，即静态小波变换可以构造精度更高的趋势面。

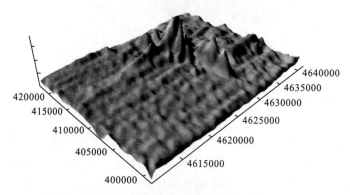

图 8.9　静态小波变换构造的趋势面(第 1 层) $C=0.9707$

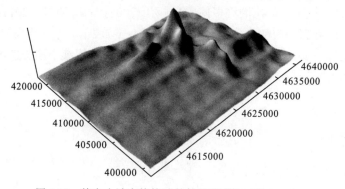

图 8.10　静态小波变换构造的趋势面(第 4 层) $C=0.5867$

8.4.4　三种构造趋势面方法的比较

对于多项式拟合法(包括正交多项式拟合)、广义回归神经网络法以及静态小波变换法构造趋势面,本节主要从拟合度调整、计算量以及失真度三个方面加以讨论。对于多项式拟合法,当选定拟合多项式的次数后,其拟合度就已经确定下来,无法进行调整;对于广义回归神经网络法,通过调整神经网络的参数 σ,理论上可以得到任意拟合度的趋势面;对于静态小波变换法,当选定小波种类以及分解层数 m 后,可得到 m 个拟合度的趋势面,因此在拟合度调整方面,广义回归神经网络法最优;在拟合精度上,由于广义回归神经网络法在曲线的拟合方面优于多项式拟合法,所以广义回归神经网络法拟合精度比多项式拟合法高;在计算量方面,多项式拟合法采用最小二乘法,需要矩阵求逆运算,而静态小波变换法为 $O(N\log_2 N)$ 乘法,运算量和快速傅里叶变换的运算量是一样的,而广义回归神经网络法的计算量最大。在失真方面,当二维信号本身变化幅度较大,而且数据较多时,多项式构造的趋势面即将发生失真情况,而采用广义回归神经网络法,由于其具有很强的非线性映射能力以及高度的容错性和鲁棒性,因此,在相同的情况下,其失真度较小;而静态小波变换法,因为它是采用低通滤波的方式,只要选用适合的小波,其失真度最小。比较情况如表 8.15 所示。

表 8.15　三种构造趋势面的方法

构造趋势面方法	拟合度调整	计算量	失真度
多项式拟合法	不可调	较大	三者中最大
广义回归神经网络法	任意可调	三者中最大	较小
静态小波变换法	有限可调	较大	小

8.5　主因子分析在 X 荧光异常解释中的应用

在研究多变量问题时,变量太多会增大计算量和增加分析问题的复杂性,人们自然希望在进行定量分析的过程中涉及的变量较少,得到的信息量较多。主成分分析是解决这一问题的理想工具(高惠璇,2005)。

所谓主成分分析(也称主分量分析),实际是通过分析众多变量之间的相关性,利用降维的思想,把多指标转化为少数几个综合指标。即设法将原来变量重新组合成一组新的互相无关的几个综合变量,同时根据实际需要从中可以取出几个较少的综合变量以尽可能多地反映原来变量的信息。

在某个勘查区开展 X 荧光测量获取的多个参数中,我们有可能通过主成分分析构建与矿(化)有关的较少的(如 2~3 个)新的综合参数,通过这些新的综合参数,更好地实现对矿源的指示。

以一个二指标变量为例。假设该变量有 X_1 与 X_2 两个指标,现取 n 个样本点,将每个样本点的两个指标标绘在直角坐标上[图 8.11(a)]。

衡量任何一种度量指标的好坏，除了可靠、真实，还必须能充分反映个体间的变异。如果有一项指标，不同个体的取值都大同小异，那么该指标不能用来区分不同的个体。由这一点来看，一项指标在个体间的变异越大越好。因此我们把"变异大"作为"好"的标准来寻求综合指标。

现如果按图中所示做变量置换。变换的目的是使得 n 个样本点在 y_1 轴方向上的离散程度最大，即 y_1 的方差达到最大。变换结果[图 8.11(b)]表明，变量 y_1 变化区间达到了最大，代表了原始数据的绝大部分信息，而 y_2 的变化区间压缩在一个非常有限的区域内，故可以忽略，当我们采用新变量 y_1 与 y_2 代替老变量 X_1 与 X_2 后，即可以由两个指标压缩成一个指标。此时，新变量 y_1 是包含原有两个变量信息的主成分。

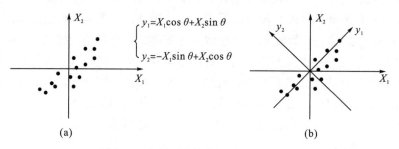

图 8.11　变量置换构建新主因子示意图

1. 数据结构

适合用主成分分析的数据结构如表 8.16 所示。

表 8.16　适合用主成分分析的数据结构

样本编号	指标						
	X_1	X_2	X_3	$\cdots$	X_j	$\cdots$	X_m
1	X_{11}	X_{12}	X_{13}	$\cdots$	X_{1j}	$\cdots$	X_{1m}
2	X_{21}	X_{22}	X_{23}	$\cdots$	X_{2j}	$\cdots$	X_{2m}
$\vdots$	$\vdots$	$\vdots$	$\vdots$	$\vdots$	$\vdots$	$\vdots$	$\vdots$
I	X_{I1}	X_{I2}	X_{I3}	$\vdots$	X_{Ij}		X_{Im}
$\vdots$	$\vdots$	$\vdots$	$\vdots$	$\vdots$	$\vdots$	$\vdots$	$\vdots$
n	X_{n1}	X_{n2}	X_{n3}	$\cdots$	X_{nj}	$\cdots$	X_{nm}

主成分分析最大的问题是受量纲的影响，因此，实际应用中，需要对数据进行标准化。一般使用协方差矩阵 $\boldsymbol{\Sigma}$ 或相关系数矩阵 $\boldsymbol{R}$ 进行分析。

对样本阵元进行如下标准化变换：

$$x_{ij}^* = \frac{x_{ij} - \overline{x}_j}{s_j} \qquad i=1, 2, \cdots, n, \; j=1, 2, \cdots, m \tag{8.49}$$

式中，$\overline{x}_j = \dfrac{\sum\limits_{i=1}^{n} x_{ij}}{m}$ 为样本指标均值；$s_j = \sqrt{\dfrac{\sum\limits_{i=1}^{n} (x_{ij} - \overline{x}_j)^2}{n-1}}$ 为样本标准差。

经过由式 (8.49) 标准化处理，得标准化矩阵。

2. 主成分的基本思想

设 X_1, $\cdots$, X_P 表示以 x_1, $\cdots$, x_p 为样本观测值的随机变量，如果能找到 c_1, $\cdots$, c_p，使得权值 $S^2(c_1X_1+\cdots+c_pX_P)$ 最大，则 $(c_1X_1+\cdots+c_pX_P)$ 就称为原随机变量的主成分。其中，c_1, $\cdots$, c_p 为原随机变量的权。

理论上我们知道，必须加上某种限制，否则权值可选择无穷大而没有意义，通常规定：$c_1^2+\cdots+c_p^2=1$，由于解 c_1, $\cdots$, c_p 是 p 维空间上的一个单位向量，它代表一个"方向"称为"主成分方向"。

由于一个主成分不足以代表原来的 p 个变量的信息。因此需要寻找第二个乃至第三、四个主成分，原则上，第二个主成分不应该再包含第一个主成分的信息，统计上的描述就是让这两个主成分的协方差为零，几何上就是这两个主成分的方向正交。具体确定各个主成分的方法如下。

设 Z_l 表示第 i 个主成分，可设

$$
\begin{cases}
Z_1 = c_{11}X_1 + \cdots + c_{1p}X_p \\
Z_2 = c_{21}X_1 + \cdots + c_{2p}X_p \\
\qquad\qquad \vdots \\
Z_p = c_{p1}X_1 + \cdots + c_{pp}X_p
\end{cases}
\tag{8.50}
$$

确定 $(c_{11}, \cdots, c_{1p})$，使得 $S^2(Z_1)$ 最大，并且满足 $c_{11}^2+\cdots+c_{1p}^2=1$；确定 $(c_{21}, \cdots, c_{2p})$，使得 $S^2(Z_2)$ 最大且满足 $(c_{21}, \cdots, c_{2p})$ 与 $(c_{11}, \cdots, c_{1p})$ 垂直和 $c_{21}^2+\cdots+c_{2p}^2=1$；确定 $(c_{31}, \cdots, c_{3p})$，使 $S^2(Z_3)$ 最大且满足 $(c_{31}, \cdots, c_{3p})$ 与 $(c_{11}, \cdots, c_{1p})$，$(c_{21}, \cdots, c_{2p})$ 垂直和 $c_{31}^2+\cdots+c_{3p}^2=1\cdots$

在实际研究中，由于主成分的目的是降维，减少变量的个数，故一般选取少量的主成分 (不超过 5 或 6 个) 且能包含原变量信息量的 80% 以上。

3. 主成分分析的具体实现

设相关矩阵为 $\boldsymbol{R}=\lfloor r_{ij} \rfloor_{p\times p}$，其中，$r_{ij}=\dfrac{\sum z_{ij}\cdot z_{ij}}{n-1}$ $(i, j=1, 2, \cdots, p)$。

求特征方程 $|R-\lambda_i|=0$，其解为特征根 λ_i，将解由大到小进行排序为

$$
\lambda_1 \geqslant \lambda_2 \geqslant \cdots \geqslant \lambda_p > 0
\tag{8.51}
$$

需要指出的是：

(1) $(c_{i1}, \cdots, c_{ip})$ 实际上是对应于 λ_i 的特征向量。若原变量服从正态分布，则各主成分之间相互独立。

(2) 全部 p 个主成分所反映的 n 例样本的总信息等于 p 个原变量的总信息。信息量的多少用变量的方差来度量。

(3) 各主成分的作用大小是

$$
Z_1 \geqslant Z_2 \geqslant \cdots \geqslant Z_p
\tag{8.52}
$$

(4) 第 i 个主成分的贡献率是

$$\frac{\lambda_i}{\sum_{j=1}^{p} \lambda_j} \times 100\% \tag{8.53}$$

(5) 前 m 个主成分的累计贡献率是

$$\frac{\sum_{i=1}^{m} \lambda_i}{\sum_{j=1}^{p} \lambda_j} \times 100\% \tag{8.54}$$

在应用时，一般取累计贡献率为 80%以上比较好。对 m 个主成分进行加权求和，即得最终评价值，权数为每个主成分的方差贡献率。

参 考 文 献

高惠璇. 2005. 应用多元统计分析[M]. 北京: 北京大学出版社.

顾民. 2008. 天然伽马能谱数据处理关键技术的研究[D]. 成都: 成都理工大学.

蒋开明, 顾民, 葛良全, 等. 2011. 基于静态小波变换的趋势面构造[J]. 物探与化探, 35(6): 848-850.

克劳斯·巴克豪斯, 本德·埃里克森, 伍尔夫·普林克, 等. 2009. 多元统计分析方法[M]. 王煦逸, 译. 上海: 格致出版社.

唐桢, 周四春, 李娇龙, 等. 判别分析在金矿核物探异常定性中的应用[J]. 物探与化探, 2011, 35(4): 488-492.

周四春. 刘晓辉, 胡波. 2016. 南岭重点矿集区深部成矿信息的地气、放射性探测技术与实验[M]. 北京: 原子能出版社.

第9章 X荧光测量在锶矿找矿中的应用

锶(天青石、菱锶)矿是易溶蚀,常呈隐伏或半隐伏产出的稀有金属矿产,找矿难度大。为此,有关地质队一直在寻找和探索锶矿找矿的新技术与新方法。如四川地质勘查局,就先后有多个地质队尝试过化探、水化学测量及其他物化探方法,但或因效果不佳,或因成本过高而进展不大。锶矿找矿长期处于地质理论下运用坑、钻探工程找矿的被动局面,花钱多,周期长。

20世纪90年代中期,周四春等与四川地质矿产勘查局205地质大队(现重庆地质矿产勘查局205地质大队)合作,在该队徐兴国总工程师、物探负责人张志全高级工程师等的共同参与下,系统研究锶矿X荧光勘查技术,并在渝西的锶矿勘查中投入应用,使工程(钻探)见矿率由原来的40%~50%上升到80%,而找矿成本仅为化探的20%~30%,收到良好的找矿效益(徐兴国等,1990,1994;周四春等,1999)。其所建立的锶矿X荧光勘查方法,由锶的X荧光测试技术、数据标准化与成图技术、锶异常评价模式三个方面的有关技术构成。

9.1 锶矿勘查的地球化学基础

锶(Sr)属碱土金属,亲石元素。地壳中Sr的克拉克值为0.048%。在不同类型的岩浆岩与沉积岩中,其丰度不同(徐兴国,1984)(表9.1)。

表9.1 有关岩类中Sr的丰度　　　　　　　　　　单位:%

岩浆岩 (0.048)					沉积岩 (0.045)						
超基性岩	基性岩	中性岩	酸性岩	碱性岩	砂岩和粉砂岩	黏土岩	黏土碳酸盐岩	碳酸盐岩	石膏	石盐	磷块岩
0.001	0.044	0.080	0.030	0.1~0.2	0.028	0.044	0.078	0.071	0.330	0.003	0.01~0.1

岩浆岩中以中性岩及碱性富钾中-基性岩含锶丰度较高(0.08%~0.2%),可形成岩浆期后或火山热液锶矿床。热液和热卤水阶段可形成铅锌等硫化矿的共生锶矿床和层控锶矿床。

锶在表生阶段为活动性阳离子,可形成淋积和岩溶充填矿床。在沉积过程中,海相和陆相黏土→碳酸盐沉积、碳酸盐→硫酸盐沉积及磷酸盐沉积阶段都有锶的富集。此外,深层卤水和自然硫矿床中的锶也有一定富集。

据研究(徐兴国,1984),锶的工业富集首先发生在沉积作用过程中,其次是热液作用期。表生作用虽可成矿,但不能单独成矿。岩浆作用和伟晶作用很难形成锶的工业聚集。

按锶矿床的成因,可分成以下几种类型。

(1)沉积锶矿床：①海相碳酸盐沉积组合锶矿床；②陆相硫酸盐沉积组合锶矿床；③海相碳酸盐-硫酸盐沉积组合锶矿床；④海相磷酸盐沉积组合锶矿床。

(2)层控锶矿床：①沿层产出的似层状、透镜状锶矿床；②跨层或穿层产出的透镜状、脉状锶矿床。

(3)火山(岩浆)锶矿床：①火山(岩浆)热液锶矿床；②岩浆热液锶矿床。

(4)热卤水(热液)共生锶矿床：①硫化物-天青石共生锶矿床；②碳酸盐-天青石共生锶矿床。

(5)其他类型锶矿床：①卤水锶矿床；②自然硫矿共生锶矿床；③风化淋积岩溶充填锶矿床。

从上面的介绍可知，各种环境下形成的锶矿，主要产于碳酸盐岩或中性岩等锶丰度高于地壳克拉克值的岩性中。目前，国产的各类携带(手提)式 X 射线荧光仪，包括早期的以 NaI(Tl) 或正比计数管为探测器的携带式 X 射线荧光仪，对地质样中锶(Sr)的探测限均好于 0.04%(碳酸盐岩中锶的丰度值大于 0.07%，中性岩中锶的丰度值大于 0.08%)，故在各类锶矿的勘查中，利用直接测锶来找锶是主要技术方案。

在岩浆岩中，锶与钡、钙、铈关系密切，常以钡、钙、铈的类质同象或其他形式的捕获而进入含钡、钙、铈的矿物中。

在热液作用过程中，锶与钙、硼、钡呈类质同象进入重晶石、方解石、文石、青重石等。

由于 Sr、Ba 地球化学性质的相似性，Ba 在勘查锶矿时不失为除 Sr 之外最好的指示元素。事实上，各类锶矿中常常可见 Ba 伴随 Sr 的同时富集。例如，四川干沟锶矿，英国布里斯托尔 Keuper Mal 锶矿，均见到钡在地层中的丰度高出碳酸盐岩中钡丰度(0.001)数十到上百倍，达千分之几甚至百分之几。因此，从 X 荧光测量角度看，测量出普查区背景值范围的钡已无大的技术问题。钡在寻找那些与区域热液活动有关的锶矿床时，特别具有指示作用。

我国对锶矿的工业边界品位一般定为 $SrSO_4 \geqslant 20\%$。在绝大多数类型的锶矿石中，矿物组合都比较简单。

(1)沉积类锶矿床，常见的矿物组合为天青石、菱锶矿、重晶石、方解石、白云石等。

(2)层控类锶矿床，常见的矿物组合为天青石、菱锶矿、方解石、石英，有些有少量萤石、黄铁矿。

(3)火山成因类锶矿床，常见的矿物组合为天青石、菱锶矿、结晶高岭石、石英、赤铁矿、重晶石、萤石及磷灰石。

(4)热卤水或热液成因类锶矿床中，除硫化物-天青石矿物组合型矿石中可能因含铅、锌、银、汞等矿的脉石矿物而含少量金属硫化矿物外，其余矿床的矿石中矿物组合与沉积类矿床相同。

(5)表生类锶矿床，矿石的矿物组合多为天青石、菱锶矿、重晶石、碳酸盐。

由于锶矿石中矿物组分较简单，而自身含量又相当高，所以对锶的 X 荧光勘查来说，其他组分对锶的影响基本可忽略(至少不至于出现造成假锶异常，或漏掉有意义锶异常的情况)。

实验表明，对第一代以 NaI(T1) 为探测器或第二代以正比计数管为探测器的携带式 X 射线荧光仪，采用 ^{238}Pu 核素源作激发，应用 Br/Rb 平衡滤光片对分选 Sr 的 K_α 特征 X 射线(第二代仪器可以不用平衡滤光片对)，通过现场直接测量土壤中 Sr 的 K_α 特征 X 射线，对 Sr 元素的检出限可以达 $(100\sim200)\times10^{-6}$g/g，已基本满足锶矿找矿要求。而目前广泛采用的基于 Si-PIN 探测器、Ag 靶 X 射线光管激发的第三代手提式 X 射线荧光仪，对 Sr 的检出限较第一、二代仪器降低了一个数量级，达到 $(10\sim20)\times10^{-6}$g/g，更无探测锶的技术问题。

9.2　重庆大足区兴隆地区锶矿普查找矿

1990～1992 年，在四川地质矿产勘查局 205 地质大队(现重庆地质勘查局 205 地质大队)承担的国家地勘任务——重庆大足区兴隆地区锶矿普查中，在研究建立了锶矿 X 荧光勘查方法后，该方法立即投入该区的锶矿普查找矿。

1991 年间，在普查区长 6.5km、宽 0.4～0.5km 的地段的 65 条测线上，开展了 1∶10000 比例尺的锶和钡的土壤 X 荧光测量；对 3 条勘探线的 13 口钻孔的全部岩心，共计 1199.8m 进行了锶的岩石 X 荧光测量；对兴隆镇 1.5km^2 范围进行了 1∶10000 比例尺的水系沉积物中锶的 X 荧光测量。上述测量工作共获得 10000 多个锶和钡的数据。其后，对测量资料进行了系统整理和计算机处理，获得大量成果图件，确认了锶矿靶区多处。有关成果及时用于指导钻孔与其他山地工程的布置，以及解决其他地质问题。

9.2.1　矿区地质概况

1. 区域地质概况

兴隆锶矿床赋存于川东锶矿成矿区内的西山背斜北部。川东锶矿成矿区位于扬子准地台四川台坳的川东褶皱带西缘各背斜，西部紧邻以华蓥山基底断裂为界的川中台拱(图 9.1)。西山背斜位于华蓥山基底断裂东南缘，西距大足县城不到 30km。

区域古生界出露在华蓥、西山等背斜核部，三叠系分布在各背斜的核部及两翼，侏罗系广布于向斜区。与锶矿有关的三叠系下统飞仙关组、嘉陵江组及中统雷口坡组，为一套海相黏土岩-碳酸盐岩-蒸发岩组成的一级韵律层。可分为五个二级韵律层。

Ⅰ、Ⅱ韵律层：飞仙关组一段和飞仙关组二、三段，分别为泥岩-灰岩组成的两个韵律层，厚 80m 及 290m。泥岩含锶 0.05%～0.15%，灰岩含锶 0.05%～0.25%。

Ⅲ韵律层：由飞仙关组四段泥岩、嘉陵江组一段灰岩和嘉陵江组二段灰岩、白云岩及石膏组成，厚 320m。泥岩、灰岩含锶 0.05%～0.15%，白云岩、石膏含锶 0.1%～1.5%。

Ⅳ韵律层：由嘉陵江组三段灰岩及嘉陵江组四段-亚段白云岩组成，厚 170m。

Ⅴ韵律层：由嘉陵江组四段二、三亚段及雷口坡组膏盐层组成，厚 70m。Ⅳ、Ⅴ韵律层灰岩含锶 0.05%～0.2%，白云岩、石膏(盐溶角砾岩)含锶 0.1%～1.2%。

Ⅲ、Ⅴ韵律层为含矿韵律层。各韵律层中锶、钡含量远高于碳酸盐岩的丰度值 0.061% 及 0.001%。

　　呈北东向的华蓥山主背斜向西南分岔，西岔为沥鼻峡背斜。西山背斜位于沥鼻峡背斜西南侧华蓥山基底断裂沿前述背斜西缘通过，从元古代以来都有不同程度的活动(图9.1)。区内成矿最有利的是西山背斜北段(兴隆勘查区位于该段玉峡锶矿床南端)，位于重庆大足区和铜梁县东南，长15km、宽3～4km，轴向北北东、东翼倾角为10°～50°，西翼倾角为40°～80°。背斜轴部附近嘉陵江组二段一亚段(含矿段)中层间剥离带脱空构造发育，为热卤水交代富集成矿提供了条件。区内锶矿床(点)分布见图9.1。

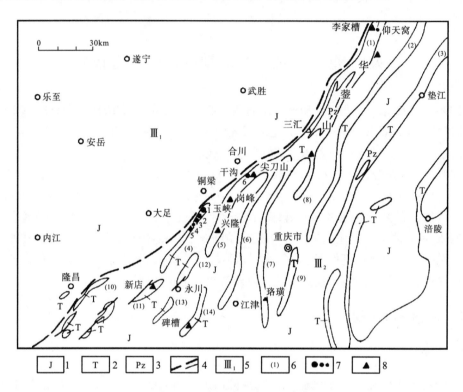

图9.1　川东锶矿成矿区地质图

1-侏罗系；2-三叠系；3-古生界；4-基底断裂、断层；5-川中台拱；6-背斜［(1)华蓥山；(2)铜梁峡；(3)明月峡；(4)西山；(5)沥鼻峡；(6)温塘峡；(7)观音峡；(8)龙王洞；(9)南温泉；(10)螺观山；(11)新店子；(12)东山；(13)黄瓜山；(14)六合场］；7-特大型、大型、中型锶矿床(1.玉峡，2.陈家坡，3.宋家湾，4.斑竹林，5.黄泥堡，6.干沟，7.仰天窝)；8-锶矿点

2. 矿床特征

　　兴隆锶矿床位于重庆市大足区的古龙乡，分布于大足区西山背斜北段玉峡锶矿床的南端，主要受西山背斜东翼的东北(NE)向压扭性走向断裂与含矿层位的层间破碎带的复合叠加部位所控制。

　　玉峡与兴隆锶矿含矿段之下的嘉陵江组一段为潮间带形成的微晶及亮晶灰岩含矿段，由三个白云岩-天青石矿层小韵律组成，共厚15～20m。

　　第一韵律层下部白云岩具鸟眼、瘤状石膏，偶含瓣腮化石；向上 LLH 型藻发育，富含有机质，偶见含自然硫的石膏透镜体；再向上 LLH-S 型藻纹白云岩波状面上覆盖着灰色白云质天青石，并过渡为条纹条带状天青石矿层。矿层中含天青石膏质藻层纹白云岩交代残余角砾残块准同生阶段的石膏天青石的残晶、假晶等，证实矿层的原岩为天青石膏质藻层纹白云岩。而矿石中大量的天青石为后生热卤水交代形成。矿层顶部白云质泥岩中的微薄层细粒天青石具有沉积特征，但天青石已再结晶。

第二、三韵律层除二韵律层底部见水云母黏土岩外，其余同第一韵律层。含矿段顶部为白云岩向上过渡到嘉陵江组二段二亚段的微晶凝粒灰岩，与底板嘉陵江组一段灰岩均属相对隔水层。

矿体沿含矿段的三个含矿层呈似层状透镜状产出，分布在西山背斜北段轴部及近轴的翼部，因被溶蚀，仅在合适深度残存一些矿体。矿体一般长 200～780m，宽 100～350m。各矿体厚 1～10m。条纹条带状矿石占 70%，白色团块状宽条带状及网脉状矿石各占 5%～10%。矿石含 $SrSO_4$ 20%～95%，平均为 60%；有害杂质 BaO、F 含量低（分别为 1%、0.1%）可选性好。

矿石成分主要为天青石、菱锶矿、钡天青石。脉石矿物为白云石、方解石、水白云母、石膏自然硫等。

当年早期，研究人员采用 HYX-1 型仪器（探测器为闪烁探测器、采用 ^{238}Pu 核素源作激发，应用 Br/Rb 平衡滤光片对分选 Sr 的 K_α 特征 X 射线）对锶的实测检出限为 150×10^{-6} g/g，已能可靠探测土壤中锶的背景含量。

9.2.2　X 荧光测量勘查锶矿的关键技术问题研究

1. X 荧光测量最佳土壤深度研究

按照土壤地球化学测量规范，地球化学测量的土壤应该是 B 层土壤。土壤 X 荧光测量应该遵从土壤地球化学测量规范，也应该在 B 层土壤中开展测量。实际上，我国南方大部分地区的 B 层土壤较厚。由于 X 荧光测量对象 Sr 是溶解度较高的元素，重庆大足区又是雨水充沛地区，在 B 层土壤顶部，由于 Sr 易受到雨水淋滤，通常 Sr 的富集程度不太好。为了工作效率与尽量提高 Sr 的信息量，作者所在的课题组通过深度测量实验，对 X 荧光测量的最佳土壤深度进行了选择。根据不同深度 Sr 的富集实验，最后选择 X 荧光测量的土壤深度是 60cm（图 6.19）。即野外工作时，挖 60cm 深的坑，采集坑底的细粒土壤作为 X 荧光待测用的样品。

2. 土壤样品最佳自然粒度研究

将采集的已知矿体上方的土壤样品，做自然风干。在土壤样品风干的过程中经常用手捏碎土壤颗粒，使其保持原始自然颗粒。待样品风干后，过筛，选择不同粒级的土壤做测量对比。根据实验结果，最后选择将自然风干后的样品过 80 目筛，用过筛后的细粒级样品作为测量样品。

3. 矿致土壤 X 荧光异常模式研究

已知矿体上方的土壤 X 荧光测量实验结果表明，在找矿初期可以直接利用锶的特征 X 射线强度作为参数，圈定锶的土壤 X 荧光异常。当然，为了保证多台仪器在同一地区工作时获取资料的一致性，各台仪器均要每天在相同标准下进行 XR 单位标准化（XR 标准化方法详见 6.3.4 节）。在最后编制归档图件期间，可以把每台仪器的 XR 测量值换算成 Sr 含量。统计处理后，求出可以反映勘查区矿异常的异常下限（平均值加 1.5 倍标准差）。

为了区分矿异常与非矿异常，需要对矿异常的分布特征进行研究。作者总结了以下的矿致土壤锶矿异常的分布模式。

首先由于在西山背斜，锶矿赋存在嘉陵江组二段-亚段灰色薄-中厚层状微至中晶白云岩地层中，如果某个地段因地质运动出现凹陷，致使最初形成的矿体长期处于地下潜水面以下，最终将会导致这个地段的矿体被溶蚀掉，即矿区可以发现锶矿的地方一定要有较好的锶矿保存深度条件（即锶在近地表易被淋滤后带走，在潜水面以下多被溶蚀掉，矿体仅在合适的深度才能保存）。图 9.2 对这种保存矿体的地质情况做了示意。如果我们捕获的土壤 X 荧光异常出现在这样的区域，见矿的概率就大。

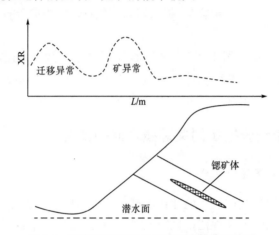

图 9.2   兴隆测区锶矿 X 荧光异常模式示意图

其次，有锶矿体存在的区域，由于地下锶源丰富，除了在赋存矿体的地层上方会出现锶的 X 荧光异常，在坡脚下平缓的地方，还会出现锶的迁移异常（如图 9.2 所示）。

最后，对于由深部矿体引起的异常，除上述两项特征外，由于地表异常的物质来自深部矿体，因此，在适当位置开展垂直深度测量，再结合 3～5 个深度处的 X 荧光测量值做判别分析，一般可以较为准确地区分矿异常与非矿异常。

9.2.3   X 荧光测量的开展

1. 测区布设

在完成 X 荧光测量关键技术问题研究后，作者及其所在团队在兴隆测区长 6.5km、宽 0.4～0.5km 的地段上（图 9.3），按基本垂直于西山背斜轴部的原则，采用 100m×10m 网格（图 9.4）布设了 65 条测线，3000 多个测点，逐一挖深度为 60cm 的坑，在坑底采集 X 荧光测量的土壤样品。

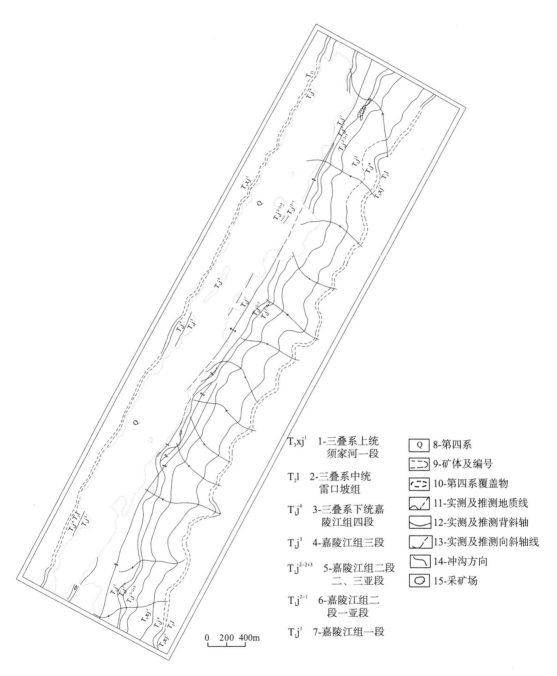

T_3xj^1　1-三叠系上统
　　　　须家河一段

T_2l　2-三叠系中统
　　　雷口坡组

Tj^4　3-三叠系下统嘉
　　　陵江组四段

Tj^3　4-嘉陵江组三段

Tj^{2-2+3}　5-嘉陵江组二段
　　　　二、三亚段

Tj^{2-1}　6-嘉陵江组二
　　　段一亚段

Tj^1　7-嘉陵江组一段

Q　8-第四系

9-矿体及编号

10-第四系覆盖物

11-实测及推测地质线

12-实测及推测背斜轴

13-实测及推测向斜轴线

14-冲沟方向

15-采矿场

0　200　400m

图 9.3　重庆大足区兴隆测区地质图

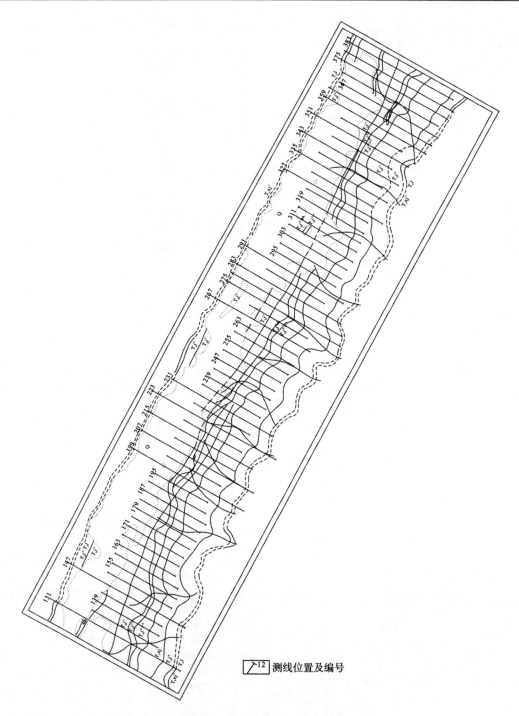

◣^12 测线位置及编号

图 9.4 兴隆测区 X 荧光测量工程部署图(线距 100m)

图中其他图例与图 9.3 相同

2. 仪器设备及工作条件选择

土壤样品测量，选用当时地质矿产部推荐的 HYX-1 型(单道)X 射线荧光仪为测量仪器。该仪器采用 NaI(T1) 为探测器，采用 1.11×10^9 Bq 活度的 ^{238}Pu 核素源做激发，并加配 Br/Rb 平衡滤光片对分选 Sr 的 K_α 特征 X 射线用于测量土壤中 Sr 的特征 X 射线；采用 1.85×10^8 Bq 活度的 ^{241}Am 核素源做激发，并加配 Br/Rb 平衡滤光片对分选 Ba 的 K_α 特征 X 射线用于测量土壤中 Ba 的特征 X 射线。

从野外采集回的土壤样品经过阴干，过 80 目筛后，选取 50g(主要保证对 Ba 特征 X 射线测量时样品达到饱和厚度)装杯进行测量。

测量 Sr 与 Ba 的 K_α 特征 X 射线时，均采用 1/10 强度法设置测量能窗(见图 9.5，能窗宽度为 E_2-E_1)。透过片与吸收片的测量时间均设置为 10s，依次测量三次差值计数(每次依次测量透过片计数后再测量吸收片计数，最后求出两者的差值作为一次的测量结果)，用三次差值计数的平均值作为一个测点的测量结果。

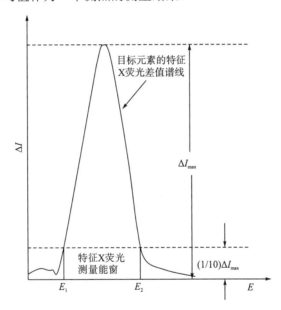

图 9.5　1/10 强度法设置测量能窗

由于工作数月，加之多台仪器参加测量工作。为保证不同仪器与同台仪器长时间测量结果间的一致性，作者及其所在团队对测量获得的 Sr 与 Ba 的 K_α 特征 X 射线强度，按每天的标准化曲线刻度成标准化 XR 值，以减少不同时间、不同仪器测量强度间的不一致性。全部测点的强度测量结束后，依据含量刻度曲线，将每个测点的 Sr 与 Ba 的 K_α 特征 X 射线 XR 值换算成 Sr 与 Ba 的含量(周四春等，2002)。

9.2.4　找矿工作成果

作者及其所在团队对测区 3000 多个物理点的土壤锶 X 荧光测量结果，通过分组做频率直方图统计，确认测区数据的统计分布形式为正态分布，以平均数加 1.5 倍标准差作为异常下限,共圈出锶异常 22 个。经异常评价模式认定,有 6 个异常群(每个异常群由 2~3 个有关联的异常组成)具有锶矿异常的特征(表 9.2 与图 9.6)。率先对 1 号异常群进行了布孔验证。1 号异常群由三个异常组成,分布在测区最南端的 131~167 号测线(图 9.7)。分析图 9.7 可知,图中标注 M1 的 1 号异常群中,M1-1 号异常位于山脚平缓处,应该是由山坡上的锶矿原生晕物质迁移到坡底后形成的迁移异常。该迁移异常长轴方向超过 500m,异常幅度较高,表明异常源物质丰富。

表 9.2 兴隆矿区异常分布情况一览表

异常编号		异常控制范围			异常规模		异常形态	异常性质	见矿情况
异常群号	异常编号	勘探线号	地层位置(地层)	长/m	宽/m	含量/10^-6			
M1	M1-1	139~159	T_j^1	500	200	400	长条形	迁移异常	
	M1-2	143	T_j^{2-2+3}	100	60	400	椭圆形	矿化异常	见矿
	M1-3	151~163	T_j^{2-2+3}	300	80	400	长条形	迁移异常	
M2	M2-1	163~187	T_j^1	600	60	400	长条形	迁移异常	
	M2-2	171~175	T_j^{2-1}	150	40	400	长椭圆形	叠加异常	仅见异常
	M2-3	187	T_j^{2-1}	100	60	400	长条形	迁移异常	
	M2-4	171~187	T_j^{2-1}–T_j^{2-2+3}	400	80	400	长条形	迁移异常	
M3	M3-1	203~207	T_j^1	150	50	400	椭圆形	迁移异常	
	M3-2	211~227	T_j^1	500	200	400	椭圆形	迁移异常	
	M3-3	227~231	T_j^{2-2+3}	150	40	400	长椭圆形	矿化异常	见矿
	M3-4	195~227	$T_j^{2-2+3}+T_j^3$	600	100	400	长条形	矿化异常	
	M3-5	203~207	T_j^3	150	40	400	长椭圆形	矿化异常	
M4	M4-1	243~247	T_j^1	200	180	400	椭圆形	迁移异常	
	M4-2	255~267	T_j^1	300	120	400	长条形	迁移异常	
	M4-3	270	T_j^1	100	180	400	蛋形	迁移异常	见矿
	M4-4	299~303	T_j^1	150	40	400	长椭圆形	迁移异常	
	M4-5	247~299	T_j^{2-2+3}	1400	70~100	400	长条形	叠加异常	
M5	M5-1	327~355	T_j^1	700	100~200	400	长条形	迁移异常	
	M5-2	307~327	T_j^{2-1}–T_j^{2-2+3}	550	150	400	冬瓜形	叠加异常	见矿
	M5-3	339~343	T_j^{2-2+3}–T_j^3	150	200	400	三角形	叠加异常	
M6	M6-1	355~379	T_j^1	600	100~200	400	长条形	迁移异常	
	M6-2	359~383	T_j^{2-2+3}	600	50~100	400	长条形	叠加异常	见矿

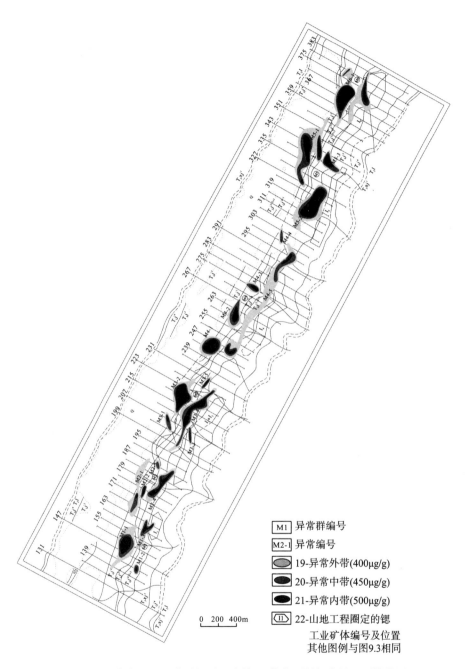

图 9.6　重庆大足区兴隆镇锶矿区土壤 X 荧光测量锶含量平面等值图

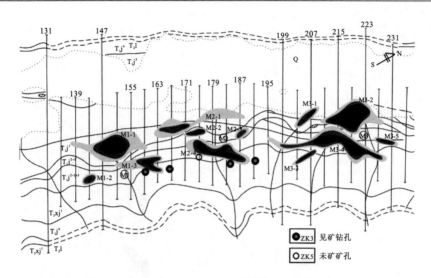

图 9.7　重庆大足区兴隆镇锶勘查区南段(131～235 号测线)土壤 X 荧光测量锶含量平面等值图

图中图例意义与图 9.3 相同；两相邻测线之间线距为 100m

　　M1-2 与 M1-3 号异常主体部分赋存于含矿层位上方，显然是含锶地层(原生晕)原地风化后形成的残坡积物形成的土壤次生晕。

　　对比 M1-2 与 M1-3 号异常。M1-2 号异常经加密测点控制，呈椭圆状，长轴方向沿 T_1j^{2-1} 地层延伸约 100m，宽度超过 60m。异常幅度较高，异常中心浓度 Sr 含量超过 500μg/g。

　　M1-3 号异常呈长三角形状，长轴方向沿 T_1j^{2-1} 地层延伸超过 300m，异常中心宽度超过 80m。M1-3 号异常幅度较高，中心浓度超过 500μg/g。

　　综合考虑 M1-1、M1-2 与 M1-3 三个异常沿西山背斜走向分布：在超过 500m 的地段上，异常规模大；在空间关联关系上，M1-2 与 M1-3 是含矿地层内成矿物质在原地残坡积物中形成的异常，M1-1 是与 M1-2 及 M1-3 同源，但因地形造成的重力、水冲刷等原因造成迁移，在 M1-2 与 M1-3 对应的山脚下形成的迁移异常。据此判断，该异常群应该是有一定规模的工业矿体的指示。

　　结合矿区锶矿的保存深度条件(即锶在近地表易被淋滤后带走，在潜水面以下多被溶蚀，矿体仅在合适的深度才能保存，在兴隆地区这个深度为 80～120m)和异常位置处的地貌等因素，首先考虑最符合前述条件的 M1-3 号异常，选择最有利的位置布孔验证。

　　按前述考虑，将钻孔开口位置布置在异常上方的 $T_{3x}j^1$ 地层内，在 159 号测线 M1-3 号异常的东侧，$T_{3x}j^1$ 地层边缘首先布设施工了 ZK1593 孔。

　　钻探验证十分成功，在孔深 88.9～91.0m 见到 2.1m 厚度的天青石工业矿体。随后，再接再厉，布设 ZK1673 孔，又在孔深 102.00～109.66m 获得 7.66m 厚度的天青石工业矿体。

　　在 M1 号异常群先后布孔 5 个。其中，除 1 个孔因开孔布设在含矿层地层内，因太靠近含矿层(致使穿过含矿层时深度不够)仅见锶矿化外，其余 4 孔均见到工业锶矿体。

　　随后，对其余 5 个异常群陆续布孔验证，除 M2 号异常群仅见矿化外，其余异常群均见到工业锶矿体(表 9.3)。布孔见矿率达到 80%以上，比依据传统方法布孔见矿率(50%左右)提高了 30%以上(周四春等，1999)。

表 9.3　异常区域见矿情况统计表

异常群编号	包含异常数/个	布孔数/个	见矿孔数/个	各孔见矿深度/m	见矿率/%
M1	3	5	4	88~110	80.0
M2	4	2	0	—	0.0
M3	5	7	6	71~133	85.7
M4	5	8	6	81~114	75.0
M5	3	3	3	124~160	100.0
M6	2	5	5	75~112	100.0

在部分钻探先于 X 荧光测量而未见矿地段，后根据 X 荧光资料重新布孔，找到地质找矿遗漏矿段三处，由此使该矿区天青石工业储量增加 10 多万吨。

9.3　X 荧光测量技术在锶矿地质工作中的其他应用

作者及其所在团队对兴隆普查区三条勘探线 13 口钻孔，合计 1198.85m 岩心开展系统的 Sr 的 X 荧光测量，获取约 1.9 万个 Sr 的 X 荧光测量数据。经统计对比编制成果图件，获得三个方面的成果。

1. 确认了含矿层位，掌握了矿体赋存规律

依据岩心 X 荧光测量结合地质研究编制的普查区地层综合柱状图(图 9.8)、剖面图(图 9.9)表明，锶主要富集于嘉陵江组二段。该段锶平均含量达 0.35%，高出地壳克拉克值 6.3 倍，是锶源层。在整个普查区锶的富集受层位的控制。嘉陵江组二段一亚段是矿体的赋存层位。X 荧光测量资料为确认工作区矿床是严格受层位控制的层控矿床提供了依据。

测量资料还表明在地下水的溶蚀下矿体的保存条件还与水文条件有密切关系。当地形上处于隆起时，周围有溶洞出水口，矿体保存条件好，其矿体保持深度在距地表 60~120m 位置。

上述成果指明了矿区的锶矿找矿工作方向，对钻探的设计也提供了极有价值的科学依据。

2. 获得了异常与矿体间空间关系的规律

地层中锶异常主要分布在矿体周围嘉陵江组二段地层中。异常外带(SrO)为 0.12%；中带为 1%；内带大于 10%(内带锶含量已达到工业矿体标准)。异常随矿体的延伸趋势有一定变化规律：如矿体在深部延伸不大，浅部消失时，异常逐渐变小，宽度变窄，异常中带完全处于嘉陵江组二段一亚段地层之内，形成全封闭状态(图 9.10)；如矿体沿深部继续延伸，异常幅度增大，深部异常中带可扩及嘉陵江组二段的二、三亚段地层内 20~50m，异常等值圈不闭合(图 9.10)。

　　这种规律被作为依据之一成功地应用于钻探布孔。即对钻探岩心进行及时现场 X 荧光测量，根据异常幅度大，某一侧不封闭，说明矿体还有延伸，应继续布孔施工，扩大矿体规模。

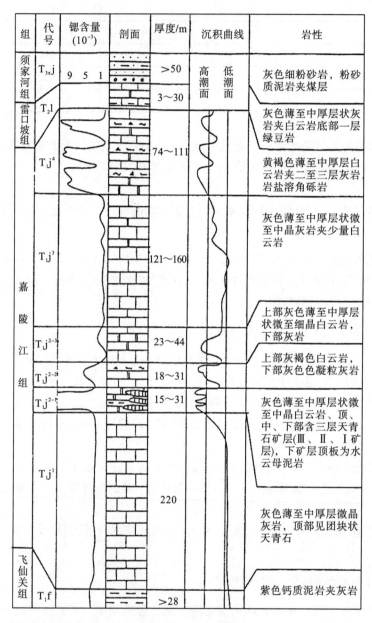

图 9.8　兴隆普查区地层综合柱状图

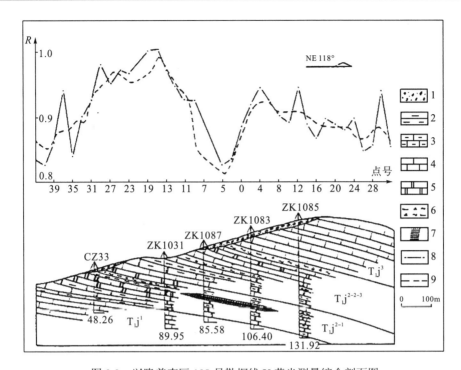

图 9.9　兴隆普查区 108 号勘探线 X 荧光测量综合剖面图

1-浮土；2-泥岩；3-泥质白云岩；4-灰岩；5-白云岩；6-岩溶角砾岩；7-天青石矿体；8-土壤 X 荧光测量原始数据曲线；
9-土壤 X 荧光测量滤波曲线

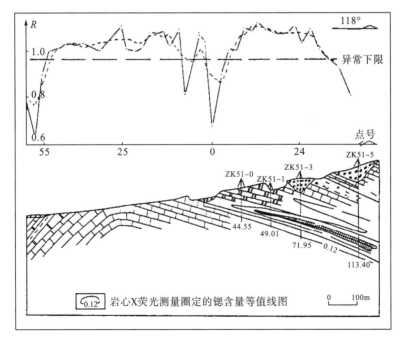

图 9.10　兴隆普查区 51 号勘探线 X 荧光测量综合成果图

图中其他图例意义与图 9.9 相同。

3. 掌握了分散流与锶矿体间的关系

兴隆普查区水系沉积物中 Sr 的 X 荧光测量成果(图 9.11)表明,锶在地下水的运移作用下,具有一定迁移能力。在离矿体不远的出水点附近,一般都有锶的富集,从而形成锶的分散流异常。异常值最高可达 0.5%左右,一般为 0.15%~0.30%。随着离矿体距离增加,异常值减小,最后趋于正常值。锶矿分散流迁移距离不大,一般为 300~500m。这为开展 1:10000 比例尺的锶的水系沉积物测量可用于快速追踪锶异常源提供了依据。

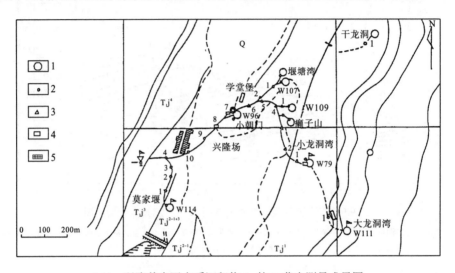

9.11 兴隆普查区水系沉积物 Sr 的 X 荧光测量成果图

1-出水点位置;2-X 荧光强度小于 1000cps;3-X 荧光强度小于 1400cps;4-X 荧光强度大于 1400cps;5-矿体位置

9.4 X 荧光勘查技术在其他地区锶矿找矿中的应用

9.4.1 四川渠县杨家坳包锶矿勘查

1992 年,在四川渠县等地的国家锶矿普查任务中,由于地质条件类似,地层相同,当年四川 205 地质队直接将在兴隆锶矿研究建立的锶矿 X 荧光勘查技术用于找矿。

在四川渠县杨家坳包地区1800m×600m 的测区内,开展了 1:10000 比例尺的土壤 Sr 的 X 荧光测量。根据统计,该区的土壤 Sr 的丰度略高于兴隆地区。最后,以 Sr 的 X 荧光强度背景值加两倍标准差为异常下限,共圈出 5 个异常(图 9.12)。

依据兴隆地区锶异常与矿体关联关系的经验,经综合分析,判断 5 个异常可能为一个矿体所致且具有关联的矿异常群。其中,分布在含矿层 T_1j^{2-1} 内且与地层走向平行的①号异常很可能是矿体的主异常。在考虑地形、矿体赋存层位、矿体保存条件等因素后,在①号异常南端的 11 号测线附近布置了 ZK11-1 孔,结果在 80 多米的 T_1j^{2-1} 地层内见到 10 多米厚的天青石工业矿体。

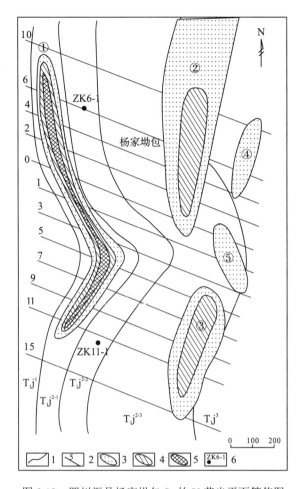

图 9.12 四川渠县杨家坳包 Sr 的 X 荧光平面等值图

1-地质界线；2-测线及编号；3-Sr 的 X 荧光强度背景值加 2 倍标准差区间；4-Sr 的 X 荧光强度背景值加 3 倍标准差区间；5-Sr 的 X 荧光强度背景值加 5 倍标准差区间；6-见工业矿体钻孔及编号

①号异常南端的 11 号测线附近的 ZK11-1 孔见矿证实了异常分析推断的正确性。为此，继续在①号异常北端的 6 号测线上布置了 ZK6-1 孔，用于验证工业矿体在异常内是否连续，以便估计天青石工业储量。结果 ZK6-1 孔在下覆的 T_1j^{2-1} 地层内也见到超过 10m 的工业锶矿体，基本证实了该天青石工业矿体走向上有 1000m 左右延伸。取得良好找矿效果。

9.4.2　四川大竹县拱桥坝锶矿资源评价

1992 年，丁益民采用 PXRF-XY 91B 型轻便 X 射线荧光仪，配合成都地质学院(现成都理工大学)地质系有关教师，在四川大竹县拱桥坝地区开展锶矿资源评价，协助解决了多方面的地质问题，为完成该区域的锶矿资源评价做出了重要贡献。

1. 矿区地质概况

在成因上，大竹县拱桥坝锶矿与大足县兴隆锶矿相同，均为受层位和控矿构造控制的层控锶矿床。矿区出露地层为下三叠统嘉陵江组。岩性自上而下划分为嘉陵江组一至四段（各段地层的岩性与兴隆普查区对应地层一致，如图 9.8）。含（赋）矿层为嘉陵江组二段。矿体受 NE-NNE 向华蓥山背斜东翼的压扭性走向断裂与含矿层位的层间破碎带复合叠加部位所控制。矿体中，矿物主成分为天青石、菱锶矿。脉石矿物为白云岩、方解石、石膏。组合简单，对 Sr 的 X 荧光测量有利。

2. X 荧光测量工作成果

在工作区，根据地质工作需要，作者及其所在团队共测量土壤、岩石剖面 30 多条，获取分析数据 600 多个。取得的主要成果如下：

1）为确认含（赋）矿层提供了依据

通过测量不同岩性、不同层位的锶含量，除了在嘉陵江组二段与一段的顶部发现锶的富集，没检测出其他富集地段。经综合分析得到以下结论：

（1）锶的矿化和富集严格受层位控制，含（赋）矿层位为嘉陵江组二段。

（2）工业矿体严格受含矿层位控矿断裂的交切关系控制。

（3）锶的富集与矿层沉积相、沉积环境关系密切。

上述分析为矿区的成矿规律研究提供了重要依据，也为矿区外围找矿指明了方向。

2）发现了新的矿异常

在矿区北部的外围地段，土壤 X 荧光测量发现锶异常一处。经探槽揭露，见到含矿白云岩层中碳酸锶矿化地段。

3）研究并掌握了矿体空间的分布规律

（1）矿（化）宽度圈定。在拱桥坝矿区，对六条剖面开展 X 荧光测量与地质编录表明，矿化带总宽度为 4～7m。

根据 X 荧光测量资料，结合矿化岩系、岩性组合与矿化特征，将矿带分为两个矿（化）层：第一矿（化）层为靠近顶板的条带状、团块状天青石，SrO 品位为 0.40%～20.25%，顶板围岩为泥岩，其间含菱锶矿；第二矿（化）层紧临第一层，以板状天青石为主，SrO 品位为 30%～52%；底板矿化围岩为白云岩（图 9.13）。

（2）矿体空间分带及元素变化规律研究。垂直方向上，由上而下，矿化强度逐渐增强，SrO 含量明显增高，矿物以菱锶矿逐步向天青石过渡（图 9.14）。水平方向上，从矿体向两侧，随矿石类型、矿石结构特征变化，品位也逐渐下降直至达到正常含量。沿走向方向，矿化强度、矿体宽度相对较稳定。

根据 X 荧光测试结果统计，拱桥坝锶矿矿石品位高，块状富矿以天青石为主且往深部矿石品位增高、质量稳定，属高品级天青石矿床。

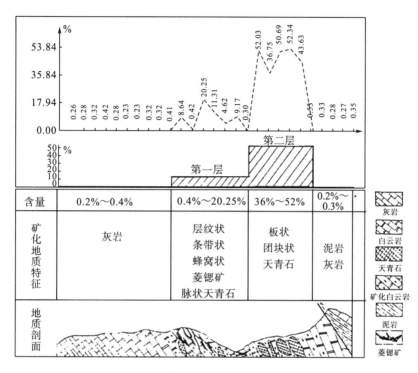

图 9.13 Y1 地质剖面与 X 荧光测量划分矿层示意图

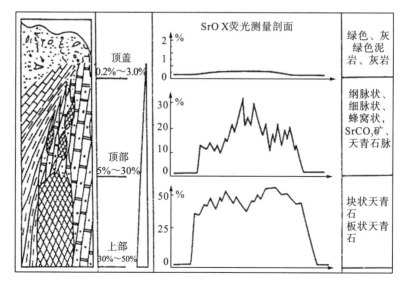

9.14 矿体不同部位 SrO 含量演变规律图

9.4.3 英国布里斯托尔地区锶矿资源评价

20 世纪 70 年代末期,英国地质工作者在英格兰布里斯托尔东北部 Keuper Marl 地区,用当时的第一代携带式 X 射线荧光仪进行了锶矿勘查(Ball,1979)。

Keuper Marl 地区的天青石矿化过程中伴随有不同程度的石膏、方解石和石英矿化。天青石矿床主要赋存于三叠纪地层中,矿石呈团块状或侵染状。

工作初期开展的实验结果表明,Sr 在地表残坡积物中的含量与基岩中的 Sr 含量成正比。结果显示,Keuper Marl 地区地表残坡积物中 Sr 的含量较高,丰度达到 470μg/g,所用仪器对土壤中 Sr 的检出限为 460μg/g。依据勘查区地质情况与所用仪器技术状况,在该区开展 X 荧光测量时,采用了以下工作程序:

(1)用手摇钻钻取 0.5~1m 深度处的土壤。

(2)将取回的土壤干燥、过 100 目筛。

(3)取过 100 目筛样品测量 Sr 的 K_α 特征 X 射线强度,并依据强度值换算 Sr 含量(Sr 的 K_α 特征 X 射线强度与含量间相关系数为 0.83)。

(4)依据统计的测区锶异常下限 500μg/g 圈定异常。

(5)在地质条件成矿有利的异常部位布设山地工程,最终找到天青石工业矿体。

图 9.15 是 Keuper Marl 地区一条典型的土壤 Sr 的 X 荧光测量剖面。图中的 Severnside Evaporite 矿床,就是通过 X 荧光测量发现的。

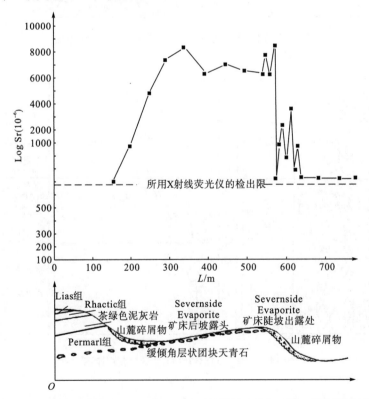

图 9.15 英国布里斯托尔 Keuper Marl 地区某测线土壤 Sr 的 X 荧光测量剖面

参 考 文 献

徐兴国. 1984. 从锶的地球化学特征探讨天青石矿床的成因类型及找矿方向[J]. 地质论评, 30(2): 146-154.

徐兴国, 高征亮, 罗作良, 等. 1990. 四川铜梁玉峡锶矿床的成因探讨[J]. 四川地质学报, 10(4): 259-266.

徐兴国, 廖光宇. 1994. 川东地区锶矿床地质特征及成因探讨[J]. 化工地质, 16(1): 29-39.

周四春, 李志扬, 张志全. 2002. X 荧光测量数据标准化方法研究[A] // 四川省地学核技术重点实验室年报(2000—2001). 成都: 四川大学出版社: 107-111.

周四春, 张志全, 徐兴国. 1999. 锶矿 X 荧光勘查方法研究及在兴隆锶矿的应用[J]. 地质与勘探, 35(4): 36-38.

Ball T K. 1979. Geochemical prospecting for barite and celestite using a portable radioisotope fluorescence analyser[J]. Journal of Geochemical Exploration, (11): 277-284.

第10章 X荧光测量在金矿找矿中的应用

10.1 金矿勘查的地质与地球化学基础

我国金矿勘查中，金的边界品位一般定为 $1\sim1.5g/t$，工业边界品位为 $3g/t$。目前，最新一代手提式 X 射线荧光仪（微型 X 射线光管为激发源、Si-PIN 或 SDD 探测器），对 Au 的检出限依然高于 $n\times10^{-6}g/g$，无法达到 Au 的工业边界品位。为此，在目前的技术条件下，采用 X 荧光技术勘查金矿时，通过直接测量 Au 的方式来勘查金矿很难实现。所以，在我国广泛应用的 X 荧光勘查金矿技术，实际是通过测量某些（或者某组）元素，以间接方法来找金。

实践证明，通过对合适的指示元素开展 X 荧光测量来找金，往往能够收到事半功倍的效果且具有普遍意义。其地质与地球化学原理如下。

10.1.1 不同类型金矿地球化学异常的元素组合

岩金矿是金高度富集的结果。在金富集的过程中，与金地球物理与地球化学性质相似的元素，往往同时得以富集。因此，金矿化现象的显示往往是一群元素的集合体，这些元素的集合体构成了该金矿床的地球化学异常。表 10.1 统计了部分不同类型金矿床的地球化学异常。从中可以看出，各类金矿的地球化学异常中，都包含了众多的异常元素，类型不同，金矿异常中的元素组合存在差异。

表 10.1 部分金矿床地球化学异常中的元素组合

矿床	类型	主要元素	次要元素	资料来源
上宫	破碎带蚀变岩型	Au、As、Ag、Pb、Hg、Zn、Cu	Co、Mn	王金贵等，1988
焦家		Au、As、Ag、Pb、Zn、Cu、Bi		田农，1988
金山		Au、As、Ag、Pb、Zn、Cu	Mn、Co、W、Cr	黄宏立和杨文思，1990
卡林	卡林型	Au、As、Hg、Sb	Ba、Ti	刘东升和耿文辉，1983
二台子		Au、As、Ag、Hg、Ba	Co、Ni	耿文辉，1986
苗龙		Au、Ag、As、Hg、Sb、Ba、Cu、Pb、Zn	Sn、Mo	谢桌君等，2014
老村庄（多米尼加）	火山温泉型	Au、Ag、Hg、Bi、W、Sb	Te、Cu、Pb、Zn	桌维荣，1989
龙水	岩浆热液石英脉型	Au、Ag、Cu、As、Pb	Co	傅成铭，1985
洪发		Au、Cu、Mn、As、B、Ba、Hg		庞贵熙，1982
冶头岭	变质热液（？）	Au、Ag、Cu、Pb、Zn、Mn	Mo、Sn、W	吴香尧，1989

矿床	类型	主要元素	次要元素	资料来源
小青山	沉积热液	Au、Cu、Hg、As、Ag	Co、Mo（V、Ti、B）	庞贵熙，1982
红旗沟		Au、Cu、Mn、Ag	Co、Mo（V）	庞贵熙，1982
茶铺子	基性火山岩型	Au、Ag、Cu、Pb、Zn、As、B、Be、Ba、Hg	Co、Ni、V、Ti	庞贵熙，1982
瑶沟	含金砾岩型	Au、Ag、Pb、As、Cu、B	Zn、Mo	吴新国和李文宣，1994

金矿地球化学异常的这两个特点表明，我们可以通过测量 Au 以外的异常元素来找金；测量特定金矿床中的特征异常元素，是有可能达到寻找不同金矿床的目的的。

10.1.2　金的亲硫性及铜组元素的找矿意义

据 Goldschmit 的地球化学分类和 Shcherhira 的补充资料，可把所有元素分成四组：亲气元素组、亲石元素组、亲铜元素组和亲铁元素组。亲铜元素组包括 Cu、As、Zn、Pb、Hg、Bi、Se、Sb、Te、Sn、Ag 等 20 种元素，在自然界中常以硫化物形式存在，故又称为亲硫元素。金虽然是典型的亲铁元素，但也具有明显的亲硫性。Boyle 指出，水溶液中，金可以与硫形成稳定的络离子，这有助于在自然界各种内力作用造成的搬运中稳定迁移。

金在成矿溶液中以硫化络合物的形式迁移到成矿环境时，如构造破碎带、裂缝、剪切带等，随温度、压力、pH、Eh 值、还原硫活度等条件的变化，成矿溶液中各相之间的平衡被破坏，金将和一些铜组元素的硫化物同时或相继沉淀，造成在一些金矿脉，尤其是硫化物型金矿脉中，金与一些铜组元素密切伴生，从而使得铜组元素成为金矿的良好指示元素。

据统计，金-多金属硫化物类型金矿床是我国最主要的金矿床类型，黄铁矿和石英几乎在所有类型的金矿中均以主要矿物形式出现。从矿物组合在不同岩性中的分布来看，原岩为火山岩或侵入岩时，矿物组合多以金-多金属硫化物为主；原岩为沉积岩或火山沉积岩时，金-多金属硫化物也占相当大的比例。

综上所述，通过铜组元素的测量来勘查金矿，具有普遍的找矿意义。

10.1.3　砷与金的相关性及找矿意义

砷是典型的亲硫元素，而金也是亲硫元素，因此两者常常共生在金矿床中的硫化矿物内，使砷与金具有明显的相关性。

砷与金具有明显的共生关系还在于某些金矿物（如 $AuSb_2$）与砷化物（如毒砂）具有同构关系。金在八面体中的共价半径（1.39Å）与砷在八面体中的共价半径（1.40Å）非常接近，其电荷也相似，对硫都有一定的亲和力。由于砷与金的地球化学特征极为相似，所以金常常会置换出毒砂等砷化物中的砷。此外，硫化物，特别是毒砂里的金属性结合，使之具有一定的合金性质，允许其他金属（如 Ag、Au）保留在晶格内而不变形。

砷在大多数类型的深生金矿中几乎普遍富集，而且不论在深生作用还是在表生作用期间，金与砷都有明显的相关性，深生金矿中最常见的砷矿物是毒砂和砷黝铜矿-黝铜矿。

某些含金夕卡岩矿床，砷含量很高，一般为 $(100\sim1000)\times10^{-6}$，主要赋存在毒砂中。含金多金属矿床经常富含砷，典型含金石英脉也富含砷，浸染型金矿全部含砷。

在表生氧化环境中，大部分呈砷酸盐状态的砷与含水的铁的氧化物和其他的氧化物一同沉淀或被它们吸附或者与 Fe、Cu、Pb、Zn、Co、Ni 等阳离子反应，从而在氧化带中发生各种水解作用，在胶体反应过程中产生形形色色不溶的砷酸盐和碱性砷酸盐-硫酸盐。因此，在金矿氧化带中，金和砷能和谐地一起富集。金主要呈自然金产出或赋存于硫化物中，而砷富集在次生黄铁矿、白铁矿和各种其他硫化物中，尤其金和砷在表生硫化物中和谐地富集在一起。

在现代和古老的金砂矿中，砷也有富集的趋势，特别富集在那些褐铁矿颗粒含量较高的或者被褐铁矿胶结的砾石含量较高的砂矿中，这是因为三价铁氧化物对砷酸盐与金有明显的吸附能力和同沉淀能力。

我国地学工作者在贵州册享县、盘县，广西凤山县金牙，四川九寨沟县马脑壳，河北崇礼县东坪等地利用 X 荧光测砷找到金矿的实例也证实，在各类金-硫化物多金属、石英脉型、蚀变岩性、火山岩型金矿勘查中，砷都可作为金矿(化)的良好指示元素。

10.1.4 铅、钡及其他元素与金的关系与找矿作用

铅的亲硫性决定了它与金常常伴生在一起。Schwartz 曾指出，在相当多的石英型和其他类型的含金矿床中，方铅矿是高品位富金矿体的一种特别好的指示矿物，方铅矿和金都是矿物共生组合序列中的最晚期矿物，二者往往在一起出现。Boyle 认为，铅矿、碲矿的存在一般是矿床中碲金矿存在的信号。

在热液作用过程中，铅的氯化络合物和硫氢络合物可能是铅在热液中的主要迁移形式，这与金在热液过程中的地球化学性状相同。因此，在深生金矿中，一般伴有铅的硫化物和各种各样的磺酸盐碲化物。

在表生作用中，铅的活动性差，不易迁移，这与金的性状十分相似。方铅矿受氧化时，首先形成不易溶于水的铅矾($PbSO_4$)，若遇到碳酸盐地层时，则进一步形成碳酸铅-白铅矿，由于铅矾和白铅矿是稳定的且不易溶于水，所以在表生带中铅主要以铅矾和白铅矿的形式存在，而它们往往被表生矿如褐铁矿和锰的氧化物所吸附、沉淀，因此，铅与金常共同富集在铁帽及其下伏的淋滤带中。

钡是岩石圈上部最丰富的微量元素之一，钡的地球化学行为比较简单，在常见的阳离子中，Ba^{2+} 只能替代 K^+(其离子半径分别为 K^+: 1.33Å；Ba^{2+}: 1.43Å)。在火成岩中含钡的主要载体矿物是钾长石和黑云母。尽管钡的原子量很高(137.33)，但在岩浆作用过程中，并不产生重力分异，或在表生作用过程中，也不产生次生的机械富集，而是随着岩浆分异过程，逐渐集中到晚期，进入富钾的造岩矿物——钾长石和黑云母中，或在热液阶段形成独立含钡的矿物。因此在深生金矿，钡富集在脉型矿床围岩蚀变带的各种钾长石、绢云母和碳酸盐矿物中，特别是对那些绢云母化、钾化明显的金矿床，钡也可以作为金矿的指示元素。

在表生作用期间，含钡矿物的比重大，一般抗风化和侵蚀，故可成为某些现代和古代残积和冲积砂金矿的重矿物组合。但是，在强烈的风化和淋滤条件下，大部分的钡可进入溶液，从含金矿床的铁帽和氧化带中带走，但还有相当一部分残留下来，被锰的氧化物（锰土）和含锰褐铁矿所吸附或与它们化合在一起，有些钡也保留在各种表生硫酸盐和碱性硫酸盐中，而与金一起富集。金对碲、铋、锑有明显的亲和性，是由于 Au-Te 等各种组合产出一种特别稳定的电子构型。金与石英密切伴生，是因为溶液尤其是中性、碱性溶液有利于 Au 和 SiO_2 的同时淋出，而且 SiO_2 保护着金的运移，加之它们的沉淀条件相似。

在后生金矿床中，最常与金伴生的元素和有高度指示特征的元素包括（大体按其重要性排列）Si（SiO_2）、S（黄铁矿 FeS_2）、Ag、As、Sb、Te、B、Bi、Hg、Mo、W、Cu、Zn、Pb、Cd、Tl、Ba、Sr、Mn、Se、F、Cl、U 和 Th。Ag、As 和 Sb 在各种类型和各个时代的后生矿床中几乎普遍富集。Te 和 Se 一般只限于特定的矿床，Se 主要在第三纪矿床中富集。B 是沉积区后生金矿床的代表性元素。

Hg 在新的金矿床中最为富集。Bi 富集在各种类型和各个时代的后生金矿中，W 是比较深成的金矿中常见的指示元素。Cu、Zn、Pb、Cd 和 Ba 是有用的指示元素，但不是后生金矿床专门的指示元素，它们一般是多金属矿床存在的信号，不过 Cd 与 Ba 往往在土壤和河流沉积物中富集。Mn 在某些地区的第三纪金矿床中特别丰富。上述诸指示元素中，金矿最明确的指示元素是 Ag、As、Sb 和 Te。还有若干元素（如 K、U、Th、Te 等）对金矿（化）能起良好的指示作用，但测量这些元素并非 X 荧光技术的长处，所以本书不再讨论。

综上所述，对任何类型的金矿床，不论其成因和形成时的地质、地球化学环境如何，金的富集都不是孤立的。在金运移和集中的过程中，总是伴随着其他元素的运移和集中，这些元素就成为金的指示元素。因此，金的指示元素总是存在的，而且其指示元素的分布比金矿体本身更宽广和深远。所以了解这些指示元素的分布规律，可以达到勘查金矿的目的，这就为 X 射线荧光法及其他物化探方法勘查金矿奠定了地质、地球化学基础。

10.2　金矿 X 荧光勘查的技术要点

在勘查金矿中开展 X 荧光测量，其野外工作方法、数据处理与如何编制成果图已在第 3 章中做了介绍，此处不赘述。仅对其具有的特殊性加以扼要说明。

10.2.1　指示元素与指示元素群（组）选择

从 10.1 节可以得出，不同金矿床的地球化学异常中的元素组合既有共性，也有特殊性。因此，对每一个具体的金矿床，应根据具体地质与地球化学环境，通过实验对比，找出那些含量较高（保证 X 射线荧光仪可以可靠地检测出其最小异常），与金在空间形态上及含量上呈显著相关的元素，作为 X 荧光测量的指示元素。

从表 10.1 中可知，As 是绝大多数金矿地球化学异常中最常见的元素。实践表明，多个矿区的 As～Au 相关系数都高于 0.7，不少矿区甚至达到 0.9 以上(表 10.2)，所以，将 As 作为金矿的 X 荧光指示元素，具有较普遍的意义。除 As 外，也存在利用 Pb、Ba、Cu、Sr 等作为 X 荧光测量指示元素，具有不少成功应用的报道。

表 10.2 部分金矿区岩心中 Au 与 As 相关性统计

矿区名称	矿床类型	Au～As 相关系数	划分矿层准确率/%
四川马脑壳金矿	构造蚀变	0.7～0.95	>90
河南瑶沟金矿	含金砾岩型	0.8～0.9	98
广西凤山金矿	构造蚀变	0.9	>98
四川东北寨金矿	构造蚀变	>0.8	>92

具体选用什么元素做指示元素，应通过实验来选择。当各单个元素的区域丰度低于仪器的检出限时，仪器将难以可靠检测出该元素的最小异常，此时，宜采用指示元素组的总量 X 荧光测量法。

从表 10.1 可以找出两组具有普遍意义的金矿指示元素，一组通常称为铜组，另一组称为银组：铜组元素由 Cu、Zn、Pb、As、Hg、Bi、Se 组成；银组元素由 Ag、Sb、Sn、Cd、In、Te 组成。从 10.1.2 节可知，这两组元素都属于亲铜元素。前一组元素的特征 X 射线(K 线或 L 线)能量处于 8～12.5keV；后一组元素的特征 X 射线能量则介于 21～28keV(表 10.3)。从表 10.1 可知，测量这两组元素的总量，能够勘查各种类型的金矿床。

表 10.3 铜组元素与银组元素的有关 X 荧光参数

元素	Cu	W	Zn	Hg	As	Pb	Bi	Se
吸收限/keV	8.980	13.090	9.660	15.841	12.863	15.870	16.393	13.652
特征 X 射线/keV	8.047	8.396	8.638	9.987	10.543	10.549	10.836	12.221

元素	Ag	Cd	In	Sn	Sb	Te		
吸收限/keV	25.517	26.712	27.928	29.190	30.486	31.809		
特征 X 射线/keV	22.162	23.172	24.207	25.270	26.357	27.471		

10.2.2 指示元素(组)的测量

单一的指示元素，按一般方法测量即可。

铜组元素，对于采用 Si-PIN 探测器、CCD 探测器的仪器，由于其具有足够的能量分辨率，所以经对仪器做能量线性刻度后，很容易将测量铜组元素总量的能窗调整在 7.5～13keV。即使是采用配低气压充 Xe 正比计数管作探测器的仪器，由于其已能有效区分铜和铁的谱线，所以经对仪器做能量线性刻度后，通过测量含 Cu～Fe 的标准样与铅标准样的实测 X 射线谱线，也可以将测量铜组元素总量的能窗调整在 7.5～13keV（图 10.1）。

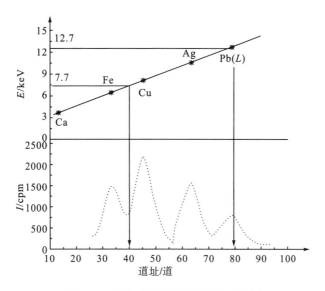

图 10.1　铜组元素总量测量能窗示意图

　　对采用 NaI(T1) 为探测器的仪器，则必须采用宽通带平衡滤片对技术，用 Aul# 滤光片对来分选铜组元素的谱线（章晔等，1986）。Aul# 滤光片是获国家实用新型专利的技术成果，它由 Se 和 Co 的化学试剂加黏合剂制成，其能量通带为 7.71～13.65keV，略宽于表10.3 中铜组全部元素构成的 X 荧光射线能量区间，略高于表 10.3 中铜组全部元素构成的X 荧光射线能量区间，正好适合于测量铜组元素总量的 X 荧光强度。

　　银组元素，或者用配闪烁探测器的仪器、配 Mo/In 宽通带滤片来测量。其原因在于银组元素理论上虽可用充 Kr 正比计数管测量，但能可靠分辨出 22～27keV 射线的 Kr管，目前还只能是低气压管，其计数效率太低，在对地质样测量时，要达 1% 测量精度需数 10min 的时间，不太适合于野外测量的要求。1988 年，作者及所在团队成功研制测银组元素总量的宽通带滤片对，并命名为 AuⅡ# 滤光片。采用 AuⅡ# 滤光片时，可用 Ag 与 Te的化学试剂混合样作为银组能窗设置标准样，其差值谱线位置就是银组元素能窗位置。

　　或者采用最新一代配备 Si-PIN 探测器或 CCD 探测器的手提式 X 射线荧光仪，在配置[241]Am 同位素激发源或 Ba 靶 X 射线管激发的情况下，通过能量刻度获得的道址与射线能量关系，将仪器探测窗调整到 21～28keV。

10.3　X 荧光测量在吉林小西南岔金铜矿勘查中的应用

　　小西南岔金铜矿位于吉林省珲春县，为一石英脉型为主的金、铜矿床，其铜和金均可单独圈出工业矿体。

　　1983 年 4～5 月，周四春在指导成都地质学院（现成都理工大学）1979 级本科毕业生的毕业论文时，在该矿区开展了国内最早利用携带式 X 射线荧光仪，通过现场测量指示元素勘查金矿的研究(章晔等, 1984; 周四春等, 1996)。这次研究工作开启了将 X 荧光测量从元素分析拓展到地质找矿的序幕。

10.3.1 矿区地质概况

小西南岔金铜矿,属火山岩型高、中温热液裂隙充填脉状矿床。矿床主要受阴山-天山东西向复杂构造带的东延部分-五凤-小西南岔隆起及两侧断陷带的过渡带的控制,位于延边山字形构造东翼反射弧脊柱的北端(图 10.2)。

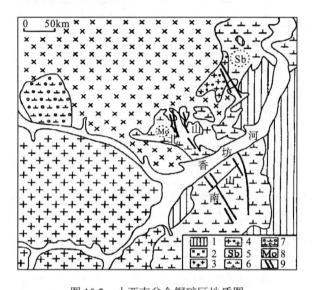

图 10.2 小西南岔金铜矿区地质图

1-五道沟群;2-花岗闪长岩;3-斜长花岗岩;4-细粒花岗岩;5-锑金矿;6-闪长岩;7-石英闪长岩;

8-含铜、钼矿体;9-闪长玢岩及金、铜矿脉

矿区内出露地层为二叠纪变质岩系。区内岩石下部为长英角岩(呈片状、似片麻状)、斜长角闪石角岩(片状);中部为含碳云英角岩、长英角岩等;上部为云英角岩(带状)、斜长角闪石角岩(带状)及板岩等。

矿区以香坊河为界分南山和北山矿段。北山是细脉浸染型金矿床,矿体产在北北西向构造破碎带内,围岩为石英闪长岩。南山是脉状金铜矿床,矿体产在近南北向的断裂内,矿化体以磁黄铁矿-黄铜矿-黄铁矿石英脉为主,单个矿体规模较大,围岩为闪长岩。全矿区矿石中,主要金属矿物为黄铜矿、磁黄铁矿、少量闪锌矿、方铅矿、自然金等,偶尔可见辉铝矿、斑铜矿、铜兰、褐铁矿等。脉石矿物以绿泥石为主,绢云母、高岭石、斜长石也常见。

10.3.2 X 荧光测量技术

根据前人资料(表 10.4),金主要赋存在黄铜矿、石英脉、磁黄铁矿及其他硫化矿物中。

表 10.4 原生金在硫化物中的嵌布百分率

矿物	黄铜矿	石英脉	磁黄铁矿	方铅矿	黄铁矿	黄铁矿	自然金	毒砂
百分率/%	34.6	18.9	16.9	9.2	9.2	6.4	3.4	1.4

据此,作者及其所在团队开展了利用测量不同相关元素或元素组找金研究。经对 100 个地质样测量发现,金与铜组元素总量的关系最密切(表 10.5)。利用测量铜组元素总量的 X 荧光计数推算 0.5～3g/t 品级岩石的金,按定量分析规范合格率已达 64%——优于半定量的准确度。据此,在矿区开展了岩石铜组总量的 X 荧光测量找金工作。

表 10.5 Au 与不同元素 X 荧光计数间的相关系数

	Cu	Cu+Fe	Fe+Cu+Zn	Ge	Cu+Zn+W+As+Pb+Hg+Se
Au	0.63	0.77	0.79	0.69	0.84

10.3.3 岩石 X 荧光测量及效果

工作区地处原始森林,地表腐殖质层一般厚于 1m,多数情况下需要靠挖浅井、探槽等工程手段来获得地质资料。因为交通不便,从取样到化验出成果,分析周期长达 6～10 个月。由于无法及时获取资料,所以山地工程的盲目性很大。在对典型剖面测量证实 X 荧光异常能可靠、准确反映出金的矿(化)异常的基础上,采用对一定线距的探槽进行 1:5000～1:500 比例尺的测量,在野外条件下快速圈定金矿(化)带,或指示异常延伸方向,准确指导下一步山地工程的布置。在已进行山地工程的探槽中,再用 X 荧光测量指导地质采样。

在该区应用 X 荧光技术取得两个方面的成果。

(1)改变了以往布置山地工程盲目性大,从而费时、费工、费钱的局面。应用 X 荧光测量资料布置的山地工程数量减少,但却较好地起到了有效控制矿(化)范围的目的。

(2)通过 X 荧光测量,准确划分矿体或矿化地段,取样时只在异常及两侧取样,使地质采样数减少 2/5 以上。如图 10.3 所示,在 262 号岩石测线中,通过 X 荧光测量只发现三个 X 荧光异常,仅对异常段及两侧采样,减少了原计划采样的 50%。化学分析结果证实,X 荧光异常地段是金矿脉所处位置。

在小西南岔地区对急需了解金的品位资料的某些找矿工程,根据 Au 与铜组元素总量相关关系好的特点,尚对部分工程进行了金的品位估算,图 10.4 是在 TC2017 探槽开展 X 荧光测量金品位的成果,这与事后获得的化学分析结果十分接近。对探槽内金的线储量的确定,X 荧光测量达到相当好的准确度,与该槽化学分析间的误差小于 10%,已基本能满足找矿工作的要求。

小西南岔找金的良好效果及测量铜组元素总量的方法研究为采用 X 荧光测量方法找金提供了技术保证。为了解决当时采用闪烁探测器的 X 射线荧光仪测量铜组元素总量的需要,根据小西南岔金矿的研究成果,作者及其所在团队研制了测量铜组元素总量的平衡滤光片对,命名为 AuI#找金滤波器,并获得了实用新型专利。

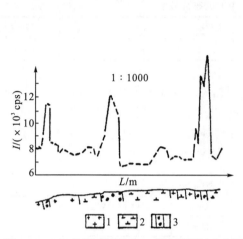

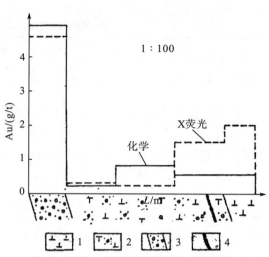

图 10.3　262 号岩石测线中 X 荧光测量综合剖面

1-花岗岩；2-花岗闪长岩；3-金矿脉

图 10.4　TC2017 探槽 X 荧光测量金品位的成果

1-花岗闪长岩；2-破碎蚀变细粒闪长岩；

3-金矿体；4-方解石石英混合脉

10.4　X 荧光测量在四川马脑壳及外围金矿勘查中的应用

10.4.1　矿区地质概况

马脑壳金矿为一与热液成矿作用有关的卡林型金矿床,地理位置处于四川省九寨沟县(现改名为九寨沟县)境内的马脑壳地区，位于松潘-甘孜褶皱系与秦岭褶皱系的结合部位的川、甘、陕金三角金成矿带内。矿区位于北西走向的洋布梁推覆断裂带南侧(图 10.5)。该矿床位于松潘甘孜地槽褶皱系阿尼玛卿地背斜的北缘，北侧以玛沁-略阳深断裂带与秦岭地槽褶皱系的白龙江复背斜相邻。

阿尼玛卿地背斜由一系列北西西向背斜、向斜和一系列纵向逆冲断层切割的中三叠系地层所组成。据《四川省区域地质志》可知，矿区出露地层全为中上三叠统塔藏群，主要岩性为钙质石英砂岩、长石石英砂岩、绢云母板岩、砂质板岩等。

地背斜的北部发育了与玛沁-略阳断裂平行的前锋逆冲断层——马脑壳矿区的 F1 断层，成为矿区的控矿和导矿断裂。F1 断层的次级层间断裂带(构造岩带)成为金矿的容矿构造。

区内金矿石有两种类型。

(1)氧化矿石。矿物组合为褐铁矿、绿泥石化角砾岩型金矿。

(2)原生矿石。矿物组合为雄黄、辉锑矿化石英脉型金矿。矿石的矿物组分为：自然金、黄铁矿、黄铜矿、银金矿、方铅矿、辉铜矿、铀兰、辉锑矿、雄黄、雌黄、毒砂、褐铁矿等。矿石的主要化学成分为 Au、Ag、As、Sb、Fe、S、W、Se、Te、Cu、Pb、Zn 等。

与 Au 有显著相关关系的为 As、Pb、Sr、Ni、Mn 等。其中以 As 与 Au 的相关关系最为密切，利用 As 的 X 荧光计数率与 Au 含量统计，相关系数为 0.89。

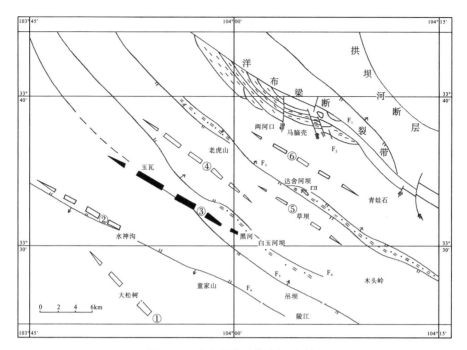

图 10.5　马脑壳地区构造纲要略图

F₁-洋布梁子断裂；F₂-马脑壳脆-韧性剪切带；F₃-周家沟断层；F₄-玉瓦寨断层；F₅-黑河断层；F₆-水神沟断层；
①大松树复式向斜；②水神沟复式向斜；③黑河复式背斜；④玉瓦寨复式向斜；⑤草坝复式向斜；⑥青蛙石复式向斜

10.4.2　X 荧光技术在矿区初查阶段的作用

1987 年 2 月，四川省地质矿产勘查局地球化学探矿大队（以下简称四川化探队）依据 1∶200000 化探扫面资料，正积极申报马脑壳金矿普查立项。该队总工程师赵琦获悉地质矿产部正推广 X 荧光找金方法，即刻派技术人员前来学习并联系租借 X 射线荧光仪。

周四春等建议化探队通过土壤测砷的 X 荧光的方法圈定金异常区找矿。1987 年，化探队通过 1∶10000 土壤 X 荧光测量在马脑壳圈出砷的 X 荧光异常 5 处。对异常中心取样化验，大多发现金的矿化，探槽揭露后，最高金品位甚至超过 10g/t。根据异常规模和工程初步验证结果，马脑壳被评价为大型金矿靶区，受到四川省地质矿产勘查局和地质矿产部重视。年底，地质矿产部正式下达了马脑壳及外围金矿普查任务，后来又将马脑壳列为地质矿产部重点金矿勘查区。

X 荧光技术在马脑壳金矿床发现过程中起了关键性作用。

在马脑壳金矿普查中，四川地矿局化探队在勘查报告中统计，依据砷的 X 荧光异常布置工程揭露，"见矿率为 40%～60%，迅速而准确，加快了找矿速度，提前约一半的时间，达到了找矿目的，提高了经济效益，节约了 25%左右的山地工程揭露费用"。

10.4.3　X 荧光技术在矿区普查中的成效

1990 年，四川省地质矿产勘查局 205 地质队接替化探队承担马脑壳矿区的普查及继后的勘探工作。1990～1994 年，该队 X 荧光组与周四春、谢庭周合作，将 X 荧光技术应用于地质工作的各个方面：矿区内对钻孔岩心、坑、槽探工程开展测量，划分样段，指导地质采样；矿区外围开展 1∶10000 土壤 X 荧光测量，圈定异常带，配合地质指导山地工程布置，以达到找矿的目的。4 年共完成 17659 个物理点的现场 X 荧光测量，取得了多方面的成效。

通过测量土壤砷的 X 荧光异常，准确圈定出了金矿(化)赋存位置(图 10.6)，在此基础上结合地质条件布置探、钻工程，见矿率达到 80%。快、准、省地达到找矿目的。

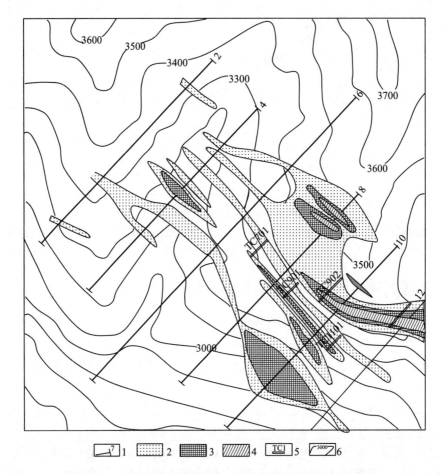

图 10.6 马脑壳矿区土壤砷的 X 荧光异常与山地工程布置图

1-土壤测线及编号；2-土壤砷 X 荧光高于背景值加 3 倍标准差区域；3-土壤砷 X 荧光高于背景值加 5 倍标准差区域；
4-土壤砷 X 荧光高于背景值加 7 倍标准差区域；5-见矿探槽及编号；6-地形等高线

在山地工程上，通过 X 荧光测量来指导采样也收到良好的效果。生产实践表明，由于 Au 与 As 的 X 荧光计数率相关系数大于 0.85，主矿体上甚至达到 0.95，最后划定以 As 的 X 荧光计数率大于或等于 500 脉冲每秒为采样下界，确保了采样不漏掉 0.5g/t 及其以上的含矿(化)地段。据此，使原凭地质人员肉眼布置采样的数量减少了 1/5～1/3，而划定矿(化)段准确率高于 98%。由于减少采样，几年中仅节约的经费超过 10 万元(周四春等，1996)。

　　除指导地质采样外，X 荧光测量岩心资料在岩心采取率不够时是否偏心的重大问题上发挥了独特的优势，做出正确评判。如 1991 年钻进的 ZK24-I 孔中一段假厚 1.57m，2.62g/t 品位的金矿层，就是 X 荧光方法与其他方法配合测量后，确定偏斜工作后补救而获得的。同年另一钻孔中也出现采取率低的问题，在地质不能明确作出判断时，根据岩心 X 荧光测量和地质资料配合，判明其为非矿(化)井段，不必偏斜补救，使之减少了近 1 万元的经济损失。

10.4.4　矿区勘探及外围找矿中的应用

　　在马脑壳矿区勘探阶段，采用配正比计数管探测器的 X 射线荧光仪及相应测试技术，通过测量 As、Cu、Pb、Mn、Sb、Sr、Ba 等 10 种元素，研究矿床地球化学模式(图 10.7)。该模式在马脑壳矿区勘探中应用，为解决矿体间连接、预测隐伏矿体位置及延伸等问题发挥了很好的作用(周四春寺，2002)。

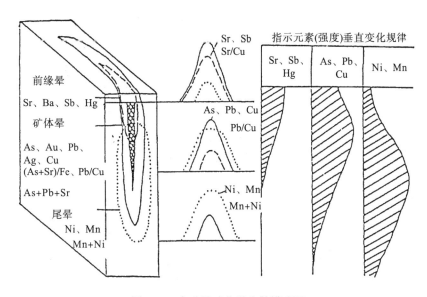

图 10.7　金矿地球化学分散模式图

　　例如，在 11 号勘探线 TC37 探槽中进行多元素测量时发现，Ⅳ号、Ⅴ号、Ⅵ号、Ⅶ号矿体中，前缘晕元素 Sr 呈偏高值，矿体晕元素 As、Pb、Cu 元素为高异常且范围大。对照所建立的金矿地球化学模式，做了该段地表下可能有较大富矿体延伸的预测。1993年经工程验证，证实在该段 15m 以下，四个矿体合并为一体，形成一处较大的工业矿体。这种成功的预测，不仅在找矿上，还在矿体连接问题上有了新的认识。

　　根据所建立的金矿地球化学模式，提出了以测量土壤中矿体的前缘晕元素 Sr、矿体晕元素 As 的 X 荧光，快速圈定金矿有利靶区；以 As、Pb、Cu、Ni、Mn 多元素测量对 X 荧光异常进行综合评价；在结合地质条件对异常综合评价后布置山地工程找矿的 X 荧光技术勘查金矿工作程序。这套工作程序在矿区的外围找矿工作中了取得了良好的地质效益。1992年 10 月在马脑壳外围以西的两河口地段进行 1：10000 土壤 X 荧光测量，圈定出 As、Sr 吻合较好的异常两个。随后对异常中心的 72 号剖面进行 As、Pb、Cu、Ni、Mn 等多元素 X

荧光测量，依据矿体晕元素 As、Pb、Cu 均为异常，Ni、Mn（尾晕元素）值不高的结果，结合地质条件判定为金异常，提交工程验证。1993 年探槽揭露见到工业矿体（图 10.8）。

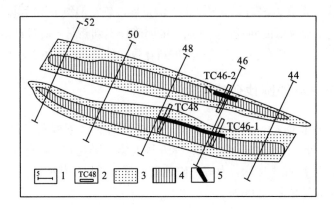

图 10.8   四川九寨沟县两河口地区 X 荧光异常与工程布置图

1-测线位置与编号；2-探槽位置与编号；3-As 的 X 荧光值介于 0.84～0.9（XR）的区域；

4-As 的 X 荧光值大于 0.9（XR）的区域；5-新发现金矿体

     1999 年，周四春课题组承担了马脑壳金矿有限公司在马脑壳外围青山梁地区土壤 X 荧光测量找金项目，在 4.3km^2 的区域内，采用 1：10000 比例尺（100m×10m 网格）开展 As 的扫面工作，捕获了一批砷异常（图 10.9）。图中 As$_1$、As$_2$ 号异常位于工作区主要断裂破碎带 F$_1$、F$_2$ 夹持的成矿有利部位，矿区含矿层位在地表出露位置的上方，有相伴生的激电异常。为进一步确认异常的性质，穿越两个异常各布设了一条地气测线。结果表明，异常位置的深部有明显的金异常，两个异常的性质得到确认——新的金矿找矿靶位。

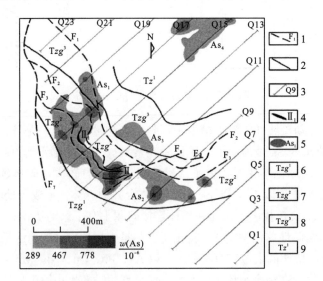

图 10.9   青山梁勘查区土壤 As 的 X 荧光强度等值图

1-断层及编号；2-地质界线；3-测线及编号；4-矿体及编号；5-As 异常及编号；6-三叠系扎尕山组下段；

7-三叠系扎尕山组中段；8-三叠系扎尕山组上段；9-三叠系杂谷脑组下段

10.5 X 荧光测量在川西其他地区金矿勘查中的应用

10.5.1 X 荧光测量在南木达地区找矿中的应用

20 世纪 90 年代末期，川、甘、陕交界的"金三角"地区是列入国家"跨世纪工程"的重点勘查片区，周四春率领课题组在该片区的南木达国家重点勘查区进行了多元素 X 荧光测量找金矿工作。

当时，该勘查区为新工作区。区内岩性主要为上三叠统新都桥组绢云母板岩、粉砂质板岩夹砂岩以及上三叠统侏倭组的砂岩夹板岩。新都桥组是本区的含矿层位，金矿主要发育在破碎的板岩之中构造主要有近东西向、北北东向及北西向三组。近东西向构造是本区断裂的主体，也是主要的含矿构造。含金蚀变主要有黄铁矿化、褐铁矿、硅化和绿泥石化等。金矿石中 Au～As 相关系数高于 0.8，土壤中高于 0.7。堆浸回收的金成品中含较高含量的铜。

根据工作区金矿的上述特征和已知矿体上的实验检验结果，选择 As、Cu、Fe 为 X 荧光测量指示元素。通过捕获砷、铜的 X 荧光异常获取矿体指示元素信息，利用铁的 X 荧光异常指示，圈定含矿蚀变带。

先期按 1：50000 比例尺开展水系沉积物 X 荧光测量。12 天时间内完成 30km² 的 X 荧光扫面工作，捕获 As、Cu、Fe 综合异常 5 个(图 10.10)。除 X₃ 号异常为已知矿体异常外，其余均为新发现异常。

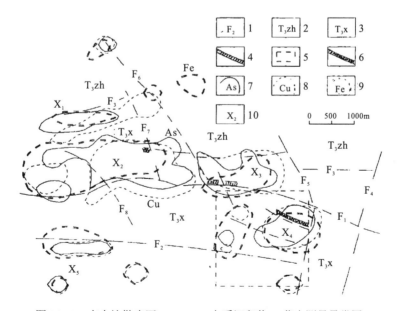

图 10.10　南木达勘查区 1：50000 水系沉积物 X 荧光测量异常图

1-构造与编号；2-上三叠统新都桥组绢云母板岩；3-上三叠统侏倭组砂岩与板岩；4-已知金矿；5-1：10000 土壤 X 荧光测区；

6-新发现金矿体；7-砷异常；8-铜异常；9-铁异常；10-X 荧光综合异常位置与编号

　　继后，对 X_4 号异常进行 1：10000 土壤加密测量，划分出 4 个异常带(图 10.11)。对处于构造有利位置且伴有强烈蚀变的 As_2 号异常带布置探槽揭露，当年开挖 5 个探槽全部见矿，控制矿体厚度为 10～15m，长度超过 1000m。此外，对 1：50000 测量捕获的 X_2 号异常进行的初步解剖也见成效，布置两个探槽又全部见矿。

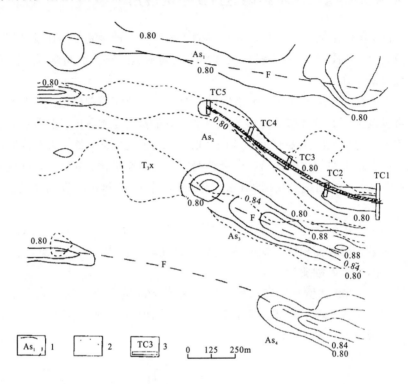

图 10.11　南木达勘查区 1：10000 土壤 X 荧光测区异常图

1-砷的 X 荧光异常位置与编号；2-依据 Fe 的 X 荧光划分的蚀变带；3-探槽位置与编号；其他图例与图 10.10 相同

　　与传统地质找金矿方法相比，现场多元素 X 荧光测量勘查技术在使找矿成功率大大提高的同时，明显降低了找矿成本、极大地加快了找矿速度。

10.5.2　X 荧光测量在川西其他地区金矿找矿中的应用

1. 哲波山外围红蜡嘴地区找金

　　1996～1997 年，在四川哲波山金矿区外围的红蜡嘴地区的找矿中，周四春课题组与四川区调队合作，采用配正比计数管的多道 X 射线荧光仪，通过对土壤进行 As、Cu、Fe 为主的多元素 X 荧光测量扫面，开展找金工作。

　　实际工作程序是：采用 100m×10m 网格布设测点，取土壤样中的细粒部分，在野外驻地装杯直接测量 As 的 X 荧光强度，以该强度值作为成图参数编制成果图。根据 X 荧光成果图，在捕获的异常中心取样做痕金分析对异常定性。

　　这套工作方法，取得了十分快速、有效的成果。完成 1.6km² 面积测区的 X 荧光测量，

前后不到 10 天，就快速捕获了总体上呈南北向分布的
X 荧光异常(图 10.12)。异常有 4 个浓集中心。对测区
南端的 2 号异常浓集中心取样作痕金分析，Au 极值到
达 $100×10^{-9}$，高出 Au 的背景值 30 倍左右。经探槽揭
露，证实异常为一呈北北东向展布的工业金矿体所引
起，取得了找矿突破。

2. 炉霍根达某勘查区找金

1995 年，作者在国家重点勘查片区——"三江地
区"内的炉霍县根达某勘查区进行了现场 X 荧光测量
找金矿工作。通过测量 As、Cu、Pb、Fe，筛选出 A
与 B 两个可供进一步工作的远景区。

在两个远景区上通过加密 X 荧光测量对异常进行
追索和圈定，指出了金矿的赋存位置。当年，四川地
勘局有关地质队对 A 远景区进行工程揭露，控制金矿
体长度超过 1000m，厚度为 2～7m(图 10.13)。B 远景
区中，在 X 荧光异常内采集的地质样品也有多个达到工
业品位。最高一个样品的金含量为 $170×10^{-6}$。两个普查
区均被列为新一轮找矿重点工作区(周四春等，1998)。

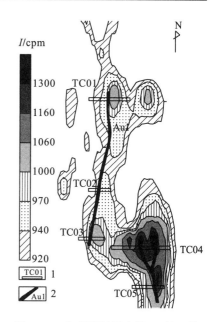

图 10.12　红蜡嘴地区土壤 As 的 X 荧
光测量成果图

1-施工探测；2-新发现金矿及编号

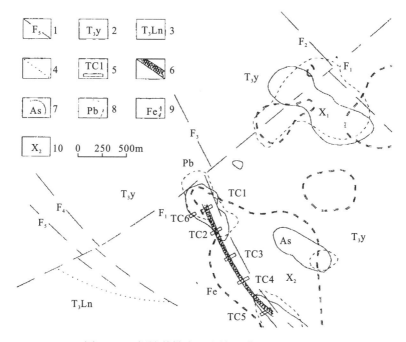

图 10.13　根达某勘查区土壤 X 荧光测量成果图

1-断层；2-上三叠统雅江组砂岩；3-上三叠统两河口组黑色板岩；4-地质界线；5-探槽位置与编号；6-新发现金矿体；

7-砷异常；8-铅异常；9-铁异常；10-X 荧光综合异常与编号

10.6   X荧光测量在我国其他地区金矿勘查中的应用

10.6.1   X荧光测量在贵州金矿勘查中的应用

20世纪80年代中期，贵州省地质矿产勘查局地球物理探矿大队（以下简称贵州物探队）派人到成都地质学院（现成都理工大学）学习X荧光技术并购置了HYX-1型（单道）X射线荧光仪。

在册享县、盘县等地区，贵州物探队采用X荧光测量土壤砷的技术，开展了找金工作，先后在GA、GB和GC三个测区取得了不同程度的找矿效果（齐涿，1986）。

1. GA测区工作成果

GA测区金矿床产在中三叠统新苑组的黏土岩和砂岩中。矿石矿物有自然金、黄铁矿、毒砂、白铁矿、辉锑矿、雄黄和雌黄等。脉石矿物为石英、方解石、白云石等。金的粒度极其微细，属浸染状金矿。

该区在三条勘探线上开展了土壤As的X荧光测量。图10.14给出了16号测线上As的X荧光强度、土壤As、Au（地球化学）含量对比测量实验结果。

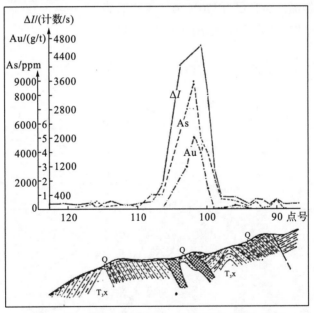

图10.14   GA测区16号测线综合剖面图

1-金矿带；2-黏土岩；3-砂岩；4-第四系含砾粉砂岩；5-As的X荧光异常；6-土壤中As含量；

7-土壤中Au含量；8-中三叠统新苑组；9-推测断层

从图10.14可以看出，在16号测线的金矿体上方观测到很强的砷的X荧光异常，其极大值达4586cps，而正常场平均值为163cps，异常峰值是背景值的28倍。砷的X荧光异常与矿体顶部在地表的投影位置对应较好，荧光异常的半值点宽度为 56m，与金矿体顶部在地表的投影(42m)相当。同时在矿体上方出现了高达 9000×10^{-6} 的砷的地球化学异常，以及高达 5×10^{-6} 的金的地球化学异常。砷的 X 荧光异常和金、砷的地球化学异常与金矿体对应良好，证实了采用 As 的 X 荧光强度测量在工作区勘查金矿的技术是有效的。

2. GB 测区工作成果

GB 测区是 1∶50000 土壤测量圈定的金异常区，在该金异常区开展 1∶10000 地球化学岩石测量和地质测量时，发现了含金的矿化露头，进行了地质追索，布置了 X 射线荧光面积测量。

1)地表地质特征

测区位于宽广的北东向 LN 背斜的南西倾没端，一条北东东向区域性断层横贯测区。地层是二叠系上统吴家坪-长兴组及三叠系中新苑组，已发现的金矿化见于新苑组底部，容矿岩石为黄铁矿化黏土岩和粉砂岩。金矿化呈带状沿新苑组中的次级构造破碎带产出，含矿层已沿走向追索 1.2km。越过金矿化带往北是一座老的汞矿山，在那里，沿新苑组与吴家坪-长兴组接触界线的两侧，分布有采汞和砷的老硐。

2)砷的 X 荧光异常特征和地质效果

X 射线荧光面积测量的比例尺为 1∶10000，测网密度为 $100m\times(10\sim20)m$，异常分布地段，将测网加密到 $50m\times(5\sim10)m$，工作面积为 $0.5km^2$。野外工作历时 11 天，给出了测区内第一张反映金矿化分布的异常剖面平面图。以 X 射线荧光强度 $\Delta I=250cps$(砷含量为 300×10^{-6})为界，圈出了两个异常带，如图 10.15 所示。

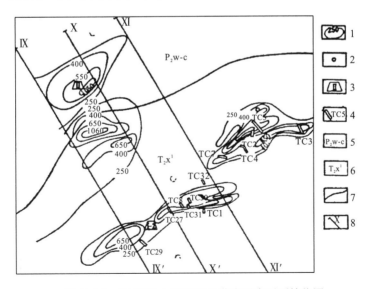

图 10.15　GB 测区土壤砷的 X 荧光强度平面等值图

1-As 的 X 荧光等值线(cps)；2-Au 高产边界品位的土壤采样点；3-砷的 X 荧光异常编号；4-探槽及编号；

5-上二叠统吴家坪至长兴组；6-三叠中统新苑组第一段；7-地质界线；8-勘探线

测区南部总体呈 NE65°方向展布的两个异常形成长 1.25km，宽 10～90m，异常峰值为 995cps（砷含量为 $2850×10^{-6}$）的异常带，带内有 4 个异常浓集中心。北东端的异常浓集中心处于 1:50000 土壤测量圈定的 $300×10^{-9}$ 金异常内。背景值稳定，峰值与背景值之比为 8。异常带内原已见金矿化数处，异常无疑为金矿化带的反映。X 射线荧光测量的实际效果如下所示。

(1)查明金矿化带实被剪切为东西两段。测区南部的异常带，其西段和东段两个圈闭在Ⅺ测线东侧沿 335°方向发生相对错动，平推距离达 80m（图 10.15）。此地段处于见金探槽 TC7 与 TC32 之间，宽 200m，为建筑物与房前屋后之运积物所覆盖，地质追索困难，两工程中所见金矿体难以连接。此处，两个荧光异常等值线圈闭的剪切位移表示金矿体实被剪切为东西两段。在西段圈闭东端，于Ⅺ线上 297、299 两个荧光异常测点采集的土壤样品含金分别为 4g/t、3g/t，证明了这一推断。表明在Ⅺ线与 12 号测线之间，应划一条发育于新苑组内的平推断层，该区域排成一线的井泉露头是这一断层存在的另一佐证。

(2)异常带东段的圈闭增厚了金矿化带的宽度。在 TC5 位置平行Ⅺ线确定异常后，用半值点法推断的金矿化带宽度为 60m，此处，已施工的探槽 TC5 长仅为 40m，越过槽头往北，在揭露的 20m 宽的地段上，荧光异常仍持续不减，推断仍为金矿体，探槽应再往北加长。在这一地段的四个荧光异常点上取的土样连续含金达 1～5g/t，证实了这一推断。

位于Ⅸ、Ⅹ、Ⅺ号剖面北西段。由三个 400cps（砷含量为 $825×10^{-6}$）的等值线圈闭组成区内的北部异常带，有南北三个浓集中心，西部尚未封闭。异常带位于新苑组与吴家坪-长兴组的接触界线两侧，异常区所见岩性主要为灰岩、粉砂岩和黏土岩，有采汞、采砷老硐分布。荧光异常峰值较强，达 1573cps，该荧光异常与 1:50000 土壤测量金异常的 $300×10^{-9}$ 圈闭的西段相复合。在荧光异常点上采集的土样中，下述元素的含量是：Hg 为 $400×10^{-6}$，As 为 $4000×10^{-6}$，Sb 为 $3000×10^{-6}$，Cu 为 $150×10^{-6}$，Ba 为 $300×10^{-6}$，W 不足 10^{-5}。这种元素组合属于金矿体前缘晕的特征元素组合，应是金矿化的指示标志。因此北部异常带中砷的 X 荧光异常为汞、砷、金矿化的反映，建议钻探验证，寻找隐伏矿体。

3. GC 测区工作成果

GC 测区位于 GB 测区外围，区内为第四系覆盖，有新苑组地层零星出露。原施工了两条探槽，未揭露到金矿化。经过 3 天时间的现场土壤 X 射线荧光测量，发现和圈定了Ⅲ号砷土壤异常带。异常带长 1km，宽 25～85m，走向 NE70°，自西向东形成三个中心，东端尚未封闭。砷的 X 荧光异常幅度较强，峰值达 3315cps。

在Ⅲ号异常带的Ⅲ-1 号异常（图 10.16）的三个异常极大值，在基岩新苑组黏土岩中采取了岩石样（图 10.16），金含量分别为 1g/t、4g/t、6g/t。已直接证实Ⅲ号异常带为金矿化带所引起，是矿异常，值得全面布置山地工程进行控制，以探求浅部低级储量。

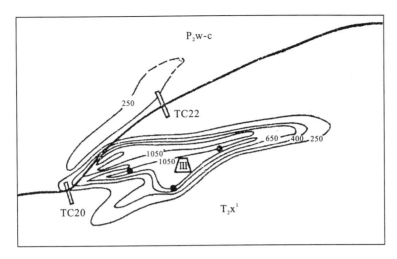

图 10.16　GC 测区 As 的荧光强度等值线平面图

图例意义与图 10.15 相同

10.6.2　X 荧光测量在广西凤山金矿勘查中的应用

广西壮族自治区地质矿产勘查局第二地质队，是"勘查金矿的现场 X 射线荧光测量"推广课题中重点扶持的生产单位之一。该队在应用 HYX-1 型(单道)X 射线荧光仪开展 X 荧光测量勘查金矿时，在多个矿区取得良好效果，其最具代表性的是位于广西凤山县境内的桂西北新村金矿(何励文和黄平生，1989)。

1. 矿区地质概况

桂西北新村微细粒浸染型金矿，位于一褶皱带中部。矿体赋存于中三叠统硅化、黄铁矿化泥岩、粉砂质泥岩、白云质泥岩、泥质白云岩中。区内未见岩浆岩出露，但断裂破碎带硅化，黄铁矿化发育。矿石普遍见黄铁矿、方铅矿、辉锑矿、毒砂等矿化，偶见辰砂。矿石与围岩肉眼难以区分。据 33 个探槽样品统计，在矿化特征元素共生组合中，砷总是与金共(伴)生的，两元素间相关系数达 0.72。

据探槽岩石 X 荧光测量统计，金矿(化)地段与无矿地段砷的 X 荧光计数率相差 12.8 倍；而土壤中，含矿(化)段上方比无矿(化)地段高 6.6 倍。这表明开展 X 荧光测量勘查金矿是可行的。

2. 土壤 X 荧光测量效果

在新村微细粒浸染型金矿的普查初期，为了提供更多的找矿信息，对矿区的 15 条勘探线做了砷的 X 射线荧光现场测量。工作在土壤 B 层中进行，测网为 50m×10m，异常地段点距加密到 5m 或 1m；面积约为 0.3km^2。测点数 680 个，历时 15 天完成全部工作量。经统计分析，以砷的特征 X 射线荧光强度 ΔI 为 100 脉冲/s 作为异常下限，采用 α_0×异常下限、α_1×异常下限、α_2×异常下限的等强度线划分外、中、内三个异常带(α_i 为给定系数，其中，α_0 取 2；α_1 取 4；α_2 取 6)，共圈定异常 13 处(图 10.17)，由图 10.17 可见，异常的走向与断裂硅化带及已知的金矿体走向基本一致，除Ⅱ-2、Ⅱ-3、Ⅱ-4、Ⅲ等4处异常与已知的①、②号金矿体位置吻合以外，其余几处异常经探槽揭露验证，均发现不同程度的矿化，其见矿情况如下。

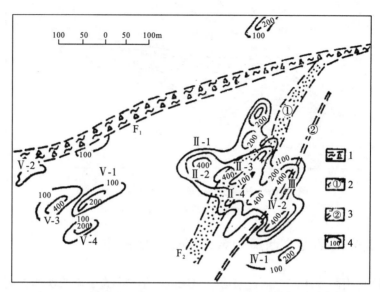

图 10.17　新村地区地表淋积层 As 的 X 荧光强度平面等值图

1-实测及推测断层破碎带；2-地质推测的Ⅰ号金矿体；3-地质推测的Ⅱ号金矿体；4-As 的 X 荧光强度等值线

Ⅰ-1 号异常的金含量证实为矿化引起；Ⅰ-2 号异常的金含量较高；Ⅱ-1、Ⅱ-2 号异常金含量最高；Ⅳ-1 号异常金含量低于 1g/t；Ⅳ-2 号异常金含量高于 1g/t；Ⅴ-2、Ⅴ-3 号异常金含量高于 3g/t；Ⅴ-1、Ⅴ-4 号异常金含量高于 2g/t。其中Ⅱ-1、Ⅱ-2 号是已知矿体，砷的特征 X 射线荧光测量横跨该矿体，在工程周围其强度特别高，但并未揭露到基岩。另外 Ⅴ-4 号异常是在已完工的探槽上，并横跨该探槽进行砷的 X 荧光测量的，其始终有反应。

工程验证表明，尽管地表土壤 B 层中砷的特征 X 射线荧光强度受覆盖层厚度影响，但其异常与深部矿体在地表的投影位置是相互对应的。部分试验还表明，荧光异常的半幅值点宽度相当于矿化体露头宽度。

3. 地表工作中的砷荧光测量的效果

在地质勘查阶段，在探槽、剥土等地表工程上，需要采取大量的刻槽样品。由于肉眼鉴定的能力有限，往往使采集的样品有很大部分达不到工业品位要求，桂西北新村微细粒浸染型金矿就出现类似状况。为解决这个难题，我们对此矿区所有探槽剥土工程进行了砷的特征 X 射线荧光测量，然后根据砷的 X 荧光异常布置刻槽取样。从该矿区 60 多条探槽中砷的特征 X 射线荧光测量结果看，在绝大部分工程中，有砷的 X 荧光异常处，均有金矿化存在。部分地段存在有砷的 X 荧光异常，但无金矿化或有金矿化，无 X 荧光异常的现象。这种现象的出现，与该矿区的矿物、元素共生组合有关。据统计结果，砷的 X 荧光异常与金含量呈共消长关系。从 TC1 号探槽砷的特征 X 射线荧光测量结果看（图 10.18），当砷的 X 射线荧光强度达到 4472cps 时，金含量为每吨几克。

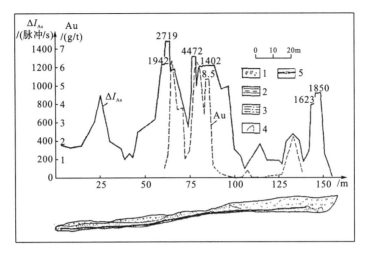

图 10.18 TC1 号探槽金含量与砷的 X 荧光综合剖面图

1-残坡积层；2-泥岩；3-泥质砂岩；4-变质砂岩；5-刻槽取样位置

4. 钻孔岩心中砷的特征 X 射线荧光测量的应用效果

新村微细粒浸染型金矿，地质成矿条件复杂，岩心破碎程度不一，尤其在矿层部位的岩心更为破碎，稍不注意往往会漏掉矿体。为指导钻进和取样，我们对矿区全部钻孔岩心进行了砷的特征 X 射线荧光测量，其效果是非常明显的。从图 10.19 可见，ZK1 孔是该矿区施工的第一个钻孔，终孔深度为 300m。在钻进至 100m 时，经孔中砷的 X 荧光测量，异常地段出现在 10～100m 地段；钻进深度至 200m 时，又进行测量，异常地段出现在 150～190m 地段。然后在砷的 X 荧光异常地段对岩心进行取样分析，结果砷的 X 荧光异常与金矿体一一对应且在矿层与非矿层中，砷的 X 荧光强度相差悬殊。

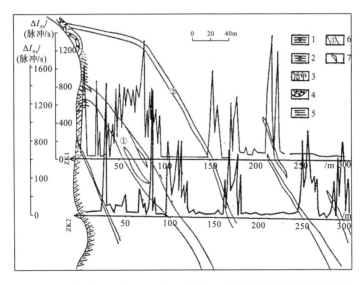

图 10.19 矿区 ZK1 与 ZK2 岩心砷的 X 荧光强度测量综合剖面图

1-粉砂质泥岩；2-泥岩；3-断层破碎带；4-破碎带；5-粉砂岩；6-金矿体；7-盲矿体

金矿层中的砷的 X 荧光强度可达 1540 脉冲/s，而非矿层中砷的 X 荧光强度平均值为 70 脉冲/s，两者相差 22 倍。该孔在 200～300m 处，由于仪器出了故障，送厂修理。在此期间，地质编录员认为该孔段无明显矿化、蚀变等现象，因此，没有布置劈心取样。仪器修好回来后，我们对 200～300m 孔段进行测量，结果在该孔段 271～237m 处，仍发现有荧光异常，其异常值高达 1340 脉冲/s，后在荧光异常段进行取样分析，证实在异常处确实存在两盲矿体，金含量为每吨几克。再从 ZK2 孔看，该孔钻进至深度 400m 终孔；分别出现 4 层矿体，该孔自始至终用 X 荧光法配合监测，从荧光异常与矿层相应关系看，两者特别吻合，且 ZK1 孔与 ZK2 孔主矿层延伸方向衔接相当理想，无明显错动。两孔砷的特征 X 射线荧光强度与金含量之间有密切的关系。砷的 X 荧光强度为 (400～1200) 脉冲/s，砷的 X 荧光强度与金含量的相关系数 $\gamma=0.976$。

除了 ZK1 孔与 ZK2 孔，其余钻孔均获得了类似的效果。所有这些钻孔，经应用砷的 X 荧光测量后，工作效率和经济效益大大提高，基本上减少了 50% 以上的岩心取样工作量，并节约了样品的采集、运输、加工、分析等工作所需的费用，加快了矿区勘探速度。

5. 配合地质填图中的应用效果

用测量砷的 X 荧光技术配合矿区远景评价和填图，在工作中取得好的效果。图 10.20 是矿区地质组在测制地质剖面时，配合现场砷的 X 荧光测量，在矿区外围发现新矿体的例子。对砷的 X 荧光异常地段剥土、探槽揭露，并刻槽作化学分析证实，其中砷的 X 荧光强度在 2880 脉冲/s 处，金含量高达每吨几十克，其余 X 荧光异常与金含量相应关系也很好。砷的 X 荧光异常明显地反映了矿体的位置。该异常经大量的地表工程揭露，认为矿体走向长度相当可观，随后进行深部钻探验证，以了解矿体延伸情况。从这一实例可见，X 荧光方法配合地质普查找矿有着重要的战略意义。

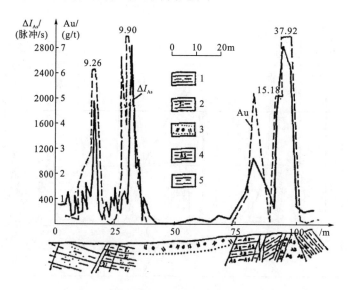

图 10.20　Ⅱ号测线 X 荧光测量综合剖面图

1-泥质粉砂岩；2-硅化质泥岩；3-残坡积层；4-毒砂化的泥岩；5-泥岩

10.6.3　X 荧光测量在湘中南碳硅泥岩型金矿勘查中的应用

核工业 304 大队在 20 世纪 90 年代初期，应用当时成都地质学院生产的 84A 型第一代商品化携带式 X 射线荧光仪，通过实验，选定砷、锑、铜元素组总量作为指示元素，在湘中南几个碳硅泥岩型金矿勘查区进行 X 射线荧光测量，从而达到了寻找和圈定金矿化带，指明含金层位和矿化地段、指导山地工程、筛选化探样品的目的(胡铁锋，1993)。

1. 瓦子屋场 X 荧光测量及找矿效果

该区金矿化产出于震旦系江口组绢云母板岩、南沱组含砾板(泥)岩地层中。矿石矿物有自然金、黄铁矿、辉锑矿、白铁矿、闪锌矿、毒砂等。脉石矿物为石英、方解石、白云石等，金的颖粒极细，属微细浸染型金矿。金与锑、砷关系密切，在金矿化地段，金、锑相关系数为 0.65～0.90，个别金矿化带金与毒砂密切共生。地表土壤化探资料表明，该区金异常面积大，含量不高，平均含量为 $13.6×10^{-9}$，异常点下限值为 $34×10^{-9}$。As、Sb 地表次生晕不甚发育，Sb 的平均含量为 $(10~20)×10^{-6}$，最高强度为 $56×10^{6}$；As 的平均含量为 $(30～40)×10^{-6}$，最高强度为 $257×10^{-6}$。

在瓦子屋场 165 号剖面，选择测量锑、铜元素组总量特征 X 射线荧光强度对 X 荧光测量探测金矿的效果进行了检验。其中，对锑直接测量其 $K_α$ 射线强度(计数率，I_{Sb})，对亲铜元素组总量则测量其总量强度与源散射线的强度比值 R。依据测量结果，编制了图 10.21 所示 X 荧光测量综合剖面图。

从图 10.21 可以看出，在⑥号矿化带上方能观测到很强的锑及铜组元素总量荧光异常。铜组元素总量荧光参数为 1.86，正常地段 R 为 0.25，峰背比为 7.4，异常反应明显。异常位置与矿化带位置完全吻合，异常半值点宽度为 2.5m，与矿化带宽度 2.0m 相当。Sb 的荧光强度在矿体上方也有较明显的异常反应，峰背比为 5.6，但幅度没有铜组元素总量高。这表明，通过测量 Sb 的 X 荧光强度与铜组元素总量 X 荧光强度都可以达到有效探测金矿的目的。

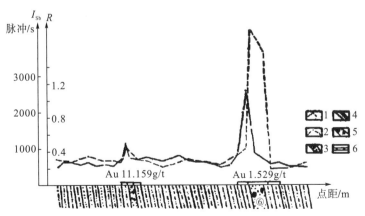

图 10.21　瓦子屋场 165 号测线 X 荧光测量综合剖面图

1-铜组元素总量(特散比)强度 R 曲线；2-锑的 X 荧光强度 I_{Sb} 曲线；3-石英脉；

4-蚀变褐色粉砂质板岩；5-金矿化带；6-刻槽取样及 Au 含量

在实验证实 X 荧光测量有效后，在瓦子屋场青山冲地段开展了通过铜组元素总量 X 荧光测量找矿工作。

该测区在前期的地质填图中发现有新的矿化带存在，并进行了局部的槽探揭露。为了尽快查明矿化情况，确定矿化脉带的长度和宽度，304 队地质工作者开展了剖面测量。在矿化地点加密测量，追索矿化脉带。测量成果见图 10.22。

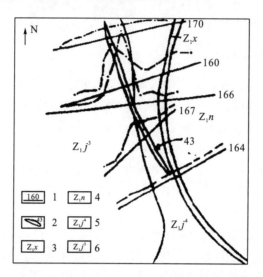

图 10.22　瓦子屋场 43 号矿体区 X 荧光测量平剖图

1-X 荧光测量剖面线；2-金矿化脉带；3-震旦系下统湘锰组；4-震旦系下统南沱组；5、6-震旦系下统江口组

图中 166 号测线处是发现金矿脉的位置，铜组元素总量 X 荧光异常与 43 号矿化带的位置完全吻合。为追索 43 号矿化带沿走向向北的延伸范围，在 166 号测线北依次布设了 160 号测线、170 号测线。探测结果表明，到 170 号测线时，43 号脉走向的铜组元素总量 X 荧光强度值已经稍大于背景值，表明 43 号脉向北延伸到 170 号测线后已接近尖灭；为追索 43 号矿化带沿走向向南的延伸范围，在 166 号测线南依次布设了 167 号测线、164 号测线。结果表明，43 号矿化带沿走向向南延伸到 164 号测线时已经尖灭。

通过剖面控制方式，及时掌握了目标矿体的规模、走向，有效地揭示了矿化带存在的问题，为后续山地工程布置提供了大量有用信息与依据。

2. 太平地区金矿勘查

该区主要出露地层为奥陶系、志留系、泥盆系，其中奥陶系、志留系为主要含金层位，岩性主要为条带状页岩、粉砂岩、薄层碳质页岩、碳硅质页岩等。金矿化脉带、矿体及花岗斑岩、石英斑岩均受 NEE 向、NWW 向构造控制。

经对 30 个矿石样品测量，统计得到金、砷相关系数达 0.65，两者密切相关。在已有的老槽探中进行 X 荧光测量实验，矿体上方砷的特征 X 荧光强度是围岩的 5 倍，差异明显。为此，在该区选 As 为指示元素，通过测量 As 来勘查金。进行了面积 1km² 的大比例尺的 X 射线荧光土壤现场测量，测网：40m×10m。挖坑至土壤 B 层，采样测量时间为 30s，用 As 的 X 荧光强度作为成图参数。经统计分析，确定砷的 X 荧光异常内带大于 280 脉冲/s，中带为 140～280 脉冲/s，外带为 70～140 脉冲/s，圈出了三个较好的异常远景(图 10.23)。

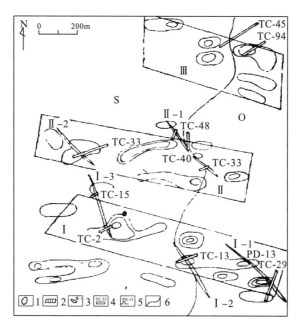

图 10.23　太平地区土壤砷 X 荧光成果图

1-砷的 X 荧光异常晕圈(内带大于 280 脉冲/s；中带为 140～280 脉冲/s；外带为 70～140 脉冲/s)；
2-异常远景片及编号；3-金矿化脉带；4-探槽及编号；5-坑道及编号；6-地质界线

Ⅰ号异常远景片：位于测区南部，总计捕获较好的异常晕圈 4 个。有明显的浓集中心，总体呈 NW300°方向展布。远景片长 500m，宽 96m，异常峰值强度为 852 脉冲/s，异常点 11 个，峰背比为 37。异常浓度分带清楚。后经工程验证，异常内带直接反映出露或接近地表的矿体或成矿带，异常赋存部位已见 1～5g/t 的金矿化脉带 3 条。

Ⅱ号异常远景片：位于测区中部有两个明显的异常聚集中心，异常内带反应不明显。异常峰值为 288 脉冲/s，异常点 13 个，峰背比为 13.5，异常片整体展布方向 NW290°。综合地质情况，该远景片异常晕圈反映了石英脉、构造蚀变带的存在。

Ⅲ号异常远景片：内带反应不明显，异常连续性不好，异常峰值为 250 脉冲/s，异常点共有 10 个，峰背比为 10.9，异常片展布方向 NW 300°。异常反映了含金石英脉带的存在，下一步应做进一步的加密测量工作。

3. 土坪地区找矿效果

土坪地区金矿产出地层为五强溪下段顶部的粗中粒石英砂岩，矿化受石英脉、硅化带控制。含矿石英脉充填物有：毒砂、黄铁矿、黄铜矿、方铅矿和自然金，以毒砂为主，非金属矿物有石英，碳酸岩偶尔见到。金与砷、铜正相关，Au-As 相关系数达 0.74。

在该区 As 的丰度高(多处 As>$1000×10^{-6}$)，X 荧光异常与矿化体位置十分吻合，测量效果显著。图 10.24 是该区一岩石剖面铜组元素总量 X 荧光测量结果。从图中可以看出，铜组元素总量 X 荧光特散比与 Au 含量二者线性对应，异常明显反映矿化。

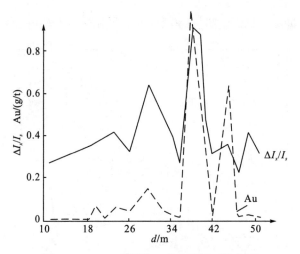

图 10.24　TC-25 探槽 X 荧光测量对比剖面

　　在编录探槽时，若全部进行地质取样，需要花费较多的人力、时间、大量样品的运输及化学分析，所需费用多。根据岩石 X 射线荧光法测量异常与 Au 含量之间的良好空间关系(图 10.24)，在土坪地区开展了 X 荧光测量指导地质编录、指导刻槽取样及选择化学分析样品的工作，结果节省取样、运输、分析费用 60%以上。图 10.25 是土坪金矿点 TC-2 号探槽 X 荧光编录获得的综合剖面图。铜组元素总量荧光异常明显反映了 Au>3g/t 的四条金矿化脉带的存在。

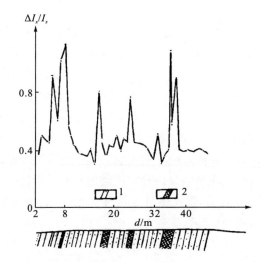

图 10.25　土坪金矿点 TC-2 号探槽岩石 X 荧光测量结果
1-五强沱组砂岩；2-金矿脉

4. X 荧光测量在筛选化探样品中的应用

　　金矿工作中样品采集量大，分析费用高，用 X 射线荧光仪可直接测量粉样中的金伴生元素，每天可分析多元素样 100 个以上，成本低、效率高，可节省分析费用 75%以上。因此成为快速筛选化探样品进行金异常评价的重要手段。

胡铁锋(1993)对不同勘查区域矿化地段粉末样(粉碎过 60 目筛)做了测量工作,结果整理成表 10.6。

表 10.6 湘中南几个勘查区粉末样品 X 荧光测量地质效果统计表

地段\项目	样品个数	X 射线荧光仪测量元素	X 荧光测量后推断 A>1g/t 的样品数	化学分析 Au>1g/t 的样品数	化学分析 Au>1g/t 样品在荧光测量控制范围以外的个数	荧光测量控制 Au>1g/t 样品的概率/%
老树冲	20	亲铜元素组	8	5	0	100
瓦子屋场	20	Sb	10	7	1	85.7
土坪	20	As	11	8	9	100

从表 10.6 可以看出,X 荧光测量基本上控制了 Au>1g/t 的样品,且准确率在 80%以上,可以大大减少所做化学分析的样品数,节省分析费用 50%以上。若 Au 与其指示元素(砷、锑、亲铜元素组)相关性较强($\gamma>0.5$),用 X 射线荧光仪可筛选出 Au>0.1g/t 的样品。

参 考 文 献

傅成铭. 1985. 龙水金矿矿床成因初步探讨[J]. 地质与地勘, 9: 15-18.

耿文辉. 1986. 陕西二台子金矿床数学地质特征[J]. 矿产与地质, 2: 25-30.

何励文, 黄平生. 1989. X 射线荧光技术在桂西北金矿勘查中的应用效果[A]//核地球物理勘查实例选编. 北京: 地质出版社: 176-183.

胡铁锋. 1993. X 射线荧光测量技术在我队金矿找矿中的应用及效果[J]. 物探与化探, 17(3): 193-200.

黄宏立, 杨文思. 1990. 赣东北金山金矿床的地质特征及矿床成因[J]. 地质找矿丛论, 2: 29-39.

刘东升, 耿文辉. 1983. 我国卡林型金矿地质特征[J]. 矿产与地质, 3: 104-110.

庞贵熙. 1982. 康滇古陆北段几类金矿特征及成矿机理[J]. 地质与地勘, 9: 18-22, 28.

齐涿. 1986. X 射线荧光测量在贵州金矿勘查中的地质效果[A]//勘查地球物理勘查地球化学文集第 4 集: 核地球物理勘查专辑, 北京: 地质出版社: 215-226.

田农. 1988. 山东焦家蚀变岩型金矿地质地球化学特征[C]. 中国地质学会: 专题资料汇编, 131-143.

王金贵, 田培学, 董治和. 1988. 河南洛宁县上宫金矿成矿地质特征[J]. 黄金地质科技, 2: 55-60.

吴香尧. 1989. 浙江治岭头金矿蚀变作用过程的活化运移与富集[J]. 成都地质学院学报, 1: 1-8.

吴新国, 李文宣. 1994. 河南瑶沟金矿床形成机理[J]. 河北地质学院学报, 6: 532-540.

谢桌君, 夏勇, 闫宝文, 等. 2014. 贵州省三都-丹寨成矿带中卡林型金矿地球化学特征及成矿物质来源初探[J]. 矿物岩石地球化学通报, 3: 326-333.

章晔, 谢庭周, 周四春. 1986. X 射线荧光探矿技术在我国锡、金、铜、铁、钼、锑、钨、锶、汞、重晶石等矿推广使用[A]//勘查地球物理勘查地球化学文集第 4 集: 核地球物理勘查专辑, 北京: 地质出版社: 135-150.

章晔, 谢庭周, 周四春, 等. 1984. 携带式 X 射线荧光仪测金试验[J]. 成都地质学院学报, 1: 93-98.

周四春, 张志全, 宁兴贤. 2002. 应用 X 荧光现场测量技术研究 KNM 金矿床地球化学模式[J]. 四川省地学核技术重点实验室年报(2000—2001): 142-145.

周四春, 赵琦, 陈慈德. 1999. 现场多元素 X 荧光测量技术勘查金矿研究[J]. 核技术, 22(9): 539-544.

周四春, 赵琦, 陈慈德. 1998. 多参数 X 荧光测量现场地球化学勘查金矿技术研究与应用[J]. 矿物岩石, 18(4): 98-102.

周四春, 谢庭周, 葛良全, 等. 1996. X 荧光勘查金矿技术的应用与进展[J]. 物化探计算技术, 18(增刊): 66-69.

桌维荣. 1989. 应重视对热泉型金矿床的研究与勘察[J]. 地质与地勘, 12: 22-23.

第11章 X荧光测量在多金属矿找矿中的应用

11.1 多金属矿勘查的地球化学基础

大量的找矿实践证明，任何金属矿床，在其赋存的基岩中或矿床进入表生带后在地球表层系统中都存在一系列的地球化学异常，构成地球化学异常谱系。以热液金属矿为例，成矿热液沿灰岩与页岩之间的断裂上升，当温度、压力等物理化学条件不利于热液中金属元素继续迁移时，便逐渐沉淀下来，形成以矿体所在位置为富集中心，并在四周围岩中形成高含量带(即原生晕或原生地球化学异常)。矿体之外的金属元素的高含量带规模通常比矿体本身大几倍到几十倍，且具有从浓集中心(矿体)向外成矿元素浓度逐渐降低，直至与背景差异无几。如果在一定深度形成的矿体及其原生晕经构造运动抬升至地表时，矿体及其原生晕在物理风化和化学风化及生物风化作用下形成疏松覆盖物及土壤，土壤携带着成矿物质在斜坡上进一步机械分散，形成规模比出露矿体的面积大得多的土壤异常。植物(树木、草、农作物)根系吸收了土壤中可溶的金属离子后，矿化区比非矿区植物中金属元素含量高得多，从而形成生物地球化学异常。矿化区含有土壤异常的疏松物在重力作用、水冲刷作用下，汇到沟谷，则形成水系沉积物异常。硫化物矿床氧化后，常形成易溶的金属硫酸盐、硫酸，降雨后下渗雨水溶解了这些组分，在泉水、渗出水、河水中形成水化学异常。上述在土壤、沉积物、水及生物中形成的异常统称次生地球化学异常。

经过上述一系列复杂的内生作用和表生作用，在金属矿床周围的所有表层天然物中，都可能形成与矿床有成因联系的各种地球化学异常，构成地球化学异常谱系，它们的范围分布更广，扩大了找矿目标，只要利用具有足够灵敏度的分析方法，便可发现各种地球化学异常，为追索矿体提供宝贵的地球化学信息。大量研究还表明，不同种类的金属矿，其地球化学异常谱系中元素组合及浓度有明显差异，可以作为找矿标志。例如，我国某些地方用 Cu、Ag、Au、Mo 等元素寻找到夕卡岩型的铁铜、铜钼矿床；用 Ni、Co、Cu、As 等元素找到岩浆型的钴镍硫化矿体。此外，成矿相关元素在不同环境下赋存形式不同，还存在化学及物理化学迁移、机械迁移、生物及生物地球化学迁移等多种迁移形式，形成的地球化学异常规模也存在差异。所以可通过测量不同指矿元素地球化学异常分布特性来圈定成矿有利地段或寻找盲矿。

X 荧光勘查技术在分析灵敏度和分析元素种类上可以满足多种金属矿地球化学测量的需求，可用于岩石、土壤、水系沉积物甚至生物的地球化学测量。表 11.1 和表 11.2 分别列举了国内外多种金属矿床的找矿指示元素，可以作为 X 荧光勘查技术的应用参考。

表 11.1　我国部分金属矿床的找矿指示元素和找矿地质效果

矿床类型	与成矿有关的元素	指示元素和迁移特性	找矿地质效果
高温石英脉型黑钨矿床	Mo、W、Sn、Be、Bi、As、Fe、Cu、Pb、Zn、Ag、P、S、F(B)	As>Sn、Bi、Mo>Ag>W	评价石英脉含矿性，圈定矿化带，寻找深部盲矿
锡石硫化物	Sn、Zn、Cu、Pb、Sb、Bi、Mn、As、Hg、In、Cd 等	Ag、Mn>Cd>Sn、Cu、Bi、As、In、Pb、Sb>Zn	圈定成矿有利地段，找盲矿，评价断裂含矿性
黄铁矿型黄铜矿	Ba、Fe、Cu、Pb、Zn、Ag、Bi、As	Ba>Ag>Mn(B)>Cu>As>Pb	圈定矿化带为主
夕卡岩型的矿床（铜铁矿、铜钼矿）	Cu、Pb、Zn、Ag、As、Mo、Bi、Au、B、Mg、S、Fe	Ag、As、Zn>Cu、Mo>Bi	夕卡岩含矿性评价，圈定含矿地段，找盲矿体，找矿效果良好
斑岩型铜(钼)矿床	Cu、Mo、Pb、Zn、Mn、Au、Ag、S、As、Sb、Bi、W、Sn、Co、Hg、P、F、CO_2 和 OH 等	Mn、As、F、Hg、Ag>Pb、Zn>Cu、Mo>W	圈定矿化远景区，圈定含矿地段，找盲矿体，找矿效果良好
铜铅锌多金属矿	Cu、Pb、Zn、Fe、Cd、Sn、Bi、Ag、Hg、S	(Hg)Cu、Pb、Ag、As>Cd、Sn、Bi、Sb(Ag)	找到了盲矿床
汞矿床、汞锑矿床（裂隙性）	Hg、Sb、As、Pb、Cu、Ag、Ba、S、Fe(S)	Hg>As、Sb>Ag、Cu	直接发现盲矿体，评价断裂含矿性
含金石英脉型矿	As、Ag、Au、Cu、Pb、Zn、Bi、Fe、S(Hg)	As、Ag>Cu、Pb、Zn>Au	评价矿化带，有时直接找盲矿
岩浆型铜镍硫化物矿床	As、Cu、Co、Ag、Mn、As、Cr、Zn、Pb、Hg、S	Au、S、Cu、Co、Ni	发现盲矿体、盲岩体、评价铁帽
岩浆型铬矿床	Cr、Fe^{2+}、Fe^{3+}、Mg、Al、Co、Ni、V、Mn、S、As	Cr、Ni、Co、V、MgO/FeO、$\sum RO/\sum R_2O_3$	划分岩相带，评价岩体含矿性

表 11.2　国外部分金属矿床的找矿指示元素

矿种	矿床类型	伴生元素或离子	指示元素和特征
铜矿	页岩中的自然铜及其变质类型	Ag、Zn、Cd、Pb、Mo、Re、Co、Y、Mn、Se、As、Sb	Ag、Zn、Pb、Mo、Co
	砂岩、砂质页岩、砾岩（"红层"型)中心硫化物矿床	Ag、Pd、Zn、Cd、V、U、Ni、Co、P、Cr、Mo、Re、Se、As、Sb、Mn、Ba	常见：Ag、Pb、Ba 某些地区：Co、Ni、Mo、As、Sb
	斑岩铜矿床	Mo、Re、Fe(最常见)、Zn、Pb、Ag、As、Sb(部分地区常见)	Hg、As、Ag、Cu、Mo 等
	夕卡岩型	Fe、Mn、Zn、Pb、Au、Ag、Cd、Mo、W、Sn、Bi、As、Sb、Co、Ni(很少)、B、F(某些矿床)	Cu、Ag、Au、Mo 等
	块状铜矿床（肖德贝利型）	Zn、Pb、Fe、As，微量元素：Pt 及 Pt 族、Ag、Au、Se、Te、Pb、Zn、Sn、Bi、Sb、Hg(很少)	Ni、Cu、Co、As、S
	铜、铅锌多金属硫化物矿床	Zn、Pb、Cd、Ag、Fe、As、Sb	Hg
银矿	含银的铜、铅、锌、金矿床	（与相应的铜、铅、锌、金矿床一致）	Pb、Zn、Cd、Cu、Mo、Bi、Se、Te、As、Sb 矿物；含锰的菱铁矿和方解石
	自然银矿床(特别是含 Ni-Co 型)	特征组合：Ni、Co、Fe、S、As、Si 及 U(特殊矿带)；含有 Cu、Zn、Cd、Pb 及少量 Hg	Ni、Co、As、Sb、Bi、U(最好)；Cu、Ba、Zn、Cd、Pb、Hg(有一定含量时可用)
	含"红层"型矿床	U、V、Sr、Ba、Cr、Mo、Re、Fe、Co、Ni、Cu、Ag、Au、Zn、Cd、Pb、P、As、Sb、S、Se	U、V、Se、Mo

续表

矿种	矿床类型	伴生元素或离子	指示元素和特征
金矿	火山岩、沉积岩中石英脉型金-银矿床	Ag、As、S、Fe；有些矿床尚含相当量的 Sb、Pb、Zn、Cu、Cd、Bi、W、Mo、Te、B 等	Ag、As、S、Fe、Au
	夕卡岩型	一般与 Cu、Pb、Zn、W 矿床一样，经常有很多 As 和 Sb	As、Sb、Hg
	石英-角砾岩矿床	Fe、S、Ag、U、TR(稀土)；其他 As、Cu、Pb、Zn、Co、Ni	
锌矿	有七种主要的矿床类型	Cd、Pb、Cu、Ag、Au、Ba、As、Sb、Bi、Mo、In、Te、Ge、Hg、Sn、Mn	土壤、水植物中含量高；脉状、块状矿床：Cu、Ag、Ba、Mn、As、Sb、Hg；夕卡岩型：Mo、W、Bi；其他某些矿床：Mg、Hg
汞矿		Hg、Sb、As、Ba、F、W、B 等	Hg；某些地区 Sb、As；辅助指示元素：Ge、Ba、F、W、B
铝矿	主要从铝土矿中提取，其他还有铝红土、黏土、页岩及霞石正长岩	Pb、Zn、As、Mo	土壤、水、河流沉积物中过量的硫化物；Al、F；Pb、Zn、As、Mo 可作为次要指示元素
铀矿		U、TR(稀土)、P、F、Co、Ni、As、Sb、V、Ag、Cu、Se 等	最好的指示元素：U；其他如左栏所列；Se 的指示植物及植物中 Se 的含量
锡矿	伟晶岩及粗粒花岗岩型	Sn、W、Ta、Nb、Bi、As、Be、B、F、Li、Rb、Cs、Mo	Sn 本身即指示元素；依矿床类型不同，其他指示元素有 W、Li、B、Be、F；在多金属锡矿床中有 Cu、Pb、Zn、Ag、Cd、As
	夕卡岩型	Sn、W、B、F、Be、Cu、Pb、Zn、As、Mo、Fe	
	脉状锡矿床	Sn、W、Mo、Li、Pb、Cs、Be、Se、Fe、Cu、Zn、Cd、Pb、B、As、Bi、S、P、F	Sb、Bi 可能成为有用的指示元素
	锡石岩筒矿床	Sn、B、F、As，有时有 W	
	块状硫化矿床	B、Bi、In、Tl、Cd、Ge、Sb、As	(左列元素)
铅矿	各种锌、铜的矿床都含铅	Zn、CA、如 Cu、Ba、Sr、V、Cr、Mn、Fe、Oa、In、Tl、Ge、Sn、As、Sb、Bi、Se、Hg、Te，次之为 B、F	左列元素均可以，Zn、Cd、Ag、Cu、Ba、As、Sb 最好
钛矿	原生矿床	Ti、Fe、Ca、F、P；有些有少量 Fe、Cu 及其他硫化物	Ti、P；有些矿床可用 Fe
铌和钽矿	花岗伟晶岩及某些粗粒或细粒白云母花岗岩	Nb、Ta、Sn、W、Li、Rb、Cs 稀土、U、Th、B、Zr、Hf	重矿物分析特有效用。左列元素均可作为指示元素。有人发现用河流沉积物找矿时，Zn、Pb、Mo、V、Sn、Li、Rb、Ba、Sr 是可靠的指示元素
	钠长石黑云母花岗岩及钠长闪花岗岩	Nb、Ta、Sn、W、Zn、Th、U、稀土、P、Al、F	
	碳酸盐岩	Na、K、Fe、Ba、Sr、稀土、Ti、Zr、Hf、Nb、Ta、U、Th、Cu、Zr、P、S、F	
铬矿	与含铬超基性岩有关的块状透镜状，浸染状矿床		Cr 是良好的指示元素。某些地区土壤、河流沉积物测量时，可用 Ni、Co 作为指示元素
钼矿	石英脉，石英伟晶岩石英脉网状矿床	Mo、W、Re、Bi、Fe、Cu、Zn、Pb、B、P、F	
	夕卡岩型	Mo、W、Bi、Fe、Cu、Au、Ag、Co、Ni、Be、Ti、Sn、Cd、B、As、S	
	二长岩及花岗岩中的浸染状矿床	Mo、Re、Cu、Ag、Be、Fe、W、Zn、As、B、F	

矿种	矿床类型	伴生元素或离子	指示元素和特征
钨矿			W 是良好的指示元素。Sn、Mo、Bi 是很好的辅助指示元素
铁矿			一般土壤、冰碛层、河流沉积物中都有 Fe 反映。各种化探方法都能用以圈定铁矿及含铁岩类
镍矿	与基本火山岩有关的硫镍矿(肖德具利型)	Ni、Co、Fe、Cu、Ag、Au、Pt、Se、Te、As、S	Ni 本身为良好的指示元素。辅助指示元素有 Cu、Co、As、Pt、Cr
	硫化矿脉和透镜体	Ni、Co、Fe、Cu、S	
	含复砷镍矿的硫化物矿脉	Ni、Co、Ag、Fe、Cu、Pb、Zn、As、Sb、U、Bi、S	
	含镍钴的红土矿床	Ni、Co、Fe、Cr	
钴矿	块状镍铜矿床	Ni、Co、Pt、Fe、Cu、Ag、Au、Se、Sb、S、Bi、U	Co 本身为良好的指示元素。不同类型矿床可采用不同的辅助指示元素，如 Ni、Cu 等
	自然银镍钴砷华矿床	Ni、Co、Ag、Fe、Cu、Pb、Zn、As、Sb、S、Bi、U	
	铜钴硫化矿床	Cu、Co	
	铅锌钴矿床	Pb、Zn、Cd、Ag、Co	
	金矿床	Co、Au、Ag	
	红土矿床	Ni、Co、Fe、Cr	

11.2 铜矿 X 荧光勘查技术及应用

11.2.1 X 荧光法勘查铜矿的地质条件探讨

地球化学专家的研究已经证实，自然界很少见单一元素富集，铜也不例外，在许多地质-地球化学环境下，铜矿化现象的显示往往是一群元素的集合体，这些元素的集合体，构成了该铜矿床的地球化学异常(李志鹄，1987；蒋敬业，2006；罗先熔，2007)。铜矿床大致可分为七种类型，表 11.3 列出了各类铜矿床地球化学异常中的元素组合关系(周四春等，1991)。

表 11.3 各类铜矿床地球化学异常中的元素组合

矿床类型	元素组合
1.页岩铜矿及其变质类型	Cu、Ag、Zn、Cd、Pb、Mo、Re、Co、Ni、V、Mn、Se、As、Sb、Ba
2.砂岩、砂质页岩及砾岩中的铜矿	Cu、Ag、Pb、Zn、Cd、Hg、V、U、Ni、Co、P、Cr、Mo、Re、Se、As、Sb、Mn、Ba
3.斑岩铜矿	Cu、Mo、Re、Fe、Ag、Au、As、Pb、Zn、B、Sb、W、K、Rb、Ba、Sr、Mn、Hg、Ni、Co
4.夕卡岩铜矿	Cu、Fe、Mn、Zn、Pb、Ag、Cd、Mo、W、Au、Sn、Bi、Te、As、Ni、Co
5.与(超)基性岩有关的致密块状含铜硫化物	Cu、Ni、Co、Fe、As、Pt族、Au、Ag、Bi、Se、Te
6.火山沉积岩中致密块状含铜硫化物	Cu、Zn、Pb、Cd、Ag、Fe、Hg、As、Sb、Au、Mo、W、Re、Co
7.在各种地质环境中的脉状铜矿床	Ni、B、Ga、In、Tl、Ge、Sn、Bi、Se、Te

从表 11.3 中可以看出，无论是在哪一种类型的铜矿床的地球化学异常中，最主要的元素组合都是以铜组元素为主。例如，夕卡岩类铜矿床的地球化学异常中常见的 16 种元素，有 10 种是铜组元素。而火山沉积岩中致密块状含铜硫化物矿床与脉状铜矿床的地球化学异常中，常见有 24 种元素，铜组元素占了 17 种。这是由于 Cu、Pb、Zn 等铜组元素的离子最外层均具有 18 个电子($S^2P^6D^{10}$)结构，同属铜型离子，因而具有相类似的地球化学性质。在大多数地球物理与地球化学条件下，各铜组元素与 S、Se、Te 有很强亲和力，往往与 S^{2-} 结合成硫化物和复杂硫化物，而与铜伴生或共生在一起。因此，从表 11.3 可知，铜组元素无疑是勘查各类铜矿床最好的指示元素。

另一类值得重视的是属于过渡型离子的 Co、Ni 两种元素。这两种元素出现在每一类铜矿床的地球化学异常中，且其克拉克值较高，分别达到 25μg/g、89μg/g，且在不少岩类中的丰度值已经高于目前手提式 X 射线荧光仪的检出限(表 2.5)，因此，Co、Ni 适合于作为勘查铜矿时 X 荧光测量的指示元素。

从表 11.3 中还可看出，无论哪类铜矿床的地球化学异常，均是由一群而不是某一种元素的高浓度值构成的。铜矿床的地球化学异常的这种组分特征具有两个方面的 X 荧光测量方法学意义：

1)测量元素具有多种可选性

正如上面所述，Co、Ni 两种元素出现各类铜矿床的地球化学异常中，As 则出现在表中 1、2、3、5 类铜矿床的地球化学异常中。

2)在选择单个指示元素困难时，可以通过测量一组元素达到找矿目的

如果我们按照 X 荧光分析的物理原理，建立一种测量一群指示元素总量的方法，例如，测量 Cu、Zn、Hg、As、Pb、Bi、Se 等铜组元素的总含量，在不少情况下就可避免现有携带式 X 射线荧光仪对铜测量检出限不够的限制，用 X 荧光法圈出相应类型铜矿床的地球化学异常，完成普查铜矿的工作。按上述思想，依据 X 射线荧光仪可以实现测量。将表中各类铜矿床地球化学异常中可作为指示元素的元素分为三组，如表 11.4 所示。

表 11.4　勘查铜矿的三组指示元素

组合	指示元素	勘查矿床类型
Ⅰ	Co、Ni、Cu、W、Zn、Hg、As、Pb、Bi、Se	1、2、3、4、6、7
Ⅱ	Ag、Cd、In、Sn、Sb、Te、I、Ba	1、2、3
Ⅲ	Cu、Ni、Co	5

在铜矿勘查工程中，X 荧光测量可在野外现场快速测量土壤、岩石和沉积物样品，为野外地质填图、剖面测量位置布设、地表探槽工程布置等工作提供快速的参考信息。尤其是在高山深切割区，交通、通信、生活条件极为困难，野外施工成本高，大比例尺的常规化探工作难度大，送样分析再获取结果的周期长。使用现场 X 荧光测量技术可以在野外直接获取化探异常信息，提高找矿工作效率。

11.2.2   找矿实例 1：四川宝兴县风箱崖铜矿踏勘

四川宝兴县风箱崖铜矿点位于四川省宝兴县陇东乡境内。该矿点海拔 4100m 左右、地形陡峭、气候十分恶劣、条件非常艰苦。为了查清该矿点是否具有工业开采价值，以及矿点周围的铜资源情况，1992 年 5 月 3 日至 6 月 2 日，在四川省地质矿产局的统一安排下，周四春与川西北地质队科研队及成都地质学院地质系共 12 人(包括民工 4 人)联合组队对该矿点进行了踏勘。

1. 矿区地质概况

1)矿区地层

根据区域岩性对比，矿区地层全属上二叠统大石包组(P_2d)。根据矿区岩石组合特征及相互关系，区内大石包组可分为三段。从上向下分别为

(1)大石包组第一段(P_2d_1)：为暗绿色玄武岩，分布于矿区北东部，其底界未见，厚度不明(推测应大于 100m)。

(2)大石包组第二段(P_2d_2)：分布于矿区中部，其岩性横向相变很大，十分复杂。该段底部为一层灰黑色钙质板岩，厚约 1.4m，厚度横向变化不大，向南东方向逐渐尖灭。该岩层中可见大量星散状、条带状、结核状、微粒黄铁矿顺层分布，为同生期产物。风化后岩石呈铁褐色。经 X 射线荧光仪原位测量，该层岩石含铁量大于铁在板岩中的铁品位，达 10%～20%。在灰褐色钙质板岩之上为呈黑灰色的薄层泥质灰岩[P_2d_2(灰)]。其厚度为 20～50m，变化很大。向北西方向延伸不明，向南东方向则逐渐趋于尖灭。该套岩层产状近于直立，其上 a 线理①明显，大致垂直于岩层走向。其质地坚硬，地貌上呈城墙状产出地表。在 P_2d_2(灰)之上，岩性的横向变化很大(图 11.1)。测区西北侧为暗绿色玄武岩 P_2d_2(β)。其上则为灰绿色钙质凝灰岩 P_2d_2(凝)。在 D_{14} 北西，该层中凝灰质较多，部分为基性熔结凝灰岩，其中夹少量凝灰质灰岩。在 D_{14} 南西至 D_{12} 一带，以凝灰质灰岩为主，兼有钙质板岩、黑色板岩、硅质岩、凝灰岩等一系列岩性，十分复杂，铜矿体即产于此层之中。再向南东，该层相变为薄层泥质灰岩 P_2d_2(灰)。

(3)大石包组第三段(P_2d_3)为一套基性火山岩，其底部为一套枕状玄武岩(P_2d_3)，北西侧厚，向南西逐渐尖灭。枕状玄武岩之上，为灰绿色、绿灰色玄武质凝灰岩、凝灰质砂岩夹玄武岩[P_2d_3(凝)]。由于该层顶界未定，故其厚度不明。

2)侵入岩

矿区内除在南部见一厚约 5m、长 10m 的辉绿辉长岩脉外，未见其他侵入岩出露。

3)构造

踏勘表明，风箱崖矿区及其外围存在一个发育在上二叠统大石包组之中的倒转向斜，矿区处于该向斜的倒转翼中。矿区的主体构造为向北东倒转的单斜构造，比较简单。矿区内次级褶皱构造不发育，仅局部见一些小型的层间拖拉褶皱。显示区内曾经发生过平面反扭的近水平层间滑动。矿区内仅在风箱崖处见一断层(F)(图 11.1)。该断层南端在 D_{10} 北

---

① a 线理：与物质运动方向平行的线理。

侧尖灭，北端经 D_{33} 后继续向北延伸。在 $D_{10} \sim D_{11}$，该断层呈楔状的劈理化带展布在 $P_2d_2(\beta)$ 顶部的基性凝灰岩之上。

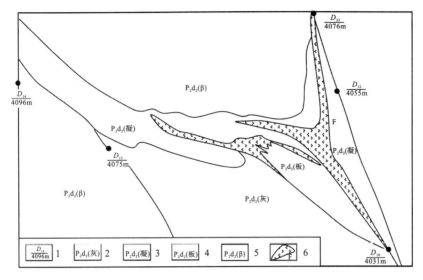

图 11.1　风箱崖地质图

1-控制点及海拔；2-大石包组第二段黑灰色薄层泥质灰岩；3-大石包组第二段灰绿色钙质凝灰岩；
4-大石包组第二段灰黑色钙质板岩；5-大石包组第二段暗绿色玄武岩；6-断层及劈理化带

2. X 荧光测量方法技术

1) 仪器设备

鉴于工作区为海拔 4000 多米的无人区，无交流电供应，故采用以干电池为工作电源的商品化 HYX-1 型（单道）X 射线荧光仪。由于当时的仪器采用闪烁探测器，对射线能量分辨率差，为了准确测量目标元素，作者及其所在团队采用了平衡滤片对技术，配备了 Ni/Co 平衡滤片对，通过差值测量从相邻元素谱线中分选出目标元素铜的特征 X 荧光谱线。

2) 测量工作条件设置

用矿区高品位铜矿石样品作标准，在采用 Ni/Co 平衡滤片对条件下测出其差值微分谱线，以谱线 1/10 高处定出铜的 X 荧光测量道的阈值与道宽。为了保证测量精度，测量中每点、每块滤光片下的测量累计时间不少于 30s。

3) 测量方法

岩矿石手标本测量：对多个表面测量后，取其均值作为测量结果。

现场原位岩石测量（图 11.2）：敲去其风化面并使测量面基本平整；在每一物理测量点所处位置的同一种岩性的岩石上布置多个（不少于三个）测量点，以其均值代表该物理测量点的测量结果。

4) 测量数据的标准化处理

为了保证各天测量结果之间的一致性，按本书第 3 章的方法对测量的数据全部进行了标准化，在换算成铜含量前，测量结果以 XR 为单位标记。

图 11.2   现场原位岩石测量

3. X 荧光测量工作的目的、内容与过程

为了查明风箱崖地区有关地质情况，完成铜矿踏勘任务，必须迅速查清：

(1) 工作区的主要含矿岩系。

(2) 铜在地表的矿化范围。

(3) 地表出露的铜矿体的边界及大小。

围绕上述目的，开展了下述 X 荧光测量工作：

(1) 对工作区各地层、各岩性做系统 X 荧光测量工作。

(2) 在上述工作的基础上，在工作区的有利地段，按照 1∶500 的比例尺，在长 120m、宽 40m 的面积范围内 (测区位置见图 11.3)，开展了岩石 X 荧光测量。通过测量，快速圈定铜在地表的矿化范围。

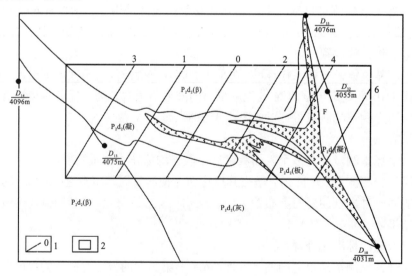

图 11.3   风箱崖 X 荧光测量工程部署图

1-测线及编号；2-X 荧光测区；其余图例与图 11.1 相同

(3)面积性 X 荧光测量完成之后，依据所圈定的铜矿化范围，布置了 1∶100 比例尺的原位 X 荧光测量，以 0.5%铜含量作为矿体边界，圈定铜矿体的边界与范围。

4. 用 X 荧光方法确定岩性含矿性

为了解工作区各地层岩石的含矿性，系统采集了包括二叠统大石包组各段地层的岩石标本作测量。此后，又对三条地质剖面进行系统原位测量，获得有关测量数据 400 多个。将各测量数据的标准化值，用手标本的铜含量计算方程换算成相应的铜含量。然后分岩性对各岩性的铜含量进行分别统计。最后绘出了以 XR 为单位的统计结果(详见 6.3.4 节)。

从图中可见，风箱崖矿区的铜矿化严格受一定层位控制，主要含矿地层是 P_2d_2，而主要的含矿岩性是灰绿色钙质基性凝灰岩。

正如前面所述，风箱崖地区岩性复杂，在对工作区含矿岩系的分析判定之前，对于找矿工作的重点并不明确。利用 X 荧光技术在野外通过快速测量，很快确定了进一步的地质与找矿工作重点，确立了风箱崖地区找矿工作应把重点放在 P_2d_2 地层内的方向。

5. 圈定矿化区与矿体

根据对主要含矿岩系的认识以及前人采矿遗迹，在有利地段布置了 1∶500 的岩石原位 X 荧光测量(测区位置见图 11.3)。根据测量结果，在野外绘制了以标准化值为单位的平面等值图(图 11.4)。

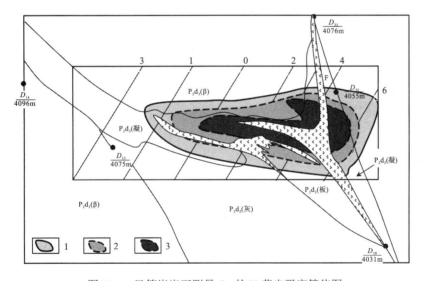

图 11.4　风箱崖岩石测量 Cu 的 X 荧光强度等值图

1-Cu 的 X 荧光强度(XR)均值加 3 倍均方差；2-Cu 的 X 荧光强度(XR)均值加 5 倍均方差；

3-Cu 的 X 荧光强度(XR)均值加 9 倍均方差；其余图例与图 11.1 相同

从 X 荧光平面等值图可见，铜矿化区主要分布在测区的东部。后经对扫面数据进行趋势分析证实测区东部确为铜的高值区。

根据 X 荧光测量平面等值图，在测区东部铜的高值地段，垂直于异常长轴方向，布置了三条 X 荧光主剖面和若干个控制测量点，用以圈定地表出露的铜矿体边界与矿体范围。根据铜矿地质勘探规范有关规定，以下述指标作为风箱崖铜矿体圈定依据。

(1)矿体边界铜品位确定为 0.5%。

(2)含矿层中脉石厚度不大于 0.5m 时不加以剔除。

最后圈定出铜矿体两个(图 11.5)。

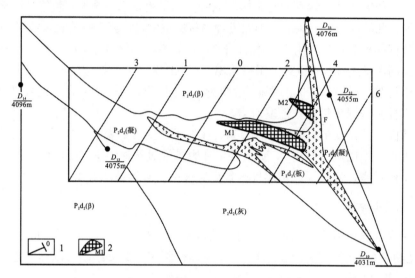

图 11.5　风箱崖 X 荧光测量成果图

1-测线及编号；2-铜矿体及编号；其余图例与图 11.1 相同

11.2.3　找矿实例 2：四川理塘县某铜矿勘查

以四川理塘县某铜矿勘查为例，四川省地质局化探队于 1989 年，在理塘县颇昂佐避测区，通过 1∶200000 水系沉积物测量，圈定了 Cu、Sn、Ag、Pb、Au 为主的多金属元素异常靶区(图 11.6)。异常元素组合为 Cu、Sn、Ag、Pb、Au、As、Zn、Bi、W、Sb 等。之后，该化探队选用成都理工大学研制的 9001 智能型便携式 X 射线荧光分析仪，在这些异常靶区进行了水系沉积物加密测量。工作方法为：先根据测量出的 Cu、Sn、Ag、Pb 的 X 荧光强度数据圈定出 X 荧光异常区；再对 X 荧光异常区有目的地使用 X 荧光测量，配合综合地质剖面穿插测量；汇总测量信息后，在高异常地点开展探槽揭露工程。

早期用 X 射线荧光仪在野外测量时，会受到测量面不平整、样品不均匀、待测和非待测元素间密度差异大、缺少与待测样品基体相近的标准样品等因素影响，分析精确度、准确度较差，因此无法给出样品中目标元素的准确含量。但可以通过对比不同测点样品中待测元素的特征 X 射线计数率(单位 cps)来判断背景区、异常区和异常幅度。以颇昂佐避测区铜的 X 荧光异常为例，将铜的特征 X 射线计数率 70cps 作为背景值上限，大于 70cps 的圈定视为异常，大于 140cps 的圈定为异常中带，大于 280cps 的圈定为异常内带(图 11.6)。测量结果显示：铜的 X 荧光异常核心分布于颇昂佐避沟源头区，展布于三叠系上统图姆沟组上段地层中，异常峰值为 11750cps，异常幅度达 168 倍。在异常样点区内基岩裸露，取样分析发现矿(化)明显，经探槽工程揭露证实为铜矿(化)体，长 200m，厚 1.3m，铜最高品位达 1.07%。此外，其他元素的 X 荧光测量结果显示：Cu、Sn、Ag、Au 的异常内带位置高度吻合，说明其存在伴生关系(吴建平等，2005)。

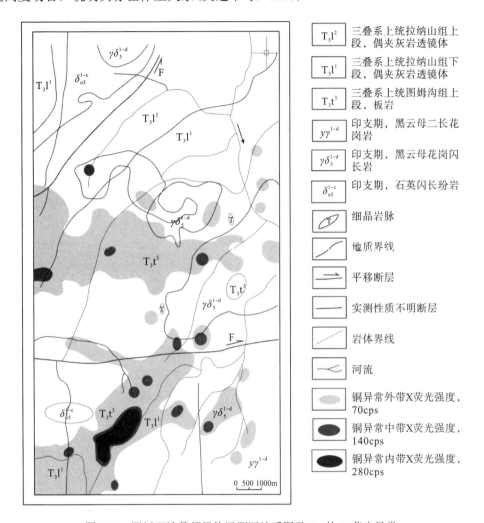

图 11.6　四川理塘县颇昂佐避测区地质图及 Cu 的 X 荧光异常

随着 X 射线探测器及数字化电路技术的发展，目前可使用的便携式 X 荧光分析仪的测量效果已大为改善。徐巧等(2012)将 X 荧光测量技术应用于智利科皮亚波泥沟铜矿勘查工作中，使用的 INNOV-Xa-6000 高灵敏度手提式 X 荧光分析仪，可实现一次测量同时分析 8～20 种元素，对 Cu、Pb、Zn、Ag、Mo、Sr、Rb、As、K、Ca、Ba、Fe、Mn、Ti、Hg 等多种元素的分析检出限可达 $(10～100)\times10^{-6}$。其工作方法是：以基本垂直已知铜矿脉走向为原则，取南北向布设测线，测线间距为 100m，测点间距为 20m，发现异常区加密。每个测点同时测量 Cu、Pb、Zn、Sr、Rb、As 的含量。采用探头周围 50cm 较为平坦区域进行扫面，测量时间为 3min。对整个测区 Cu 含量原始数据做 3 点平均值滤波处理，得到 Cu 平面等值线图，圈定出 5 个高值异常区域，如图 11.7 所示。其中 Cu1 异常带为之前地质勘查圈定的已知矿化带，其他 4 个异常区均为潜在矿化区。Cu2 异常区，地表被风化砂覆盖，地质填图工作难以进行，通过 X 荧光测量预测其为东西长 130m，南北宽 60m 左右的似橄榄球形状矿体。后经探槽揭露和探槽样品化验证实，矿体南北宽 58m，平均品位达 0.46%，属网状裂隙发育，矿化以细脉状、浸染状为主，接近爆破角砾岩筒式斑岩型铜矿(徐巧等，2012)。

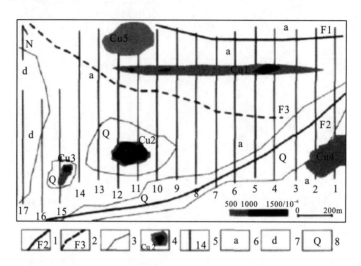

图 11.7   智利科皮亚波泥沟测区 X 荧光 Cu 平面高值异常示意图

1-断层及编号；2-推测断层及编号；3-地质界线；4-铜异常区及编号；5-测线及编号；6-白垩纪安山岩；
7-白垩纪闪长岩；8-第四系堆积物

11.3   X 荧光测量在铅锌矿勘查中的应用

11.3.1   地质基础与方法技术

1. 地质、地球化学依据

Pb、Zn 分别位于元素周期表中第六周期第Ⅳ族和第四周期第Ⅱ族，在自然界中两种元素都具有显著的亲硫性，主要以硫化物形式存在，因此，Pb、Zn 常常伴(共)生在一起。Pb、Zn 还具有亲氧性，在自然界中常以氧化物形式存在，在该形式下 Pb、Zn 也经常共生。

Pb、Zn 在地壳中的丰度分别为 13.6×10^{-6}，70×10^{-6}(黎彤和倪守斌，1990)。由于 Pb、Zn 的地球化学性质较活泼，迁移、富集的能力较强，在各类岩石中的含量不一[表 11.5、表 11.6(李志鸪，1987)]。

表 11.5   Pb 在部分岩石中的丰度   (单位：10^{-6})

岩石类型	平均值	范围	岩石类型	平均值	范围
玄武岩	3.8	0.4~15.0	黏土页岩	27.4	1.0~100.0
正长岩	13.9	4.7~50.0	白云岩和灰岩	49.0	30.0~100.0
花岗岩	22.7	2.0~200.0	板岩	21.0	7.0~46.0

表 11.6　Zn 在部分岩石中的丰度　　　　　　　（单位：10^{-6}）

岩石类型	平均值	岩石类型	平均值
辉长岩-玄武岩	100	页岩	120
闪长岩-安山岩	70	云母片岩和片麻岩	65
远海沉积黏土	130～150		

从表 11.5、表 11.6 可以看出，在部分岩石中，Pb、Zn 的丰度已达到或者接近第三代手提式 X 射线荧光仪测定 Pb、Zn 的检出限[(10～50)×10^{-6}]。即令对第一、二代携带式 X 射线荧光仪，有些已接近其仪器检出限。当 Pb、Zn 作为造矿元素时，在不同含矿层中的丰度与地壳的丰度相比，其富集程度一般均为几倍至几十倍，如碳酸盐类岩石中 Pb、Zn、Cu 的平均丰度分别为 9×10^{-6}，20×10^{-6}，4×10^{-6}，而热液系 Pb、Zn 矿床主要容矿岩层中的 Pb、Zn、Cu 的平均含量分别为 168×10^{-6}，101×10^{-6}，122×10^{-6}。对于 Pb、Zn 矿床的"矿源层"，其 Pb、Zn 丰度可高于地壳丰度的几十倍至几百倍。显然，这完全达到了手提式 X 射线荧光仪的检测范围，从而为本技术进行岩石地球化学测量和土壤次生晕测量提供了依据。

2. 方法技术

为了准确获取找矿信息和准确测定 Pb、Zn 品位，应根据测量对象不同采用不同的方法技术。

1）开展原生晕与次生晕的总量测量方法

在普查阶段，可应用本技术进行岩石地球化学测量和土壤次生晕测量。

当所用 X 射线荧光仪的探测限可以检测出岩石、土壤中 Pb、Zn 的最小异常时，宜直接通过对 Pb、Zn 的 X 荧光测量，圈定原生晕与次生晕。

为了解决在某些勘查区或某些勘查阶段手提（携带）式 X 射线荧光仪对 Pb、Zn 单独测量受到其检出限限制的问题，可以采用测量 Cu、Zn、As、Pb 的总量强度作为找矿指示的方法。实际实施测量时，对采用 Si-PIN 探测器的第三代手提式 X 射线荧光仪，由于可以完善地区分前述 Cu、Zn、As、Pb 的特征 X 射线谱，此时，可以通过测量出 Cu 的 K_α 谱峰，Pb 的 L_β 谱峰，将 Cu 的 K_α 谱峰左侧（低能侧）与 Pb 的 L_β 谱峰右侧（高能侧）设定为探测窗上、下阈址，实现对 Cu、Zn、As、Pb 总量强度的测量。

采用正比计数管的第二代仪器，可参照上述方法设置 Cu、Zn、As、Pb 总量强度测量探测窗。而对于采用闪烁探测器的仪器，则必须配置专用平衡滤片对才能实现对 Cu、Zn、As、Pb 总量强度的测量。从物理原理角度来看，采用 Co（K 吸收限能量为 7.709keV）、Ge（K 吸收限能量为 12.103 keV）的氧化物，可以构建能量通带为 7.709～12.103keV 的平衡滤片对，实现对 Cu、Zn、As、Pb 总量强度的测量，同时实现对其他基体元素干扰的压制。

1994 年，葛良全等在四川康定某铅锌勘查区开展 X 荧光测量勘查铅锌矿时，采用了 Co/Ge 平衡滤片对技术测量 Cu、Zn、As、Pb 总量强度，收到良好的找矿效果（葛良全和谢庭周，1994）。

2) Pb、Zn 含量的 X 荧光测定方法

在勘探和开采阶段，由于要准确测定 Pb、Zn 的品位，因而要克服影响 X 射线荧光测量的不均匀效应、几何效应和基体效应。对于前两种效应，通过选择最佳测网和最佳"激发源与测量面"间的距离，并以"特散比"作为基本参数，可以最大限度地降低矿化不均匀和测量面凹凸不平所引起的误差。基体效应是影响定量分析的主要干扰因素，这是因为 Pb 的原子序数为 82，在介质中对特征 X 射线具有强的吸收效应，Zn 对 Pb 的 L_α 特征 X 射线又具有特征吸收，而对地质样品而言，Pb、Zn 两种元素总是相互伴(共)生且品位变化大。经几个矿区的实验，作者及其所在团队提出：以 Pb 和 Zn 两种元素的特征 X 射线的照射量率与源的散射射线的照射量率的比值(特散比)作基本参数，运用多元回归统计的方法，确定 Pb、Zn 元素含量的数学模型，取得好的效果，其基本校正方程为

$$C_i = \varepsilon_i + \sum_{i=1} a_i R_i + \sum_{i,j=1} b_{i,j} R_i R_j + \sum_{i,j,k=1} c_{i,j,k} R_i R_j R_k + \cdots \tag{11.1}$$

式中，C_i 为 i 元素(Pb 或 Zn)在介质中的含量；R_i 为 i 元素的特散比，其他脚标如 j、k 与 i 相同；a_i、$b_{i,j}$、$c_{i,j,k}$ 为回归系数；ε_i 为常数项，可考虑为系统误差、标样制备和荧光强度测量等随机因素的影响所带来的误差。

11.3.2 找矿应用实例——四川康定、宝兴铅锌矿勘查

1.土壤次生晕测量

20 世纪 90 年代中期，葛良全和谢庭周(1994)应用配闪烁探测器的第一代携带式 X 射线荧光仪，在四川康定、宝兴等地铅锌勘查区开展 X 荧光测量勘查铅锌矿工作。

图 11.8 是四川康定某铅锌矿区实测的 5 条次生晕平面剖面图。铅锌矿体赋存于黑灰

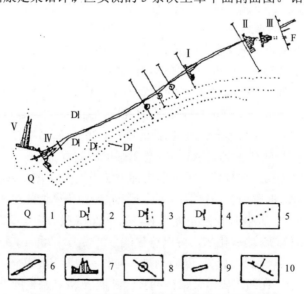

图 11.8   X 射线荧光土壤次生晕测量平面剖面图

1-残积坡积物；2-白云石化灰岩；3-致密状灰岩与页状泥质灰岩；4-绢云母片岩、千枚岩及砂岩互层；5-推测地质界线；6-Pb、Zn 矿体；7-X 荧光测量剖面图；8-勘探及钻孔位置；9-探槽；10-断层

色中粗粒结晶质白云岩石化灰岩中，受层位控制，走向 NE45°。实际测量中，点距为 10m，测量 B 层的 Pb、Zn、Cu 总量的 X 荧光照射量率(以"特散比"作基本参数)。图中 I、II、IV 号剖面位于已知矿体上方。I 号剖面的综合剖面图如图 11.9，从该图可以看出，虽然矿体埋深较大(约为 80m)，矿体上方的次生晕中仍出现明显的 Pb、Zn、As 和 Cu 的荧光异常且异常的宽度基本上反映了矿体的厚度。

据地质科研人员对该区的研究工作揭示，在该矿区的北东端，由于 F 断层的存在，矿层不是连续地与断层上盘的矿体相连，而是由于断层上、下盘的错动，矿层有位移。图 11.8 中的 III 号剖面是根据地质科研人员的要求而现场布设的，旨在追踪矿层的去向，同时确定 F 断层上、下盘错动的距离。荧光测量结果表明，在 III 号剖面上出现了明显的荧光异常，根据已知矿体上方次生晕中的测量结果(I、II、IV 号)可以推断，其异常位置揭示了隐伏矿体的位置，而以矿层作为标志层，为确定 F 断层相对位移的大小提供了依据。

在矿体的南西端为一套向斜的核部，由于浮土覆盖、植被发育，地质工作程度低。矿体的去向有两种推测：沿矿体的走向继续延伸或者受向斜和地层层位控制。V 号剖面是为解决上述问题而现场布置的，从图 11.8 可看出，该剖面上有显著的荧光异常存在且具有一定的幅度和宽度。为进一步评价该异常，在该剖面的 12 号点(即异常位置)进行了不同深度 X 荧光照射量率测量，结果如图 11.10 所示。从该图可以看出，地表到 0.4m 处，荧光照射量率随深度增加而增加，0.4m 以下，随深度增加荧光照射量率保持不变，这说明该异常不是由于地表残积坡积造成的假异常，而是由于下伏铅锌矿体的存在形成的铅、锌次生晕造成的。结合该区的地质与构造特征，该异常表明了矿体受向斜和地层层位控制，同时对向斜核部的具体位置提供了可能的指示。

2. 岩石地球化学测量

图 11.11 为葛良全等于 20 世纪 90 年代中期在四川宝兴某铅锌矿应用 X 射线荧光技术现场进行岩石地球化学测量的综合剖面图。现场岩石地球化学测量与岩石地球化学采样同时进行，实测点距为 10～20m，仪器探

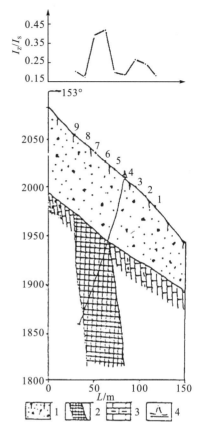

图 11.9　I 号剖面 X 荧光测量
综合剖面图

1-残积坡积层；2-铅锌矿体；3-白云石化灰岩；
4-Pb、Zn、As 和 Cu 总量 X 荧光强度曲线

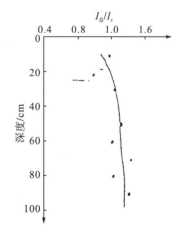

图 11.10　V 号剖面 12 号测点 X
荧光照射量率随深度变化曲线

头置于岩石新鲜面上并使测量面平整，测量 Pb、Zn、Cu 总量的荧光照射量率。从该图可看出，两种方法吻合很好，在厚层大理岩以及与其相邻近的上薄层大理岩上荧光照射量率和采样分析结果均偏高，Pb、Zn 呈现相对富集(铅锌矿体即赋存于该层位)。在荧光照射量率偏高地段的两侧(图中右侧 2～3 号点，左侧 18～21 号点)荧光值呈现低值，这揭示了在成矿过程中，Pb、Zn 从上、下层向中间迁移而富集的趋势。

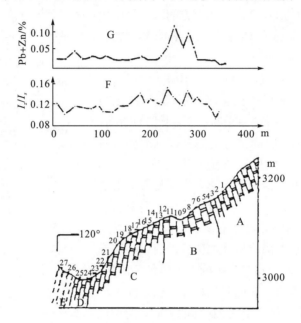

图 11.11　岩石地球化学测量综合剖面图

A-下薄层大理岩；B-厚层大理岩；C-上薄层大理岩；D-灰色薄层大理岩；E-千枚岩；

F-X 射线荧光现场测量曲线；G-化学分析岩石地球化学样品曲线

11.3.3　找矿应用实例——云南东山铅锌矿勘查

2012 年周四春课题组受云南省地质矿产勘查院(以下简称"勘查院")委托，在云南省施甸县东山铅锌矿普查区开展了 X 荧光与地气测量相结合的铅锌矿找矿工作(周四春等，2012)。

东山铅锌矿勘查区位于施甸县城东 8km。矿区位于保山南北向构造带中，属保山-镇康有色金属成矿带北段，矿区地质情况见图 11.12。

云南省地质矿产勘查院通过前期工作认为，区内矿体产出有两种形式，一个是分布在测区东部，沿 F3、F4 构造带产出的陡倾斜矿体，从已知铅锌矿主矿体赋存规律分析，该类型矿化体沿走向、倾向延伸规模较大；另一个是在二叠系丙麻组与沙子坡组之间的近沙子坡组白云岩的顺层间破碎带产出的缓倾斜矿体，该类型矿体走向、倾向延伸均较有限。

而区内铅锌成矿主要受构造控制，铅锌含矿热液沿断层破碎带上移，沿断层破碎带及主断层附近的层间破碎带再分配，于构造有利部位沉淀富集，形成矿体，矿床成因初步认为属与构造、层位相关的沉积改造-构造热液型矿床。

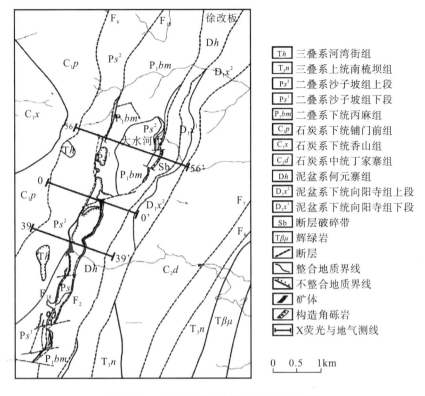

图 11.12　东山铅锌矿地质图(附工程部署)

　　鉴于东山勘查区已控制的矿体均属于局部有地表出露或矿体顶部离地表较近的铅锌矿，期望通过开展 X 荧光与地气测量，为勘查区进一步找矿突破提供新的找矿靶位。

　　根据东山地区的地质情况，以控制区内重点部位的有利地层岩性及构造为目的，按方位角 110°，沿勘查区从北到南，沿 56、0、39 三条勘探线布设了土壤 Pb、Zn 的 X 荧光与地气测线(详见图 11.12)。其中，X 荧光测量主要用于捕获土壤次生晕，圈定找矿有利地区，地气测量则主要用于对捕获的铅、锌异常的深部含矿性进行评价。工作重点在于控制测区西部 $F_3 \sim F_6$ 的区域。

　　为了可靠地提取找矿信息，根据土壤地球化学测量规范，必须选择采集 B 层土壤的细粒部分。野外工作时，为了保证每个测点采样条件的一致性，并考虑工作效率，在实际工作中，都采用了统一的 40cm 的采样深度。即挖 40cm 深的坑，然后采集坑底的细粒土壤(40~80 目)部分回驻地进行 X 荧光测量。X 荧光测量采用成都理工大学研制的 2000P 型手提式 X 射线荧光仪，测量元素包括 Pb、Zn、Cu、Ni。

　　图 11.13 是东山 56 号测线土壤 X 荧光、地气测量综合剖面图。从图中可见，X 荧光测量在测区东侧已知矿体上，捕获到了 Pb、Zn、Cu、Ni 四种元素的土壤异常，表明了土壤 X 荧光测量捕获近地表矿化异常的有效性。分析土壤 X 荧光异常的分布特征，可见土壤 X 荧光主异常出现在矿体出露处的正上方，而地气测量的异常与 X 荧光异常位置不同，出现在土壤异常的两侧，与深部矿化体位置对应。

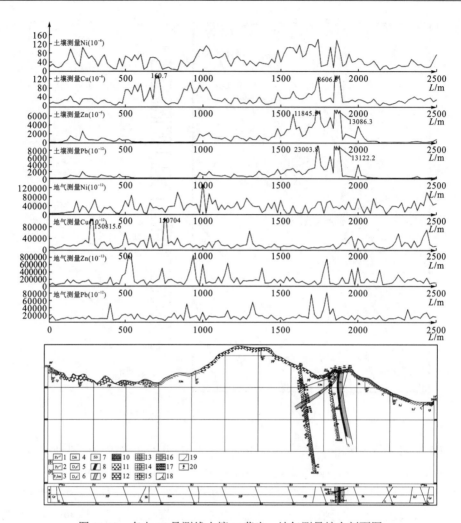

图 11.13   东山 56 号测线土壤 X 荧光、地气测量综合剖面图

1-二叠系沙子坡组上段粉-中晶白云岩；2-二叠系沙子坡组下段铅锌矿化白云岩；3-二叠系下统丙麻组泥岩夹粉砂岩；4-泥盆系上统何元寨组泥质灰岩、白云质灰岩；5-泥盆系下统向阳寺组上段泥质粉砂岩及砂岩；6-泥盆系下统向阳寺组下段薄层状泥质灰岩；7-构造角砾岩；8-矿化体；9-构造破碎带；10-破裂状白云岩；11-构造角砾岩；12-白云岩；13-含炭质灰岩；14-生物碎屑灰岩；15-生物结晶灰岩；16-泥质灰岩；17-泥岩夹粉砂岩；18-地质界限及编号；19-推测地质界限；20-已施工见矿钻孔位置

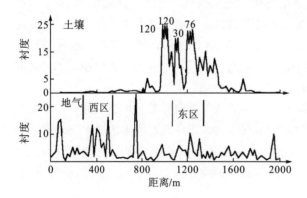

图 11.14   0 号测线 Pb、Zn 累加剖面

在 56 号测线西侧 F_6 与 F_{18} 之间捕获到未知的铜异常，这个铜异常虽然没有伴生的铅、锌异常，但却捕获到与铜异常具有关联性的铅、锌地气异常。其中，锌的地气异常幅度高于东侧已知矿体上的异常幅度，且铅、锌异常都位于地表铜的 X 荧光异常的西侧，预示可能的矿体产状向西倾。

在 0 号测线上，西侧 F_6 与 F_{18} 之间虽然没有捕获到 X 荧光异常，但依然捕获到显著的铅、锌地气异常(图 11.14)。根据三条测线上 X 荧光异常、地气异常以及早期完成的激电异常,最后在测区西侧的 F_6 与 F_{18} 之间,厘定出长度超过 2.5km 的综合异常区(图 11.15),指明了测区进一步找矿方向。

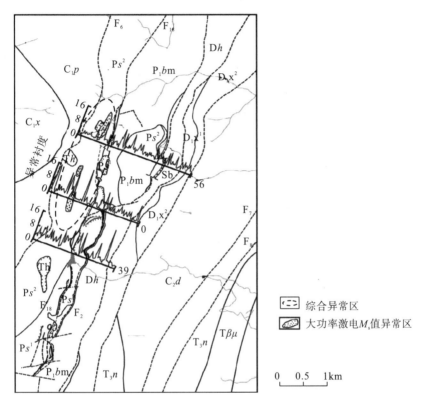

图 11.15　东山测区综合异常图

其他图例与图 11.12 意义相同

11.3.4　其他地区的铅锌矿找矿实例

在四川龙塘铅锌矿勘查工作中,张寿庭等(1998)使用成都理工学院研制的 XY-91B 型双道 X 射线荧光分析仪开展了多项应用研究。用 X 射线荧光仪对矿区不同岩性、不同层位岩样的 Pb、Zn 含量进行系统剖面测量(图 11.16),结果表明:矿化及铅、锌异常严格受 Zbg^{1-2} 层位的控制,确定其为改区主要含矿、赋矿层位;铅锌矿化与富集跟含矿层位的沉积相、沉积环境密切相关,其中,局限台地中的潮间藻坪-潮间泻湖相,是铅锌矿化与富集最为有利的环境。这些成果为成矿规律研究提供了重要依据,也为该区及外围铅锌矿找矿指明了方向。

应用 X 射线荧光仪对矿体的垂、横、纵三个方向不同部位进行系统测量、分析和研究,得到了矿(化)体宽度空间变化特征及矿体形态,元素、元素组合变化规律,矿石品位演变特征等信息。为成矿规律的研究、矿化露头及矿体出露部位的评价与判别、指导矿山开采等方面提供了重要参考。

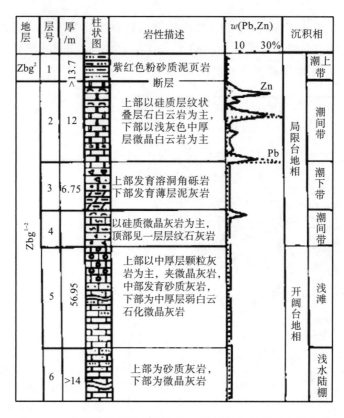

图 11.16　龙塘铅锌矿区含矿岩系 X 射线荧光-地质综合柱状图

杨笑凡等(2013)在湖南黄沙坪地区，根据前人开展的高精度磁测资料，在黄沙坪-廖家湾剖面上，正常区按 120m 间隔布设测点，在异常区域，测量点加密至 20m；采集土壤样品。采用 X 荧光分析仪在实验室内分析了土样中 Cu、Pb、Zn 等多种元素的含量。首先选择 Cu、Pb、Zn 三种元素的数据进行归一化处理，绘制出三种元素的累加异常剖面图(图 11.17)。以平均值为背景值，背景值加 3 倍标准差作为异常下限，划分出 5 个异常区。然后在 5 个异常区中，对所测 48 种元素进行全聚类分析，发现在异常区Ⅰ和Ⅲ中，Pb、Zn、Mn 相关性较好，Cu、As、Ce、Se 也有着较好的相关性。说明异常区Ⅰ和Ⅲ在元素组合上有着相同的特征，成矿物质来源地具有一致性，岩体具有连续性，与非异常区有着明显的区别，异常区Ⅱ、Ⅳ、Ⅴ则不具有这样的特征。而异常区Ⅰ为已探明铅锌矿化区，说明异常区Ⅲ是形成铅锌矿的有利位置，是寻找黄沙坪型铅锌矿的有利找矿靶区。

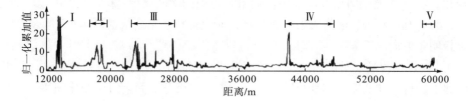

图 11.17　黄沙坪-廖家湾 X 荧光测量 Cu、Pb、Zn 三种元素的累加异常剖面图

甘媛等在新疆红山嘴铅锌矿周边，为了查明矿化特征以及确定新找矿有利区，沿与已知矿化体垂直的方向开展了野外 X 射线荧光测量(甘媛，2017)。在工作区按照 1 : 50000 地球化学普查规范布置测线共 16 条，每条测线上均布置 25 个采样点，布点网格为 40m×100m，遇矿化体地段加密至 20m×100m，采集距地表 20cm 左右的淋积层土壤样品，进行野外 X 荧光快速测量。结果显示：As、Cu、Pb、Zn 等元素在前人查明的矿化区域均呈现出了异常且在测区北东部产生的元素异常面积较大，强度高。通过对异常区的踏勘，发现了大量的矿化露头，矿化通常以 1～10cm 的脉状产出，矿脉与围岩的界限清晰，局部地方可见孔雀石化。矿化呈串珠状延伸了约 150m 后尖灭，具有良好的找矿前景。

11.4　X 荧光测量在锡矿勘查中的应用

11.4.1　云南腾冲夹谷山与籁利山锡矿普查

1984～1985 年，周四春与云南地质四大队合作，在云南腾冲夹谷山锡矿普查区，采用 HYX-1 型仪器进行 X 荧光测量找锡矿的研究和应用，先后开展了土壤、探槽、钻孔岩心等多方面测量工作，取得较好的找矿效果。

1) 矿区地质概况

工作区是火山岩地区，区内主要岩性依次是燕山期的似斑状黑云二长花岗岩、喜山期等粒黑云二长花岗岩以及石炭系勐洪群中段的泥质粉砂岩、绢云母粉砂岩、灰板岩和含砾石英砂岩。地表覆盖 1 至数米厚的浮土，缺少直接找矿标志。

经对土壤 B 层取样作光谱分析，知主成分为 Fe、Sn、Pb、Zn、Zr、W、Mo、Sb。其中，Fe 含量最高，为 5%～30%；Sn 为 0.01%～2%；Pb、Zn、Zr、W、Mo 为 0.01%～0.2%；Sb<0.02%。

2) X 荧光工作概况

由于工作区为锡的高丰度区，土壤中锡的背景含量已经高于所用携带式 X 射线荧光仪对锡的探测限，所以在工作区主要开展了土壤锡的 X 荧光快速扫面测量，以及时圈定锡矿靶区，用以指导山地工程布置。而在山地工程上，则开展钻孔和探槽 X 荧光测量，以划分含矿层位及指导地质采样工作。

由于矿区土壤和岩石样品中基体效应影响较为严重，经实验研究，采用了按散射线强度分类后，再进行特散比校正的"分类特散比"方法，使对土壤和岩石粉末样品定量测量合格率从不足 70% 上升到 85.7%，基本达到地质样品的分析规范要求。

3) 圈定锡矿化区，指导工程布置

1984 年，作者及其所在团队采用 1 : 10000 测量比例尺，在籁利山、夹谷山两个勘查区开展了土壤 X 荧光测量工作。土壤 X 荧光测量采用取样后回野外驻地测量的方案，在两个勘查区完成 2000 多个土壤样品的 X 荧光测量，以及部分钻孔岩心样测量。土壤测量取得两项地质成果。

（1）在籁利山工作区圈定的异常见矿。籁利山地区布置了 1km^2 土壤 X 荧光测量，发现两个锡高于 1000×10^{-6} 的异常，通过对异常布置探槽和钻探检查，两个异常均见到锡的工业矿体（图 11.18）。

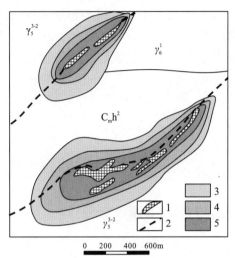

图 11.18　籁利山土壤 X 荧光测量成果图

1-新发现锡矿体；2-断裂及编号；3-Sn$\geqslant300\times10^{-6}$；4-Sn$\geqslant500\times10^{-6}$；5-Sn$\geqslant1000\times10^{-6}$

（2）在夹谷山的测区北端发现锡异常区。在 4km^2 面积上开展的土壤 X 荧光测量，发现测区北端两个 400×10^{-6} 锡异常区，异常最高值达到 1000×10^{-6}（图 11.19）。为进一步的锡矿找矿工作提供了靶区（彭东良，1986）。

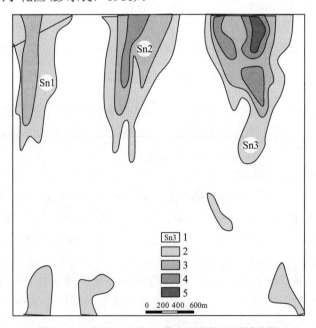

图 11.19　夹谷山土壤 X 荧光测量锡平面等值图

1-X 荧光测量圈出的锡异常及编号；2-Sn$\geqslant100\times10^{-6}$；3-Sn$\geqslant200\times10^{-6}$；4-Sn$\geqslant400\times10^{-6}$；5-Sn$\geqslant1000\times10^{-6}$

此外,通过对岩心测量指导采样也取得效果,使盲目采样情况得以改善,有效取样率(取样见矿率)提高了约 1/3。

11.4.2　新疆锡矿勘查中的应用

20 世纪 80 年代末期,曹利国带领课题组在新疆承担国家 305 项目期间,在贝勒库克、萨惹什克多个锡矿点上应用 X 荧光测量开展矿点的评价工作,收到良好地质效果(曹利国等,1998)。

1) 贝勒库克锡矿点 X 荧光法应用效果

贝勒库克锡矿点,位于东准噶尔苦水(红柳沟)以北 5.6km。矿体产于黑云母花岗岩的边缘。矿脉为北偏东或北-东向分布,呈雁行排列。矿石主要类型为锡石-云英岩型和锡石-钠长石化花岗岩型。与矿体有密切关系的近矿围岩蚀变主要有钠长石化、云英石化、绿泥石化和钠铁闪石化。从矿物组合上看,除了石英、云母、长石等造岩矿物,主要为锡石和毒砂。矿石中肉眼可见到毒砂与锡石共生,特别在云英岩脉中锡、砷共生关系十分明显。砷的扩散系数和渗透系数较大,砷晕大于锡晕,所以该点工作中,采用测锡也测砷,协助找矿。

图 11.20 是 TC2 探槽中 Sn、As 的 X 荧光对比剖面图。从图中可知,部分地段锡含量不高,但却有明显的砷异常,综合分析推测,其下部可能存在锡的工业矿体——获得地质人员的共识。

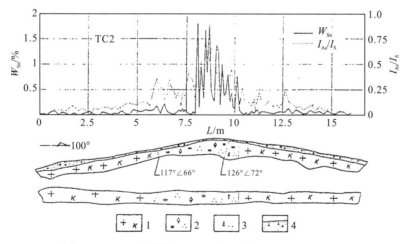

图 11.20　TC2 探槽中 Sn、As 的 X 荧光测量综合剖面图
1-钾质花岗岩;2-含锡石石英脉;3-黄铁矿化石英脉;4-残坡积层

共生元素之间的相互关系可以作为圈定岩体、矿体的依据。不同矿体或同一矿体的不同位置,其元素共生组合都会有差别。在该矿点 A 矿脉群中部,TC7 探槽揭露到三条矿脉,西端为一条高锡、高砷矿脉;中部为明显的砷异常;东端为低锡、低砷矿脉。根据地表观察,认为 TC5 探槽、TC6 探槽、TC7 探槽(中、西段)与 TC8 探槽、TC9 探槽为一条矿脉[图 11.21(a)]。但根据 Sn-As 共生关系及曲线形态、谱线计数率的对比,认为 TC5探槽、TC6 探槽、TC7 探槽(西段)为一条矿脉;而 TC7 探槽(中部)、TC8 探槽、TC9 探槽为另一条矿脉[图 11.21(b)]可能比较合理。

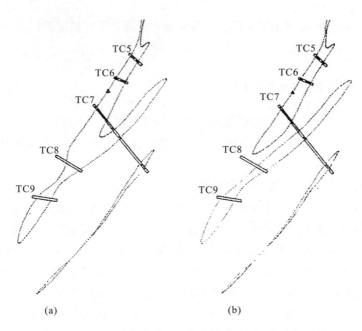

图 11.21　根据元素含量及其共生关系特征圈定矿体示例

2)萨惹什克锡矿点的发现和初步评价

国家 305 项目东准科研队在检查 38 号化探异常时,收集到含暗色矿物石英脉的标本。由于表面风化,矿物不易辨认,除了石英和其他硅酸盐矿物,主要有两种暗色矿物。用 X 射线荧光测量,其中一种黑色矿物中锡含量约为 0.1%(铁含量高,可能为含铁硅酸盐矿物),而另一种棕褐色半透明矿物(直径约为 1cm,在石英中)平均锡含量约为 8%。作为对比样品,石英中含量小于 0.01%(表 11.7),从而确认棕褐色半透明矿物为含锡矿物。为萨惹什克锡矿点提供了第一批数据,其后,随时对收集到的标本进行测试,尤其是一些肉眼不易鉴定的矿石、矿物,X 射线荧光测量都能客观地给出锡含量数据,为普查找矿工作提供了重要信息。

表 11.7　萨惹什克手标本测量结果

标本特征	产于石英中的颗粒状或充填状黑褐色矿物	产于石英中的颗粒状棕褐色半透明矿物	石英
正面测量结果	W_{Sn}0.1%	W_{Sn}8%	W_{Sn}<0.01%
反面测量结果	—	W_{Sn}0.6%	—

萨惹什克锡矿点位于苏吉泉以北,地质情况与贝勒库都克相似,处于卡拉麦里大断裂南沿的同一构造带中。含锡石英脉产于花岗斑岩及碱性花岗岩中。矿脉走向南北或北偏东。矿物组合简单,锡石呈粗粒状产于浅灰至深灰色石英脉中,矿化极不均匀。

由于有贝勒库都克的工作经验和方法基础,在萨惹什锡矿点的检查工作中,作者及其所在团队及时完成了矿体边界的圈定和锡品位的测定,为矿点的快速评价提供了数据。萨惹什克锡矿产于石英脉中,锡石颗粒巨大,矿化极不均匀。图 11.22 是萨惹什克 TC12 探槽综合剖面图。图上清楚显示了岩矿边界和矿体内矿化极不均匀的情况。在萨惹什克锡矿点开展的现场 X 荧光测量表明，利用锡的 X 荧光资料。可以推测出矿石中锡含量变化的趋势、矿化现象与锡含量的关系、矿与非矿的边界以及矿石风化后形成砂矿局部富集的反映等。

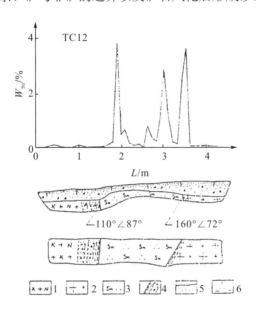

图 11.22　萨惹什克 TC12 探槽综合剖面图

1-钾化、钠化花岗岩；2-斑状花岗岩；3-含锡石英脉；4-断裂破碎带；5-残坡积层；6-X 射线荧光测量锡含量曲线

除此之外，东准科研队还根据 X 射线荧光现场岩壁测量结果估算萨惹什克矿点锡储量为 1500～1700t，与随后取样作光谱定量分析的计算结果基本一致。

11.5　X 荧光测量在其他矿产勘查中的应用

11.5.1　萤石矿勘查

萤石的分子式是 CaF_2。Ca 是比较好测量的元素，应用手提式 X 射线荧光仪勘查萤石矿时，可以通过测量 Ca，圈定萤石矿的原生晕或次生晕。

2012 年前后，中国地质大学张鹏等在内蒙古林西县的水头萤石矿应用手提式 X 射线荧光仪开展萤石矿勘查，圈定了进一步工作区，预测了一个新的隐伏萤石矿。

1. 勘查区地质概况

水头萤石矿位于内蒙古林西县城北西约 40km 处，矿区地层出露上二叠统林西组浅变质泥质砂岩、粉砂质板岩，未见大的侵入体出露，燕山早期形成的石英斑岩、花岗斑岩、花岗闪长岩、闪长玢岩和石英脉发育。区内断裂发育，主要走向为 NNE，其次为 NNW，其中 NNE 向断裂切割深，延展长，是本区主要的导矿和容矿构造(张鹏等，2012)。

萤石矿体主要分布在矿区 NNE 向断裂内，倾向西，倾角为 70°～80°，在走向和倾向上均呈舒缓波状特征。主矿体厚 4～5m, 矿石类型以石英-萤石混合型为主, 次为单矿物萤石型。矿体从露头的硅质顶盖到已开采深度, 可根据矿化地质特征分为硅质顶盖、头部矿体和中部矿体三部分, 具有明显分带特征。顶盖上部表现为隐晶质-胶状结构蛋白石、石英粗脉, 从上往下萤石团块增多, 细网脉状紫色萤石发育。头部矿体上部以块状石英为主, 向下逐渐过渡为石英和萤石相间正条带和萤石纯条带。围岩蚀变比较简单, 主要以硅化、高岭土化、绿泥石化为主。矿床成因类型为燕山早期中低温热液裂隙充填型。

2. X 荧光测量

作者及其所在团队选用江苏天瑞仪器股份有限公司生产的 EDXP730 手持 X 荧光测试仪, 测量时间为 60s。共布置 7 条勘探线, 勘探线垂直穿过已知矿体, 并同时穿过与矿体平行的石英脉 (预测含矿部位), 测线方向为 115°, 长度为 1000m, 线距为 100m, 点距为 5m。9 号勘探线实测为 670m, 13 号勘探线实测为 700m, 17 号勘探线、21 号勘探线实测为 850m, 25 号勘探线、29 号勘探线、33 号勘探线实测为 1000m。

现场开展原位土壤 X 荧光测量。工作中, 尽可能选取基岩上方无植物根系的土壤进行测量。基岩上方土壤是由基岩风化形成的矿物质、植物残体形成的有机质等组成, 土壤 X 荧光测量实质上是基岩次生晕的反映, 对基岩的成矿元素有良好的指示作用 (图 11.23)。

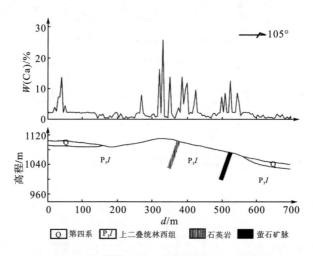

图 11.23   13 号勘探线 X 荧光分析 Ca 含量剖面图

3. 成果资料分析

从 13 号勘探线 X 荧光分析 Ca 含量剖面图 (图 11.23) 看出, X 荧光数据异常区与已知矿体吻合, 在地形上也符合 Ca 的迁移规律, 即峰值存在于已知矿体下方。在石英脉区也存在一个钙异常区且明显高于已知矿体。将每条勘探线的 Ca 含量剖面与地质地形图叠加编制成 Ca 的 X 荧光测量平面剖面图 (图 11.24), 并结合 Ca 的 X 荧光测量平面等值图 (图 11.25) 进行分析, 可以看出, 在已知矿脉右侧有一系列 Ca 高值与矿脉平行, 该异常区在地形上的分布与 Ca 的迁移规律相符。21 号勘探线、25 号勘探线 Ca 含量在矿体右侧几乎全低于异常下限, 仅存在个别高值。25 号勘探线在已知矿体处几乎没有反应, 这是因为 25 号勘探线的萤石矿脉在地表出露的是整个矿脉最上部的硅质顶盖，离主矿体最远，原生晕中 Ca 含量也相对最弱，并且从 25 号勘探线分别向 21 号勘探线、17 号勘探线、13 号勘探线、9 号勘探线、29 号勘探线和 33 号勘探线，Ca 含量有逐渐增强的趋势，这与矿床的地球化学特征相符，可见矿体埋藏的深浅对原生晕中 Ca 含量有一定影响。对于 21 号勘探线 650m 附近处的高值区，经查证是受矿石堆的影响。便携式 X 射线荧光仪获得的钙异常与已知矿体吻合良好，所以在 9 号勘探线、13 号勘探线、17 号勘探线 400m 附近出现的异常高值区，很可能是由一隐伏矿体造成的，预测在 400m 处的石英脉中具有良好的找矿潜力。根据异常在地形图上的展布，推测异常区有进一步向南延展的趋势，因此对于该异常区应进一步加强工作。

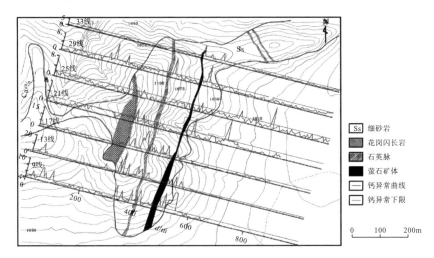

图 11.24　测区土壤 Ca 的 X 荧光测量平面剖面图

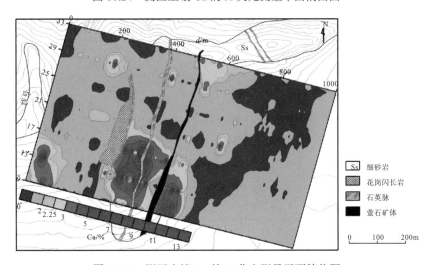

图 11.25　测区土壤 Ca 的 X 荧光测量平面等值图

11.5.2　蒙古国东南部钨多金属矿找矿

中国科学院地质与地球物理研究所黄雪飞等(2012)采用手持 X 射线荧光仪现场快速

对蒙古国东南部草原覆盖区内的13451X勘探区开展多元素测量,圈定潜在矿产富集靶区,分析其成矿背景及矿产资源潜力,取得良好的找矿效果。

1. 矿区地质概况

13451X勘探区位于蒙古国苏赫巴托尔省额尔德尼查干苏木(图11.26,距中国边境口岸珠恩嘎达布其约为70km,地貌上属于草原缓山区或中型山区,海拔高度为1100～1400m,工作区总面积近600km²。大地构造上属于蒙古弧形构造带东段、古亚洲成矿域北部(黄雪飞等,2012)。成矿带上属于蒙古国东南部钨钼多金属矿带的西南延伸部分,具有良好的成矿条件与找矿前景(黄雪飞等,2012)。地质构造复杂,岩浆活动强烈,同时伴随有大量的成矿作用。区域分布有北东向、北西向、北北西向及东西向四组构造,其中北东向构造为主构造,控制着区域内地层和岩体的展布方向。工作区大面积被草原覆盖,露头较少。根据局部露头显示,研究区内地层主要沿北东-南西走向,主要有泥盆纪(D₂₋₃)砂板岩、粉砂质片岩,四周被花岗岩侵入体包围,两者接触部位具不同程度的硅化,局部出现石英脉或石英网脉,在岩石蚀变位置的片理面和裂隙中往往具褐铁矿化,白垩纪(K)黑色气孔状玄武岩,另外,还有少量的第三纪(R)含铁质砂岩,第四纪(Q)黑色松土层(图11.25)。区内岩浆岩主要分为加里东期和印支期两个不同时代的侵入岩。加里东期花岗岩侵入体主要呈北东向展布在工作区东北部,在研究区中部偏北以及西南角区域有少量出露。印支期侵入岩出露在研究区东南部,主要侵入于中部泥盆纪(D₂₋₃)地层的砂板岩、粉砂质片岩的东边缘及其中间,在工作区的西北角也有少量出露。区域内见到的矿化石英脉都与印支期的花岗岩有关,与该期花岗岩接触的泥盆纪(D₂₋₃)砂板岩、粉砂质片岩地层均有不同程度的硅化和褐铁矿化。研究表明,印支期花岗岩侵入带来了深层含矿热液流体,沿断裂或裂隙上升过程中,随着温度压力条件的变化,在高温阶段析出成矿元素钨-钼-铜等,形成高

图 11.26 13451X 勘探区地质简图

1-第四系;2-第三系;3-上新统玄武岩;4-中下泥盆统长石石英砂岩;5-中下泥盆统硅质蚀变砂岩;6-中下泥盆统褐铁矿化砂岩;7-下泥盆统灰岩;8-晚三叠-早侏罗世花岗闪长斑岩;9-晚石炭世钾长花岗岩;10-早石炭世细粒花岗岩;11-晚泥盆世蚀变安山玢岩;12-泥盆世安山玢岩;13-中奥陶世巨斑花岗岩;14-正长斑岩;15-凝灰质火山熔岩;16-研究区范围

温热液矿床。如蒙古境内的玉古兹尔(Yuguzer)钨(钼)矿床、阿尔巴彦(Arbayan)钨矿床、察布(Tuv)钨(钼、锡)矿床、乌姆努特(Umnut)钨(钼)矿床,以及我国东乌珠穆沁旗的沙麦钨矿床均为典型的热液矿床,且其成矿过程多被认为与印支期花岗岩类侵入体有关。因此,这些都暗示出成矿环境极其类似的 13451X 矿区应具有良好的勘探潜力。

2. X 荧光测量

测量工作采用的 X 荧光光谱仪是美国 Niton 公司生产的 XLT-592WZ 型便携式 XRF 分析仪。在其百分比模式下检测 13451X 矿区的 Sn、Ag、Mo、Nb、Zr、Bi、As、Pb、W、Zn、Cu、Ni、Co、Fe、Mn、Cr、V、Ti 等元素含量;在 ppm 模式下检测 Sn、Ag、As、Pb、Zn、Cu、Ni、Co、Fe、Mn、Cr、Sb、Cd、Sr、Rb、Se、Hg 等元素。

在全区,先期开展了扫面工作。然后,在圈出的靶区内,主要在探槽内开展大比例尺测量,圈定矿体。开展扫面工作时,每一测点用 GPS 定位,测点间距一般为 200～500m,沿线间距为 100～200m。在基岩出露部位,敲出岩石新鲜面进行 X 荧光测量;而在草土覆盖区,即无岩石露头位置,对草地中的岩石碎块采集数据。将 X 荧光测量数据进行必要检查,对于符合对数正态分布的数据,计算得到其几何平均值(c)和标准离差(σ),然后以几何平均值与 2 倍标准离差之和($c+2\sigma$)的真数作为该元素的地球化学异常下限,圈出了各元素的异常区(图 11.27)。

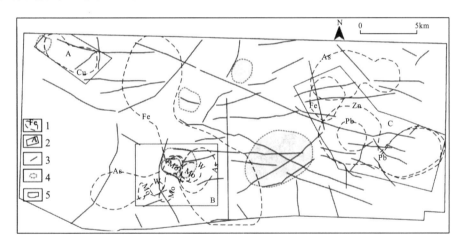

图 11.27　13451X 研究区内圈定的找矿远景区

1-元素异常区范围;2-找矿远景区;3-遥感解译断裂构造;4-遥感解译环形构造;5-13451X 矿区边界

3. 找矿成果

1)快速圈定了多金属矿找矿远景区

将测区各元素富集区进行叠加,并结合研究区地质构造、露头蚀变信息,在研究区初步圈定了三个有利的找矿远景区:西北部铜远景区(A 区)、南西部钨、钼远景区(B 区)以及东部铅、锌远景区(C 区)。详见图 11.27。

2) 发现新的钨矿工业矿体

作者及其所在团队对远景区内成矿元素钨与指示元素锰的分布规律进行了详细研究，利用 X 射线荧光仪探槽数据，获得了锰与钨异常区分布图(图 11.28)。

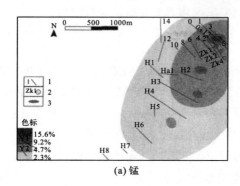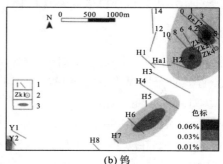

(a) 锰   (b) 钨

图 11.28   靶区元素异常图

1-探槽位置与编号；2-钻孔位置与编号；3-元素异常

从图 11.28 可以发现成矿元素钨的异常富集中心主要在 0 号探槽附近。结合实际地质条件分析、讨论，初步推测钨隐伏矿的具体位置可能就在 0 号槽附近。为此，在 0 号探槽上及附近布置了 3 个验证钻孔(钻孔位置见图 11.29)，在钻孔岩心中见到了几米厚的钨矿，矿体呈脉状、团块状或角砾状形式出现，矿石以黑钨矿为主，白钨矿极少，蚀变可见硅化与萤石化，围岩为花岗斑岩与石英斑岩。三个钻孔圈定了新的工业钨矿体一个。

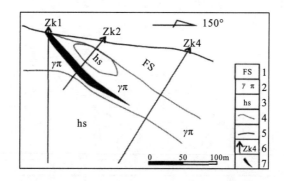

图 11.29   13451X 异常验证孔施工成果图

1-风化破碎蚀变带；2-花岗斑岩；3-角岩与蚀变角岩；4-推测岩体界线；5-地形线；6-钻孔；7-新见钨矿体

应该指出，除了上述矿种，我国地质工作者还在铁、锑、银、镍、重晶石、铬、钼等诸多矿产资源上应用过 X 荧光技术，国外还报道过应用 X 荧光技术勘查金刚石(章晔等，1982，1986)。可以说，X 荧光技术在矿产资源勘查中的应用是十分广阔的，但前提是要采用合适的测量方法、数据处理方法，对获取的异常应结合地质情况与其他物化探资料进行合理解释。如果能有效地充分发挥仪器的特长，有可能在地质找矿工作中收到事半功倍的效果。

参 考 文 献

曹利国, 丁益民, 王剑. 1998. X 射线荧光方法进行野外找矿及成矿规律研究的现状和前景[J]. 地球物理学进展, 13(4): 109-119.

甘媛, 杨海, 葛良全. 2017. X 射线荧光测量在红山嘴铅锌矿详查中的应用[J]. 西南师范大学学报(自然科学版), 42(3): 163-166.

葛良全, 谢庭周. 1994. 核物探 X 射线荧光技术在 Pb, Zn 矿勘查中的研究与应用[J]. 现代地质, 8(3): 335-341.

黄雪飞, 张宝林, 贾文臣, 等. 2012. 蒙古国东南部钨多金属靶区的快速圈定与成矿分析[J]. 地质与勘探, 48(5): 906-913.

蒋敬业. 2006. 应用地球化学[M]. 武汉: 中国地质大学出版社.

黎彤, 倪守斌. 1990. 地球与地壳的代学元素丰度[M]. 北京: 地质出版社.

李志鸪. 1987. 金属矿床地球化学[M]. 长沙: 中南工业大学出版社.

罗先熔. 2007. 勘查地球化学[M]. 北京: 冶金工业出版社.

彭东良. 1986. X 射线荧光技术在云南某锡矿地质工作中的应用[A]//章晔. 勘查地球物理勘查地球化学文集第4集. 核地球物理勘查专辑, 北京: 地质出版社: 205-214.

吴建平, 徐相成, 王翌冬. 2005. X 荧光分析方法在地球化学勘查中的应用——四川理塘铜、锡、铅、银异常查证[J]. 物探化探计算技术, 4: 313-317.

徐巧, 杨新雨, 付水兴, 等. 2012. 便携式 X 荧光分析仪在智利科皮亚波泥沟铜矿勘查中的应用[J]. 矿产勘查, 3(4): 545-548.

杨笑凡, 周四春, 赵辉, 等. 2013. 黄沙坪型铅锌矿 X 荧光异常特征及找矿意义[J]. 现代矿业, 8: 37-39.

张鹏, 张寿庭, 邹灏, 等. 2012. 便携式 X 荧光分析仪在萤石矿勘查中的应用[J]. 物探与化探, 36(5): 718-722.

张寿庭, 丁益民, 朱创业, 等. 1998. X 射线荧光分析技术在四川龙塘铅锌矿成矿规律研究与资源评价中的应用[J]. 物探与化探, 22(2): 116-121.

章晔, 谢庭周, 梁致荣, 等. 1982. 核物探 X 射线荧光法在我国锡矿地质中的应用[J]. 地质与勘探, 10: 42-47.

章晔, 谢庭周, 周四春. 1986. X 射线荧光探矿技术在我国锡、金、铜、铁、钼、锑、钨、锶、汞、重晶石等矿推广使用[A]//章晔. 勘查地球物理勘查地球化学文集第4集·核地球物理勘查专辑, 北京: 地质出版社: 135-150.

周四春, 刘晓辉, 胡波, 等. 2012. 滇西某铅锌矿整装勘查区地气、X 荧光测量找矿应用[J]. 物探与化探, 36(6): 1040-1043.

周四春, 谢庭周, 葛良全. 1991. 普查铜矿的新方法——X 荧光方法研究[J]. 物探与化探, 15(4): 284-289.

第12章 X荧光测量在地质规律研究工作中的应用

12.1 控矿构造活动性质及矿体空间展布规律研究

1. 实例1：云南某铜矿阻矿控矿构造的厘定

云南某铜矿，属斑岩外接触带玄武岩系中的热液型脉状矿床。矿区各方向构造均有发育，矿体及矿化明显受断裂构造的控制。然而，不同方向构造对成矿控制作用的特征和地位各不相同。1992年，张寿庭等采用成都地质学院研制的基于闪烁探测器的单道X射线荧光仪(第一代携带式X射线荧光仪)对矿区不同方向断裂构造破碎带及其两侧围岩中的铜的X荧光强度测量结果(图12.1)表明，矿区北部发育的北西西向区域性断裂，其北侧(上盘)玄武岩中铜含量低，接近该地区玄武岩铜含量的背景值(本底值)，而其南侧(下盘)相同层位玄武岩中铜含量明显高于本底值几倍至十几倍。该断裂为铜异常区的分界线。矿区近南-北向断裂带中铜含量，由断裂破碎带向两侧围岩过渡，铜含量值有由高向低的渐变规律。实地调查表明：矿区北部北西西向断裂实属阻矿构造，其北侧矿化蚀变现象不明显，矿化和工业矿体均产于该断裂南侧；而矿区近南-北向和部分东-西向断裂实属该区主要的控矿、赋矿构造，矿化和蚀变沿断裂带呈线状、带状发育这一客观地质事实与X射线荧光测量结果完全吻合(张寿庭等，1992)。

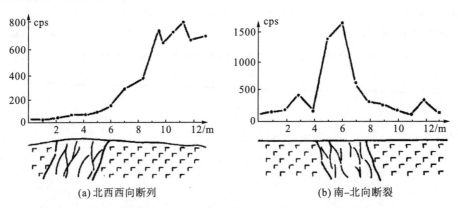

图12.1 云南某铜矿区控矿断裂及其两侧围岩中的铜的X荧光强度测量结果

2. 实例2：云南某重晶石矿研究控矿构造活动性质

在云南某重晶石矿勘查区，所研究的重晶石矿属沉积改造型矿床，矿体受一定层位控制，又与成矿期控矿断裂密切相关。由于地表露头差，给控矿构造力学性质、活动特征以及矿体空间展布规律的研究带来一定的困难。为此，成都地质学院科研人员采用学校自制的基于闪烁探测器的单道 X 射线荧光仪(第一代携带式 X 射线荧光仪)，通过部署北东向测网，对矿区地表基岩露头和浮土中的钡进行系统的 X 荧光强度测量(图 12.2)且以钡的特征 X 射线强度作为成图参数，编制了测区成果图(图 12.2)。

　　现场测量结果(图 12.2)表明：矿区钡异常总体呈北北西向带状展布，单个高异常体呈椭圆形、透镜状，在空间呈雁行斜列。这一成果不但清楚地展示了矿体的空间分布规律，而且与区域上该方向控矿构造力学变形特征及区域应力场特征相吻合(图 12.3)(张寿庭等，1992)。

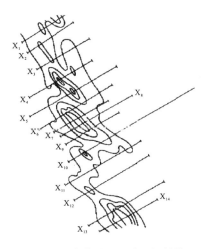

图 12.2　云南某重晶石矿区钡的特征 X
荧光强度等值线图

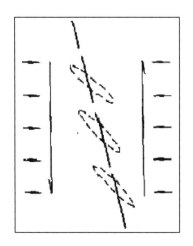

图 12.3　云南某重晶石矿区区域
构造应力场特征

3. 实例 3：构造复合控矿特征及主干控矿构造研究

　　1992 年，成都理工大学的张寿庭等应用 X 荧光技术研究云南某热液型铜矿构造复合控矿特征及主干控矿构造，收到良好效果。

　　在该热液型铜矿区，张寿庭等应用学校自制的配备闪烁探测器、^{238}Pu 为激发源的手提式单道 X 射线荧光仪，通过布设测网，现场进行铜含量测量，成果如图 12.4 所示。分析所获得的结果(图 12.4)可知：矿区铜异常总体与南-北向控矿断裂带一致；单个高异常体南-北向、东-西向、北-西向均有发育，但均位于南-北向控矿构造带附近，远离即减弱和消失。依据 X 荧光测量结果，不难得出这样的研究结论：在该热液型铜矿区，南-北向断裂为矿区主干控矿构造；北-西向、东-西向断裂仅在与南-北向主干控矿断裂交接复合地段控矿。依据 X 荧光测量得出的结果也在后来进一步得到了证实(张寿庭等，1992)。

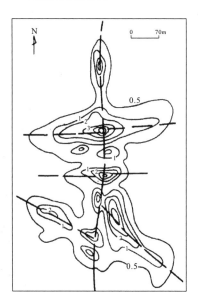

图 12.4　云南某铜矿区铜的 X 荧光
强度等值线图

4. 实例4：矿体空间分带及演变规律研究

携带式 X 射线荧光仪器的现场测量技术可以在矿体的空间分带及演变规律研究上提供很好的技术支撑。

1992 年，成都理工大学的张寿庭等在四川某铅锌矿应用 X 射线荧光现场测量技术开展矿体的空间分带及演变规律研究，取得了良好效果(张寿庭等，1992)。应用学校自制的配备闪烁探测器、^{238}Pu 为激发源的携带式单道 X 射线荧光仪，对矿体的垂、横、纵三个方向不同部位进行系统测量，依据测量结果分析和研究以下问题。

(1)矿化、矿体宽度空间变化特征及矿体形态。

(2)元素、元素组合变化规律。

(3)矿石品位演变特征等。

上述问题的探讨，对成矿规律的研究、矿化露头及矿体出露部位的评价与判别、指导矿山开采等方面，均具有重要的意义。图 12.5～图 12.7 为该铅锌矿矿体空间分带演变规律与 X 射线荧光测量成果，通过分析可知：

(1)由上而下，矿化强度增强，矿体宽度增大，矿石品位与铅、锌含量总体增高，而Zn/Pb 值却呈现逐渐降低趋势(图 12.5)。

(2)从主矿体向两侧，随着矿石类型、矿石组构特征的变化，相应矿石品位、铅和锌等元素含量均逐渐降低，而 Zn/Pb 值却有升高的趋势(图 12.6)。

(3)沿走向延伸方向，矿体在纵向上有逐渐收缩的趋势(图 12.7)。

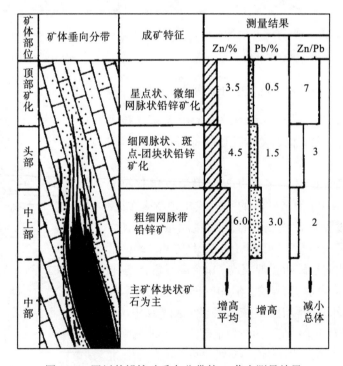

图 12.5　四川某铅锌矿垂向分带的 X 荧光测量结果

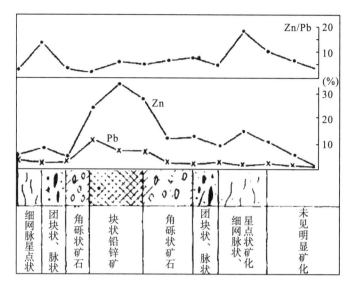

图 12.6　四川某铅锌矿横向分带的 X 荧光测量结果

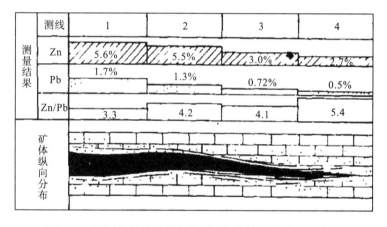

图 12.7　四川某铅锌矿沿走向不同部位的 X 荧光测量结果

5. 实例 5：用 X 荧光技术研究金矿体垂向变化特征，指导探矿

1994 年，成都理工大学周四春受邀到河南某金矿开展 X 荧光测量找金矿工作。

河南某金矿为构造蚀变岩型金矿。前期研究表明，该金矿主要赋存在控矿断裂两侧，主要载金矿物为黄铁矿。为此，在前期找矿中将控矿断裂两侧、黄铁矿富集地段作为直接的找矿标志。实际工作中，在地表露头及-200m 中段，铁的 X 荧光异常，与金矿脉的位置吻合很好(图 12.8)。为此，应用重庆地质仪器厂生产的 HYX-Ⅱ型(双道)X 射线荧光仪，通过测量铁的特征 X 射线强度，在矿区前期的找矿工作中取得很好的效果。

当继续向下探矿时，特别是在-500m 巷道内，可以发现，黄铁矿的富集较-200m 巷道及地表露头都好，所测量的铁的 X 荧光异常幅度很高(图 12.9)，找矿人员一度认为 Au 的富集也会更好。但实际上，依据铁的特征 X 射线强度划定的"金矿区"采集的样品，没有一件达到金矿的边界品位。

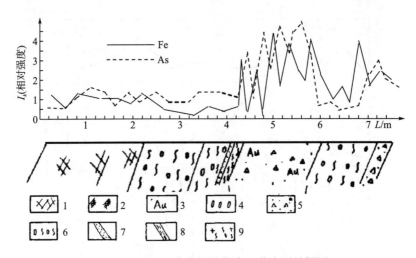

图 12.8　−200m 中段坑道穿脉 X 荧光测量剖面

1-初碎裂岩；2-超碎裂岩；3-金矿；4-压变形角砾；5-棱角状角砾；6-靡棱岩；7-断层泥；8-片理岩；9-云煌斑岩脉

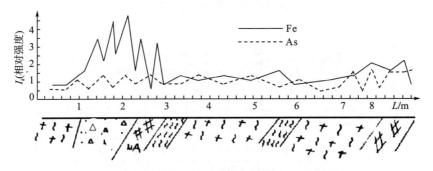

图 12.9　−500m 中段坑道穿脉 X 荧光测量剖面

其他图例与图 12.8 意义相同

　　置换不同的平衡滤光片对后，应用 HYX-Ⅱ 型(双道)X 射线荧光仪对地表、−200m 巷道穿脉、−500m 巷道穿脉黄铁矿富集地段分别测量，结果发现：不同标高的黄铁矿是不同的。地表与−200m 巷道穿脉处的黄铁矿，除了铁的特征 X 射线强度高，还有砷的 X 荧光异常，而−500m 穿脉处的黄铁矿，却只有铁的 X 荧光异常，没有砷的 X 荧光异常(图 12.9)。这表明，实际的载金矿物是毒砂，而非以前认为的黄铁矿。

　　根据对比 X 荧光测量获得结果，找矿人员加强了对矿体垂向延伸时矿物组合与元素组合变化的研究，及时将 As 的 X 荧光测量引入找矿工作，取得较好的效果，杜绝了大量无意义的地质采样。

12.2　X 荧光方法在矿床学研究中的应用

　　应用 X 荧光现场测量，结合地质调查研究，对一个矿区 (尤其是沉积、层控矿床)含矿层位的确定、含矿岩系沉积相、沉积环境与成矿关系的分析等，具有重要的指导作用和实际意义。

1. 实例 1：四川龙塘铅锌矿含(赋)矿层位的判别分析

四川龙塘铅锌矿为一较典型的沉积-改造成因的层控型铅锌矿，成矿明显受地层岩性、岩相和断裂构造的双重控制。为了找出含(赋)矿层位，1998 年张寿庭等采用配备闪烁探测器的双道型 X 射线荧光仪，使用相应滤光片对分选 Pb、Zn 的特征 X 射线，对矿区不同岩性、不同层位的 Pb、Zn 含量进行了系统的剖面测量(图 12.10)(张寿庭等，1998)。结果表明：

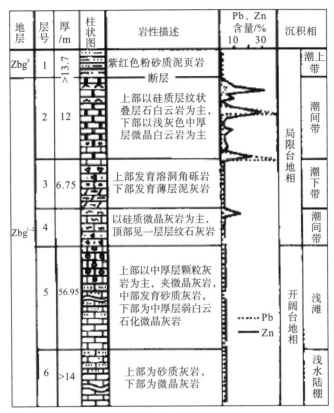

图 12.10　龙塘矿区含矿岩系 X 荧光-地质综合柱状图

(1)矿化及铅、锌异常严格受 Zbg$^{1-2}$ 层位的控制，为此，可以确定该层位为本区主要含矿、赋矿层位。

(2)同一层位中，随着岩性、岩石类型的不同，各自 Pb、Zn 矿化强度、含量高低明显不同，其中尤以藻白云岩及硅质层纹石白云岩层中矿化最佳，Pb、Zn 含量高。

(3)通过对矿区不同矿段地层含矿性分析对比可知，铅锌矿化与富集跟含矿层位的沉积相、沉积环境密切相关，其中，局限台地中的潮间藻坪-潮间泻湖相，是铅锌矿化与富集最为有利的环境。

上述分析为成矿规律研究提供了重要依据，也为本区及外围铅锌矿找矿指明了方向。

2. 实例 2：围岩蚀变与成矿关系分析

成矿围岩蚀变，通常是指导找矿和对露头评价的一个重要标志。在一个矿区，常见发育多种围岩蚀变。不同类型蚀变产物与成矿关系的分析对成矿规律研究和矿化露头的正确评价具有重要的实际意义。应用 X 荧光现场测量可以快速帮助对围岩蚀变与矿化关系的分析和认识。如云南某铜矿区，玄武岩中绿帘石化、硅化、方解石化、钠长石化均有发育，尤以前二者发育更甚。通常地表露头中仅见强蚀变及蚀变脉体，铜矿化不明显。通过 X 射线荧光仪现场对不同类型蚀变发育地段和蚀变脉体的铜含量测量(图 12.11)表明，硅化蚀变带和石英脉中的铜含量明显高于绿帘石蚀变带和绿帘石脉中的铜含量，客观地反映了铜矿化与石英更为密切。研究进一步证实：石英-铜矿化阶段是该区铜矿成矿的主要阶段。

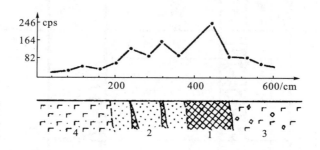

图 12.11　某区 9 号矿化蚀变露头铜 X 荧光测量结果

1-石英脉带；2-禄帘石脉-石英细网脉带；3-强硅化弱禄帘石化玄式岩；4-强禄帘石化弱硅化玄武岩

3. 实例 3：矿液侵入高度及矿体侧伏规律的分析

根据 X 射线荧光现场系统剖面测量及 X 荧光强度或元素含量等值线的圈定，结合矿区地形、地质特征，综合分析判断成矿期控矿构造活动强度、矿液侵入高度、矿体侧伏规律、矿后构造抬错和矿体剥蚀程度等。在四川某铅锌矿区用 X 射线荧光法对铅、锌含量的测量结果如图 12.12 所示。矿区地形总体为南西高北东低，而地表铅、锌异常明显有南西强北东弱的变化规律，客观地反映了矿期构造活动强度南西强北东弱、矿液侵入高度南西高北东低、矿体由南西向北东侧伏和矿后剥蚀程度南西强北东弱的总体演变规律。

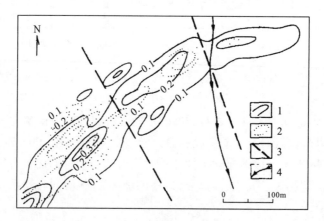

图 12.12　四川某铅锌矿区 X 射线荧光法测量铅、锌含量等值线图

1-锌等值线；2-铅等值线；3-推测断裂；4-河流

12.3　X 荧光测量在矿床地球化学分散模式研究中的应用

矿床地球化学分散模式是矿床的一项重要的地质理论研究工作，其成果对所研究矿床的开采、外围找矿工作等都具有指导性意义。我国科学工作者采用配备正比计数管、放射性同位素激发源的 FD-256 与 HAD-512 型携带式 X 射线荧光仪，对某卡林型金矿床进行了地球化学模式研究(周四春等，2002)。

模式研究选择了矿区 0 号矿体上方的 12 号勘探线，于地表土壤、坑道壁、钻孔岩心进行了系统采样，然后逐一进行 X 荧光测量。测量 As、Hg、Pb、Cu、Mn、Ni 时采用 ^{238}Pu 源激发，充 Xe 正比计数管探测器配合；测量 Sr、Sb、Ba 时采用 ^{241}Am 源激发，充 Kr 正比计数管探测器配合。

对测量获得的数据进行整理，通过作图法(图 12.13)确定指示元素的垂向分带序列，即绘制各个指示元素的垂直剖面图，根据各个指示元素原生异常中心在空间上的相对位置确定元素的分带序列，其结果与按照"格里戈良"计算法求出的元素垂向分带序列一致。最终所获得的 KNM 矿床的垂向分带序列为

Sr-Ba-Sb-Hg-As-Au-Pb-Ag-Cu-Mn-Ni

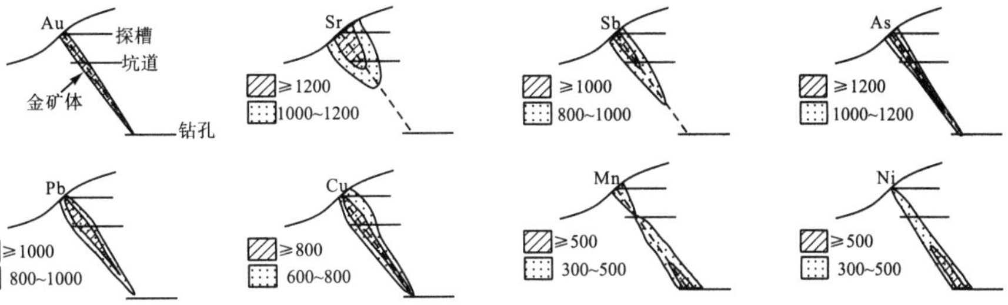

图 12.13　Ⅱ号矿体上不同元素的 X 荧光异常的垂直剖面(图中单位：cpm)

并据此可以综合归纳研究区主矿体的地球化学理想模式图(图 12.14)。在这个分带序列中，Sr、Ba、Sb 为矿体的前缘晕组合元素；As 为矿体上部的特征元素；Pb、Cu 为矿体晕元素；Mn、Ni 为矿体尾晕元素。

在各指示元素中，经分析对比，提炼出两类不同的元素：找矿指示元素与矿体研究指示元素。

(1)找矿指示元素：找矿指示元素为 Sr 与 As。Sr 作为矿区内金矿的前缘晕元素具有异常宽大、幅度高的特点，其异常易于为 X 荧光测量所发现。而 As 作为金矿体上部的特征指示元素，具有异常与金矿体基本吻合的特点。

(2)矿体研究指示元素：矿体研究指示元素为 Sr、As、Cu、Pb、Mn、Ni，可以利用这些元素的不同组合来判断矿体类型以及矿体的剥蚀深度等。

研究建立的矿区地球化学分散模式在以后指导矿区的钻探及与外围找矿中发挥了良好的作用。如 11 号勘探线在探槽揭露过程中圈出了Ⅳ、Ⅴ、Ⅵ、Ⅶ4 个矿体(图 12.15)。这些矿体间具有何种联系？其深部是否向下延伸？深部矿体情况如何？

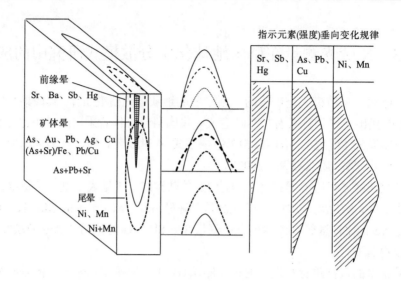

图 12.14   马脑壳金矿地球化学分散模式

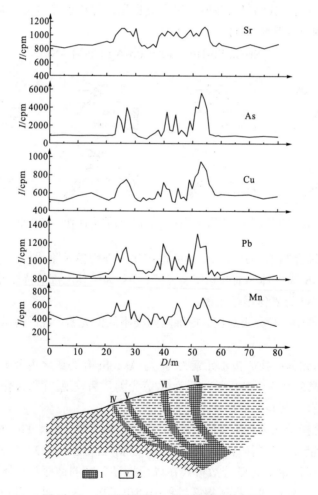

图 12.15   11 号勘探线 X 荧光测量综合剖面

1-矿体；2-矿体编号

为了搞清楚上述找矿过程中急待了解的问题，对 11 号勘探线开展了系统的剖面 X 荧光测量，并将结果与建立的矿床地球化学模式相对比，发现矿体前缘晕元素 Sr 呈偏高场，矿体晕元素 As、Pb、Cu 呈高异常值，矿体尾晕元素也呈偏高场，是地下存在延伸较大富矿体的典型的元素异常组合。为此通过工程予以揭露，在 25m 左右发现地表呈现独立状态的 4 个矿体合并成一个较大的工业矿体，该矿体向深部有变大和变富的趋势（图 12.15）。

12.4　X 荧光测量在航测异常评价中的应用

航空磁力测量是一种快速普查找矿方法，但其工作比例尺较小，因此圈定的异常区较大，且受地磁场斜磁化的影响，异常中心常发生偏离，需要开展地面异常查证工作（米争锋等，2011；谷懿等，2014；甘媛等，2014）。

异常查证的方法繁多，较为直接的就是获取元素分布信息，即地球化学勘查（简称化探）法。然而传统的化探法需要经历野外采样—样品处理—室内样品分析—异常解译等几个步骤，通常具有工作周期较长、工作量大、生产成本较高的缺点。基于手提式 X 射线荧光仪的测量方法，具有原位采样、原位测量、原位解译的特点，大大减小了工作量，提高了工作效率，降低了工作成本。其低成本、快捷便携的特征应用于航磁异常查证，往往取得事半功倍的良好效果。

12.4.1　实例 1：蒙马拉航磁异常查证

工作区位于新疆尼勒克县蒙马拉林场一带，属中高山区，地势中间高东西两侧低，地形切割强烈，陡崖发育，海拔为2370～2825m，工作区距伊宁县约为100km，交通条件较差。工作区出露地层也较为简单（图 12.16），主要有上志留统库茹尔组二段（S_3K_2）生物微晶灰岩和硅化灰岩；下石炭统大哈拉军山组（C_1d）火山角砾岩、安山岩夹晶屑凝灰岩（二者呈不整合接触）；新生界第四系（Q）洪积、冲积、风积、冰川、冰水和积雪区等。工作区内中酸性浅成侵入岩较发育，主要岩性为花岗闪长斑岩和斜长花岗斑岩，呈岩株状侵入于大哈拉军山组火山岩和库茹尔组二段灰岩中。工作区内断裂构造发育，区域构造线呈南北向。如图 12.16 所示，工作区主要处在航磁异常负异常区，航磁异常强度为-212～-100nT，处于航磁异常变化的梯度带（图 12.17）。

野外 X 荧光测量使用成都理工大学研制的 IDE-2000T 型高灵敏度手提式多元素 X 射线荧光分析仪，可同时进行 Ti、Cr、Mn、Fe、Mi、Cu、Zn、As、Pb、Sr 等元素的测量，对 Cu、Zn、As、Pb 等元素的分析检出限小于 10×10^{-6}。野外 X 荧光测量分析的质量控制严格按照《地球化学普查规范（1∶50000）》（DZ/T 0011—2015）以及《地质普查工作现场 X 射线荧光技术应用指南》，精确度通过对国家标准样品 GSS-5 进行 50 次重复测量，测量时间为 400s，计算其相对标准离差（relative standard deviation，RSD）来衡量。准确度通过测量国家标准样品衡量测量值与真值的平均对数偏差和对数标准离差来评定。

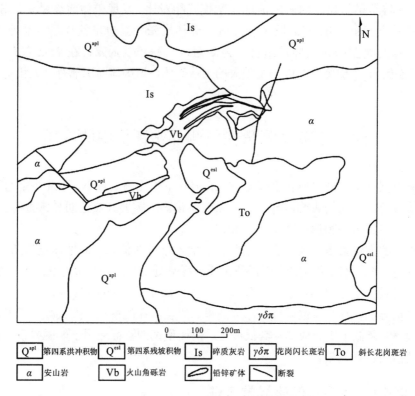

图 12.16　蒙马拉地区地质略图

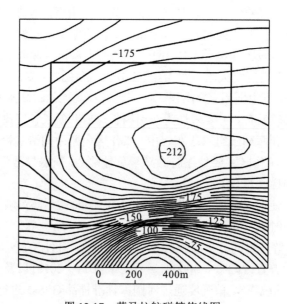

图 12.17　蒙马拉航磁等值线图

按 100m×40m 网格，在该区布置了 11 条 X 荧光测线。通过采集土壤样品，在野外驻地完成了对 Mn、Fe、Ni、Cu、Zn、As、Pb 等元素的测量。为了掌握元素在矿区的分布情况，对各元素含量进行了数学统计分析。由表 12.1 可以看出，Mn、Fe、Ni、Cu 等元素基本服从正态分布，仅峰度值较高，其变异系数都较低（低于 60%），说明这几种元素在测区分布较为均匀，无明显异常。而 Zn、As、Pb 等元素则呈现出偏峰分布且都呈右偏，偏度和峰度都较高，完全不服从正态分布，变异系数较大（均大于 60%），说明这些元素在测区有明显的异常。

表 12.1　蒙马拉航磁异常区土壤 X 荧光测量数据统计表

元素	Mn/×10⁻⁶	Fe/%	Ni/×10⁻⁶	Cu/×10⁻⁶	Zn/×10⁻⁶	As/×10⁻⁶	Pb/×10⁻⁶
均值	1356.85	6.39	27.85	31.70	328.60	85.08	242.67
标准偏差	631.70	1.63	8.40	12.81	506.17	176.87	692.90
偏度	5.31	3.50	−0.42	1.70	8.02	4.71	8.77
峰度	47.78	22.29	0.75	5.39	84.21	24.74	97.26
最小值	421.60	2.96	1.00	9.00	57.90	4.70	12.80
最大值	7652.20	19.14	50.40	93.80	6118.20	1264.70	8482.90
变异系数	0.47	0.25	0.30	0.40	1.54	2.08	2.86
异常下限	2050	9	40	47	800	335	1104

对测区元素的分布有了大致的了解后，作者及所在团队对异常下限进行了计算，运用 mapgis 进行异常等值线图的制作，结果如图 12.18 所示。

从图 12.18 可以看出，As 在测区中心位置产生了大面积异常，异常形态不规则，异常面积较大，约为 0.036km²，异常强度为 1258×10⁻⁶。铜异常主要产于测区的北部，呈现出近南北向条带，异常面积较大，约为 0.043km²，异常强度较低，为 93×10⁻⁶。Fe 在测区主要产出了两处异常，分别位于测区的南北两侧，北侧异常正好位于铅锌矿体上，呈椭圆状，异常面积约为 0.016km²，异常幅值较背景值高 15%。位于南侧的异常主要产于斜长花岗斑岩和安山岩的接触带上，呈条状，异常面积约为 0.017km²，异常幅值较背景值高 19%。Ni 在测区没有明显的异常产出，只在铅锌矿体附近产出了规模较小的一处异常。铅异常主要产出在测区的北部，异常呈近似圆状，异常面积较大，约为 0.04km²，异常强度为 8482×10⁻⁶。锌异常主要产出在测区北部，呈椭圆状，异常面积约为 0.052km²，异常强度为 6118×10⁻⁶。

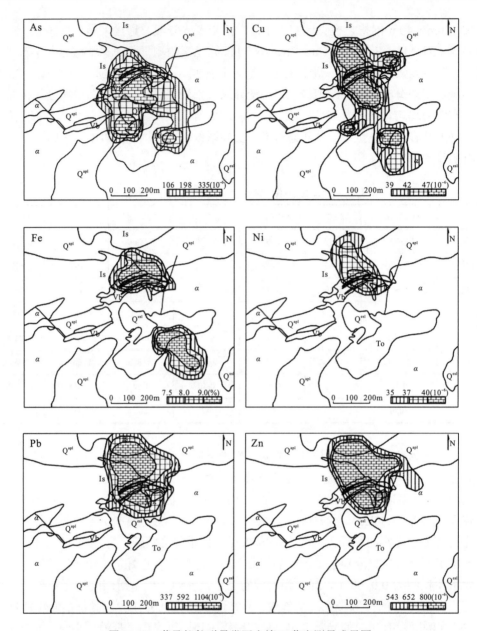

图 12.18　蒙马拉航磁异常区土壤 X 荧光测量成果图

　　除此之外，As，Cu，Fe，Ni，Pb，Zn 等元素异常产出的位置相近，且异常规模较大，具有多金属矿化异常的基本特征，且这些综合异常产出于航磁异常变化的梯度带，可以认为，评价区具有一定的找矿前景。

　　其中，铅锌矿应该在原控制矿体的北端，有希望扩大矿床规模。而铜矿，则应该在原控制矿体的东南方向，有望发现新的矿体。

12.4.2　实例 2：北天山西段航磁异常查证

1. 工作区地质概况

工作区位于北天山西段，科古尔琴山南坡与伊犁盆地北部边缘地带。区内交通条件较差，进入工作区需靠畜力运输。地形切割强烈，起伏很大，植被覆盖较差，岩石露头发育较好，部分覆盖了薄层的残坡积物。地层有下石炭统大哈拉军山组第二段(Cd_2)紫红色、灰紫色熔结凝灰岩、火山角砾岩、凝灰岩夹凝灰质砂砾岩；上石炭统东图津河组第一段(Cdt_1)灰绿色、灰紫色凝灰质砂岩、岩屑砂岩夹含生物钙质砂岩、生物灰岩；上新统昌吉河组(Nch)灰红色含砾中粗粒砂岩、砂岩夹含生物屑泥晶灰岩；上更新统风成黄土。区内构造简单，仅展布了一条北西向的断裂。在工作区北部还出现了大面积的侵入岩，主要有肉红色细粒石英二长岩(C_2B_2)，肉红色中粗粒二长花岗岩(C_2B_5)。区内蕴藏了丰富的矿产资源，主要有煤、高岭土、石英砂、重晶石、铅、锌、铜、金、银。通过地面磁法面积测量以及野外 X 射线荧光面积测量，发现在工作区南东方向负磁异常区发育有较强的铜、锌异常；在构造尖灭部位发现了多处孔雀石化的岩石露头。据前人研究，铜多金属矿经常产出在弱强度磁异常或低缓负磁异常出现的位置。2012 年，葛良全课题组在承担国土资源部地调项目中，为了获取深部矿化信息，结合工作区地质情况，开展了浅钻岩心 X 荧光测量。

2. 浅钻 X 荧光测量与成果

X 荧光测量使用成都理工大学自行研制的 IDE-2000T 型高灵敏度手提式多元素 X 射线荧光分析仪，可同时进行 Ti、Cr、Mn、Fe、Ni、Cu、Zn、As、Pb、Sr 的测量，对 Cu、Zn、As、Pb 的分析检出限小于 10×10^{-6}。浅钻工具使用单人背包式钻机，最大钻进深度可达 23m，一套标准配备的便携式钻机及其附件的全部质量不超过 18kg，简单便携。

野外工作时，沿着矿化岩石露头布置了 17 个浅钻(编号为 TXQK2～TXQK18)，浅钻间距为 5m，其中，TXQK3 和 TXQK18 在钻进过程中数次卡孔未能采集样品。有效浅层钻孔 15 个，控制剖面长度为 65m，累积钻探深度为 55m。将采集所得岩心整理编录后，按 1m 距离取 1 个样品粉碎至 200 目，运用手持式 X 射线荧光仪进行现场测量。通过分析可以看出，Cu 与 Zn 具有很好的相关性，相关系数为 0.9，Cu 与其他元素的相关性较差，多为弱的负相关。按照铜异常下限 100×10^{-6} 进行矿化体的圈定，见图 12.19。从图中可以看出矿化体主要分成 2 段，靠北边的异常强度较大，TXQK5、TXQK6、TXQK17 浅层钻孔均获得了富含铜的样品，其含量分别为 10606×10^{-6}、682.2×10^{-6}、10054×10^{-6}。圈出的矿化体长约为 10m，平均厚度为 50cm，在其下方深部仍存在透镜状矿化。剖面向南异常相对较弱，但矿化稳定，含量均为 $(100 \sim 200) \times 10^{-6}$，呈带状延伸约为 25m，平均厚度约为 1m。

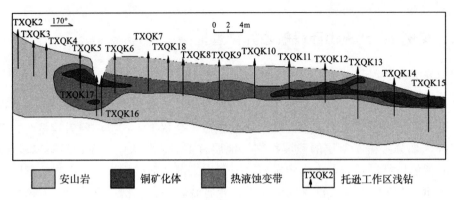

图 12.19　新疆托逊浅钻 X 荧光测量铜异常

3. 结果分析

　　同时，通过现场 X 射线荧光分析发现 Cu 和 Zn 两种元素具有很好的相关性。按照锌异常下限 100×10^{-6} 在剖面也可圈出三处异常，见图 12.20。由图 12.20 可以看出，锌异常位置与铜异常位置十分吻合，只是异常强度与 Cu 相比较弱。同样在 TXQK5、TXQK17 浅层钻孔中发现了富含锌的样品，含量分别为 415×10^{-6}、638×10^{-6}。铜、锌异常产出于大哈拉军山组，该组地层是西天山地区重要的矿源层和赋矿层位，已经在该地层中发现了多处以金、铜为主的矿床(点)(谷懿等，2014)。发育有矿化的岩石为蚀变安山岩，岩石十分破碎，局部可见黏土化，可见构造活动十分强烈，蚀变带产状稳定，蚀变界线十分明显。通过镜下观察，含铜矿物主要有斑铜矿、辉铜矿、黄铜矿、蓝铜矿、蓝辉铜矿、孔雀石。镜下热液蚀变界线清晰可见，含铜矿物仅产在强烈蚀变的一侧，通常呈不规则粒状散布于岩石样品之中。偶见斑铜矿脉穿插于岩石之中。

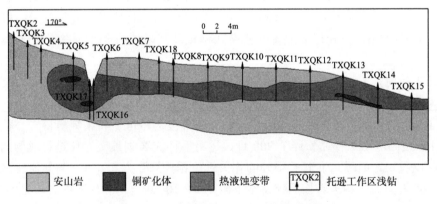

图 12.20　新疆托逊浅钻 X 荧光测量锌异常

　　作者及所在团队运用浅钻 X 荧光测量，对托逊矿化点地表以下 $4 \sim 5m$ 范围内的矿化情况有了较详细的了解，圈出了 2 条具有价值的铜矿化体，剖面北端异常强度较高，南端异常强度较低，但异常稳定，形成了一条长约 25m 的矿化带。Cu、Zn 两种元素相关性很好，在异常产出的位置上也较为一致，可以作为找矿直接指示元素。异常产出于大哈拉军山组蚀变安山岩中，蚀变界线明显，北西向断裂为热液活动提供了通道，具有良好的成矿潜力(杨海等，2013)。

12.5　X 荧光测量在岩心编录及深部找矿中的应用

12.5.1　可以直接测量目标元素的矿种——以湖南黄沙坪铅锌矿为例

2009 年，周四春在承担深部探测重大专项有关专题时，为了对湘南地质勘查院正在承担的黄沙坪危机矿山找矿工作提供技术支持，同时也为了实验现场快速 X 荧光测量技术在指导地质找矿工作中的效能，在 2009 年 11 月 14 日至 12 月 29 日，组织研究小组对黄沙坪勘查区 ZK1601 孔、ZK12101 孔，王家坊勘查区 ZK003 孔开展了岩心多元素 X 荧光探测实验工作。图 12.21 为专题小组人员在黄沙坪开展岩心多元素 X 荧光测量的工作照片。

图 12.21　专题小组人员在黄沙坪开展岩心多元素 X 荧光测量的工作照片

1. X 荧光测量设备

岩心测量使用了 IDE-2000P 型手提式同位素源激发 X 射线荧光分析仪。它由探头、主机和 FPXRF 软件 3 部分组成。主机总重为 2.8kg，探头重量为 1.5kg。它以进口高分辨率 Si-PIN 型电致冷式半导体探测器为信号采集器件，以嵌入式军用微型计算机、微功耗多道脉冲幅度分析器为基础而构成。分析元素范围为钾($Z=19$)～铀($Z=92$)，1 次可同时分析 10 余种元素，绝大部分元素的检出限在 10×10^{-6}～1000×10^{-6}(表 12.2)。

表 12.2　IED-2000P 型 X 射线荧光仪元素检出限

探测元素	检出限(10^{-6})
Se、Cu、Zn、As、Ga、Ge	10≤
Co、Ni、Br～Mo、Ag～U	11～100
K、Ca、Sc、Cr、Mn、Fe、Te、Ru、Rh、Pd	100～1000
Al、Si、P、S、Cl、Ar	>1000

2. 岩心测量工作部署

为了尽可能地为项目研究提供有用信息，作者及其所在团队对两个矿区的岩心进行了有重点的全孔测量，即按矿化地段 0.1～0.2m，其他地段 1～2m，每种岩性都有控制点为原则布设测点开展 X 荧光测量工作。在两个矿区，共完成三口井 3173.5m 岩心、总计 2242 个测点的探测工作，每个测点获取了 Cu、Pb、Zn、As、W 等 12 种元素的信息，总计获取了 26904 个探测数据。

根据 X 荧光测量的原始数据，编制了三个钻孔的 X 荧光探测成果图(图 12.22～图 12.25)。

3. 岩心测量工作方法

为了保证岩心 X 荧光测量结果的准确性和可靠性，除采用国家岩石标准样对所用仪器进行刻度，确保刻度准确性外，还对直接进行岩心测量时无法避免的以下几个主要影响进行了技术处理。

(1)岩心是原生产状岩石，其中的矿物组分分布是不均匀的，会给测量带来矿化不均匀效应影响。

(2)岩心表面是不平整的，其表面的凹凸不平会带来几何效应影响。

(3)岩心是多元素集合体，元素之间相互干扰会对 X 荧光的激发与探测产生基体效应。

由于原生产状条件下地质体中矿物组分分布的不均匀性，对地质找矿工作来说，一个"点"的测量结果没有很好代表性，因此，地质上的所谓地质品位都是针对一定体积的地质体而做出的。以刻槽取样为例，每一个地质品位是用 100cm×10cm×3cm 的地质体的样品做出的。由于将该体积内的全部岩石经充分破碎、均匀化，分析的结果是可以代表该体积含量的。相比之下，如果用 X 荧光测量来确定刻槽取样区域的地质品位，每个测点的 X 荧光测量的结果，实际只能代表仪器探测窗下一定深度(对岩石为毫米级)构成的体积的平均含量。由于 X 荧光测量是依靠在取样区内测量有限个点来确定地质品位，测点的数目与分布不同，测量结果就会有差异。不从理论上弄清测点数目与测点分布对地质样品测量的影响规律，X 取样中测点的布置必然带有盲目性，以至于无法避免在低品位矿石处因 X 荧光测量点分布过多[图 12.26(a)]而使最终测量品位偏低；反之，在富矿石处测量点分布过多[图 12.26(b)]，造成 X 荧光测量品位明显偏高。

根据周四春等在有关文献(周四春，1991)中的研究结论，在等权(即测量区域没有重复测量部分)的前提下，X 荧光测量的有效区域覆盖全部欲确定地质品位的区域的比例越大，获得的 X 荧光测量品位误差将越小。对岩心测量而言，如果在一个井孔深度上进行多点测量，取其平均值作为该井深处测点的结果，显然会大大改善矿化不均匀效应的影响。为此，在岩心测量时，对那些矿化不均匀岩心(主要是矿化明显的位置)，一般采用对一个深度的岩心沿 90°划分为 4 个测点(图 12.27)，将同一深度 4 个测量值的平均值作为该深度点的测量结果。

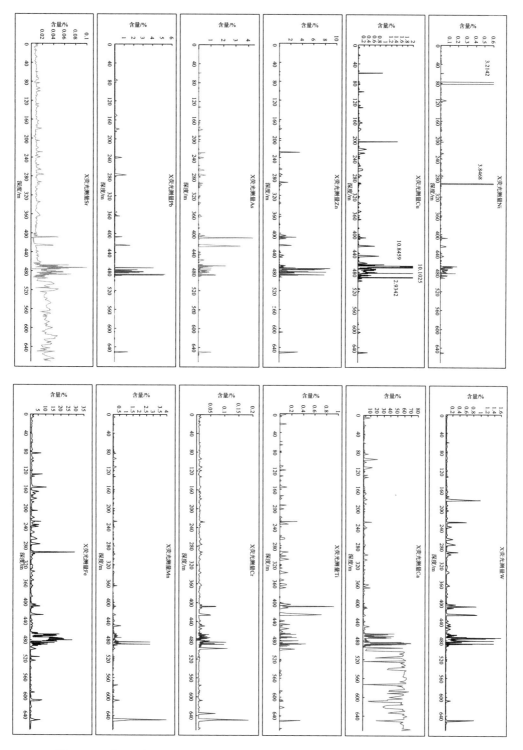

图 12.22　黄沙坪勘查区 ZK1601 孔岩心 X 荧光测量 Ni、Cu、Zn、As、Pb、Sr、

W、Ca、Ti、Cr、Mn、Fe 成果图

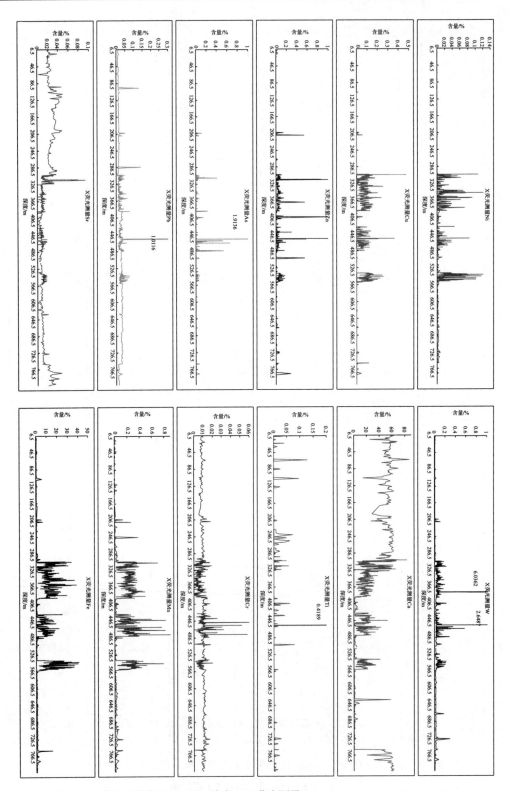

图 12.23　黄沙坪勘查区 ZK1201 孔岩心 X 荧光测量 Ni、Cu、Zn、As、Pb、Sr、W、

Ca、Ti、Cr、Mn、Fe 成果图

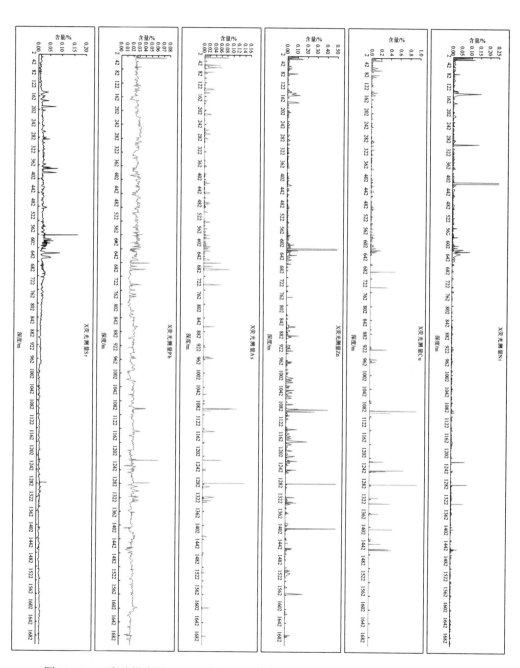

图 12.24　王家坊勘查区 ZK003 孔岩心 X 荧光测量 Ni、Cu、Zn、As、Pb、Sr 成果图

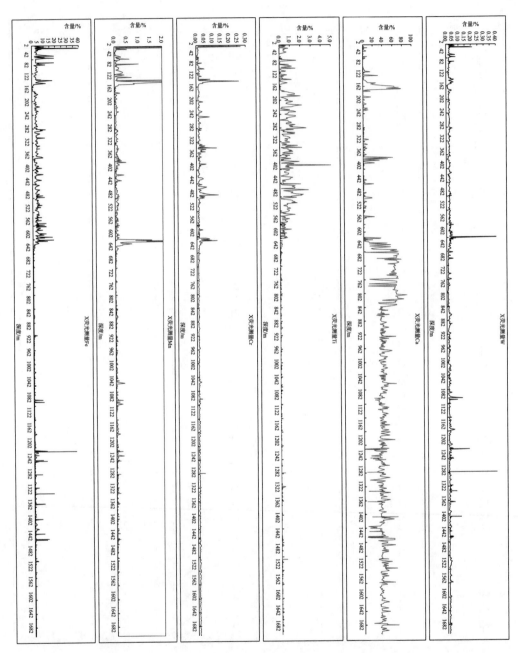

图 12.25　王家坊勘查区 ZK003 孔岩心 X 荧光测量 W、Ca、Ti、Cr、Mn、Fe 成果图

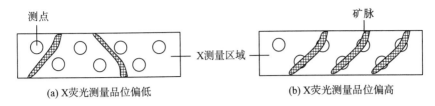

图 12.26　矿化不均匀对 X 荧光测量影响示意图

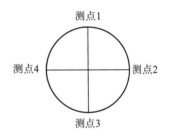

图 12.27　岩心 X 荧光测量
示意图

　　对几何效应影响，作者及其所在团队则通过采用尽量测量平整面，并以"特散比"做校正等技术措施对几何效应进行控制。因为岩矿石表面凹凸不平变化产生几何效应影响的实质是改变了仪器激发源到岩矿石测量面的等效平面间的距离。从测量的角度看，这种改变对于目标元素的特征 X 射线产生的影响，以及对于激发源射线的散射射线产生的影响是基本同步的，所以，特征 X 射线与激发源散射线的比值(特散比)将基本不受这种因素的影响。

　　而基体效应问题，则主要采用元素间测量谱线的强度校正法来加以校正。

　　为了控制仪器长期工作的稳定性，在不同天的岩心测量过程中，采用仪器配备的铅标准片作为检测标准，通过对比每天的测量值，对仪器的长期稳定性进行了监控。

4. 钻孔岩心 X 荧光测量成果综合分析

　　1)岩心 X 荧光测量与劈心取样化学分析结果对比

　　为了进一步评估岩心测量质量，岩心 X 荧光测量工作完成后，作者及其所在团队以湘南地质勘查院提供的 ZK12101 孔劈心取样 W 品位、Fe 品位与 X 荧光岩心测量 W 含量、Fe 含量进行了对比，结果见图 12.28、图 12.29。

　　由于劈心取样分析是按 1m 为一个样品采集后获得的分析结果，代表的是 1m 范围内某种元素的平均品位，而 X 荧光是"点"测，代表的是某个确定深度的含量，两种结果间不能完全一一对比，但从对比图可以看出，不同方法获取的两种元素的分析结果总体趋势是完全一致的。需要指出的是，X 荧光测量提供的分析结果可以提供元素沿钻孔深度上的细微变化，对地质研究工作来说，更具有参考价值。

　　通过上述两方面考核，证实 X 荧光测量提供的岩心分析结果是可靠的。

　　2)钻孔岩心 X 荧光测量成果综合分析

　　(1) 各钻孔主要金属元素分布状况。由岩心样品的测量值统计出黄沙坪勘查区 ZK1601、黄沙坪勘查区 ZK12101、王家坊勘查区 ZK003 钻孔中各金属元素在不同深度范围的平均含量(表 12.3～表 12.5)。

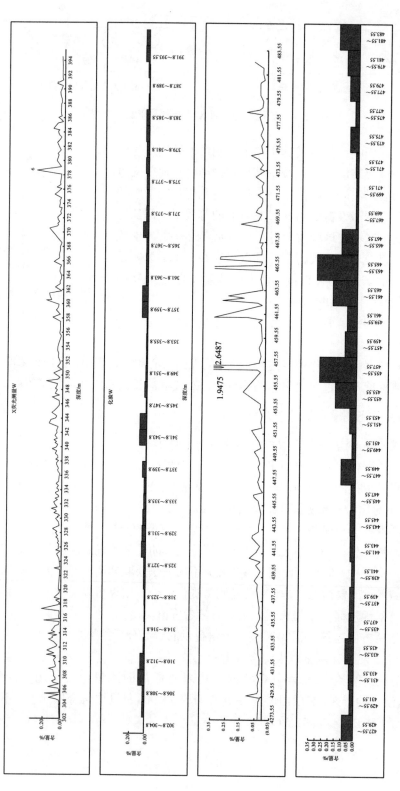

图12-28 黄沙坪勘查区ZK12101孔岩心X荧光测量钨含量与劈心取样化学分析钨含量比对图

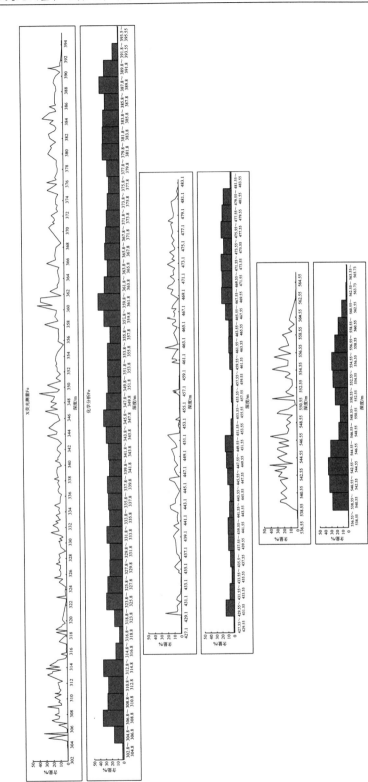

图12-29　黄沙坪勘查区ZK12101孔岩心X荧光测量铁含量与劈心取样化学分析铁含量比对图

表 12.3　黄沙坪勘查区 ZK1601 中各元素在不同深度范围的平均含量值

井深 /m	测点 /个	各元素平均含量/10⁻⁶											
		As	Cr	Sr	Ni	Ti	Mn	W	Cu	Pb	Zn	Fe%	Ca%
0～50	25	38	99	77	22	99	340	221	50	294	89	10374	12998
50～100	26	182	108	10	1268	50	503	279	486	417	193	12732	18916
100～150	26	139	111	101	51	95	489	238	149	268	110	13338	29077
150～200	28	485	115	92	37	130	321	690	389	589	293	18436	14485
200～250	27	803	125	104	67	26	51	679	908	580	2038	17439	16666
250～300	27	1033	119	113	1474	215	320	649	332	796	1436	23546	13216
300～350	23	326	104	98	35	251	324	333	121	341	360	10494	11718
350～400	27	284	114	99	34	178	362	344	164	596	344	9357	16541
400～450	43	3622	171	106	112	1010	652	1313	608	886	3099	15395	15361
450～500	140	2123	201	276	302	375	2070	2337	7880	3950	10120	83407	133789
500～550	26	13	98	282	2	53	340	109	40	158	38	7756	506259
550～600	25	5	95	284	3	54	501	97	18	163	7	6065	536944
600～670	35	326	189	292	18	181	2245	415	152	561	1248	13802	479325

注：表中加注灰色底色的区域为超过边界品位区段。与表 12.5 标注意义相同。

表 12.4　黄沙坪勘查区 ZK12101 中各元素在不同深度范围的平均含量

井深 /m	测点 /个	各元素平均含量/10⁻⁶											
		As	Cr	Sr	Ni	Ti	Mn	W	Cu	Pb	Zn	Fe%	Ca%
0～50	28	<	85	224	4	44	83	92	<	102	43	4579	551954
50～100	26	<	89	233	3	59	37	73	<	174	<	3716	574568
100～150	26	3	79	365	<	46	72	88	8	143	3	6977	485003
150～200	15	<	80	354	<	4	50	77	<	149	<	4828	506553
200～250	26	698	94	285	15	82	366	156	30	181	267	9421	523362
250～300	27	<	94	260	<	87	221	106	<	185	13	7842	553552
300～350	175	833	66	152	1017	19	2103	582	666	172	441	104002	262835
350～400	102	660	58	95	1252	1	2281	1167	757	208	447	124217	165845
400～450	70	509	99	67	325	28	1480	397	288	228	394	54146	136810
450～500	94	6689	128	87	649	105	1961	1181	425	425	470	65274	123031
500～550	65	1274	84	104	2258	12	1948	732	705	311	547	131388	106301
550～600	45	714	85	106	1495	4	1955	566	597	297	378	106841	111674
600～650	24	42	111	80	200	<	216	224	2	318	6	6515	46729

续表

井深 /m	测点 /个	各元素平均含量/10⁻⁶											
		As	Cr	Sr	Ni	Ti	Mn	W	Cu	Pb	Zn	Fe%	Ca%
650~700	24	144	102	100	249	5	162	296	6	310	45	7684	11398
700~750	28	250	115	107	310	26	308	346	8	311	59	9348	8421
750~804	28	488	94	251	39	27	282	172	60	152	128	15834	487284

注：表中"＜"表示所在深度范围内所测样品的对应元素含量均未达到仪器的检出限。与表 12.5 标注意义相同。

表 12.5　王家坊勘查区 ZK003 中各元素在不同深度范围的平均含量

井深 /m	测点 /个	各元素平均含量/10⁻⁶											
		As	Cr	Sr	Ni	Ti	Mn	W	Cu	Pb	Zn	Fe%	Ca%
0~50	37	188	206	105	176	4109	4037	432	549	275	247	8.85	1.54
50~100	22	92	215	88	68	3748	3036	261	366	248	137	4.80	2.66
100~150	25	106	308	185	176	5139	4708	274	316	231	406	3.18	22.81
150~200	25	38	173	197	39	8649	720	233	90	273	88	3.36	2.25
200~250	23	50	205	213	49	10407	638	266	173	301	86	4.07	0.78
250~300	26	14	229	216	116	7462	864	238	149	248	81	4.42	1.82
300~350	26	47	227	269	41	6979	1225	222	127	252	67	3.59	8.83
350~400	29	51	187	200	475	8628	733	248	179	263	94	3.76	1.72
400~450	24	58	330	216	47	11233	911	260	162	271	91	4.12	2.46
450~500	28	56	133	206	48	7555	835	244	136	251	72	4.49	2.41
500~550	41	61	135	327	63	3745	671	296	266	266	142	5.58	0.78
550~600	38	80	290	258	208	2416	5614	439	442	234	1270	4.66	15.81
600~650	30	522	121	227	28	588	187	177	3612	191	206	0.46	60.76
650~700	27	580	111	202	27	467	86	147	1902	172	319	0.42	57.06
700~750	20	＜	110	191	12	459	114	104	＜	158	28	0.35	64.78
750~800	30	206	108	148	20	278	326	188	193	217	243	0.48	39.85
800~850	26	61	112	142	23	489	185	201	1240	211	279	0.54	39.94
850~900	30	304	116	151	24	259	226	176	917	200	183	0.42	39.26
900~950	23	128	110	104	30	403	245	171	189	175	310	0.51	38.96
950~1000	27	147	125	102	30	528	403	180	393	214	355	0.51	41.60
1000~1050	32	405	131	95	41	468	529	273	2737	229	770	1.08	34.09
1050~1100	22	149	121	114	29	343	233	180	122	222	206	0.430	38.78
1100~1150	21	28	119	115	25	391	375	201	37	209	420	5231	40.15

井深 /m	测点 /个	各元素平均含量/10⁻⁶											
		As	Cr	Sr	Ni	Ti	Mn	W	Cu	Pb	Zn	Fe%	Ca%
1150~1200	33	193	104	107	58	321	563	267	1671	210	320	2.7568	31.82
1200~1250	39	375	120	132	47	526	383	494	3164	216	5064	1.2787	32.65
1250~1300	34	155	121	136	59	537	360	236	1643	226	385	1.6973	33.89
1300~1350	28	\	111	110	24	296	267	188	1015	196	148	1.0887	34.15
1350~1400	42	164	109	117	26	216	247	220	922	196	673	1.1107	36.37
1400~1450	27	50	93	130	72	354	368	210	2668	188	244	2.7820	30.92
1450~1500	45	67	111	133	20	910	198	169	127	209	245	0.6129	37.30
1500~1550	21	49	124	142	31	406	139	184	<	216	164	0.4489	41.36
1550~1600	24	123	114	151	24	341	104	182	<	223	380	0.4073	38.55
1600~1650	21	3	108	166	28	396	61	166	<	200	127	0.36	37.04
1650~1708	31	127	113	155	23	413	74	166	<	182	162	3863	37.24

从上述 3 个统计表中可以直观了解主要金属元素随深度的变化情况,为研究成矿元素与主要共(伴)生元素的垂向变化规律提供基础数据。

3)岩心测量成果分析

(1)ZK1601 孔。依据岩心 X 荧光测量原始数据以及表 12.3 中的数据,分别编制了 ZK1601 孔矿体主元素 Cu、Pb、Zn、W 随深度变化曲线(图 12.30),以及它们(按 50m 为一单元)的平均含量随深度变化曲线(图 12.31)。

从图 12.31 可以看出:在勘查区内,Cu、Pb、Zn、W 间具有显著的相关性,具有同步富集的明显特点。200~300m,Cu、Pb、Zn、W 有矿化反应;主要富集部位则出现在 400~500m。

而依据图 12.31 与岩心原始测量数据,我们可以划定矿体位置与厚度,甚至可以对钻孔揭露的资源量进行评价。

对 ZK1601 孔获得的基本认识如下。

0~200m 深度井段:从上至下依次为石英斑岩、构造角砾岩。W 在局部地段富集,Ti、Ni、Fe、Cu、Pb 则零散出现相对偏高值点,其中,Fe、Cu、Pb 有个别孤立测点值高于边界工业品位,而 W 可以在 178.7~182.5m 位置划分出 3.8m 厚矿层 1 层,其平均品位为 0.48%,最高品位为 0.99%。

从与岩性关系上看,在石英斑岩中出现了成矿元素 Cu、Pb 的偏高值点。而矿体则出现在构造角砾岩层内。

200~300m 深度井段:从上至下依次为构造角砾岩、石英斑岩、碎裂石英斑岩。Cu、Pb、Zn、W 在多个深度都有明显富集,可以划分出两层含钨铅锌矿。

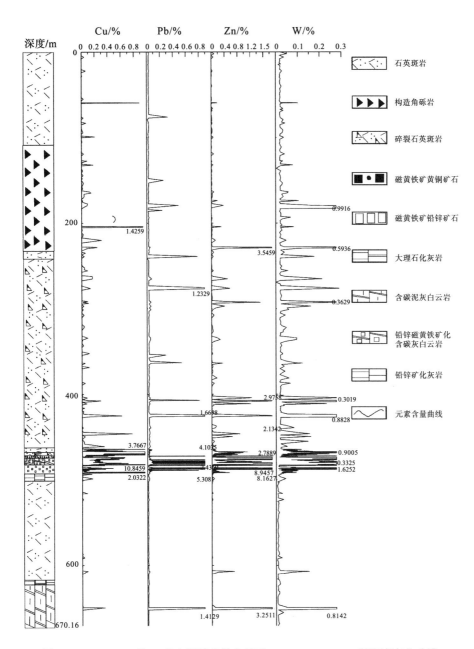

图 12.30　ZK1601 孔 X 荧光测量矿体主元素 Cu、Pb、Zn、W 随深度变化曲线

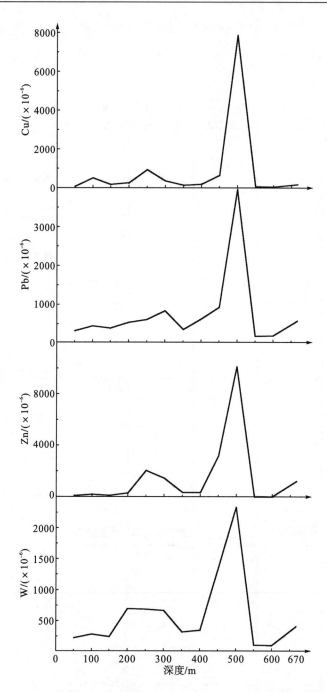

图 12.31　ZK1601 孔岩心 X 荧光测量 Cu、Pb、Zn、W 平均含量随深度变化曲线

其中，228.0～228.9m 深度井段，划分该段的第一个矿层——厚度 0.9m 的含钨铅锌矿，其铅锌总量的平均品位超过 2%，钨的平均品位达到 0.39%。该层矿产出于石英斑岩中。

291.3～292.9m 深度井段，划分出该段的第二个矿层。该矿层铅锌总量平均品位超过 1.2%，钨的平均品位达到 0.22%，因此应该归结为含铅锌钨矿层。该层矿产出于碎裂石英斑岩中。

　　300～400m 深度井段：仅有碎裂石英斑岩一种岩性。虽然在碎裂石英斑岩中有个别测点 Pb、W 含量偏高，但尚不能划分出矿层。

　　400～500m 深度井段：从上至下依次为碎裂石英斑、石英斑岩。该段深度是各元素相对富集的地段，Cu 平均含量达到 0.62%；其中 460～490m 为整个钻孔中主要金属元素最为富集的地段，矿体主元素 Cu、Pb、Zn 均富而集中，不同元素的主要富集深度略有差异。467～483m，Cu 的平均含量高达 1.35%，470～490m，Pb 的平均含量为 0.62%，Zn 的平均含量为 1.54%，均超过各自矿种的边界工业品位。

　　在该段钻孔中，可以划分出厚、薄不同的八个矿层。

　　在 403.2～405.2m 处，划分出 2m 厚含铅锌的钨矿层 1 层。该矿层中铅锌总含量平均值大于 1%，钨矿平均品位超过 0.2%。

　　在 406.8～408.4m 处，划分出 1.6m 厚含钨的铅锌矿层 1 层。该矿层中铅锌总含量平均值大于 2%，钨矿平均品位超过 0.5%。

　　在 424.5～425.5m 处，划分出 1m 厚富含铜、钨的铅锌矿层 1 层。该矿层中铅锌总含量平均值大于 2.8%，钨平均品位超过 0.7%，铜平均品位达到 0.48%。

　　在 466.9～471.6m 处，划分出 4.7m 含钨、锌的富铜矿一层，其铜的平均品位达到 3.5%，钨、锌的平均品位分别达到 0.24%、0.89%。

　　在 472.3～472.5m 处，划分出 0.2m 含钨、铜的铅锌矿富矿层一层，其铅锌总量的平均品位达到 5.2%，钨、铜的平均品位分别达到 0.53%、0.29%。

　　在 473.9～476.6m 处，划分出 3.7m 含钨、铜的铅锌矿富矿层一层，其铅锌总量的平均品位超过 4.6%，钨、铜的平均品位分别达到 0.47%、0.81%。

　　在 477.7～482.7m 处，划分出 5m 含钨、铜的铅锌矿一层，其铅锌总量的平均品位超过 3.8%，钨、铜的平均品位分别达到 0.38%、1.2%。

　　在 486.1～487.6m 处，划分出 1.5m 含钨、铜的富铅锌矿一层，其铅锌总量的平均品位超过 6.8%，钨、铜的平均品位分别达到 0.58%、0.38%。

　　500～600m 深度井段：该段岩性单一，只有石英斑岩层。在该井段范围，没有呈现铜、锡、锌、钨异常。

　　600～670m 深度井段：该段岩性从上至下分别为石英斑岩、大理石化灰岩含碳泥灰白云岩。

　　在石英斑岩内，有 1 个测点呈现锌、钨含量异常。

　　在 649.4～649.8m 处，可以划分出 0.4m 含钨、铜的铅锌矿一层，其铅锌总量的平均品位超过 3.5%，钨、铜的平均品位分别达到 0.6% 和 0.3%。该层矿赋存于含碳泥灰白云岩中。

　　(2) ZK1201 孔。依据岩心 X 荧光测量原始数据，编制了 ZK1201 孔矿体主元素 Cu、Pb、Zn、W 随钻孔深度变化曲线(图 12.32)；根据表 12.4 中的数据，编制了以它们(按 50m 为一单元)的平均含量随深度变化曲线(图 12.33)。

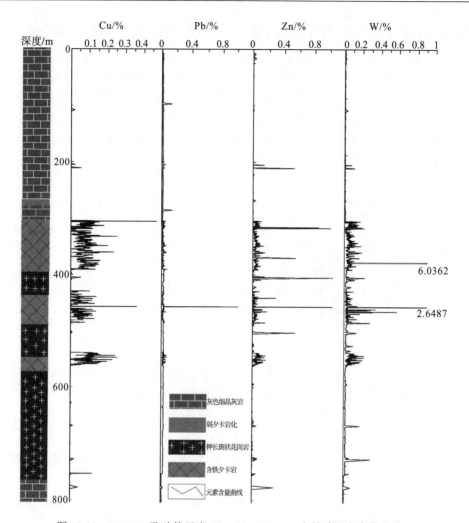

图 12.32　ZK1201 孔矿体元素 Cu、Pb、Zn、W 含量随深度变化曲线

总体上，ZK1201 孔内矿化总体上不如 ZK1601，主要矿化井段为 300～650m。矿体主元素 Cu、Pb、Zn、W 间没有 ZK1601 孔所展示的良好的相关关系，但依然具有基本相同的共消长关系。

由图 12.32 可知，按岩心 X 荧光测量原始数据，可以对 ZK1201 孔进行了矿体位置与厚度划定。在 ZK1201 孔中：

0～300m 深度井段：该 300m 井段几乎全为灰色细晶灰岩，仅在 295m 附近有一层弱夕卡岩化层。主要成矿元素 Cu、Pb、Zn、W 均没有异常显示。

300～400m 深度井段：该 100m 井段为含铁夕卡岩。在该深度井段，可以划分出 5 层薄矿层。

在 305.5～305.6m 处，可以划分出 0.1m 含铜的钨矿一层，其钨、铜的平均品位分别达到 0.14%和 0.37%。该薄矿层赋存于灰色细晶灰岩与夕卡岩化层接触带处。

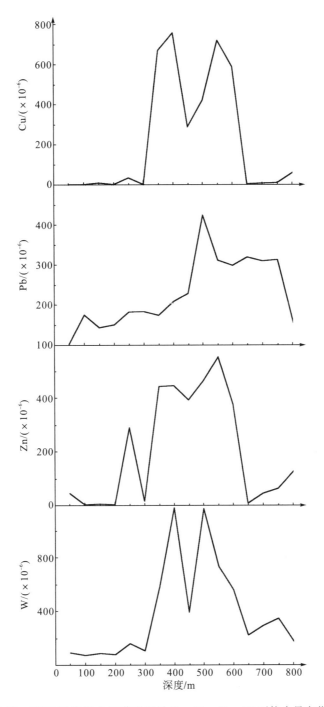

图 12.33　ZK1201 孔岩心 X 荧光测量 Cu、Pb、Zn、W 平均含量变化曲线

在 315.7～315.8m 处，可以划分出 0.1m 含铅锌的钨矿一层，其钨、锌的平均品位分别达到 0.14% 和 0.7%。该薄矿层赋存于夕卡岩化层内，与灰色细晶灰岩相邻不远。

在 317.2～317.68m 处，可以划分出 0.4m 含铅锌的钨矿一层，其钨、锌的平均品位分别达到 0.16% 和 0.8%。该薄矿层赋存于夕卡岩化层内。

在 343.1~343.8m 处,可以划分出 0.7m 厚钨矿一层,其钨的平均品位达到 0.12%。该薄矿层赋存于夕卡岩化层内。

在 360.3~361.6m 处,可以划分出 1.3m 厚钨矿一层,其钨的平均品位达到 0.15%。该薄矿层赋存于夕卡岩化层内。

400~500m 深度井段:从上至下岩性依次为含铁夕卡岩、钾长斑状花岗岩、含铁夕卡岩、钾长斑状花岗岩。在该深度井段,可以划分出 4 个矿层。

在 405.0~406.0m 处,可以划分出 1m 含铅锌的钨矿一层,其钨、锌的平均品位分别达到 0.17%和 0.81%。矿层处于含铁夕卡岩与钾长斑状花岗岩接触界限上。

在 456.9~457.2m 处,可以划分出 0.3m 含铅锌、铜的富钨矿一层,其铅锌铜、钨的平均品位分别达到 1.4%、0.3%、1.5%。矿层处于含铁夕卡岩内。

在 462.6~463.2m 处,可以划分出 0.6m 钨矿一层,其钨的平均品位达到 0.2%。矿层处于含铁夕卡岩内。

在 466.4~466.0m 处,可以划分出 0.4m 的钨矿一层,其钨的平均品位达到 0.25%。矿层处于含铁夕卡岩内。

500~600m 深度井段:从上至下岩性依次为钾长斑状花岗岩、含铁夕卡岩。

在 502.5~503.0m 处,可以划分出 0.5m 含锌的钨矿一层,其钨的平均品位达到 0.12%、锌平均品位达到 0.5%。矿层处于钾长斑状花岗岩内。

在 542.3~554.9m 区间,W、Cu、Zn 均有明显的异常,但 W、Cu、Zn 含量连续性不算好,且值不高,考虑综合利用,可以划分其为含锌、铜的低品位钨矿体。其平均钨品位刚刚达到边界品位,铜约为 0.15%,锌约为 0.1%。矿层处于钾长斑状花岗岩与含铁夕卡岩接触带及其两侧。

600~800m 深度井段:从上至下岩性依次为钾长斑状花岗岩、灰色细晶灰岩。除了个别测点有铜、锌、钨异常,未能划分出矿层。

(3)ZK003 孔。依据岩心 X 荧光测量原始数据,编制了 ZK003 孔矿体主元素 Cu、Pb、Zn、W 随钻孔深度变化曲线(图 12.34);根据表 12.5 中的数据,编制了以它们(按 50m 为一单元)的平均含量随深度变化曲线(图 12.35)。

总体上,ZK003 孔内矿化总体上不如 ZK1201,更比不上 ZK1601。呈现矿化的井段主要有三段:近地表附近(9~10m)的钨异常,550~650m 区间的钨、锌、铜异常,1200~1300m 的钨、锌、铜异常。

矿体主元素 Cu、Pb、Zn、W 间没有 ZK1601 孔所展示的良好的相关关系,Pb 在全孔内基本没有呈现出矿化显示,但 Cu、Zn、W 间具有基本相同的共消长关系。

由图 12.34 可知,按岩心 X 荧光测量原始数据,对 ZK003 孔进行了矿体位置与厚度的划定。在 ZK003 孔中,可以划分出 10 层矿。

0~500m 深度井段:该段岩性比较复杂。从地表往下,依次是泥岩、石英杂砂岩、构造角砾岩、石英杂砂岩、构造角砾岩、硅质灰岩、构造角砾岩、碳质灰岩、长石石英砂岩、含泥粉砂岩、砂质泥岩、石英砂岩、泥质粉砂岩、石英杂砂岩、泥质粉砂岩、长石石英砂岩、泥质粉砂岩。除近地表 9~10m 处有铜、锡、锌、钨异常含量显示外,其余井段没有异常显示。

依据测试含量,在 9.35~10.05m,可以划分出 0.7m 厚钨矿 1 层。其中钨平均品位为 0.19%。

500~600m 深度井段:从地表往下,岩性依次是泥质粉砂岩、碳质页岩、钙质泥岩。在该井段,有一处锌、钨异常含量显示。

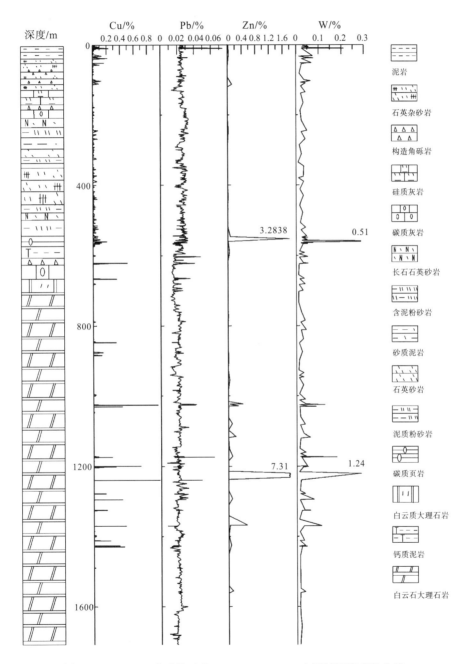

图 12.34　ZK003 孔矿体元素 Cu、Pb、Zn、W 含量随深度变化曲线

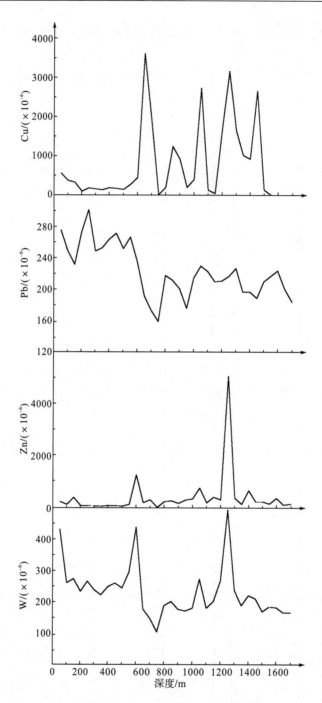

图 12.35   ZK003 孔矿体元素 Cu、Pb、Zn、W 平均含量随深度变化曲线

在 559.65～559.75m，可以划分出 0.1m 厚含钨的锌矿层。其中钨平均品位为 0.5%，锌的平均品位达到 3.3%。

600～800m 深度井段：从地表往下，岩性依次是钙质泥岩、构造角砾岩、碳质灰岩、白云质大理岩、白云石大理岩。在该井段，有个别测点出现 Cu、Pb 含量偏高显示，但其含量无法划分矿层。

800～1000m 深度井段：该井段岩性全程为白云石大理岩。在该井段，有个别测点出现 Cu 含量偏高显示，但其含量无法划分矿层。

1000～1200m 深度井段：该井段岩性全程为白云石大理岩。在该井段，有三处明显的异常含量显示，可以划分为三层矿。

在 1025.2～1030.8m 井段，Cu、W 有高于边界品位的测点，Pb、Zn 有微弱的矿化显示，但达不到工业品位。异常区间平均，Cu、W 均略低于工业品位。考虑综合利用，可划分含钨的铜矿 1 层。

在 1173.7～1173.8m 井段，可划分薄钨矿 1 层，平均品位为 0.17%。

在 1199.0～1201.0m 井段，可划分铜矿 1 层，平均品位为 0.6%。

1200～1400m 深度井段：该井段岩性全程为白云石大理岩。在该井段，有三处明显的异常含量显示，可以划分三层矿。

在 1239.4～1239.6m 井段，可划分 0.2m 薄的含钨的锌铜 1 层，W、Zn、Cu 的平均品位分别为 1.2%、7.3%、0.9%。

在 1294.4～1294.5m 井段，可划分 0.1m 薄铜矿层，Cu 的平均品位为 0.4%。

在 1369.5～1269.7m 井段，可划分 0.2m 含钨薄铜矿层，Cu 的平均品位为 0.4%、W 的平均品位为 0.1%。

1400～1708m 深度井段：该井段岩性全程为白云石大理岩。在该井段，可见两处铜异常含量显示。

在 1426.2～1426.6m 井段，可划分出 0.4m 厚的铜矿层，Cu 平均品位为 0.34%。

在 1428.5～1429.2m 井段，可划分出 0.7m 厚的铜矿层，Cu 平均品位为 0.35%。

12.5.2　不能直接测量目标元素的矿种——以四川康定市甲基卡锂矿为例

对于能源矿产锂矿，由于国家能源结构改革，需求逐渐增多。作为主要锂矿来源的伟晶岩锂矿，近年来勘查工作量较大，每年锂矿勘查钻孔采集有大量岩心。如果能采用手提式 X 射线荧光仪快速检测锂矿钻孔岩心，将为伟晶岩锂矿找矿提供诸多信息，起到很好的找矿与经济效益。

Li 原子序数 3，在目前的技术条件下无法通过手提式 X 射线荧光仪直接测量其含量。借鉴 X 荧光技术找金的经验，理论上可以利用锂的一些共(伴)生元素作为测量对象，解决岩心中锂矿层识别与确认问题。

根据地球化学理论，作为稀有金属的 Li，最常见的共(伴)生元素为铍、铷、铯、铌、钽等，有些还有放射性元素伴生。但不同的伟晶岩矿床，与锂的共(伴)生元素不同。

为了解决四川甲基卡锂矿岩心的 X 荧光测量技术问题，先期应用成都理工大学研制的 NTG-863X 型手提式 X 射线荧光仪(配 Si-PIN 探测器，Ag 靶 X 射线光管)对该矿床的岩矿石标本进行了 X 荧光谱线研究。图 12.36、图 12.37 分别为甲基卡含锂辉石伟晶岩、甲基卡无矿伟晶岩标本的 X 荧光谱线(周四春等，2018)。

为了对比，也测量了围岩的 X 射线谱线。图 12.38 是红柱石片岩 X 荧光谱线。

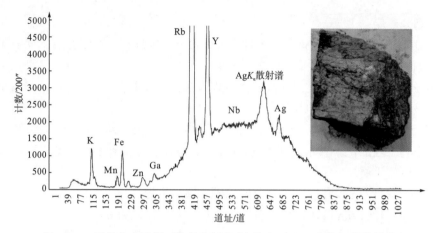

图 12.36　甲基卡含锂辉石伟晶岩标本(编号：JJK13-03)的 X 荧光谱线

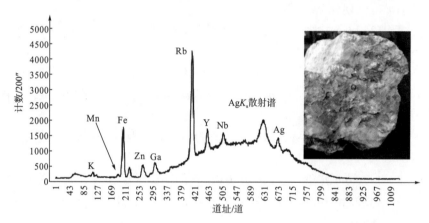

图 12.37　甲基卡无矿伟晶岩标本(编号：26-9 白)的 X 荧光谱线

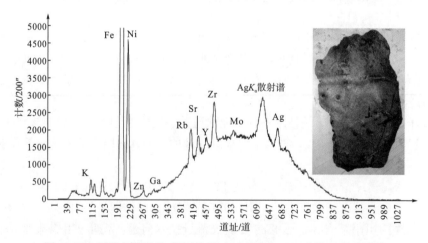

图 12.38　甲基卡围岩(红柱石片岩)标本(编号：87-3)的 X 荧光谱线

由实测岩矿石谱线可知：Rb、Nb、Y 高，Fe、Sr、Zr 低，应该是含矿伟晶岩的识别标志。

在此基础上，对甲基卡的 ZK3102、ZK5102、ZK201 三口钻孔岩心进行了全孔测量。

按矿化区点距 0.1m，无矿区 0.5～1.0m，总计测量岩心 420.91m，测点 844 个，每个测点获得有效元素信息 7 种。图 12.39～图 12.41 为三口钻孔岩心的测量成果图。

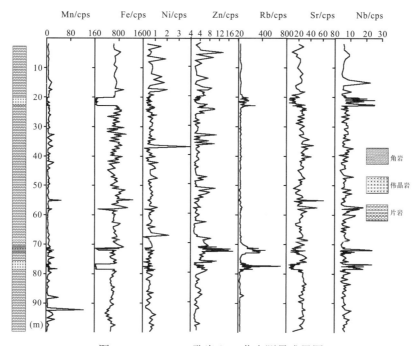

图 12.39　ZK5102 孔岩心 X 荧光测量成果图

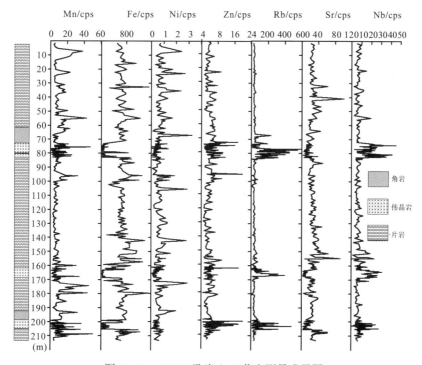

图 12.40　ZK201 孔岩心 X 荧光测量成果图

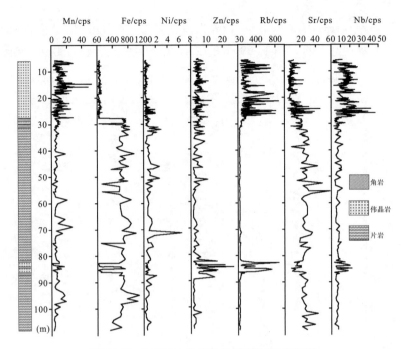

图 12.41　ZK3102 孔岩心 X 荧光测量成果图

　　结果表明，尽管目前的手提式 X 射线荧光仪不能直接测量出 Li 的含量，但依据 X 荧光岩心测量中其他指示元素的资料是可以用于指导钻进、岩心编录与地质采样的。

　　根据岩心 X 荧光测量结果，可以基本划分出值得关注(可能矿化)的井深层位(表 12.6)。

表 12.6　岩心 X 荧光测量资料

钻孔编号	井深位置/m	推断解释	解释依据	备注
ZK3102	5.7～27.5	可能矿(化)层	Rb、Nb 高，Fe 低	参考 Y、Mn
	82.6～83.9	可能矿(化)层		
	84.8～86.1	可能矿(化)层		
ZK5102	20.1～22.8	可能矿(化)层	Rb、Nb 高，Fe 低	参考 Y、Mn
	71.6～72.0	可能矿(化)层		
	76.7～78.4	可能矿(化)层		
ZK201	73.1～78.9	可能矿(化)层	Rb、Nb 高，Fe 低	参考 Y、Mn
	79.7～81.8	可能矿(化)层		
	82.1～82.8	可能矿(化)层		
	163.1～168.5	可能矿(化)层		
	200.9～205.1	可能矿(化)层		

　　事后，通过对比 X 荧光测量结果与岩心取样分析结果，证实划分的矿化层是完全正确的。按照表 12.6 的测量资料，可以减少无效采样 30% 左右。这表明，手提式 X 射线荧光仪在对某些不能直接测量成矿元素的矿种上，只要选择好合适的指示元素，也能够在岩心编录等找矿环节上发挥很好的作用(周四春等，2018)。

参 考 文 献

甘媛, 杨海, 葛良全. 2014. X 射线荧光测量在蒙马拉航磁异常查证中的应用[J]. 西南师范大学学报(自然科学版), 39(2):
　　105-108.

谷懿, 葛良全, 王平, 等. 2014. X 荧光分析技术在航磁异常地面查证中的应用[J]. 矿物学报, 34(1): 126-130.

米争峰, 葛良全, 张庆贤, 等. 2011. 西天山某航磁异常点查证中现场 X 荧光分析技术的应用[J]. 核电子学与探测技术, 31(7):
　　798-801.

杨海, 葛良全, 熊盛青, 等. 2013. 浅钻 X 射线荧光测量在航磁异常查证中的应用[J]. 金属矿山, 6: 90-92.

张寿庭, 丁益民, 朱创业, 等. 1998. X 射线荧光分析技术在四川龙塘铅锌矿成矿规律研究与资源评价中的应用[J]. 物探与化探,
　　22(2): 116-121.

张寿庭, 丁益民, 朱创业, 等. 1992. X 射线荧光方法在成矿规律研究中的应用[J]. 成都地质学院学报, 19(2): 104-110.

周四春. 1991. X 取样方法的研究和应用(三): 克服矿化不均匀效应的方法研究[J]. 核电子学与探测技术, 11(1): 42-46.

周四春, 刘晓辉, 胡波, 等. 2018. X 射线荧光光谱法测定甲基卡锂矿区岩心[J]. 核电子学与探测技术, 38(5): 703-708.

周四春, 张志全, 宁兴贤. 2002. 应用 X 荧光现场测量技术研究 KNM 金矿床地球化学模式[A]//四川省地学核技术重点实验室
　　年报(2000-2001). 成都: 四川大学出版社: 142-145.

第13章　地质品位的 X 射线荧光取样

地质工作中获取某个区域地质品位的方法是进行取样。所谓"取样"，是指采集一定区域内的岩石样品，然后对所采集的样品进行加工，分析其目标元素的含量，并用此含量代表取样区域的地质品位。国家规范的地质取样法是刻槽取样法，每一个地质样品的取样区域是 100cm×10cm×3cm。

我们把采用手提式 X 射线荧光仪在地质体表面一定区域内，通过现场逐点测量，实时获取各测点目标元素的含量，并据此计算该区域内的地质品位，称为"X 射线荧光取样"，简称"X 辐射取样""X 荧光取样"或"X 取样"。X 辐射取样实际上没有实质性的取样过程，之所以称其为"取样"，是因为其与地质取样的作用是一样的。

以刻槽取样为例，从采集样品到最终获取地质品位需要经过三道工序：刻槽取样、对刻取的样品进行加工、对加工好的样品进行化学分析。三道工序中，每一道都会对最终获取的品位引入误差。如刻槽时，无法避免岩屑飞溅造成的样品不能完全回收引起的代表性误差；样品加工中的多次缩分造成的加工误差；化学分析时的分析误差。此外，刻槽取样不仅劳动强度大，还会产生粉尘，对刻槽工人带来危害。

X 辐射取样现场原位确定地质体含量，不但避免了常规取样方法中多道工序引入的人为误差，而且减轻了工人劳动，消除了粉尘对人体的危害。因此，X 辐射取样是值得推广的高科技地质品位获取技术。

X 荧光取样可以完成下列工作。

(1)确定矿体中有益或有害组分的含量。

(2)划分矿层边界、圈定矿体。

(3)及时快速监测，减少矿石贫化损失率。

(4)协助进行地质编录。

(5)指导探矿工程的掘进方向。

(6)进行有关地质问题的研究、快速评价矿体。

与 X 荧光勘查技术相比，X 荧光取样技术是一种对待测介质中目标元素进行半定量、定量测定的现场原位分析。在方法技术上必须采取更有效的措施和数理模型，同时对仪器的性能、探头的结构和测量的几何条件也有更严格的要求。为了保证定量分析的准确度、精确度和灵敏度，必须解决 X 荧光取样中存在的三个关键性技术难题：不平度效应(也称几何效应)、基体效应和矿化不均匀效应。这三个技术难题一直是 X 荧光取样技术在实际生产中应用和推广的主要障碍。

在长期研究和工作的基础上，作者及其所在团队从理论上、模型实验上进行了系统的分析研究，提出了一套切实可行的解决办法，使 X 荧光取样技术在方法技术上逐步得到完善。

13.1　地质品位 X 射线荧光取样的关键技术问题

不同于室内在几何条件完全相同情况下对均匀样品的 X 荧光分析，X 辐射取样时，由于原生产状条件下的岩石表面的不平整是绝对的，手提式 X 射线荧光仪在岩石表面的测量条件无法完全保持一致，由此会造成几何效应影响(周四春等，1990a)；另外，原生产状条件下的岩石内，目标元素的分布是不均匀的，而手提式 X 射线荧光仪在岩石表面的测量可以看作点测，测点布设不合理，将会带来矿化不均匀效应影响(周四春等，1990b)；岩石是多元素基体，元素间会产生基体效应影响(周四春等，1991a)。因此，X 辐射取样的关键技术，实际就是解决上述三种效应的相关技术。

13.1.1　几何效应影响校正理论与技术

X 取样是一种物理测量方法。因此，要想获得准确的测量结果，就必须保证待测样与标准样之间的测量条件完全一致。但原生产状条件下的岩石表面总是凹凸不平，而且这种凹凸不平及其程度完全是随机的。当我们把 X 射线荧光仪探头放置于岩壁表面进行测量时，就不能保证各测点的测量几何条件完全一致，更不能保证各测点与仪器刻度标准样测量的几何条件完全一致。这种由测量面凹凸不平对测量结果造成的影响，我们称为几何效应(或不平度效应)(周四春等，1990a)。

尽管岩壁表面的凹凸不平，形态千差万别，但从 X 取样角度看，仅有图 13.1 所示的四种类型。

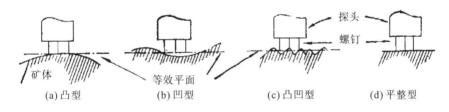

图 13.1　X 辐射取样中岩壁表面几何形态分布类型示意图

可以证明，对一矿物组分分布均匀的矿体，其各种测量面总可以用一平整面来等效，即在这个平整面上测量的值与相应凹凸面上测量的值相等。从这个意义上来说，测量面凹凸不平产生影响的实质是使 X 射线荧光仪探头内的激发源到测量面(等效平面)的距离发生了变化。因此，只要能保证在平整面上测量时，源样距的变化对测量结果的影响不超出允许的误差范围，就可以认为几何效应的影响已被消除。

1. 几何效应影响校正基本理论

1)点源等效模型 X 取样方程

X 取样时，X 荧光探头内的激发源与测量对象间的几何关系如图 13.2 所示。因为讨论源样距的影响，我们将测量对象视为一种矿物组分分布均匀，表面平整且无限大无限厚岩体。图中 s 既为点状、中心源位置，也为探测器位置；探测器有效面积为 M；θ 为激发源最大出射角的一半；H 为源样距；记空气对源初始射线和欲测特征 X 射线的质量吸收系数为 μ_0' 和 μ_k'；岩体对源初始射线和特征 X 射线的质量吸收系数为 μ_0 和 μ_k；岩体密度为 ρ。从图 13.2 可知，探测器仅记录来自探头张角（激发源最大出射角）下，由虚线圈定的圆台形岩体的射线。记距探测器为 r 处的体元 dV 产生的特征 X 射线在探测器内产生的计数率为 dI_k，则探测器计数率应为

$$I_k = \int_V dI_k \tag{13.1}$$

式中，V 表示整个圆台的体积。

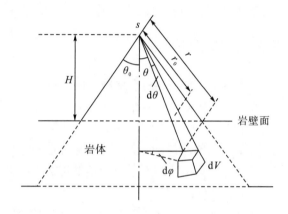

图 13.2　X 荧光取样的平整面模型推导图

取球坐标，将坐标原点置于 s 处可写出：

$$dI_k = \frac{I_0}{4\pi r^2} e^{-\mu_0' r_0 - \mu_0(r - r_0)} \tau \rho C_k \frac{L}{A} \omega g \frac{MK'}{4\pi r^2} e^{-\mu_k' r_0 - \mu_k(r - r_0)} dV \tag{13.2}$$

式中，τ 为荧光元素对源初始射线的光电截面；C_k 为荧光元素百分含量；L 为阿伏伽德罗常量；A 为荧光元素的原子量；ω 为荧光产额；g 为荧光元素的特征 X 射线的强度分支比；K' 为探测器效率；I_0 为源强度。

由于 θ_0 不太大，M 可近似看作常数，故可记 $K = K'\tau\left(\dfrac{1}{A}\right)\omega g M\left(\dfrac{1}{16}\pi^2\right)$。

将 $dV = r^2\sin\theta d\theta d\varphi dr$ 代入式 (13.2)，且整理后得

$$I_k = I_0 \rho K C_k \int_0^{2\pi} \int_0^{\theta_0} \int_0^{\infty} e^{-(\mu_0' - \mu_0 + \mu_k' - \mu_k) r_0} e^{-(\mu_0 + \mu_k) r} \frac{\sin\theta}{r^2} d\varphi d\theta dr \tag{13.3}$$

应用积分中值定理，并引入第一类指数积分函数（即金格函数），最终得

$$I_k = \frac{K I_0 C_k}{\mu_0 + \mu_k} \frac{1}{\xi_k^2} \left\{ \phi\left[(\mu_0' + \mu_k')H\right] - \cos\theta_0 \phi\left[(\mu_0' + \mu_k')H\sec\theta_0\right] \right\} \tag{13.4}$$

式中，ξ_k 是应用积分中值定理引入的，介于区间 (r_0, ∞) 间的一个待定值；$\phi(x)$ 是自变量 x 的第一类指数积分函数，其数学形式如下（J B 戈尔什科夫，1959）：

$$\phi(x) = \int_0^{\frac{\pi}{2}} e^{-x \sec \theta} \sin \theta \, d\theta = e^{-x} - \int_x^{\infty} e^{-t} t^{-t} dt \tag{13.5}$$

式中，$\phi(x)$ 值可以从 JB 戈尔什科夫所撰写的专著中查得。用同样方法可以导出源样距与散射射线强度间的理论方程式：

$$I_s = \frac{K_s I_0 \sigma}{\mu_0 + \mu_s} \frac{1}{\xi_s^2} \{\phi[(\mu_0' + \mu_s')H] - \cos \theta_0 \phi[(\mu_0' + \mu_s')H \sec \theta_0]\} \tag{13.6}$$

式中，σ 为源量子的散射截面；脚标 s 标记散射射线作用。除此之外，各符号意义同式 (13.4)。

式 (13.4) 和式 (13.6) 中的 ξ_k、ξ_s，可以按以下方法确定。

从物理意义上解释，ξ_k 应为发射特征 X 射线的平均距离。ξ_s 意义类同。故有

$$\xi_k = \bar{H} + D_k \tag{13.7}$$

$$\xi_s = \bar{H} + D_s \tag{13.8}$$

式中，$\bar{H}$ 为源到测量面各点的平均距离；D_k 与 D_s 分别是特征和散射射线在介质中的等效发射深度，数值上等于射线在介质中的半吸收层厚度，即

$$D_k = \frac{\ln 2}{\mu_0 + \mu_k} \tag{13.9}$$

$$D_S = \frac{\ln 2}{\mu_0 + \mu_s} \tag{13.10}$$

$\bar{H}$ 可通过图 13.3 求出。设 X 射线荧光仪探头所覆盖的有效探测半径为 a，则有

$$\bar{H} = \int_0^a \frac{2\pi l \sqrt{H^2 + l^2}}{\pi \tan^2 \theta_0 H^2} dl \tag{13.11}$$

将 $a = H \tan \theta_0$，$1 + \tan^2 \theta_0 = \sec^2 \theta$ 代入式 (13.11)，可得

$$\bar{H} = \frac{2H}{3 \tan^2 \theta_0} (\sec^2 \theta_0 - 1) \tag{13.12}$$

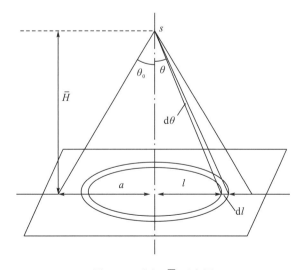

图 13.3　求解 $\bar{H}$ 示意图

2) 点状侧源 X 荧光取样方程

当放射性同位素源的活性面积相对于探测器面积以及样品的有效探测面积很小时，激发源可视为点状源，其发出的初级射线(X 或 γ)就不能近似为平行射线束，距源活性面为 R_1 处的射线照射量率应按反平方律的规律确定。若考虑被测物质基体密度(ρ_H)的变化对 X 辐射取样结果的影响。在中心源激发装置条件下，探测器记录的目标元素的特征 X 射线照射量率 I_x 的表达式为(葛良全等，1997)

$$I_x = \frac{K_x \cdot C \cdot S}{R_1^2 \cdot R_2^2 \cdot [\rho_A \cdot D \cdot (1-C) \cdot (\overline{\mu}_0^H + \overline{\mu}_f^H) + \rho_H \cdot D_x \cdot C \cdot (\overline{\mu}_0^H + \overline{\mu}_f^H)]} \tag{13.13}$$

式中，S 为被测岩矿表面的有效探测面积；D_x 为入射 X 射线作用到岩矿体的深度所达到的饱和厚度；ρ_A 和 ρ_H 分别为待测元素和基体的各自密度；$\overline{\mu}_0^H$ 和 $\overline{\mu}_f^H$ 分别为激发源初始 X 射线和待测元素的特征 X 射线的有效质量衰减系数；R_1 和 R_2 分别为激发源和探测器到岩矿表面的距离。其他参数同前。

若岩矿石达到饱和厚度 D_x，即

$$D_x = \frac{\ln[1 - I_f / I_f(\infty)]}{\rho_H \cdot (\overline{\mu}_0^H + \overline{\mu}_f^H)} \approx \frac{2}{(\overline{\mu}_0^H + \overline{\mu}_f^H)} \tag{13.14}$$

则式(13.13)可化简为

$$I_x = \frac{K_x \cdot C \cdot S \cdot \rho}{R_1^2 \cdot R_2^2 \cdot 2 \cdot \rho_A} \tag{13.15}$$

式中，ρ 为岩石的平均密度。

3) 面源凹凸面 X 荧光取样方程

上面建立的方程都是假定样品表面是光滑的平面。而对原位 X 荧光测量而言，被测对象往往是原生产状下的岩矿石、土壤和金属铸件的表面，测量面一般都是呈凹凸不平的状态。另外，当放射性同位素源活性面较大，相对于探测器和样品表面的有效探测面积不可忽略时，激发源既不能当作点状源，也不能当作能产生平行射线束的无限大的面状源。特别是在中心源的几何装置下，由于具有一定活性面积的激发源位于探测器的中心，屏蔽了来自样品发出的特征 X 射线和散射射线，使探测器的有效面积减小。因此，考虑面状源激发装置和凹凸面样品情况下建立的 X 辐射取样方程，更接近实际的原位 X 辐射取样的测量条件。

假设取样对象为表面凹凸不平且无限厚的岩体，其目标元素分布均匀。放射源的活性面积为 S_s，半径为 r_s，探测器面积为 S_d，半径为 S_d。仪器探头在取样时，激发源、探测器和岩壁之间的几何位置如图 13.4 所示。P 点为等效虚点源的

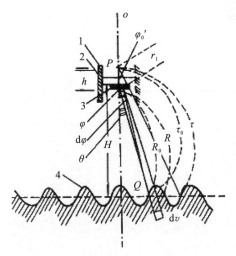

图 13.4　面源凹凸面 X 辐射取样方程推导示意图

1-铅屏蔽层；2-探测器；3-激发源；4-样品

位置，以 P 点为球心，取球坐标系。则凹凸面上任一点 Q 与 P 点的连线(即 r_0)在 OO' 轴上的投影应是 $H=H(\varphi,\psi)$ 的函数，记为 $H=H(\varphi,\psi)$。显然，$H=H(\varphi,\psi)$ 是描述凹凸曲面形状的一个函数。在该坐标系下建立的基本方程为(葛良全等，1997)：

$$I_x = \frac{K_x I_0}{\mu_{0x}+\mu_{xx}} \cdot F_x(H) \cdot C \tag{13.16}$$

式中，μ_{0x} 和 μ_{xx} 分别为特征 X 射线在空气中和样品中的线衰减系数。$F_x(H)$ 称为特征 X 射线的不平度因子，可由式（13.17）求出：

$$F_x(H) = 0.5\pi \int_0^{\psi_0} \ln \frac{r_d^2 H^2 + \left[H^2+(H+h)^2\tan^2\psi\right]\left[\sqrt{H^2+(H+h)^2\tan^2\psi}+D_x\right]^2}{r_s^2 H^2 + \left[H^2+(H+h)^2\tan^2\psi\right]\left[\sqrt{H^2+(H+h)^2\tan^2\psi}+D_x\right]^2} \tag{13.17}$$
$$\cdot e^{-\mu_{00}\left[H/\cos\psi - \mu_{x0}\sqrt{H^2+(H+h)^2\tan^2\psi}\right]\cdot\sin\psi} d\psi$$

式中，D_x 为 $[0,\infty)$ 内的值。在物理意上，D_x 是特征 X 射线在岩体中沿径向方向贯穿的距离，因此 D_x 可以看作上述特征 X 射线在岩体中的等效发射深度，于是有

$$D_x = -\ln 0.5 / (\mu_{xx}+\mu_{0x}) \tag{13.18}$$

从式(13.16)和式(13.17)可以看出，当 H 为常数，即测量面为平面时，$F(H)$ 是一个以 ψ 为变量的定积分，它也是常数，探测器记录的目标元素的特征 X 射线照射量率与其含量之间的线性关系，仅受被测物质的基体效应(由 μ_{0x} 和 μ_{xx} 参数决定)的影响。而对凹凸面而言，由于描述凹凸形状的函数 $H=H(\varphi,\psi)$ 随不同的测点而不同，所以 $F_x(H)$ 的值是变化的，由此也破坏了特征 X 射线照射量率 I_s 与目标元素含量 C 之间的线性关系。因此，凹凸不平对 X 辐射取样结果的影响(即不平度效应)可通过不平度因子 $F(H)$ 的数学表达式来描述。

为以后讨论方便，下面给出面状源凹凸面条件下散射射线(也是源初级射线与岩体相互作用产生的次级射线)的照射量率 I_s 与散射射线不平度因子 $F_s(H)$ 表达式：

$$I_s = \frac{K_s I_0}{\mu_{0x}+\mu_{sx}} \cdot F_s(H) \cdot \sigma \tag{13.19}$$

$$F_s(H) = 0.5\pi \int_0^{\psi_0} \ln \frac{r_d^2 H^2 + \left[H^2+(H+h)^2\tan^2\psi\right]\left[\sqrt{H^2+(H+h)^2\tan^2\psi}+D_s\right]^2}{r_s^2 H^2 + \left[H^2+(H+h)^2\tan^2\psi\right]\left[\sqrt{H^2+(H+h)^2\tan^2\psi}+D_s\right]^2} \tag{13.20}$$
$$\cdot e^{-\mu_{00}\left[H/\cos\psi - \mu_{s0}\sqrt{H^2+(H+h)^2\tan^2\psi}\right]\cdot\sin\psi} d\psi$$

式中，μ_{s0} 和 μ_{sx} 分别为散射射线在空气和岩体中的线衰减系数；D_x 为散射射线在岩体中的等效发射深度，由式（13.21）求出：

$$D_s = -\ln 0.5 / (\mu_{sx}+\mu_{0s}) \tag{13.21}$$

2. 几何效应影响校正基本技术

1) 散射校正技术

从宏观上看，岩壁表面凹凸不平程度是十分剧烈的，但对国内外常用的便携(手提)式 X 射线荧光仪，其有效直径小于 3cm，在这样一个小的探测视域内，岩壁的凹凸不平程度大多不超过 $\pm 10\text{mm}$。故只要保证使测量值在深度 $\pm 1.0\text{cm}$ 变化时，变化量小于允许

误差限,则源样距变化影响(即几何效应影响)可认为被克服了。

探头直径以 3cm 计,选大厂矿务局铜坑锡矿的锡矿体为研究对象(其平均化学成分见表 13.1,用式(13.4)与式(13.6)计算了 H 从 1.0cm 变化到 4.0cm 时的 I_k 与 H 和 I_s 与 H 曲线,如图 13.5 所示。

表 13.1　大厂矿务局铜坑锡矿 91 号矿体化学成分全分析表

元素	Sn	Zn	Pb	Sb	Cu	Fe	As	S	C	Ti	Bi	SiO_2
含量/%	2.19	3.18	0.11	0.12	0.07	10.72	0.71	7.74	2.02	0.13	0.03	57.93
元素	Al_2O_3	CaO	MgO	Mn	K_3O	NaO	Ge	Ga	In	Cd	Ag	Au
含量/%	3.71	3.85	0.71	0.057	0.4	$<10^{-2}$	$<10^{-2}$	0.008	7.4×10^{-3}	0.022	7.21×10^{-4}	8.6×10^{-6}

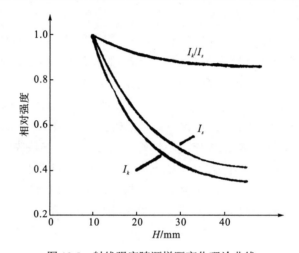

图 13.5　射线强度随源样距变化理论曲线

从图 13.5 可以看出,由于 I_k 与 I_s 随 H 做同向变化,故其 I_k/I_s 随 H 变化幅度已大为减小。故实际 X 荧光取样工作时,应选择 I_k/I_s 作为含量计算的基本参量。

2) 最佳源样距校正技术

早期的便携式 X 射线荧光仪探头顶端安置有三个螺丝钉,用于在岩石等不平整面上测量时,固定仪器。由激发源到探头顶端的三个螺丝钉所确定的平面间的距离,我们称为仪器源样距。

当岩壁平整时,仪器源样距就是实际源样距。当测量岩石表面不平整时,仪器源样距是不等于实际源样距。理论计算与实验表明,当岩壁表面由于凹凸不平造成实际源样距 H 不等于仪器源样距时,仪器采用不同的仪器源样距,受到 H 变化带来的影响程度是不同的。图 13.6 是锡矿 X 取样时,理论计算和实验测定的 H 变化±1.0cm 时,I_k/I_s 的平均测量误差曲线。从图中可见,存在一个受 H 变化影响最小的最佳仪器源样距,对锡矿 X 取样来说,最佳仪器源样距为 2.3cm。对于其他矿种,因为其特征 X 射线能量不同,受不平度效应影响程度不同,故在进行 X 取样前,可用式(13.4)与式(13.6)通过理论计算或通过模型实验,预先选出最佳仪器源样距,以便将几何效应影响控制在最低程度。

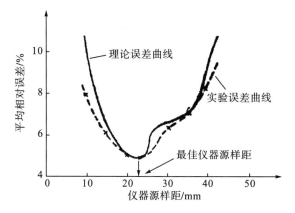

图 13.6　不同仪器源样距下的 X 荧光取样误差

3）数学校正技术

为进一步减小源样距的影响，可采用一些合适的数学校正方法。如周四春等在大厂锡矿开展 X 荧光取样时，采用了以下校正模型：

$$\frac{I_k}{I_s} = aI_s C_k^2 + bC_k + c \tag{13.22}$$

当用这个模型计算元素含量(C_k)时，如遇测量面不平整引起 H 变化，将有

$$\frac{\mathrm{d}\frac{I_k}{I_s}}{\mathrm{d}H} = \frac{aC_k^2 \mathrm{d}I_s}{\mathrm{d}H} \tag{13.23}$$

由于I_k/I_s与I_s是同向变化的，即当等式左边I_k/I_s受 H 影响变小时，等式右边的I_s也会同步变小，从理论上保证了只要C_k变化不大，并合适选择好 a 值，I_s的变化就会补偿I_k/I_s变化带来的影响。

理论计算表明，在上述三项技术措施之下，在锡矿上开展 X 取样时，H 变化带来的误差，已完全控制在允许误差范围内。

4）几何效应校正技术有效性实验检验

当年，周四春用商品化仪器 HYX-II 型（双道）X 射线荧光仪，在一批尺寸为 20cm×20cm×5cm 的锡块矿模型（用 40 目锡矿矿石粉按 3:1 加入 525 号矿渣水泥混合均匀，加水凝结而成。其正面平整，反面模拟岩壁面刻戳成起伏在 ±1～1.5cm 的凹凸面）上进行了下述两个实验。

（1）H 变化在 -1.0～1.5cm 时测量误差观察。将仪器探头置于模型正面（平整面）的同一位置，将实际源到模型平面的距离 H 分别调整到 1.3cm、2.3cm、3.8cm，逐一测量其I_k/I_s值，如表 13.2 所示。

表13.2　源样距变化-1.0～1.5cm 时的测量误差

模型号	H/mm	I_k/I_s	相对误差/%	模型号	H/mm	I_k/I_s	相对误差/%
M1（含锡 0.68%）	13	0.065	+1.56	M9（含锡 1.30%）	13	0.110	+1.85
	23	0.064	0.00		23	0.108	0.00
	38	0.061	-4.69		38	0.101	-6.48
M2（含锡 1.13%）	13	0.092	+3.37	M10（含锡 1.31%）	13	0.099	-1.98
	23	0.089	0.00		23	0.101	0.00
	38	0.085	-4.49		38	0.097	-3.96
M7（含锡 1.06%）	13	0.097	+6.59	M11（含锡 2.67%）	13	0.175	+2.33
	23	0.091	0.00		23	0.171	0.00
	38	0.087	+4.40		38	0.159	-7.01

表 13.2 结果表明，若仪器源样距定为 2.3cm，X 取样时，H 在-1.0～1.5cm 变化对 I_k/I_s 值影响最大不超过 10%。

（2）岩壁模拟测量误差观察。将 X 射线荧光仪的仪器源样距调整到 2.3cm，在锡块矿模型的正、反面分别按 5cm×5cm 测网测量 9 个测点，取其平均值作对比，测量结果见表 13.3。

表 13.3　岩壁模拟测量误差

模型号	I_k/I_s（平面）	I_k/I_s（凹凸面）	相对误差/%	模型号	I_k/I_s（平面）	I_k/I_s（凹凸面）	相对误差/%
M1	0.0340	0.0330	-2.94	M8	0.1677	0.1671	+0.40
M2	0.0404	0.0377	-6.70	M9	0.0565	0.0578	+2.30
M4	0.0513	0.0512	-0.20	M10	0.0550	0.0567	+3.10
M5	0.0495	0.0492	-0.60	M11	0.0847	0.0780	-7.90
M6	0.0684	0.0714	+4.40	M12	0.1344	0.1264	-6.00
M7	0.0430	0.0471	+9.50				

从表 13.3 可知，界面凹凸不平在±1～1.5cm，I_k/I_s 值的测量误差均小于 10%，与实验结果吻合。

上述研究表明，采用本书的几何效应校正技术，可以基本校正几何效应影响。

13.1.2　矿化不均匀效应影响校正理论与技术

1. X 荧光取样的统计模型

通常，人们把 X 荧光取样中由于矿化不均匀带来的影响称为"矿化不均匀效应"。研究结果表明，X 荧光取样实际上可以看作一种针对随机分布的变量(每个测点的含量)，通过随机抽样的过程来估计母体特征参数(可以看作数学期望值的地质品位)。这样一个过程可以用统计量(或抽样)分布的数学模型来描述。模型的内容是：若 $C \sim N(\mu, \sigma^2)$，而

C_1，C_2，$\cdots$，C_n 是它的一个样本，此时有

$$\bar{C} = \frac{1}{n}\sum_{i=1}^{n}C_i \tag{13.24}$$

则有 $\bar{C} \sim N(\mu, \sigma^2/n)$。即若矿体上各点品位的总体 C 遵从数学期望值 μ、均方差 σ 的正态分布，则其 n 个点上品位的算术平均值则遵从 $N(\mu, \sigma^2/n)$ 的正态分布。此处的 μ 显然是所开展 X 取样地段内地质品位的真值。$\bar{C}$ 则是由 n 个测点测得的 X 荧光取样平均地质品位。

2. 统计检验

模型成立的关键是被测目标元素的含量分布应遵从正态分布，为此在某锡矿山和某铅锌矿山随机抽取了部分地质样，分别用 Shapiro-Wilk 检验法、偏态峰检验法和最大累积频率绝对差检验法进行被测目标元素的分布统计检验。用各种方法检验均证明：在各样范围内，目标元素的含量在地质样内遵从正态分布。

3. 最佳测网

按统计量分布的数学模型，我们可以从理论上探讨使 $\bar{C}$ 与 μ 间误差达到最小的方法。并由此得出，以探测器有效探测直径作为测量点距，做上下两排交叉线布点测量，X 取样时受矿化不均匀效应影响最小(周四春，1991b)。这种测网称为最佳测网。

13.1.3　X 射线荧光取样结果的评价

应用 X 荧光辐射取样方法现场原位测品位时，受到现场多种因素的影响，尤其是基体效应、不平度效应以及矿化不均匀效应等因素的影响，因此在前面进行了认真的、重点的研究，并提出了解决的途径。尽管如此，有时在个别 X 取样区域所测量的结果与刻槽取样(岩心劈样)化学分析结果间存在着较大的误差。据此，我们对所研究的 X 取样方法，采取了以下一些科学的、客观的评价方法对 X 取样结果进行评价。

1. X 荧光辐射取样允许误差限的确定

1)X 射线辐射取样测量结果和刻槽取样化学分析结果的误差来源

在矿区现场进行 X 辐射取样时，其测量结果的误差主要来源于现场各种复杂地质条件以及该方法本身的测量条件，包括岩矿石的基体效应、不平度效应和矿化不均匀效应等造成的误差。

与之相比，刻槽取样化学分析结果的误差主要来源于人为因素，包括传统刻槽取样时，刻下来的岩矿石不是百分之百的采集，采集其中的一部分，有时在刻槽时飞溅在外，未能采集进去，代表性较差，致使引入传统刻槽取样工序所带来的误差($\varepsilon_{刻}$)；在样品粉碎、缩分时，不可能达到无穷多次，致使引入加工样品工序过程中所带来的误差($\varepsilon_{加}$)；以及化学分析本身所引入的误差($\varepsilon_{化}$)等。

由此可知，X 射线辐射取样结果与刻槽取样化学分析结果的误差来源是不相同的。

2)刻槽取样化学分析法默认的允许误差限

刻槽取样化学分析结果是传统计算矿石线储量的依据，这是规范所规定的。如果我们

在矿体的同一位置按规范规定先后两次以 100cm×10cm×3cm 做加深刻槽取样获取地质品位，两次获取的品位都是有效品位，换言之，两次取样间的品位误差被默认为允许误差。如果求取出这种默认的允许误差来作为评价 X 荧光取样的允许误差，应该是科学的。

根据上面讨论的刻槽取样的生产过程，这个默认的允许误差（$\varepsilon_{传统}$）应该由式（13.25）确定：

$$\varepsilon_{传统} = \varepsilon_{刻} + \varepsilon_{加} + \varepsilon_{化} \qquad (13.25)$$

上述三部分的误差，相对而言，化学分析是在完全可以人为控制的条件下进行的一道工序，可以说其误差是最小的。因此，必然有

$$\varepsilon_{化} \leqslant \varepsilon_{刻}, \quad \varepsilon_{化} \leqslant \varepsilon_{加} \qquad (13.26)$$

由式（13.25）和式（13.21），可得

$$\varepsilon_{传统} \geqslant 3\varepsilon_{化} \qquad (13.27)$$

由式（13.27）可知，实际工作中，刻槽取样法实际默认的允许误差限应该大于国家（或有关部委）颁发的矿石元素化学分析允许误差限的 3 倍。

根据前述认识，我们通过在山西中条山有色金属公司铜矿峪铜矿、大厂矿务局铜坑锡矿等对比研究，用同一地点前后两次刻槽取样品位间的误差，在 95% 置信概率下制定误差限，以此作为相应矿种上 X 取样的允许误差限。这个允许误差限不仅从数理统计的角度来看是严格的和科学的，经与刻槽取样对比，证实其可靠性与准确性均不低于刻槽取样的水平(详见本章相应节的介绍)。

下面以铜矿为例，说明允许误差限制定。同理，也可以用同样的方法确定其他矿种或元素的各品位段的传统刻槽取样的允许误差限。例如，表 13.4 列出了在铜矿峪铜矿依据 56 个样槽，前后两次刻槽取样间误差定出的 X 取样允许误差限。这个误差限与化学分析允许值的 3 倍是相当的。

表 13.4   铜矿床 X 取样允许误差限表

品级范围/%	$\Delta\overline{Cu}$	S	ε	备注
Cu>1.0	15.60	9.27	30.00	相对误差
1.0>Cu≥0.4	20.59	13.67	40.00	相对误差
0.4>Cu≥0.2	21.54	19.40	50.00	相对误差
Cu<0.2	—	—	0.09	绝对误差

表 13.4 中各品位段误差限的确认公式为

$$\varepsilon = \Delta\overline{Cu} + 1.65S \qquad (13.28)$$

式中，ε 为所确定的 x 取样允许误差限；$\Delta\overline{Cu}$ 为两次刻槽取样品位间的相对或绝对误差的平均值；S 是两次刻槽取样品位间误差的均方差。可由式（13.29）求出：

$$S = \sqrt{\frac{\sum(\Delta Cu_i - \Delta\overline{Cu})}{n-1}} \qquad (13.29)$$

式中，ΔCu_i 为第 i 个样槽两次刻槽化学分析品位间相对或绝对误差的绝对值；n 为参加统计的样槽个数。

我们对 X 取样评估的主要标准，就是采用表 13.4 所列的允许误差限，统计 X 取样合格率，以其是否达到 70%，或者 X 取样与刻槽取样所计算的线储量(即 $C\% \times H$)，两者相对误差小于 $\pm 10\%$，为其成功与否的主要标准。

2. 进行各项指标的统计与检验

评估一种定量分析方法，最主要的指标是准确度、精确度和检出限。

准确度的评估可采用四种方法：一是允许误差限标准统计合格率，用合格率是否高于 70% 来判断其准确度是否满足生产要求；二是用绝对平均误差大小来衡量被评估方法的准确度优劣；三是系统误差检验，准确度好的方法应无系统误差；四是平均品位显著性差异检验。

精确度的评估可采用重复测量，并统计重复测量间误差，用合格率与前后两次测量间平均品位是否显著性差异来判断其精确度的好坏。

检出限是否满足生产要求的评估方法，采用统计边界品位范围内样品测定合格率是否达到 70% 来加以判断。

下面仍以铜矿为例，逐一加以讨论。

1) 绝对平均误差对比

绝对平均误差由式 (13.25) 确定：

$$\eta = \frac{\sum\limits_{i=1}^{n}\left|Cu_{xi} - Cu_{化i}\right|}{n} \tag{13.30}$$

式中，η 为绝对平均误差；n 为参加统计的样品数；Cu_{xi} 和 $Cu_{化i}$ 分别表示第 i 个样品的 X 取样品位和化学分析品位。

η 的统计是按表 13.4 所列含量段分别进行的。刻槽取样的绝对平均误差，也按同一标准和方法计算与统计的。将 X 取样的绝对平均误差与刻槽取样法相比，即可做出比较合理的评估。η 越小，准确度越高。

2) 系统误差统计检验

若 X 取样法与刻槽取样法无系统误差，则在每一个样上测量到的两种品位间误差就应仅是由随机误差引起的，而随机误差的分布可以认为是均值为零的正态分布 (H_0)，因此两种方法间有无显著差异的问题可归结为判断 $\Delta Cu = Cu_{化} - Cu_x$($Cu_{化}$ 为刻槽取样法确定的 Cu 品位，Cu_x 为 X 取样法确定的 Cu 品位；ΔCu 为两种方法确定的品位间的误差)是否服从正态分布 $N(0, \sigma^2)$，此处 σ^2 为未知，即可归结为在水平 0.01 下，检验假设：

$$H_0: E(\Delta Cu) = 0 \tag{13.31}$$

理论上已给出了此检验的拒绝域为

$$\left|\overline{\Delta Cu}\right| > \frac{S}{\sqrt{n}} t_{\frac{\alpha}{2}}(n-1) \tag{13.32}$$

若 $\left|\overline{\Delta Cu}\right|$ 落入拒绝域，则可认为两种方法间有系统误差，反之，则认为无系统误差。

3) 平均品位显著性差异检验

矿体平均品位是确定金属量最关键的数据之一，X 取样法的准确度若达不到刻槽取样水平, 它确定的平均品位和刻槽取样法有显著差异, 为此, 有必要进行平均品位对比检验, 检验应用 t 氏法, 其检验程序如下:

$$H_0 : \overline{\mathrm{Cu}}_x = \overline{\mathrm{Cu}}_{化} \tag{13.33}$$

统计检验量 t 由式 (13.34) 确定:

$$t = (\overline{\mathrm{Cu}}_x - \overline{\mathrm{Cu}}_{化}) \sqrt{\frac{n_1 n_2 (n_1 + n_2 - 2)}{(n_1 + n_2)(n_1 S_1^2 + n_2 S_2^2)}} \tag{13.34}$$

在 α 水平下, 以 $(n_1 + n_2 - 2)$ 为自由度查 τ 氏检验表中的理论值 t_α, 若 $t < t_\alpha$, 则接受假设 H_0, 认为两种平均品位无差异。反之, 则认为两种方法所求平均品位有较大差异。

4) 重复测量值的合格率统计

抽取不少于 10% 的地质样进行重复 X 辐射取样, 用允许误差限作标准, 统计其重复 X 取样的合格率。合格率大于 70%, 则可认为 X 取样的重现性良好。

5) 重复 X 取样值间的显著性差异检验

此检验方法的指导思想与检验步骤与系统误差统计检验标准相同。

6) 边界品位处的测量合格率统计

矿产开发工作中采集地质样的主要目的, 一是确定矿石有益组分的品位, 二是划分矿层边界, 准确圈定矿体。若 X 取样法可准确划分矿体边界, 就可认为该方法满足矿山开采与地质勘查等工作的需要。对于铜矿 X 荧光取样, 可以统计 0.2%～0.4%Cu 内的 X 取样合格率, 若大于 70%, 则认为 X 取样检出边界限满足生产要求。

7) 精确度评价

精确度是指测量同一个样品时观测数据的重现性程度, 主要取决于测量结果的偶然误差大小。精确度的评价可采用抽取不少于 10% 的样品进行重复 X 取样, 以允许误差限为标准, 统计 X 取样的合格率, 若合格率大于 70%, 则可认为 X 取样精确度达到要求。

对于测量每个样品, 还可采用相对标准误差 (δ) 来表示, 即

$$\delta = \frac{S}{\overline{\mathrm{Cu}}} \times 100\% \tag{13.35}$$

式中, S 为样本的标准偏差, $S = \sqrt{\dfrac{\sum\limits_{i=1}^{m}(\mathrm{Cu}_i - \overline{\mathrm{Cu}})}{m-1}}$; $\overline{\mathrm{Cu}}$ 为第 i 个测量值 Cu_i 测量 m 次的平

均值, $\overline{\mathrm{Cu}} = \dfrac{\sum\limits_{i=1}^{m}\mathrm{Cu}_i}{m}$, m 为样本的测量次数。

8) 检出限的评价

除了贵金属(如 Au、Ag), 放射性矿床(如 U), 稀有金属(如 Nb、Ta)因其工业品位低于目前手提式 X 射线荧光仪的检出限, 一般的金属与非金属矿的工业品位都明显高于仪器检出限, 因此, 对大部分常见矿种, 在其矿体上开展 X 荧光取样时是不存在检出限不足问题的。

如果需要对某种具体矿种开展检出限评价, 可以参照本书 6.2.4 节方法进行。在此不赘述。

13.2　铜矿 X 射线荧光取样

13.2.1　铜矿 X 荧光取样的技术特点

我国是世界上铜矿较多的国家之一，目前已探明铜储量超过 6000 万吨，居世界第 7 位。全国已探明储量的铜矿区有 900 多处。这表明，X 荧光取样技术在我国铜矿勘查上具有较大的应用前景。

1. 几何效应影响校正

铜矿 X 荧光取样中，为校正几何效应的影响，一般采用以下三种技术措施(周四春和王德明，2001)。

(1)采用"特散比"作为含量基本参数，将几何效应影响控制在小范围之内。

(2)采用 14mm 最佳仪器源样距，使几何效应影响的平均误差最小。

(3)取多个测点的平均值作为一个地质样的测量结果，进一步减少测量误差。

采用上述三种技术措施后,已可以将几何效应影响带来的平均误差控制在小于 10% 的范围。

2. 最大限度降低矿化不均匀效应影响的技术方案

从本章前面的讨论可知，矿化不均匀效应主要是由测网布置不合理造成的。换言之，解决矿化不均匀效应的途径在于寻找受矿化不均匀效应影响最小的"最佳测网"。

铜矿 X 荧光取样中，在采用 14mm 源样距的条件下，"最佳测网"为 5cm×5cm 的测量网格。

在进行 X 取样时是否都要采用"最佳测网"？这要视具体情况而定。一个显而易见的例子是，当矿物组分分布绝对均匀时，任意一个测点的测量结果都可以准确代表所测量段的矿石品位。故一般情况下，应在测量准确度与工作效率间加以考虑。在矿化极不均匀的情况下应采用"最佳测网"；而较均匀时，则应采用比最佳测网大的点、线距，以提高工作效率。

3. 基体效应校正

各类铜矿石的 X 荧光取样中，最主要的基体效应大都来自铁元素。这是因为自然界中，铜和铁常常以硫化物形式共存，特别是在各类铜矿石中，普遍以黄铁矿的形式存在。因此，在采用了一、二两项技术后，能否完全校正铁对铜的吸收影响，往往成了能否获得满意的铜矿 X 荧光取样结果的关键。

当铁含量较低，如小于 20%，或者变化较小，采用简单的特散比方法，就可获得良好的校正结果。但当铁含量较高，且变化大，简单的特散比方法只能将铁的影响减少，还不能完全将其消除。此时，需在特散比方程内增加铁(含量或特征 X 荧光计数率)校正项，才能取得满足生产要求的 X 取样结果。

4. 铜矿 X 荧光取样工作方法

根据实验选定仪器的工作条件后，按选定的测网测量；按地质样为单位，将测量结果做各种影响校正(如读数稳定性等)后，代入含量计算方程，即可求出各样的地质品位。

为保证 X 取样结果的可靠性，测量前取样面最好用水冲洗一遍，至少也应用刷子刷干净。

此外，在 X 荧光取样工作中，应对仪器稳定性作好监控。工作人员操作时，应将探头与取样面尽量接触好。

5. X 取样结果的质量评估

如 13.1 节所述，用一批地质样、同一地点，前后两次刻槽取样地质品位间误差做统计，在 95% 置信概率下定出 X 取样品位的允许误差限来评价 X 取样质量是合适的(方法见13.1 节，不赘述)。多个铜矿山应用此标准的实践表明，在此标准控制下，X 取样结果的准确度不低于刻槽取样。

13.2.2 X 荧光取样在铜矿上的应用

1. X 荧光取样技术在山西篦子沟铜矿的应用

篦子沟铜矿地处山西垣曲县，为一大型铜矿床。

该铜矿床赋存于前震旦纪中条群余元下一篦子沟组中，属沉积变质层控铜矿床。主要岩性有三种，主要矿物为黄铜矿。矿床中铜的平均含量为 1.42%。

1983 年，矿山购入 HYX-1 型(单道)X 射线荧光仪两台，在课题组帮助下，当年即正式开展地质粉样测量，用于监测出矿品位。这一工作为降低损失、贫化指标起到积极作用。

为了解决矿山开采中需要迅速圈定矿体、计算储量、及时指挥生产、杜绝掘进的无效进尺，1986 年起，矿山又在课题组的协助下，开展 X 荧光取样试验工作。1987 年，X 荧光取样工作在篦子沟铜矿正式投入生产。

生产实践表明，X 荧光取样结果是相当准确和可靠的。

图 13.7 和表 13.5 是矿山 X 荧光取样课题组当年在 57908 工程的一组实测结果，表 13.6 是几个单项工程结果对比数据。

作者及其所在团队对荧光岩壁测定与刻槽取样化学分析结果相差较大的岩壁，进行了详细的现场观察，并重新进行了荧光测定和刻槽取样化学分析，部分测定结果列于表 13.7 中。结果表明:第二次刻槽取样化学分析结果明显地向荧光分析方向靠近。产生这些现象主要是由于刻槽取样中人为因素产生误差较大所致。

岩壁测定中，不但要准确求得整个工程(采场)金属平均含量，而且还要求能够准确地圈定岩矿界限(本矿 Cu% 为 0.3%)，以利于矿体的二次圈定。从表 13.8 中可以看出，X 荧光测定结果优于第一次刻槽取样结果。第一次刻槽取样结果表明:矿体从底 6 开始到顶 53 结束;而荧光岩壁测定结果为:

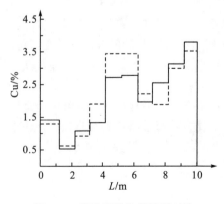

图 13.7 铜矿岩壁取样结果对比

矿体从底 4 开始到顶 47 结束；重新刻槽取样化学分析再一次验证了真实的矿体边界，它与 X 荧光测定结果更为吻合。

表 13.5　57908K-121-130 实测结果

	K-121	K-122	K-123	K-124	K-125	K-126	K-127	K-128	K-129	K-130	Σ
取样长 L/m	1.0	1.0	1.0	1.0	1.0	1.0	1.0	1.0	1.0	1.0	10.0
Cu%（刻槽）	1.36	0.56	0.94	1.99	3.53	3.53	2.31	1.94	3.05	3.58	22.79
Cu%（X 荧光）	1.49	0.52	1.19	1.35	2.84	2.85	2.04	2.61	3.21	3.89	21.99
刻槽取样线储量（Cu%×m） X 荧光取样线储量（Cu%×m）				$\sum$Cu%×L=22.79 $\sum$Cu%×L=21.99				X 荧光取样与刻槽取样结果对比： 相对误差为：-3.5%			

表 13.6　四个单项工程测定结果对比

工程号	样品数	刻槽取样值/%	X 荧光测定值/%	X 荧光复测值/%
57904	56	1.546	1.540	1 578
57906	208	2.083	2.146	2.106
57907	167	1.741	1.779	1.777
57908	150	3.233	3.135	3.092
总平均值	—	2.151	2.150	2.138
样品加权值	—	2.230	2.237	2.215

表 13.7　重新测定结果对比

样品	第一次测定值/%		第二次测定值/%		两次结果变化值/%	
	刻槽 1	X 荧光 1	刻槽 2	X 荧光 2	刻槽	X 荧光
0	0.022	0.488	0.231	0.290	0.209	0.198
22	5.474	2.530	2.517	3.187	2.957	0.657
34	0.389	0.786	0.340	0.240	0.049	0.546
38	2.667	0.535	0.217	0.170	2.450	0.365
40	1.622	0.455	0.315	0.210	1.307	0.245
43	3.459	2.233	2.840	3.590	0.619	1.357
45	2.306	1.835	2.605	1.945	0.299	0.110
50	0.892	0.412	0.155	0.040	0.737	0.372
平均值	2.104	1.159	1.153	1.209	1.078	0.481

表 13.8　57904 顶、底控制岩矿边界对比

样号	原刻槽值/%	原 X 荧光值/%	第二次刻槽值/%	样号	原刻槽值/%	原 X 荧光值/%	第二次刻槽值/%
底 3	0.255	0.265	0.285	顶 48	0.219	0.220	0.225
底 4	0.156	0.310	0.504	顶 49	0.122	0.280	0.310
底 5	0.193	0.610	0.963	顶 50	0.892	0.305	0.155
底 6	2.407	2.645	2.980	顶 51	0.317	0.250	0.277
底 45	2.306	1.280	2.605	顶 52	0.350	0.225	0.284
底 46	0.360	0.620	—	顶 53	0.703	0.200	0.240
底 47	0.358	0.360	0.384	顶 54	0.060	0.010	0.200

根据对 1983～1986 年四年间统计结果显示，用 X 射线荧光仪共测量 2 万多个地质样品，仅节约化学分析药品费就达 3 万多元。由于用 X 射线荧光仪监测出矿品位，及时获得了出矿矿石的铜品位，减少了废石的混入，每年节约运选费近 20 万元。同时，为指挥管理生产，降低出矿过程中的损失与贫化指标，提供了及时充分的科学依据，为提高矿山的经济效益起了有效作用。

2. X 荧光取样技术在山西铜矿峪铜矿的应用

铜矿峪铜矿属于古老的变质斑岩铜矿床，为一个大型铜矿床。主要有三类铜矿体：细脉型、脉型和浸染型。矿石中主要金属矿物为黄铜矿、斑铜矿、黄铁矿、磁铁矿、钛铁矿、辉钼矿等。回收元素主要为铜。

1984 年，铜矿峪铜矿在周四春课题组帮助下也引入 X 荧光技术，开始用于出矿品位监测。此后，又将该技术应用于矿山选矿厂选矿过程的(离线)监测，均收到良好效果。据统计，每年在节约分析成本上获得的效益就达数万元。

1987 年，矿山与课题组合作，开始开展铜矿 X 荧光取样研究。周四春与矿山出矿管理科有关人员组成研究小组，在矿床的四、五号矿体上开展研究。1988 年，研究工作结束，X 荧光取样工作在矿山投入试生产。

X 荧光取样工作中，仪器源样距采用 14mm，测量点距为 8cm，以特散比线性方程对仪器进行含量标定。

生产实践表明，X 荧光取样的准确度是令人满意的。对 14 个剥层(图 13.8)的 X 荧光取样结果做检验，以每个剥层品位为真值，剥层中每个分样槽刻槽(X 荧光取样)值为检验值，结果表明 X 荧光准确度不低于刻槽法的准确度(表 13.9)。表 13.10 列出了部分对比样槽的实测结果与误差。

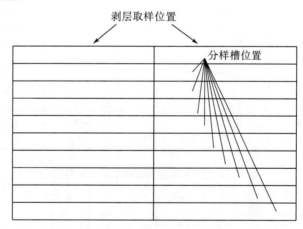

图 13.8   剥层取样与分样槽位置示意图

表 13.9   剥层分样槽中取样结果统计

取样方法	样品数/个	超差数/个	合格率/%
X 荧光	71	13	81.7
刻槽法	71	21	70.4

表 13.10　四号矿体部分单槽化学分析，单槽 X 取样与剥层品位对比

剥层品位	单槽样号	$Cu_{化}$/%	相对误差/%	是否合格	Cu_x/%	相对误差/%	是否合格
1.52	1-1	1.32	13.16	是	1.28	15.79	是
	1-2	1.78	17.11	是	1.69	12.18	是
	1-3	1.70	12.84	是	2.09	37.50	否
	1-4	1.89	24.34	是	1.79	17.76	是
	1-5	1.49	1.97	是	1.21	20.39	是
	1-6	0.92	39.47	否	1.09	28.29	是
0.40	3-1	0.28	30.00	是	0.36	10.00	是
	3-2	0.41	2.50	是	0.35	12.50	是
	3-3	0.70	75.00	否	0.35	12.50	是
	3-4	0.26	35.00	是	0.27	32.50	是
	3-5	0.35	12.50	是	0.33	17.50	是
0.67	4-1	0.42	37.31	是	0.30	55.22	否
	4-2	0.83	23.88	是	0.42	37.31	是
	4-3	0.99	47.66	否	0.50	25.37	是
	4-4	0.40	40.30	否	0.42	37.31	是
	4-5	0.71	5.97	是	0.32	52.24	否
0.48	5-1	0.30	37.50	是	0.41	15.58	是
	5-2	0.77	60.42	否	0.43	10.42	是
	5-3	0.58	20.83	是	0.40	16.67	是
	5-4	0.30	37.50	是	0.31	25.42	是
	5-5	0.47	2.08	是	0.39	18.75	是

3. X 荧光取样技术在四川会理大铜矿的应用

会理大铜矿位于四川会理县，为一个中型砂岩铜矿床。矿山原设计日处理矿石 250 吨，经扩建后日处理能力不断扩大，已接近 500 吨。为了适应新的生产形势，及时、正确地指挥探、采矿巷道的掘进，加速矿山生产、提高经济效益，矿山于 1990 年购入 HAD-256 型 X 射线荧光仪一台。1992 年，在周四春等课题组的帮助下，矿山开始在出矿品位监测、选矿监测、井下 X 荧光取样几个方面应用 X 荧光技术。

1）X 荧光取样结果的检验

为了检验 X 荧光取样结果的可靠性和准确度，在生产初期，也采用同一地点的刻槽取样对 X 荧光取样进行了检验（用于考察 X 荧光取样结果的准确性），以及 X 荧光取样自身的重复测量检验（用于考察 X 荧光取样结果的精密度）。

表 13.11 列出了部分 X 荧光取样结果与刻槽取样结果间的对比情况；表 13.12 则统计了在相同误差标准条件下，对 62 个刻槽样的合格率对比结果（X 荧光取样结果与同位置第一次刻槽取样结果的对比误差作为结果是否合格的依据；刻槽取样则以第二次结果与第一次结果间的误差为取样品位结果是否合格的依据）；表 13.13 列出了开展重复 X 荧光取样间的 6 个地质样的品位误差，展示了 X 荧光取样结果误差大小的范围；表 13.14 统计了重复 X 荧光取样结果的合格率。

表 13.11　部分 X 荧光取样结果与刻槽取样结果

样槽号	Cu化/%	I_{Cu}/cpm	I_s/cpm	I_{Cu}/I_s	Cu$_x$/%	X 取样误差/%		允许误差/%	
						相对	绝对	相对	绝对
2-1-111	2.79	934	1098	0.8503	2.78	−0.30	—	34.00	—
2-1-211	0.96	597	1032	0.5790	0.96	0.00	—	44.00	—
2-1-221	1.41	622	1080	0.5758	0.94	−33.30	—	34.00	—
2-1-331	3.20	957	1047	0.9138	3.32	3.80	—	34.00	—
2-1-411	0.74	588	1124	0.5231	0.69	−6.80	—	44.00	—
2-1-421	0.49	585	1070	0.5466	0.67	36.70	—	44.00	—
2-1-511	0.13	400	1069	0.3743	0.14	0.01	—		0.09
2-1-521	0.32	491	1142	0.4296	0.31	−3.10	—	54.00	—
2-1-531	1.67	762	1137	0.6694	1.47	−12.90	—	34.00	—
2-1-611	0.19	491	1199	0.4098	0.24	—	0.05	—	0.09
2-1-621	0.29	415	1047	0.3962	0.20	−31.00	—	54.00	—
2-1-631	0.63	507	1049	0.4032	0.52	17.50	—	44.00	—
2-1-721	0.32	413	1052	0.3925	0.19	−40.60	—	54.00	—
2-1-811	0.13	367	1086	0.3377	0.04	−0.09	—		0.09
2-1-831	0.19	372	1050	0.3541	0.08	−0.10	—		0.09
2-1-911	0.09	351	994	0.3528	0.08	−0.01	—		0.09
2-1-1031	0.10	382	982	0.3891	0.12	0.02	—		0.09
2-1-1121	0.10	389	1074	0.3621	0.10	0.00	—		0.09
2-1-1411	0.07	361	1023	0.3529	0.08	0.01	—		0.09
2-1-1012	0.05	416	1198	0.3477	0.06	0.01	—		0.09

表 13.12　X 取样品位合格率统计表

取样方法	样槽数目/个	超差样数/个	合格样数/个	合格率/%
X 取样	62	10	52	83.8
刻槽取样	30	8	22	73.3

表 13.13　X 取样重复测量结果对比表

样品号	Cu/%	Cu$_{\times 1}$/%	Cu$_{\times 2}$/%	分析误差/%		允许误差/%		超差样
				相对	绝对	相对	绝对	
6-2#	0.29	0.20	0.23	—	0.03	—	0.09	0
14-1#	0.07	0.08	0.12	—	0.04	—	0.09	0
14-2#	0.06	0.13	0.21	—	0.08	—	0.09	0
3-1#	3.20	3.71	3.85	3.77	0.14	34.00	—	0
4-2#	0.49	0.54	0.44	18.52	−0.10	44.00	—	0
4-1#	0.74	0.72	0.70	2.77	−0.02	44.00	—	0

表 13.14　X 荧光方法重复分析结果统计表

测量对象	重复测量样槽数	超差样槽数	合格样槽数	合格率/%
岩壁	6	0	6	100

由表 13.12 可知，X 取样现场确定矿石品位的合格率不小于 70%，与刻槽取样合格率相当。

由表 13.14 可知，X 取样方法原位重复测定铜矿石品位的合格率大于 80%，高于中国有色金属工业总公司关于铜矿石样分析方法的重复分析合格率必须达到 80%的要求。

2) X 荧光取样技术在大铜矿矿山地质工作中的应用

由于提交给矿山的地质资料勘探网度不够，矿石在开采前必须进行大比例尺探矿工作，对矿体进行准确圈定，为此，作者及其所在团队在此基础上编制了矿石采掘计划。围绕采掘计划的编制，有多个生产环节需要快速确定矿石品位：①部署下一步的探矿工程；②地质编录。

矿山探矿工作主要是坑探。当年，每打 1m 的探矿坑道，费用是 350 元。在探矿坑道掘进中，需随时了解矿石品位的变化，用于指导下一步的坑探工作。在应用 X 荧光取样技术前，矿山靠刻槽取样来获取矿石品位变化资料。刻槽取样到获得品位资料时间周期长，通过刻槽取样获得的矿石品位资料实际上起不到指导探矿工程的作用，使有些本不应继续掘进的工程盲目掘进，增加了探矿成本费和时间。1993 年底开始，将 X 荧光取样技术初步应用于探矿工作，由于能及时获得铜矿石品位，盲目掘进的情况得以改变。据初步统计，由此减少坑道掘进不下百米。

编制采掘计划时，需要编制大量的矿石品位图件。其中，每一块段矿体的铜品位等值线图和矿层厚度等值线图是基本图件。要绘制这些成果图件，需要获取大量的矿石品位资料，靠传统的刻槽取样法，周期很长。初步应用 X 荧光取样技术表明，获取这些成果图件的时间可减少 2/3 以上，工作效率的大大提高是显而易见的。图 13.9(a) 和 (b) 分别是用 X 荧光取样技术获得的矿石品位等值线图和矿体厚度等值线图。

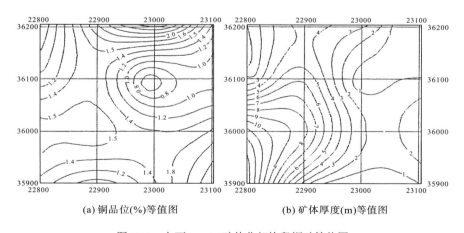

(a) 铜品位(%)等值图　　　　　(b) 矿体厚度(m)等值图

图 13.9　七下一·二矿体北部块段铜矿等值图

在 300m×300m 的范围内，靠刻槽取样资料编制的两张图件，一般需要一个月以上。而采用 X 荧光技术，只用了七天，时间仅仅为原工作周期的 1/4。大大提高了工作效率。

在地质编录中，可利用 X 荧光取样技术进行 X 荧光编录（编录实例见图 13.10），完善有关地质资料。这种图件单靠刻槽取样法是无法获得的。

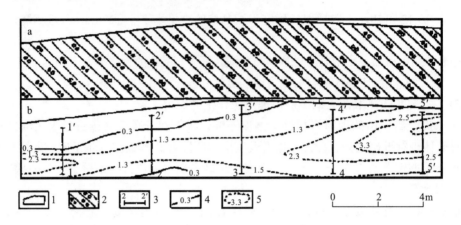

图 13.10　会理大铜矿七下二·三 1-5 采场采掘面 X 荧光编录图

1-采掘面边界线；2-砾岩；3-X 取样测线位置与编号；4-铜矿边界；5-铜等含量线；a-地质素描图；b-X 荧光编录图

采用 X 荧光取样技术，在井下现场提供矿石品位，对地质取样是一场革命，它改变了传统的刻槽取样工序的三部：刻槽取样、样品加工、化学分析，省掉了刻槽、加工和样品分析前的化学处理，通过现场原位测量，即可获取矿石品位。由此，除了节约了部分分析成本费，还省掉了刻槽取样费、样品加工费。与刻槽取样法相比，X 荧光取样节约成本80%以上。若全部采用 X 荧光取样提供矿石品位，一个中型矿每年可节省获取矿石品位资料费至少十万元。

除此之外，采用 X 荧光取样技术获取矿石品位还具有良好的社会效益。矿山刻槽工作是相当艰苦的工作，除脏、累外，刻槽中产生的大量游离二氧化硅粉尘，严重影响工作人员的身体健康。由于 X 荧光取样技术无须刻槽，避免了刻槽时岩粉对工作人员的危害，杜绝了刻槽给工人带来的患硅肺病的可能性。另外，采用 X 荧光取样技术获取矿石品位的过程，与刻槽过程相比，劳动强度小得多，也大大降低了工人的劳动强度。

3) 采矿工作中的应用

X 荧光取样技术在采矿中的应用是十分富有成效的。在采矿工作中，利用 X 取样技术可随时掌握采掘面的矿石品位变化、准确划分矿体边界。这种技术的应用，改变了传统的刻槽取样法出成果周期长的弊端，大大地减少由于刻槽化学分析资料提供不及时，肉眼又对低品位矿石难以准确辨认，以至于将废石作为矿石开采或将低品位矿石作为废石处理的事情发生。对减少采矿中的贫化损失率、提高矿山经济效益具有重要意义。由此产生的间接经济效益将是十分巨大的。

以图 13.10 为例，在七下二·三 1-5 采场采掘面上，利用一台 X 射线荧光仪，仅花了不足两小时，就完成了现场矿体边界的划分。在 X 取样的同时，长期从事矿山地质工作的同志，也进行了地质编录，图中也绘出了根据地质编录划分的矿层边界。从图中可见，由于人肉眼无法辨认较低品位的矿石，故根据地质编录划分的矿层较 X 取样窄。

从图上还可以看出，X 取样除了工作效率特别高，还有一个优点是能将富矿石和贫矿石分开。X 取样基本测量是"点"测量，故可以最终得到采掘面上各点的品位变化资料，从而更好地合理指导矿石开采，减少入选矿石品位波动，保证选矿回收率稳定。

4. X 荧光取样技术在新疆喀拉通克铜镍矿的应用

1992 年底，在课题组帮助下，在新疆喀拉通克进行了铜镍矿 X 荧光取样试验。以课题组吴建平、赖万昌与矿山有关人员组成的铜镍矿 X 荧光取样研究小组，历经一年的努力，于 1993 年年底完成有关研究工作。1994 年 5 月，研究工作通过矿山生产性验收，铜镍矿 X 荧光取样技术在矿山投产。

由于铜、镍两种元素的原子序数仅相差一，其 X 荧光谱线能量非常接近，再加上铁元素的干扰，用 X 荧光取样技术同时确定铜、镍两种元素的含量具有相当的难度。课题组研究提出了相应的校正模型(呈建平等，1995)：

$$Cu = a_1 + b_1 \cdot R_{Cu} + C_1 \cdot R_{Ni} + d_1 \cdot R_{Fe} \tag{13.36}$$

$$Ni = a_2 + b_2 \cdot R_{Cu} + C_2 \cdot R_{Ni} + d_2 \cdot R_{Fe} \tag{13.37}$$

式中，Cu 和 Ni 分别为铜和镍的百分含量；R_{Cu}、R_{Ni}、R_{Fe} 分别为所测量的三种元素的特散比值；a_i、b_i、c_i、d_i 分别为仪器标定系数。

上述校正模型很好地解决了矿石中主元素的干扰，可获得满足规范要求的 X 荧光取样结果。图 13.11 是典型的 X 荧光取样与刻槽取样品位对比曲线。

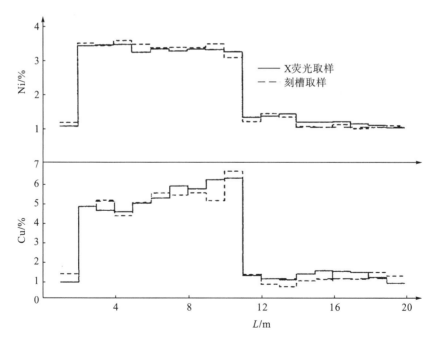

图 13.11　典型的 X 荧光取样与刻槽取样品位对比曲线

　　表 13.15 为镍矿边界品位区间 X 荧光取样与刻槽取样的对比情况；而表 13.16 为利用图 13.8 所示方案，以剥层(每一剥层包括 10 个单样槽)大样的品位为对比标准、对 X 荧光取样和刻槽取样合格率所做的统计。

表 13.15　镍矿边界品位区间 X 荧光取样与刻槽取样结果统计

取样方法	品味区间	样品数/个	超差数/个	合格率/%
X 荧光取样	0.3~0.8	50	5	90
刻槽取样	0.3~0.8	50	6	88

　　从表 13.15、表 13.16 及图 13.11 中可知，X 荧光取样的准确度不低于刻槽取样，为矿区地质工作人员所认可，并在探矿和采矿工作中得以应用。

表 13.16　剥层分样槽中 X 荧光取样与刻槽取样结果统计

取样方法	样品数/个	Cu		Ni	
		超差数/个	合格率/%	超差数/个	合格率/%
X 荧光取样	150	16	89	9	94
刻槽取样	150	15	90	10	93

13.3　X 荧光取样技术在铅锌、钼、锡矿山的应用

13.3.1　铅锌矿山的应用

　　作者及其所在团队先后对湖南黄沙坪铅锌矿和四川康定两个铅锌矿进行了 X 荧光取样研究与应用工作。

1. 不平度效应和基体效应分析

　　在自然界中，铅、锌两种元素都具有显著的亲硫性，主要以硫化物形式存在。因此，铅、锌常常伴(共)生在一起，与其伴(共)生在一起的元素还有铜、铁，这使得 X 辐射取样的技术难度大大增加。主要是因为，对铅来说，锌、铜和铁具有强烈的吸收效应；对锌来说，铜和铁具有强烈的吸收效应，铅具有强烈的增强效应；另外，铅的原子序数很高 ($Z=82$)，对 Pb 的 L_α 特征 X 射线和 Zn 的 K_α 特征 X 射线都具有较大的衰减作用。由于铅锌矿一般是热液成因，其岩、矿石坚硬而脆，在原生产状下进行 X 辐射取样时，其测量面凹凸严重，这又是铅锌矿 X 辐射取样工作的一个不利因素。

2. 铅锌矿 X 辐射取样数学模型的建立

　　主要干扰元素的判别以对目标元素的特征 X 射线吸收系数和自身含量变化乘积做干扰元素的判据，对湖南省黄沙坪铅锌矿二号矿体群的元素计算的结果表明：当被测对象是 Zn 的 K_α 特征 X 射线时，各基体元素对特散比的干扰程度由大到小分别为：Pb、Fe、Zn、S、Ca、Si、O、Sr、As、Al、Sb、Mg、Cu、W、Cd、Mo、Bi、Ag，而 Pb、Fe、Zn 三

种元素的判据值之和高达 292.022，占总体判据值(302.37)的 96.58%；当被测对象是 Pb 的 L_α 特征 X 射线时，各基体元素对特散比的干扰程度由大到小分别为：Zn、Fe、Pb、S、Ca、Si、O、Sn、As、Al、Sb、W、Mg、Mo、Cd、Bi、Ag，而 Zn、Fe、Pb 三种元素判据值之和为 241.837，占总体判据值(274.11)的 88.23%。因此，对黄沙坪铅锌矿二号矿体群，X 辐射取样的主要干扰元素为 Pb，Zn，Fe。

以主要干扰元素确定的数学模型(葛良全等，1994)为

$$Q_i = \varepsilon_i + \sum_{\substack{j=\text{Pb}、\\ \text{Zn}、\text{Fe}}} A_j R_j + \sum_{\substack{j,k=\text{Pb}、\\ \text{Zn}、\text{Fe}}} B_{jk} R_j R_k + \sum_{\substack{j,k,h=\text{Pb}、\\ \text{Zn}、\text{Fe}}} C_{jkh} R_j R_k R_h + \sum_{\substack{j,k=\text{Pb}、\\ \text{Zn}、\text{Fe}}} D_{jk} R_i^2 R_j R_k \tag{13.38}$$

式中，i 为 Pb 或者 Zn。

为了确定式(13.38)中的系数，在二号矿体群中挑选了具有代表性的 18 个粉末样品和 11 个地质样(规格为 50cm×12cm×3cm)作为标准样，分别用于建立粉末样和巷壁地质样的数学模型。运用逐步回归分析程序建立的铅、锌 X 辐射取样的数学模型如下。

铅、锌粉末样数学模型：

$$Q_{\text{Pb}} = 0.2224 + 4.9362 R_{\text{Pb}} + 1.5383 R_{\text{Pb}} R_{\text{Zn}} + 2.1191 R_{\text{Pb}} R_{\text{Fe}}$$
$$- 0.5556 R_{\text{Znb}} R_{\text{Fe}} - 2.8104 R_{\text{Pb}}^2 R_{\text{Znb}} R_{\text{Fe}} + 4.7271 R_{\text{Pb}} R_{\text{Zn}} R_{\text{Fe}} \tag{13.39}$$

$$Q_{\text{Zn}} = 0.6524 + 15.5414 R_{\text{Zn}} + 2.1587 R_{\text{Pb}} R_{\text{Zn}} + 1.5636 R_{\text{Zn}}^2 R_{\text{Pb}} R_{\text{Fe}}$$
$$+ 0.5333 R_{\text{Pb}} R_{\text{Fe}} - 6.7159 R_{\text{Pb}} R_{\text{Zn}} R_{\text{Fe}} \tag{13.40}$$

巷壁地质样数学模型：

$$Q_{\text{Pb}} = 2.4682 + 4.8916 R_{\text{Pb}} - 0.7799 R_{\text{Pb}} R_{\text{Fe}} - 3.0915 R_{\text{Zn}} - 0.9577 R_{\text{Fe}}$$
$$+ 0.9001 R_{\text{Zn}} R_{\text{Fe}} \tag{13.41}$$

$$Q_{\text{Zn}} = 3.3635 + 1.7049 R_{\text{Zn}} - 0.5163 R_{\text{Zn}} R_{\text{Fe}} - 0.9829 R_{\text{Fe}}$$
$$- 0.0999 R_{\text{Zn}} R_{\text{Pb}} \tag{13.42}$$

式中，Q_{Pb} 与 Q_{Zn} 分别为 X 辐射取样提供的 Pb 与 Zn 含量。R_{Pb}、R_{Zn}、R_{Fe} 分别为 Pb、Zn、Fe 的特散比值。

3. X 辐射取样结果与分析

1)粉末样品测量结果与分析

在二号矿体群的刻槽粉末样中，随机抽取了 33 件粉末样，进行 X 荧光测量。根据地质矿产部和冶金部联合颁发的"铅、锌地质勘探规范"中有关铅、锌的允许偶然误差限，以化学分析提供的铅、锌含量为标准，则 X 荧光测量结果的合格率为：Pb，81%；Zn，79%，大于规范要求的 70%合格率。表 13.17 列出了重复 X 荧光测量的结果，从该表可知，两次 X 荧光测量获得的铅、锌含量，其相对误差均小于 5%。

表 13.17   粉末样品 X 辐射取样方法重复分析结果①

样号	Q_{Pb}^1 /%	Q_{Pb}^2 /%	$|ER_{Pb}|$ /%	Q_{Zn}^1 /%	Q_{Zn}^2 /%	$|ER_{Zn}|$ /%
1248	1.56	1.62	3.77	2.37	2.39	0.84
1139	19.38	19.44	0.31	17.37	17.36	0.06
1297	15.07	15.25	1.27	8.75	8.70	0.57
1336	10.25	10.27	0.19	12.08	12.15	0.63
平均	11.57	11.64	1.38	10.14	10.15	0.52

表中右上角标"1"、"2"分别表示第 1 次与第 2 次 X 荧光测量。

上述分析结果表明,对铅、锌粉末样品,X 荧光测量作为一种定量分析方法,已达到和超过部颁标准,且其重现性好。

2)巷壁地质样取样结果与分析

据黄沙坪矿地质人员的要求,在二号矿体群上布置了 13 个地质刻槽样,规格为 100cm×12cm×3cm。测量仪器采用 HYX-3 型(400 道)X 射线荧光仪,在最佳仪器源样距 16mm 下,其有效探测面积的直径为 5cm²。根据 13.1 节的研究理论,X 辐射取样的最佳测网为 5cm×5cm。取样结果见表 13.18。

表 13.18   二号矿体群刻槽取样和 X 辐射取样结果统计

元素名称	确定品位方法	样槽数	超差数	合格率/%
Pb	刻槽取样	15	4	73
	X 辐射取样	13	3	77
Zn	刻槽取样	15	2	87
	X 辐射取样	13	2	85

为评价 X 辐射取样的质量,按照本书 13.1.4 节所述的方法,第一次刻槽取样后,按同样的规格在同一地点再进行一次刻槽取样,以两次刻槽取样品位间的误差,在95%置信概率下确定一个误差限:

$$\varepsilon = \overline{\Delta Q_{刻}} + 1.65S \tag{14.43}$$

式中,ε 为所确定的 X 辐射取样的允许误差限;$\overline{\Delta Q_{刻}}$ 为两次刻槽取样品位间的相对或绝对误差的平均值;S 为两次刻槽取样品位间误差的均方差。

以式(14.43)作为 X 辐射取样的允许误差限。表 13.18 中 X 取样的合格率,就是按标准评定的。

考虑到取样过程中存在有人为引入的误差,经与地质人员研究决定,X 辐射取样品位与刻槽取样品位间的相对误差,在上述确定的允许误差限内的合格率达 70%,则满足生产的要求。

表 13.19 是同位置两次刻槽取样的结果。

---

① 表中小数点保留两位,按照近似数进位规则确定最后一位:大于 5 进 1,小于 5 舍去,等于 5 单双不进。

表 13.19　同位置两次刻槽取样结果

样号	第一刻槽		第二刻槽		相对误差	
	$Q_{pb}^1/\%$	$Q_{Zn}^1/\%$	$Q_{pb}^2/\%$	$Q_{Zn}^2/\%$	$\varepsilon_{Pb}/\%$	$\varepsilon_{Zn}/\%$
X-12	4.50	15.86	4.02	15.40	12.82	-5.72
X-16	10.08	10.80	12.91	12.35	-18.15	-5.09
X-17	18.03	15.35	19.19	15.10	-6.04	1.72
X-20	12.80	19.10	12.90	17.10	-0.78	10.47
X-21	13.44	12.40	13.40	12.00	0.30	3.23
X-22	18.88	12.30	22.31	9.50	-18.17	15.93
X-23	13.43	13.40	12.87	12.25	4.17	16.04
X-24	9.43	15.20	9.59	17.10	1.70	-12.50
X-25	12.08	19.00	12.27	16.45	6.71	13.42
X-26	16.63	12.95	15.64	12.70	5.95	6.28
6366	17.81	25.13	24.68	20.60	38.57	-18.03
6426	10.70	1078	17.85	18.06	-66.82	-67.34
6618	4.05	3.98	2.99	3.26	26.17	18.09
6637	2.22	2.36	2.28	2.25	2.70	4.66
6696	0.68	0.90	0.54	0.72	20.59	20.00

对表中数据统计可得：$\overline{\Delta Q_{Pb}}=8.09$；$\overline{\Delta Q_{Zn}}=9.59$；$S_{Pb}$=7.28；$S_{Zn}$=5.93。由此可得，X 辐射取样的允许误差限为：ε_{Pb}=20%；ε_{Zn}=19%。

表 13.18 中两种方法取样品位的合格率，就是在该允许误差限下获得的：X 辐射取样和第二次刻槽取样确定的铅锌品位相对于第一次刻槽取样结果的相对误差，其合格率分别为 Pb^{刻}，73%；Zn^{刻}，87%；Pb^X，77%；Zn^X，85%。这说明 X 辐射取样与刻槽取样具有同样的准确度，且上述确定的允许误差限是严格的。X 辐射取样提供铅、锌品位的平均值相对于第一次刻槽取样结果的平均值的相对误差为 Pb，17.30%；Zn，8.21%，均小于所确定的误差限。

表 13.20 是重复 X 辐射取样过程，对同一取样区域，两次 X 辐射取样确定铅、锌品位的最大相对误差小于 10%。

铅锌矿 X 辐射取样结果表明：在 5cm×5cm 测网下，以特散比为基本参数建立的 X 辐射取样的数理模型，能够克服 X 辐射取样中严重存在的不平度效应、基体效应和矿化不均匀效应。X 辐射取样提供的铅、锌品位具有与传统刻槽取样同等的准确度，且具有好的重现性。黄沙坪铅锌矿的地质人员认为，该结果完全满足生产要求。

表 13.20　重复 X 取样结果对比

样号	第一刻槽		第二刻槽		相对误差	
	$Q_{Pb}^1/\%$	$Q_{Zn}^1/\%$	$Q_{Pb}^2/\%$	$Q_{Zn}^2/\%$	$|\varepsilon_{Pb}|/\%$	$|\varepsilon_{Zn}|/\%$
X-12	4.04	15.87	3.73	15.40	7.67	1.14
X-16	6.99	13.69	6.92	15.56	1.00	1.02
平均	5.52	14.78	5.33	15.48	4.34	1.08

13.3.2 钼矿 X 荧光取样

钼矿 X 荧光取样在河南省栾川钼矿进行了研究与应用。该矿山是我国目前钼储量最大的矿山。以特散比和净特散比为基本参数，并布置 8cm×8cm 测网，克服了钼矿 X 荧光取样中严重存在的不平度效应、基体效应和矿化不均匀效应。该技术已在栾川钼业公司的几个钼矿推广应用。

1. 钼矿 X 荧光取样的数理方程

粉末样品测量：

$$C_{Mo} = \frac{1.2847(I_{Mo} - 8.0553 + 7.2315I_s - 1.8314I_s^2)}{I_s} \tag{13.44}$$

岩壁原位 X 荧光取样：

$$C_{Mo} = -0.5050 + 0.5100\frac{I_{Mo}}{I_s} \tag{13.45}$$

式中，C_{Mo} 为某一地质样的钼品位；I_{Mo} 和 I_s 为某一地质样的钼特征 X 射线和散射射线照射量率的平均值。

2. 钼矿 X 辐射取样结果与分析

为了使 X 辐射取样方法与传统刻槽取样方法具有可比性，在 X 辐射取样的同一位置进行了重复刻槽取样。为了评价 X 辐射取样的结果，第一次刻槽取样后，在原位按同样的规格再进行一次加深刻槽取样。同上两节评价铜、铅、锌 X 辐射取样结果一样，根据两次同位刻槽取样绝对、相对误差的统计，按式(13.23)确定钼矿 X 荧光取样允许偶然误差限为： $\varepsilon\% = 28\%$ ，Mo ≥ 1%；$\varepsilon\% = 40\%$ ，Mo < 1%

表 13.21 是在上述允许误差限下对三道庄矿地质样的 X 荧光取样结果统计。该表表明，若以第一次刻槽取样结果为标准，则在上述确定的误差限内，第二次刻槽取样的合格率为72%；X 辐射取样的合格率为 80%。X 辐射取样达到并超过了刻槽取样的合格率。经多项分析与统计检验证实，X 辐射取样自身重现性好，与刻槽取样间无显著的差异，两种方法提供的平均地质品位间的误差小于 5%，能满足生产要求。

表 13.21　栾川钼矿 X 取样与刻槽取样结果统计

方法	矿区	样槽数/个	超差数/个	合格率/%
刻槽取样	三道庄	36	10	72.22
X 辐射取样		56	11	80.35

13.3.3 锡矿 X 荧光取样

1. 工作方法

依据实验研究结果，采用下述锡矿 X 取样工作方法是有效的。

(1) 当采用闪烁探测器时，配合使用 Ag/Pd 平衡滤光片对，1.85×10^8Bq 的 ^{241}Am 源。

(2) 将仪器源样距调整到 23mm。

(3) 以 Sn 标准样差值谱线的 1/10 定出测量窗位置。

(4) 采用 5cm×5cm 上、下两排交叉布置测点方法测量，各点测量时间为 22s。

(5) 对划定的每一个地质样内的所有测点作平均，以均值代表该地质样的测量值。

(6) 用以下方程计算锡地质品位

$$Q_{Sn} = a_0 + a_1 R + a_2 I_s Q_{Sn}^2 \tag{13.46}$$

式中，Q_{Sn} 为辐射取样锡地质品位；R 为锡特征 X 射线强度与源散射线强度间的比值；I_s 为源散射线强度；a_0、a_1、a_2 为含量方程刻度系数，通过回归分析确定。

2. 大厂铜坑锡矿应用效果

1) X 取样质量

20 世纪 80 年代后期在大厂矿务局所属铜坑锡矿开展 X 取样提供锡矿地质品位的实践表明，X 取样的质量是满足生产要求的。图 13.12 与图 13.13 是在该矿山两种矿体上开展 X 取样的结果对比，无论是单个地质样的品位，还是划分的矿体边界位置，X 取样提供的资料都是十分可靠的。经刻槽取样对 200 多个 X 取样品位进行检查，按 13.1 节方式制定允许误差限，合格率达到 78%（同样标准下，100 个刻槽样的合格率为 75%）（章晔等，1988）。

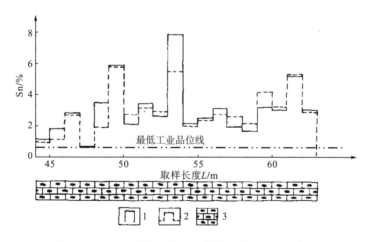

图 13.12　91 号矿体 X 荧光取样与刻槽取样对比剖面

1-X 荧光取样品位曲线；2-刻槽取样品位曲线；3-小扁豆灰岩

从图 13.12 和图 13.13 可以看出，在划分工业边界品位时，X 荧光取样的结果与刻槽取样也是处于同一质量水平的。

2) 效益

当年大厂矿务局铜坑矿曾统计，按前述工作方法，用 X 取样法时，每个地质样只需测量 40 个测点，每个测点测量时间 20s，故测完一个地质样仅需约 20min。加上数据处理和计算品位时间，得到一个地质样品位最多不会超过 30min。

矿山原采用刻槽取样获取地质品位，从刻槽到得结果，最快也得两天。

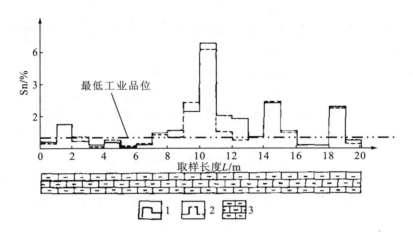

图 13.13   细脉带矿体 X 荧光取样与刻槽取样对比剖面

1-X 荧光取样品位曲线；2-刻槽取样品位曲线；3-灰岩

矿地质科据此计算表明，采用 X 取样代替刻槽取样提供锡地质品位，可将一个采矿分段从采准开始到最后圈定矿体、计算储量的时间从 3 年缩短到 1 年左右，由此获得的地质和经济效益是显著的。

另外，采用 X 取样能在生产现场即刻划分矿与非矿，即时指导矿石开采，减小贫化损失率。

据铜坑矿地测科当年(1987 年)所做的成本统计，包括工作人员工资及化学试剂、仪器损耗等各项费用作统计，在铜坑矿以刻槽法确定一个锡地质品位需 21.92 元，X 取样仅需 2.94 元。矿山一年需获取 5000 多个地质品位数据，据此可节约 10 万元(章晔等，1989)。

综上所述，要将 X 荧光取样应用于生产的技术关键是处理好不平度效应(几何效应)、矿化不均匀效应及基体效应。

对几何效应，可以采用两项最关键的技术措施加以处理(周四春等，1990a)。

(1)采用特散比值作为取样品位计算的基本参数，利用两种射线在遭到不平度效应影响时具有同向影响的原理，减少几何效应影响。

(2)通过理论计算或实验，求出目标元素取样的最佳仪器源样距，将仪器调整到最佳仪器源样距下工作。锡矿取样时，最佳仪器源样距为 23mm；钼矿为 18mm；铅锌矿为 16mm；铜矿为 14mm。

对矿化不均匀效应，主要采用最佳测网技术措施加以处理(周四春等，2000)。

所谓"最佳测网"，是指以探测器有效探测直径做测量点距，并按图 1.18 做上下两排交叉线测量，便可以保证在 X 取样时受矿化不均匀效应影响最小。

需要注意的是，当仪器采用不同仪器源样距时，最佳测网是略有不同的(仪器源样距增大，探测器有效探测直径增大)。

而基体效应，由于来自矿体基体中元素之间的相互影响，不同矿体，基体元素组成差异很大，故每个矿山一般都需要建立适合自己基体的校正方程。

参 考 文 献

戈尔什科夫 J B. 1959. 放射性物体的 γ 辐射[M]. 周超凡等译. 北京: 地质出版社.

葛良全, 赖万昌, 周四春, 等. 1997. 原位快速测定矿石品位的 X 辐射取样技术[J]. 金属矿山, 2: 12-16.

葛良全, 章晔, 谢庭周, 等. 1994. 核物探 X 射线荧光技术在 Pb、Zn 矿勘查中的研究与应用[J]. 现代地质, 8(3): 335-341.

吴建平, 赖万昌, 李志阳, 等. 1995. 喀拉通克铜镍矿井下应用 X 射线荧光技术研究[J]. 成都理工学院学报, 22(2): 101-108.

章晔, 周四春, 谢庭周. 1989. 用 X 荧光取样技术现场坑道壁上的锡矿品位[M]. 核地球物理勘查实例选编. 北京: 地质出版社.

章晔, 周四春, 谢庭周, 等. 1988. 应用轻便型 X 射线荧光仪在原生产状下测定锡品位——代替刻槽取样[J]. 矿产与地质, 2(4): 80-83.

周四春, 王德明. 2001. X 荧光取样技术在铜矿山的应用研究[J]. 有色矿山, 30(2): 4-11.

周四春, 赵友清, 张玉环. 2000. X 取样中克服矿化不均匀效应的最佳测网[J]. 核技术, 23(9): 632-636.

周四春, 章晔, 谢庭周, 等. 1991a. X 取样方法的研究和应用(三): 克服矿化不均匀效应的方法研究[J]. 核电子学与探测技术, 11(1): 42-46.

周四春, 章晔, 谢庭周, 等. 1991b. X 取样方法的研究和应用(四): X 取样方法在锡矿上的应用[J]. 核电子学与探测技术, 11(2): 91-96.

周四春, 章晔, 谢庭周, 等. 1990a. X 取样方法的研究和应用(一): 测量几何条件的最佳化[J]. 核电子学与探测技术, 10(1): 12-17.

周四春, 章晔, 谢庭周, 等. 1990b. X 取样方法的研究和应用(二): 一种适合于 X 取样的新散射校正方法[J]. 核电子学与探测技术, 10(4): 228-232.

第14章　X荧光测井及应用

　　所谓 X 荧光测井，是将 X 射线荧光仪的探头置于钻孔或炮眼深处原位测定目标元素的含量(品位)。因此，X 荧光测井技术，又被称为井中原位 X 辐射取样技术(章晔等，1984)。

　　早在 20 世纪 60 年代末，美国、英国、苏联等技术发达国家已进行了该技术的仪器装置和技术方法研究，并陆续报道了 X 荧光测井仪的研究成果和应用实例(Lehto，1978；章晔等，1984)。目前，该技术已在这些国家得到应用。特别是在俄罗斯，X 荧光测井在金属矿上应用广泛，在部分矿种(如天青石矿、锡矿等)上开展了无岩心钻探，以 X 荧光测井资料作为评价井孔矿层位置、品位与储量的主要依据(章晔等，1984)。

14.1　X荧光测井仪器与工作原理

　　X 荧光测井系统由测井主机、电动绞车、绞车控制器(井口定位滑轮、光码盘等)、井下 X 荧光测井探管及相关连线组成。系统各部分连接示意图如图 14.1 所示。

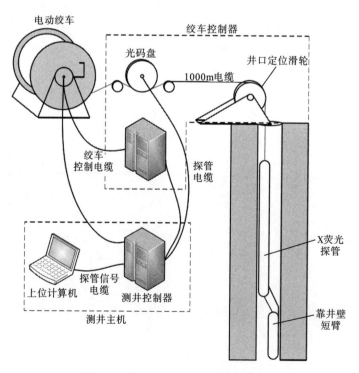

图 14.1　常见 X 荧光测井系统结构图

14.1.1　X 荧光测井仪的地面设备

X 荧光测井仪的地面设备主要为地面主机与测井绞车。

其中，地面主机由测井控制器和主控计算机组成，主要有两方面的用途。

(1) 为井下探管提供工作电源。

(2) 实现井下探管的控制。

X 荧光井下探管一般采用直流供电系统，工作电压大于 100V，在野外现场工作条件下，一般采用柴油机供电，测井主机可以实现将柴油发电机的电转变为测井探管工作所需电压的工作。同时，井下探管贴井壁短臂的打开与合拢是有供电电压极性控制的，测井主机必须根据用户的需求设置合适的供电电压极性。另外，野外操作人员要实现对井下测量情况和数据的实时监控，通过测井控制器与上位 PC 的双向通信，在测井软件的管理下即可实现探管数据的采集与控制。

测井绞车配备有 1500m 电缆，在绞车自动收放装置的驱动下，实现并完成全自动测井任务。绞车控制器的两个辅助设备是定位滑轮和光码盘。控制器主机对光码盘光电信号进行处理，根据矫正公式计算出正确的探管深度并反馈给测井主机；光码盘的作用是将电缆线的位移转换成电脉冲，以精确计算电缆下放深度；井口定位滑轮放于钻孔地面开口处，通过安装的滑轮使电缆线在绞车与井口之间可以成 90° 自由滑动。

X 荧光测井仪井下探管一般采用 4 芯电缆以实现电源供应和数据传输的需要，此外，由于探管工作深度大，电缆外由钢丝编织包裹为探管的悬吊提供拉力。测井电缆经过光码盘后由井架上导轮变向后接至测井探管。电缆在释放与回收过程中带动光码盘转动，光码盘内有光栅将转动角量转变为电脉冲信号输出。光码盘每转动一圈发出 1000 个脉冲信号给测井控制器，测井控制器将脉冲信号转换成释放的系缆长度(即测井探管所处的深度)显示出来，并将深度信号继续传递给绞车控制器，进而辅助控制绞车收放系缆以控制探管深度。

14.1.2　X 荧光测井仪的井下探管

X 荧光探管是 X 荧光测井系统的核心部件。其主要功能是激发井壁岩(矿)石中元素的特征 X 射线，接收该特征 X 射线，将初级 X 射线和次级 X 射线转变成电脉冲信号，实现模拟核信号的数字化，最终输出 X 射线仪器谱。

虽然 X 荧光测井与地面 X 荧光辐射取样的原理和目的相同，但由于前者是在空气环境中测量与分析，而后者是在井液环境下测量，因而在仪器探头的结构上两者有很大差异。

X 荧光测井仪探管材料采用硬质合金铝，厚约为 3mm。为适应在充满井液的钻孔中测井工作，探管的所有接头全部采用橡胶环封圈，这样既具有好的密封性能也具有较强的机械强度。

由于激发源初级射线及目标元素的特征 X 射线的能量均小于 100keV，几毫米厚的探管几乎可完全阻挡上述射线。为了在钻孔内激发和记录 X 射线，必须在探管壁上，位于源及探测器处开一个窗口，即探测窗。探测窗选用对 X 射线衰减系数较小，且能够在一定压力和温度的钻孔中工作的铍材料。同时，考虑到钻孔中充满井液，不论对初级射线还是特征 X 射线井液都构成了吸收层，由于元素的特征 X 射线能量较低，仅几千电子伏特到几十千电子伏特，井液的存在将会减弱甚至完全吸收特征 X 射线，所以对井中 X 射线荧光辐射取样仪器的探头都配有良好的贴井壁装置，以保证探测器与井壁的紧密接触。具体结构组成见图 14.2。

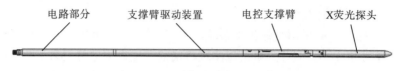

图 14.2   X 荧光探管结构组成

14.1.3   X 荧光测井仪的基本工作原理

X 荧光测井仪是开展井中元素分析的装置，其和地面野外便携式 X 荧光分析仪的探测原理基本一致，都由激发源、探测器、信号采集电路等组成。但是由于井下测量环境的复杂性和特点，其仪器的结构与地面 X 射线荧光仪又有所差别，图 14.3 是成都理工大学研制的我国第三代 X 荧光测井仪井下探管的工作原理框图。

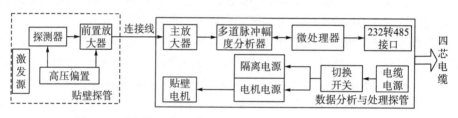

图 14.3   我国第三代 X 荧光测井仪井下探管的工作原理框图

从图 14.3 中可以看出，X 荧光测井仪井下工作探管不仅包含了常规 X 荧光分析仪所需的激发源、探测器、前置放大器、主放大器以及信号采集电路、传输电路等结构，更重要的是包含了贴井壁装置。为了减少测井时井参数带来的影响，仪器分成贴壁探管和数据分析和处理探管两个部分。前者用来实现探测窗与井壁的物理接触，并完成 X 荧光信号的激发与探测；后者实现信号控制和数据分析。

1. X 荧光测井仪的贴壁探管

由于 X 荧光测井测量的射线能量很低（几 keV 至几十 keV），所以其探测窗多用原子序数小、对低能射线吸收甚少的铍（Z＝4）作材料。基于同样的原因，为了减小井液影响，X 荧光测井探头要求有比其他高能射线测井仪更好的贴井壁装置，故 X 荧光测井探头往往将探测器和激发源部分与探管的其他部分独立，以便用一长度小的探测器单元实现良好的贴井壁。因此，贴壁探管主要完成两项工作：①尽可能好地实现贴井壁；②实现井壁目标元素的特征 X 射线荧光的激发和接收，将其转换为电脉冲信号，以便数据分析与处理探管分析。

1) X 荧光测井探管贴壁方式与工作原理

目前，X 荧光测井仪主要有四种贴壁结构：整机贴壁式、滑板贴壁式、两节贴壁式和支撑臂(测量探头)弹出贴壁式(周四春等，2016)。

通过对比，第一种结构的仪器贴壁效果最差，但制作最为简单，是早期 X 荧光测井仪最常使用的结构，滑板式与两节式贴壁较整机贴壁式贴壁效果好，但由于其探测单元一般还比较长，贴壁效果不如弹出式，而弹出式贴壁虽效果最佳，但制作最复杂。除了我国，目前还只见过俄罗斯展示过该种结构的 X 荧光测井仪。我国研制的第二代基于正比计数管的 Y411 型 X 荧光测井仪与最新研制的第三代基于半导体探测器的 X 荧光测井仪都属于第四种支撑臂(测量探头)弹出贴壁式贴壁方式。

下面以我国的第三代 X 荧光测井仪为例，介绍第四种贴井壁装置。

这种结构的仪器，是将 X 射线激发源，探测器及电荷灵敏放大器设计为单独的支撑臂(即 X 荧光测井探头)，平时镶嵌在仪器探管的中部，与整根探管浑然一体，到达测量地点后，通过电机控制，从探管内弹出而贴壁。在探管外径与钻孔相差不大时，这种贴壁方式是最佳的。

如图 14.4 所示，我国的第三代 X 荧光测井仪贴井壁装置主要由支撑杆、电机机械转动传动装置和驱动电路组成。

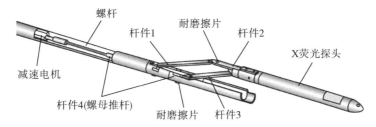

图 14.4　我国第三代 X 荧光测井探管的贴壁装置的结构

2) 特征 X 射线激发、采集与转换原理

我国第三代 X 荧光测井探管采用 Si-PIN 电致冷半导体探测器，放射性核素激发源。

当放射性核素激发源辐射的 $X(\gamma)$ 射线射入岩壁后，通过光电效应，会激发出岩壁的特征 X 射线。岩壁所产生的特征 X 射线通过探测窗进入半导体探测器后，在半导体探测器的灵敏体积内通过能量传递产生电子-空穴对，电子-空穴对在外电场的作用下漂移而输出电信号。这种电信号的幅度正比于入射射线能量，单位时间输出的电信号数目正比于入射特征 X 射线光子数。探测器输出的电信号经前置放大器放大到若干毫伏量级，以便于后续电路处理。

2. X 荧光测井仪的数据分析与处理探管

X 荧光测井仪的数据分析与处理探管中除了驱动贴壁探管贴壁的电机与驱动电路，主要由承担探测器传输信号的分析处理以及处理后的谱数据向地面操作台传送的接口电路组成，包括主放大器、多道脉冲幅度分析器、微处理器、接口电路。其功能是将探头输出的微弱电脉冲信号进行线性放大、滤波、成形，将模拟电脉冲信号转换为数字信号，形成 X 射线仪器谱。

从探测器传输到分析与处理探管中的电信号，首先经主放大器从毫伏级放大到伏级（0～5V），然后在微处理器控制下通过多道分析器分选记录，变换成谱数字信号，最后通过接口电路传输到地面操作台的计算机中。

3. 嵌入式软件

传输进入地面操作台计算机的 X 荧光谱数据，通过测井仪谱线解析软件在显示屏上显示为实测谱线，继后，可以进行谱线的实时解析。

X 荧光测井仪井下探管部分除硬件外，尚有嵌入式软件。嵌入式软件部分主要完成核谱数据的采集，温度、井径的测量以及系统通信等操作。控制核心选择 ARM7 处理器 LPC2148，其内部采用多任务操作系统 μCOS-Ⅱ，系统共有 3 个任务。

1) 串口通信任务

串口通信的主要功能是保持与地面 PC 测量软件的通信，解析 PC 的各种控制命令，完成测量数据及各种参数的回传，即要求实现双向通信。串口通信任务流程图如图 14.5 所示。

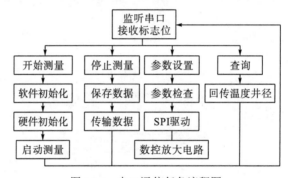

图 14.5　串口通信任务流程图

2) 数据采集任务

数据采集任务是探管工作软件的核心，其执行效率直接影响到整个系统死时间大小。LPC2148 具有快速 I/O 口，因此数据采集任务的 I/O 操作均通过快速 I/O 口实现。A/D 转换的数据是 16 位数字量，占用了 16 个 I/O 口资源，这样可以一次性地将数据读入(图 14.6)。

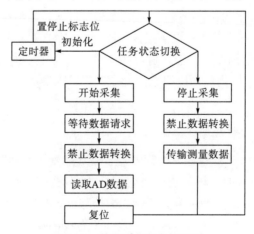

图 14.6　数据采集任务流程图

3) 稳谱控制任务

在 X 荧光测井中，稳谱功能主要是指系统能够根据当前谱峰的位置自动地调节放大器的工作参数，从而将谱线重新"拉"回到正确的位置上来。

14.2　X 荧光测井的技术方法

14.2.1　X 荧光测井仪刻度

1. X 荧光测井仪刻度的基本方法

对 X 荧光测井仪刻度，就是建立利用仪器测量计数率求荧光元素含量的关系，在仪器刻度中建立的这种关系方程或计算图板，在 X 荧光测井中称为"工作曲线"。对 X 荧光测井仪刻度通常有两种方式。

1) 利用标准井进行刻度

这种刻度方法是在工作区内选一、两口岩心采取率高于 80%、荧光元素含量分布范围宽的钻井作为标准井；利用岩心劈芯取样化学分析品位作为标准井中各矿层的标准含量，在标准井中进行 X 荧光测井，取得钻井的 X 荧光计数率曲线；利用各矿层 X 荧光计数率与化学分析的岩心品位，建立起刻度方程。

由于不同类型矿体化学组分上的差异。刻度方程的形式会因矿区不同、矿体不同、矿石类型不同而不同。如何选择和建立刻度方程，作为专门问题将在 14.3 节中讨论。

2) 利用标准样品进行刻度

将已确定含量的若干岩块标准样品逐一置于测井仪探测窗上进行测量；将各标准测量值逐一按欲测钻孔的井液条件进行水和泥浆吸收校正，即可利用岩块的含量和 X 荧光计数率，建立起测井刻度方程。

为了保证刻度结果的准确和可靠性，用于刻度的岩石标准样应与钻孔岩性和矿石类型一致、组分大致相同。否则，应对标准样品的含量进行修正，使作为标准样品的标准含量值，与钻孔地层中相应含量一致。

另外，用于刻度的标准样的含量分布范围应足够宽，以便刻度方程能适用于工作区最低和最高品位矿石的定量。

2. 刻度方程的建立方法

在本书的第 1 章中，我们已经提到过关于"基体效应"的问题。我们知道，地质体是多元素组成的集合体，当我们测量目标元素 (荧光元素) 的特征 X 射线时，那些共存于同一介质内的非测元素会对荧光元素的特征 X 射线造成干扰，从而破坏了目标元素的特征 X 射线计数率与其含量间的线性关系，导致利用 X 荧光计数率不能准确求出元素含量。这样的影响，就是所谓的基体效应。

按影响方式，基体效应分为两类。

(1) 吸收效应。基体元素对荧光元素的特征 X 射线的吸收明显，造成 X 荧光计数率超常地非线性递减。一般情况下，岩矿石中的吸收效应取决于一至两个对荧光元素的特征 X

射线有较大质量吸收系数且含量高的吸收元素所造成的影响程度,因吸收元素含量不同而不同。例如,各类有色金属岩矿石中,铁对各荧光元素常常会构成吸收干扰,这是因为铁对 Cu、Zn、Pb、Sn、Sb 等的特征 X 射线具有较大的质量吸收系数,且其含量往往超过目标元素几倍甚至几十倍。

再如,在铅锌矿上测井时,Zn 对 Pb 会造成吸收干扰。这是因为此时 Zn 与 Pb 为矿石中的主元素,含量相差不多,而 Zn 的 K 层电子结合能略小于 Pb 的 L_α 与 Pb 的 L_β 特征 X 射线能量,对 Pb 的 L 层特征 X 射线具有很大的质量吸收系数。

(2)增强效应。当介质中存在能放出比荧光元素 $K(L)$ 层吸收限略高能量的特征 X 射线的非测元素时,这种射线成为附加激发源,将对目标元素进行附加激发,从而使荧光元素的特征 X 射线计数率超线性增大。显然,增强效应的影响程度也取决于产生增强效应的元素含量。在前面介绍的铅锌矿的例子中,Zn 对 Pb 会造成吸收干扰,反过来,测 Zn 时 Pb 对 Zn 就会造成增强干扰。

根据测井基本方程可知,当存在基体效应时,所测荧光元素的特征 X 射线计数率将是荧光元素含量与干扰元素含量的函数,即

$$I_K = f(Q_K, Q_1, Q_2, \ldots) \tag{14.1}$$

式中,I_K 为荧光元素的特征 X 射线计数率;Q_K 为介质中荧光元素的含量;Q_1,Q_2,$\cdots$ 为介质中第 1,2,$\cdots$ 干扰元素的含量。

从数学知识可知,对包含 n 个待求变量的情况,需要 n 个方程联立,才能准确求出唯一解,否则,其解是不确定的。为此,将各干扰元素的影响作为线性作近似考虑,可将式(14.1)表述为介质中各干扰元素含量的线性多项式,即

$$I_K = a_0 + a_1 Q_1 + a_2 Q_2 + a_3 Q_3 + \cdots + a_n Q_n = a_0 + \sum_{i=1}^{n} a_i Q_i \tag{14.2}$$

只要分别测量出介质中各主元素的特征 X 射线计数率,就可建立起求解 n 种主元素的线性联立方程组,依据此线性联立方程组求解介质中各主元素的含量时,将基本不受其他元素的影响。而 X 荧光测井仪刻度的目的就是要确定式(14.2)所示的联立方程中的各系数。实验证明,以式(14.2)形式建立起的联立方程组,可以比较好地克服元素间的相互干扰。但选择引入校正的项数(或元素时),需注意并非越多越好,这是因为 X 荧光分析的均方误差与所用方程的项数间有如下关系:

$$\varepsilon = \sqrt{\frac{\Sigma (Q_化 - Q_X)^2}{n - p}} \tag{14.3}$$

式中,ε 为 X 荧光分析的均方误差;Q_X 和 $Q_化$ 分别为相应测点的 X 荧光和化学品位;n 为建立工作曲线所用标准样品数;p 为工作曲线中系数数目。

如果由于"保险的理由"把不必要的基体元素引进了校正方程,则式(14.3)中分母的自由度将人为变小。与此同时,式中分子只有不明显的变化,导致 ε 增大。

为此,实际工作中,可按以下方法预先选择待校正的元素。

首先,根据工作区地球化学资料,选出那些对目标元素的特征 X 射线吸收大的元素;然后求出其含量变化的绝对值的平均值,将其吸收系数与含量变化的绝对值的平均值相乘;以乘积大小顺序排列,取前 2~3 种元素引入校正方程,一般就可取得较好的校正效果。

为了保证式(14.2)在较宽含量范围内保持稳定，方程中 I_K 通常不用简单的特征 X 射线计数，而是用特征 X 射线与源量子散射射线计数的比值。

考虑到实际测井工作中的方便性，测井工作中常用与式(14.2)等同的另一类校正方程：

$$Q=a_0+a_1I_1+a_2I_2+\cdots+a_nI_n \tag{14.4}$$

式中，I_n 为基体中第 n 种元素的 X 荧光测量值；a_n 为反映了第 n 种元素对目标元素影响程度的系数，常称为干扰系数。

14.2.2　X 荧光测井工作的开展

X 荧光测井大致可分为 4 个过程：①工作前仪器和设备准备；②冲孔和测井现场准备；③测井；④资料整理和解释。

1. 工作前仪器和设备准备

X 荧光测井系统的设备主要有：X 射线测井探管、电缆及绞车、绞车控制器、地面测井工作站和井口滑轮等。

测井前所需完成的准备工作主要有以下几个方面。

(1)井场准备。包括仪器供电准备、准备测井场地。

(2)安装井口滑轮，连接测井系统的各个部分。

(3)调试 X 荧光测井系统，调整到正常工作状态。

(4)具体包括以下内容：①确定井深刻度盘零点，测定并记录 X 射线探测窗与零点电缆的距离；②X 荧光测井仪器的预热，并对仪器做稳定性监测。具体方法是，用 2～3 块标准片置于探管探测窗口上测量，记录目标元素的特征峰面积。若读数与标准值相差超过 1 倍均方差，则说明仪器工作不正常，需考虑检修仪器。

(5)根据钻孔的矿石类型和目标元素，选定合适的已刻度好的数学模型。

2. 冲孔和测井现场准备

X 荧光测井工作前，应将前期护壁套管取出。视钻孔岩层破碎度和钻井液情况考虑在 X 荧光测井之前是否需要冲洗钻孔，以减少在钻孔过程中伴随产生的对 X 荧光测井影响较大的因素，如井壁泥饼、钻井液。冲孔也有另一个重要作用，即防止测井时卡住探管。

冲孔后，应尽快进行测井，避免井壁长时间在围岩作用下及井内液体作用下垮塌，从而影响到 X 荧光测井的顺利进行。在钻孔测井工作没有完成之前，不应当拆除钻探设备。

3. 测井

测井的工作步骤如下所示。

(1)把探管放入钻孔。下放速度不超过 1000m/h。探管下放过程中，若遇阻塞，应立即把探管提升 0.5～1.5m，再慢慢放下。如果试管若干次后，探管仍不能放下，则需要重新清理钻孔。

(2)预计探管接近测量位置时,将探管下放速度降低至 50m/h。探管下放深度应大于测量位置深度,且保持探管下放最大深度应距井底深度 0.5m。

(3)对采用电控贴壁装置的探管,打开贴井壁装置。然后,用绞车或电动绞车慢慢提升探管,连续测量上升速度控制在 3m/min 左右。点测情况下,在正常地段测井点间距离为 0.5m;矿化地段以点距 0.2m 加密测量。

(4)第一遍测量结束后,将探管提至井口,对测井过程中记录的测井深度进行校正。然后,对测井中发现的矿化地段进行重复测量。

(5)重复测量结束后,将探管提至井口,对测井过程中记录的测井深度进行再次校正。

(6)探管从井中取出后,立即测量标准片,检查仪器的工作状态,确定仪器正常后,结束测井工作。

4. 资料整理和解释

数据预处理:本部分主要是在获取特征 X 射线和散射射线原始谱线的基础上,进行仪器谱的解析、井液效应校正、不平度效应校正、元素含量计算等功能。最后得到每个点上或某时段(对连续测井)内岩(矿)石的元素含量;同时进行数据空间坐标投影。

数据后期处理:对校正后的 X 射线荧光测量数据(元素含量、井深)进行品位计算、矿层分层解释、线储量计算和成图。

对测井资料进行整理处理,将测井的结果进行定量的解释和绘制钻孔综合柱状图。定量解释结果有矿层的厚度、矿石品位;钻孔综合柱状图内容包括地质柱状图、井深、岩心分析结果、X 荧光测井基本参数曲线、X 射线荧光岩心测量曲线、井径。

14.2.3 X 荧光测井资料解释方法

1. 点测资料的处理与解释

X 荧光测井不是依据每点测量值直接计算矿石含量,主要原因如下:

(1)放射性测量总包含有统计涨落误差。

(2)矿化的不均匀性,使"点"测结果不能很好代表矿石中元素含量的客观情况。

(3)从矿床评价角度看,有意义的参数是矿层某一段的平均品位而不是个别点的品位。

基于上述诸项原因,X 荧光测井是依据一定间隔的多个测点 X 荧光(强度或强度的某种比值)的平均值 ΔR 来求矿层的品位,即

$$\Delta R = S/h \tag{14.5}$$

式中,S 为测井曲线的面积;h 为 S 所包含的长度,主要依据矿层的矿化均匀程度来选取,一般取 1~3m。矿化边界根据电缆深度记号点确定。对厚矿层,应合适选择 h,以便能划分出不同含量数量级的矿层。

X 荧光测井曲线在进入矿层地段符合异常上升规律；当移出矿层时，符合异常下降规律(图 14.7)。故在计算一定 h 间隔的测井曲线面积时，应延长到正常场地段。另外，在计算 S 时还应考虑以下两个方面的问题。

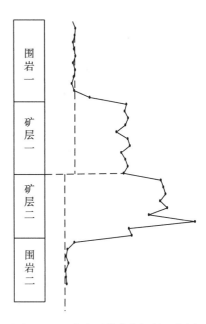

(1)对不同岩性，其正常值是不一样的，应分别加以区分，如图 14.7 所示。

(2)对测井曲线可明显区分成高低不同矿层的异常时，应按图中所示分层加以解释。为了保证最终解释的品位准确，应考虑地质品位的含意是一段矿层的算术平均含量的原则，对高、低含量的工作曲线不能统一采用同一条曲线的工作区，应按工作曲线划分的含量区间，分别求出 S 值来确定矿层含量。否则，所求的含量将有违地质品位的意义。按式(13.5)确定出 ΔR 后，代入以 ΔR 为参量建立的相应的工作曲线，即可求出相应层位矿石的品位。

图 14.7   X 荧光测井曲线解释示意图

2. 连续测井资料的自动处理

自动记录到的参数 R，在深度 $h_1 \sim h_2$ 间隔内的积分式为

$$S_h = \int_{h_1}^{h_2} R(h)\mathrm{d}h \tag{14.6}$$

在测井速度恒定不变的情况下，有关系

$$h=V\cdot t \tag{14.7}$$

式中，V 为测井速度；t 为测井仪移动 h 距离花费的时间。

依据式(14.6)，可以用时间参量积分替换对深度参量的积分，即

$$\int_{h_1}^{h_2} R(h)\mathrm{d}h = \int_{t_1}^{t_2} R(t)\frac{\mathrm{d}h}{\mathrm{d}t}\mathrm{d}t = \int_{t_1}^{t_2} R(t)\cdot V(t)\cdot \mathrm{d}t \tag{14.8}$$

当 $R(t)$ 值高于正常值时，地面终端计算机开始按式(14.8)对瞬时测量值依时间积分，取 $1 \sim 3$m 的间距，分别求出各矿层的 S 值，并依据 S 值按式(14.5)求出相应矿层的 ΔR 值，最终依据 ΔR 从刻度方程上求出该段矿层的平均品位。对处理结果经惰性时间校正后，测井仪地面主机通过绘图仪输出两条曲线，一个是 $R(h)$ 曲线，另一个是品位解释曲线。由于采用运算速度快的计算机作终端处理机，测井资料可以在现场实时处理。图 14.8 是苏联地球物理工作者在中亚某锡矿所进行的连续测井的成果图实例。

图中锡品位解释是按 1m 间隔作单位得到的，自动解释品位如表 14.1 所示。表中每一行表示测井探头在上升下降重复测量四次时获得的平均间隔内的锡含量，展示了井深 $128 \sim 133$m 共进行两轮四次重复测量的对照结果。测井结果重现性良好。

从图 14.8 和表 14.1 中我们可以看出，现场连续测井实时处理所得到的成果资料，已获得了几乎所有所需的资料。

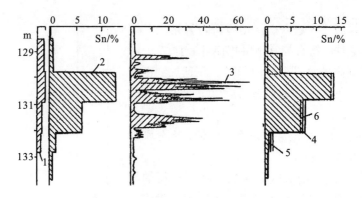

图 14.8　测井资料的自动处理实例

1-岩心提取率；2-岩心的化学分析 Sn%；3-(减去背景特散比值后的)标准特散比值曲线；4-间隔 1m 的测井
资料自动处理；5-间隔 3m 的测井资料自动处理；6-根据测井的平均间隔计算的地质取样资料

表 14.1　中亚某锡矿 ZKX 钻孔中锡异常段连续 X 荧光测井解释结果

井深/m	Sn/%	井深/m	Sn/%	井深/m	Sn/%	井深/m	Sn/%
133.00	00.0	133.00	00.0	133.00	00.0	133.00	00.0
132.00	00.8	132.00	00.7	132.00	00.9	132.00	01.0
131.00	05.5	131.00	05.5	131.00	05.7	131.00	05.6
130.00	12.8	130.00	13.3	130.00	13.5	130.00	13.7
129.00	01.9	129.00	02.3	129.00	02.4	129.00	02.4
128.00	00.2	128.00	00.2	128.00	00.4	128.00	00.2
133.00	00.0	133.00	00.0	133.00	00.0	133.00	00.2
132.00	00.8	132.00	00.7	132.00	00.8	132.00	01.5
131.00	05.5	131.00	05.8	131.00	06.6	131.00	05.8
130.00	13.8	130.00	13.3	130.00	13.8	130.00	13.8
129.00	02.2	129.00	02.1	129.00	02.1	129.00	02.4
128.00	00.2	128.00	00.3	128.00	00.4	128.00	00.1

14.3　X 荧光测井的主要干扰因素及对策

　　X 荧光测井的主要干扰因素来自两个方面：井参数条件的影响，井壁中基体效应的影响。所谓"井参数条件"包括井中泥浆与水层的影响。

14.3.1　井液的影响与校正

　　由于 X 射线的透射深度有限，井液的存在不论对初级 X 射线还是次级 X 射线都产生吸收与散射。理论计算表明，15mm 厚的水层可完全吸收 10%铜含量的 Cu 的 K 系特征射线。因此在 X 荧光测井中井液的影响与校正是一项重要的研究内容。

　　井液的校正从两方面解决。一方面是在井下探管的硬件上，采用贴井壁装置，将 X 射线探头单独做成短臂，在 X 荧光测井过程中使其紧密贴井壁，以尽可能地减小探测窗与井壁之间的间距，这一设计已在探管硬件上实现。

　　另外，是在探头紧密贴井壁的前提下，进一步校正间距小于 3mm 厚层井液对 X 荧光测井结果的影响。在该项目中，采用双散射峰校正的方法。

1. 基本校正公式

　　根据射线同物质之间的衰减和吸收关系，如图 14.9 所示的模型中，在厚度为 H 的井液的作用下，特征 X 射线的计数与无井液干井情况下计数之间关系可表示为

$$I_x = I_{x0}e^{-\left(\frac{u_0}{\sin a} + \frac{u_1}{\sin \beta}\right)H} \tag{14.9}$$

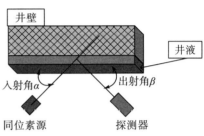

图 14.9　X 射线散射公式推导示意图

式中，I_x 是在厚度为 H 的井液中测量的特征峰计数；I_{x0} 是在无井液情况下测量的特征峰计数；μ_0 和 μ_1 分别为井液对源射线的吸收和井液对特征 X 射线的线性吸收系数；α 和 β 如图 14.9 所示，分别为射线的入射角和初射角度。

　　根据式(14.9)，通过公式转换以后，得

$$I_{x0} = I_x e^{\left(\frac{u_0}{\sin a} + \frac{u_1}{\sin \beta}\right)H} \tag{14.10}$$

　　式(14.10)中的参数意义同式(14.9)相同。其中 μ_0、μ_1、α、β 在已知井液和探测器设计中已经确定，所以只要求得 H，就能通过式(14.10)校正，可以得到干井测量中的特征 X 峰计数，进而消除井液给测量带来的误差。

2. 井液厚度的确定

　　在测井过程中井液的厚度获得可以通过两种方式：一种是采用机械测量的方式。该方式需要复杂的机械结构，而且要求井壁具有很好的刚性，不易变形。另外一种是从仪器谱出发，采用不同能量的散射峰计数和井液厚度之间的关系，确定井液的厚度。

　　探测器记录到单位面积 X 射线的一次散射计数可以表示为

$$I_s = \varepsilon \frac{\Omega}{4\pi} \frac{\sigma I_0}{\frac{u_0}{\sin a} + \frac{u_s}{\sin \theta}}[1 - e^{-\left(\frac{u_0}{\sin a} + \frac{u_s}{\sin \theta}\right)*M}] \tag{14.11}$$

式中，ε 是探测器对散射射线的探测效率；Ω 是探测器对单位面积所张的立体角；μ_0 和 μ_s 分别是样品对入射辐射和散射辐射的线性衰减系数；I_0 是入射辐射强度；M 是样品的厚度；σ 是样品对辐射总散射系数，包括相干和非相干散射。

　　根据式(14.11)和图 14.9，可以推导出在井液厚度为 H 的情况下，探测器记录到单位面积 X 射线的一次散射计数的理论表达式，如式(14.12)所示。

$$I_s = \varepsilon \frac{\Omega}{4\pi} \frac{\sigma_y I_0}{\frac{u_{0y}}{\sin a} + \frac{u_{sy}}{\sin \theta}}[1 - e^{-\left(\frac{u_{0y}}{\sin a} + \frac{u_{sy}}{\sin \theta}\right)*H}] + \varepsilon \frac{\Omega}{4\pi} \frac{\sigma_w I_0}{\frac{u_{0w}}{\sin a} + \frac{u_{sw}}{\sin \theta}}e^{-\left(\frac{u_{0y}}{\sin a} + \frac{u_{sy}}{\sin \theta}\right)*H} \tag{14.12}$$

　　式(14.12)中，μ_{0y} 与 μ_{sy} 分别是井液对入射辐射和散射辐射的线性衰减系数；H 是井液的厚度；σ_y 是井液对辐射总散射系数，包括相干和非相干散射；μ_{0w} 与 μ_{sw} 分别是井壁对入

射辐射和散射辐射的线性衰减系数；σ_w 是井壁对辐射总散射系数，包括相干和非相干散射。

假设在测井过程中井壁成分变化不大，具有相近的散射系数和吸收系数，则式(14.12)可以表示为

$$I_s = K_1[1 - e^{-\mu^* H}] + K_2 e^{-\mu^* H} \tag{14.13}$$

式中

$$K_1 = \varepsilon \frac{\Omega}{4\pi} \frac{\sigma_y I_0}{u_{oy} + u_{sy}}$$

$$K_2 = \varepsilon \frac{\Omega}{4\pi} \frac{\sigma_w I_0}{u_{ow} + u_{sw}}$$

$$\mu = \frac{\mu_{0y}}{\sin a} + \frac{\mu_{sy}}{\sin \theta}$$

当探测器和源的位置相对固定且井壁成分近似的情况下，K_1、K_2、μ 都是常数。对式(14.13)整理，得

$$I_s = K_1 + (K_2 - K_1)e^{-\mu^* H} \tag{14.14}$$

化简得

$$I_s = M + N e^{-\mu^* H} \tag{14.15}$$

式中，$M = K_1$，$N = K_2 - K_1$。

根据式(14.15)可以确定井液的厚度。井液校正的操作步骤如下所示。

(1)在仪器的标定阶段，可以通过井液和散射峰之间的关系，确定常数 M、N、μ。

(2)在实际测量过程中根据 M、N、μ 和 I_s，推算出井液的厚度 H。

(3)将测量得到的计数和计算得到井液厚度 H 代入式(14.10)，将测量技术校正到无井液的情况下的计数，再转化为含量。

为了提高井液校正精度，在实际测量中可以采用双散射峰的方法校正，对校正以后井液的厚度求平均，可以减少井液校正带来的误差。

14.3.2　基体效应的影响与校正

基体效应是指在岩石或土壤中，非目标元素对目标元素的特征 X 射线的吸收或增强作用，引起目标元素含量分析结果的降低或偏高。国内外许多学者已对 X 射线荧光分析中存在的基体效应进行了深入研究，并针对不同的分析对象提出了多达数十种校正技术。由于新一代 X 荧光测井仪采用 Si-PIN 半导体探测器，能够分辨中等原子序数以上相邻元素的 K 系特征 X 射线的特征峰。采用解谱方法可以准确获取目标元素和其干扰元素的特征峰的峰面积，这为基体效应的有效校正提供了保证。校正基体效应的方法主要采用强度影响系数法和特散比影响系数法，两种方法已经在野外 X 荧光测量中取得较好的分析结果。其基本方程如下。

强度影响系数法主要适用的测量对象是较为干燥的井壁，其数理方程为

$$C_i = a_{i0} + a_{ii} I_i + \sum_{j=0}^{N} a_{ij} I_j \tag{14.16}$$

式中，C_i 为目标元素 i 的含量；I_i 和 I_j 分别为目标元素和干扰元素的特征 X 射线特征峰净峰面积；a_{i0}、a_{ii}、a_{ij} 为强度影响系数。

特散比影响系数法的数理方程为

$$C_i = b_{i0} + b_{ii}R_i + \sum_{j=0}^{N} b_{ij}R_j \tag{14.17}$$

式中，C_i 为目标元素 i 的含量；R_i 和 R_j 分别为目标元素和干扰元素的特征 X 射线净峰面积与散射射线净峰面积之比（又称特散比）；b_{i0}、b_{ii}、b_{ij} 为特散比影响系数。

通过以上的公式，可以有效地测量元素的含量。

14.3.3 其他影响因素与校正

1. 井壁几何效应

井壁几何效应的影响是指井壁表面的凹凸不平对 X 荧光测井结果的影响，主要表现在激发源初级射线和元素的特征 X 射线在井液中贯穿距离大小的变化，初级和特征 X 射线在井液介质中衰减而使其照射率减小，一般井壁表面的凹陷，使 X 荧光测井技术解释的元素含量偏低。当井孔中有井液存在时，实际上可等效为井液厚度的变化。因此可应用井液校正方程克服其影响。

2. 矿化不均匀效应

由于 X 荧光测井的有效探测面积为有限范围（10mm×30mm），在岩矿石中的探测深度仅 1mm，所以目标元素在井孔岩层中分布和不均匀性将影响到 X 荧光测井结果的代表性。有效地解决途径是采用最佳测点的间距，或者连续 X 荧光测井。

3. 泥饼和粉尘影响

泥饼的影响主要是吸收源初级射线束和次级射线（包括特征 X 射线和散射射线）。由于特征 X 射线能量较低，几毫米厚的泥饼即可将射线完全吸收。围岩粉尘也主要是吸收初级和次级射线，即使测量结构偏低；而矿层粉末主要造成污染。当矿层粉末吸附在矿化地段或者围岩井壁上时，测量结果是矿层粉末中目标元素和井壁岩（矿）石中目标元素的平均含量；若粉末较厚，则主要是矿层粉末中目标元素的含量。因此，不论是泥饼还是粉尘对 X 荧光测井结果都会造成严重影响。

消除泥饼和粉尘影响的有效方法是，在 X 荧光测井工作前，对钻孔或者炮眼进行清洗。这是保证取样结果准确、可靠的必要工作程序之一。

14.4 X 荧光测井在天青石矿勘查中的应用

锶矿床的成因可能有多种，但其最主要类型是产于碳酸岩中的天青石矿床。锶在碳酸岩中丰度远高于其相邻元素，加之其矿体边界品位以 $20\%SrSO_4$ 为限，所以锶矿为 X 荧光测井的应用提供了良好的地质前提条件。

锶的特征 X 射线能量为 15.16keV，从探测的最佳效果看如果采用 ^{109}Cd 为激发源配合充 Xe 正比计数器仪器就可获得良好的测井结果，采用其他核素源时无法完全避免源量子散射线的谱线重叠干扰。在无 ^{109}Cd 源时，宜采用铍窗 ^{241}Am 做激发源。

迄今为止，大量的测井工作证实。锶矿是最适合采用 X 荧光测井的矿种之一。在苏联的某些天青石矿区，甚至采用无岩心钻井，完全靠 X 荧光测井资料划分矿层、计算储量，从而大大缩短了找矿周期，提高了经济效益。图 14.10 为苏联在某碳酸岩地区开展天青石矿 X 荧光测井的成果图。

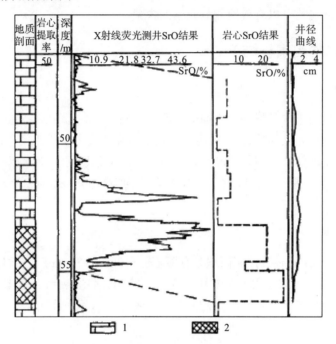

图 14.10　苏联某碳酸岩地区天青石矿 X 荧光测井成果图

1-灰岩；2-天青石矿体

随着采用半导体探测器的 X 荧光测井仪研制成功，对锶矿的 X 荧光测井在技术层面上变得更为容易。

我国在锶矿上开展 X 荧光测井，也取得良好效果，表 14.2 与图 14.11 展示了应用我国第二代 X 荧光测井仪在重庆大足区开展天青石矿测井的结果(葛良全等，1997)。

大足锶矿是一个产于碳酸岩中的超大型锶矿床，矿石的主要矿物成分是天青石(硫酸锶)与菱锶矿(碳酸锶)。

表 14.2　ZK2895 孔 X 荧光测井结果与岩心化学分析结果的比较

方法	矿层位置 /m	矿层厚度 /m	平均品位		线储量 Sr/%m
			Sr%	Ba%	
岩心化学分析法	42.3~43.5	1.20	18.437	0.580	22.124
X 荧光测井法	42.2~43.5	1.30	17.812	0.157	23.156
对比误差/%	−0.24	8.33	−3.390	10.860	4.660

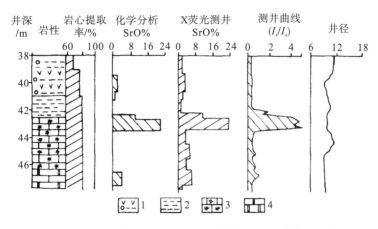

图 14.11　重庆某锶矿区 ZK2895 孔锶的 X 荧光测井成果图

1-岩溶角砾岩；2-泥岩；3-菱锶矿化白云岩；4-白云岩

由表 14.2 和图 14.11 可知，X 荧光测井结果与传统的取心化学分析确定的锶矿位置、矿层厚度、线储量等结果几乎是完全一致的。但根据对比结果统计，采用 X 荧光测井完成 300m 深的钻孔，若矿层厚度共计 20m，则仅需 7～9h 即可完成全孔的井中测量工作、异常段重复测量、品位计算和分层解释。而传统的岩心取样化学分析方法则需经过劈心取样、样品运输、加工碎样、化学分析等生产流程，按正常的生产程序为 1～2 个月，甚至更长。因此，应用 X 荧光测井技术对提高钻探效率、降低勘探成本具有显著的经济效益。

14.5　X 荧光测井在铜矿勘查中的应用

图 14.12 为利用成都理工大学与重庆地质仪器厂联合研制的第三代 X 荧光测井仪(JGS-Y422 型)对四川省会理拉拉铜矿区 ZK702 号勘探井进行连续 X 荧光测井柱状图，图中第 1 柱为标记有井深的岩心地质编录柱状图；第 2 柱为测井井径曲线图；第 3 柱为劈心取样后岩心化学分析铜含量；第 4 柱为 X 荧光测井获得的铜特征射线峰计数(净峰面积值)柱状图；第 5 柱为 X 荧光测井获得的铜含量；第 6 柱和第 7 柱分别为 X 荧光测井获得的铁特征射线峰计数(净峰面积值)柱状图与铁品位柱状图。

从图 14.12 可以看出，在 860m 井深段附近铜含量有增高趋势，该趋势与岩心化学分析结果基本一致。说明采用连续 X 荧光测井能够快速地确定井下元素的分布规律和趋势，这对于有效解决岩心取样不足时造成的可能漏矿问题是具有十分明显的意义的。

图 14.13 是对 ZK702 号勘探井进行点测结果图，测量深度为 849.81～880.84m。图中各柱状图意义与图 14.12 相同，不赘述。

从图 14.13 可看出，在 849～880m 井深段井壁岩层 Fe 含量主要变换范围为 1%～6%。对比该段钻孔岩心地质编录，认为该段高 Fe 含量是由于黄铁矿化引起的。采用点测 X 荧光测井能够很好地反映井下元素异常。

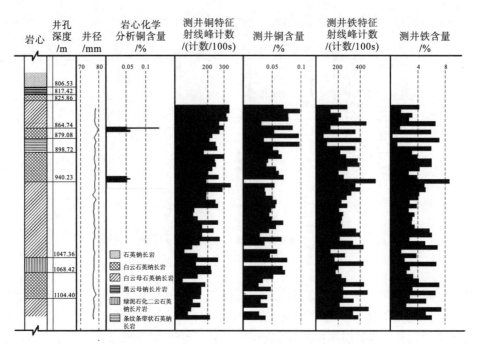

图 14.12　ZK702 号勘探井连续测井柱状图

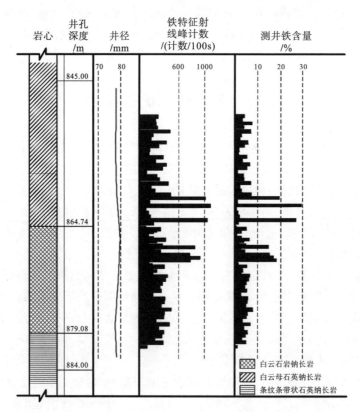

图 14.13　ZK702 号勘探井 849.81～880.84m 井段点测井铁含量柱状图

图 14.14 是该钻孔深度为 849.81～880.84m 点测井数据处理铜含量结果与化学分析、地面岩心 X 射线荧光分析铜含量结果对比图。图中第 1 柱为岩心地质编录柱状图；第 2 柱为测井井径曲线图；第 3 柱为铜元素化学分析结果柱状图；第 4 柱为 X 荧光测井点测获得的铜品位柱状图；第 5 柱为以 0.2%含量作为边界品位的铜矿层分层解释；第 6 柱为 0.1%含量为边界品位的铜矿层的分层解释；第 7 柱为地面 X 射线荧光分析岩心获得的铜品位柱状图。

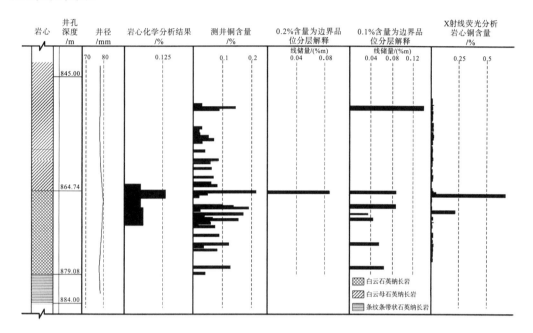

图 14.14　ZK702 号勘探井 849.81～880.84m 井段点测井、化学分析和地面岩
心 X 射线荧光分析铜含量柱状对比图

从 X 荧光测井点测铜含量柱状图(图 14.14 中第 4 柱)可以看出,在 864.83m 井深处测得该段最高铜含量为 0.217%。与岩心化学劈心取样 0.13%铜含量最高点位置相对应。

按照《铜、铅、锌、银、镍、钼矿地质勘查规范》(DZ/T 0214—2002)的标准,以 0.2%铜含量为边界品位划分矿层,根据岩心化学分析结果(<0.2%),此井深段无铜矿化层,而 X 荧光测井结果仅一处铜含量超过边界品位(0.217%),其厚度约为 40cm,达不到 1～2m 的开采厚度。

若以 0.1%铜含量作为划分矿层的边界品位,根据 X 荧光测井结果可划分 7 层,分别为 850.07～851.05m,线储量为 0.1413%m;864.52～864.92m,线储量为 0.0867%m;867.11～867.71m,线储量为 0.0861%m;868.52～868.72m,线储量为 0.0346%m;869.30～867.90m,线储量为 0.0442%m;873.50～874.05m,线储量为 0.055%m;877.55～878.05m,线储量为 0.064%m。矿化层厚度均达不到 1～2m 的开采厚度,矿化层总厚度为 3.63m,矿化层平均品位为 0.141%,线储量为 0.5118%m。

以上实例表明,利用 X 荧光测井不仅能够快速鉴别井下元素的种类及变化趋势,而且能够划分矿层品位,大大缩短了工作时间,提高工作效率。

14.6　X 荧光测井在多金属矿勘查中的应用

图 14.15 是利用 X 荧光测井仪在四川某锡矿钻孔中的实测结果图。该钻孔中的锡矿层在水位以下,测井工作完全在湿孔条件下进行,根据锡矿边界品位等于 0.1%Sn 的规定,划分了锡矿层的厚度,应用加权平均锡品位及对应锡矿的厚度,还求得了钻孔中锡矿的线储量(章晔等,1984)。这些工作都是在钻孔现场完成的,能够及时配合钻井进度开展工作。

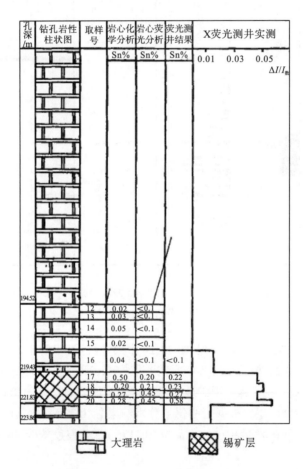

图 14.15　ZKA 孔 X 荧光测井结果

测井数据表明,X 荧光测井结果与岩心化学分析结果十分一致,地质效果良好。

图 14.16 是 20 世纪 70 年代末期,苏联 JIeman 等利用 PPLIIA-1 型 X 荧光测井仪在井中测量 W、Pb、Mo、Sn、Sb、Ba、Zn、Cu 等矿种的含量的示意图。当时使用的是基于 ^{109}Cd 和 ^{170}Tm 同位素源的荧光测井仪,探测器采用的是 NaI(Tl) 晶体(章晔等,1984)。

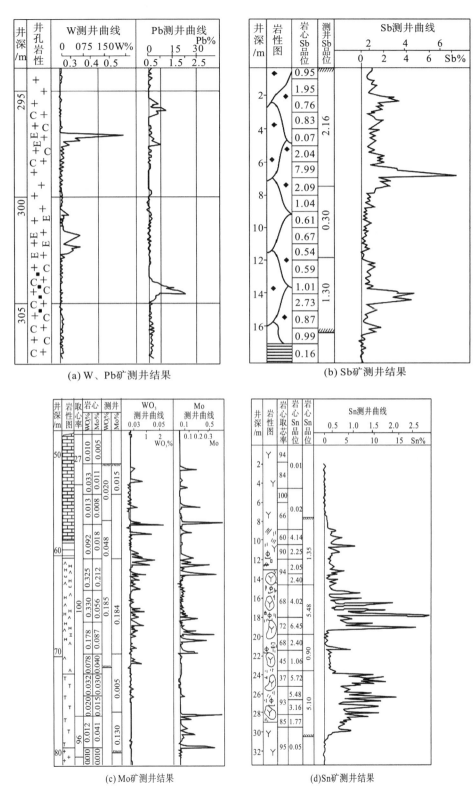

(a) W、Pb矿测井结果

(b) Sb矿测井结果

(c) Mo矿测井结果

(d)Sn矿测井结果

图 14.16 苏联开展 X 荧光多金属矿测井应用成果图

　　X 荧光测井技术在我国锡矿、锑矿和重晶石等多金属矿种的应用中也取得了良好的效果(章晔等,1984,1985;葛良全等,1997;杨强等,2010)。X 荧光测井技术能够对井壁岩矿中有益元素进行定量分析,根据各矿种工业品位规定,立即划分矿层厚度,从而计算线储量,快速提高成果。

14.7　X 荧光测井在金矿勘查中的应用

　　金矿边界品位约为 3×10^{-6},目前的各类 X 荧光测井仪直接测金的检出限均无法划分出边界品位,故勘查金矿时,多采用间接测金的方法。

　　在各种热液金矿床上,金与铜、铅、锌、砷、硒、银、锑、汞等元素都具有成因和空间上的密切共(伴)生关系,而这种现象,源于金与上述元素同属铜组元素,因而具有相似的地球化学性质。从金矿床上元素的垂向分带规律来看,铜、铅、砷、银、锑等元素往往是矿体元素,其富集位置(深度)与金基本一致,故在有利情况下,可通过对上述元素的测量,进而划分金矿层,甚至以好于半定量的准确度估算金品位。

　　在用 X 荧光技术勘查金矿中,具有特别意义的元素首推砷。

　　在大多数金矿上,砷矿物(毒砂、砷黄铁矿)往往是载金矿物或主要的载金矿物,故砷富集层,往往也就是金矿层。另外,无论用 ^{238}Pu 还是 ^{109}Cd 做激发源,通过 X 荧光技术测砷的探测限都几乎比测 Cu、Zn、Pb(L 线)好近一个数量级。

　　在金矿钻孔中测砷的技术要点为最佳激发源是 ^{108}Cd,探测器则以充 Xe 正比计数管就可获得好的探测效果。探测窗宽度设置为 9.5~12.2keV(As 的 K_α 能量为 l0.54keV),测井以点测效果较好。在无 ^{108}Cd 源时,可用 ^{238}Pu 作激发源。

　　图 14.17 是苏联中亚金矿上利用 As 测井划分金矿床的实例。

　　为了校正测井中泥浆和水对 As 的 K_α 射线的吸收影响,As 测井时多采用特散比值作测量参数。在用 ^{109}Cd 源条件下,散射道以 Mo 标准片确定,窗位置选取为 (17.5 ± 1)keV。利用这些方法,苏联的乌兹别克、卡尔巴、巴基尔契克等金矿区通过对 As 的 X 荧光测井,均可靠划分出 Au 高于 2×10^{-6} 的矿段。

　　我国虽然没进行过金矿的 X 荧光测井,但作过大量的有关实验工作,表 14.3 是在我国一些金矿上开展 X 荧光岩心测量后得到的结果,证实在 Au 矿上开展 As 测井划分金矿层具有广泛的意义。

表 14.3　我国部分金矿区岩心 As 测量统计

矿区名称	矿床类型	Au~As 相关系数	划分矿层准确率/%
四川马脑壳金矿	构造蚀变	0.7~0.95	>90
河南瑶沟金矿	石英脉型	0.8~0.9	98
广西凤山金矿	构造蚀变	0.9	>98
四川东北寨金矿	构造蚀变	>0.8	>92

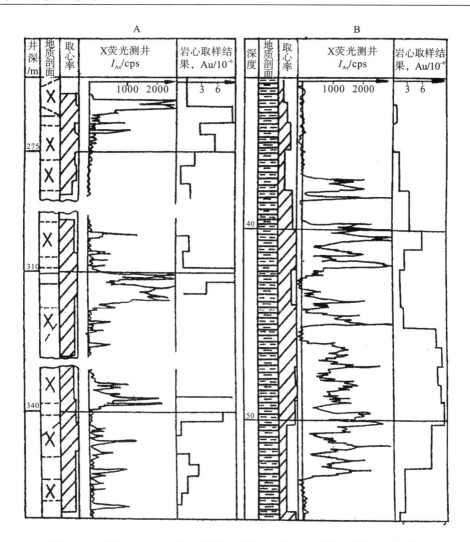

图 14.17　根据 As 与 Au 共生关系，利用 As 的 XRF 测井指导找金矿实例

A-毒砂-黄铁矿建造；B-石英-毒砂建造

当金矿体中其他矿体元素含量高于 X 荧光测井仪探测限时，也可以利用这些元素的测井曲线划分金矿层。例如，苏联的楚科特地区的一个金矿床，Au～Sb(Hg) 相关系数大于 0.8，且 Sb、Hg 在矿体中含量高于仪器探测限。采用源强为 $60\sim80\,\mathrm{mg}$ 镭当量的 ^{76}Se 作激发源，充 Kr 气正比管探头记录 Sb 的 K_α、NaI(Tl) 探测器记录 Hg 的 K_α 射线，进行了测井，测量条件如下。

锑测量窗：$(26\pm1)\,\mathrm{keV}$ 与 $(40\pm5)\,\mathrm{keV}$ 谱段计效率比值。

汞测量窗：$(69\pm2)\,\mathrm{keV}$ 与 $(95\pm2)\,\mathrm{keV}$ 谱段计数率比值。

结果准确划分出了金矿层。

目前，我国已经成功研制出基于电致冷半导体探测器的 X 荧光测井仪，对与 Au 相关的伴生元素的测量将更加容易，这将大大促进 X 荧光测井技术在金矿勘查中的应用。

参 考 文 献

葛良全, 周四春, 谢庭周. 1997. 新型 X 射线荧光测井仪的研制与初步应用[J]. 成都理工学院学报, 24(1): 103-107.

杨强, 葛良全, 赖万昌, 等. 2010. X 荧光测井探管的研制及其初步应用[J]. 物探与化探, 34(4): 508-511.

章晔, 谢庭周, 梁致荣, 等. 1985. 放射性同位素 X 射线荧光测井技术在锡矿、锑矿和重晶石矿的应用[J]. 核技术, (9): 9-12.

章晔, 谢庭周, 梁致荣. 1984. X 荧光探矿技术[M]. 北京: 地质出版社.

Lehto J. 1978. Portable X-ray fluorescence analyzer for bore hole and powder measurements[J]. IEEE Transactions on Nuclear Science, 25(1): 777-781.

第 15 章　X 荧光勘查技术与其他物化探技术的配合与综合找矿

在地质勘查工作中，限于所用手提式 X 射线荧光仪一般只配一种激发源(某种核素源或配某种靶材的 X 射线管)，现场 X 荧光测量时一般只能给出十余种元素的含量信息，还无法包揽各类矿床的全部指示元素，所以仅靠 X 荧光测量提供的信息是不够的，最好能与其他化探技术相配合。在矿体定位方面，X 射线荧光仪的直接探测深度是非常有限的，在测量有露头的矿体时，可以直接测量并给出露头部分成矿元素的含量，用以区分矿体和围岩，但无法直接给出被覆盖区的矿体部分的信息。而对于隐伏矿体，X 荧光测量的是从矿体中迁移出来的原生晕或次生晕信息，对元素异常源空间位置和规模的分析还必须依靠其他探测技术。为此，在使用 X 荧光技术的同时，应该尽可能地选择有互补作用的探测技术，弥补 X 荧光测量在探测目标矿床信息中的不足。

15.1　X 荧光勘查技术与电法测量的配合

在勘查金属矿产时，电法是最应该与 X 荧光方法综合应用的方法之一。对于那些以硫化金属矿物形式赋存的矿床，或者伴生有较多硫化金属矿物的矿床，采用 X 荧光测量与激发极化法配合找矿，往往能够收到事半功倍的地质效果。

激电法(激发极化法)是以岩(矿)石在人工电场作用下发生的物理和电化学效应(激发极化效应)的差异为基础的一种勘探方法，可以提供隐伏矿体深度、规模等信息。无论是电极极化作用还是氧化还原作用，都会使电子导体(主要是金属矿物等)两端的围岩溶液形成类似于"电池"的不同带电极性。当一次电场消失后。这种不同带电极性可以通过围岩放电，直到恢复原来的平衡状态。在放电过程中有电流由围岩溶液正极流向负极，产生激发极化电场。这时在测量电极之间便可检测出一个随时间变化的电位差。对于致密状电子导体矿体而言，为表面极化。对于浸染状电子导电矿体或矿化岩石而言，极化效应发生在它的全部体积内，故称为体积极化。体积极化比表面极化的效应强得多。在其他条件相同时，岩(矿)石的极化率 η 随电子导电矿物的体积百分含量 ξ_v 的增高而变大，并大致服从以下实验统计公式：

$$\eta = \frac{\beta \xi_v^m}{1 + \beta \xi_v^m} \tag{15.1}$$

在同类岩(矿)石中，β 和 m 为常数。但在不同结构、构造的岩(矿)石之间，β 的变化范围为 $n \times 10^{-1} \sim n \times 10^2$；$m$ 的变化范围为 0.3~3.6。

所以，尽管浸染状矿体与围岩电阻率差异很小，仍然可以产生明显的激发极化效应，这就构成了激发极化法能够有效地寻找浸染状矿体的基础。

目前，应用大功率激电，通过拟断面测量，理论上可以获得300m以内的地下信息。借助于电法断面测量提供的对地下地质体的空间分布信息(矿化体的产状，向深部是否收缩、歼灭或者膨胀等)，可以对地表X荧光异常的深部找矿意义做有效判断，如图15.1所示。

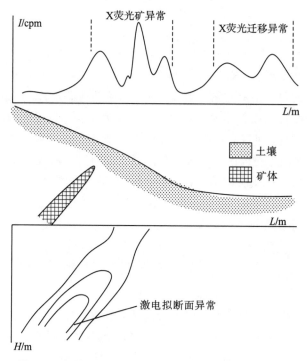

图15.1　矿体上理想化土壤X荧光与激电综合异常图

当然，解决不同的地质找矿问题，需要选用不同的电法方法，除激发极化法外，如判断地下是否有岩凹或凸出岩体，以及了解地下一定深度内地层的空间分布，需要配合使用电阻率测深。而解决更深隐伏地质体的探测，则需要使用音频大地电磁法等。

15.1.1　实例1：四川荣津县某铜矿外围勘查铜矿

1995年，周四春承担四川地质矿产勘查局地勘项目时，带领课题组在四川荣津县某铜矿的外围地区，联袂应用X荧光与幅频激电法来勘查隐伏铜矿，取得良好找矿效果。

1. 矿区地质概况及工作任务

四川荣津某铜矿区总体构造为一宽缓的向斜构造，并发育有北东向断裂构造。向斜由上二叠统峨眉山玄武岩和宣威组页岩组成，翼部为下二叠统阳新组灰岩。北东向断裂包括北东向和北北东向两组断裂构造(图15.2)。北北东向断裂含F_{21}和F_{22}两条断裂。F_{21}断裂为倾向南东的陡倾断裂构造，倾角为78°～87°，部分地段直立或反倾，断裂由上往下穿切矿区宣威组，峨眉山玄武岩组进入下二叠统阳新组灰岩，在平面上断切错位地层界线和北东向断裂构造，性质上属张性下滑剪切断裂构造，沿断裂充填富铜矿体。F_{22} 断裂形成于下二叠统阳新组灰岩内部。北东向包括 F_{31}、F_{32}、F_{33} 三条主要断裂构造。属张性下滑剪切构造，断层陡倾，倾角为 75°～90°，该组断裂也是重要储矿构造。该区矿物岩性以黄铜矿、黄铁矿等硫化矿物为主，呈浸染状分布，有利于开展幅频激电测量。1967～1974年，四川地矿局在该区开展了 1∶200000 区域地质调查。1982 年～1986 年，川西北地质大队在该区开展了 1∶50000 区域地质调查。

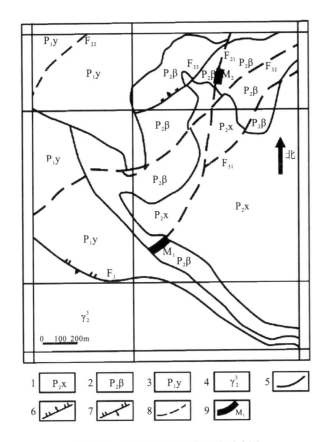

图 15.2　荣津某铜矿勘查区地质略图

1-二叠系上统宣威组粉砂质页岩、细砂岩；2-二叠系上统峨眉山玄武岩、凝灰岩；3-二叠系下统阳新组灰岩、白云质岩；4-远古代澄江期钾长花岗岩；5-实测及推断地质界线；6-实测及推测正断层；7-实测及推测逆断层；8-实测及推测性质不明断层；9-矿体及编号

　　作者及其所在团队前期通过对该铜矿的初步普查认为，在玄武岩地区寻找铜矿，地表应有铜矿化显示，且铜矿与玄武岩中相伴储矿构造破碎带的发育程度关系密切。该铜矿矿体具有品位高、易冶炼的特点。但已探明的矿体规模小，不具备工业开采价值。由于矿区处于深切割区，浮土覆盖广泛，缺乏直接找矿标志，利用传统地质找矿方法进展不大。为给区内进一步提供线索，给山地工程布置提供依据，课题组在矿区开展了 X 荧光与幅频激电测量联袂找矿工作。此次勘查工作的任务是：①判断 F_{21} 断层是否延伸到北东方向，并提供判断证据，证实地质人员对其的推断是否成立；②判断该断裂在延伸段是否含矿。

2.野外测量工作方法

　　课题组采用当时成都理工大学研制的 HAD-512 型便携式 X 射线荧光仪(图 5.12)开展土壤 X 荧光测量。为测量目标元素 Cu 与 Fe,仪器使用了充 Xe 正比计数管为探测器、1.11×10^{11}Bq 活度 ^{238}Pu 核素为激发源的正比计数管探头。野外幅频激电测量采用成都理工大学研制的 FD-84 型幅频综合电测仪(图 15.3)。

(a) 测量仪　　　　　　　　　　　　　　　　　　　(b) 供电仪

图 15.3　　FP2000B 型幅频综合电测仪

　　按大致垂直于构造走向为原则,从南到北以此布设了 0、1、2、3、4、5 共 6 条同线共点的 X 荧光测量与电法测量剖面。剖面间线距一般在 200m 左右,在已知矿体的延伸前方,对线距进行了加密,以确认矿体是否真的向前进行了延伸。点距设置 20m。X 射线荧光仪用于测量地表 30~40cm 深度的 B 层土样,测量元素为 Cu 与 Fe,每个测点的测量时间为 60s。开展剖面测量时,幅频综合电测仪供电与接收采用双偶极工作方式(图 15.4),极距 a 定为 40m,隔离系数 n=1,控制深度为 40m。工作电源采用 90~180V 直流。与 X 荧光测量剖面相同,测线点距设定为 20m,供电频率为 6Hz,接收频率为 0.3Hz。测量目标参数为幅频激电值与视电阻率值。

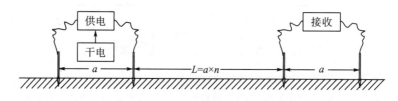

图 15.4　　激电测量时测量装置布设示意图

　　根据野外工作获得的 Cu 与 Fe 的特征 X 射线计数率(cpm)和幅频激电值 F(%)、视电阻率值 ρ(Ω·m)绘制出四种参数的平面等值图(图 15.5~图 15.8)。

　　为了了解 M_1Cu 矿体向下的延伸情况,作者及所在团队还在 0 号测线上通过改变隔离系数开展了激电拟断面测量,获得了 20m、40m、60m、80m 4 个深度的激电数据与视电阻率数据,编制了 0 号测线的拟断面(图 15.9)。

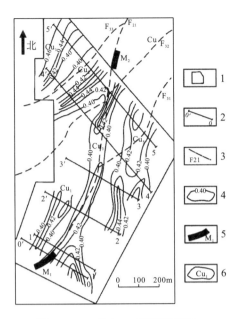

图 15.5　X 荧光 Cu 平面等值图

1-X 荧光测量测区位置；2-测线位置及编号；
3-断层及编号；4-X 荧光测 Cu 等值线(cpm)；
5-矿体及编号；6-异常及编号

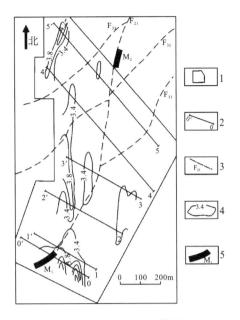

图 15.6　X 荧光 Fe 平面等值图

1-X 荧光测量测区位置；2-测线位置及编号；
3-断层及编号；4-X 荧光测 Fe 等值线(cpm)；
5-矿体及编号

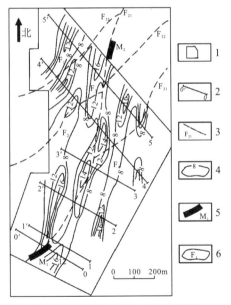

图 15.7　幅频激电值 F 平面等值图

1-电法测量测区位置；2-测线位置及编号；
3-断层及编号；4-幅频激电值 F 等值线(%)；
5-矿体及编号；6-激电异常及编号

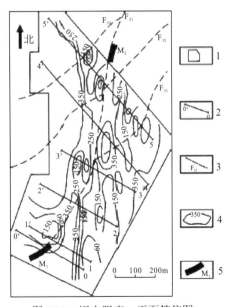

图 15.8　视电阻率 ρ 平面等值图

1-X 荧光测量测区位置；2-测线位置及编号；
3-断层及编号；4-视电阻率等值线 $\rho(\Omega\cdot m)$；
5-矿体及编号

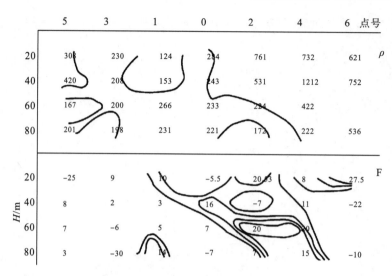

图 15.9   0 号测线激电拟断面测量成果图

3.综合分析与找矿成果

由图 15.5 和图 15.7 可知，3 号测线铜异常与 3 号测线幅频激电异常沿北北东向构造 F_{21} 延伸，异常连续性好，确认了 F_{21} 的位置与延伸方向。在测区南端发现的铜矿体 M_1、北端发现的铜矿体 M_2，赋存在 3 号测线铜异常南、北两端的异常之内，3 号测线铜异常的长轴方向与含 Cu 矿层位以及 F_{21} 断层的延伸方向一致(图 15.5)，这表明(陈明驰和周四春，2009)：

(1)已发现的 M_1、M_2 矿体，应为同一矿体的南北两端的出露部位，鉴于沿矿体的 Cu(X 荧光)异常与幅频激电异常连续性好，可以推测沿断裂 F_{21} 为含矿断裂。

(2)3 号测线铜异常与 3 号测线幅频激电异常在两端未圈闭，可以推测该矿体有向两侧延伸的趋势，有进一步开展找矿工作的必要性。

对得到的成果图进行进一步分析，可以得到矿体受构造所控制，并产于断层中的结论。即断层既是控矿，也是含矿断裂。

综合分析显示：在 M_1 矿体垂直方向上延伸的 3 号测线铜异常区域，其铜异常值较高，近地表的坑道中已经发现工业铜矿体。在拟断面上观察到矿体赋存位置有高的幅频激电值和中偏低的视电阻率值。随深度增加，幅频激电异常增大，且异常明显具有继续向下延伸的趋势(图 15.9)，可认为地表发现的 M_1 矿体向深部应该有较大延伸，在 80~100m 深度有变厚与品位变富的可能性。

对 1 号测线和 4 号测线铜异常区，由地层矿体成矿规律可知，该区域铜矿的形成总体取决于玄武岩的存在和相伴贮矿断裂构造。由 Fe 的 X 荧光平面等值图和测区地质概况可以得出，铁异常边界正是玄武岩和砂岩的地质边界线，Fe 的高值区处于玄武岩中，铁异常是由地质岩性所引起的。而玄武岩中 Cu 的背景值较高，因此可以判断 1 号测线和 4 号测线铜异常由地质岩性所致，为矿异常的可能性不大。2 号测线铜异常具有 Cu 的 X 荧光值高，幅频激电异常幅度也高的特点，且处于北东向断层 F_{33} 的东南侧，因而其为矿异常的可能性很大。5 号测线铜异常处于砂岩中，沿北北东向展布，但无所推测的断层通过，无具体矿体发现。

在不到 20 天的时间内，周四春课题组联袂应用 X 荧光与幅频激电方法，完成 $0.6km^2$ 勘查区的找矿评价工作，圆满完成预定工作任务，达到原定地质找矿目标。

在该测区的后续勘查工作中继续采用 X 荧光与幅频激电法，控制了测区内矿体的延伸方向、位置与长度，体现了这两种方法相配合具有探测能力强、效率高、易于施工的优点，适合推广到其他铜矿床的定位预测研究中。

15.1.2 实例 2：四川九寨沟县青山梁地区勘查金矿

在本书 10.4 节中，我们介绍了 X 荧光测量在马脑壳金矿的应用效果。青山梁在马脑壳金矿床的外围，其地质背景与马脑壳金矿基本一致。在青山梁的金矿找矿中，X 荧光技术也发挥了重要作用。为了弥补 X 荧光测量捕获的是地表地球化学信息，反映深部地质体信息不足的缺陷，在青山梁的金矿找矿中，将幅频激电引入，以提供深部找矿信息。

青山梁勘查区位于马脑壳金矿区外围某地。区内主要构造方向为北西-南东向，由一系列褶皱和逆冲断层组成(图 15.10)。主要的断裂有北西(F_1、F_2、F_3)与北北东向(F_7、F_8)两组。

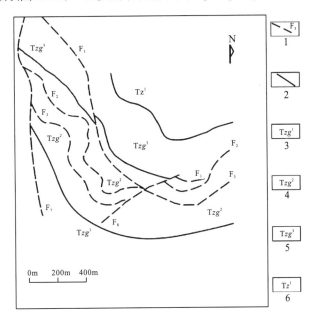

图 15.10 青山梁勘查区地质略图

1-断层与编号；2-地质界线；3-三叠系中统扎尕山组下段钙质粉砂质板岩与钙质绢云板岩互层，夹结晶灰岩；4-三叠系中统扎尕山组中段钙质砂质板岩、钙质绢云板岩、变质砂岩夹粉质灰岩；5-三叠系中统扎尕山组上段粉砂微晶灰岩、钙质绢云板岩和中厚层石英砂岩；6-三叠系中统杂谷脑组下段中-厚层状杂砂岩夹绢云板岩

北西向断裂：F_1 断层，出露在矿区北部，属洋布梁推覆断裂的前锋断裂，为高角度逆冲断层。上盘为杂谷脑组下段地层，下盘为杂谷脑组上段地层。为区内重要的导矿和容矿构造。

F_2、F_3 断层，产于扎尕山组二段地层中，是矿区重要的容矿构造。断层面产状与地层产状基本一致，倾向北北东，倾角为 $30°\sim40°$。由挤压破碎角砾岩组成。在青山梁勘查区，F_2、F_3 断层为区内最主要的含矿构造带，带上热液蚀变发育。

北北东向断裂：上马梁城沟断层(F_7)为平移性断层(右旋)；F_8为左旋平移断层。这些北北东断层切割北西向断裂。

勘查区出露的地层为三叠系中统杂谷脑组(Tz^1)下段，以及三叠系中统扎尕山组(Tzg)。杂谷脑组下段(Tz^1)主要为中-厚层状杂砂岩夹绢云板岩。扎尕山组上段(Tzg^3)为粉砂微晶灰岩、钙质绢云板岩和中厚层石英砂岩；中段(Tzg^2)为钙质砂质板岩、钙质绢云板岩、变质砂岩夹砂质灰岩，为主要的含矿层位；下段(Tzg^1)为钙质粉砂质板岩与钙质绢云板岩互层，夹结晶灰岩透镜体。

矿区热液蚀变有：硅化、褐铁矿化、黄铁矿化、碳酸盐化、绿泥石化；次要的有雄黄或雌黄矿化、辉锑矿化、绿帘石化等，为一套中低温热液蚀变组合。

野外 X 荧光测量采用成都理工大学研制的 IED-2000P 型便携式 X 射线荧光仪。该仪器采用当时（2009 年）最先进的 Si-PIN 电致冷半导体探测器，主机是基于工业计算机的1024 道数据采集系统。激发源采用活度为 $1.11 \times 10^9 Bq$ 的点状放射性核素 ^{238}Pu。仪器对$^{55}Fe5.9keV$ 射线的能量分辨率为 185eV，可以同时测量 8～15 种元素。根据工作区金矿受构造控制的特点，以控制工作区内北西-南东向含矿构造为目的，按大致垂直于构造，布设了 12 条 X 荧光测量剖面(图 15.11)。按 200m×20m 网格，开展了土壤面积 X 荧光测量。对异常区，则将测网加密到 100m×10m。为减少地表腐质层的影响，土壤测量深度选择在 B 层上进行。根据试验，这个深度为 30～40cm。为此我们在每个测点上挖 40cm 左右深的坑，对坑底面土壤进行测量。根据前期对马脑壳金矿地球化学模式研究(周四春等，2002)，每点测量元素为 As、Cu、Zn、Pb、Fe、Ca、Sr、Ni 等 8 种。其中 As、Cu、Zn作为金矿的主要矿化晕元素用于指示金矿的地球化学异常，Fe、Ca 则作为分别指示褐铁矿化、碳酸岩化蚀变的信息。

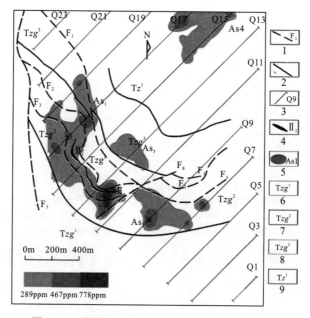

图 15.11　勘查区土壤 X 荧光测量 As 平面等值图

3-测线与编号；4-已探明金矿体及编号；5-砷异常及编号；其余图例与图 15.10 相同

对 12 条测线的测量结果进行整理后，分别编制了测区 As、Cu、Zn、Pb、Sr 平面等值图。图 15.8 仅展示了其中 As 的土壤 X 荧光测量平面等值图。根据 As 的土壤 X 荧光测量，捕获了 4 个砷异常(图 15.11)。其中，As_1 号异常除西北端小部分区域展布于含矿构造带 F_2 以北之外，异常主体均展布于含矿构造带 F_2 与 F_3 之间，赋存于三叠系中统杂谷脑组中段含矿层位内，西起 19 号测线以西，东至 11 号测线止。异常规模大(长度超过 800m)，浓集中心幅值高出背景值 5 倍。

由于在 As_1 异常带中段内，前人已经圈定了金矿体，异常中段的找矿意义是十分明确的。但工程实践上仍需回答东段的找矿靶位到什么位置截止？此外，还需回答该异常西段是否具有明确的找矿意义，以及西段的找矿到什么位置截止？

为了回答前述问题，周四春等在异常西端 19 号测线，以及异常东端之外约 40m 的 11 号测线，分别布设了适合于地形切割厉害地区的幅频激电拟断面测量。

图 15.12 为 11 号测线上依据 X 荧光，γ 能谱、土壤中 α 测量以及幅频激电测量资料编制的综合物化剖探图。

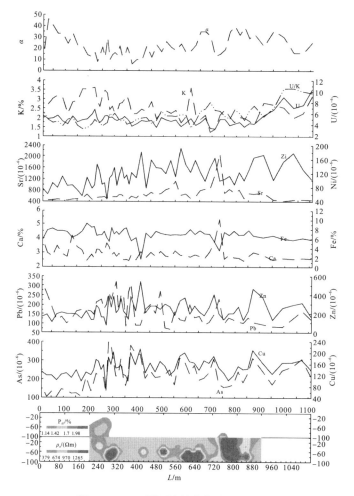

图 15.12　11 号测线综合物化探剖面图

从图 15.12 可以看出，地面 X 荧光、γ 能谱、壤中 α 测量三种方法都没有出现明显异常，幅频激电也未捕获到有规律的激电异常，四种方法探测呈现一致的结果——矿(化)体没有延伸到 11 号测线位置。根据平面上异常圈闭在 F_8 断层以西的情况看，对 As_1 号异常指示的找矿靶位的东界应该在 F_8 断层以西，As_1 号异常圈闭处。

图 15.13 为 19 号测线综合物化探剖图。

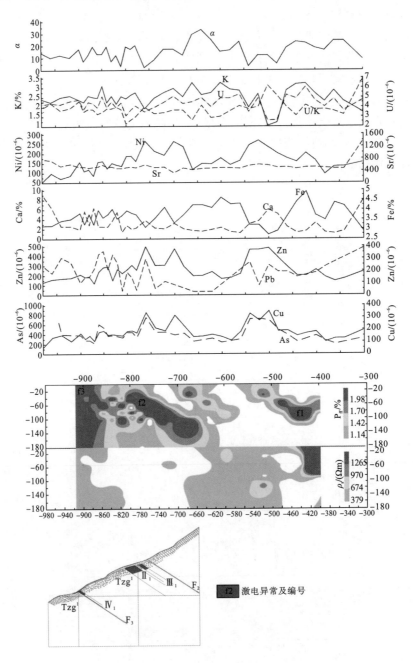

图 15.13　19 号测线综合物化探剖面

地质剖面图例意义与图 15.10 和图 15.11 相同

从图 15.13 可以看出，在该剖面上不仅具有良好的 As、Cu、Zn、Pb 等元素的组合异常，在矿化组合异常的边缘还有 Ca、Sr 的异常配合，此外，U、K、K/U、I_α(土壤氡气)等参数与勘查区 27 号勘探线已知金矿化体上方的异常特征完全一致，尤为可喜的是这些地表异常与变频激电拟断面圈出的 3 个异常展示的深部矿化信息具有良好的关联性，这种关联性与矿区已知的金矿体的分布规律具有高度一致性，因此，变频激电捕获的 3 个激电异常为金矿(化)异常的概率极大。特别是-820 号测点下端的激电拟断面展示，幅频激电异常值延伸到 200m 左右，尤其值得进一步做工作。

鉴于 As_1 异常在 19 号测线西圈闭，可以推断，找矿靶位的西端可以以 19 号测线以西为界。

从平面上看，As_1 号异常与 As_2 号异常为 F_8 断层所分割，矿化体呈现出被 F_8 断层错断的表象。布设东端 11 号测线幅频激电拟断面探测的目的，就是以期对此做出科学的判断。

如果将 F_8 断层做界，将断层以西称为"西区"，断层以东称为"东区"，根据目前获取的资料，西区的矿化情况好于东区，是青山梁应该重点关注的找矿区域。西区的找矿工作主要应沿 As_1 号异常，西起 19 号测线，东到 F_8 断层以西、As_1 号异常圈闭处止。

15.2　X 荧光勘查技术与地气测量法的配合

地气法是 20 世纪 80 年代由瑞典隆德(Lund)大学的 Kristansson 和 Malmqvist 提出的一种利用深部物质迁移现象找隐伏矿的新方法。这种方法是建立在地球自深部向地表垂向排气的基础上，认为地下矿体中的元素(包括金属元素)能够以极小的微粒穿透地层，迁移到地表，在覆盖层内或以上形成异常。

自 1987 年斯德哥尔摩矿业大会上，瑞典学者 Kristansson 和 Malmqvist 发布了地气法找矿成果之后，地气法即被美国、苏联等许多国家所接纳和应用，取得了进一步的发展。

在中国，1988 年，成都地质学院(现成都理工大学)以童纯菡教授为负责人的课题组在国家地质行业科学技术发展基金项目"地气法找隐伏和深部金矿"(项目编号：88148)支持下，率先开展了地气法探测隐伏金属矿研究。随后，中国地质科学院地球物理地球化学勘查研究所、中国地质大学、东华理工大学、中山大学等多家单位先后加入到地气法研究行列，发展出多种地气测量方法。

上升气流本体来自地球深部，地球由内向外的压力差和温差使其保持较强的流动性，它既可以搬运气态物质(如氦、烃类等)，也可以携带非气态物质。实际观测发现，非气态物质主要是以纳米微粒的形式被上升气流携带至地表的，童纯菡带领课题组在山东多个金矿和宣汉气田的地表都通过地气采样采集到了纳米级的地气物质(童纯菡，1998)，如图 15.14 与图 15.15 所示。

地气物质迁移是以垂向为主，矿体中的元素随上升气流到达地表，其迁移轨迹基本与地面垂直，像喷泉一样，如图 15.16 所示。迁移出来的元素集中分布在矿体的垂直投影上，形成地气异常，且地气异常范围与矿体横截面的大小相近。因此，地气异常不仅能反映矿体的存在，还能为矿体定位提供参考。如对山东东季金矿埋深 200～400m、厚度为 1.5～4.2m、倾角为 55°～70° 的金矿体，其上方的地气中指矿异常宽度不过几十米(童纯菡，

1999）；在宣汉气田，埋深近 4500m 的环状断裂构造在地表形成的地气异常宽度为 50～250m，仅比遥感反映的构造宽度稍大（童纯菡，2000）。

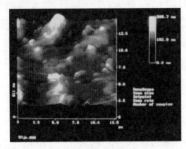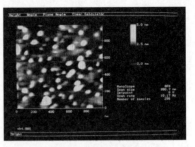

(a) 采自山东东季金矿   (b) 采自宣汉气田

图 15.14   不同地质体上方的地气物质纳米微粒原子力显微镜照片

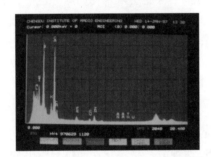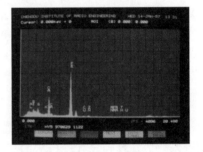

图 15.15   地气纳米微粒的电子探针 X 荧光谱

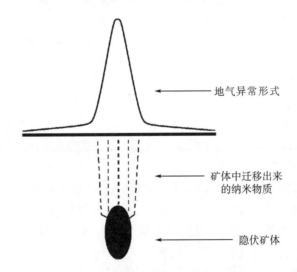

图 15.16   地气垂向迁移形式示意图

从原理上我们知道，X 荧光测量技术与地气测量技术在找矿中的作用是不同的。

X 荧光测量提供的是土壤或岩石中的所测荧光元素的含量信息，这些信息反映的是土壤、岩石中所测荧光元素的正常含量（无矿化区域），或者次生晕（土壤）或者原生晕（岩石）。这些信息反映的信息源的深度是很有限的，一般反映的是近地表的信息。据此，我们无法仅仅依靠 X 荧光测量获得的信息推测矿(化)体向下的延伸方向及变化情况。

　　地气测量获得的则是来自于地表一定深度以下的目标元素的信息,即地气测量不能提供地表目标元素的信息。这个结论是有实际例证的。

　　2010 年,周四春课题组在承担国家深部探测重大专项时,在湖南桂阳三将军铅锌勘查区开展 X 荧光与地气测量综合找矿研究。图 15.17 是三将军勘查区 A-A′剖面地气、土壤 X 荧光测量 Pb+Zn 归一化累加值综合剖面图。

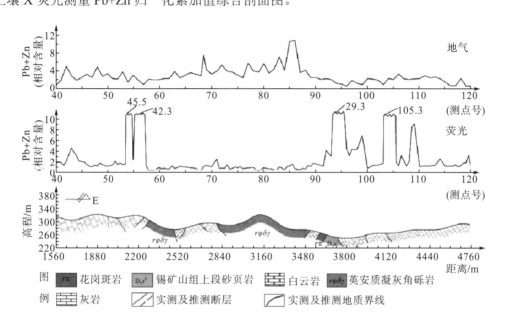

图 15.17　三将军 A-A′剖面地气、X 荧光测量 Pb+Zn 归一化累加值综合剖面

　　从图 15.17 可以看出,在 53～58 号测点、91～110 号测点两处原堆放铅锌矿石区域,由于土壤受到污染,X 荧光测量土壤中的 Pb+Zn 归一化累加值均呈现特高异常,但在两个土壤污染区间,地气测量的 Pb+Zn 累加值都没有明显的异常反应,特别是 91～110 号测点污染区,地气测量结果全部在背景值范围内。

　　这表明,地气测量的确捕获的是来自地下一定深度以下的元素的富集信息。由此推断,如果矿体出露地表且没有向下延伸,也不会产生地气异常。

　　根据近 10 年来在多个矿种、众多勘查区的找矿实践,证实地气测量可以捕获到来自地下 1000m 深度的成矿信息(张国亚和周四春,2014)。

　　将地气与 X 荧光测量有机结合勘查隐伏矿,将弥补两种方法各自的缺陷,往往可以收到事半功倍的找矿效果。

　　找矿工作中,可以首先采用快速方法——X 荧光法通过剖面或网格化测量,捕获成矿异常,发现进一步找矿远景区乃至找矿靶区。在 X 荧光测量成果的基础上,再通过地气剖面或面积测量,获取深部成矿信息,据此判断 X 荧光异常的找矿意义。

15.2.1 实例 1：新疆卡鲁安联袂勘查锂矿研究

研究区位于新疆维吾尔自治区北部，阿勒泰地区中部，属中温带大陆性气候。地形、地貌复杂多样，地形总趋势北高南低，由北而南依次分布有山地、丘陵、戈壁等多种地貌。

该区域岩浆活动强烈，主要由火山岩、沉积岩和花岗岩等组成。哈龙-阿祖拜伟晶岩矿田包围在中阿尔泰哈龙-青河早古生代生成的岩浆弧之中(图 15.18)，地处哈龙河与阿祖拜河两侧。在哈龙背斜的倾没端、东西向断裂和南西向断裂的复合地带等构造中，都分布着大量的伟晶岩脉。花岗伟晶岩脉赋存于中上志留统库鲁木提群变质的片岩系中，矿区范围内地层主要为中上志留统变质的片岩系，褶皱构造不明显。但次一级构造裂隙十分发育，对矿区内伟晶岩的形成创造了很好的条件，此地区具有很好的找矿前景。

2017 年，周四春等在参加国家重大研发计划项目"锂能源金属矿产基地深部探测技术示范"中，在卡鲁安地区开展了 X 荧光与地气测量综合探测伟晶岩锂矿应用研究。主要目的是通过勘查区典型已知矿体上方的探测实验，建立快速、有效的伟晶岩锂矿勘查技术，并对勘查区前期勘查中的深部含矿性问题等进行初步评价应用。

根据勘查区的具体概况，依据新疆维吾尔自治区有色地质局 706 大队在该地区所取得的物探、化探勘探成果，布设了两条同线共点的 X 荧光、地气长剖面。其中 L1 测线长度为 4606m，方向为 ES111°，穿越已知 813、814 等锂辉石伟晶岩矿脉。L2 测线长度为 1918m，方向 E90°，穿越已知 806、809 号锂辉石伟晶岩矿脉(图 15.18)。

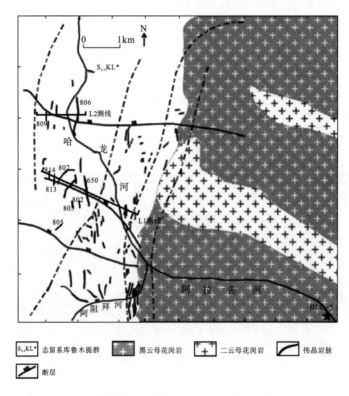

15.18 卡鲁安地质图(附 X 荧光地气工程部署)

测点基本点距为 60m。在已知矿体周围 200m 的区域，点距加密为 20m。在矿体周围
100m 区域，测点点距加密为 10m。L1 测线完成 123 个测点的土壤 X 荧光与地气测量，
L2 测线完成 67 个测点的土壤 X 荧光与地气测量。

其中，土壤 X 荧光测量采用成都理工大学研制的 NTG-863X 型手提式 X 射线荧光仪。
每个样品测量时间设置为 200s，测量元素包括 Y、Rb、Mn、Fe、Nb、Ni、Cu、Zn、Sr、
Ti、V、As、Pb 等 13 种。

地气测量采用动态采样法，采样装置如图 15.19。野外采集的样品送实验室采用 ICP-MS
等离子质谱仪做分析，每个测点分析包括 Li、Be、Rb、Ta 等稀有金属在内的 42 种元素。

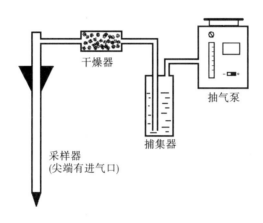

图 15.19　快速地气采样装置示意图

依据土壤 X 荧光与地气测量数据，编制了 L1、L2 两条测线的主要成果图。其中，
图 15.20～图 15.22 为 L1 测线的成果图；图 15.23～图 15.25 为 L2 测线的成果图。

从获取的成果图可以得到以下结论(杨吉成等，2019)：

Ⅰ.在卡鲁安开展的土壤 X 荧光测量与地气测量方法，对区内的伟晶岩锂矿勘查是
针对性很好的两种方法。两种方法的有机配合，可以比较准确地划分含矿伟晶岩的位置。

从图 15.20～图 15.22 可以看出，在含矿伟晶岩脉区，呈现地气异常的主要元素有 Y、
Rb、Nb、Li、Be、Ce 等。在非矿伟晶岩脉区呈现异常的元素只有 Rb。

而从图 15.17 可以看出，在土壤 X 荧光测量中，在含矿伟晶岩脉区呈现异常的元素主要
有 Mn，Rb 则呈现出弱异常(偏高)。在非矿伟晶岩脉区呈现异常的元素主要有 Y、Rb、Mn。

根据上述规律，可以总结出识别矿异常的基本判据(田彬杉，2018)：

(1)当地表土壤 X 荧光测量捕获的异常有 Y、Rb、Mn，反映深部信息的地气异常有 Y、
Rb、Nb、Li、Be、Ce 等元素，这表明异常区为伟晶岩脉区。

(2)而土壤中 X 荧光测量异常呈现出 Mn 为高异常，Rb 则呈现出弱异常(偏高)，地气
异常的元素组合为 Y、Rb、Nb、Li、Be、Ce 等，这表明所捕获的异常有较大概率为伟晶
岩锂矿脉所产生。

(3)如果土壤呈现异常的元素主要为 Y、Rb、Mn，地气呈现异常的元素只有 Rb，则
说明捕获的异常有较大概率为非锂矿化伟晶岩脉所产生。

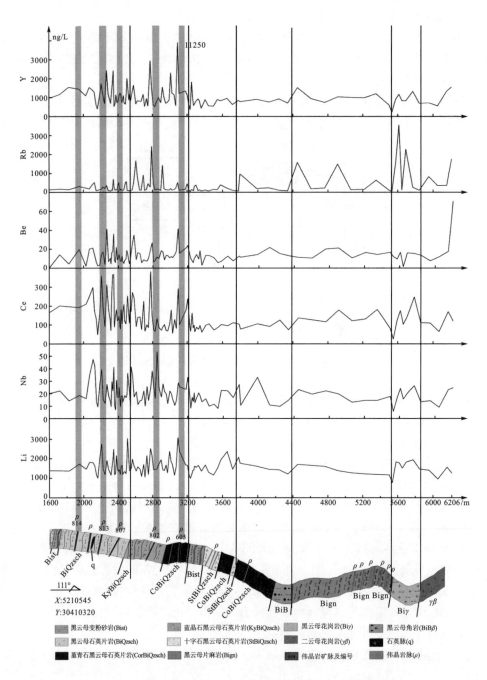

图 15.20　新疆福海卡鲁安 L1 测线地气测量主要元素综合剖面图

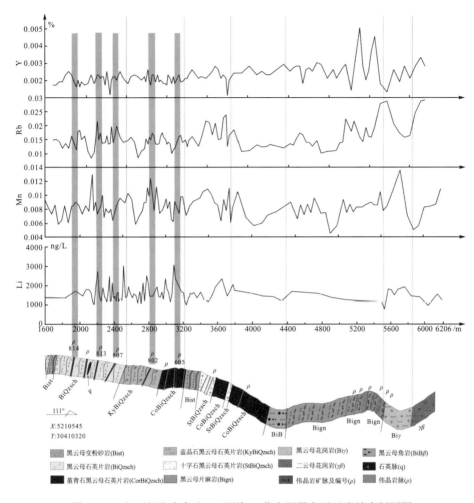

图 15.21　新疆福海卡鲁安 L1 测线 X 荧光测量主要元素综合剖面图

Ⅱ.初步研究表明，卡鲁安地区研究含矿性的主要元素为：Y、Rb、Nb、Li、Be、Ce（地气测量与 X 荧光测量），Mn（X 荧光测量）。

Ⅲ.土壤 X 荧光异常在空间上与伟晶岩脉在地表出露（或顶部在地表的投影）位置较为吻合，地气异常则主要产出于矿体向下延伸的倾向一侧。

研究结果展示，在卡鲁安地区，通过土壤 X 荧光测量 Y、Rb、Mn，可以快速圈定埋深不大的伟晶岩；依据锰的 X 荧光异常高，Rb 呈现偏高，可初步判定伟晶岩的含矿性；在此基础上如果捕获到 Y、Rb、Nb、Li、Be、Ce 等元素的地气异常，就可以基本肯定所圈定的隐伏伟晶岩为含矿伟晶岩。

依据这个判别模式，我们发现 L2 测线上 806 号矿脉西侧出现的高幅值地气异常（图 15.25），给我们提供了一些新的找矿线索。

该异常幅值甚高，应该是深部锂矿的异常反应。根据异常中心位置离 806 号脉在地表出露处的水平距离（1320−1050=270m），倾角为 57°，依据地气异常垂直迁移的原理，可推算出产生此异常的锂矿源中心在地下 410m 深度处。目前对 806 号脉的工程控制没有超过 200m，L2 线地气测量成果揭示，806 号脉向下延伸至少还有 200m，且深部的矿化情况好于近地表，806 号脉的储量有可能翻番。

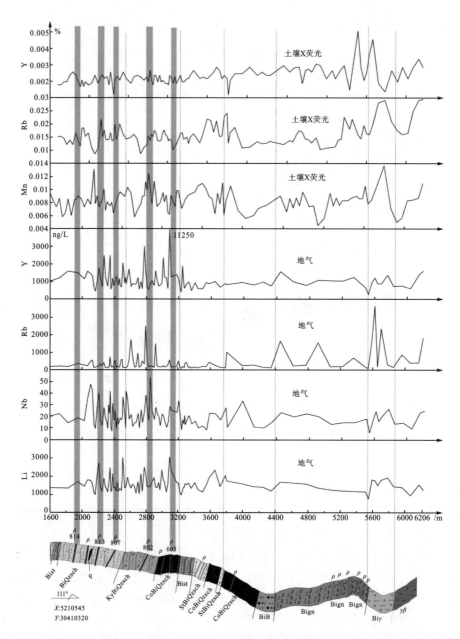

图 15.22 新疆福海卡鲁安 L1 测线 X 荧光、地气测量主要元素综合剖面图

图例与图 15.20 与图 15.21 意义同

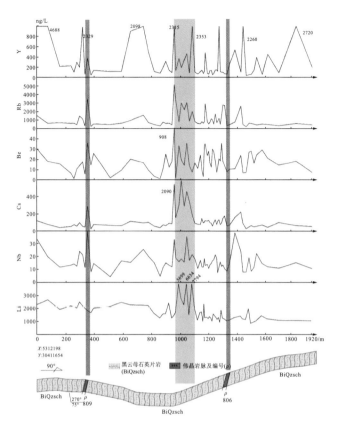

图 15.23　新疆福海卡鲁安 L2 测线地气测量主要元素综合剖面图

图例与图 15.20 与图 15.21 意义同

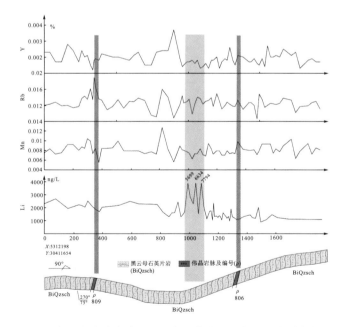

图 15.24　新疆福海卡鲁安 L2 测线 X 荧光测量主要元素综合剖面图

图例与图 15.20 与图 15.21 意义同

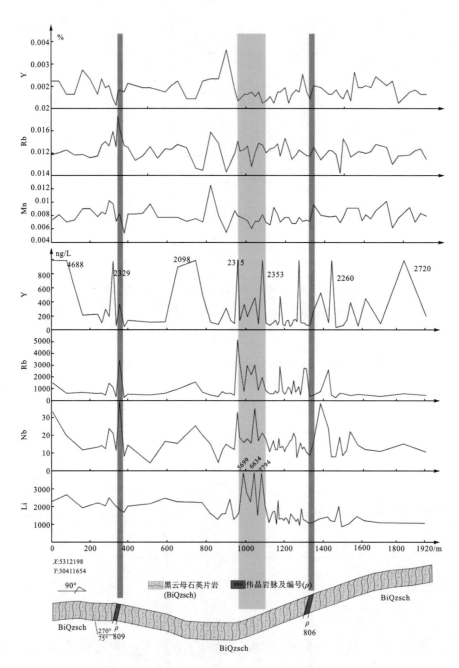

图 15.25　新疆福海卡鲁安 L2 测线 X 荧光、地气测量主要元素综合剖面图

图例与图 15.20 与图 15.21 意义同

15.2.2　实例 2：中南某铀矿勘查区找矿应用

1. 勘查区地质概况

中南某铀矿勘查区(图 15.26)位于扬子准地台东端的幕阜台拗南部的岩浆活动区，为燕山早期侵入的花岗岩分布区。岩性主要以中粒斑状黑云母二长花岗岩和中粒-中细粒二云母花岗岩为主。岩体内热液活动明显而复杂，可分为四个阶段：高温气成阶段，形成大量的伟晶岩脉，伴随有白云母化、钠长石化、云英岩化等，使岩体局部发生变质作用；中温阶段形成硅质脉和白色石英脉、铅、锌，还伴有萤石、重晶石、方解石等脉石矿物生成；中低温阶段，早期以交代为主，出现绢云母、水云母、绿泥石化；晚期为硅质脉的充填交代，伴随少量金属硫化物、氧化物，是铀成矿的重要阶段。

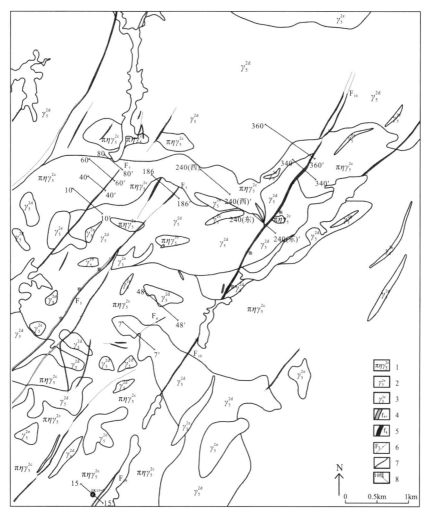

图 15.26　鄂东南某铀矿勘查区地质概况

1-中粗粒似斑状黑云母二长花岗岩；2-中细粒二云母二长花岗岩；3-细粒黑云母二长花岗岩；4-硅质花岗碎裂岩；
5-蚀变花岗碎裂岩；6-实测断裂；7-地质界线；8-土壤 X 荧光与地气测线位置及编号

勘查区地层主要为震旦系下统石英砂岩、石英砂岩粉砂岩和砾岩,上统为黏土页岩、条带状泥质白云岩、白云质灰岩;寒武系下统为含炭灰岩、炭质页岩顶部见灰岩、鲕状灰岩、含黄铁矿、磷及硅质结核和劣质煤,中统厚层白云岩、鲕状白云岩、含硅质结核,角砾状白云岩,上统以一套泥质条带状灰岩、白云质灰岩;奥陶系下统为瘤状龟裂灰岩、结晶灰岩夹页岩,含遂石结核,中统为瘤状龟裂灰岩、含铁质结核,上统为泥质硅质岩、硅质页岩、瘤状灰岩和黏土岩;志留系下统为灰黑色泥质页岩、砂质页岩、含铁硅质岩,中统为粉砂岩、细砂岩夹砾状磷块岩及灰岩透镜体紫红色页岩。其中寒武系下统的一套黑色页岩放射性本底较高,称为铀源层。

幕阜山岩体补体发育,断裂构造活动强烈,为岩浆期的热液活动提供了极为有利的场所。勘查区内主要断裂构造为一组走向为 NNE 向的断裂(图 15.26),其中 F_{10} 为勘查区主断裂,沿走向 NNE20°～40°穿越整个勘查区,主断裂西北发育有一组近似平行的次级断裂构造。

前人在 F_{10} 断裂的南端及次级断裂 F_6 中见到过铀矿体。

2. 土壤 X 荧光与地气测量

根据勘查区的地质概况,以控制区内主要构造、地层(岩性)为主要原则,沿基本垂直主要构造方向,在勘查区设计了 12 条近似平行的测线(图 15.27),总长为 6250m,每 10m 一个测点。从北往南依次是 360 号测线 900m, 340 号测线 460m, 240 西测线 580m, 240 东测线 450m, 186 号测线 550m, 80 号测线 350m, 60 号测线 500m, 40 号测线 340m, 10 号测线 600m, 48 号测线 660m, 7 号测线 570m 和 15 号测线 290m,并配合土壤(X 荧光)多元素测量布置了同线共点的地气测量。

限于篇幅,本书着重对 80、60、40、10 号测线区的 X 荧光与地气资料进行分析。由于所有测线是在两年多的时间内逐步完成的,为减少不同时间分析结果的系统误差,采用衬度为单位编制有关图件。图 15.27 是前述 4 条测线的地气 U 与 X 荧光测量 U 的平面剖面图。从图中可以看出,10、60、80 号测线的地气和土壤异常特征与勘查区已知矿异常一致,即从构造断裂出露处起,沿断裂延伸方向,形成与断裂相关联的异常区,且沿断裂延伸区域有幅度显著高于断裂出露处的地气异常(张国亚和周四春,2014)。特别是 60 和 80 号测线的地气异常形成走向上与断裂几乎平行的异常带。

为了更直观展示异常在走向上的分布,分别编制了以衬度为单位的土壤 X 荧光 U 测量结果平面等值图(图 15.28)和地气 U 测量结果平面等值图(图 15.29)。

由地气 U 测量结果平面等值图(图 15.28)可知,地气异常形成走向上与断裂几乎平行的异常带,四条测线的异常最显著处在 60 和 80 号测线上;地气 U 测量结果平面等值图异常的变化和地气 U 的平面剖面图具有一致性(图 15.27)。根据 U 的异常高值区与断裂倾角,推算 60 号测线隐伏铀矿的可能赋存位置应该在 17～340m,矿体在地表的投影位置应该在测线的 100～350m 处,推算 80 号测线隐伏铀矿的可能赋存位置应该在 280～370m,矿体在地表的投影位置应该在测线的 80～240m 处;矿体空间展布的长度为 220m,矿体空间展布方向与构造的方向一致。

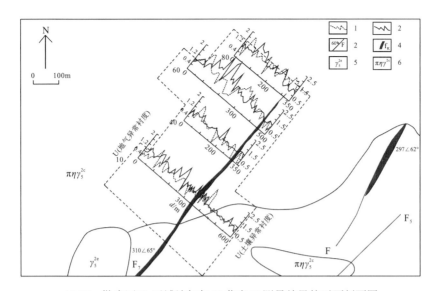

15.27　勘查区 F₇ 区域地气与 X 荧光 U 测量结果的平面剖面图

1-U 土壤衬度；2-U 地气衬度；3-实测断裂；4-蚀变花岗碎裂岩；5-细粒黑云母二长花岗岩；6-中粗粒似斑状黑云母二长花岗岩

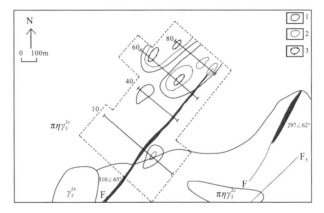

图 15.28　勘查区 F₇ 区域土壤 X 荧光 U 测量结果平面等值图

1-平均值；2-平均值+0.5 倍标准差；3-平均值+标准差

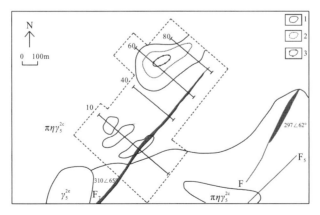

图 15.29　勘查区 F₇ 区域地气 U 测量结果平面等值图

1-平均值；2-平均值+标准差；3-平均值+2 倍标准差

综合分析图 15.27~图 15.29 可知，矿致地气异常区有土壤 X 荧光异常，特别是 60 和 80 号测线的土壤异常形成走向上与断裂几乎平行的异常带，但没有地气异常明显，异常与矿体的空间关联性没有十分明确的规律。但结合地气测量资料，不仅可以指示矿体的大致位置，还有可能提供矿体的埋深等信息。

这些依据 X 荧光与地气测量成果形成的找矿认识，在后来的找矿实践中被工程验证所证实。

本质上，X 荧光测量获取的是与地球化学测量一致的元素地球化学信息。所以，但凡地球化学测量存在的不足，X 荧光测量一般也会存在，例如，获取的异常一般代表近地表的信息；当地表有后期推覆体覆盖时，无法获得代表覆盖体下方的地质体信息。为此，为了对获取异常的找矿意义做出科学评价，与其他物探方法相结合是很有必要的。

既然 X 荧光测量获取的信息主要是地表信息，因此，应该寻找那些可以捕获深部信息，对 X 荧光信息进行补充与检验的方法，进行综合应用，弥补相互之间的不足。本章介绍的电法、地气测量，应该是与 X 荧光测量最好的互补方法。

当然，不限于电法与地气测量，在解决不同的找矿问题时，还有如高精度磁测、重力、遥感、浅层地震等众多方法选择。只是在进行选择时，要从可以有效地解决有关问题，又适合于工作区地质条件，且经济高效等诸多因素角度综合考虑。本章仅仅起到抛砖引玉的作用。

15.3   X 荧光测量与其他核方法在地质找矿中的综合应用

15.3.1   X 荧光测量与 γ 能谱等综合方法在潞西红色黏土型金矿找矿中的应用

红色黏土型金矿是地质勘查的重要对象，同时，也是寻找原生卡林型金矿的重要线索。如何快速有效地对成矿有利地段的红色黏土进行分析评价？高振敏等(2004)研究认为，X 荧光测量是行之有效的方法。

金在地质体中的丰度极低(10^{-9} 级)，即令是金矿体，其品位一般也只为 10^{-6} 级。对红色黏土型金矿，其含矿黏土与无矿黏土在表观特征上无法加以区分。依靠野外地质观察、采样、再送检分析的常规地质方法，找矿方法周期长、效率低。对滇西潞西金矿地质地球化学研究表明，在成矿作用中，金常与砷、铜、铅、锌、汞、锑等元素共生，这些共生或伴生的元素成为金矿的成矿指示元素。虽然目前 X 荧光方法还不能直接测定地质体中微量的金元素含量，但可利用 X 荧光方法测定与金共生元素的含量圈定矿化带和金矿体，还可以用于估算金在矿体中的品位。为此，高振敏等(2004)在潞西红色黏土型金矿找矿中综合应用 X 荧光、γ 能谱测量、射气测量等快速找矿方法，取得了良好的找矿效果。

1. 矿床地质特征

云南潞西金矿(又称上芒岗金矿)位于云南省潞西市西南 37km，行政区划属德宏州潞西市三台山乡所辖。该矿床由核工业云南地质调查队于 1991 年发现，并进行了部分勘查和开采。区内存在两种不同类型的矿床：上部的红色黏土型金矿和深部的卡林型金矿。红色黏土型金矿是由原生的卡林型金矿提供成矿物质，经红土化作用形成。

上芒岗金矿位于两大构造单元的接合地带，以龙陵-瑞丽大断裂为界，北西侧为高黎贡山褶皱带，出露元古宇高黎贡山群绿片岩相到角闪岩相变质岩和中生代的花岗闪长岩；南东侧为福贡-镇康褶皱带，以震旦-寒武系公养河群浅变质沉积岩为基底，其上为古-中生代的间歇性海相沉积。矿区处于龙陵-瑞丽大断裂南东侧，区内北东向断裂十分发育，沿断裂有燕山中晚期的二长斑岩脉、辉绿岩脉和煌斑岩脉侵入。

矿床沿上芒岗断裂呈北东向分布，自北东向南西有麦窝坝、广令坡和羊石山等多个矿段(图 15.30)。卡林型金矿赋矿地层为下二叠统沙子坡组白云岩、白云质灰岩夹灰岩；沿断裂破碎带低温热液蚀变强烈，主要有硅化、黏土化、碳酸盐化、重晶石化、黄铁矿化和

辉锑矿化等，蚀变岩普遍含金，形成原生卡林型金矿化体，局部成工业矿体。红色黏土型金矿矿体呈似板状或透镜状分布于沙子坡组岩溶面上的红色黏土层中。

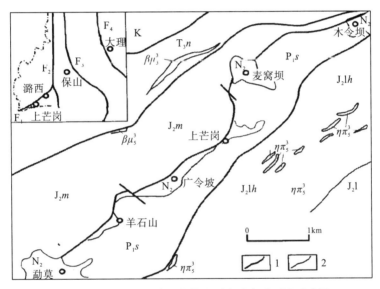

图 15.30　云南上芒岗红色粘土型金矿床矿区地质略图

F_1-龙陵-瑞丽断裂；F_2-怒江断裂；F_3-澜沧江断裂；F_4-金沙江-红河断裂；N_2-上新统；K-白垩系；J_2lh-中侏罗统龙海组；
J_2l-柳湾组；J_2m-勐戛组；T_3n-上三叠统南梳坝组；P_1s-下二叠统沙子坡组；$\beta\mu_5^3$-辉绿岩；$\eta\pi_5^3$-二长斑岩；
1-断裂；2-地层界限

采集潞西金矿红色黏土型金矿矿石样品进行等离子质谱分析，结果表明，金与砷、铜、铅、锌、汞等元素的相关性好、具有良好的共生关系。对潞西红土型金矿矿石样品进行 X 荧光谱测量分析，砷的特征峰非常明显，并有较高的计数。铜、锌的特征峰也能够识别。等离子质谱分析表明，矿石样品砷、铜、铅、锌、汞的含量一般在 $n\times10\times10^{-6}\sim n\times100\times10^{-6}$，砷的含量最高达 $n\times10^3\times10^{-6}$，高于 X 荧光的检出限。因此可以采用 X 荧光分析技术检测与金含量密切相关的部分金属元素进行找矿预测。

2. 仪器设备与工作部署

在对潞西红色黏土型金矿开展勘查中，采用了 X 荧光法测量、γ 能谱测量、射气测量以及地电化学测量。

    X 荧光测量采用成都理工大学研制生产的 IED-88A 型便携式 XRF 分析仪。γ 能谱测量采用上海电子仪器厂生产的 GAD-6 能谱仪。该仪器由微机控制,具有自动稳谱、自动测量功能。氡气测量采用成都理工大学 α 杯法测氡仪,α 杯法具有累计测氡的优点,干扰因素较少,本底低,易于捕获微弱的放射性变化,探测灵敏度高,操作简便。而地电化学勘查采用长沙大地构造研究所谭克仁研究员研制的吸附恒电压提取勘查技术。

    作者及其所在团队采用线距 200~400m、点距 20m 的测量网度,对潞西勘查区广令坡矿段进行了以 X 荧光法为主的综合探测。图 15.31 展示了综合探测获得的成果图件。

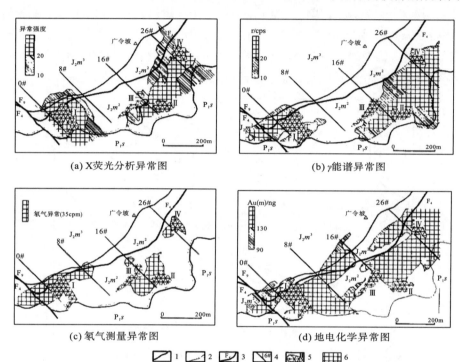

图 15.31 广令坡 X 荧光、γ 能谱、氡气测量、地电化学矿段多方法地球化学勘查异常图

J_2m^3-中侏罗统勐嘎组上段;J_2m^2-中侏罗统勐嘎组中段;P_1s-下二叠统沙子坡组;1-地层界线;2-地层不整合面;3-断层及编号;4-探测线及编号;5-红色黏土型金矿体及编号;6-异常区

3. 勘查成果分析

    依据 X 荧光测量 As 的 X 荧光强度数据圈定的异常区域与已知矿体分布高度吻合(图 15.31),显示出探测方法的有效性。除 X 荧光异常外,γ 能谱(总量)、射气圈出的异常与已知矿体分布也有较好地吻合。地电化学圈定的异常则分布较广,与矿体的吻合度不如前三种方法,但矿体均在所圈定的异常内。

    图 15.31 中,不同探测方法所圈定的异常范围基本一致,表明主要异常带为矿化带的可靠性较大。经工程验证,在红色黏土型金矿体下部,原生金矿即产于沙子坡组的断裂破碎带中,0 号(0#)到 28 号(28#)勘探线之间已揭露出原生金矿化蚀变带长约 1000m(其中强硅化、黄铁矿化蚀变岩带总长度约 800m)、宽约 50~200m(其中强硅化、黄铁矿化蚀变

带平均宽约 10m)，在 0 号勘探线控制的原生金矿石平均品位达到 4.10×10^{-6}。

广令坡矿段勘查结果表明，四种方法圈定出的异常重合性好的区域，应该是最有希望的找矿区域。将这一的找矿认识应用于预测靶区勐莫地段，圈定出了两条金的地球化学异常带及二个一级异常叠合区。同时 2003 年，作者及其所在团队在 2 号(2#)测线异常带进行了浅井工程验证，打了 6 口井，按勘查规范垂直刻槽取样，结果化学分析的 Au 含量在 $3 \times 10^{-6} \sim 5 \times 10^{-6}$，达到了工业品位，证实下部有矿体存在。在这一区域初步预测可获得 2t 以上的金资源量。另外，各矿段或地段异常带均沿上芒岗断裂展布，表明该断裂是重要的控矿构造，为潞西地区的进一步找矿指明了方向。

15.3.2　X 荧光测量与其他核方法在地质勘查中的综合应用

1. X 荧光测量与射气测量综合判断田湾金矿构造含矿性

研究表明，绝大多数金属矿产的形成和赋存与地质构造的关系密切，构造不仅是成矿流体移运的重要通道，而且也为成矿元素的沉淀定位提供了场所。因此，在地质找矿过程中，寻找构造带对于矿产勘查具有积极意义。但并不是所有的构造都含矿，因此对野外找到的构造进行含矿性判别就显得十分重要，尤其是野外露头无矿化显示的构造及其他隐伏构造的含矿性更为关键。如能采用合适的物化探方法在野外现场对构造含矿信息进行判断，准确判别含矿和无矿构造对于提高找矿的准确性，缩小找矿靶区，提高工程见矿性具有重要的理论意义和现实意义。

滕彦国等(2001)在川西北阿西金矿与石棉县田湾金矿开展研究工作时，综合采用 X 荧光测量、射气测量与地气测量识别金矿含矿及无矿构造，收到良好效果。

通过射气测量能够探测断裂位置是因为断裂处岩石破碎，有利于岩石中的射气析出，而断裂的存在又为射气的迁移提供了通道。野外工作时，可将塑料杯倒置埋在地下土壤中，由于未饱和的范德华力场的作用，土壤中氡的子体会吸附在杯的内表面，经过一定时间后将形成以氡的子体富集的放射性薄层。用专用的 α 杯测氡仪探测 ^{218}Po、^{214}Po、^{210}Po 等辐射的 α 粒子，实测的脉冲数与测点的氡的浓度是成正比的。断裂上方，一般会捕获到射气异常。

在四川石棉县田湾大发沟金矿床的 A、B 剖面上，采用成都理工学院研制的 CD-1α 杯测氡仪，按照点距 4 米，杯子埋藏时间 4 小时，测量时间为 1 分钟的条件，开展了射气测量。在取杯测量 α 强度时，在埋 α 杯的坑底采用成都理工大学研制的 IED2000T 型手提式 X 射线荧光仪逐点进行了现场土壤 X 荧光测量。测量结果如图 15.32 与图 15.33 所示。

其中，图 15.32 测量的是铜组元素总量强度；图 15.33 分别用 X 荧光测量了 Cu、As 两种元素的特征 X 射线强度。

由图 15.32 上可知，α 杯测氡法在两处韧性剪切带上都捕获到异常；在图 15.33 中，α 杯测氡法探测出的异常与韧性剪切带与断裂位置吻合很好。由此可见，该法可以有效地追踪构造破碎带和韧性剪切带等地质构造。但该方法难以判断构造是否含矿。

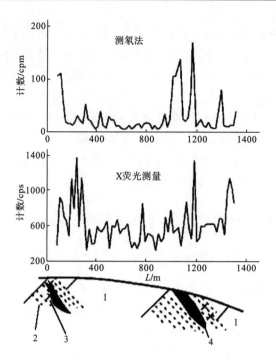

图 15.32 大发沟 A 剖面 α 杯测氡与现场 X 荧光测量结果

1-灯影组白云岩；2-韧性剪切带；3-辉绿岩；4-矿体

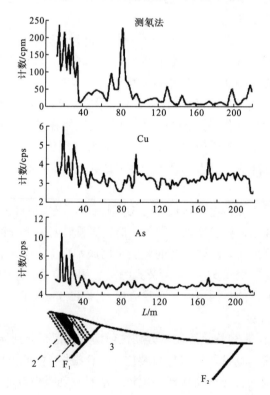

图 15.33 大发沟 B 剖面 α 杯测氡与多元素 X 荧光测量结果

1-矿体；2-韧性剪切带；3-灯影组白云岩；F_1、F_2-断裂

从图15.32可以看出，含矿韧性剪切带上方不仅有氡射气异常，还配合有(铜组元素)的X荧光异常；而在图15.33给出的综合探测结果中，我们发现F_1与F_2上方仅仅只有氡射气异常而无特征元素的X荧光异常，说明F_1与F_2为无矿断裂。

由此可见，α杯测氡方法与X荧光测量方法配合使用可以有效地识别含矿构造和无矿构造，可以更加合理地解释地质异常信息。

2. X荧光法和γ能谱法在阔尔真阔腊金矿预测中的应用

21世纪初，赵小明等(2004)采用伽马能谱和X荧光方法相结合，对阔尔真阔腊金矿床四种不同热液蚀变类型进行伽马能谱和X荧光组合探测研究。结果表明，这两种方法结合能有效地识别不同类型的蚀变带，从而为圈定矿化异常、缩小找矿靶区、定位预测隐伏金矿体起到指示作用，是一种简便、快速、有效的找金方法。

新疆和布克塞尔蒙古自治县阔尔真阔腊金矿床位于西伯利亚板块与准噶尔板块过渡带南侧的喀拉通克岛弧带中泥钙碱性火山岩系中。喀拉通克岛弧带总体上为一复式向斜构造，称为萨吾尔复向斜。萨吾尔复向斜之北界为布化托海-斋桑大断裂，其南界为塔尔巴哈台北断裂。成矿区划属哈萨克斯坦扎尔马-萨吾尔中央铜、金成矿带在我国境内的东延部分，成矿地质条件优越。

矿区内出露的地层主要有中泥盆统萨吾尔山组(D_{2s})。主要岩性为绿灰色块状安山岩、安山质凝灰岩、安山质爆破角砾岩、角砾安山岩，局部夹少量安山玢岩、闪长岩、紫红色安山岩。矿区西部科克阔腊一带，火山岩两侧对称分布有少量的粉砂岩及生物碎屑灰岩。矿区内构造作用强烈，基本构造格局主要由轴向近东西的褶皱及走向近东西(局部北东)的断裂构造组成。此外还发育北西向、近南北向的断裂。

阔尔真阔腊金矿床属火山热液蚀变型矿床，分布在长1700m、宽500m的范围内。矿床受古火山机构与区域构造联合控制。矿区已圈定五个矿体，其中Ⅰ号和Ⅱ号金矿体主要产于爆破安山角砾岩筒中，东西两侧延伸至岩筒外部的安山岩中，Ⅲ号矿体产于爆破安山角砾岩与安山岩的接触带部位，Ⅳ号矿体南段产于安山岩中，北段产于爆破安山角砾岩中，Ⅴ号矿体产于安山岩中。

矿石中金属矿物主要为黄铁矿、胶黄铁矿，其次为磁黄铁矿、黄铜矿和闪锌矿、方铅矿；脉石矿物主要为石英、方解石、绢云母、绿泥石、绿帘石等。矿石结构主要为他形粒状结构。构造为致密块状、脉状、角砾状、浸染状构造。矿石自然类型分氧化矿石和硫化矿石，以硫化矿石为主。工业类型主要为块状黄铁矿矿石、细脉状黄铁矿矿石、浸染状黄铁矿矿石。

矿区内蚀变种类比较多，广泛发育且蚀变较强的主要有硅化、钾化(钾长石)、黄铁矿化、碳酸盐化(方解石)及绿泥石化。通过野外露头实地观察，根据蚀变矿物组成将矿区热液蚀变划分为K-Si-Fe-碳酸盐蚀变、K-Si-碳酸盐蚀变、Si-Fe蚀变、碳酸盐-绿泥石蚀变四种蚀变类型。其中与矿化关系密切的蚀变类型为K-Si-Fe-碳酸盐蚀变。各个类型蚀变特征如下：

(1) K-Si-Fe-碳酸盐蚀变。主要蚀变矿物有钾长石、石英、黄铁矿、碳酸钙、绿泥石、绿帘石。钾长石、石英以交代(交代斜长石)、网脉状裂隙充填形式产出，黄铁矿呈致密块状、脉状、角砾状、星点浸染状产出，碳酸钙以网脉状裂隙充填形式产出，绿泥石、绿帘石为安山质岩石变质产物，钾长石因风化作用多蚀变成高岭土，黄铁矿多氧化为褐铁矿。

(2) K-Si-碳酸盐蚀变。主要蚀变矿物有钾长石、石英、碳酸钙、绿泥石、绿帘石。钾长石、石英以交代(交代斜长石)、网脉状裂隙充填形式产出，碳酸钙以网脉状裂隙充填形式产出，绿泥石、绿帘石为安山质岩石变质产物，钾长石因风化作用多蚀变成高岭土。

(3) Si-Fe 蚀变。主要蚀变矿物有石英、黄铁矿。石英以交代(交代斜长石)、裂隙充填形式出现，黄铁矿呈星点浸染状，黄铁矿因风化多氧化为褐铁矿。

(4) 碳酸盐-绿泥石蚀变。主要蚀变矿物有碳酸钙、绿泥石、绿帘石；碳酸钙以网脉状裂隙充填形式产出，绿泥石、绿帘石为安山质岩石变质产物，多发生强片理化。

在阔尔真阔腊金矿区测量四种与矿床有密切成因联系的四种主要热液蚀变类型的典型剖面，以 γ 能谱仪测得的天然放射性元素 U、Th-232、以及 K 的含量值，X 射线荧光仪测得与 Au 常伴生的 Fe、Cu、As、Pb 含量值，经数学处理得到 K/Th、F(KU/Th)、(K/Th)×(K/U) γ 能谱参数值，Fe、Cu、As、Pb 特散射比值。其中 (K/Th)×(K/U) 参数用来突出蚀变中心，再以阔尔真阔腊矿区绿灰色安山岩中相关元素及参数得出的平均数值对数据作标准化处理，绘制异常剖面图，将其平均值加二倍标准差作为异常下限(K/Th 为 1.204，F 为 1.308，Fe 为 1.160，Cu 为 1.232，As 为 1.196，Pb 为 1.075)，分析研究各蚀变类型中各元素及参数的分布特征及其组合特征，得出四种热液蚀变类型的伽马能谱和 X 荧光特征。

(1) K-Si-Fe-碳酸盐蚀变特征。在 K-Si-Fe-碳酸盐蚀变带上获得的 X 荧光与 γ 能谱综合剖面展示于图 15.34。蚀变带中，K/Th 参数大于 1.204，F 参数大于 1.308，均高于异常下限，呈明显正异常。K/Th 参数、F 参数异常一致产出，有相同的异常中心，K/Th 参数、F 参数越接近异常中心值越高。Fe、Cu、As、Pb 均大于异常下限值，呈明显的正异常。异常组合为 K/Th-F-Fe-Cu-As-Pb。

(2) K-Si-碳酸盐蚀变特征。在 K-Si-碳酸盐蚀变带中(图 15.35)，K/Th 参数大于 1.204，F 参数大于 1.308，均高于异常下限，呈明显正异常，K/Th 参数、F 参数正异常一致产出，有相同的异常中心，K/Th 参数、F 参数越接近异常中心值越高。Fe 大于 0.9 且小于 1.1；Pb 大于 0.7 且小于 1.1，与安山岩背景值相近，无明显差异。Cu 大于 0.5 且小于 0.7；As 大于 0.5 且小于 0.7，低于安山岩背景值。异常组合为 K-K/Th-F 正异常，Cu-As 明显偏低。

(3) Si-Fe 蚀变特征。在 Si-Fe 蚀变带(图 15.36)中，K/Th 参数大于 1.204，小于 1.4，高于异常下限，呈明显的正异常；F 大于 0.85 且小于 1.2，与安山岩背景值相近，无明显差异。Fe 大于 0.9 且小于 1.1；Cu 大于 0.8 且小于 1.1；As 大于 0.9 且小于 1.1；Pb 大于 0.9 且小于 1.1，均与安山岩背景值相比接近，无明显差异。异常组合为 K/Th 正异常。

(4) 碳酸盐-绿泥石蚀变特征。在碳酸盐-绿泥石蚀变带(15.37)中，K/Th 参数大于 1.204，F 大于 1.308，均高于异常下限，呈明显正异常，K/Th 参数、F 参数正异常一致产出，有相同的异常中心。Fe 大于 0.6 且小于 0.9，与安山岩相比明显偏低；Cu 大于 0.6 且小于 0.9，与安山岩相比明显偏低，As 大于 0.9 且小于 1.1，与安山岩相近无明显差异，Pb 大于 0.9 且小于 1.1，与安山岩相近，无明显差异。异常组合为 K/Th-F 正异常，Fe-Cu 明显偏低。

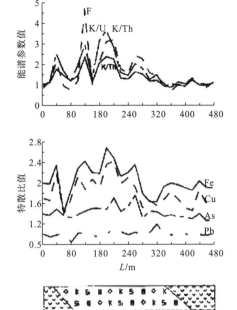

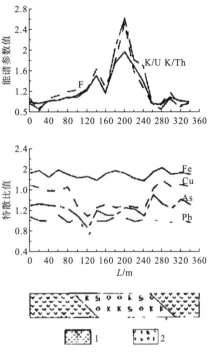

图 15.34　K-Si-Fe-碳酸盐蚀变 X 荧光与
γ 能谱实测剖面

1-绿灰色安山岩；2-K-Si -Fe-碳酸盐蚀变

图 15.35　K-Si 碳酸盐蚀变 X 荧光与
γ 能谱实测剖面

1-绿灰色安山岩；2-K-Si -Fe-碳酸盐蚀变

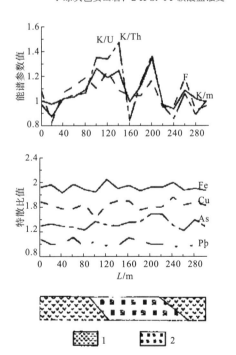

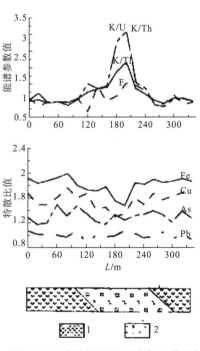

图 15.36　Si -Fe 蚀变 X 荧光与
γ 能谱实测剖面

1-绿灰色安山岩；2-K-Si -Fe-碳酸盐蚀变

图 15.37　碳酸盐-绿泥石蚀变 X 荧光与
γ 能谱实测剖面

1-绿灰色安山岩；2-K-Si -Fe-碳酸盐蚀变

　　经以上不同类型热液蚀变 γ 能谱和 X 荧光特征的对比，可以看出矿区每种热液蚀变都有着不同的元素、参数分布及组合特征，而且区分明显。K-Si-Fe-碳酸盐蚀变类型中，K/Th 参数、F 参数、Fe、Cu、As、Pb 均呈明显正异常，异常组合为 K-K/Th-F-Fe-Cu-As-Pb；K-Si 碳酸盐蚀变类型中，K/Th 参数、F 参数呈明显正异常，异常组合为 K/Th-F 正异常，Cu-As 明显偏低；Si-Fe 蚀变类型中，K/Th 呈正异常，Fe、Cu、As、Pb 不出现异常；碳酸盐-绿泥石蚀变类型中，K/Th、F 呈明显正异常，异常组合为 K/Th-F 正异常，Fe-Cu 明显偏低。

　　由上所述，不同类型的矿化蚀变带其元素的 X 荧光和 γ 能谱特征不同，具有不同的参数组合特征，据此可以明显地区别致矿和非致矿蚀变带。这项工作的成果向我们展示：应用 γ 能谱法和 X 荧光测量法组合，在有残积土覆盖的火山热液型金矿中圈定不同类型的热液蚀变是可行的，这种技术手段为今后圈定矿致热液蚀变带、排除非矿致热液蚀变带提供了技术支撑。

参 考 文 献

陈明驰, 周四春. 2009. 联袂应用 X 荧光与幅频激电法勘查川西某铜矿[J]. 地质与勘探, 45(3): 299-303.

高振敏, 陶琰, 罗泰义, 等. 2004. 地球化学勘查综合方法在潞西金矿找矿中的应用[J]. 地质与勘探, 40(2): 55-58.

滕彦国, 倪师军, 张成江, 等. 2001. 应用地气、X 荧光、氡气测量方法识别金矿含矿及无矿构造——以川西北阿西金矿和石棉田湾金矿为例[J]. 地球科学-中国地质大学学报, 26(2): 627-630.

田彬杉. 2018. 锂能源金属矿产地气勘查方法研究[D]. 成都: 成都理工大学.

杨吉成, 周四春, 刘晓辉, 等. 2019. 卡鲁安伟晶岩锂矿的地气场特征及找矿意义[J]. 岩石矿物学杂志, 38(4): 570-578.

赵小明, 杜佩轩, 沈远超, 等. 2004. γ 能谱法和 X 荧光法在新疆阔尔真阔腊金矿预测中的应用[J]. 陕西地质, 22(2): 62-69.

张国亚, 周四春. 鄂东南某铀矿勘查区地气与 X 荧光异常特征及找矿意义[J]. 2014. 高校地质学报, 20(4): 564-569.

周四春, 张志全, 宁兴贤. 2002. 应用 X 荧光现场测量技术研究 KNM 金矿床地球化学模式[A]//四川省地学核技术重点实验室年报(2000-2001), 成都: 四川大学出版社: 142-145.

附录1：元素的 K 吸收限与 K 系特征 X 射线表

原子序数	元素	密度(标准温度压力下)/(g/cm³)	K吸收限 能量/keV	质量吸收系数/(cm²/g) μ_1	μ_2	K_{α_1}能量/keV	K_{α_2}能量	比例	K_{β_1}能量	比例	K_{β_2}能量	比例	荧光产额 ω_K
1	氢(H)	0.0898×10⁻³	0.0136										
2	氦(He)	0.178×10⁻³	0.0246										
3	锂(Li)	0.53	0.055			0.052							
4	铍(Be)	1.84	0.116			0.110							
5	硼(B)	2.34	0.192			0.185							
6	碳(C)	2.25	0.283	1000		0.282							0.001
7	氮(N)	1.25×10⁻³	0.339	840		0.392							0.002
8	氧(O)	1.43×10⁻³	0.531	720	11000	0.523							0.003
9	氟(F)	1.70×10⁻³	0.687	600	8600	0.677							0.005
10	氖(Ne)	0.90×10⁻³	0.874	500	6800	0.851							0.008
11	钠(Na)	0.97	1.08	420	5400	1.041			1.067				0.013
12	镁(Mg)	1.74	1.303	350	4500	1.254			1.297				0.019
13	铝(Al)	2.70	1.559	300	3700	1.487	1.486		1.553				0.026
14	硅(Si)	2.35	1.838	250	3000	1.740	1.739		1.832				0.036
15	磷(P)	2.2	2.142	215	2500	2.015	2.014		2.136				0.047
16	硫(S)	2.0	2.470	185	2100	2.308	2.306		2.464				0.061
17	氯(Cl)	3.21×10⁻³	2.826	160	1800	2.622	2.621		2.851				0.078
18	氩(Ar)	1.78×10⁻³	3.203	140	1500	2.957	2.955		3.192				0.097
19	钾(K)	0.86	3.607	120	1250	3.313	3.310		3.589	19			0.118
20	钙(Ca)	1.54	4.038	104	1050	3.691	3.688	52	4.012	19			0.142
21	钪(Sc)	3.0	4.496	91	900	4.090	4.085	52	4.460	18			0.168
22	钛(Ti)	4.5	4.964	80	760	4.510	4.504	51	4.931	17			0.197
23	钒(V)	5.9	5.463	72	660	4.952	4.944	51	5.427	17			0.227
24	铬(Cr)	6.9	5.988	64	580	5.414	5.405	51	5.946	16			0.258
25	锰(Mn)	7.24	6.537	57	500	5.898	5.887	51	6.490	16			0.291
26	铁(Fe)	7.9	7.111	51	450	6.403	6.390	50	7.057	16			0.324
27	钴(Co)	8.9	7.709	45	390	6.930	6.915	50	7.649	16			0.358
28	镍(Ni)	8.8	8.331	42	345	7.477	7.460	50	8.264	17	8.238		0.392
29	铜(Cu)	8.9	8.980	37	310	8.047	8.027	50	8.904	17	8.976		0.425
30	锌(Zn)	7.1	9.660	33.5	275	8.638	8.615	50	9.571	18	9.657		0.458
31	镓(Ga)	5.9	10.368	30.5	245	9.251	9.234	50	10263	19	10.365	0.4	0.489
32	锗(Ge)	5.46	12.103	27.5	220	9.885	9.854	50	10.981	19	12.100	0.6	0.520
33	砷(As)	5.7	12.863	25	200	10.543	10.507	50	12.725	20	12.861	0.9	0.549
34	硒(Se)	4.5	13.652	23	180	12.221	12.181	50	13.495	20	13.651	1.3	0.577
35	溴(Br)	3.1	13.475	21.4	162	12.923	12.877	50	13.290	21	13.465	1.7	0.604

续表

原子序数	元素	密度(标准温度压力下)/(g/cm³)	K吸收限			主要K系特征X射线							荧光产额 ω_K
			能量/keV	质量吸收系数/(cm²/g)		K_{α_1}能量/keV	K_{α_2}		K_{β_1}		K_{β_2}		
				μ_1	μ_2		能量	比例	能量	比例	能量	比例	
36	氪(Kr)	3.71×10^{-3}	15.323	19.6	150	13.648	13.597	50	15.112	21	15.313	2.1	0.629
37	铷(Rb)	1.5	15.201	18.2	134	13.394	13.335	50	15.960	22	15.184	2.4	0.653
38	锶(Sr)	2.55	16.106	16.9	121	15.164	15.097	50	15.834	22	16.083	2.8	0.675
39	钇(Y)	4.5	17.037	15.5	111	15.957	15.882	50	16.736	22	17.011	3.1	0.695
40	锆(Zr)	6.54	17.998	15.4	102	15.774	15.690	50	17.666	23	17.969	3.4	0.715
41	铌(Nb)	8.57	18.987	13.4	94	16.614	16.520	50	18.621	23	18.951	3.7	0.732
42	钼(Mo)	10.2	20.002	13.5	86	17.478	17.373	50	19.607	24	19.964	4.0	0.749
43	锝(Tc)	12.5	21.054	12.7	79	18.410	18.328	50	20.585	24	21.012	4.2	0.765
44	钌(Ru)	13.1	22.118	12.0	73	19.278	19.149	50	21.655	24	22.072	4.4	0.779
45	铑(Rh)	13.4	23.224	10.2	67	20.214	20.027	50	22.721	25	23.169	4.6	0.792
46	钯(Pd)	13.1	24.347	9.8	62	21.175	21.018	50	23.816	25	24.297	4.8	0.805
47	银(Ag)	10.5	25.517	9.2	58	22.162	21.988	51	24.942	25	25.454	5	0.816
48	镉(Cd)	8.6	26.712	8.6	53	23.172	22.982	51	26.093	26	26.641	5	0.827
49	铟(In)	7.3	27.928	8.2	49	24.207	24.000	51	27.274	26	27.859	5	0.836
50	锡(Sn)	7.3	29.190	7.7	46	25.270	25.042	51	28.483	26	29.106	5	0.845
51	锑(Sb)	6.7	30.486	7.2	43	26.357	26.109	51	29.723	27	30.387	5	0.854
52	碲(Te)	6.0	31.809	6.8	39.5	27.471	27.200	51	30.993	27	31.698	6	0.862
53	碘(I)	4.9	33.164	6.5	37.0	28.610	28.315	51	32.292	27	33.016	6	0.869
54	氙(Xe)	5.85×10^{-3}	34.579	6.2	34.5	29.802	29.485	52	33.644	28	34.446	6	0.876
55	铯(Cs)	1.87	35.959	5.8	32.0	30.970	30.623	52	34.984	28	35.819	6	0.882
56	钡(Ba)	3.5	37.410	5.5	30.0	32.191	31.815	52	36.376	28	37.255	6	0.888
57	镧(La)	6.1	38.931	5.2	28.5	33.440	33.033	52	37.799	28	38.728	6	0.893
58	铈(Ce)	6.8	40.449	5.0	26.5	34.717	34.276	52	39.255	29	40.231	6	0.898
59	镨(Pr)	6.8	41.998	4.75	25.0	36.023	35.548	52	40.746	29	41.772	6	0.902
60	钕(Nd)	6.9	43.571	4.5	23.5	37.359	36.845	52	42.269	29	43.298	6	0.907
61	钷(Pm)	6.78	45.207	4.35	22.5	38.649	38.160	52	43.945	30	44.955	6	0.911
62	钐(Sm)	7.5	46.846	4.15	21.0	40.124	39.523	53	45.400	30	46.553	7	0.915
63	铕(Eu)	5.26	48.515	4.0	19.5	41.529	40.877	53	47.027	30	48.241	7	0.918
64	钆(Gd)	7.95	50.229	3.8	18.5	42.983	42.280	53	48.718	30	49.961	7	0.921
65	铽(Td)	8.27	51.998	3.7	17.5	44.470	43.737	53	50.391	31	51.737	7	0.924
66	镝(Dy)	8.54	53.789	3.55	16.5	45.985	45.193	53	52.178	31	53.491	7	0.927
67	钬(Ho)	8.80	55.615	3.4	15.7	47.528	46.686	53	53.934	31	55.292	7	0.930
68	铒(Er)	9.05	57.483	3.25	15.8	49.099	48.205	53	55.690	32	57.088	7	0.932
69	铥(Tm)	9.33	59.335	3.15	15.8	50.730	49.762	54	57.576	32	58.969	7	0.934
70	镱(Yb)	6.98	61.303	3.0	13.3	52.360	51.326	54	59.352	32	60.959	7	0.937
71	镥(Lu)	9.84	63.304	2.9	13.7	54.063	52.959	54	61.282	32	62.946	8	0.939
72	铪(Hf)	13.3	65.313	2.85	13.1	55.757	54.579	54	63.209	33	64.936	8	0.941
73	钽(Ta)	16.6	67.400	2.75	12.8	57.524	56.270	54	65.210	33	66.999	8	0.942
74	钨(W)	19.3	69.503	2.7	12.3	59.310	57.973	54	67.233	33	69.090	8	0.944
75	铼(Re)	21.0	71.662	2.6	10.5	61.131	59.707	54	69.298	34	71.220	8	0.945
76	锇(Os)	22.5	73.860	2.5	10.2	62.991	61.477	54	71.404	34	73.393	9	0.947
77	铱(Ir)	22.4	76.097	2.4	9.7	64.886	63.278	55	73.549	34	75.605	9	0.948
78	铂(Pt)	21.4	78.379	2.35	9.3	66.820	65.111	55	75.236	34	77.866	9	0.949

原子序数	元素	密度(标准温度压力下) /(g/cm³)	K 吸收限			主要 K 系特征 X 射线							荧光产额 ω_K
			能量 /keV	质量吸收系数 /(cm²/g)		K_{α_1} 能量 /keV	K_{α_2}		K_{β_1}		K_{β_2}		
				μ_1	μ_2		能量	比例	能量	比例	能量	比例	
79	金(Au)	19.3	80.713	2.3	8.8	68.794	66.980	55	77.968	35	80.165	9	0.951
80	汞(Hg)	13.6	83.106	2.2	8.4	70.821	68.894	55	80.258	35	82.526	10	0.952
81	铊(Tl)	12.9	85.517	2.15	8.0	72.860	70.820	55	82.558	35	84.904	10	0.953
82	铅(Pb)	12.3	88.001	2.1	7.7	74.957	72.794	55	84.922	35	87.343	10	0.954
83	铋(Bi)	9.8	90.521	2.04	7.3	77.097	74.805	55	87.335	36	89.833	10	0.954
84	钋(Po)		93.112	2.0	7.0	79.296	76.868	56	89.809	36	92.386	11	0.955
85	砹(At)		95.740	1.93	6.6	81.525	78.956	56	92.319	36	94.976	11	0.956
86	氡(Rn)	9.73×10⁻³	98.418	1.90	6.3	83.800	81.080	56	94.877	37	97.616	11	0.957
87	钫(Fr)		101.147	1.83	6.0	86.119	83.243	56	97.483	37	100.305	12	0.957
88	镭(Ra)		103.927	1.76	5.75	88.485	85.446	56	100.136	37	103.048	12	0.958
89	锕(Ac)		106.759	1.72	5.5	90.894	87.681	56	102.846	37	105.838	13	0.958
90	钍(Th)		109.630	1.67	5.2	93.334	89.924	56	105.592	38	108.671	13	0.959
91	镤(Pa)	12.5	113.581	1.64	4.95	95.851	92.271	56	108.408	38	112.575	13	0.959
92	铀(U)		115.591	1.62	4.7	98.428	94.648	56	112.289	38	115.549	14	0.960
93	镎(Np)	19.0	118.619	1.57	4.55	101.005	97.023	57	115.181	39	117.533	14	0.960
94	钚(Pu)	19.7	121.720	1.53	4.35	103.653	99.457	57	117.146	39	120.592	15	0.960
95	镅(Am)		124.876	1.50	4.15	106.351	101.932	57	120.163	39	123.706	15	0.960
96	锔(Cm)		128.088	1.47	4.0	109.098	104.448	57	123.235	39	126.875	15	0.961
97	锫(Bk)		131.357			112.896	107.023	57	126.362	40	130.101	16	0.961
98	锎(Cf)		134.683			115.745	109.603	57	129.544	40	133.383	16	0.961
99	锿(Es)		138.067			117.646	113.244	57	132.781	40	136.724	17	0.961
100	镄(Fm)		141.510			120.598	115.926	58	136.075	40	140.122	17	0.961

附录2：元素的 L 吸收限与 L 系特征 X 射线表

原子序数	元素	L 吸收限能量/keV			主要 L 系特征 X 射线能量/keV					荧光产额 ω_L
		L_I	L_{II}	L_{III}	L_{α_1}	L_{α_2}	L_{β_1}	L_{β_2}	L_{γ_1}	
10	氖(Ne)	0.048	0.022	0.022						
11	钠(Na)	0.055	0.034	0.034						
12	镁(Mg)	0.063	0.050	0.049						
13	铝(Al)	0.087	0.073	0.072						
14	硅(Si)	0.118	0.099	0.098						
15	磷(P)	0.154	0.129	0.128						
16	硫(S)	0.193	0.264	0.163						
17	氯(Cl)	0.238	0.203	0.202						
18	氩(Ar)	0.287	0.247	0.245						
19	钾(K)	0.341	0.297	0.294						
20	钙(Ca)	0.399	0.352	0.349	0.341		0.344			0.001
21	钪(Sc)	0.462	0.411	0.406	0.395		0.399			0.001
22	钛(Ti)	0.530	0.460	0.454	0.452		0.458			0.001
23	钒(V)	0.604	0.519	0.512	0.510		0.519			0.002
24	铬(Cr)	0.679	0.583	0.574	0.571		0.581			0.002
25	锰(Mn)	0.762	0.650	0.639	0.636		0.647			0.003
26	铁(Fe)	0.849	0.721	0.708	0.704		0.717			0.003
27	钴(Co)	0.929	0.794	0.779	0.775		0.790			0.004
28	镍(Ni)	1.015	0.871	0.853	0.849		0.866			0.005
29	铜(Cu)	1.100	0.953	0.933	0.928		0.948			0.006
30	锌(Zn)	0.200	1.045	1.022	1.009		1.032			0.007
31	镓(Ga)	0.30	1.134	1.117	1.096		1.122			0.009
32	锗(Ge)	0.42	1.248	1.217	1.186		1.216			0.010
33	砷(As)	0.529	1.359	1.323	1.282		1.317			0.012
34	硒(Se)	0.652	1.473	1.434	1.379		1.419			0.014
35	溴(Br)	0.794	1.599	1.552	1.480		1.526			0.016
36	氪(Kr)	0.931	1.727	1.675	1.587		1.638			0.019
37	铷(Rb)	2.067	1.866	1.806	1.694	1.692	1.752			0.021
38	锶(Sr)	2.221	2.008	1.941	1.806	1.805	7.872			0.024
39	钇(Y)	2.369	2.154	2.079	1.922	1.920	1.996			0.027
40	锆(Zr)	2.547	2.305	2.220	2.042	2.040	2.124	2.219	2.302	0.031
41	铌(Nb)	2.706	2.467	2.374	2.166	2.163	2.257	2.367	2.462	0.035
42	钼(Mo)	2.884	2.627	2.523	2.293	2.290	2.395	2.518	2.623	0.039
43	锝(Tc)	3.054	2.795	2.677	2.424	2.420	2.538	2.674	2.792	0.043
44	钌(Ru)	3.236	2.966	2.837	2.558	2.554	2.683	2.836	2.964	0.047
45	铑(Rh)	3.419	3.145	3.002	2.696	2.692	2.834	3.001	3.114	0.052
46	钯(Pd)	3.617	3.329	3.172	2.838	2.833	2.990	3.172	3.328	0.058
47	银(Ag)	3.810	3.528	3.352	2.984	2.978	3.151	3.348	3.519	0.063

续表

原子序数	元素	L 吸收限能量/keV			主要 L 系特征 X 射线能量/keV					荧光产额 ω_L
		L_{I}	L_{II}	L_{III}	L_{α_1}	L_{α_2}	L_{β_1}	L_{β_2}	L_{γ_1}	
48	镉(Cd)	4.019	3.727	3.538	3.133	3.127	3.316	3.528	3.716	0.069
49	铟(In)	4.237	3.939	3.729	3.287	3.279	3.487	3.713	3.920	0.075
50	锡(Sn)	4.464	4.157	3.928	3.444	3.435	3.662	3.904	4.131	0.081
51	锑(Sb)	4.697	4.381	4.132	3.605	3.595	3.843	4.100	4.347	0.088
52	碲(Te)	4.938	4.613	4.341	3.769	3.758	4.029	4.301	4.570	0.095
53	碘(I)	5.190	4.856	4.559	3.937	3.926	4.220	4.507	4.800	0.102
54	氙(Xe)	5.452	5.104	4.782	4.111	4.098	4.422	4.720	5.036	0.110
55	铯(Cs)	5.720	50358	5.011	4.286	4.272	4.620	4.936	5.280	0.118
56	钡(Ba)	5.995	5.623	5.247	4.467	4.451	4.828	5.156	5.531	0.126
57	镧(La)	6.283	5.894	5.489	4.651	4.635	5.043	5.384	5.789	0.135
58	铈(Ce)	6.561	6.165	5.729	4.840	4.823	5.262	5.613	6.052	0.143
59	镨(Pr)	6.846	6.443	5.968	5.034	5.014	5.489	5.850	6.322	0.152
60	钕(Nd)	7.144	6.727	6.215	5.230	5.208	5.722	6.090	6.602	0.161
61	钷(Pm)	7 448	7.018	6.466	5.431	5.408	5.956	6.336	6.891	0.171
62	钐(Sm)	7.754	7.281	6.721	5.636	5.609	6.206	6.587	7.180	0.180
63	铕(Eu)	8.069	7.624	6.983	5.846	5.816	6.456	6.842	7.478	0.190
64	钆(Gd)	8.393	7.940	7.252	6.059	6.027	6.714	7.102	7.788	0.200
65	铽(Td)	8.724	8.258	7.519	6.275	6.241	6.979	7.368	8.104	0.210
66	镝(Dy)	9.083	8.621	7.850	6.495	6.457	7.249	7.638	8.418	0.220
67	钬(Ho)	9.411	8.920	8.047	6.720	6.680	7.528	7.912	8.748	0.231
68	铒(Er)	9.776	9.263	8.364	6.948	6.904	7.810	8.188	9.089	0.240
69	铥(Tm)	10.144	9.628	8.652	7.181	7.135	8.103	8.472	9.424	0.251
70	镱(Yb)	10.486	9.977	8.943	7.414	7.367	8.401	8.758	9.779	0.262
71	镥(Lu)	10.867	10.345	9.241	7.654	7.604	8.708	9.048	10.142	0.272
72	铪(Hf)	12.264	10.734	9.556	7.898	7.843	9.021	9.346	10.514	0.283
73	钽(Ta)	12.676	12.130	9.876	8.145	8.087	9.341	9.649	10.892	0.293
74	钨(W)	13.090	12.535	10.198	8.396	8.333	9.670	9.959	12.283	0.304
75	铼(Re)	13.522	12.955	10.531	8.651	8.584	10.008	10.273	12.684	0.314
76	锇(Os)	13.965	13.383	10.869	8.910	8.840	10.354	10.596	13.094	0.325
77	铱(Ir)	13.413	13.819	12.211	9.173	9.098	10.706	10.918	13.509	0.335
78	铂(Pt)	13.873	13.268	12.559	9.441	9.360	12.069	12.249	13.939	0.345
79	金(Au)	15.353	13.733	12.919	9.711	9.625	12.439	12.582	13.379	0.356
80	汞(Hg)	15.841	15.212	13.285	9.987	9.896	12.823	12.923	13.828	0.366
81	铊(Tl)	15.346	15.697	13.657	10.266	10.170	13.210	13.268	15.288	0.376
82	铅(Pb)	15.870	15.207	13.044	10.549	10.448	13.611	13.620	15.762	0.386
83	铋(Bi)	16.393	15.716	13.424	10.836	10.729	13.021	13.977	15.244	0.396
84	钋(Po)	16.935	16.244	13.817	12.128	12.014	13.441	13.338	15.740	0.405
85	砹(At)	17.490	16.784	15.215	12.424	12.304	13.873	13.705	16.248	0.415
86	氡(Rn)	18.058	17.387	15.618	12.724	12.597	15.316	15.077	16.768	0.425
87	钫(Fr)	18.638	17.904	15.028	13.029	12.894	15.770	15.459	17.301	0.434
88	镭(Ra)	19.233	18.481	15.442	13.338	13.194	15.233	15.839	17.845	0.443
89	锕(Ac)	19.842	19.078	15.865	13.650	13.499	15.712	15.227	18.405	0.452
90	钍(Th)	20.460	19.688	16.296	13.966	13.808	16.200	15.620	18.977	0.461
91	镤(Pa)	21.102	20.311	16.631	13.291	13.120	16.700	16.022	19.559	0.469
92	铀(U)	21.753	20.943	17.163	13.613	13.438	17.218	16.425	10.163	0.478

原子序数	元素	L 吸收限能量/keV			主要 L 系特征 X 射线能量/keV					荧光产额 ω_L
		L_I	L_{II}	L_{III}	L_{α_1}	L_{α_2}	L_{β_1}	L_{β_2}	L_{γ_1}	
93	镎(Np)	22.417	21.596	17.614	13.945	13.758	17.740	16.837	20.774	0.486
94	钚(Pu)	23.097	22.262	18.066	15.279	15.082	18.278	17.254	21.401	0.494
95	镅(Am)	23.793	22.944	18.525	15.618	15.411	18.829	17.677	22.042	0.502
96	锔(Cm)	24.503	23.640	18.990	15.961	15.473	19.393	18.106	22.699	0.510
97	锫(Bk)	25.230	24.352	19.461	15.309	15.079	19.971	18.540	23.370	0.517
98	锎(Cf)	25.971	25.080	19.938	15.661	15.420	20.562	18.980	24.056	0.524
99	锿(Es)	26.729	25.824	20.422	16.018	15.764	21.166	19.426	24.758	0.531
100	镄(Fm)	27.503	26.584	20.912	16.379	16.113	21.785	19.879	25.475	0.538